ELEMENTOS FINITOS

Formulação e Aplicação na Estática e Dinâmica das Estruturas

Humberto Lima Soriano

 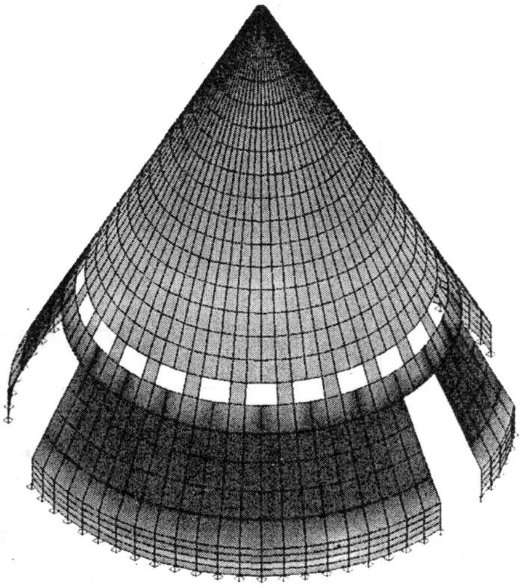

EDITORA CIÊNCIA MODERNA

Elementos Finitos – Formulação e Aplicação na Estática e Dinâmica das Estruturas

Editor: Paulo André P. Marques
Capa: Julio Henrique Simões Lapenne
Revisão: João Luis Fortes
Digitalização de Imagens, digitação e diagramação: Humberto Lima Soriano
Assistente Editorial: Patrícia da Silva Fernandes

FICHA CATALOGRÁFICA

SORIANO, Humberto Lima
Elementos Finitos – Formulação e Aplicação na Estática e Dinâmica das Estruturas
Rio de Janeiro: Editora Ciência Moderna Ltda., 2009.

1. Engenharia Estrutural; 2. Modelos Matemáticos, Simulação Matemática, Teoria dos Modelos, Algoritmos
I — Título

ISBN: 978-85-7393-880-7 CDD 511.8
624.1

Editora Ciência Moderna Ltda.
Rua Alice Figueiredo, 46
CEP: 20950-150, Riachuelo – Rio de Janeiro – Brasil
Tel: (21) 2201-6662 – Fax: (21) 2201-6896

E-mail: LCM@ LCM.com.br

www.LCM.com.br **09/09**

Dedico este livro ao meu pai Emmanoel (Neli) e à minha mãe Alice (in memorian), que me mostraram o caminho da ética, do trabalho e da perseverança.

A família é o esteio do homem e a célula master da sociedade.

"Tudo deve ser feito o mais simples possível,
mas não de forma simplista"

Albert Einstein

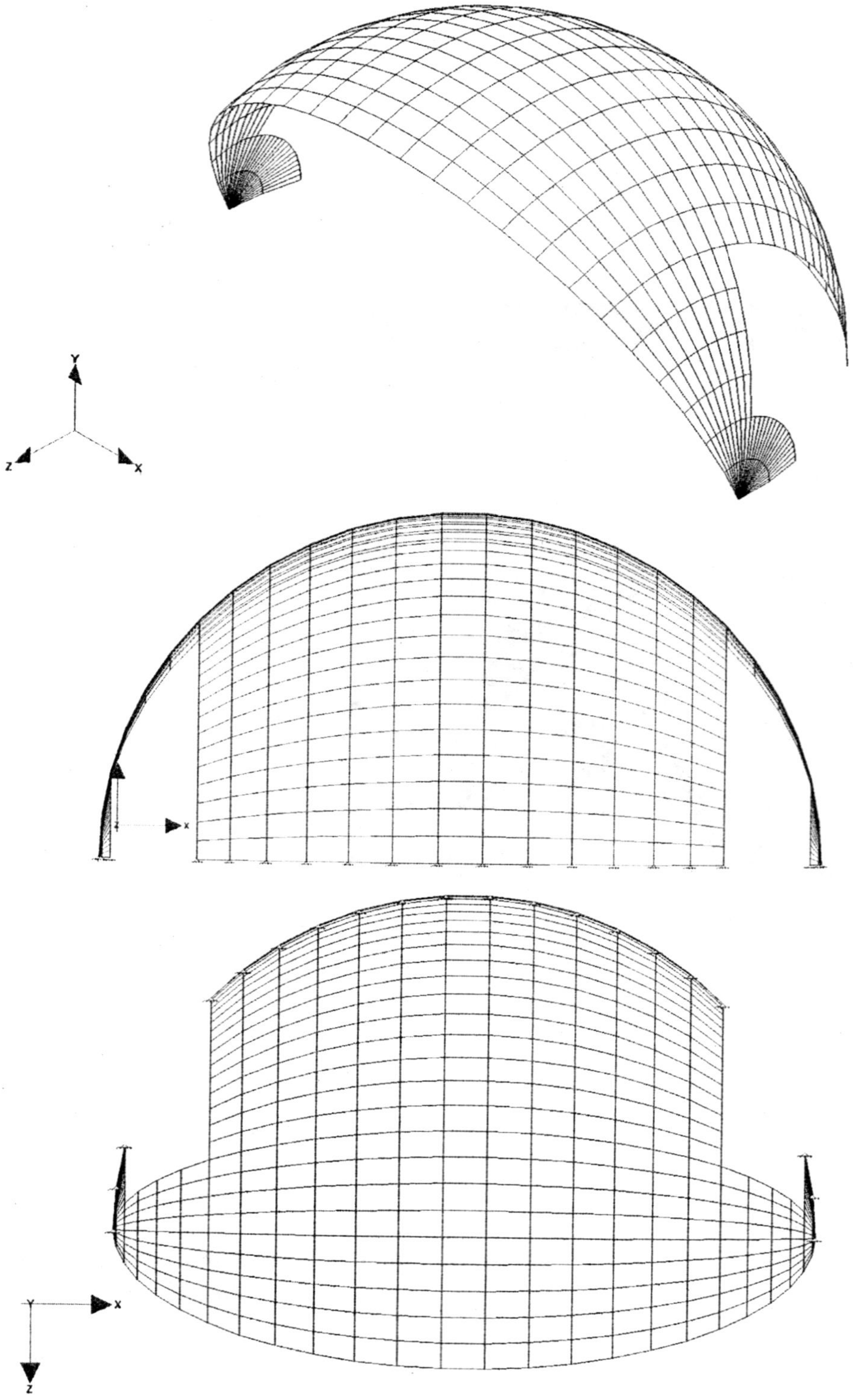

Discretização de uma cúpula.

Fonte: SF Engenharia Projetos Estruturais e Consultoria
Eng. Carlos Otávio de Souza Gomes

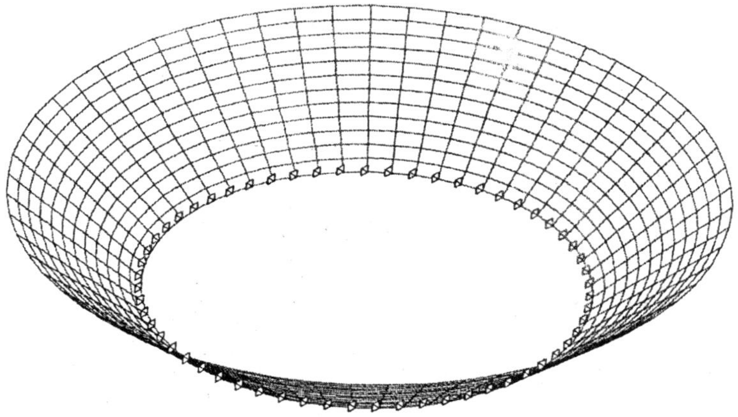

Prefácio

É com grande e incontida satisfação que faço o prefácio do livro *Elementos Finitos – Formulação e Aplicação na Estática e Dinâmica das Estruturas*. A obra foi elaborada pelo Prof. Humberto Lima Soriano, com quem tive o prazer de contar como orientador de minha tese de doutorado na Universidade Federal do Rio de Janeiro. Naquele trabalho, prolongamento de minha dissertação de mestrado no Instituto Militar de Engenharia, foi formulado um elemento finito para estruturas multilaminadas que respeitava a continuidade de tensões nas interfaces das camadas. Como consequência de uma salutar e proveitosa convivência orientador/orientado fui testemunha do imenso interesse e conhecimento do Prof. Soriano sobre o assunto. Pude então verificar pessoalmente o cuidado e a clareza das explicações e orientações que nortearam o trabalho para que a formulação do elemento proposto e sua implementação computacional fossem concluídas com êxito em 1999. Já naquela época em que proliferavam livros estrangeiros sobre o Método dos Elementos Finitos (MEF) e a literatura brasileira sobre o método era escassa, os manuscritos do Prof. Soriano seguramente teriam lhe permitido a autoria de uma publicação de um livro sobre elementos finitos o que, em termos de bibliografia nacional configuraria quase um ineditismo. A relação professor/aluno evoluiu então para uma grande amizade que muito me orgulho de cultivar até os dias de hoje.

Indiscutivelmente, o MEF é uma ferramenta poderosa e um instrumento essencial de análise para praticamente qualquer aplicação da engenharia estrutural. Em resumo, o método consiste em simular o comportamento de uma estrutura real por meio de um modelo computacional composto de vários elementos. A solução de um sistema de equações algébricas permite descrever o comportamento provável da estrutura como um todo.

Com a publicação de *Elementos Finitos – Formulação e Aplicação na Estática e Dinâmica das Estruturas*, o Prof. Humberto Lima Soriano preenche o que continuava a ser uma grande lacuna na bibliografia brasileira sobre o MEF. Neste livro, o Prof. Soriano faz, de forma didática, acessível e atraente, uma abordagem ampla do Método dos Elementos Finitos, com a preocupação principal de o leitor entender e dominar os conceitos básicos e os princípios fundamentais que regem a formulação desse valioso método.

Propositalmente, os aspectos de programação computacional não são explorados a fundo, pois o autor tem o extremo cuidado de fazer com que o aluno não perca o enfoque de realmente compreender o método e sua teoria e de sentir-se plenamente capaz de fazer uso de suas potencialidades.

Com uma linguagem simples e objetiva são explicados tópicos complexos e com exemplos ilustrativos e esquemas estruturais bem escolhidos de situações reais, o leitor se familiariza rapidamente com o MEF. Seguramente, em pouco tempo o leitor encontrar-se-á aplicando o método quase intuitivamente para solução de problemas de engenharia.

O livro mostra-se extremamente bem-estruturado e concatenado em uma sequência lógica de aprendizado, onde o Prof. Soriano demonstra e utiliza sua larga experiência de muitos anos na área de ensino, de forma que a assimilação e a interiorização dos conceitos fundamentais pelo leitor se dão de modo consistente, firme e progressivo.

Iniciando com uma motivação para o estudo, que inclui aspectos históricos e expõe as pioneiras e mais relevantes contribuições, o método é detalhado gradativamente e suas dificuldades são desmistificadas ao mesmo tempo em que, pouco a pouco, são introduzidos conceitos mais avançados. Assim, quase imperceptível e intuitivamente, o leitor se encontrará modelando problemas físicos reais e formulando e utilizando o Método dos Elementos Finitos com impressionante eficiência.

Por tudo isso, a obra mostra-se como excelente ponto de partida para a modelagem matemática e computacional de estruturas e perfeitamente adequada, ou até mesmo essencial, para cursos de graduação e pós-graduação nos quais sejam necessários conhecimento e aplicação do MEF, além de consistir em um referencial dentre as obras brasileiras sobre essa importante ferramenta.

General-de-Brigada Amir Elias Abdalla Kurban, D.Sc.

Comandante do Instituto Militar de Engenharia

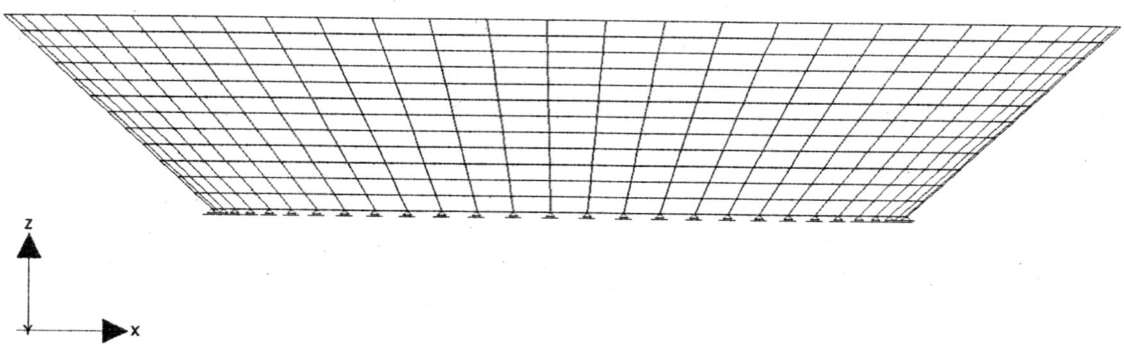

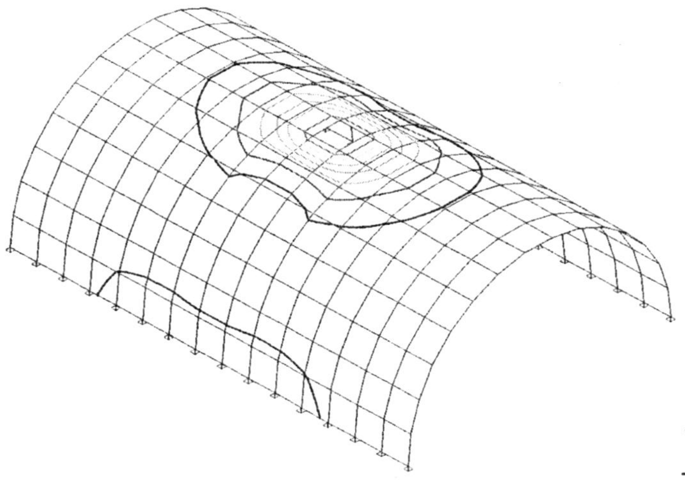

Notas do Autor

O **Método dos Elementos Finitos** é a mais eficiente ferramenta numérica de resolução de equações diferenciais com condições de contorno (e iniciais), como as que regem os modelos matemáticos dos sistemas físicos contínuos, seja da mecânica dos sólidos deformáveis, condução de calor e de massa ou eletromagnetismo. E isso o faz imprescindível em ensino, pesquisa e desenvolvimento de projetos de engenharia.

Este é primeiro de dois novos livros em que tenho o propósito de mostrar como se formula e se utiliza este método em aplicações da Mecânica dos Sólidos Deformáveis, principalmente da Mecânica das Estruturas. Neste livro, apresento uma introdução à Estática e à Dinâmica das Estruturas discretizadas em elementos finitos, e, em um segundo livro em fase de planejamento, apresentarei os elementos finitos de ordem superior, de placa, de casca, de elasticidade incompressível, além de particularidades do referido método.

A ênfase deste livro é a compreensão do Método dos Elementos Finitos e não a sua programação. E a Matemática foi utilizada de forma a minimizar dificuldades ao leitor que saiba operar com os fundamentos da Álgebra Matricial e do Cálculo Diferencial e Integral. Para isso, os conceitos e desenvolvimentos, por vezes abstratos, foram ilustrados com exemplos simples, de maneira a não desviar o leitor do objetivo primeiro que é a referida compreensão. Além disso, para facilitar uma revisão por parte do leitor e uniformizar notação, foram incluídos três anexos descritivos dos modelos matemáticos aqui utilizados.

Em Mecânica dos Sólidos, é mais imediato iniciar o desenvolvimento do referido método com o Princípio dos Deslocamentos Virtuais. Contudo, como essa abordagem se limita à formulação de deslocamentos, optou-se por apresentar esse desenvolvimento através dos Métodos de Rayleigh-Ritz e de Galerkin que permitem abordagens muito mais amplas. Com isso, fica evidente que o Método dos Elementos Finitos é de resolução geral de equações diferenciais ou integrais de modelos matemáticos contínuos e não apenas de modelos de estruturas. Mas dado à importância daquele princípio, evidenciou-se como ele se relaciona com os Métodos de Rayleigh-Ritz e de Galerkin. Acredito que, em preparo para atuar em engenharia interdisciplinar, essa seja a melhor forma de iniciar o estudo do presente método.

A Dinâmica das Estruturas é tema de literatura especializada e os livros de elementos finitos que tratam da análise de estruturas utilizam os conceitos e métodos dessa análise. Contudo, na presente abordagem, optei por apresentar esses conceitos e métodos no contexto da própria formulação e uso do Método dos Elementos Finitos.

Dessa forma, este livro não requer nenhum conhecimento prévio de elementos finitos e de dinâmica, difere dos tradicionais livros de elementos finitos e é adequado a ser utilizado em disciplina profissional complementar de cursos de graduação em engenharia e em cursos de pós-graduação que lidem com a Mecânica dos Sólidos, em particular com a Mecânica e a Dinâmica das Estruturas. É também útil aos profissionais de engenharia que tenham necessidade deste método em suas atividades.

Despendi considerável esforço para apresentar este método de forma clara, simples e precisa, em abordagem indutiva e com equilíbrio entre a consistência matemática e a conceituação física, sem detalhes e aprofundamentos que pudessem dificultar a compreensão por parte de um iniciante que tenha familiaridade com a análise clássica das estruturas e com os referidos fundamentos de Matemática.

No primeiro capítulo, para motivar o leitor, apresentei o panorama geral em que se insere o Método dos Elementos Finitos, com uma descrição de sua evolução, com esclarecimentos quanto ao significado de modelo matemático de um fenômeno físico e com informações quanto à aproximação básica e à sistemática de resolução deste método. Após a compreensão dessa apresentação, sugiro que o leitor faça experimentos simples com este método. A segurança de utilização deste método virá com a prática e com o estudo deste livro.

Nos capítulos subsequentes, apresentei a base, as formulações e diversas informações adicionais de uso deste método. E para facilitar um primeiro estudo, sugiro que o leitor não procure se inteirar sequencialmente de item a item, como também de checar todas as transformações analíticas aqui apresentadas. Inicialmente é suficiente procurar compreender os conceitos e as linhas de desenvolvimento apresentadas. Em um estudo posterior, de acordo com orientação apresentada no início de cada capítulo, o leitor terá mais facilidade e motivação para acompanhar o detalhamento das deduções formais aqui desenvolvidas.

Espero que tenha conseguido alcançar o meu intento de mostrar como se formula e se utiliza o Método dos Elementos Finitos, além de desmistificar, aos iniciantes, a complexidade deste método, e que este livro possa ser proveitoso a todos que dele fizerem uso. E é pertinente acrescentar que sou autor ou coautor dos seguintes livros que precedem o conteúdo deste: "*Estática das Estruturas*", "*Análise de Estruturas – Método das Forças e Método dos Deslocamentos*" e "*Análise de Estruturas – Formulação Matricial e Implementação Computacional*".

Sou grato aos colegas que têm me estimulado como autor e que apresentaram contribuições a este livro. Em particular, agradeço ao Prof. *Fernando Venâncio Filho* pelos proveitos diálogos sobre Dinâmica das Estruturas, ao Prof. *Edgard Sant Anna de Almeida Neto* (da Escola Politécnica da USP – Universidade de São Paulo), pela leitura cuidadosa de todo o manuscrito e valiosas sugestões; ao General *Amir A. Kurban* (Comandante do Instituto Militar de Engenharia) e ao Prof. *Raul Rosas* (da PUC – RJ), pelos comentários e apresentações do livro e ao Eng$^{\underline{o}}$ *Ruy Pereira Paula* (Diretor Técnico da Prosystem Engenharia), pelas sugestões de caráter geral. E, antecipadamente, agradeço aos leitores que enviarem comentários, sugestões e críticas ao endereço eletrônico sorianohls@gmail.com, que possam contribuir para futuras edições mais aprimoradas.

Importa registrar que este livro só foi possível também devido à minha passada atuação como professor na COPPE – UFRJ Instituto Alberto Luiz de Coimbra de Pós-Graduação e Pesquisa em Engenharia (aqui representada pelo Ex-Chefe do Programa de Engenharia Civil Prof. *Fernando Luiz Lobo B. Carneiro*) e na Escola Politécnica da UFRJ (aqui representada pelo seu Ex-Diretor Prof. Heloi Moreira), além da presente atuação na Faculdade de Engenharia da UERJ (aqui representada pelo seu Ex-Diretor Prof. *Maurício José Ferrari Rey*). Também foi inestimável ter sido pesquisador do CNPq – Conselho Nacional de Desenvolvimento e Pesquisa, e ter partilhado, com o Prof. *Silvio de Souza Lima*, a coordenação do desenvolvimento do Sistema SALT® – Sistema de Análise de Estruturas, com o qual foram obtidas as malhas de elementos finitos apresentadas neste livro. E o processamento numérico, salvo indicação em contrário, foi efetuado com o sistema computacional Mathcad® da empresa *Mathsoft Engineering and Education*, Inc.

Cabe-me também ressaltar o estímulo e compreensão de minha esposa *Carminda* e de meus filhos *Humberto* e *Luciana*, durante o desenvolvimento deste livro.

Finalmente, e não menos com menos importância, vale realçar o apoio recebido da Editora Ciência Moderna para a presente publicação, particularmente de seu Diretor Comercial *George Meireles*.

Humberto Lima Soriano

Junho de 2009

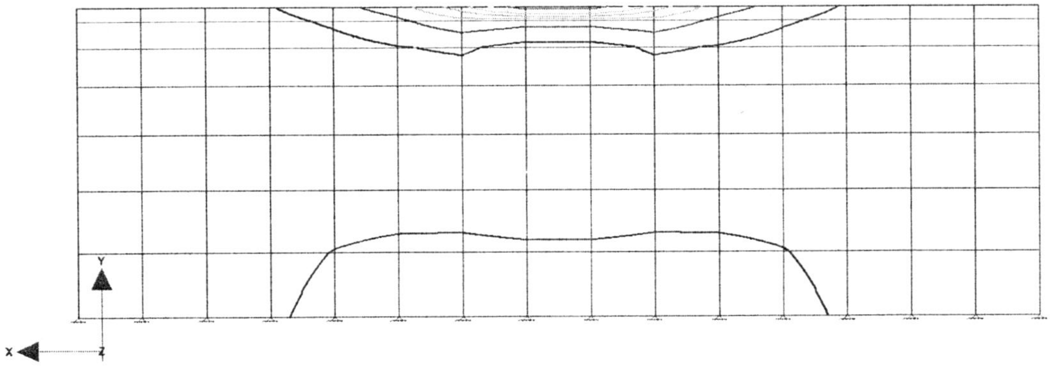

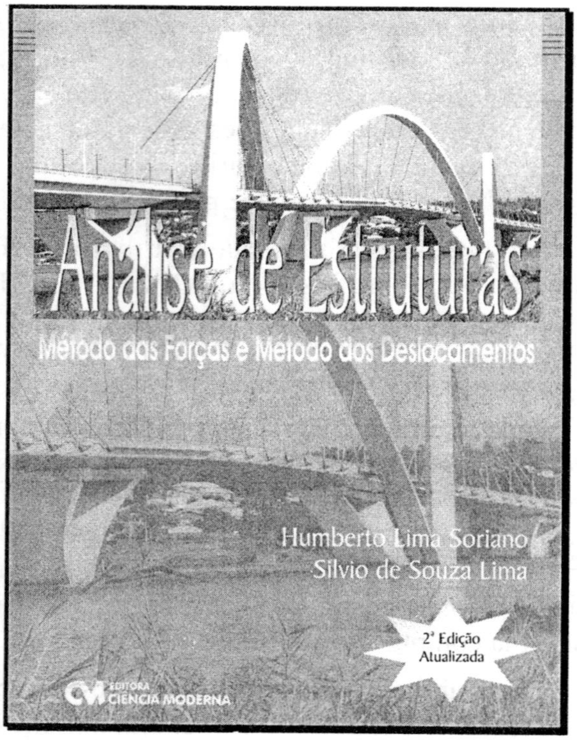

Outras obras do autor.

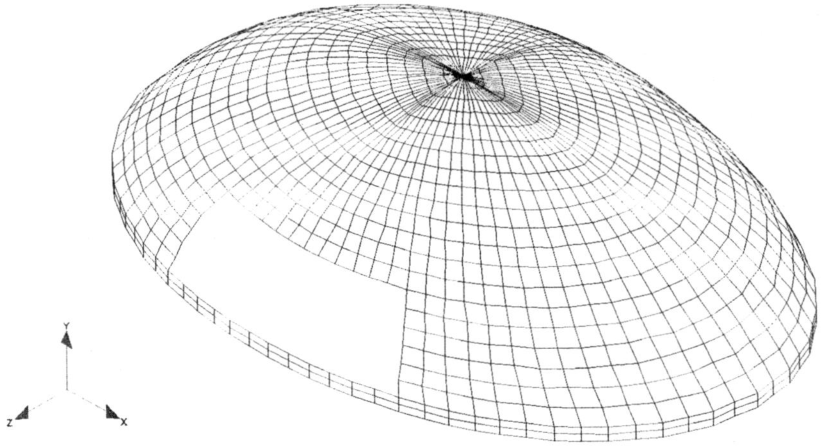

Sumário

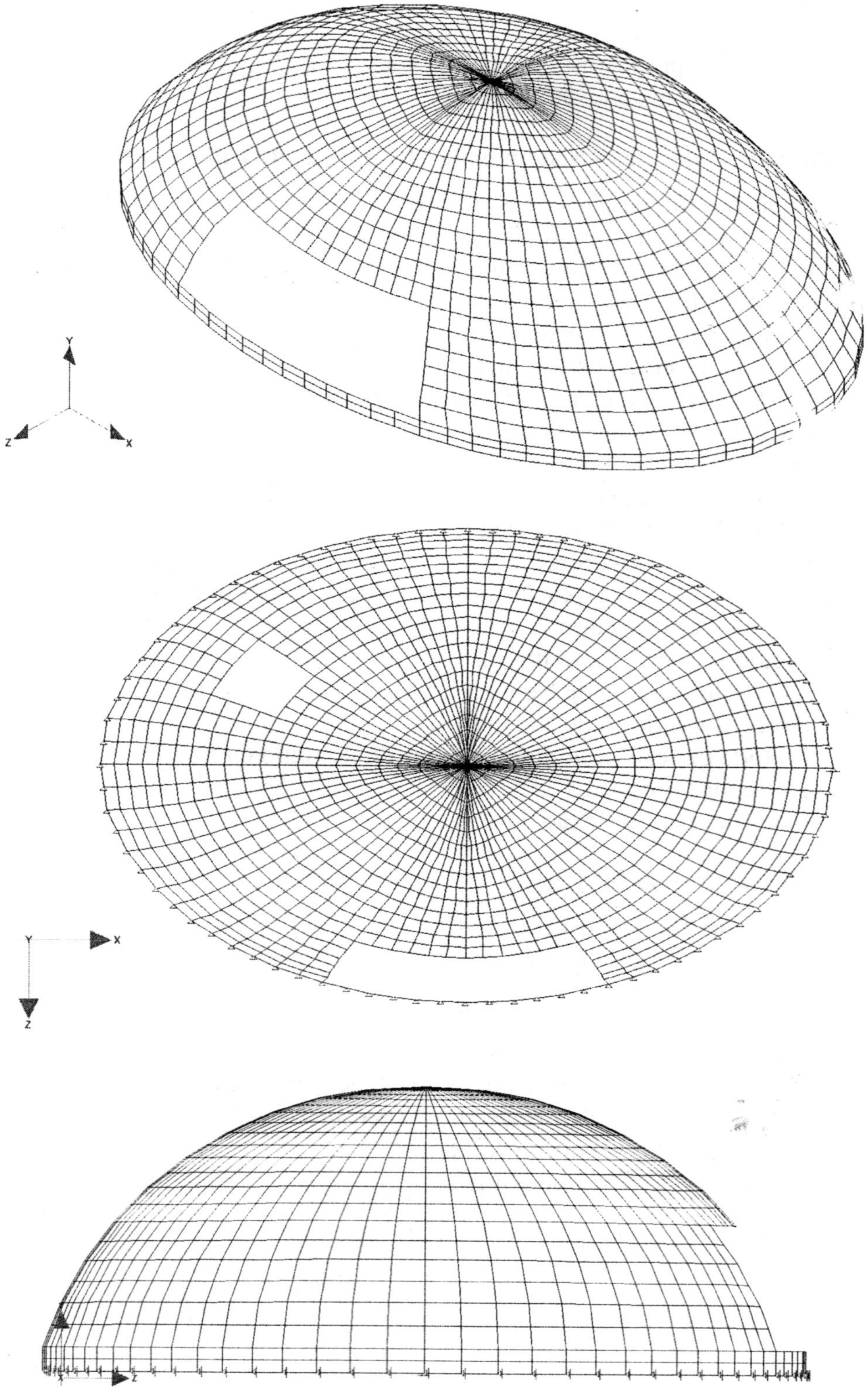

Discretização da cúpula do Memorial Roberto Silveira.

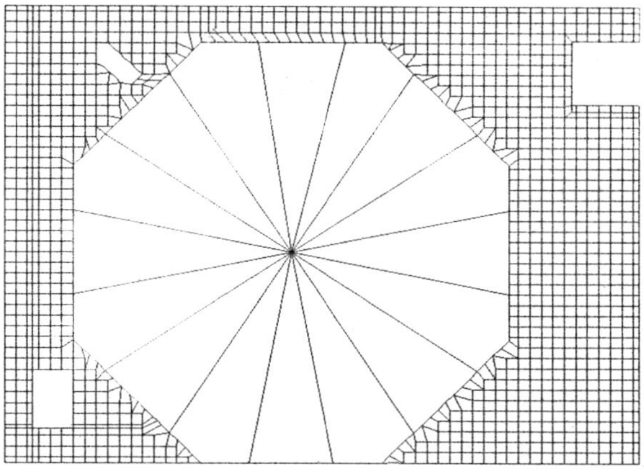

1

Apresentação

Por que estudar o Método dos Elementos Finitos?

– O Método dos Elementos Finitos, de sigla **MEF**, é genial, e com seus atuais programas automáticos é possível praticamente analisar o comportamento de qualquer sistema físico regido por equações diferenciais ou integrais, como da mecânica dos sólidos deformáveis, da condução de calor e de massa, e do eletromagnetismo, por exemplo. Está perfeitamente estabelecido e é reconhecido como um dos melhores métodos para a resolução de uma ampla gama de problemas de Engenharia e de Física. E certamente, o engenheiro que necessitar deste método encontrará um programa que satisfaça às suas necessidades, embora para o seu uso judicioso seja preciso conhecer o modelo matemático do sistema físico em questão, assim como saber o que pode ser calculado com ele e como obter, interpretar e validar os correspondentes resultados. Já um pesquisador poderá se interessar em investigar condições extremas de seu uso ou em como formular e desenvolver elementos mais eficientes do que os atualmente disponíveis. Tudo isto torna uma necessidade a sua aprendizagem.

1.1 – Introdução

Este livro visa dar condições ao leitor de compreender este método em aplicações da Mecânica dos Sólidos Deformáveis. Para isso, são apresentados os seus fundamentos e formulações mais utilizadas em análise estática e dinâmica de estruturas, assim como são detalhados os desenvolvimentos dos elementos finitos mais básicos, e fornecidas informações de como utilizá-los. A abordagem é indutiva e com equilíbrio entre a consistência matemática e a conceituação física. E, na medida do possível, os conceitos e desenvolvimentos são elucidados com exemplos simples.

Pressupõe-se que o leitor tenha conhecimento da Resistência dos Materiais e da Teoria das Estruturas, além de domínio das operações fundamentais da Álgebra Matricial e do Cálculo Diferencial e Integral. Os modelos matemáticos das teorias de viga, de elasticidade e de condução de calor, que serão aqui utilizados, estão apresentados de forma objetiva nos anexos, para que este livro seja completo por si mesmo, para uniformizar a notação e para facilitar uma revisão por parte do leitor. E como só é possível obter resultados com o **MEF** através de computador, pressupõe-se também que o leitor tenha acesso a um programa automático para experimentá-lo.

É oportuno refletir sobre uma frase atribuída ao grande matemático *Horace Lamb* (1849-1934): *"Um viajante que se recusa a atravessar uma ponte até que tenha pessoalmente testado a solidez de cada uma de suas partes não irá muito longe; alguma coisa tem que ser arriscada, mesmo em matemática".*[1] Isto, no sentido de que não é necessário ser um matemático para utilizar a Matemática como ferramenta. Essa frase continua atual e se aplica ao **MEF**. Não é necessário ser um especialista neste método para utilizá-lo profissionalmente. É necessário sim, conhecê-lo muito bem. Por isso, e para que o leitor possa vir a ter uma compreensão inicial de maneira a capacitá-lo a aplicações simples, é apresentado neste capítulo o panorama geral em que este método se insere, com uma descrição de sua evolução, com esclarecimentos quanto ao significado do modelo matemático de um sistema físico, e com informações quanto à sua aproximação básica e à sua sistemática de resolução, além de orientações preliminares de como utilizá-lo no caso de estruturas. Assim, após o entendimento desse panorama e o exame da documentação de um programa automático deste método, o leitor poderá empregá-lo em experimentos simples. A obtenção de valores numéricos nesses experimentos o estimulará a avançar no estudo, de maneira a prepará-lo para usos mais elaborados e seguros.

Ainda sobre este livro, o segundo capítulo apresenta os métodos de aproximação direta do contínuo. Esses métodos constituem a base para as formulações do **MEF**, que é um método de aproximação a partir de subdomínios e cujo desenvolvimento se inicia no terceiro capítulo, através de elementos finitos unidimensionais de barras. A seguir, o quarto capítulo apresenta o desenvolvimento dos elementos bi e tridimensionais básicos, juntamente com a integração numérica necessária à implementação de elementos com diferentes formas, além de critérios de convergência do método. O quinto e o sexto capítulos tratam da análise dinâmica de sistemas de um e de multigraus de liberdade, respectivamente. E com o objetivo de estimular o leitor a transformar o conteúdo aqui apresentado em conhecimento, ao final desses capítulos são propostos exercícios e questões para reflexão.

Não é necessário que o leitor iniciante se inteire de todos os tópicos, com todas as suas transformações analíticas. É suficiente, em uma primeira etapa, procurar compreender os conceitos e as linhas de desenvolvimento dos itens indicados no início de cada capítulo. Em um estudo posterior, o leitor terá mais facilidade e motivação para estudar os demais itens e acompanhar o detalhamento das deduções formais, de maneira a consolidar e ampliar a aprendizagem. Neste capítulo, em particular, sugere-se que, em um primeiro estudo, sejam omitidas as partes que façam referência à análise dinâmica.

Um segundo livro deste autor tratará de elementos finitos de ordem superior, de placa, de casca, de elasticidade incompressível e de particularidades do **MEF**.

---

[1] Cajori, F., 2007, *Uma História da Matemática*, pg. 375, Editora Ciência Moderna.

1.2 – Evolução do desenvolvimento do Método dos Elementos Finitos

Conhecer o desenvolvimento deste método nos permite melhor valorizá-lo, sob suas múltiplas facetas. Por isso, segue um relato conciso da evolução desse desenvolvimento, sem detalhamento que possa desviar o leitor do objetivo principal de compreender este método.

O **MEF** foi iniciado pelos engenheiros aeronáuticos Turner, Argyris e Associados, na segunda metade da década de 50, como resultado da evolução da Análise Matricial de Estruturas e do advento do computador.[2] A abordagem foi intuitiva, através do Princípio dos Deslocamentos Virtuais, sem o conhecimento de critérios de convergência. E dado à exploração espacial, este método teve rápido desenvolvimento e reconhecimento, o que contribuiu para a elaboração de bem sucedidos projetos de espaçonaves, mísseis e cápsulas espaciais, com consequentes aplicações em diversas outras áreas da Engenharia.

Na primeira metade da década de 60, identificou-se que o **MEF** pode ser entendido como um caso particular do Método de Rayleigh-Ritz e como tal formulado a partir de funcionais. Isso estendeu a aplicabilidade deste método a problemas não estruturais, como de fluídos, meios porosos, termodinâmica e eletromagnetismo, e conduziu ao estabelecimento de critérios de convergência. No final da mesma década, comprovou-se que o presente método pode ser formulado também a partir de equações diferenciais com condições de contorno, como um caso particular do Método de Galerkin. Com isso, o **MEF** passou a não requerer a existência de um funcional, com maior ampliação de sua aplicabilidade.

Na década de 70, identificou-se que o presente método pode ser compreendido como um caso particular dos métodos de resíduos ponderados em geral e não apenas do Método de Galerkin, com consequente nova ampliação de sua aplicabilidade e de suas vertentes de formulação. Ainda nessa década, foram disponibilizados programas automáticos para a análise de uma ampla gama de sistemas físicos, com a incorporação de facilidades de geração de modelos discretos e com a inclusão de eficientes algoritmos de resolução dos sistemas de equações algébricas e dos problemas de autovalor decorrentes desses modelos.

Na década de 80, foram discretizados de forma satisfatória modelos matemáticos com mais de um tipo de energia e que ficam inconsistentes no caso de nulidade de um dos tipos de energia envolvidos. É o que se chama *problemas com restrições internas*, como em sólidos e fluídos quase-incompressíveis, e em placas e cascas muito finas analisadas com as hipóteses de Reissner-Mindlin. E ainda nessa década, o presente método passou a ser disponibilizado em microcomputadores, o que o tornou mais acessível.

Na década de 90, dado à ampla disponibilidade de microcomputadores e programas comerciais de baixo custo, este método se popularizou com eficientes ferramentas de pré e de pós-processamento, o que facilitou o seu uso em modelos com expressivos números de graus de liberdade.

---

[2] Vide Turner, M.J., Chough, R.J., Martin, H.C. & Topp, L.J., 1956, *Stiffness and Deflection Analysis of Complex Structures*, Journal of Aeronautic Society, vol. 23, n. 9; Argyris, J.H. & Kelsey, S., 1960, *Energy Theorems and Structural Analysis*, Butterworth & Co., London. E o termo *elemento finito* foi criado por Clough, R.W., 1960, *The Finite Element Method in Plane Stress Analysis*, Proceedings of ASCE, Conference on Eletronic Computation, Pittsburg, PA.

Atualmente, o **MEF** está consolidado, tem suas bases matemáticas perfeitamente esclarecidas e é rotineiramente utilizado em projetos de engenharia. Suas programações automáticas estão cada vez mais eficientes, entre as quais merecem citação: ANSYS®, NASTRAN®, COSMOS®, ABAQUS®, ALGOR®, SAP® e ADINA®.

1.3 – Estabelecimento de um modelo matemático

Dado à complexidade da natureza, os sistemas constituídos de matéria ou sistemas físicos têm comportamentos muito complicados para uma perfeita compreensão. E como a execução rotineira de experimentos físicos para o entendimento aproximado desses comportamentos é muito dispendiosa ou impossível, são desenvolvidos estudos analíticos com essa mesma finalidade.

Embora a matéria (sólida, líquida ou gasosa) seja constituída de moléculas ou de células elementares com forças coercivas entre si, que são as menores partículas que guardam as suas características, o estudo analítico do comportamento macroscópico da matéria a partir dessas partículas não se mostrou adequado na grande maioria das aplicações de Engenharia.[3] Por essa razão, e com a disponibilidade do cálculo diferencial iniciado por *Newton* e *Leibnitz*, a matéria foi idealizada como uma distribuição contínua, constituída de infinitos "pontos materiais", adjacentes uns aos outros, mas com a propriedade de poderem se afastar sem formarem vazios e de se aproximar sem se sobreporem, denominada *meio contínuo*.[4] Com essa idealização e a identificação de certas propriedades físicas do meio material e de determinado princípio, lei ou axioma físico característico do fenômeno físico, são obtidas as equações matemáticas que regem o comportamento desse meio. Isto, de maneira que a solução dessas equações expresse, de forma aproximada adequada, o comportamento do sistema, o que comprova a validade da idealização da matéria como contínuo e das demais hipóteses adotadas.

Assim, essas equações constituem um *modelo matemático* da Mecânica do Contínuo, que se divide em Mecânica dos Sólidos Deformáveis, Mecânica dos Fluidos e Mecânica Multidisciplinar.[5] A Mecânica dos Sólidos inclui a Mecânica das Estruturas que trata dos sistemas constituídos de componentes sólidos capazes de receber e transmitir esforços. A Mecânica dos Fluidos trata do comportamento dos líquidos e gases. E como exemplos da Mecânica Interdisciplinar, vale citar a interação fluido-estrutura e os sistemas de controle da Mecatrônica.

De forma distinta à idealização do meio contínuo, por vezes, um sistema físico constituído de um número finito de componentes têm esses componentes idealizados em pontos discretos com certas grandezas físicas incógnitas, o que é chamado de *modelo*

---

[3] Os fenômenos na escala de átomos e de moléculas são tratados na *nanomecânica* e na *micromecânica*.

[4] O conceito de homogeneização da microestrutura dos sólidos é de *Augustin-Louis Cauchy* (1789-1857). E apesar do evidente artificialismo desse conceito, são obtidos excelentes resultados com o mesmo, comparativamente com resultados experimentais, a menos de simulação do fenômeno de fadiga.

[5] A palavra *modelo* costuma ter o significado de reprodução de um objeto físico, em real grandeza ou em escala reduzida. Mas, no presente contexto, modelo significa uma representação matemática capaz de expressar de forma aproximada o comportamento de um sistema físico.

matemático discreto. É o caso de massas ligadas entre si e com o meio exterior através de molas e submetidas a ações externas, em que essas massas são idealizadas como "pontos materiais" cujos deslocamentos se relacionam com os esforços nas molas e são determinados com a resolução do modelo matemático.

Além disso, como todo fenômeno físico é um evento no espaço físico, em sua descrição analítica adota-se um referencial conveniente a esse espaço, normalmente o cartesiano, mais a variável tempo no caso de fenômeno mutável de forma relevante no tempo. Entre essas coordenadas, as necessárias à definição de uma configuração qualquer do fenômeno são ditas *variáveis independentes*. E cada conjunto de valores dessas variáveis especifica um ponto da região do fenômeno, em referência a uma posição no espaço físico e no tempo, o que implica em se ter infinitos pontos em um modelo contínuo e um número finito de pontos em um modelo discreto em que não se tem a variável tempo. E a região de definição do modelo matemático é *fechada* quando se desconsidera a alteração do fenômeno no tempo, e, *aberta* em caso contrário. Isto é, no primeiro caso, o modelo é definido apenas em uma região delimitada do espaço físico, e no segundo caso, é definido em uma região delimitada desse espaço mais a variável tempo medida a partir de um instante inicial (com modificação ou não da fronteira). E quando, a partir de um dos pontos dessa região, a especificação de incrementos ou decrementos infinitesimais das coordenadas espaciais conduz apenas a outros pontos dessa mesma região, trata-se de um *ponto interior* e, em caso contrário, de um *ponto do contorno*. O conjunto dos pontos interiores, isto é, a região do modelo contínuo menos o seu contorno, é chamado de *domínio*.

As funções que precisam ser determinadas em um modelo matemático, frequentemente de significados físicos conhecidos, são denominadas *variáveis dependentes*. Entre essas, as que dão origem a outras através de derivações são chamadas de *variáveis (dependentes) primárias*, e essas outras são as *variáveis (dependentes) secundárias* ou *variáveis derivadas*. Na Mecânica dos Sólidos Deformáveis, por exemplo, os componentes de deslocamento de ponto são as variáveis primárias e os componentes de deformação e de tensão são algumas das variáveis secundárias. Em problema de condução de calor, a temperatura é a variável primária e o fluxo de calor é uma variável secundária.

As variáveis primárias em cada um dos pontos da região de definição de um modelo matemático são denominadas *graus de liberdade*.[6] Assim, tem-se um número finito de graus de liberdade em um modelo discreto, cujo comportamento fica expresso por equações algébricas, e tem-se infinitos graus de liberdade em um modelo contínuo, de comportamento expresso por equações diferenciais.

O modelo matemático de região fechada requer o estabelecimento de certas condições de contorno para a sua resolução, o que constitui um *problema de condições de contorno* ou *de valores de fronteira*. Este é o caso da distribuição de tensão em um sólido deformado por ações estáticas e da condução de calor em regime permanente. O modelo matemático de região aberta, pelo fato do seu estado se relacionar a cada instante com o estado imediatamente anterior, requer o estabelecimento de certas condições do instante inicial para a sua resolução, o que caracteriza um *problema de condições iniciais* ou *de*

---

[6] O termo grau de liberdade surgiu da análise de estruturas, e atualmente é utilizado para designar parâmetro a ser determinado em caracterização da configuração de qualquer fenômeno físico.

valores iniciais. É o que ocorre em comportamento dinâmico de uma estrutura e em condução transiente de calor. E o modelo descrito por equações diferenciais com parâmetros desconhecidos além das variáveis dependentes é chamado de *problema de autovalor*, como em determinação de cargas críticas e modos de flambagem de uma estrutura.

As equações do contorno são divididas em *condições essenciais* (que dizem respeito à prescrição das variáveis primárias e, por vezes, de suas derivadas primeiras) e em *condições não essenciais* (referentes à prescrição de valores de algumas variáveis secundárias). Em sólido deformável, por exemplo, a prescrição dos deslocamentos na superfície de apoio constitui as condições essenciais de contorno, também chamadas de *condições geométricas de contorno*, e a especificação de forças de superfície constitui as condições não essenciais de contorno, também denominadas *condições mecânicas de contorno*. Em problema de condução de calor em regime permanente, a prescrição da temperatura em parte do contorno do sólido é a condição essencial de contorno, também denominada *condição de Dirichlet*, e o fluxo de calor na parte complementar do contorno é a condição não essencial de contorno, também chamada de *condição de Neumann*.[7]

As equações do domínio (diferenciais ou integrais) e as condições de contorno (e iniciais) são as *equações de governo* do sistema físico e, se estabelecidas de forma correta, admitem uma única solução, conhecida ou não. E embora seja a solução de um modelo matemático que contém aproximações em relação ao comportamento real desse sistema, é dita *exata*. Assim, essa solução é uma verdade matemática e uma meia-verdade física.

Para exemplificar um modelo matemático, considere-se um sólido com uma dimensão preponderante em relação às demais, apoiado nas extremidades e sob peso próprio, como ilustra a Figura 1.1. Inicialmente, com as hipóteses de pequenos deslocamentos e rotações, seção transversal plana e apoios indeslocáveis transversalmente, idealiza-se esse sólido em uma viga biapoiada de seção transversal constante, onde p denota a (intensidade) da força distribuída por unidade de comprimento e em que u é o deslocamento no plano de flexão. O lugar geométrico dos centróides das seções transversais é o domínio (no caso denominado *eixo geométrico*) e os centróides das figuras planas das extremidades do sólido constituem o contorno. Recai-se, assim, em um modelo unidimensional regido pela equação diferencial de equilíbrio (vide Equação I.11 do Anexo I)

$$EI\,u_{,xxxx} = p \tag{1.1}$$

em que x é a variável independente medida segundo o eixo geométrico, u é a variável primária, EI é o produto do módulo de elasticidade do material pelo momento de inércia principal da seção transversal em relação ao eixo de flexão e a vírgula como índice denota derivada em relação à variável que lhe segue. Além disso, neste modelo, o momento fletor e o esforço cortante são variáveis secundárias, os deslocamentos verticais nulos no contorno são as condições geométricas de contorno, $(u_{|x=0} = 0)$ e $(u_{|x=L} = 0)$, e os momentos fletores nulos nesse contorno são as condições mecânicas de contorno, $(M_{|x=0} = 0)$ e $(M_{|x=L} = 0)$.

---

[7] As condições de contorno serão melhor caracterizadas no Item 2.1 do próximo capítulo que aborda o Cálculo Variacional.

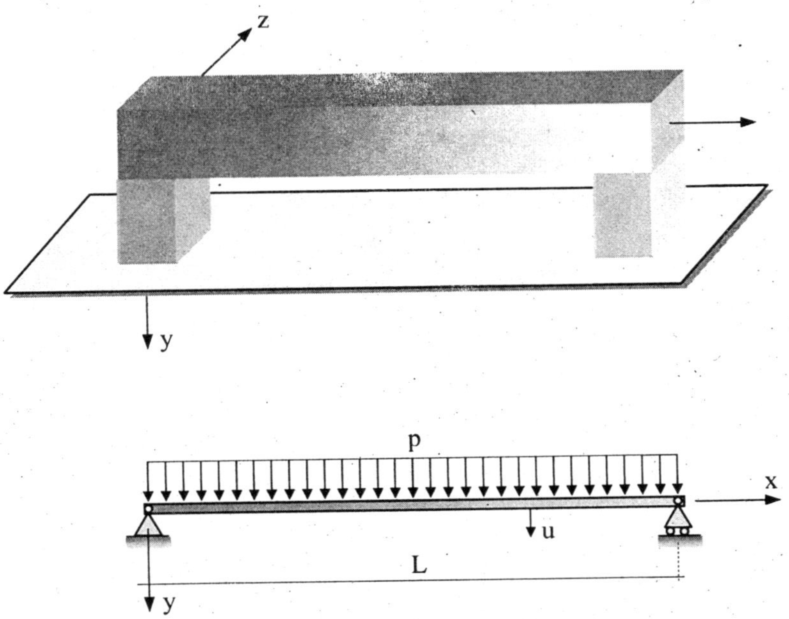

Figura 1.1 – Sólido sobre dois apoios.

Em aprimoramento das hipóteses anteriores, com a suposição de uma força vertical distribuída ao longo da viga e função do tempo, p(x,t), e de inércia de translação, a equação diferencial toma a forma (vide Equação I.12 do Anexo I)

$$\rho A \ddot{u} + EI\, u_{,xxxx} - p = 0 \tag{1.2}$$

onde ρ e A denotam a massa específica e a área da seção transversal, respectivamente, e em que cada ponto sobre uma variável indica derivada em relação ao tempo.

A resolução dessa equação requer o conhecimento de duas variáveis dependentes no instante inicial (t=0), que são quase invariavelmente o deslocamento ($u_o = u_{|t=0}$), e a velocidade ($v_o = \dot{u}_{|t=0}$), que constituem as referidas condições iniciais. E caso não se adote a hipótese de seção transversal plana, o modelo matemático passa a ter três variáveis independentes no espaço geométrico (que são as coordenadas espaciais) e três variáveis primárias (que são os componentes de deslocamentos), de maneira a recair em um sistema de equações diferenciais parciais, como é mostrado no Anexo II.

Conclui-se que o modelo matemático deve ser capaz de bem representar o comportamento físico julgado relevante pelo engenheiro no sistema físico, como um elo entre esse sistema e a compreensão de seu comportamento. E é sempre possível criar um modelo mais realístico e sofisticado que os já existentes, uma vez que não há modelo matemático que expresse exatamente o comportamento real. A escolha do modelo depende da acurácia desejada para a solução, do conhecimento e da experiência do engenheiro, e das ferramentas disponíveis para a sua resolução, entre as quais se insere o **MEF** como a principal.

1.4 – O que é o Método dos Elementos Finitos?

Na maioria dos modelos matemáticos contínuos, a resolução analítica costuma oferecer grandes dificuldades, ou até mesmo ser impossível. A alternativa à não obtenção de solução analítica (através da integração das equações diferenciais com condições de contorno ou iniciais) é utilizar um *método aproximado* que substitua os infinitos graus de liberdade do modelo contínuo por um número finito de parâmetros a ser determinados, ou graus de liberdade de um *modelo aproximado*. E assim, tem-se a troca das equações diferenciais daquele modelo por um sistema de equações algébricas desse modelo.

Com os métodos aproximados analíticos clássicos, como os *variacionais* e os *de resíduos ponderados*, são buscadas soluções diretamente em todo o domínio do modelo matemático. Como consequência, esses métodos ainda são de difícil aplicação em domínios compostos de diferentes materiais, ou de geometria e condições de contorno irregulares, além de requerem nova resolução completa para cada modificação do domínio, das propriedades de material ou das condições de contorno (e iniciais). Alternativamente, há métodos de simulação numérica que buscam soluções aproximadas a partir de subdomínios ou de pontos do domínio ou do contorno, entre os quais, cita-se, por ordem cronológica, o *Método das Diferenças Finitas*, o *Método dos Elementos Finitos*, o *Método dos Elementos de Contorno* e diversos *Métodos sem Malha*. Pode-se identificar aplicações em que cada um desses métodos seja mais eficiente do que os demais. Contudo, o **MEF** é o mais largamente utilizado em Mecânica do Contínuo, como atesta o grande número de sistemas computacionais comerciais disponíveis que o utilizam, comparativamente com os demais métodos. Isto se deve à sua facilidade de generalização, programação e uso, embora as bases matemáticas necessárias à sua formulação possam oferecer dificuldades iniciais aos graduandos e aos profissionais de Engenharia.

O presente método parte do arbítrio de leis simples (usualmente polinomiais) para as variáveis dependentes primárias em subdomínios denominados *elementos finitos*, em substituição às leis exatas de solução do modelo matemático (que são desconhecidas) e de maneira a se ter continuidade nas interfaces dos elementos, na grande maioria dos desenvolvimentos.[8] Esses elementos são interconectados através de pontos nodais em seus contornos e, como as referidas leis são arbitradas em função de parâmetros nodais, os infinitos pontos do modelo matemático contínuo são substituídos por um número finito de pontos, o que é chamado de *processo de discretização* do modelo matemático contínuo. Isto, sob uma condição matemática que garanta que a solução aproximada obtida convirja para a solução do modelo matemático original, na medida em que se reduz o tamanho dos elementos ou se aumente a ordem das leis arbitradas para as referidas variáveis. Assim, esse modelo matemático, que já é aproximativo ao sistema físico, tem seu comportamento determinado com aproximação adicional através de um *modelo discreto* do **MEF**, em contexto esquematizado na próxima figura.

---

[8] No Método das Diferenças Finitas, em pontos distribuídos de forma regular no domínio do modelo matemático contínuo, substituem-se os operadores diferenciais por expressões algébricas que envolvem as incógnitas nos pontos circunvizinhos de cada ponto, de maneira a obter um sistema de equações algébricas cuja resolução fornece os valores dessas incógnitas. As principais desvantagens deste método são requerer certa regularidade na distribuição dos pontos e apresentar dificuldade de prescrição de condições de contorno em domínios irregulares.

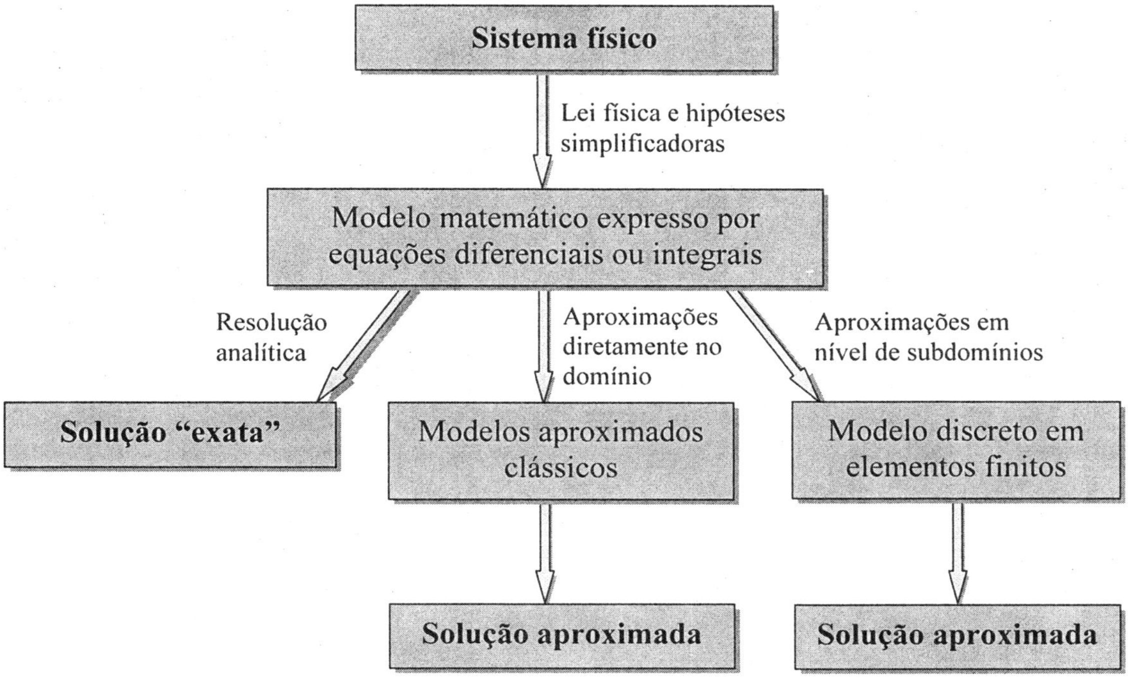

Figura 1.2 – Esquema de análise de um sistema físico idealizado como contínuo.

A idéia de dividir uma entidade complexa em componentes simples ligados entre si, data da antiguidade.[9] Cerca de 400 a.C., o grego *Brísono de Heráclea* inscreveu e circunscreveu polígonos regulares em uma circunferência, com o objetivo de determinar a área do correspondente círculo. Essa quadratura se relaciona com a determinação do número π que é igual à razão entre o perímetro e o diâmetro da circunferência.

E em determinação de valores aproximados desse número, de forma análoga ao procedimento de *Brísono*, considera-se um hexágono inscrito em uma circunferência de diâmetro d, como mostra a Figura 1.3, em que, com a terminologia do **MEF**, os n lados em número de 6 desse polígono são "elementos finitos" e as 6 interfaces entre esses lados são "pontos nodais". A condição matemática para obter uma solução aproximada é aumentar sucessivamente o número de lados de polígonos regulares inscritos, quando então os correspondentes perímetros convergem para o perímetro da circunferência. E ainda em semelhança ao referido método, inicia-se a resolução a partir de um elemento genérico de pontos nodais 1 e 2, mostrado na referida figura, cujo comprimento ℓ se calcula

$$\sin\frac{360^\circ}{2n} = \frac{\ell/2}{d/2} \qquad \rightarrow \qquad \ell = d\,\sin\frac{180^\circ}{n}$$

Logo, como o polígono é regular, tem-se o perímetro

[9] Esta ilação é encontrada na página 2 da referência bibliográfica Martin, H.C & Carey, G.F., 1973.

$$p_n = n\, d \sin(180^\circ / n) = \pi_n\, d$$

Com isso, quando se substitui a circunferência por um polígono regular inscrito de n lados, obtém-se o seguinte valor aproximado para π

$$\pi_n = n \sin(180^\circ / n) \qquad (1.3)$$

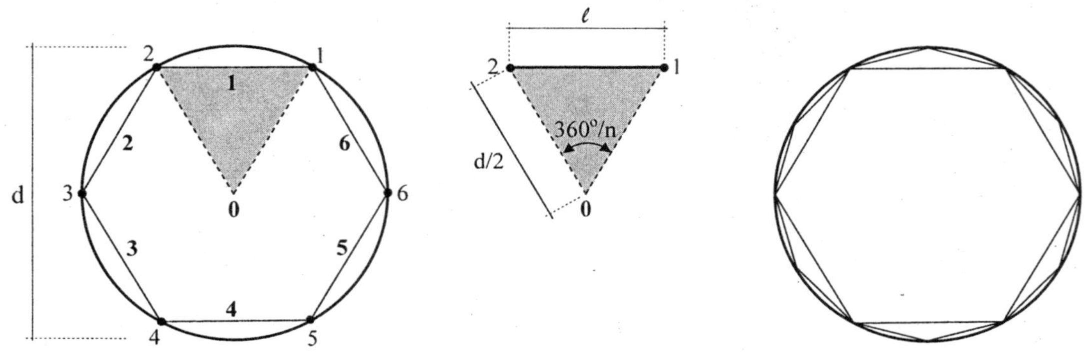

Figura 1.3 – Polígonos regulares inscritos em uma circunferência.

A próxima tabela mostra diversos valores de π_n e os correspondentes erros de cálculo, que evidenciam convergência para o número irracional transcendente π.[10]

n	π_n	Erro percentual
6	3,0	4,50703414486281
12	3,10582854123025	1,13840705346308
24	3,13262861328124	0,285334265036317
48	3,13935020304687	0,071379417709167
96	3,14103195089051	0,017847721239196
192	3,14145247228546	$4{,}46210950268796 \cdot 10^{-3}$
384	3,14155760791186	$1{,}11553857549348 \cdot 10^{-3}$

Tabela 1.1 – Valores aproximados do número π.

[10] Estimativa de π em 245/81 foi feita pelos egípcios, cerca de 2000 a.C. Operando com polígonos, Arquimedes (287–212 a.C.) estimou o valor de π entre $3^{10}/_{71}$ e $3^{1}/_{7}$, e o chinês Liu Hui, que viveu na dinastia Han (206 a.C.–300 d.C.) chegou ao valor 3,14.

Em resoluções com o **MEF**, como as representações das soluções não são conhecidas (como no caso anterior), leis locais são arbitradas sem a imposição de que pontos dessas leis coincidam com as soluções procuradas. E este método é formulado através de uma condição de extremo de uma integral de quantidades de energia, ou através de uma condição de que os erros com as soluções locais sejam nulos de forma ponderada em cada elemento. Além disso, opera-se com parâmetros nodais para que elementos adjacentes possam interagir entre si, em uma malha substituta do modelo matemático original.[11] Com isso, o comportamento da malha é o resultado da combinação dos comportamentos dos elementos, a solução exata fica substituída por soluções aproximadas locais simples e, na medida em que se refina a malha, essas soluções locais se aproximam daquela solução, como esclarece a figura seguinte, no caso de lei linear local.

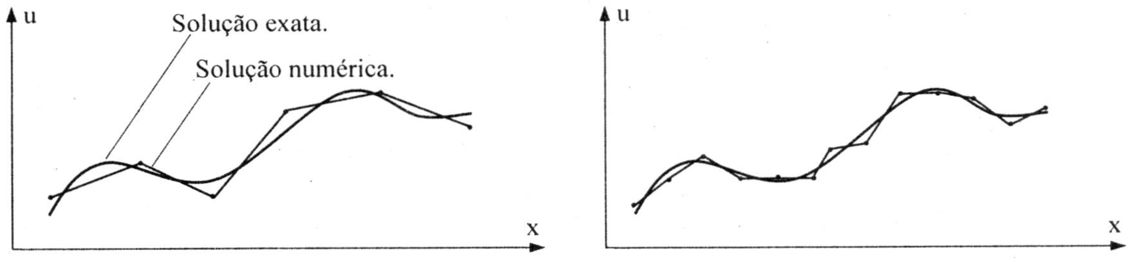

Com 5 elementos.   Com 12 elementos.

Figura 1.4 – Resultados de discretizações com aproximações locais lineares.

A solução numérica em um ponto específico do domínio pode convergir para a solução exata por valores inferiores, superiores ou sem padrão definido, como ilustra a Figura 1.5, o que depende da solução em questão e da formulação do elemento. E além de procedimentos elaborados de checagem de convergência que fazem uso de normas de energia, é prático comparar diferenças de resultados de discretizações sucessivas em identificação de uma discretização que dispense refinamentos posteriores, o que naturalmente depende de julgamento de engenharia.

---

[11] Para o leitor que se inicia neste método, é natural que essas concisas informações possam estar bastante abstratas. Contudo, com o andamento da leitura deste livro, elas ficarão perfeitamente compreendidas. Por ora, é oportuno apontar uma analogia entre este método e o brinquedo *LEGO*, criado pelo marceneiro dinamarquês *O. K. Christiansen*, na década de 50, e que se baseia no encaixe de pequenos componentes físicos. No caso de estruturas reticuladas em que as barras são idealizadas como elementos finitos unidimensionais, a analogia é no sentido de colagem das extremidades dos elementos de forma a montar o modelo discreto. Já no caso de estrutura contínua discretizada em elementos finitos bi ou tridimensionais, é como colar pontos nodais de elementos adjacentes, mas com a condição adicional de as interfaces desses elementos permanecerem contíguas quando da deformação da malha de elementos. Assim, o **MEF** "pode ser considerado como um brinquedo" de composição de domínios de modelos matemáticos, a partir de subdomínios de dimensões finitas, denominados *elementos finitos*.

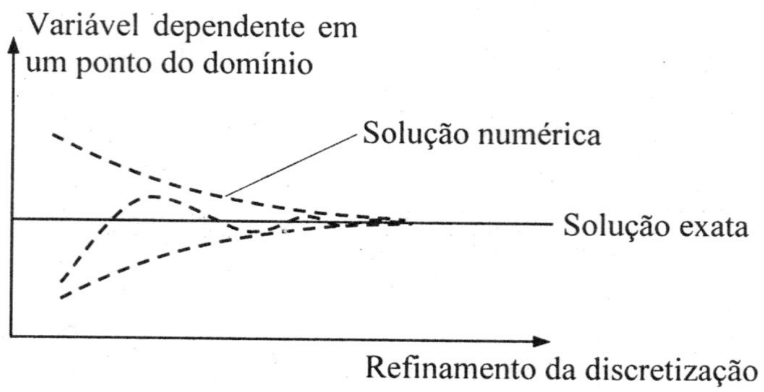

Figura 1.5 – Convergência para a solução exata.

Os elementos finitos podem ser uni, bi e tridimensionais, de variadas formas padrões e com números distintos de pontos nodais em seus lados e faces, como mostra a próxima figura, assim como com diferentes números e tipos de graus de liberdade por ponto nodal. Diz-se que a ordem de um elemento é o grau do polinômio arbitrado para as variáveis primárias, o que por sua vez depende do correspondente número de parâmetros nodais, como ficará evidente posteriormente. Além disso, existem elementos especiais para simular comportamentos físicos particulares, como de placas e cascas laminadas, de fratura, de contato, de concreto armado e de domínios semi-infinitos.

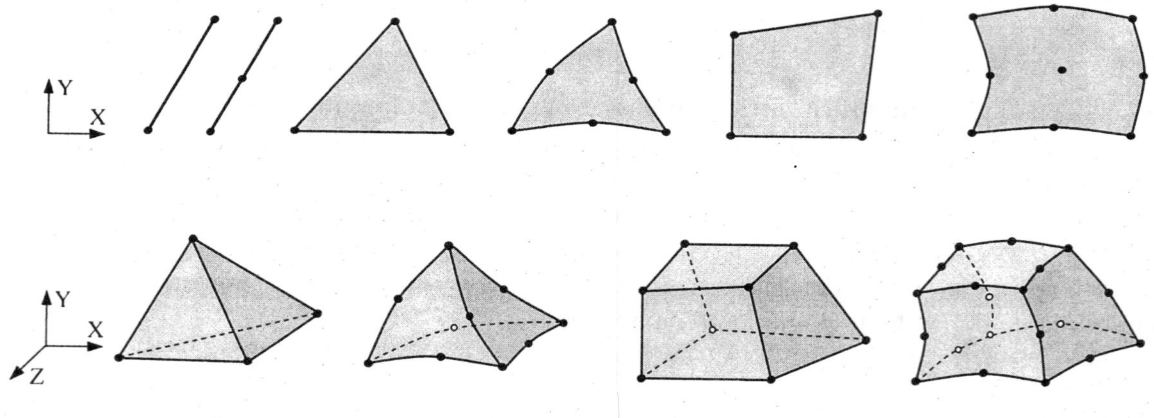

Figura 1.6 – Exemplos de formas de elementos finitos.

As formas dos elementos são escolhidas de acordo com o domínio a ser discretizado, como exemplifica a Figura 1.7 no caso de uma chapa retangular de domínio multiplamente convexo e sob tração, em que foram utilizados elementos retangulares e triangulares, com pontos nodais apenas em seus vértices. Observa-se que, além da discretização do domínio com aproximação de geometria em seu contorno circular interno, são também discretizadas as condições geométricas e mecânicas de contorno.

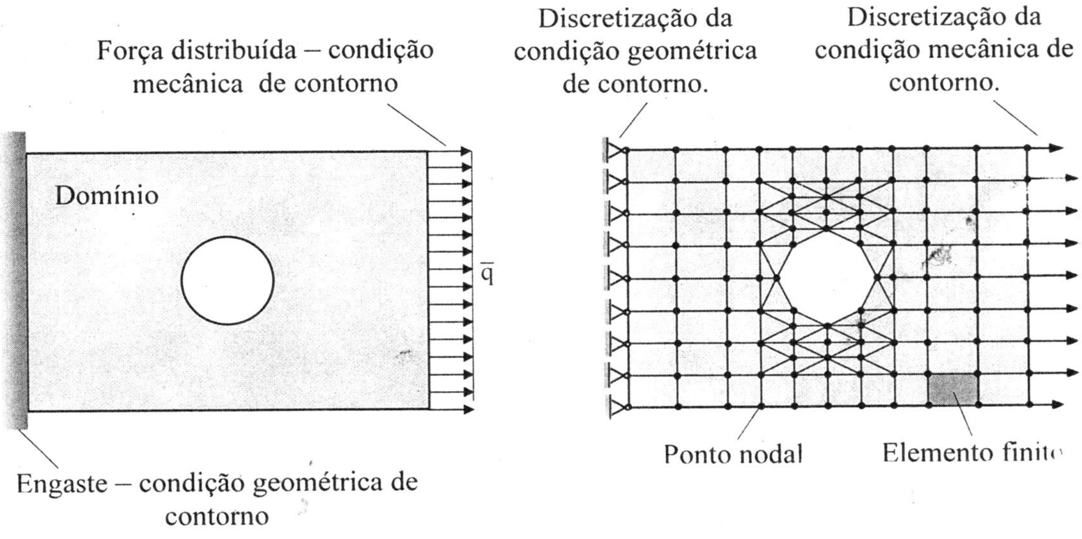

Figura 1.7 – Discretização de uma chapa tracionada.

E como já relatado, este método parte do arbítrio de leis para as variáveis primárias em nível de subdomínios chamados de *elementos finitos*.[12] Além disso, para que esses elementos possam interagir entre si, essas leis interpolam parâmetros nodais das variáveis primárias e, por vezes, de algumas de suas derivadas. No caso específico de uma única variável primária "u" e com a numeração dos parâmetros nodais de um elemento 1 até n, por exemplo, essa interpolação escreve-se

$$u = \sum_{i=1}^{n} N_i \, u_i$$

$$\rightarrow \qquad u = \lfloor N_1 \;\; \cdots \;\; N_i \;\; \cdots \;\; N_n \rfloor \begin{Bmatrix} u_1 \\ \vdots \\ u_n \end{Bmatrix} = \mathbf{N}\,\mathbf{u}^{(e)} \qquad (1.4)$$

onde as notações em negrito indicam matrizes e o sobrescrito entre parênteses denota elemento. Assim, na equação anterior, N_i é a i-ésima função de interpolação, u_i é o i-ésimo parâmetro nodal, **N** representa o conjunto das funções de interpolação e $\mathbf{u}^{(e)}$, o conjunto dos parâmetros nodais, o que requer que o número de funções de interpolação seja igual ao de parâmetros nodais.

As funções de interpolação desempenham um papel fundamental no **MEF** e a sua escolha está intimamente relacionada com os parâmetros nodais, com a forma do elemento e com critérios de convergência do método.

[12] Nos *elementos finitos mistos*, são também arbitrados campos para algumas das variáveis secundárias, e nos *elementos finitos híbridos*, são arbitradas leis distintas no domínio e no contorno.

Com o elemento retangular de quatro pontos nodais e de coordenadas cartesianas (x,y) de origem em seu centróide, como mostra a próxima figura, essas funções escrevem-se[13]

$$\begin{cases} N_1 = \dfrac{1}{4ab}(a+x)(b+y) \quad , \quad N_2 = \dfrac{1}{4ab}(a-x)(b+y) \\ N_3 = \dfrac{1}{4ab}(a-x)(b-y) \quad , \quad N_4 = \dfrac{1}{4ab}(a+x)(b-y) \end{cases} \tag{1.5}$$

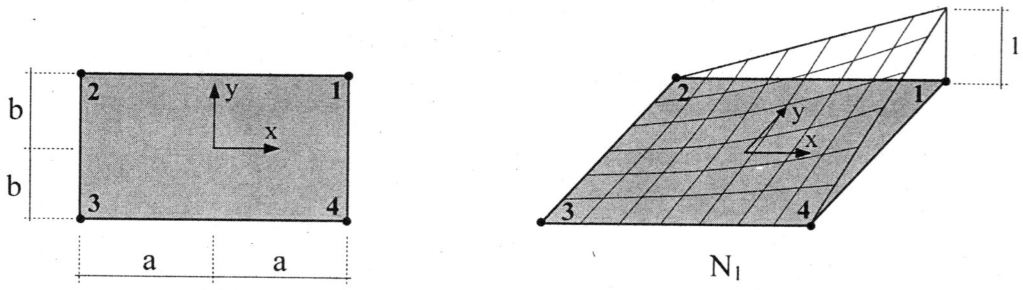

Figura 1.8 – Elemento finito retangular de quatro pontos nodais e a correspondente função de interpolação N_1.

Na parte direita da figura anterior, está representada a função de interpolação N_1, que tem valor unitário no ponto nodal 1 e é linear ao longo dos lados do elemento. As demais funções têm características análogas. Logo, como cada lado do elemento tem dois pontos nodais, no presente caso de um parâmetro por nó, existem dois parâmetros nodais para definir a lei linear no correspondente lado, de maneira a garantir continuidade da variável primária nas interfaces de elementos.[14] Essa continuidade usualmente tem explicação física. Em discretizações da Mecânica dos Sólidos Deformáveis, por exemplo, significa que as interfaces de elementos adjacentes permanecem contíguas quando da deformação da malha, sem formação de vazios entre elementos e nem sobreposição de partes de elementos, o que exclui a formação de fissura da Mecânica da Fratura. E no Item 4.4 ficará esclarecido que essa continuidade é uma condição conservativa de convergência.

Em automatização do método, os pontos nodais e os elementos das malhas precisam ter posições precisamente definidas. Para isso, como ilustra a parte superior da Figura 1.9, são feitas:

– uma numeração sequencial, a partir de 1, dos pontos nodais da malha, denominada *numeração global dos pontos nodais*;

---

[13] Essas funções são aqui apresentadas apenas com finalidade ilustrativa, uma vez que é mais vantajoso desenvolver um elemento bidimensional em forma de quadrilátero, como será descrito no Item 4.1.3 do quarto capítulo. E é comum fazer a numeração dos pontos nodais do elemento no sentido anti-horário.

[14] Essa é uma condição conservativa e não implica em continuidade das variáveis dependentes secundárias, por essas últimas serem obtidas através de derivadas da primeira.

– uma numeração sequencial, a partir de 1, dos pontos nodais em cada um dos elementos da malha, denominada *numeração local de pontos nodais*; e

– uma numeração sequencial, a partir de 1, dos elementos da malha.

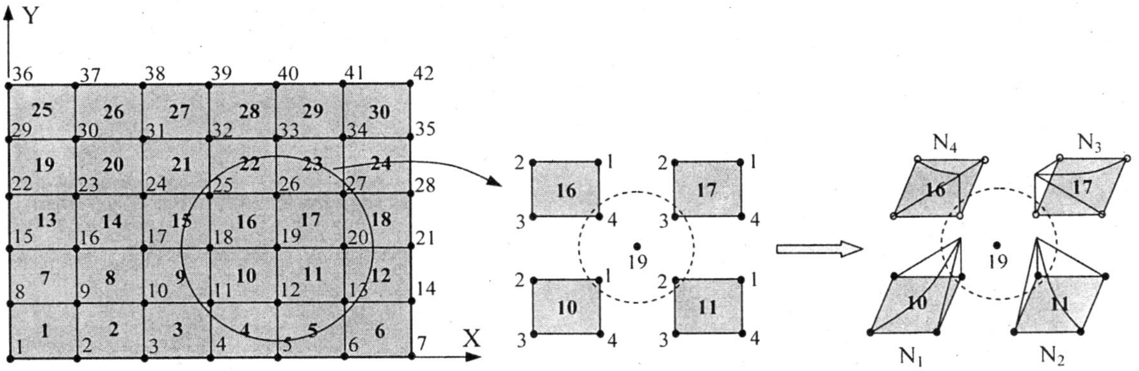

Malha de 30 elementos e de 42 pontos nodais.

Elementos ligados ao ponto nodal 19.

Funções de interpolação nos elementos ligados ao ponto nodal 19.

	1ª col.	2ª col.	3ª col.	4ª col.
⋮	⋮	⋮	⋮	⋮
10ª linha	19	18	11	12
11ª linha	20	19	12	13
⋮	⋮	⋮	⋮	⋮
16ª linha	26	25	18	19
17ª linha	27	26	19	20
⋮	⋮	⋮	⋮	⋮

Matriz de incidência.

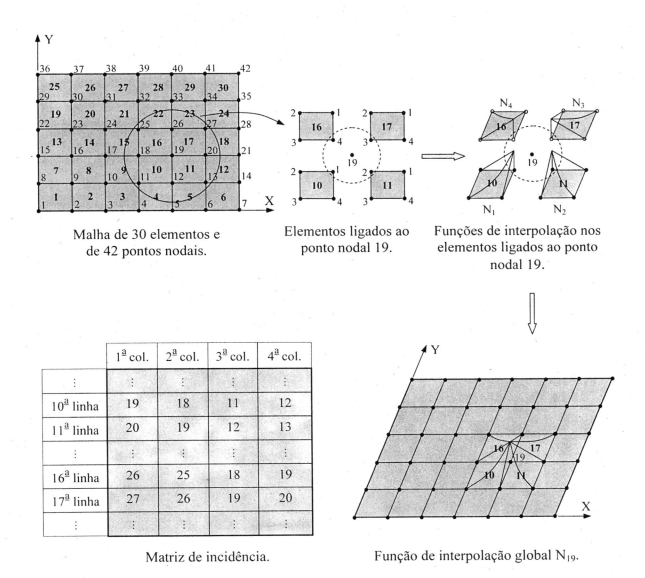

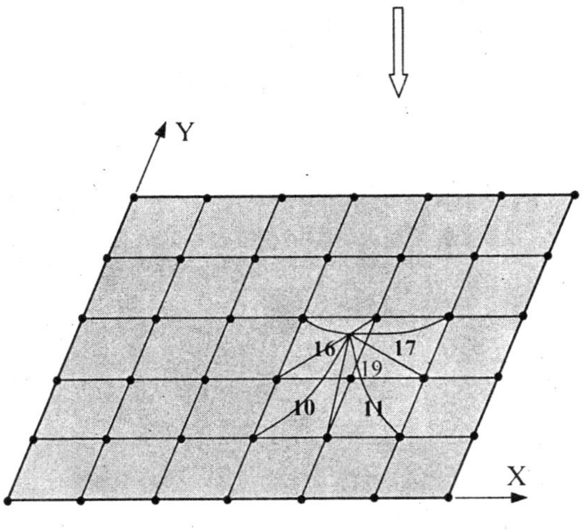

Função de interpolação global N_{19}.

Figura 1.9 – Malha de elementos e a sua função de interpolação N_{19}.

A posição de cada ponto nodal da malha é definida em relação a um referencial global XYZ e o posicionamento de cada elemento na malha é especificado através da definição de correspondência entre a numeração local de seus pontos nodais e a numeração global dos pontos nodais. Essa correspondência é denominada *incidência*, *conectividade* ou *topologia do elemento* e é expressa através de uma *matriz de incidência* ou *de conectividade* que contém a numeração global dos pontos nodais de cada um dos elementos, como ilustra a parte inferior esquerda da figura anterior. Para a definição do 10º elemento da referida malha, por exemplo, a décima linha dessa matriz expressa que os pontos nodais 1, 2, 3 e 4 (numerados no sentido anti-horário) desse elemento correspondem, respectivamente, aos pontos nodais de ordem global 19, 18, 11 e 12, que são os valores armazenados nas posições (10, 1), (10, 2), (10, 3), e (10, 4) dessa matriz, respectivamente. Assim, com a matriz de incidência, o programa automático tem condições de identificar os elementos conectados a cada um dos pontos nodais da malha, como por exemplo, que os elementos 10, 11, 16 e 17 têm o ponto de numeração global 19 como ponto nodal comum, como mostra a mesma figura. E é usual ampliar a matriz de incidência com novas colunas para especificar dados pertinentes aos elementos, como de tipos de elemento e de material.

A definição do modelo discreto é completada com a especificação das condições essenciais e não essenciais de contorno, das propriedades dos materiais e de dados pertinentes aos elementos finitos utilizados, como espessura e ações externas, por exemplo. Com essa definição, o programa tem condições de calcular o sistema de equações algébricas descritivas do comportamento de cada um dos elementos

$$\mathbf{K}^{(e)}\mathbf{u}^{(e)} = \mathbf{f}^{(e)} \tag{1.6}$$

em que $\mathbf{K}^{(e)}$ é a *matriz de rigidez* e $\mathbf{f}^{(e)}$ é o *vetor de forças nodais* equivalentes às ações aplicadas ao elemento. Em sequência, o programa impõe a igualdade dos parâmetros nodais em cada interface de elemento, para obter o sistema global de equações algébricas descritivas do comportamento da malha

$$\mathbf{K}\,\mathbf{d} = \mathbf{f} \tag{1.7}$$

onde $\mathbf{K}$ é a *matriz de rigidez global*, $\mathbf{d}$ é o *vetor global de deslocamentos nodais* e $\mathbf{f}$ é o *vetor global de forças nodais*. Para a malha da figura anterior, por exemplo, o programa imporia que os parâmetros nodais do ponto 1 do elemento 10, do ponto 2 do elemento 11, do ponto 4 do elemento 16 e do ponto 3 do elemento 17 sejam idênticos aos parâmetros nodais do ponto 19 da malha. E isto corresponde a adotar, em nível da malha, uma interpolação para as variáveis primárias em que a função global N_{19} tenha uma definição no entorno do ponto 19, como mostra a parte inferior direita da mesma figura. Contudo, como as condições geométricas de contorno não foram levadas em consideração no referido sistema global, as suas equações têm dependência linear entre si, o que caracteriza um sistema singular e o que significa, no contexto da Mecânica dos Sólidos Deformáveis, que esse sistema contém deslocamentos de corpo rígido. Com a incorporação daquelas condições, o programa obtém o *sistema global de equações restringido*, cuja resolução fornece os valores dos parâmetros nodais inicialmente desconhecidos. Entre esses, são então identificados os que dizem respeito a cada um dos elementos da malha e que definem as leis arbitradas para as variáveis primárias no elemento através de equações do Tipo 1.4. E a partir dessas leis são obtidas soluções aproximadas para as demais variáveis dependentes no elemento (deformações e tensões, por exemplo), resultados estes que são então preparados de forma automática para interpretação, documentação e uso por parte do usuário.

Essa sequência de etapas é esquematizada na próxima figura. E é a "modularidade de etapas" mostrada que torna o **MEF** adequado à resolução de uma ampla classe de modelos matemáticos em um mesmo programa automático.

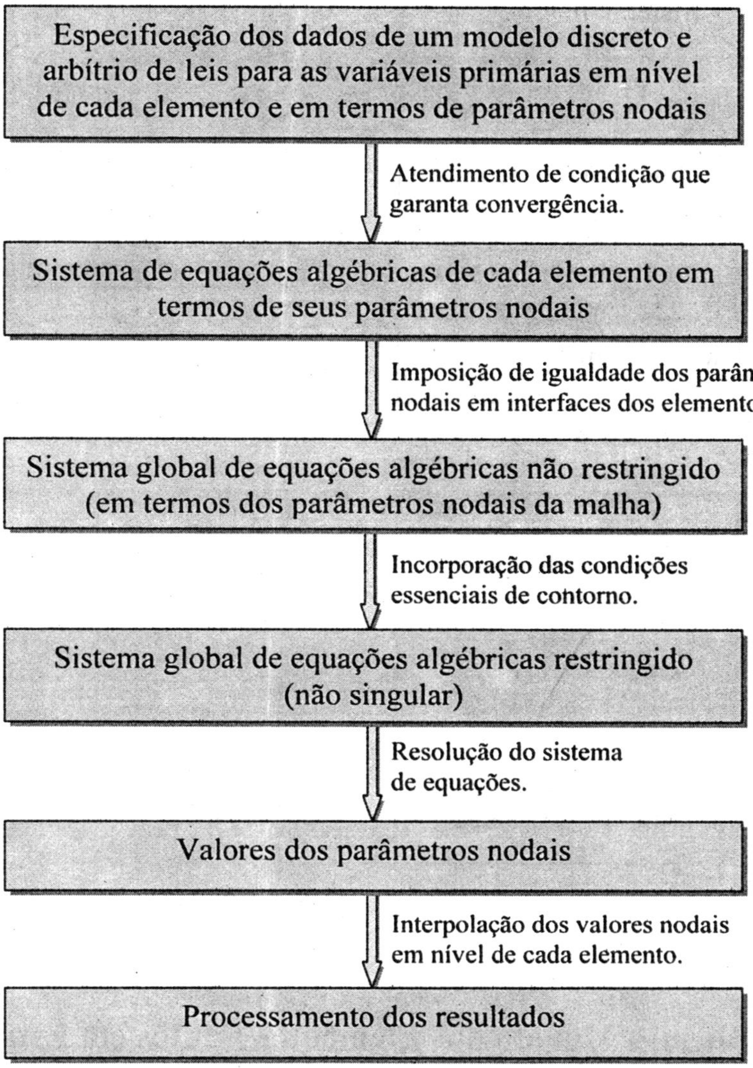

Figura 1.10 – Etapas do Método dos Elementos Finitos.

A sequência de etapas anterior aplica-se ao comportamento linear não dependente do tempo. Em comportamento não linear, adota-se resoluções incrementais e/ou iterativas. E em modelo matemático temporal, faz-se inicialmente a discretização no espaço geométrico, para se obter um sistema de equações diferenciais na variável tempo passível de ser resolvido numericamente, como será sucintamente descrito no Item 1.5.3 e detalhado no sexto capítulo.

E o **MEF** se insere no estudo de um sistema físico de acordo com o esquema da próxima figura, onde se identifica que utilizar este método é mais do que criar uma malha e fazer o processamento correspondente.

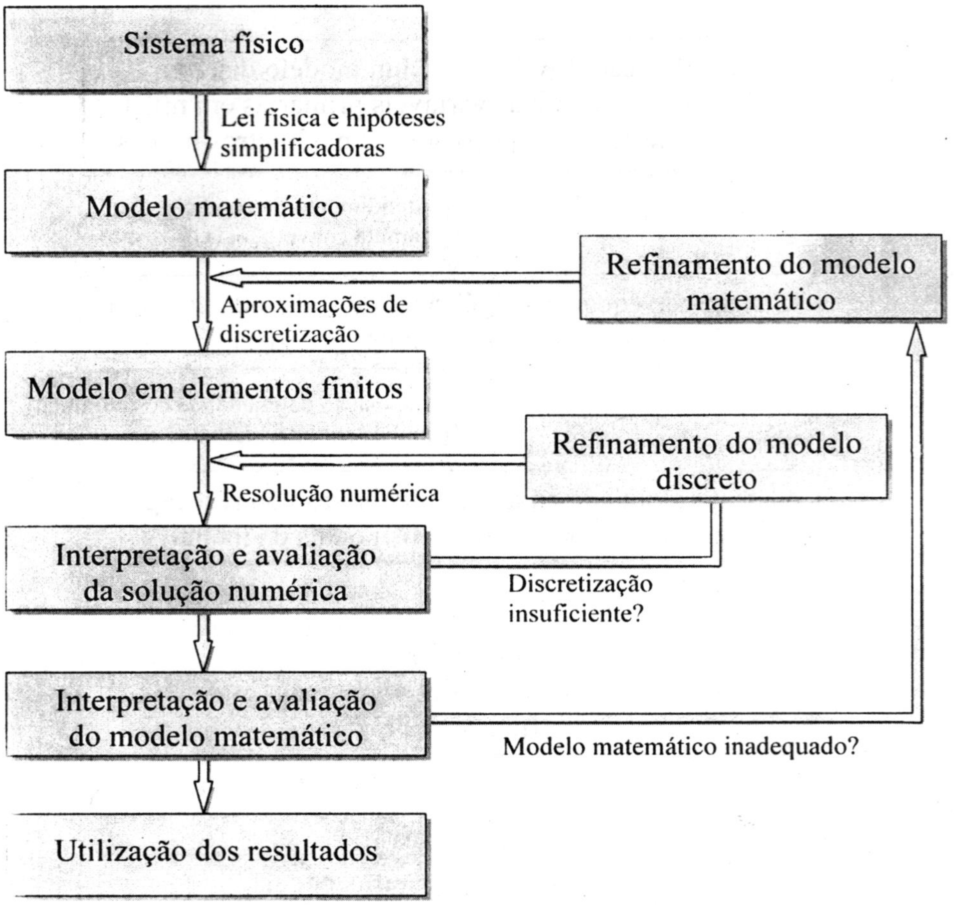

Figura 1.11 – Contexto de uso do **MEF**.

1.5 – Como utilizar o Método dos Elementos Finitos em Estruturas?

A seguir, é apresentado um conjunto de informações e sugestões que, juntamente com a documentação de um programa automático do **MEF**, possa dar condições ao leitor de fazer experimentos simples com este método. São abordadas questões de modelagem de estruturas, de preparo de dados, de decisões de análise e de validação de resultados. Isto, antes dos demais capítulos dedicados à apresentação dos fundamentos deste método, de suas formulações, do desenvolvimento de seus elementos básicos e de extensão à análise dinâmica, para estimular o leitor a avançar no estudo, paralelamente à aprendizagem de uso deste método.

Os programas automáticos podem ser entendidos como divididos em três partes principais, como está esquematizado na Figura 1.12. O pré-processador é a parte destinada à geração do modelo discreto, como será descrito no Item 1.5.2. O processador é a parte que trata da análise propriamente dita e que será exposta no Item 1.5.3. O pós-processador é a parte que prepara as soluções numéricas para uso por parte do usuário, como será discutido no Item 1.5.4. E o próximo item apresenta informações gerais de modelagem.

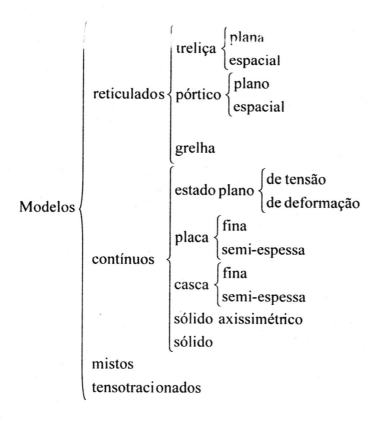

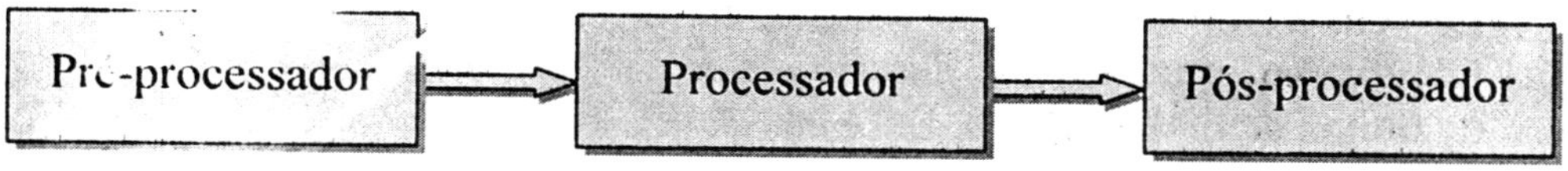

Figura 1.12 – Partes principais de um programa do **MEF**.

1.5.1 - Modelos de estruturas e correspondentes elementos

As estruturas são sistemas físicos que têm a finalidade de receber e transmitir esforços. São encontradas na natureza ou projetadas e construídas pelo homem em atendimento de suas necessidades. São formadas por um ou mais componentes sólidos que interagem entre si e com o meio exterior através de forças, de acordo com os princípios de Newton. E por esses componentes serem sólidos deformáveis de comportamento intrincado, é necessário adotar hipóteses simplificadoras para reduzir a dimensão do problema, o que conduz a diversos modelos como os da seguinte classificação:

- Modelos
  - reticulados
    - treliça
      - plana
      - espacial
    - pórtico
      - plano
      - espacial
    - grelha
  - contínuos
    - estado plano
      - de tensão
      - de deformação
    - placa
      - fina
      - semi-espessa
    - casca
      - fina
      - semi-espessa
    - sólido axissimétrico
    - sólido
  - mistos
  - tensotracionados

As vantagens advindas desta classificação didática ficarão realçadas no decorrer deste item.

A escolha do modelo da estrutura, usualmente chamado de "*estrutura*", depende da geometria de seus componentes, das ações externas e do comportamento que se deseja analisar. E os diversos modelos são descritos a seguir. Posteriormente, serão apresentados os elementos finitos de discretização desses modelos.

As *estruturas reticuladas* são constituídas de barras idealizadas como elementos unidimensionais e se dividem em treliças (plana e espacial), pórticos (plano e espacial) e grelhas. Tais elementos são ditos *elementos de barra.* [15]

No desenvolvimento desses elementos, utiliza-se um referencial local xyz, em que o eixo x é dirigido do centróide de uma extremidade (denominado *ponto nodal inicial*) em sentido do centróide da outra extremidade (chamado de *ponto nodal final*), e os eixos y e z são escolhidos coincidentes com os eixos principais de inércia das seções transversais (normais), como ilustra a próxima figura no caso de barra reta. Em elemento de treliça, contudo, é irrelevante a posição dos eixos y e z.

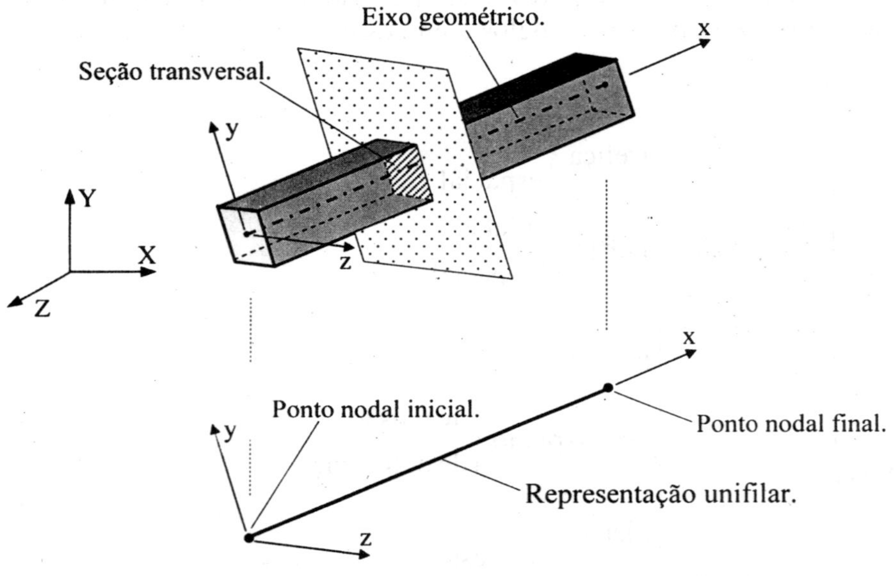

Figura 1.13 – Referencial local de elemento de barra.

Logo, para obter o sistema global de equações de equilíbrio de uma estrutura reticulada, os sistemas de equações dos seus elementos de barra precisam ser transformados para um referencial global XYZ, como detalhado nos livros específicos de Análise Matricial de Estruturas. E com a presente terminologia, a coordenada x é a variável independente, os componentes de deslocamento de uma seção transversal genérica são as

[15] As estruturas reticuladas de comportamento linear são resolvíveis através da Análise Matricial d Estruturas, sem a necessidade de se arbitrar leis locais (vide, na Bibliográfica, Soriano, H.L., 2005 Contudo, como o modelo barra pode ter o seu comportamento analisado com a mesma sistemática do presente método, e os programas deste método costumam incluir essas estruturas, é usual referir-se aos elementos de barra como elementos finitos.

variáveis primárias e as resultantes de tensão (esforço normal, esforços cortantes, momentos fletores e momento de torção) são as variáveis secundárias.

Em análise de estruturas reticuladas, pode-se considerar ou não o efeito de deformação do esforço cortante, efeito este importante em barras de seção transversal de grande altura sob valores elevados desse esforço. E os arcos e as vigas são casos particulares de pórticos que, por essa razão, não foram incluídos na classificação anterior. A escora, o tirante e o cabo são componentes unidimensionais especiais utilizados quando se deseja transmitir apenas esforço normal, com o nome de *escora* no caso de compressão e de *tirante* no caso de tração. Já o cabo, por ter rigidez de flexão desprezível frente à sua rigidez axial e trabalhar sob forças transversais, assume forma em função das forças que lhe são aplicadas e tem modelo matemático próprio.

Em continuidade à descrição da classificação anterior, os *modelos contínuos* são assim qualificados pelo fato de os seus componentes terem duas ou três coordenadas espaciais como variáveis independentes. E esses modelos dividem-se em *estruturas de superfície*, cujas geometrias ficam definidas pelas correspondentes superfícies médias e espessuras, e em *estruturas de volume*, sem características peculiares de espessura. Entre as primeiras, tem-se os casos de estados planos, de placa e de casca, descritos a seguir.

O *estado plano de tensão* se caracteriza em um sólido de espessura pequena e superfície média plana de referencial xy, quando as ações externas atuam apenas nesse plano, de maneira a poder se admitir que ocorram os seguintes componentes de tensão:

$$\begin{cases} \sigma_x \neq 0 \quad , \quad \sigma_y \neq 0 \quad , \quad \sigma_z = 0 \\ \tau_{xy} \neq 0 \quad , \quad \tau_{xz} = 0 \quad , \quad \tau_{yz} = 0 \end{cases} \tag{1.8}$$

Este é um estado que pode ser idealizado em pilar-parede, viga-parede e chapa, como ilustra a figura seguinte. No caso, os componentes de deslocamento u e v, respectivamente, nas direções dos eixos x e y, são as variáveis primárias, e os componentes de deformação e de tensão são variáveis dependentes secundárias.

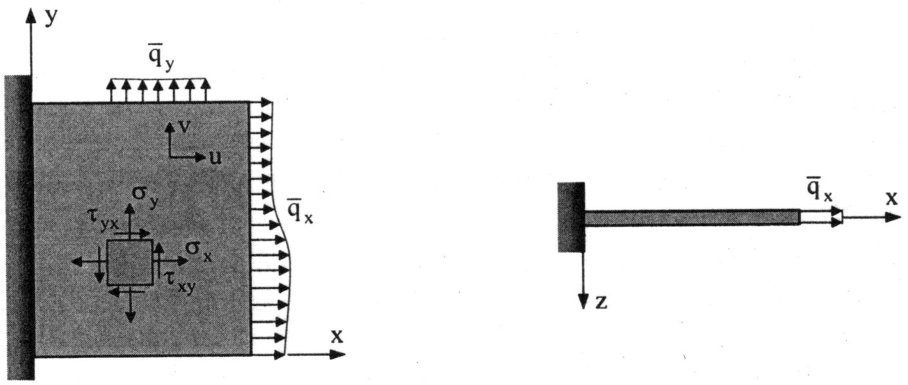

Figura 1.14 – Idealização do estado plano de tensão em uma chapa tracionada.

O *estado plano de deformação* se caracteriza em sólidos longos, de apoios, de seções transversais e com ações externas constantes na direção longitudinal z, e de extremidades indeslocáveis, como por exemplo, em uma estrutura cilíndrica de túnel e em uma barragem de peso, como esclarece a Figura 1.15. Outro exemplo é o caso de cilindro de espessura constante, extremidades restringidas e sob pressão interna constante. Neste modelo, basta determinar o comportamento de uma faixa transversal de espessura unitária, com a suposição dos seguintes componentes de deformação:

$$\begin{cases} \varepsilon_x \neq 0 \quad , \quad \varepsilon_y \neq 0 \quad , \quad \varepsilon_z = 0 \\ \gamma_{xy} \neq 0 \quad , \quad \gamma_{xz} = 0 \quad , \quad \gamma_{yz} = 0 \end{cases}$$

E nesse estado de deformação há os mesmos componentes de tensão diferentes de zero que ocorrem no estado plano de tensão, além do componente σ_z (devido ao impedimento do deslocamento na direção longitudinal e ao efeito de Poisson). Assim, as variáveis primárias são, ainda, apenas os componentes de deslocamentos u e v, como mostrado na mesma figura.

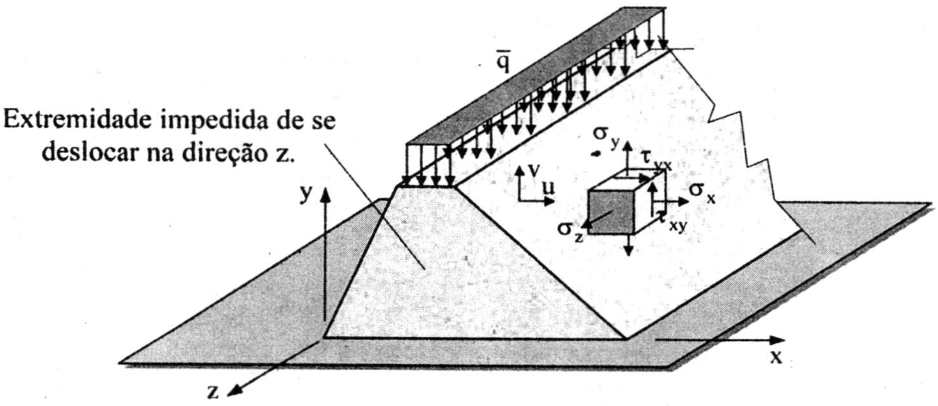

Figura 1.15 – Idealização do estado plano de deformação em uma barragem de peso.

A *placa* é um sólido "plano" em que se caracteriza uma dimensão denominada *espessura*, não maior do que 1/10 que as suas demais dimensões, submetido a ações que provoquem principalmente flexão transversal, e cuja função é suportar forças transversais, como em lajes de pontes e de edifícios, como apresentado na Figura 1.16. E no caso de homogeneidade ao longo da espessura e em teoria de pequenos deslocamentos, esse sólido é idealizado em sua superfície média, que se comporta como neutra, e na qual se considera o referencial xy.

Entre as diversas teorias de placa, é usual utilizar no Método dos Elementos Finitos a *Teoria de Placa Fina* (também denominada Teoria de Kirchhoff) ou a *Teoria de Mindlin* (por vezes referida como de Reissner-Mindlin). A primeira não considera as deformações dos esforços cortantes e tem como variável primária apenas o deslocamento transversal w à superfície média. A segunda considera essas deformações de forma aproximada e, portanto, se aplica às placas espessas (ou mais precisamente, semi-espessas), e tem como variáveis primárias o deslocamento transversal w e as rotações da normal à superfície média θ_x e θ_y. Em ambas as teorias, a tensão normal transversal σ_z é desconsiderada (como mostrado no elemento infinitesimal) e são calculadas as resultantes de tensão por unidade de comprimento, momentos fletores M_x e M_y, momento de torção M_{xy}, e esforços cortantes V_x e V_y, representadas na parte inferior da figura seguinte, em que t denota espessura.

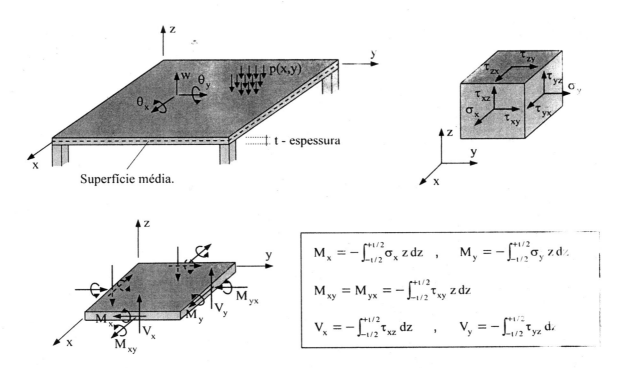

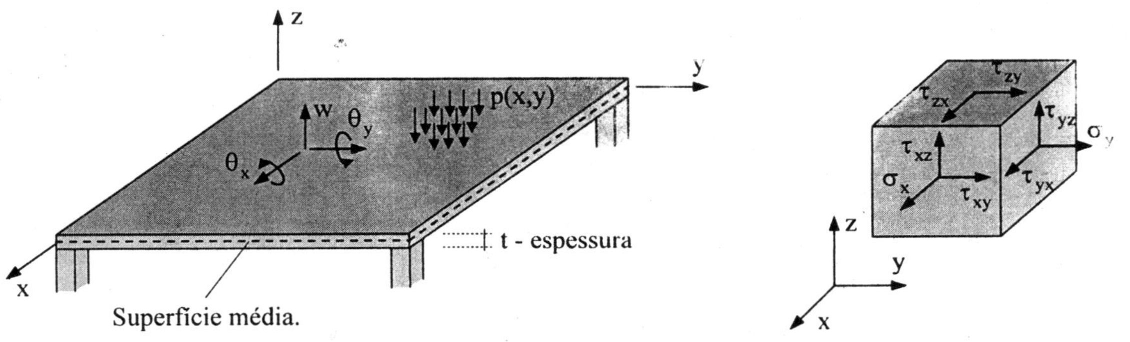

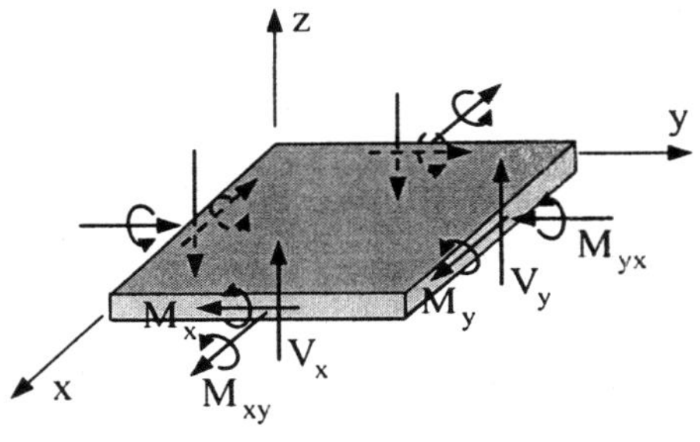

$$M_x = -\int_{-t/2}^{+t/2} \sigma_x \, z \, dz \quad , \quad M_y = -\int_{-t/2}^{+t/2} \sigma_y \, z \, dz$$

$$M_{xy} = M_{yx} = -\int_{-t/2}^{+t/2} \tau_{xy} \, z \, dz$$

$$V_x = -\int_{-t/2}^{+t/2} \tau_{xz} \, dz \quad , \quad V_y = -\int_{-t/2}^{+t/2} \tau_{yz} \, dz$$

Figura 1.16 – Placa e as correspondentes resultantes de tensão.

A *casca* é um sólido que tem curvatura, e em que se caracteriza uma dimensão denominada *espessura*, muito menor do que as dimensões de sua superfície média, como nas conchas acústicas, barragens em abóbada e cascas de cobertura, por exemplo. A vantagem da casca é vencer grandes vãos com leveza e beleza de forma. E neste modelo, podem ocorrer deformações de flexão e de membrana. O efeito de flexão é análogo ao de placa em teoria de pequenos deslocamentos, e o efeito de membrana é equivalente ao de estado plano de tensão no nível de sua superfície média. As correspondentes resultantes de tensão, por unidade de comprimento dessa superfície, estão mostradas na parte inferior da Figura 1.17, em que t é espessura, XYZ é o referencial global e xyz é um referencial local ao elemento infinitesimal representado. Observa-se que não existe momento de vetor representativo normal à superfície média, e que as resultantes de tensão do efeito de membrana são denotadas por N_x, N_y e N_{xy}. E adianta-se a informação de que no desenvolvimento de elemento finito de casca, é necessário utilizar um referencial local diferente em cada ponto nodal, com o eixo z normal à superfície média.

Usualmente, o nome *casca* refere-se a estruturas de curvatura simples ou dupla. Contudo, para efeito do presente tratamento, essa terminologia é também adotada para sólido "plano" de espessura pequena, ou formado pela associação de partes planas de espessuras pequenas (*folded plate*), onde os efeitos de flexão e de membrana possam ser relevantes. E em uma "casca plana" analisada em teoria de pequenos deslocamentos, os efeitos de membrana e de flexão são desacoplados.

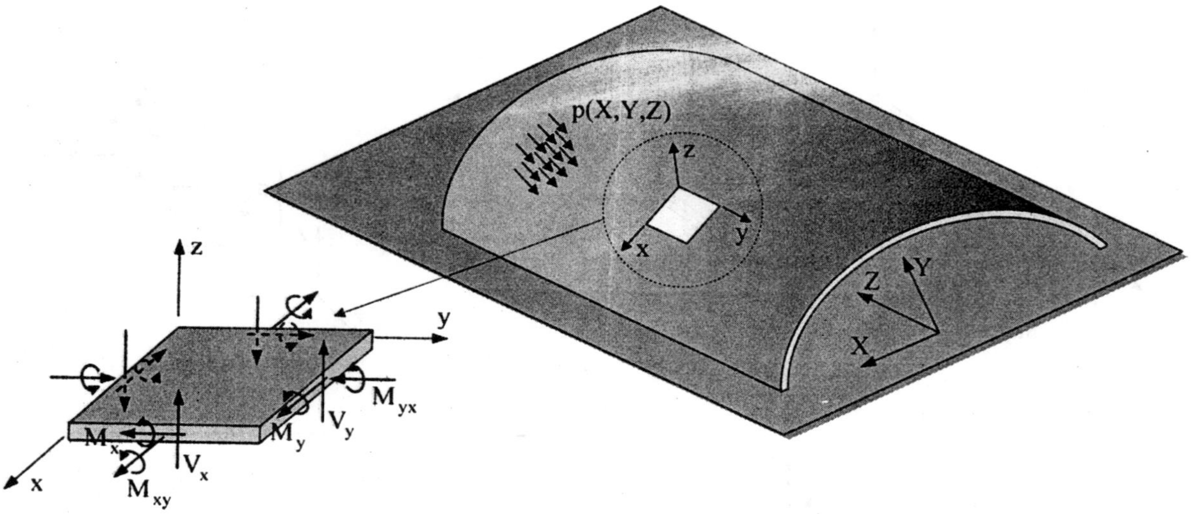

Resultantes de flexão.

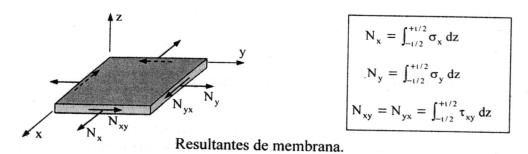

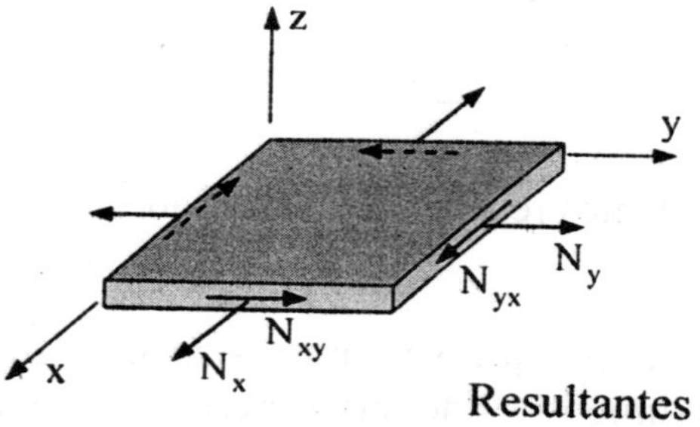

$$N_x = \int_{-t/2}^{+t/2} \sigma_x \, dz$$

$$N_y = \int_{-t/2}^{+t/2} \sigma_y \, dz$$

$$N_{xy} = N_{yx} = \int_{-t/2}^{+t/2} \tau_{xy} \, dz$$

Resultantes de membrana.

Figura 1.17 – Casca de curvatura simples e as correspondentes resultantes de tensão.

Além dos modelos de superfície ou laminares descritos anteriormente, há o modelo de *sólido axissimétrico* ou *de revolução*, utilizado, por exemplo, em idealizações de rotores, pistões e reservatórios. Se além da geometria axissimétrica, as ações externas, propriedades de material e condições geométricas de contorno forem também axissimétricas, o deslocamento u na direção radial r e o deslocamento w na direção axial z são independentes do ângulo θ em torno desse eixo e são as variáveis primárias deste modelo, o que caracteriza o *estado axissimétrico de deformação* que é ilustrado na Figura 1.18. Esse estado pode ser idealizado em um reservatório cilíndrico de parede fina, com apoio circunferencial e sob pressão interna, por exemplo. Além disso, por se tratar de parede fina, a tensão circunferencial σ_θ pode ser considerada constante e a tensão cisalhante através da espessura ser suposta nula, de maneira a recair em modelo de casca axissimétrica de comportamento axissimétrico.

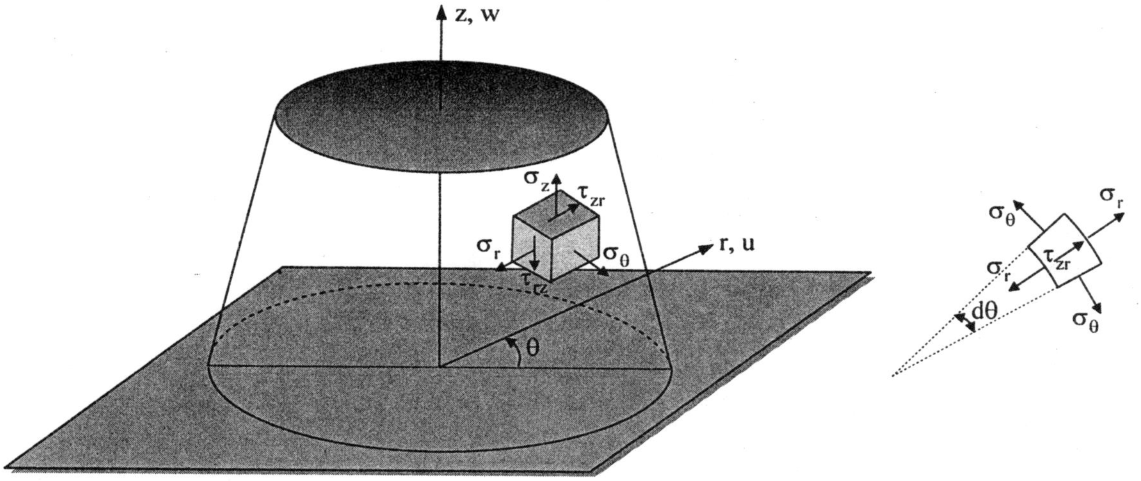

Figura 1.18 – Componentes de tensão e de deslocamentos do estado axissimétrico de deformação.

Em sólido deformável de forma geral, há como variáveis primárias os deslocamentos u, v e w, respectivamente, nas direções dos eixos x, y e z, além dos seis componentes de deformação e dos seis componentes de tensão como variáveis dependentes secundárias. Esse é o caso, por exemplo, do bloco de fundação mostrado na figura seguinte, juntamente com os componentes de tensão em um elemento infinitesimal.

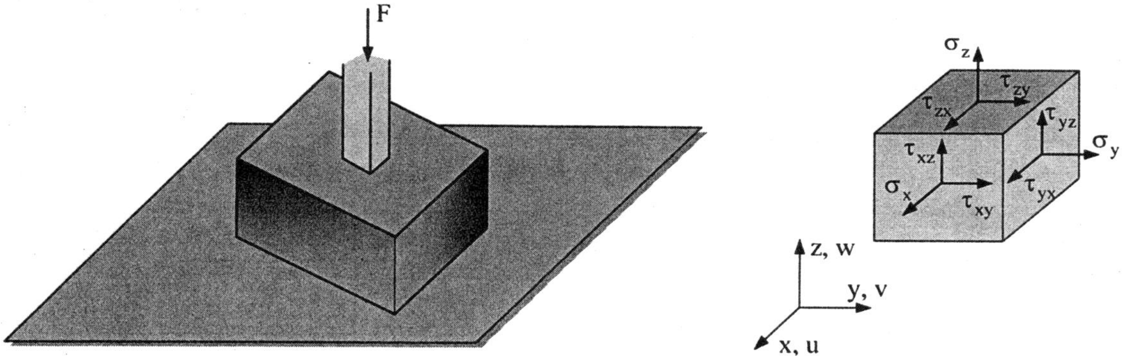

Figura 1.19 – Sólido e os correspondentes componentes de tensão.

As *estruturas mistas* são combinações de alguns dos modelos descritos anteriormente, com ou sem a inclusão de componentes especiais como tirantes, cabos, escoras e elementos de contato etc. Uma vantagem do **MEF** é justamente elementos de diferentes modelos poderem ser misturados. Um exemplo é a *ponte pênsil* esquematizada na Figura 1.20, em que o *deque* (em comportamento de placa) é suspenso por *pendurais* (tirantes), que por sua vez são suportados por *cabos principais* em catenária que transmitem esforços às *torres*, aos *desviadores* desses cabos e aos *blocos de ancoragem.*

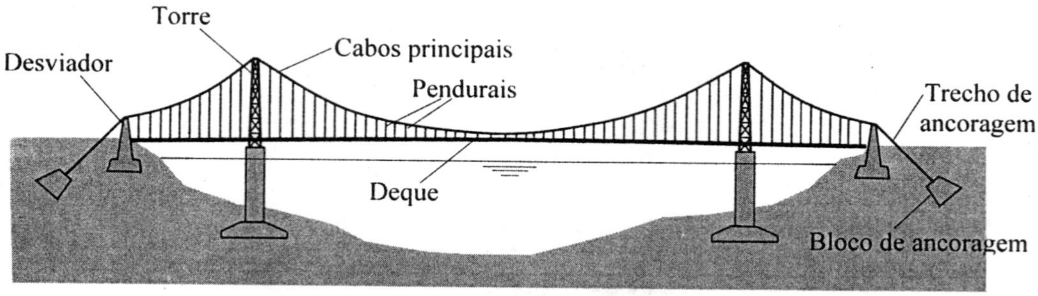

Figura 1.20 – Esquema de ponte pênsil.

E em complemento aos esclarecimentos da classificação de modelos apresentada no início deste item, as *estruturas tensotracionadas* são constituídas de cabos, membranas (que são componentes de superfície muito finos que trabalham apenas sob tração) e, usualmente, mastros de sustentação, como ilustra a próxima figura. Trata-se, pois, de um caso particular de estrutura mista.

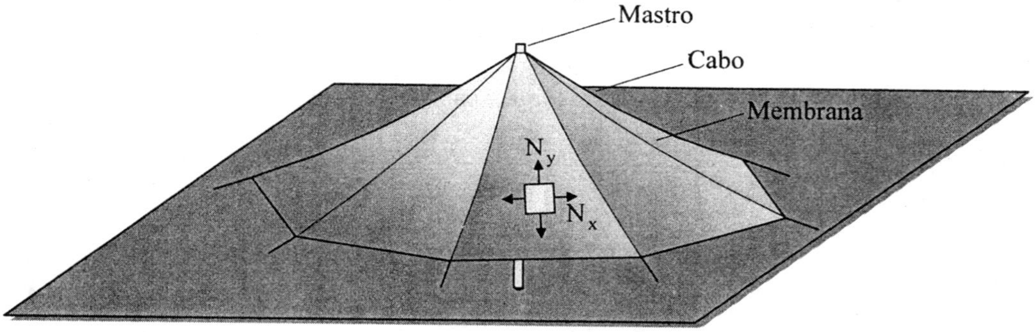

Figura 1.21 – Estrutura tensotracionada e as resultantes principais de tensão de membrana.

Os deslocamentos nodais dos elementos finitos das estruturas constituídas de barras estão mostrados na Figura 1.22. Observa-se que esses deslocamentos estão representados em um referencial local de cada elemento; que a treliça, o pórtico plano e a grelha são considerados no plano XY, e que a treliça espacial e o pórtico espacial podem ocupar posições quaisquer no espaço. E com exceção das treliças, que só têm esforço normal, os esforços seccionais nas extremidades dos elementos são calculados pelos programas automáticos nas direções e sentidos daqueles deslocamentos nodais.

E os deslocamentos nodais dos elementos finitos bi e tridimensionais estão representados na Figura 1.23

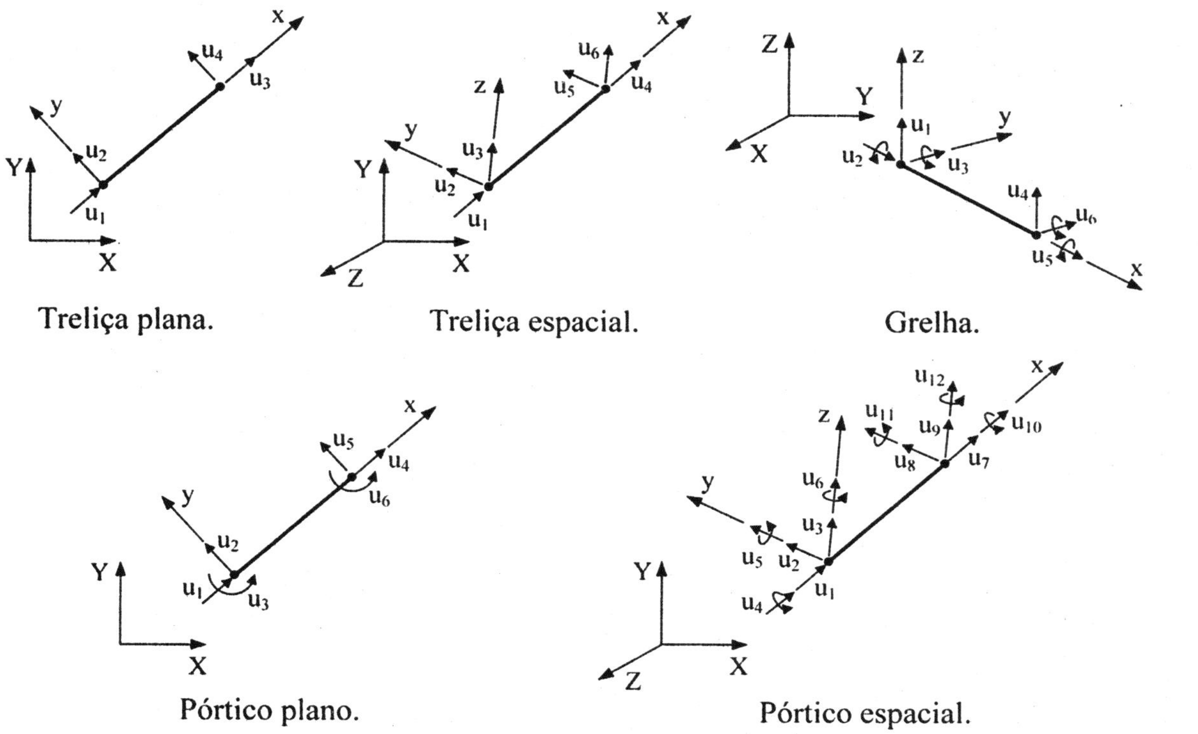

Figura 1.22 – Elementos finitos de barra.

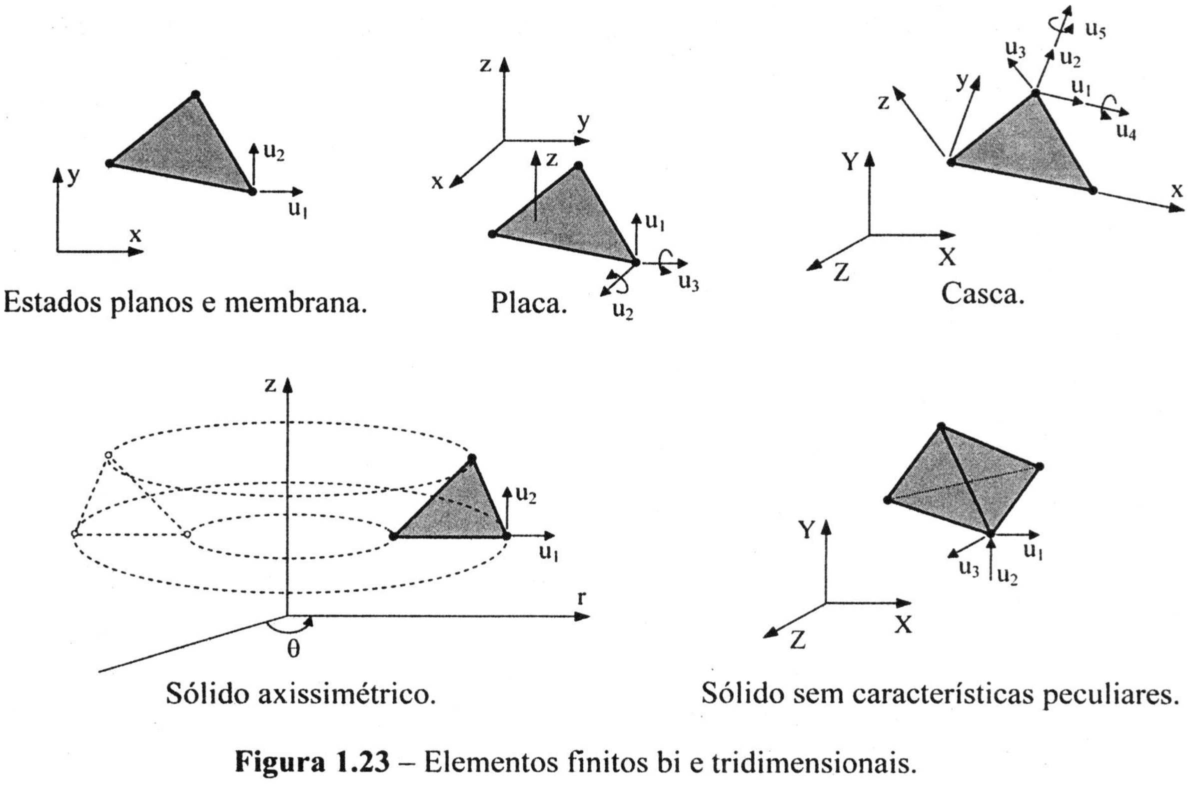

Figura 1.23 – Elementos finitos bi e tridimensionais.

A figura anterior ilustra que há dois deslocamentos lineares por ponto nodal nos estados planos (de tensão e de deformação), em membrana e em sólido axissimétrico (com ações axissimétricas), e que se tem três deslocamentos por ponto nodal no modelo de placa (em teoria de pequenos deslocamentos em que não são desenvolvidos esforços de membrana), um deslocamento transversal e duas rotações de vetores representativos no plano da superfície média da placa. Isso permite que os elementos finitos desses modelos sejam desenvolvidos diretamente no referencial global. Já os elementos finitos de casca têm cinco deslocamentos por ponto nodal, a saber: dois deslocamentos lineares e duas rotações de vetores representativos no plano xy (tangente à superfície média no correspondente ponto nodal), além de um deslocamento transversal a esse plano (não se tem o grau de liberdade de rotação em torno do eixo z normal ao elemento). Esses elementos são desenvolvidos com auxílio de um referencial local, no caso de elemento finito plano, e de um referencial por ponto nodal, no caso de elemento finito curvo, cujos deslocamentos nodais são transformados para o referencial global. Assim, nesse referencial, passa-se a ter seis deslocamentos por ponto nodal: três deslocamentos lineares e três rotações. E para evitar problema de instabilidade numérica em ponto nodal em que incidem apenas elementos situados em um mesmo plano, é usual ser considerado automaticamente um pequeno valor para a rigidez rotacional normal ao elemento e em cada ponto nodal.

Nos programas mais elaborados, as placas são discretizadas através de elementos finitos de casca considerados em um plano, uma vez que com essa idealização é possível incluir o efeito de membrana que ocorre em placas com grandes deslocamentos. E elementos finitos de membrana (sem resistência à compressão) são utilizados na discretização dos componentes de superfície das estruturas tensotracionadas.

Há situações de ordem prática em que o uso do **MEF** não é o mais apropriado, e se for identificada a necessidade de utilização deste método, isto só deve ser feito após a definição clara do modelo estrutural a ser discretizado. Assim, é necessário separar a estrutura do meio que a cerca e identificar se os apoios são indeslocáveis ou elásticos, quais são as ações externas, se as ligações entre seus componentes são rígidas ou semi-rígidas, e se há comportamentos não lineares e efeitos dinâmicos relevantes, por exemplo. E fazer um esquema indicativo de todas essas informações. Também, é aconselhável prever o comportamento da estrutura, através de avaliação preliminar com um modelo aproximado expedito, ou através de estimativa de resultados por comparação com estruturas semelhantes já analisadas. Essa previsão não só permitirá identificar os comportamentos a serem incorporados ao modelo discreto, como também facilitará a interpretação e a validação dos resultados numéricos que serão obtidos com a análise (no contexto que será descrito no Item 1.5.4).

1.5.2 – Construção de modelos discretos

A construção de um modelo discreto, isto é, a escolha dos tipos, propriedades, formas e distribuição dos elementos em uma malha, além da atribuição das condições geométricas de contorno e da especificação das ações externas, costuma ser muito trabalhosa, principalmente quando o domínio é tridimensional. Para auxiliar o usuário nessa construção, os programas de elementos finitos dispõem de *pré-processador*, que é um conjunto de rotinas de geração, visualização, modificação e verificação de consistência do modelo discreto, com escolha de vista e com opções de zoom e de janelas. Assim, o pré-processador é peça fundamental na qualificação do programa como "amigável" ou não.

Essa construção costuma ser realizada de forma automática ou semi-automática, com recursos gráficos, ou, em casos simples de poucos elementos, através do preenchimento de planilhas eletrônicas ou digitação de arquivo texto (em formato próprio ao programa). E em ambos os procedimentos, o arquivo-texto do modelo discreto gerado pode ser modificado através de um editor de texto em execução das alterações e/ou correções que se mostrarem necessárias.

A modelagem numérica em elementos finitos depende do conhecimento, experiência e habilidade do engenheiro, assim como dos recursos computacionais disponíveis, sem uma teoria de como desenvolvê-la. E não costuma ser factível a construção do "modelo ideal". Entretanto, a concepção de sua construção, como detalhado a seguir, orienta a uma modelagem adequada.

1 – A melhor estratégia é começar com um modelo simples, e gradativamente sofisticá-lo em função do que se mostrar necessário, quando da interpretação de seus resultados e dentro dos recursos do programa automático disponível. Assim, é aconselhável iniciar com um modelo que incorpore os comportamentos dominantes da estrutura, sem detalhes que tenham efeitos globais irrelevantes e, preferencialmente, optar por uma análise estática linear.

Embora todo componente de estrutura seja tridimensional, na medida do possível é melhor dar preferência aos elementos bidimensionais em relação aos tridimensionais, e caso os unidimensionais se mostrem satisfatórios, dar preferência a esses elementos em relação aos bidimensionais. E em fase de aprendizagem de uso de um elemento finito é conveniente aplicar o *teste da malha de Irons* que será descrito no Item 4.4 do quarto capítulo.

Deve-se buscar acurácia de resultados, sem perder de vista o "custo" de sucessivas re-análises até se chegar aos resultados definitivos. O uso de modelo discreto muito elaborado não se justifica na grande maioria dos casos, dado esse modelo ser uma aproximação ao modelo matemático que já é aproximativo ao sistema físico, e por requerer maior esforço de construção do modelo, mais processamento computacional e maior esforço de interpretação e validação dos resultados.

2 – A princípio, é necessário identificar as convenções adotadas no programa automático e escolher em seu catálogo os elementos finitos que sejam adequados ao modelo matemático em questão, o que requer conhecimento das condições de uso desses elementos. E na ausência de informações quanto a essas condições, elas podem ser compreendidas através de análise de modelos simples de comportamentos conhecidos, o que tem também a vantagem de familiarizar o usuário com o programa.

3 – Um modelo em elementos finitos de comportamento estático fica definido com a especificação dos dados dos:

– Pontos nodais, a saber: coordenadas, forças concentradas, deslocamentos prescritos e eventuais apoios elásticos, esses dois últimos de maneira a impedir os deslocamentos de corpo rígido;

– Elementos finitos, a saber: tipo (dependente do modelo matemático, forma e ordem), incidência, propriedades de material, eventuais propriedades geométricas (espessura ou propriedades de seção transversal), ações externas (forças aplicadas, variação de temperatura e tensões ou deformações prévias) e comportamento das ligações.

Os dados pertinentes a cada elemento são usualmente fornecidos em seu referencial local, e os dados pertinentes aos pontos nodais, em um referencial global adequadamente escolhido para o modelo discreto.

4 – No caso de estruturas mistas, é mais prático iniciar com análises isoladas de seus componentes ou de um conjunto de seus principais componentes. E, em discretizações completas dessas estruturas, são mesclados elementos finitos de diferentes modelos matemáticos, desde que a interação entre elementos adjacentes tenha coerência de deslocamentos nodais. Assim, pode-se mesclar flexão de placa com grelha, e treliça com estado plano de tensão, mas a mesclagem de pórtico plano com esse estado e de sólido com casca exige elementos especiais não usualmente disponíveis nos sistemas computacionais.

5 – Na confecção de uma malha de elementos, são criados pontos nodais de discretização de apoios contínuos, em vértices do contorno, sob forças concentradas e em interfaces de descontinuidade de espessura e de propriedades de material, como ilustra a Figura 1.24. Isso porque não é usual o desenvolvimento de elemento finito com descontinuidade de espessura e/ou com descontinuidade de material. Também, são definidos pontos nodais onde são desejadas informações de deslocamentos e de tensão. E os demais pontos nodais são criados quando do lançamento da malha, de forma que se tenha uma densidade adequada de elementos e, na medida do possível, de maneira que se tenha uma malha uniforme

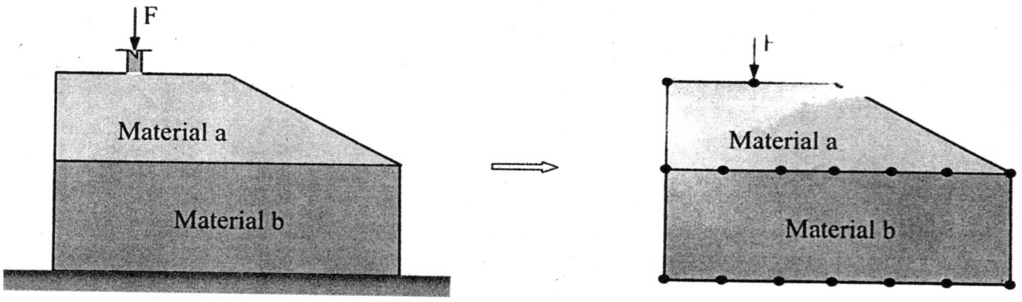

Figura 1.24 – Criação inicial de pontos nodais.

Quando se utiliza geração automática ou semi-automática de malha e não se obtém coincidência de forças concentradas em pontos nodais, as coordenadas desses pontos devem ser ajustadas manualmente para que se tenha essa coincidência, em obtenção de malhas irregulares como a da Figura 1.25, que foi utilizada em discretização do radier de um shopping. E forças nodais só podem ser aplicadas nas direções dos deslocamentos nodais não restringidos, que são os graus de liberdade do modelo discreto.

Em análise estática de estruturas reticuladas podem ser aplicadas forças em partes e em pontos internos aos elementos (excetuadas as treliças, que por definição só têm forças nodais) e, portanto há necessidade de pontos nodais apenas nas extremidades das barras. Já em análise dinâmica, como os programas comerciais costumam aceitar ações dinâmicas apenas em pontos nodais, os pontos de aplicação de forças concentradas devem ser considerados como nodais.

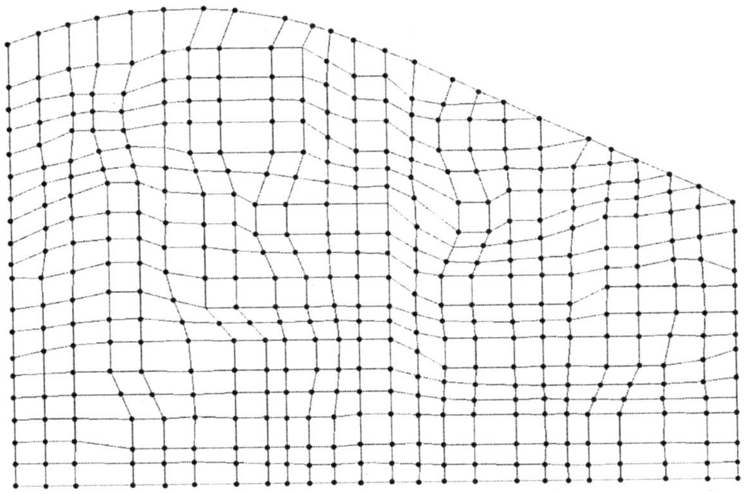

Figura 1.25 – Malha de elementos finitos.

6 – Para modelagem bidimensional, tem-se elementos triangulares e quadrilaterais, e, no caso tridimensional, há elementos tetraédricos e hexaédricos, com diferentes quantidades e posicionamento dos pontos nodais. Os elementos triangulares e os tetraédricos facilitam a discretização de domínios de geometrias intricadas e a gradação de malhas, como ilustra a próxima figura, no caso plano. E é usual combinar triângulos com quadriláteros, assim como combinar tetraedros com hexaédricos.

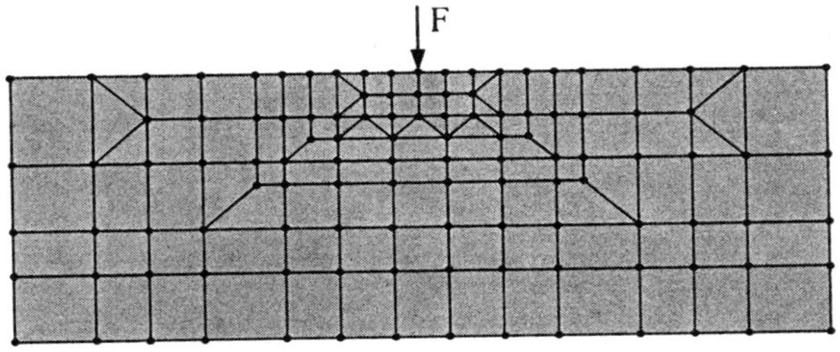

Figura 1.26 – Gradação de malha.

7 – Os programas comerciais do **MEF** costumam dispor de uma ampla biblioteca de elementos. Entre esses, sugere-se utilizar os mais básicos, muito embora a eficiência de um elemento dependa do problema e da malha em questão. Os elementos com apenas pontos nodais de vértices são ditos *lineares* e os elementos com um ponto nodal em cada segmento de lado são chamados de *quadráticos*. Esses últimos fornecem melhores resultados que os lineares (em malhas com mesmo número de pontos nodais) e são mais adaptáveis em discretização de domínio de contorno curvo como exemplifica a Figura 1.27. A escolha entre os lineares e os quadráticos pode depender principalmente dos recursos de geração e de refinamento de malha disponíveis. Contudo, é relevante considerar que os elementos lineares triangular e tetraédrico (de elasticidade) têm capacidade de representar apenas estado de tensão constante, o que requer grande

refinamento em regiões de elevadas variações de tensão. E em placa e em casca, os elementos quadrilaterais costumam ter melhor comportamento do que os triangulares. Assim, na medida do possível, deve-se dar preferência aos quadrilaterais.

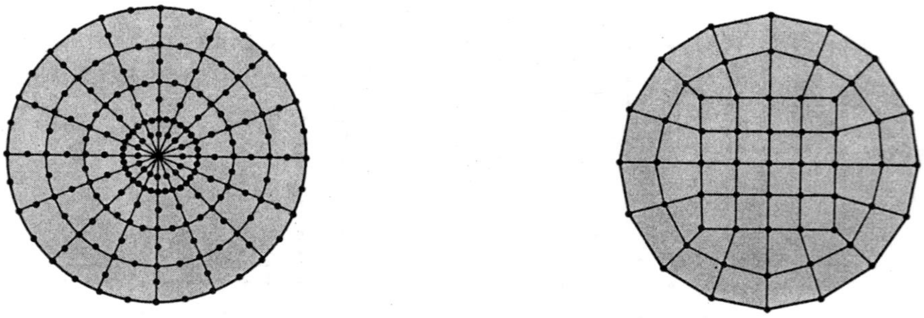

Figura 1.27 – Discretizações de domínio circular.

8 – A numeração dos elementos e a numeração global dos pontos nodais não precisam ser organizadas; devem apenas iniciar a partir de 1 e estar na ordem dos números naturais.[16] Já em cada elemento, devem ser numerados inicialmente os pontos nodais dos vértices (no sentido anti-horário no caso dos elementos bidimensionais e a partir de um vértice qualquer), seguidos de eventuais pontos nodais em lados e faces, na sequência especificada no manual do programa automático, que pode ser, por exemplo, a que é mostrada na Figura 1.28. Essa numeração local estabelece um referencial local, cuja identificação pode ser necessária para o fornecimento de dados pertinentes ao elemento e para interpretação de seus resultados. E a sua correspondência com a numeração global dos pontos nodais expressa a incidência do elemento, como foi ilustrado na Figura 1.9.

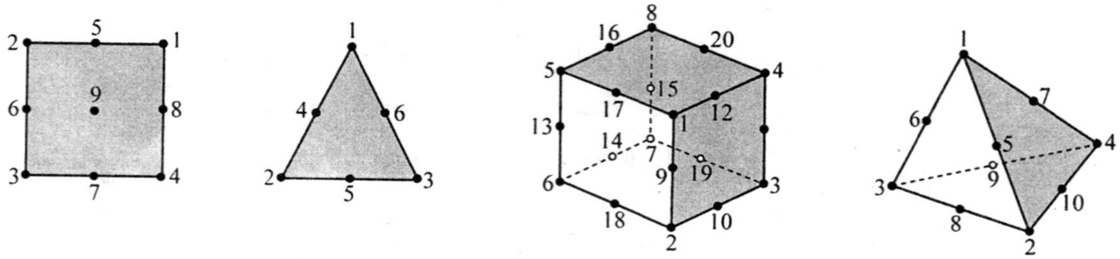

Figura 1.28 – Numerações de pontos nodais de elementos quadráticos.

9 – Para haver continuidade física nas interfaces, elementos adjacentes devem ser conectados com coincidência de pontos nodais de vértices, como ilustra a parte esquerda

[16] A ordem dessa numeração de pontos nodais tem influência na esparsidade da matriz dos coeficientes do sistema global de equações e, consequentemente, no tempo computacional de resolução correspondente. Contudo, os programas comerciais incluem algoritmos de renumeração nodal que isentam o usuário da responsabilidade de buscar uma numeração que seja adequada.

da próxima figura. A parte direita dessa mesma figura mostra a ligação de elementos quadráticos com elementos lineares, quando então não se tem essa coincidência e nem continuidade física nas interfaces indicadas desses elementos.

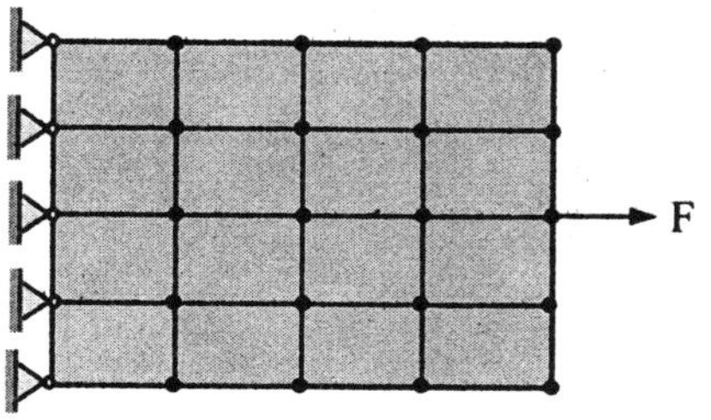

Conectividade adequada.

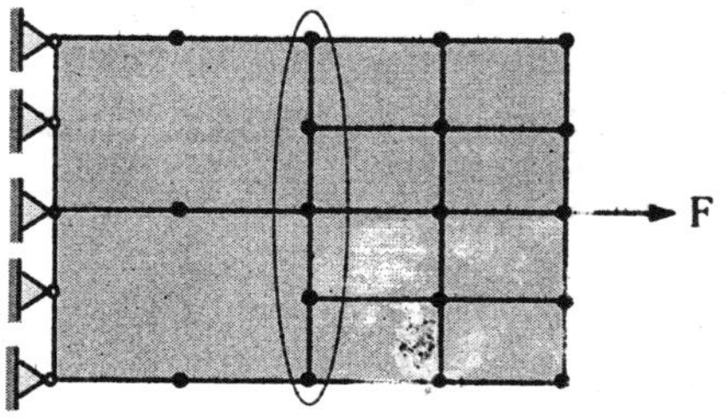

Conectividade inadequada.

Figura 1.29 – Malhas de elementos finitos.

Em programa automático, costuma ser disponível a opção de omissão de pontos nodais do elemento quadrático, de maneira a se poder definir um elemento de gradação de refinamento com continuidade física nas interfaces dos elementos, como esclarece a figura seguinte.

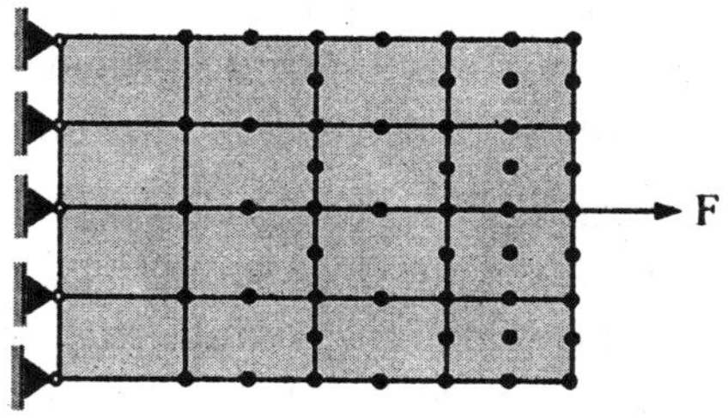

Figura 1.30 – Gradação de malha.

10 – É necessário maior refinamento de malha nas regiões de variações elevadas de tensão, como em cantos reentrantes, em proximidades de forças e de apoios concentrados, e em modificações abruptas de espessura, como marcado na Figura 1.31. Contudo, é aconselhável evitar o uso de elementos adjacentes de tamanhos muito díspares.

11 – Os elementos finitos são desenvolvidos a partir de formas básicas regulares denominadas *elementos mestres*, em que, no caso de existência de pontos nodais fora de seus vértices, esses pontos são posicionados equidistantes dos demais pontos nodais do correspondente segmento de lado ou face. O afastamento dessas formas e dessa disposição de pontos é denominado *distorção*; faz decrescer a qualidade dos resultados e, portanto, deve ser utilizado apenas quando for realmente necessário. E essa distorção afeta mais o campo de tensões do que o de deslocamentos e, portanto, é mais desfavorável em regiões de elevadas variações de tensão. Além disso, o ponto em cada segmento de lado de elemento quadrático pode ser localizado apenas dentro da metade central do

correspondente segmento, em que a melhor posição é a equidistante aos demais pontos do segmento.

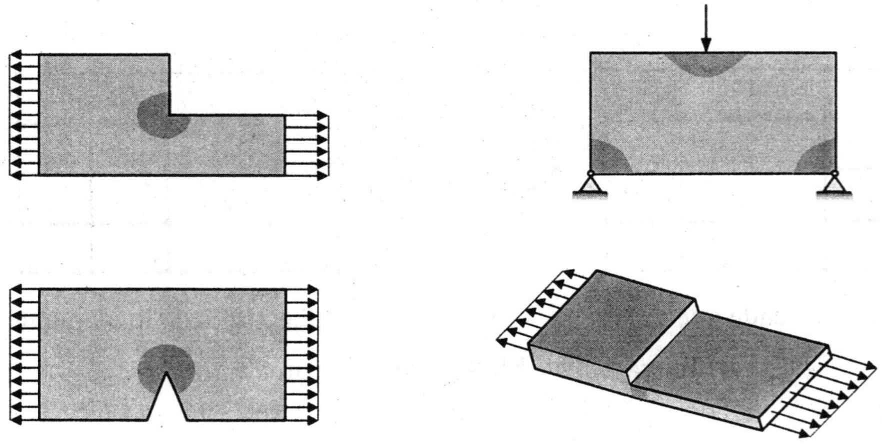

Figura 1.31 – Regiões de concentração de tensão.

Além disso, em elementos triangulares é aconselhável evitar ângulos internos menores do que 30° e maiores do que 150°. E em elementos quadrilaterais, ângulos internos menores do que 45° e maiores do que 135°. Também é desaconselhável utilizar razões entre segmentos de lado maiores do que quatro, a menos que se trate de discretização de região do domínio de muito pequena variação de estado de tensão.

A próxima figura mostra distorções excessivas e a Figura 1.33 exemplifica distorções não permitidas. Elementos com dois segmentos de lado colineares e elementos degenerados por junção de pontos nodais, como ilustrado nessa última figura, não inviabilizam a análise, mas apresentam perturbações locais do estado de tensão que devem ser evitadas.

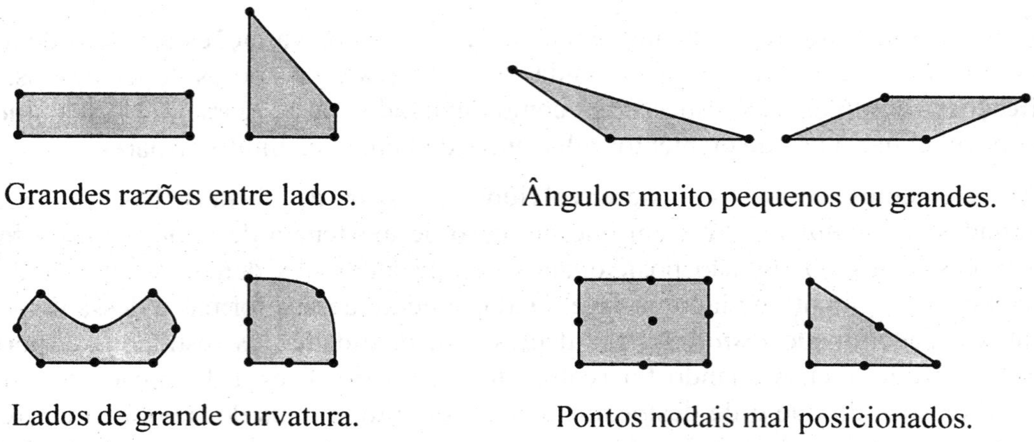

Figura 1.32 – Distorções excessivas em elementos.

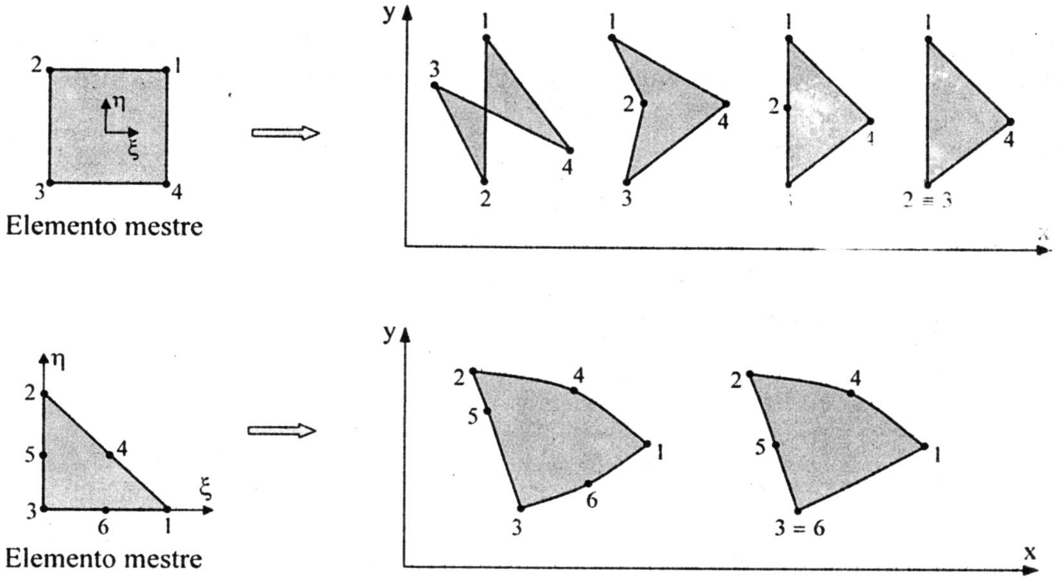

Figura 1.33 – Distorções não permitidas em elementos bidimensionais.

Os programas automáticos costumam identificar distorções excessivas ou não aconselháveis e emitir mensagens de advertência ao usuário.

12 – Em elemento unidimensional, podem ser aplicadas forças concentradas e distribuídas (no referencial local e, às vezes, no referencial global). Contudo, em elementos bi e tridimensionais só é consistente aplicar forças concentradas em pontos nodais e nas direções dos deslocamentos nodais (usualmente, no referencial global). Assim, não se pode aplicar momento em modelo de estado plano e nem força no plano da superfície do modelo placa, por exemplo. E embora possam ser especificadas forças de superfície e de volume em elementos bi e tridimensionais, é prático transformá-las em forças nodais. Isso, em atendimento a um critério de região de influência, como esclarece a próxima figura, em que há uma distribuição de força em linha (obtida pela multiplicação de uma força de superfície pela espessura do modelo bidimensional). E a partir dessa distribuição, a resultante da região de influência dessa força distribuída passa a ser uma força nodal.

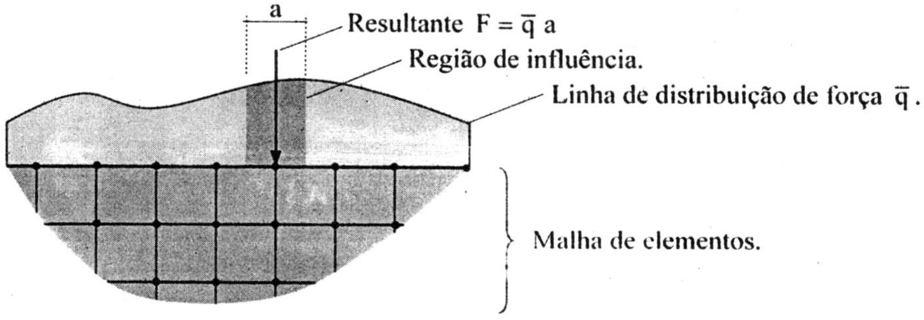

Figura 1.34 – Discretização de força distribuída em linha.

É recomendável, contudo, não aplicar forças concentradas em pontos nodais fora de vértices de elemento, porque as correspondentes forças obtidas em formulação consistente do **MEF** são distintas das fornecidas pelo citado critério, além de não serem evidentes. Isto é ilustrado na figura seguinte, no caso do elemento bidimensional quadrático com força de contorno uniformemente distribuída.

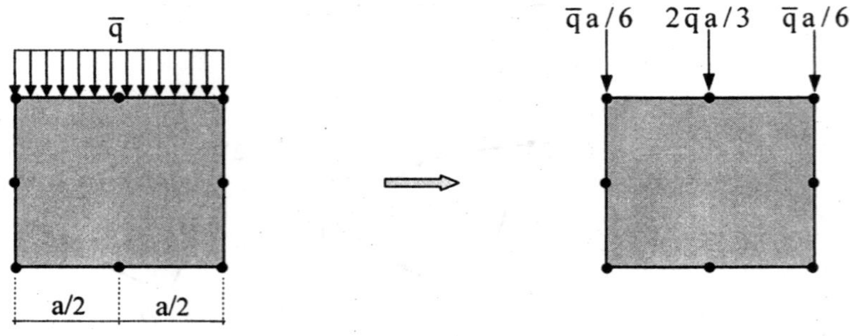

Força distribuída de contorno. Forças nodais equivalentes.

Figura 1.35 – Elemento quadrático.

13 – Caso o programa não disponibilize um elemento finito com base elástica contínua, o recurso é discretizar esse tipo de apoio com o mesmo critério de região de influência descrito no item anterior e como esclarece a próxima figura. Isto, com a recomendação da não adoção de apoios elásticos em pontos nodais situados entre vértices de elemento, porque os correspondentes valores elásticos nodais não são obtidos de forma evidente. E com elementos de barra (excetuada a treliça), de placa e de casca podem ser utilizados apoios elásticos de translação e de rotação.

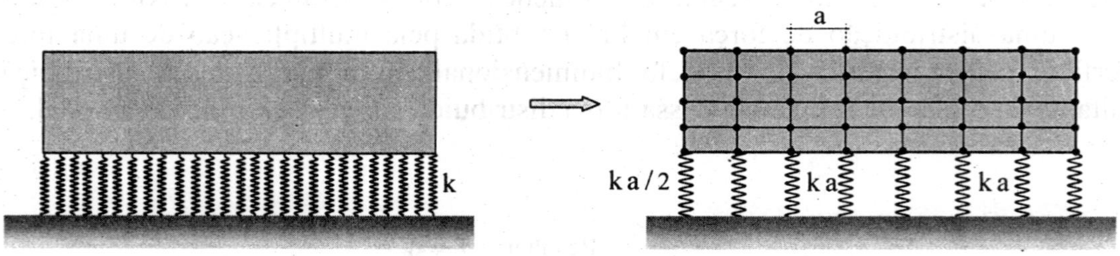

Figura 1.36 – Discretização de base elástica.

14 – No caso da não disponibilidade da opção de apoio inclinado, esse tipo de apoio pode ser simulado através de um elemento de treliça de grande rigidez, como ilustra a próxima figura no caso plano. Contudo, essa rigidez não deve ser excessivamente elevada, para não interferir na acurácia dos resultados. E apoio elástico de translação pode ser simulado através de um elemento de treliça de rigidez equivalente, como ilustra a mesma figura.

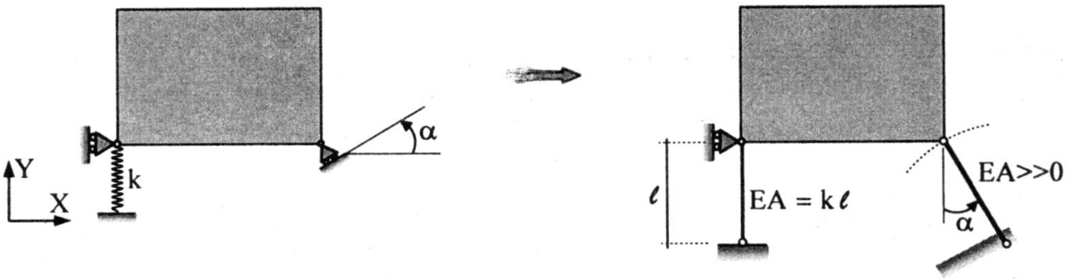

Figura 1.37 – Simulação de apoio elástico e de apoio inclinado.

15 – As condições geométricas de contorno dizem respeito à prescrição de deslocamentos nodais e dependem de cada modelo. Contudo, como os programas automáticos de características gerais disponibilizam seis deslocamentos por ponto nodal (no referencial global e indiferentemente do modelo de estrutura), é necessário restringir os deslocamentos não ativados, para evitar a singularidade do sistema global de equações.

Em modelo placa, a especificação das condições geométricas de contorno depende da teoria utilizada no desenvolvimento do elemento. Com as notações t e n designativas dos eixos, respectivamente, tangente e normal ao contorno de uma placa como mostra a próxima figura, tem-se as seguintes especificações de apoio:

a) Bordo apoiado $\begin{cases} -\text{Condição fraca}: & \overline{w}=0 \\ -\text{Condição forte}: & \overline{w}=0 \quad \text{e} \quad \overline{\theta}_n=0 \end{cases}$

b) Bordo engastado $\begin{cases} -\text{Condição fraca}: & \overline{w}=0 \quad \text{e} \quad \overline{\theta}_t=0 \\ -\text{Condição forte}: & \overline{w}=0 \quad , \quad \overline{\theta}_t=0 \quad \text{e} \quad \overline{\theta}_n=0 \end{cases}$

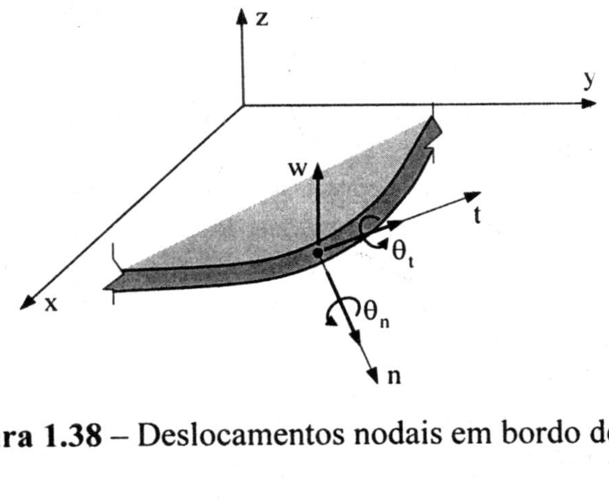

Figura 1.38 – Deslocamentos nodais em bordo de placa.

Em bordo apoiado e com elemento finito desenvolvido com a Teoria de Placa Fina, a condição forte é a mais adequada, e com elemento desenvolvido com a Teoria de Mindlin, a condição fraca é a mais indicada. Já no caso de bordo engastado, ambas as condições são aplicáveis indistintamente da teoria.

16 – Em modelo auto-equilibrado é necessário impedir os deslocamentos de corpo rígido com restrições mínimas que não interfiram no estado tensional, como esclarece a próxima figura no caso de uma chapa tracionada. Isto, para evitar a singularidade do sistema global de equações.

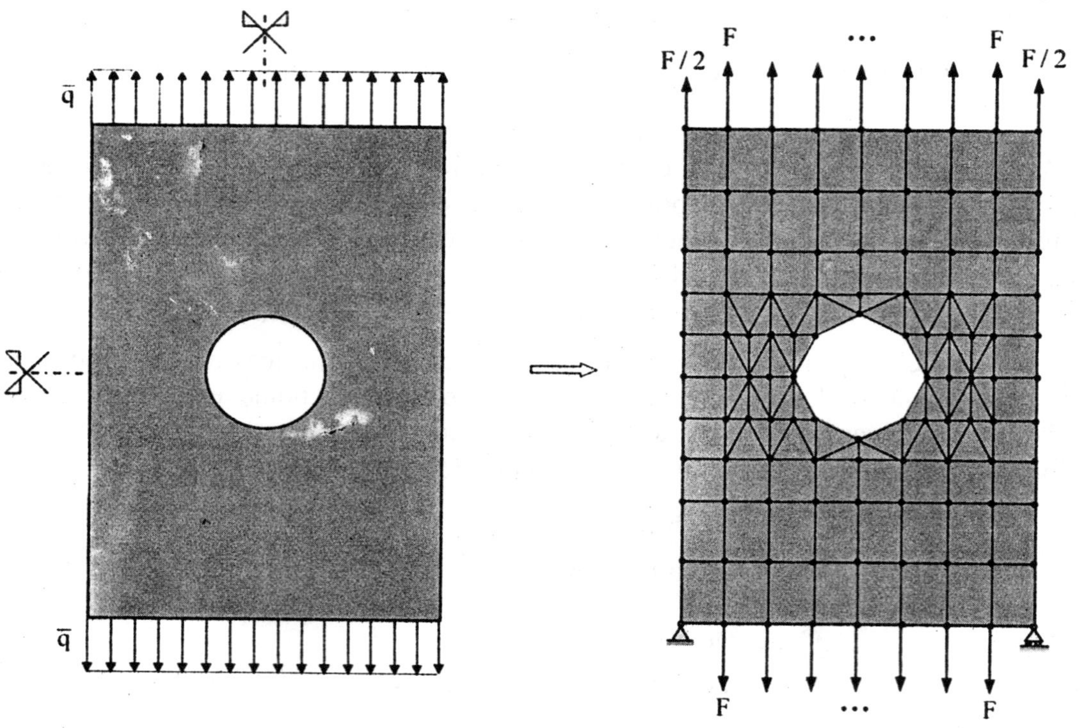

Figura 1.39 – Restrição dos deslocamentos de corpo rígido em discretização de chapa tracionada auto-equilibrada.

17 – Em estruturas de geometria, propriedades de material e condições de apoio simétricas, além de ações externas simétricas, devem ser utilizadas malhas simétricas para que o modelo discreto tenha a capacidade de representar as variáveis dependentes com campos simétricos. E em análise estática linear, é prático fazer uso de simetrias em geração de modelos discretos menos extensos do que de todo o domínio do modelo matemático, como exemplifica a Figura 1.40 em discretizações de metade e de um quarto da chapa tracionada da figura anterior, quando então são utilizadas condições de contorno que simulam as condições cinemáticas ao longo dos eixos de simetria. Esse uso simplifica a geração do modelo discreto e reduz o processamento computacional e o volume de resultados, com consequente maior facilidade de interpretação e correspondente validação.

E a Figura 1.41 mostra a discretização de um quarto de uma placa apoiada duplamente simétrica, onde as representações vetoriais indicam os deslocamentos nodais prescritos nulos para simular as simetrias e para incorporar as condições de apoio em Teoria de Mindlin.

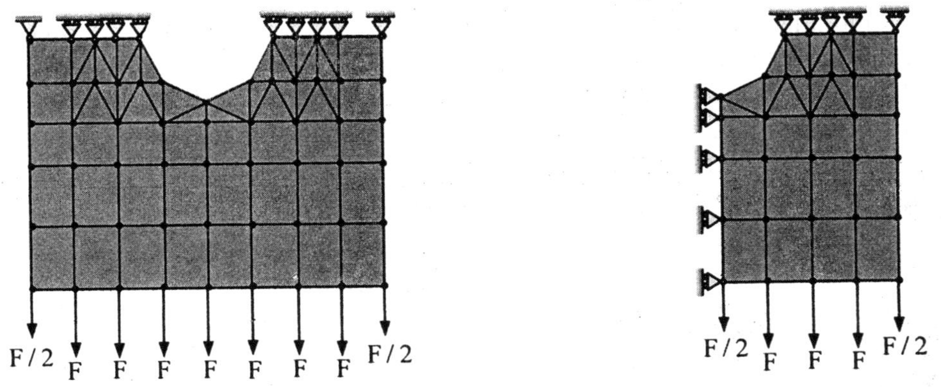

Figura 1.40 – Discretizações de metade e da chapa da Figura 1.39.

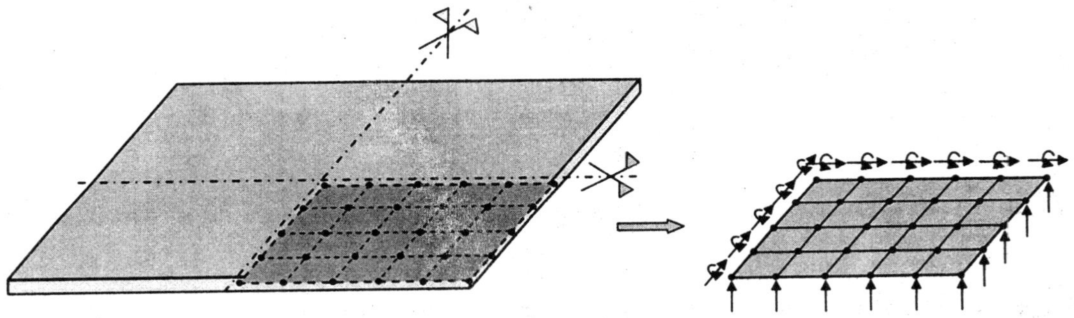

Figura 1.41 – Discretização de um quarto de placa apoiada de dupla simetria.

Quando se dispõe da opção de apoio inclinado, a simetria diagonal pode também ser utilizada na geração de modelos discretos menos extensos, como na figura seguinte que exemplifica um caso de placa quadrada apoiada em Teoria de Mindlin.

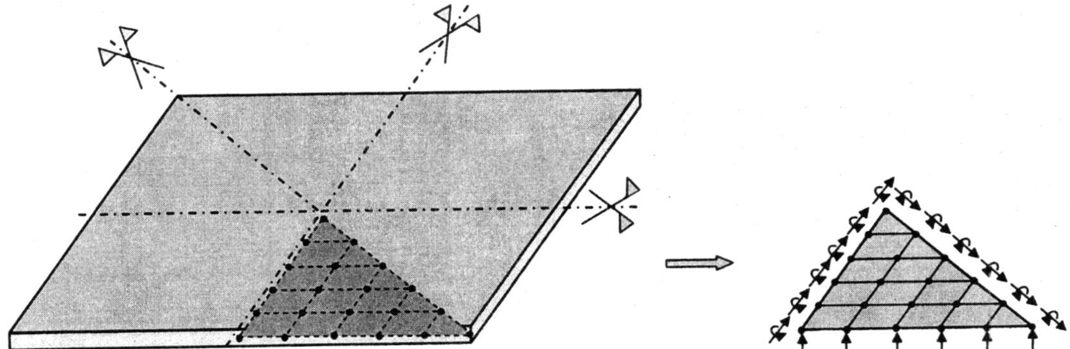

Figura 1.41 – Discretização de um oitavo de placa quadrada apoiada simétrica.

A próxima figura mostra uma casca cilíndrica de planos de simetria XZ e YZ, simplesmente apoiada nas extremidades longitudinais e sem apoio nas laterais. E a parte direita dessa mesma figura ilustra a discretização de um quarto dessa casca em elementos finitos planos (como facetas), onde as representações vetoriais indicam os deslocamentos nodais prescritos nulos para simular simetria, assim como indicam as condições de apoio.

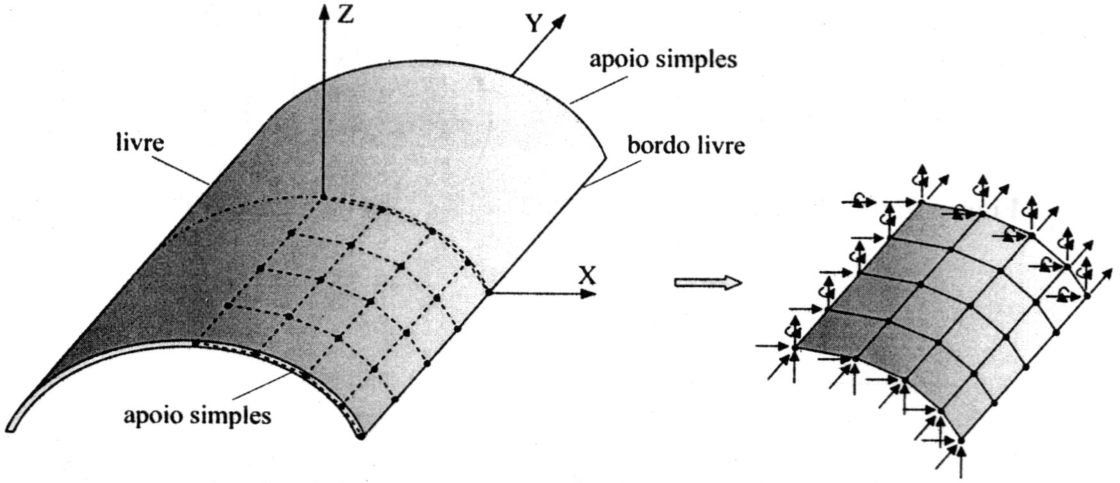

Figura 1.43 – Discretização de um quarto de casca cilíndrica de dupla simetria.

18 – O uso de eixos de simetria para gerar modelos discretos reduzidos deve ser evitado em análises dinâmicas e não lineares, porque as partes omitidas da estrutura original podem ser necessárias na determinação da resposta. Como exemplo, a próxima figura mostra o quarto modo de vibração da discretização de uma placa quadrada simplesmente apoiada, que é anti-simétrico e que pode ter participação na resposta dinâmica dessa placa. O mesmo deve ser evitado em determinação de cargas críticas de estruturas simétricas, pois modos de flambagem são excluídos ao se considerar eixos de simetria na construção de modelo discreto reduzido.

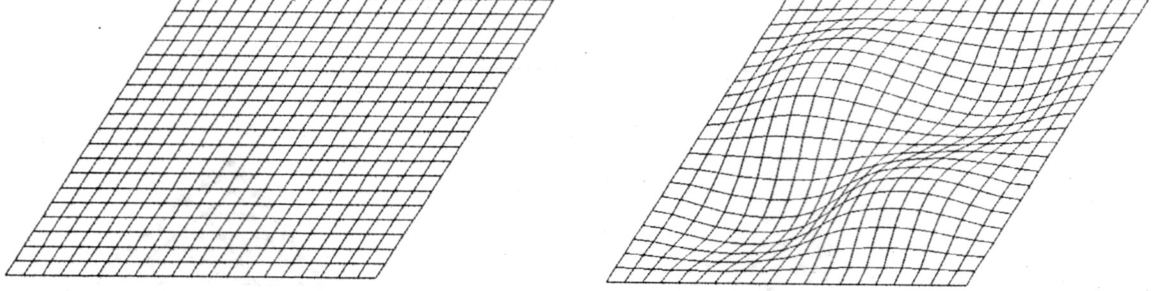

Discretização. Quarto modo de vibração.

Figura 1.44 – Placa quadrada simplesmente apoiada.

19 – Em análise de modelo de domínio semi-infinito com o presente método, é necessário discretizar apenas uma região finita desse domínio, com o arbítrio de condições geométricas de contorno suficientemente afastadas das ações externas, de forma a não interferir no efeito dessas ações, como ilustra a figura seguinte.

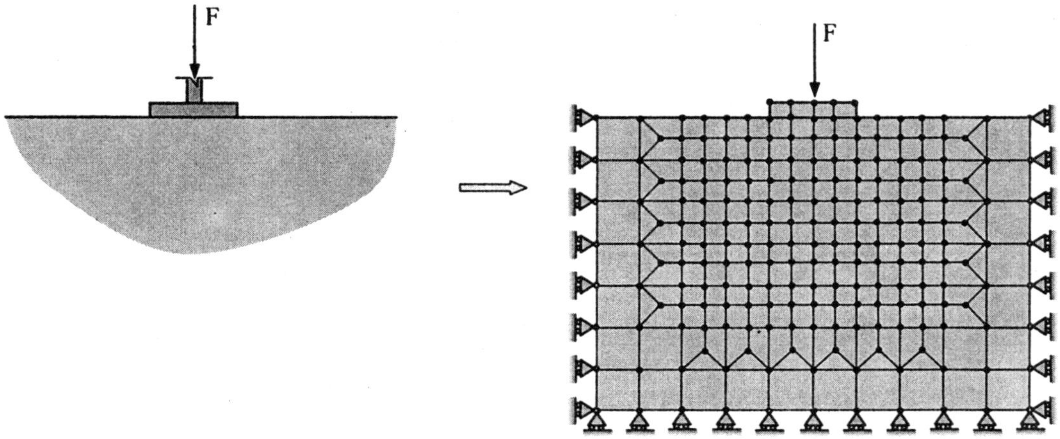

Figura 1.45 – Discretização de região de um semi-espaço infinito.

20 – Os programas automáticos disponibilizam a opção de definição de relações de restrição entre deslocamentos nodais para simular conexões de dimensões finitas entre elementos e para simular o efeito de partes rígidas. Como exemplo, a próxima figura mostra: (1) ligação excêntrica de barras de perfis em cantoneira, (2) ligação de pilar-parede a uma viga de pequena altura, ambos idealizados como elementos unidimensionais, (3) variação abrupta de espessura em placa e (4) placa nervurada, em cuja discretização são mesclados elementos de placa e elementos de grelha. Nessa mesma figura, estão indicados os pontos nodais cujos deslocamentos devem ser compatibilizados de maneira a estar rigidamente ligados. É a denominada *ligação em offset* e que é especificada através de um *ponto nodal mestre* (cujos deslocamentos são retidos no sistema global de equações) e de um *ponto nodal dependente* (cujos deslocamentos são linearmente dependentes dos deslocamentos do nó mestre e não são incluídos no sistema de equações).

E como exemplo de parte rígida em uma estrutura, a Figura 1.47 ilustra um pavimento de um edifício estruturado, em que se considera a laje como indeformável em seu próprio plano, o que é chamado de *diafragma.* Com isso, cada laje da edificação passa a ter, como deslocamentos de corpo rígido, dois deslocamentos horizontais de translação e uma rotação em torno de um eixo vertical, medidos em um ponto da correspondente superfície média e que estão ilustrados na parte inferior da figura. E na parte superior direita da mesma figura, tem-se a discretização dessa laje juntamente com os elementos de pórtico espacial representativos das colunas, com a indicação dos deslocamentos nas extremidades desses elementos, que devem ser compatibilizados com os deslocamentos de corpo rígido da laje.

O uso de relações de restrição entre deslocamentos nodais, além de auxiliar na modelagem, tem a vantagem de reduzir o número de graus de liberdade e evitar mau condicionamento da matriz de rigidez.

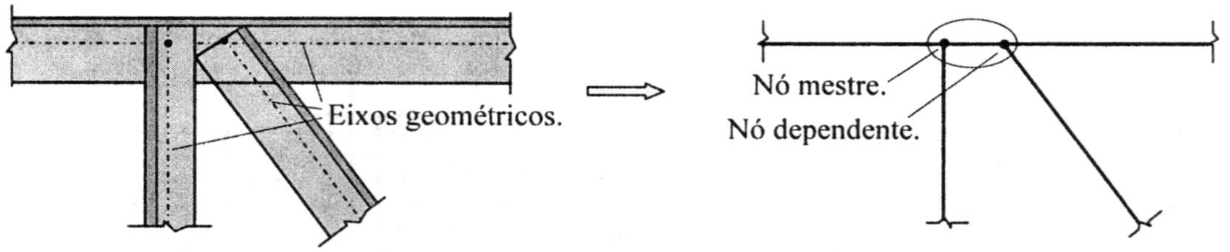

Ligação de eixos geométricos não concorrentes.

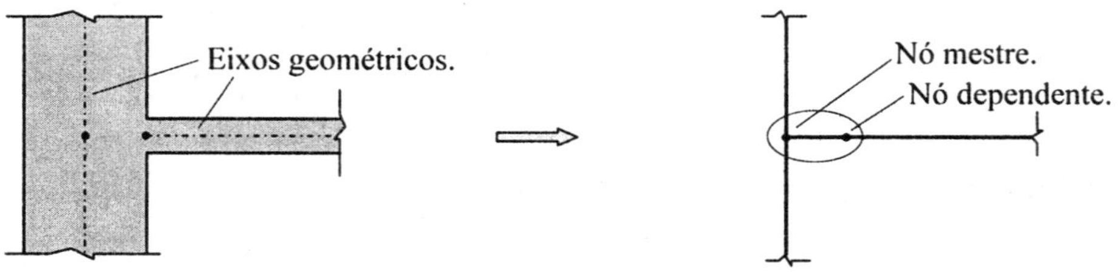

Ligação de pilar-parede com viga.

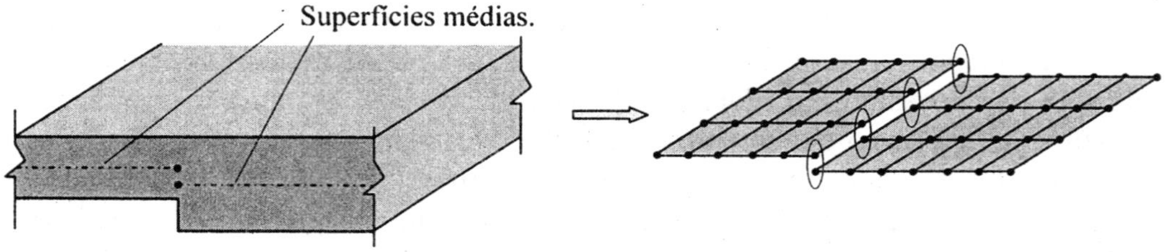

Variação abrupta de espessura em placa.

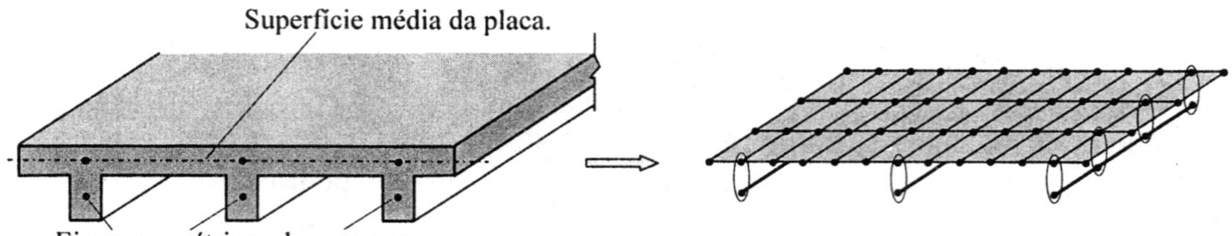

Placa nervurada.

Figura 1.46– Ligações excêntricas entre elementos.

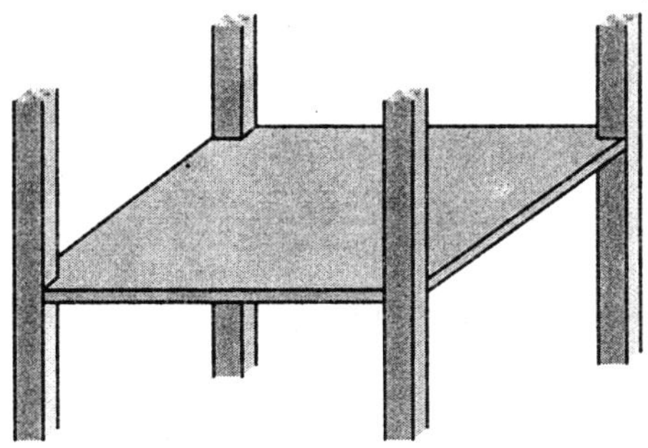

Pavimento genérico.

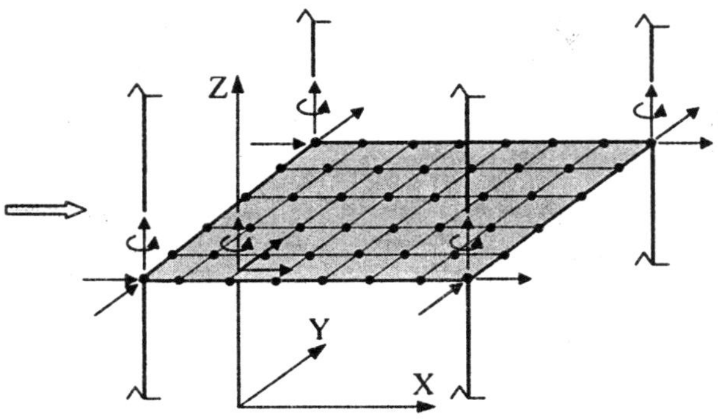

Discretização.

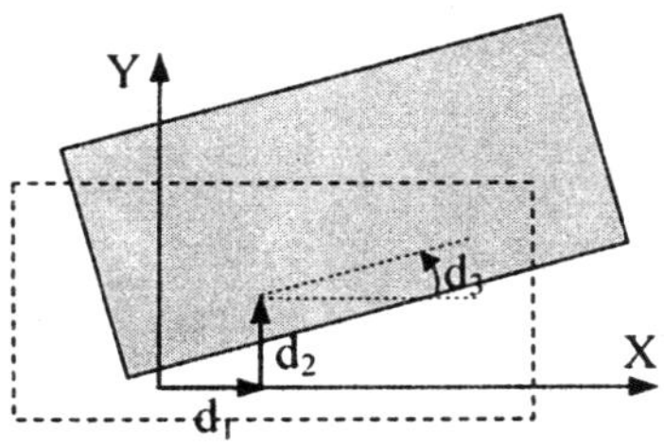

Deslocamentos de corpo rígido de laje.

Figura 1.47 – Idealização de laje de edifício.

21 – Deslocamentos em extremidades de elementos de barra podem ser liberados com o objetivo de simular articulações, desde que nenhum deslocamento nodal fique sem correlação com rigidez no sistema global de equações, para não se ter singularidade na matriz de rigidez. Esse é o caso da rotula indicada no pórtico plano representado na parte esquerda da próxima figura, em que o deslocamento de rotação no correspondente ponto nodal deve ser liberado apenas na extremidade de uma das duas barras conectadas a esse ponto. Caso se faça a especificação da rótula nas extremidades de ambas as barras, a correspondente rotação precisa ser prescrita como condição geométrica de contorno.

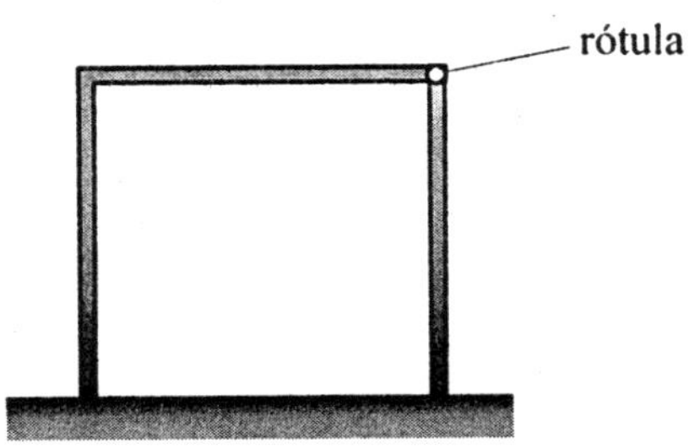

Pórtico plano.

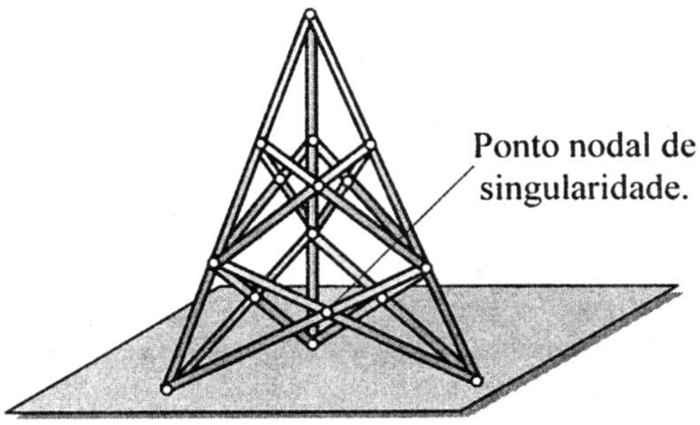

Treliça espacial.

Figura 1.48 – Ligações rotuladas.

Em treliça espacial, quando todos os elementos ligados a um ponto nodal estão situados em um mesmo plano, como ilustra a parte direita da figura anterior, ocorre também a referida singularidade. E para evitar essa ocorrência, o mais prático é especificar a posição desse ponto ligeiramente fora do referido plano.

22 – É aconselhável conferir o modelo discreto antes de seu processamento, para evitar processamentos inúteis e perda de tempo em interpretação de resultados incorretos, assim como para reorientar eventual melhoria de discretização da estrutura. Nessa conferência são úteis representações gráficas, como a casca mostrada na figura seguinte, que tem em sua parte superior as numerações dos elementos e pontos nodais, e na parte inferior há a malha explodida com a numeração dos pontos nodais.

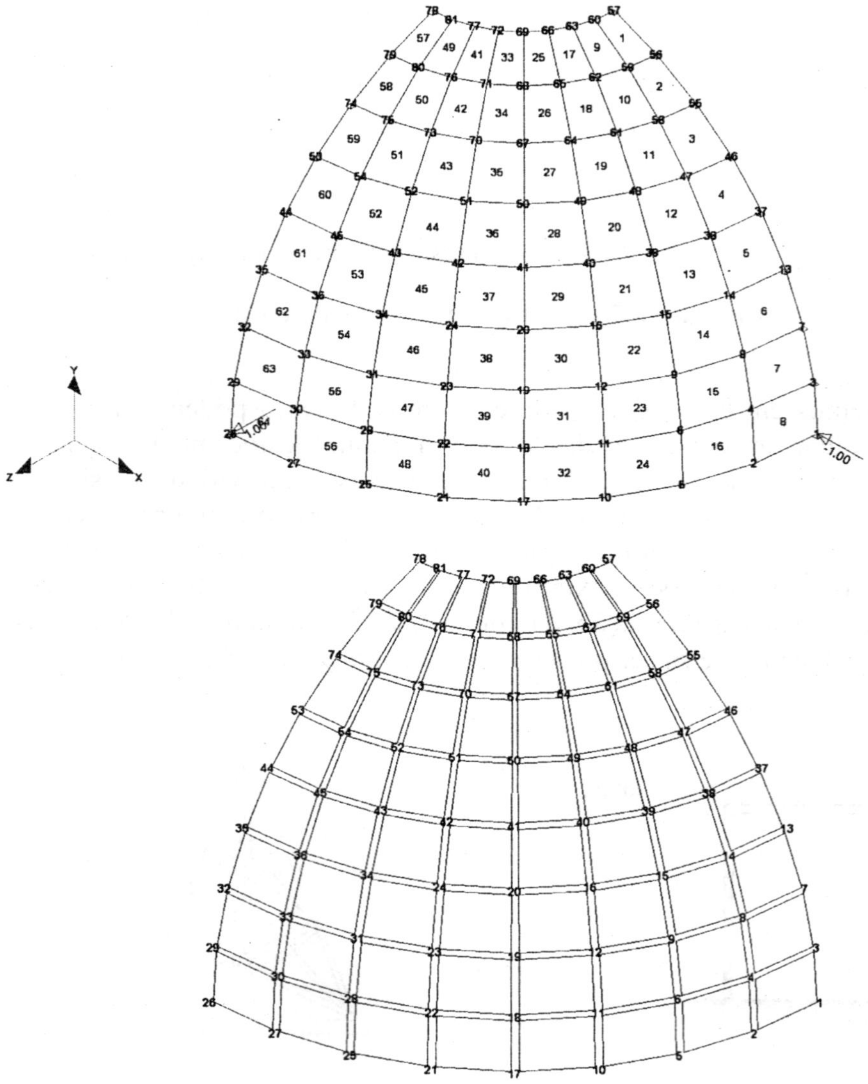

Figura 1.49 – Representações de malha de uma casca.

23 – Também não costuma ser necessário um refinamento muito acurado nos modelos discretos, porque os modelos matemáticos já guardam aproximações em relação aos fenômenos físicos correspondentes. E o refinamento que se mostrar necessário pode ser feito sob controle do usuário ou automático. No primeiro caso, pode ser na malha anteriormente utilizada ou, em caso de domínios muito extensos, pode constituir um modelo discreto parcial separado do modelo inicial e em que se imponham deslocamentos de contorno obtidos com a análise daquela malha. Isso é ilustrado com a próxima figura que mostra uma extremidade de viga sobre aparelho de apoio.

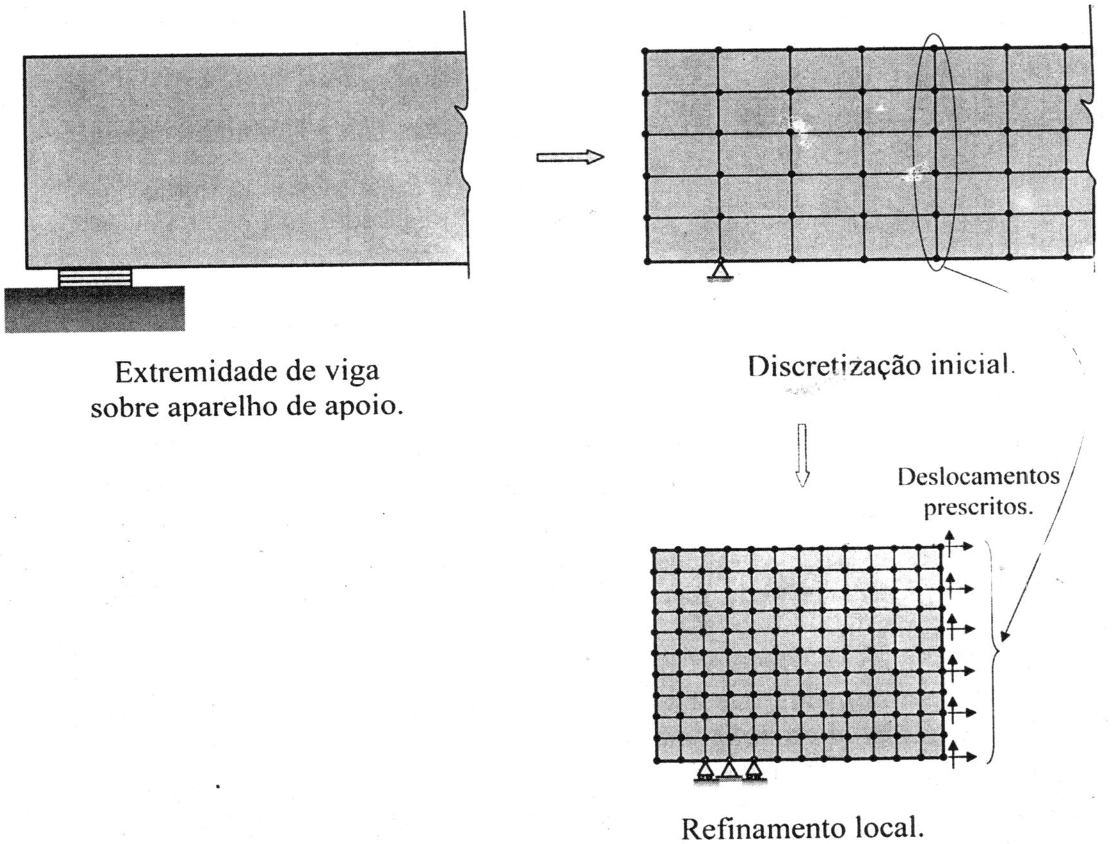

Figura 1.50 – Refinamento separado de parte do modelo inicial.

Já o *refinamento automático*, dito *auto-adaptativo*, é função de parâmetro ou nível de convergência especificado pelo usuário e é seletivo no sentido de atuar prioritariamente nas regiões que careçam de refinamento até que se obtenha erro de discretização uniformemente distribuído em toda a malha (em atendimento ao referido parâmetro). E esse refinamento pode ser do tipo "h" ou do tipo "p'. Diz-se *refinamento h* quando é feito por divisão dos elementos da malha anterior (usualmente com elementos finitos de baixa ordem), e diz-se *refinamento p* quando é realizado através do aumento da ordem dos elementos de uma malha inicial. A combinação desses procedimentos é denominada *refinamento h-p*.

1.5.3 – Tipos de análise

O *processador* é o conjunto de rotinas de um programa automático que realizam a análise numérica propriamente dita, de maneira a obter soluções nodais.

Para facilidade de entendimento, as análises das estruturas podem ser classificadas sob a seguinte forma:

- estática
- dinâmica
  - análise modal
  - determinação de históricos de resposta
    - no domínio do tempo
      - superposição modal
      - integração direta
    - superposição modal e domínio da frequência
    - resolução direta através do domínio da frequência
  - estimativa de valores máximos
- estabilidade elástica

A análise é dita *estática* quando não são incluídas forças de inércia, e é chamada de *dinâmica* em caso contrário. E a estática divide-se em *estática propriamente dita* e em *quase-estática*, no sentido dessa última designação se referir à análise em que a variável tempo entra na definição das propriedades do(s) material(ais).

As análises estática e dinâmica podem ser em comportamento linear ou não linear.[17] A não linearidade pode dizer respeito ao material, o que é referido como *não linearidade física*, ou dizer respeito à verificação do equilíbrio na configuração deformada, o que é chamado de *não linearidade geométrica* e que considera os denominados *efeitos de segunda ordem*. Na primeira, que é a mais comum, tem-se relações não lineares entre os componentes de tensão e de deformação. Já, a segunda se deve a grandes deslocamentos e/ou grandes deformações, a componentes estruturais que fazem ou cessam contato, a esforços internos que aumentam ou reduzem a rigidez transversal de componentes estruturais e/ou a forças externas que se alteram com o estado de deformação da estrutura.[18] A análise linear é realizada em uma única etapa de cálculo e as análises não lineares são levadas a efeito através de procedimentos iterativos e/ou incrementais.

A Figura 1.51 apresenta três diagramas tensão-deformação do estado uniaxial. O primeiro é linear e sempre elástico; o segundo é um exemplo não linear em que está

---

[17] Em análise linear clássica, além das equações de equilíbrio serem escritas na configuração não deformada, não se leva em conta a influência das forças axiais na rigidez de flexão. Isto é, desconsidera-se o enrijecimento devido à tração (como ocorre em corda de violino) e a redução de rigidez devido à compressão (como em barras comprimidas). E por simplicidade, não se inclui o caso em que a estrutura e/ou as condições de contorno se alteram com o tempo.

[18] Para as estruturas usuais, pode-se dizer, de forma simplista, que grandes deslocamentos são os perceptíveis a olho nu.

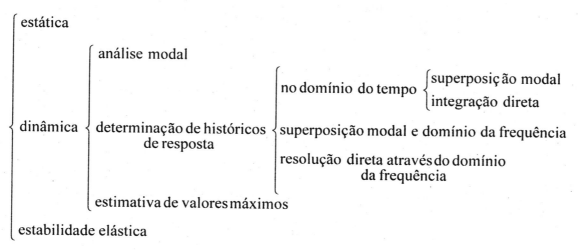

indicada a tensão de escoamento convencional σ_e e o limite de proporcionalidade σ_p; e o terceiro é o da idealização elasto-plástica. Esses diagramas são caracterizados por propriedades mecânicas essenciais à análise.

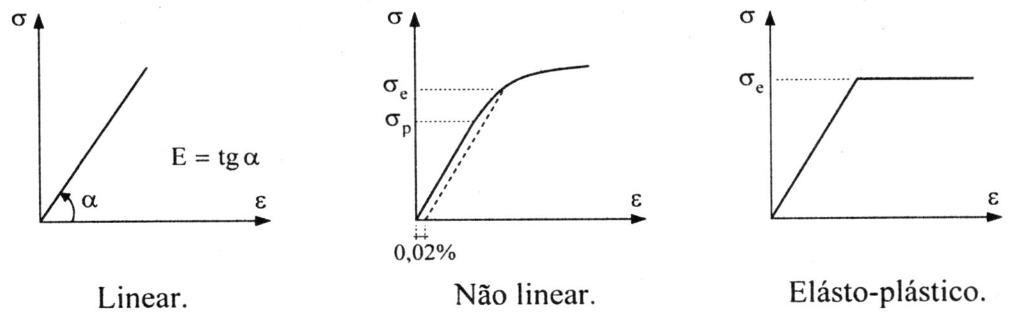

Figura 1.51 – Diagramas tensão-deformação uniaxiais.

E a próxima figura ilustra três casos simples de não linearidade geométrica. No primeiro, a força horizontal F_2 provoca flexão na coluna, flexão esta que é majorada pela força vertical F_1, em interação de efeitos. No segundo, como o sistema é tri-articulado e as duas barras são colineares, só se alcança a condição de equilíbrio em uma configuração deformada, quando então ocorre esforço normal. E no terceiro caso, que trata de uma coluna esbelta, existe um valor crítico para a força F com a qual acontece o fenômeno de passagem do equilíbrio estável em equilíbrio instável, o que é denominado *flambagem* ou *instabilidade elástica*.

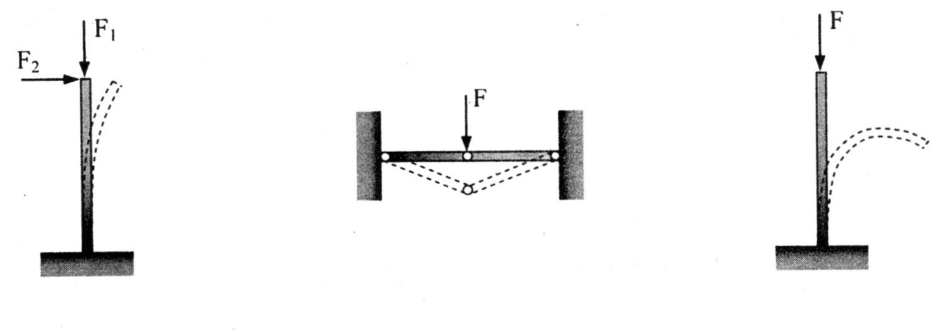

Figura 1.52 – Casos simples de não linearidade geométrica.

A maior dificuldade em análise não linear é a não aplicação do *princípio da superposição dos esforços* ilustrado na figura seguinte.

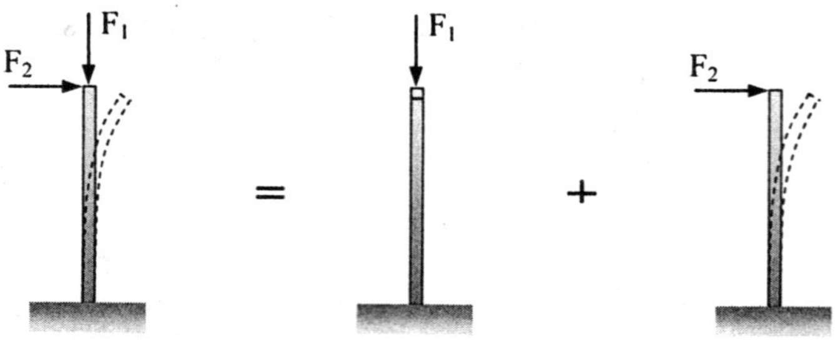

Figura 1.53 – Ilustração do princípio da superposição dos esforços.

A análise estática será tratada no terceiro e no quarto capítulos. Já no quinto e no sexto capítulos, serão desenvolvidos os conceitos e métodos de análise dinâmica, os quais requerem mais conhecimento e experiência para ser aplicados do que os da análise estática. No que se segue, são apresentadas informações gerais acerca desses métodos, para que o leitor possa ter uma compreensão inicial do tema.

Em descrição da classificação de análise dinâmica apresentada no início deste item, a *Análise Modal* diz respeito à determinação das *características dinâmicas* que são as frequências naturais e os correspondentes modos naturais de vibração do modelo estrutural. A *Determinação de Históricos de Resposta* diz respeito à obtenção de sequências de valores, em instantes consecutivos do tempo, de variáveis resultantes do comportamento vibratório, como deslocamento, tensão ou esforço seccional, por exemplo, e decorrentes da aplicação de ações variáveis no tempo, como de equipamentos, vento, movimentação humana, ondas, correntes marítimas e terremoto, por exemplo. E a *Estimativa de Valores Máximos* significa a determinação aproximada de máximos daquelas variáveis do comportamento vibratório. Contudo, para reduzir o esforço computacional e a quantidade de resultados a serem interpretados e validados, importa efetuar uma análise dinâmica apenas quando se identifica a princípio que serão desenvolvidas vibrações que possam causar problemas de utilização (como de conforto humano e de interferência em equipamentos e/ou em componentes não estruturais agregados à estrutura) ou causar problemas de dano à própria estrutura, o que é uma questão de julgamento de engenheiro.

De forma geral, em análise dinâmica, faz-se a resolução de um sistema global de equações de equilíbrio de forças nodais que se escreve sob a forma

$$\mathbf{f}_m(t) + \mathbf{f}_a(t) + \mathbf{f}_e(t) = \mathbf{f}(t) \qquad (1.10)$$

em que $\mathbf{f}_m(t)$, $\mathbf{f}_a(t)$, $\mathbf{f}_e(t)$ e $\mathbf{f}(t)$ são, respectivamente, os vetores das *forças de inércia, de amortecimento, restitutivas elásticas* e *nodais equivalentes às ações externas*, funções do tempo. Esse sistema é válido no caso linear (em que o equilíbrio é considerado na configuração não deformada), como também é válido no caso não linear (em que se busca o equilíbrio na configuração deformada).

As forças de inércia são escritas sob a forma $(\mathbf{f}_m(t) = \mathbf{M}(t)\,\ddot{\mathbf{d}}(t))$, onde $\mathbf{M}$ é a matriz de massa global e $\ddot{\mathbf{d}}(t)$ é o vetor das acelerações nodais. Comumente essa matriz é constante e pode ser obtida através da acumulação adequada das matrizes consistentes de massa dos elementos da malha (obtidas com as mesmas funções de interpolação do campo de deslocamentos adotado na determinação das matrizes de rigidez) ou obtida a partir de matrizes discretas de massa (em que as massas são consideradas concentradas em pontos nodais dos elementos por um critério expedito de discretização). Ambas as matrizes são calculadas automaticamente a partir das massas específicas dos materiais dos elementos, e os resultados com ambas convergem para a solução exata, na medida em que se refina o modelo discreto, em processamento mais rápido no caso da matriz de massa discreta. E massas idealizadas pelo usuário como concentradas em pontos nodais são somadas aos correspondentes elementos diagonais (no entendimento de terem as mesmas numerações de graus de liberdade) da matriz de massa global.

As forças de amortecimento costumam ser baseadas na hipótese de *amortecimento viscoso* e são escritas sob a forma $(\mathbf{f}_a(t) = \mathbf{C}(t)\dot{\mathbf{d}}(t))$, onde $\mathbf{C}$ é a matriz de amortecimento global e $\dot{\mathbf{d}}(t)$ é o vetor das velocidades nodais. Essa matriz é a responsável pela dispersão de energia e, consequente, atenuação da vibração, o que a faz relevante no caso de excitações de mediana e de longa duração, como as provenientes de equipamento rotativo, onda e terremoto, e pouco relevantes no caso de forças impulsivas, como no caso de impacto. Usualmente essa matriz é constante e, dado à impossibilidade prática de sua determinação a partir de características de amortecimento dos materiais constituintes dos elementos do modelo discreto, costuma ser construída a partir de *razões de amortecimento* (de modos de vibração) denotados por ξ e que são obtidos experimentalmente e disponibilizados na literatura (vide a Tabela 5.1 do quinto capítulo). Essas razões são da ordem de $(0{,}01 \leq \xi \leq 0{,}03)$ no caso das ações usuais, e, em análise sísmica, são usualmente consideradas iguais a 0,05. Além disso, é comum adotar uma matriz $\mathbf{C}$ que permita o desacoplamento das equações diferenciais de equilíbrio através de uma transformação de coordenadas, o que é denominado *amortecimento clássico* (vide Item 6.4.1 do sexto capítulo).

As forças restitutivas elásticas $(\mathbf{f}_e(t) = \mathbf{K}(t)\ \mathbf{d}(t))$ são devidas à deformação da estrutura, em que $\mathbf{K}$ é a mesma matriz de rigidez global do caso estático e $\mathbf{d}(t)$ é o vetor dos deslocamentos nodais, agora, funções do tempo.

Assim, após a incorporação das condições geométricas de contorno, faz-se a resolução do sistema global de equações diferenciais de segunda ordem de equilíbrio

$$\mathbf{M}(t)\,\ddot{\mathbf{d}}(t) + \mathbf{C}(t)\,\dot{\mathbf{d}}(t) + \mathbf{K}(t)\,\mathbf{d}(t) = \mathbf{f}(t) \qquad (1.11)$$

As frequências naturais e os correspondentes modos naturais de vibração são determinados em comportamento linear e na condição de serem nulas as forças de amortecimento e as forças nodais externas. No caso, o sistema de equações anterior recai na resolução do problema de autovalor generalizado

$$\mathbf{K}\boldsymbol{\Phi} = \mathbf{M}\boldsymbol{\Phi}\boldsymbol{\Omega} \qquad (1.12)$$

em que $\boldsymbol{\Omega}$ é uma matriz diagonal cujos termos diagonais são os autovalores ou quadrados das *frequências naturais* de notações ω_j^2, e $\boldsymbol{\Phi}$ é uma matriz quadrada cujas colunas são os autovetores ou *modos naturais de vibração* de notações $\boldsymbol{\varphi}_j$. Assim, a cada frequência natural ω_j está associada a um modo natural de vibração $\boldsymbol{\varphi}_j$ (vide Item 6.2 do sexto capítulo).

As frequências naturais são em igual número aos graus de liberdade do modelo discreto, costumam ser numeradas em ordem crescente de seus valores e são positivas no caso de existirem suficientes restrições aos deslocamentos de corpo rígido do modelo e de suas partes. Mais especificadamente, a j-ésima frequência, ω_j, é denominada *frequência angular* (de unidade rad/s) e tem o mesmo significado que a j-ésima *frequência cíclica* ($f_j = \omega_j / 2\pi$) (de unidade de ciclos por segundo ou hertz – Hz). O inverso dessa frequência, ($T_j = 1/f_j$), é o j-ésimo *período natural*, que é o intervalo de tempo gasto pelo modelo estrutural discreto para executar uma oscilação completa com a forma do modo de vibração $\boldsymbol{\varphi}_j$ e em torno de sua *configuração não deformada* ou *configuração neutra*. A menor frequência ω_1 e o correspondente maior período T_1 são denominados, respectivamente, *frequência fundamental* e *período fundamental*, e são associados ao primeiro modo natural de vibração chamado de *modo fundamental* de vibração.

Na prática, como os modos superiores de vibração têm pouca ou nenhuma influência na resposta dinâmica, importa determinar apenas um conjunto dos p primeiros pares "frequência – modo de vibração" (em que o valor de p é bem menor do que o número de graus de liberdade do modelo discreto), quando então o problema de autovalor anterior se escreve com a notação (vide Item 6.4 do sexto capítulo)

$$\mathbf{K}\mathbf{\Phi}_p = \mathbf{M}\mathbf{\Phi}_p\mathbf{\Omega}_p \tag{1.13}$$

E, em projeto, é importante evitar a coincidência ou proximidade de frequência da excitação com uma das primeiras frequências naturais da estrutura, para que não ocorra *ressonância*. Este fenômeno, em estruturas com as usuais razões de amortecimento, se caracteriza por uma pequena alteração da frequência da excitação provocar grande alteração da resposta dinâmica.

De forma geral, a resposta dinâmica depende das características dinâmicas da estrutura, do conteúdo de frequência da excitação (conjunto dos harmônicos que entram em sua composição) e da distribuição espacial dessa excitação. Contudo, em certas situações é simples identificar a necessidade ou não de análise dinâmica.

A força representada na parte esquerda da Figura 1.54, por exemplo, em que T_d é a duração de crescimento da força, pode ser considerada uma ação de "aplicação lenta" no caso de ($T_d \geq 4T_1$) e de "aplicação rápida" em caso contrário, quando então se torna importante uma análise dinâmica.

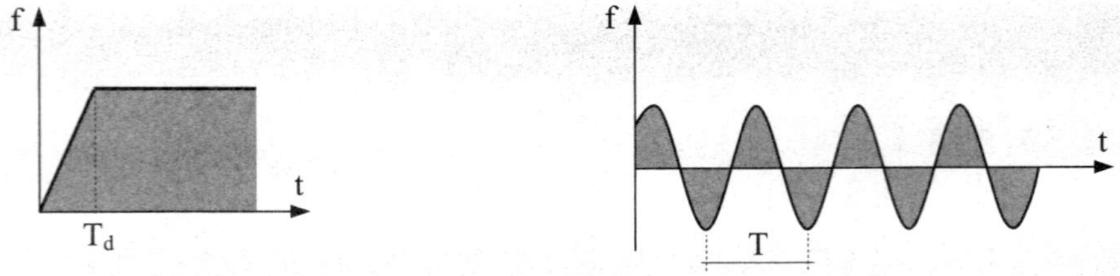

Figura 1.54 – Ações dinâmicas.

Já com a força harmônica representada na parte direita da citada figura, a resposta dinâmica tem uma parcela que tende a zero com o tempo, devido à dissipação de energia, denominada *resposta transiente*, e uma parcela de mesma frequência que essa força, embora defasada, denominada *resposta permanente* (vide Item 5.4). Quando o período T dessa força atende à condição ($T > 5T_1$), a amplitude da resposta em regime permanente é muito próxima da solução estática, o que torna a análise dinâmica pouco relevante. E quando esse período atende à condição ($T < T_1/3$), a reversão da força é bem mais rápida do que a capacidade do sistema estrutural em atingir deslocamentos relevantes (quanto ao desenvolvimento de forças elásticas), o que caracteriza situação em que o efeito dinâmico não costuma ser significativo sob o ponto de vista de resistência da estrutura. Assim, a análise dinâmica costuma se justificar no caso em que se tem ($T_1/3 \leq T \leq 5T_1$).[19]

A determinação de históricos de resposta pode ser no *domínio do tempo* ou através do *domínio da frequência* (no sentido de que a variável tempo é substituída pela variável frequência em parte da resolução), com métodos de características distintas e cuja escolha depende do conhecimento e experiência do usuário, dos recursos do sistema computacional de análise e das vantagens numéricas que o método escolhido possa apresentar em cada caso. E para bem expressar essa resposta, sugere-se determinar soluções em incrementos de tempo pelo menos iguais a um décimo do período natural da estrutura e do período do componente harmônico mais significativo da excitação (no caso de esta ser periódica).[20] Além disso, por se tratar de um modelo matemático de domínio aberto na variável tempo, é necessário estabelecer de antemão a extensão do histórico de resposta, o que depende da excitação, do amortecimento e das características dinâmicas da estrutura. Para as usuais razões de amortecimento e excitações de longa duração (como de forças harmônicas provenientes de equipamentos rotativos, por exemplo), essa extensão costuma ser de até quarenta vezes o período fundamental da estrutura e, no caso de excitação de curta duração (como de força de impacto), até cerca de dez vezes esse período.

Ainda de acordo com a classificação apresentada no início deste item, a análise no domínio do tempo pode ser através do método de superposição modal ou com o método de integração direta.

Diz-se *método de superposição modal* quando os graus de liberdade no espaço físico são transformados para um espaço definido pelos "p" primeiros modos naturais de vibração (ou por p vetores de Ritz ou de Lanczos, que dependem da distribuição espacial da excitação e das características dinâmicas do modelo discreto), sob a forma

$$\mathbf{d}(t) \cong \begin{bmatrix} \varphi_1 & \cdots & \varphi_j & \cdots & \varphi_p \end{bmatrix} \boldsymbol{\mathscr{d}}_p(t) \quad \rightarrow \quad \mathbf{d}(t) \cong \mathbf{\Phi}_p \boldsymbol{\mathscr{d}}_p(t) \tag{1.14}$$

---

[19] O Item 9 da NBR 6123 (1988) alerta que edificações com período fundamental ($T_1 > 1\,s$) "podem apresentar importante resposta flutuante na direção do vento médio". Alerta também quanto à possibilidade de edificações esbeltas e flexíveis apresentarem efeitos aeroelásticos, como de desprendimento cadenciado de vórtices, efeitos de golpe, galope e drapejamento. Já o anexo O da NBR 8800 (1986) alerta quanto ao desconforto dos usuários de estruturas flexíveis (o que depende da aceleração induzida na edificação pela ação de vento) e o anexo N dessa mesma norma fornece dados de desconforto quanto a vibrações em pisos.

[20] Toda função periódica pode ser decomposta em uma série de termos harmônicos.

em que $\boldsymbol{d}_p$ é um vetor com as denominadas *coordenadas modais*. E após a obtenção da solução em termos dessas coordenadas, transforma-se essa solução para o espaço físico inicial (vide Item 6.4 do sexto capítulo).

O objetivo dessa transformação é obter, a partir do Sistema de Equilíbrio 1.11 e com as hipóteses de amortecimento clássico e comportamento linear, equações diferenciais modais desacopladas sob a forma

$$\ddot{d}_j(t) + 2\,\omega_j\,\xi_j\,\dot{d}_j(t) + \omega_j^2\,d_j(t) = f_j(t) \qquad (1.15)$$

em que $(j = 1,\ 2,\ \cdots\ p)$, e em que se tem a força modal

$$f_j(t) = \boldsymbol{\varphi}_j^T\,\mathbf{f}(t) \qquad (1.16)$$

Com essa transformação, reduz-se o número das equações diferenciais a ser integradas, com significativa diminuição no volume de cálculo de resolução do problema dinâmico.

A acurácia dos resultados desse método depende primordialmente do número de modos utilizados na transformação de coordenadas, o que, por sua vez, depende das características dinâmicas do modelo discreto, e do conteúdo de frequência e da distribuição espacial da excitação. Contudo, a forma mais simples de chegar a um número adequado de modos é em tentativa e erro, através de experimentos com números crescentes de modos e verificação das alterações que ocorrem nos históricos de resposta.

No caso geral de solicitações aperiódicas, as Equações Modais 1.15 podem ser resolvidas com integração numérica (vide Item 6.4.5.1) ou através de transformada rápida de Fourier (vide Item 6.4.5.2), de maneira a obter as soluções modais $\boldsymbol{d}_p(t_i)$, $\dot{\boldsymbol{d}}_p(t_i)$ e $\ddot{\boldsymbol{d}}_p(t_i)$ em instantes t_i consecutivos da variável tempo. Faz-se, então, o retorno aos graus de liberdade físicos (através da Equação 1.14), para obter os históricos dos deslocamentos $\mathbf{d}(t_i)$, velocidades $\dot{\mathbf{d}}(t_i)$ e acelerações $\ddot{\mathbf{d}}(t_i)$.[21] E a partir desses históricos, podem ser obtidos históricos de esforços internos e/ou de tensões, e a partir desses últimos, costumam ser determinados valores máximos ou envoltórias de esforços internos e/ou de tensões.

Chama-se *método de integração direta* quando se faz integração numérica diretamente no sistema global das equações diferenciais de equilíbrio, em procedimento passo a passo na variável tempo. E no caso das usuais *integrações implícitas* (em que a solução no instante t_i é obtida com a condição de equilíbrio neste mesmo instante), recai-se, em cada instante t_i, na resolução de um sistema de equações algébricas lineares sob a forma

$$\mathbf{K}^*\,\mathbf{d}(t_i) = \mathbf{f}^*(t_i) \qquad (1.17)$$

em que as matrizes $\mathbf{K}^*$ e $\mathbf{f}^*(t_i)$ dependem das hipóteses adotadas na integração. E por essa resolução requerer um grande volume de cálculo, este método é pouco atrativo no caso de excitações de longa duração. É, contudo, a resolução mais geral porque se aplica em análise não linear e amortecimento não clássico, quando então a matriz $\mathbf{K}^*$ é função do

[21] Quando na referida transformação são adotados modos naturais de vibração, pode-se incluir a "correção estática" dos modos de vibração não utilizados nessa transformação, também denominados *modos superiores* ou *modos pseudo-estáticos* (vide Item 6.4.2 do sexto capítulo).

tempo. E entre os procedimentos de integração, é mais seguro utilizar procedimento que seja estável independentemente do intervalo de tempo Δt arbitrado. Este é o caso da *integração de Newmark*, baseada na hipótese de aceleração constante nesse intervalo (vide Item 6.6.1), e da *integração de Wilson –* θ, baseada em aceleração linear no intervalo ($\theta\ \Delta t$) e que é estável com o parâmetro ($\theta \geq 1{,}37$) (vide Item 6.6.2). Além disso, no caso de excitação de baixa frequência, um intervalo de integração ($\Delta t \leq T_1 / 15$) costuma apresentar bons resultados.

Já no *método de resolução direta através do domínio da frequência* e no caso particular do vetor de forças nodais sob a forma harmônica

$$\mathbf{f}(t) = \mathbf{f}_o \cos(\omega t) \tag{1.18}$$

obtém-se a resposta no domínio da frequência

$$\mathbf{b} = (-\omega^2 \mathbf{M} + i\omega \mathbf{C} + \mathbf{K})^{-1}\, \mathbf{f}_o \tag{1.19}$$

onde i é o símbolo complexo. E dessa reposta, determina-se a solução de deslocamentos nodais no domínio do tempo

$$\mathbf{d}(t) = \mathrm{Re}(\mathbf{b}\, e^{i\omega t}) \tag{1.20}$$

onde Re expressa parte real da solução. Essa resolução tem elevado volume de cálculo e não apresenta vantagem frente à determinação de resposta no domínio do tempo, no presente caso de amortecimento viscoso (vide Item 6.7).

Diz-se *método de estimativa de valores máximos de resposta* ou *método com espectro de resposta*, muito utilizado em análise sísmica, quando, além do desacoplamento das equações diferenciais de equilíbrio expresso pela Equação 1.15, adota-se uma representação (gráfica ou analítica) denominada *espectro*, que expresse valores máximos de resposta (valores de pico sem consideração de sinal) de sistemas de um grau de liberdade (denominados osciladores simples) com diferentes períodos e amortecimentos, submetidos a ações sísmicas (vide Itens 5.7.2 e 6.5). Esse espectro considera, entre outros fatores, uma "média" de vários sismos, a sismicidade local e a amplificação sísmica do solo. E as soluções modais máximas são transformadas separadamente ao espaço das coordenadas físicas, para então serem combinadas (em que o procedimento mais simples é através da raiz quadrada da soma dos quadrados) de maneira a se obter estimativas de máximos de deslocamento. Isto porque, os máximos modais ocorrem em diferentes instantes, não têm sinais algébricos, e a soma das correspondentes parcelas nas coordenadas físicas constitui um limite superior muito conservativo para a resposta de deslocamento máximo do modelo discreto. E por razões probabilísticas, os esforços internos não podem ser estimados diretamente a partir das estimativas dos deslocamentos máximos no espaço físico. É necessário, para cada esforço interno, calcular primeiramente a parcela do esforço correspondente ao máximo deslocamento da j-ésima equação modal e depois combinar as p parcelas de esforços correspondentes aos p modos.

Em não linearidade geométrica, os deslocamentos não são proporcionais às forças externas. Por isso, efetua-se uma sequência de "análises lineares", cada uma com um incremento de forças e considera-se o efeito não linear geométrico através de uma *matriz de rigidez geométrica* ou *de tensões iniciais*, $\mathbf{K}_G$, que depende da geometria deformada e dos esforços internos do início do incremento (costuma-se também utilizar procedimento iterativo no cálculo dessa matriz). Com isso, a matriz de rigidez global em cada incremento se escreve

$$\mathbf{K} = \mathbf{K}_E + \mathbf{K}_G \tag{1.21}$$

onde $\mathbf{K}_E$ é a matriz de rigidez clássica (que pode ser modificada durante a resolução para levar em consideração alterações das propriedades elásticas). Assim, em cada incremento das forças nodais, a correspondente modificação do vetor de deslocamentos é obtida com a resolução de um sistema de equações de equilíbrio com uma nova matriz dos coeficientes.

A matriz $\mathbf{K}_G$ pode expressar um aumento de rigidez, como em um cabo tracionado em que a rigidez transversal aumenta na medida em que cresce o esforço de tração. Pode também expressar redução de rigidez, como no caso de uma coluna em que o aumento do esforço de compressão reduz a rigidez lateral até a ocorrência de instabilidade elástica.

E em análise de *Estabilidade Elástica Clássica*, considera-se um padrão de distribuição de forças nodais ($\mathbf{f} = \lambda\, \mathbf{f}_o$) em que $\mathbf{f}_o$ são valores iniciais de referência, e resolve-se o problema de autovalor

$$(\mathbf{K}_E + \lambda \mathbf{K}_G)\mathbf{d} = \lambda\, \mathbf{f}_o \tag{1.22}$$

O menor autovalor λ_1 fornece as forças de instabilidade elástica

$$\mathbf{f}_{crit} = \lambda_1 \mathbf{f}_o \tag{1.23}$$

correspondentes ao primeiro modo de flambagem expresso pelo autovetor $\mathbf{d}_1$.

Em qualquer uma dessas análises, deve-se buscar acurácia de resultados e eficiência computacional, mas evitar análises e modelos discretos excessivamente complexos que não se justifiquem frente às aproximações dos correspondentes modelos matemáticos. E como já apontado, é recomendável iniciar com modelo simples e análise estática linear e, uma vez que os correspondentes resultados estejam interpretados e validados, efetuar o refinamento de discretização que se mostrar necessário, assim como incorporar os novos comportamentos físicos que se fizerem necessários ao modelo matemático.

Por exemplo, caso o material tenha características de não linearidade ou de ortotropia e a estrutura tenha propensão a comportamento não linear geométrico, é recomendável iniciar com material isótropo linear em teoria de primeira ordem; caso existam efeitos dinâmicos, é aconselhável efetuar inicialmente uma análise estática preliminar e utilizar fator de amplificação dinâmica para estimar valores máximos de resposta. Posteriormente, se for necessário, sofistica-se a definição das propriedades de material e inclui-se na análise, de forma consistente e gradativa, os efeitos dinâmicos e não lineares.

Com essa sistemática de trabalho em projeto de uma nova estrutura, é comum se efetuar mais de uma dezena de análises, que crescem em número na medida em que são considerados comportamentos não rotineiros. E as aplicações usuais costumam ser com modelos de 1 000 a 100 000 graus de liberdade, mas podem atingir diversos milhões de graus em modelos excepcionais.

1.5.4 – Validação de resultados

O *pós-processador* é o conjunto de rotinas automáticas de ação posterior à determinação das soluções nodais, com o objetivo de preparar os resultados em forma de gráficos, desenhos e tabelas, para interpretação, validação, uso e documentação por parte do engenheiro. Como já ressaltado, esses resultados raramente são exatos, embora soluções acuradas possam ser obtidas com utilização adequada do **MEF**. E essas soluções precisam sempre ser interpretadas e validadas, para o que é necessário bom-senso, conhecimento e experiência.

Neste contexto, são apresentados os seguintes comentários e sugestões:

1 – O usuário tem a tendência de crer nos resultados fornecidos pelo computador, dado ao esforço despendido na geração do modelo discreto, ao renome do programa rotineiramente utilizado e porque os processos gráficos apresentam resultados de forma atraente, ou se tenha insuficiente entendimento do fenômeno físico. Contudo, deve-se evitar essa tendência e, muito pelo contrário, é preciso desconfiar dos resultados obtidos até que os mesmos passem por uma severa interpretação crítica.

2 – Os resultados podem conter *erros de dados*, *de discretização* e *de representação dos números em computador*.[22]

2.1 – Os erros de dados são de total responsabilidade do usuário e não podem ser admitidos. Quando esses erros impedem o processamento da análise, eles costumam ser identificados pelo programa que emite mensagens, o que facilita a correção dos mesmos. Já os erros de dados que não afetam esse processamento são os mais danosos, pois podem conduzir a resultados aparentemente corretos, de difícil identificação e sem serventia. Por exemplo, propriedades elásticas e geométricas que não correspondam adequadamente ao modelo matemático podem levar a soluções equilibradas e em ordem de grandeza coerente, mas de valores incorretos.

2.2 – Os erros de discretização são aproximações inerentes ao **MEF**, devem estar dentro de margem aceitável sem redução demasiada, uma vez que os modelos matemáticos guardam aproximações em relação aos correspondentes sistemas físicos. E na ausência de procedimentos automáticos de verificação de convergência, a precisão pode ser identificada através de comparação de resultados de refinamentos sucessivos.

2.3 – Os erros (ou aproximações) das variáveis ditas *reais* em computador devem-se à sua representação binária com um número limitado de *bits*, o que implica em um campo finito e descontínuo de números não inteiros, em que se pode perder a acurácia de cálculo.

Em problemas matriciais, esses erros podem ser divididos em *erro inicial de truncamento* na representação dos coeficientes das matrizes em questão e em *erro de arredondamento* quando da manipulação desses coeficientes com vista à resolução do problema.[23] Comumente, o primeiro erro é bem mais relevante do que o segundo e, em resolução dos sistemas de equações de equilíbrio do **MEF**, se torna prejudicial na medida

---

[22] Excluem-se as aproximações de integrações numéricas, da transformação de coordenadas do método de superposição modal e da estimativa de valores máximos quando do uso de espectros de resposta.

[23] Roy, J.R., 1971, *Numerical Error in Structural Solutions*, Journal of the Structural Division, ST 4, ASCE, pp. 1039-1053.

em que o logaritmo da razão entre o maior e menor autovalor da matriz dos coeficientes (denominado *número de condicionamento espectral*) se aproxima do número de dígitos decimais significativos da precisão computacional adotada.

Exemplo 1.1 – Para evidenciar a influência da representação dos números em computador, resolveu-se a equação $(x = 12x - 6{,}6)$ em procedimento iterativo a partir da solução $(x = 0{,}6)$, com o sistema computacional *Mathcad*®, que opera com 16 dígitos decimais. A Figura E1.1a mostra a representação das soluções nas primeiras 20 iterações, em que se verifica grande perda de acurácia a partir da décima quinta iteração. E a Figura E1.1b mostra a representação dessa perda nas primeiras 5 iterações.

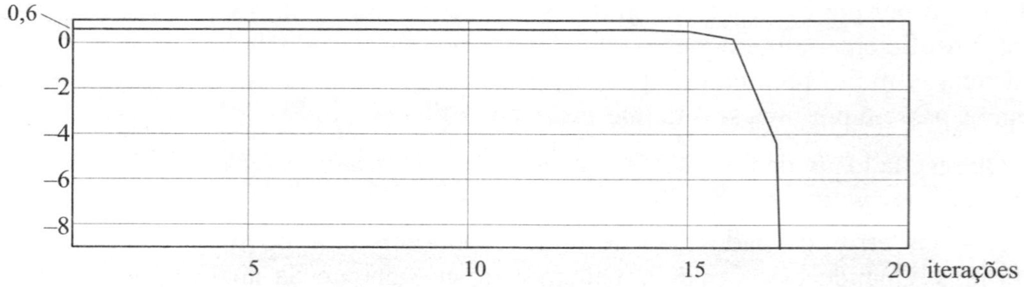

Figura E1.1a – Soluções do procedimento iterativo.

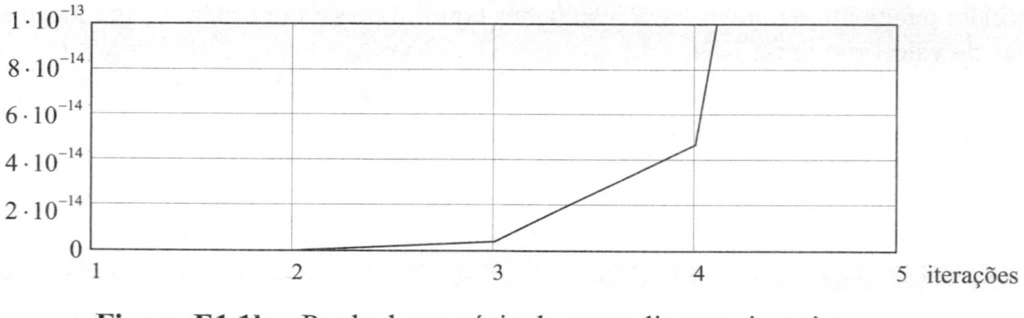

Figura E1.1b – Perda de acurácia do procedimento iterativo.

O *erro inicial de truncamento* e o *erro de arredondamento* não costumam ser significativos com os programas do **MEF** que utilizam precisão estendida. Contudo, podem vir a ser prejudiciais em casos excepcionais, como quando são mesclados elementos muito rígidos a elementos muito flexíveis (elementos de dimensões muito distintas, e em discretizações de partes rígidas ligadas a partes flexíveis, por exemplo), e principalmente em análise não linear (quando então são necessárias resoluções sucessivas de sistemas de equações). A indicação automática desses erros não costuma ser segura e o programa automático pode não dispor de uma rotina para esta indicação. Assim, o mais prático em análise estática é identificá-los através de verificações do equilíbrio do modelo discreto e/ou de seus pontos nodais.[24] E no caso de serem identificados os referidos erros, a solução mais simples é modificar o modelo discreto.

Exemplo 1.2 – Para mostrar a influência deletéria dos erros de truncamento e de arredondamento em análise de estruturas, considera-se a viga em balanço mostrada na parte superior da Figura E1.2 e que tem três barras de rigidezes muito distintas. Com o Sistema SALT® (que opera em precisão estendida) e a numeração dos pontos nodais da esquerda para a direita, foram obtidos os diagramas de momento fletor e de esforço cortante, e a deformada mostrados na mesma figura. Vê-se que, apesar da aparente adequação dessa deformada, os referidos diagramas estão evidentemente errados, dado ao não atendimento do equilíbrio nas extremidades dos elementos de barra. Já em análise com o mesmo Sistema, mas com o estabelecimento dos deslocamentos do ponto nodal 3 como linearmente dependentes dos deslocamentos do ponto nodal 2 (através do procedimento de definição de ponto nodal mestre e de ponto nodal dependente, como ilustrado na Figura 1.46), foram obtidos os resultados corretos. Isto mostra que se deve evitar o uso de elementos fictícios de grande rigidez para simular partes rígidas e ligações excêntricas.

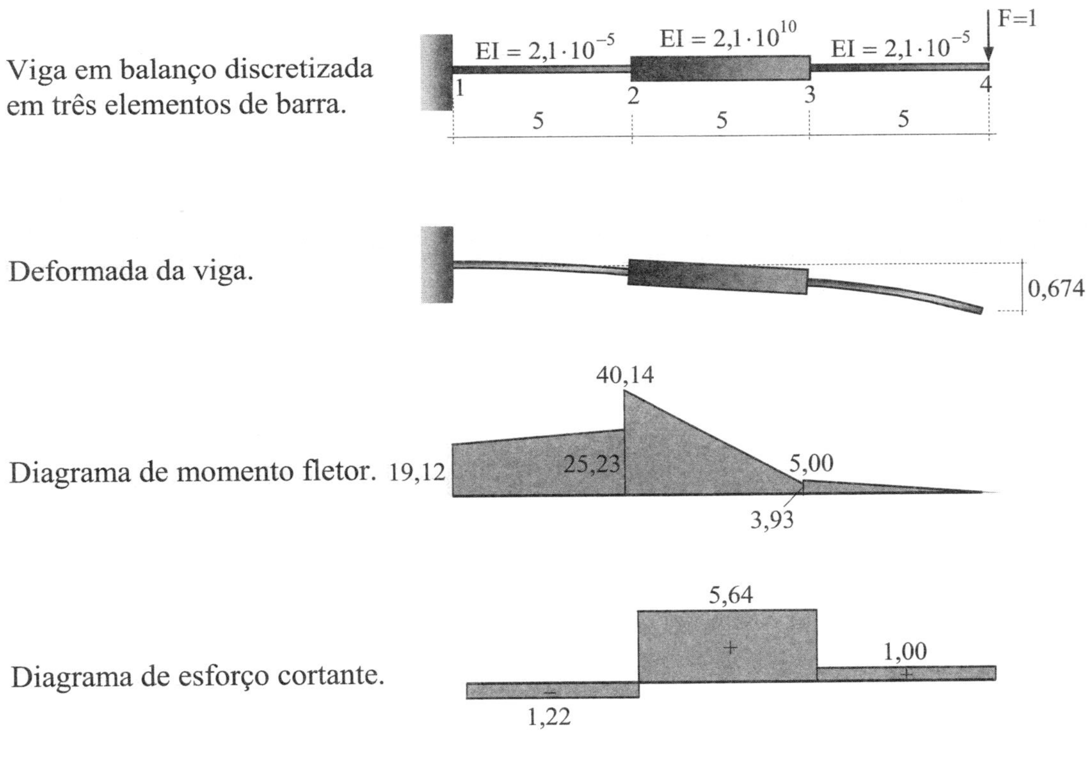

Figura E1.2 – Viga em balanço mal condicionada.

[24] Em análise dinâmica com o método de superposição modal, as reações de apoio não equilibram exatamente as forças externas, de inércia e de amortecimento.

3 – É prático iniciar a validação dos resultados por avaliação de suas magnitudes em comparação com resultados de análises preliminares de modelos aproximados expeditos, ou em comparação com resultados de estruturas semelhantes já analisadas. É de se esperar, na maior parte das vezes, que os resultados mais significativos do modelo discreto não divirjam mais do que duas vezes de resultados de modelos da Resistência dos Materiais ou de soluções clássicas de modelos contínuos.

4 – Esta validação pode prosseguir através da inspeção visual de representações gráficas da configuração deformada em diferentes vistas, de distribuições de tensão, dos modos de vibração e dos modos de flambagem, se for o caso. E em elementos bi e tri-dimensionais deve-se ter em mente que:

4.1 – Os resultados nodais de tensão (e de suas resultantes) têm menor precisão do que os resultados de deslocamentos nodais, porque as tensões são obtidas a partir de deformações que são derivadas dos deslocamentos.

4.2 – Em pontos internos a cada elemento, os resultados de tensão são melhores do que em pontos de seu contorno, porque se tem descontinuidade de tensão nas interfaces dos elementos (o pós-processamento pode eliminar essa diferença de qualidade). Em elementos lineares, os melhores resultados de tensão são nos correspondentes centróides.

4.3 – Em pontos nodais internos à malha, os resultados de tensão são melhores do que em pontos nodais de seu contorno, dado que resultados de tensão em pontos nodais são obtidos (em pós-processamento) através de "médias" das contribuições dos elementos finitos ligados a esses pontos.

4.4 – Não se obtém tensão finita em ponto de força concentrada e de apoio discreto, porque no presente método substitui-se o equilíbrio infinitesimal pelo equilíbrio de cada elemento finito como um todo, sob forças nodais e com o estado de deformação regido por leis previamente determinadas. Com isso, o estado tensional obtido em cada ponto é uma "média" do estado tensional da região circunvizinha a esse ponto.

4.5 – Em estrutura simétrica sob ações estáticas simétricas, os resultados são simétricos.

4.6 – Resultados exageradamente grandes podem indicar instabilidade numérica.

5 – Como já foi esclarecido, no **MEF** arbitra-se leis para as variáveis primárias sem a exigência de continuidade das variáveis secundárias nas interfaces dos elementos, mas cuja descontinuidade decresce na medida em que se refina a malha. E como *default* em etapa de pós-processamento, essa descontinuidade é eliminada através de "médias nodais", com o objetivo de se obter representações de tensão com transições suaves nessas interfaces. Isto é ilustrado nas representações em códigos de cores nas partes esquerdas das Figuras 1.55 e 1.56 (com impressão em tonalidades de cinza), em malhas 4x4 e 8x8 elementos, respectivamente, de uma casca semi-esférica proposta por *MacNeal*.[25] Representações com faixas descontínuas de tensão estão mostradas nas partes direitas dessas figuras. Observa-se que as descontinuidades na malha 8x8 são bem menos acentuadas do que na malha 4x4.

---

[25] MacNeal, R.H. & Harder, R.C., 1985, *A Proposed Standard Set to Test Element Accuracy*, Finite Elements in Analysis and Design, vol. 1, pp. 3-20.

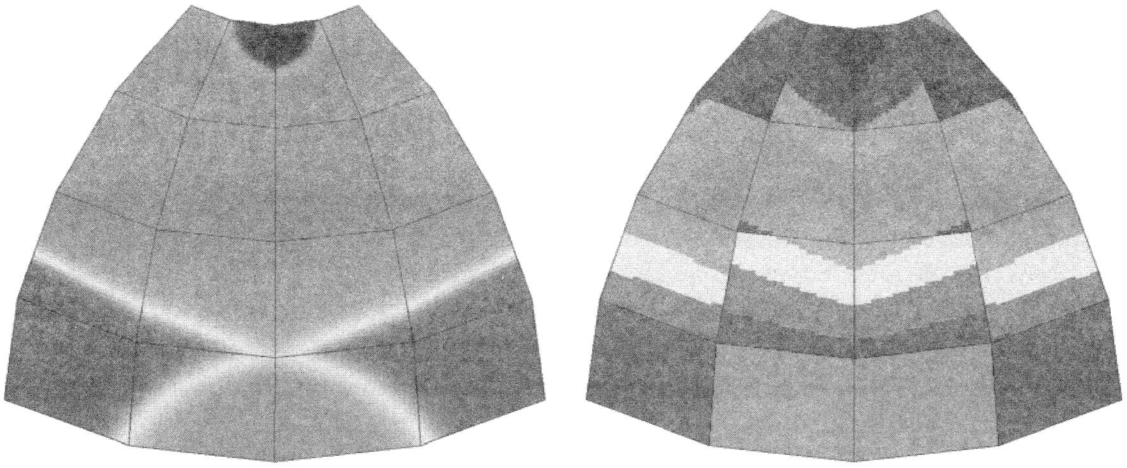

Figuras 1.55 – Malha 4x4 com representações de tensão.

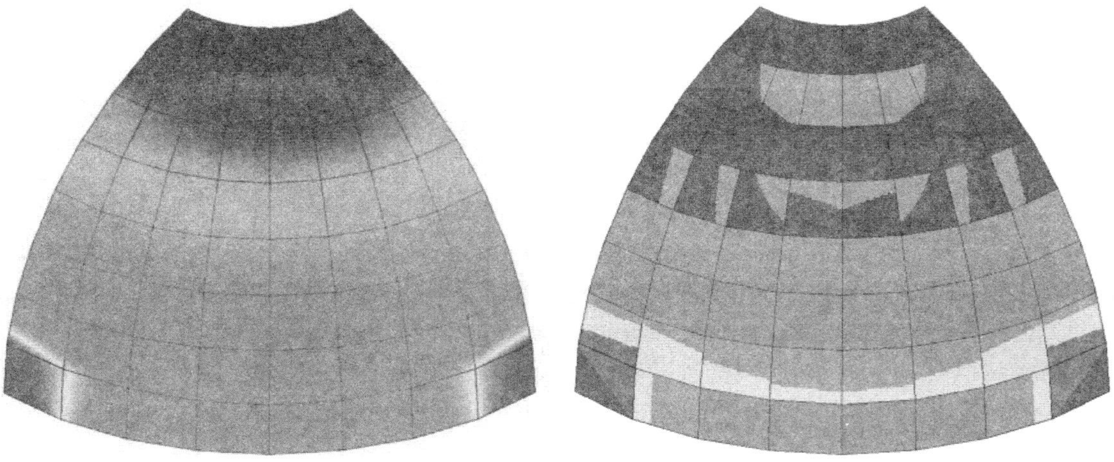

Figuras 1.56 – Malha 8x8 com representações de tensão.

Logo, como elevadas descontinuidades de variáveis secundárias indicam necessidade de refinamento, é um bom procedimento desativar a opção automática da representação em transições suaves para avaliar qualitativamente os resultados. Mas vale lembrar que, em descontinuidade de espessura e de propriedades de material, nem todos os componentes de tensão são contínuos e, portanto, a eliminação de descontinuidades de tensão pode conduzir a conclusões errôneas.

6 – Em análise dinâmica com o método de superposição modal, o uso de sucessivos números de modos de vibração (na transformação modal) que conduzam a históricos de resposta sem diferenças significativas indica um truncamento modal adequado.

7 – Em análise dinâmica com integração numérica na variável tempo, reduções sucessivas do intervalo de tempo que conduzam a históricos de resposta sem diferenças significativas indicam uma integração adequada.

8 – Em regime permanente de resposta a uma excitação harmônica, se a frequência da resposta de um grau de liberdade relevante do modelo discreto coincide com a da excitação, provavelmente a solução está correta.

Vale também apontar que, dado à diversidade e sofisticação dos recursos dos programas automáticos do presente método, esses programas podem conter erros. São os chamados *bugs*, que, vez ou outra, manifestam sua presença perturbadora. Somente o uso continuado de um programa pode conduzir à confiabilidade do mesmo, e o melhor programa é o que atende às necessidades do engenheiro.

Do exposto, ficou evidente que o **MEF** é uma maneira engenhosa e eficiente de resolver problemas de condições de contorno (e iniciais), e que pode ser entendido como uma aplicação dos Métodos de Rayleigh Ritz e de Galerkin em subdomínios de um modelo matemático. E, atualmente, os seus programas automáticos têm muitos recursos de geração de modelos, de análise e de preparo de resultados, mas não há inteligência artificial que possa substituir a experiência e o conhecimento de um engenheiro. Como os resultados dependem das aproximações do modelo matemático contínuo e do modelo discreto, é necessária uma interpretação dos mesmos para a sua qualificação. Assim, antes de usar um de seus programas, o engenheiro precisa saber o que procura investigar e identificar qual é o modelo adequado para o seu sistema físico, assim como saber optar por uma análise adequada (o que requer *insight* físico e depende do resultado a ser obtido). E para usar um desses programas é preciso conhecer, pelo menos em parte, as suas opções de geração de dados, limitações e recursos de preparo e exibição de resultados. Dessa forma, a seleção do modelo matemático, a construção do modelo discreto, a escolha da análise e a validação dos dados e resultados são de total responsabilidade do engenheiro.

Em resumo, a simulação do comportamento de fenômenos físicos através do **MEF** tem as seguintes principais vantagens:

1 – Qualquer modelo matemático contínuo pode ser discretizado em elementos finitos interligados através de pontos nodais, com a precisão que se desejar.

2 – As formulações do presente método independem das condições essenciais de contorno (e iniciais), o que permite o desenvolvimento de uma coleção de elementos padrões para cada modelo matemático.

3 – É simples incorporar as referidas condições ao modelo discreto.

4 – O sistema global de equações de equilíbrio (com ou sem a variável tempo) obtido com o método é "bem comportado" em resolução computacional.

5 – O método se presta à automatização de resolução de uma ampla classe de modelos matemáticos em um mesmo programa automático, o que facilita ampliações.

6 – Os microcomputadores e os procedimentos gráficos tornaram o método amplamente acessível e de fácil uso, com amplos recursos de geração de modelos e de preparo de resultados.

E as desvantagens deste método são:

1 – Requerer um grande volume de dados e fornecer um grande número de resultados.

2 – Necessitar a interpretação e validação desses resultados.

3 – Requerer o uso de um programa automático, usualmente desenvolvido por terceiros e que costuma incluir recursos desconhecidos ao usuário.

1.6 – Exercícios propostos

1.6.1 – Esquematize a discretização dos domínios bidimensionais simétricos representados na Figura 1.57, com: (a) apenas elementos triangulares e (b) apenas elementos quadrilaterais. Evite o uso de elementos muito distorcidos e conserve a simetria indicada.

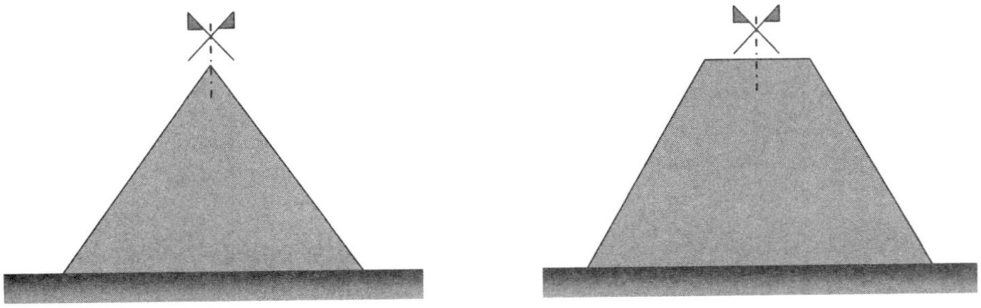

Figura 1.57 – Domínios bidimensionais simétricos.

1.6.2 – Com os domínios representados na figura anterior e em idealização de estado plano sob ações externas simétricas, tire partido dos eixos de simetria na construção de modelos discretos menos extensos. Idem, para a idealização de flexão de placa.

1.6.3 – Em um programa do **MEF** que o leitor tenha acesso, verifique quais são os modelos matemáticos que podem ser discretizados, quais são os recursos de geração de malhas e quais são os elementos finitos disponibilizados.

1.6.4 – Após o exame de alguns dos exemplos numéricos de análise estática disponibilizados por esse programa, faça modificações de discretização e observe as correspondentes consequências.

1.6.5 – Arbitre valores para os pórticos simétricos representados na próxima figura e verifique numericamente que os modelos reduzidos indicados fornecem os mesmos resultados que os modelos completos.

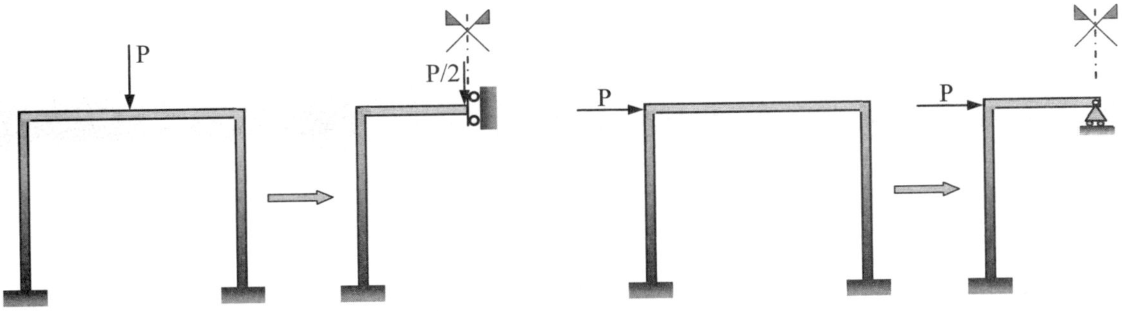

Figura 1.58 – Pórticos planos simétricos.

1.6.6 – Para a viga curta em balanço representada na próxima figura, compare resultados de uma discretização unidimensional com resultados de uma discretização em elementos finitos de estado plano de tensão. Refine gradativamente a malha e tire conclusões.

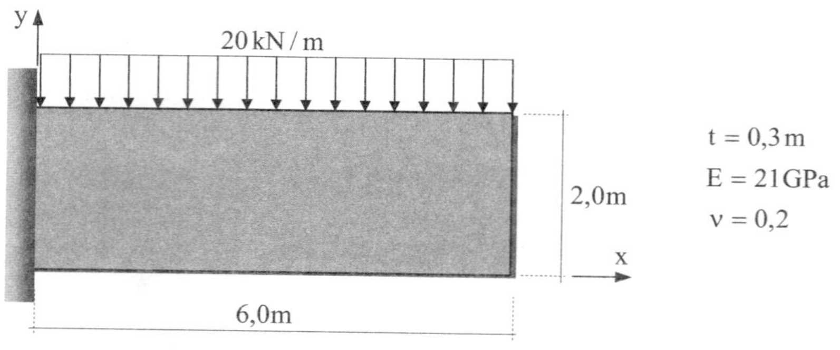

Figura 1.59 – Viga curta em balanço.

1.6.7 – Para a laje em balanço representada na figura seguinte, compare resultados de uma discretização em viga em balanço com resultados de uma discretização em elementos finitos de placa. Tire conclusões.

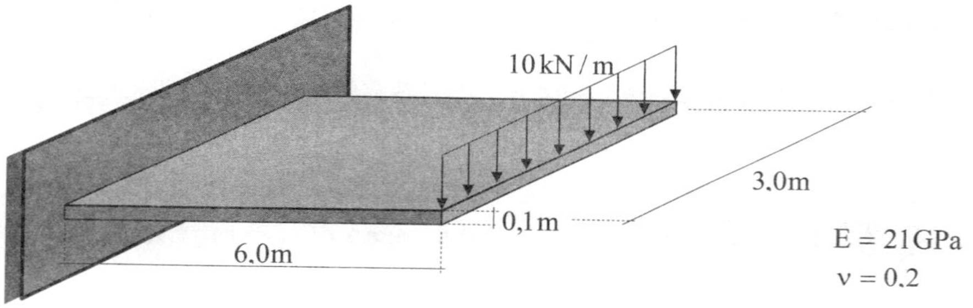

Figura 1.60 – Laje em balanço.

1.6.8 – Em Teoria de Placa Fina apoiada nos vértices como mostra a próxima figura, a reação nos apoios B e C, quando neles se prescreve o deslocamento de 0,01 m, é igual a 3,645 83 kN. Comprove esse resultado através do **MEF**.

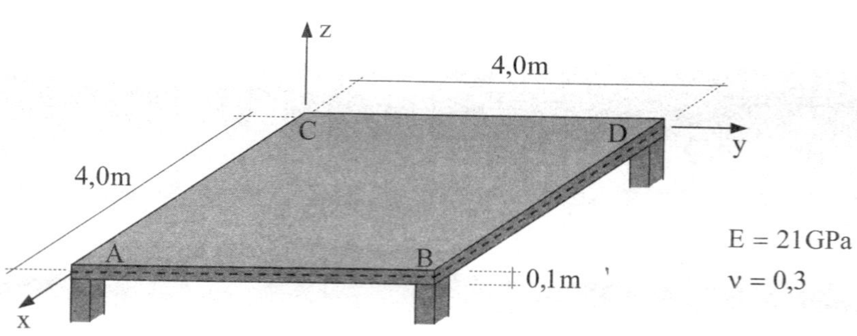

Figura 1.61 – Placa quadrada apoiada nos vértices.

1.6.9 – Arbitre valores para uma viga biapoiada e determine um conjunto de frequências naturais através do **MEF**. Compare os resultados obtidos com os da j-ésima frequência natural obtida com a Teoria Clássica de Viga (vide Item I.1 do Anexo I)

$$\omega_j = j^2 \pi^2 \sqrt{\frac{EI}{\rho A L^4}}$$

onde L, A, EI e ρ denotam, respectivamente, o vão, a área da seção transversal, a rigidez de flexão e a massa específica. Examine os correspondentes modos naturais de vibração.

1.6.10 – Idem para uma placa quadrada simplesmente apoiada, em que as cinco primeiras frequências (com a Teoria de Placa Fina) são obtidas por

$$\omega_j = B_j \sqrt{\frac{E t^2}{\rho a^4 (1-\nu^2)}}$$

onde a e t denotam, respectivamente, o comprimento de cada lado e a espessura da placa, e se tem as constantes ($B_1 = 5{,}70$), ($B_2 = 14{,}26$), ($B_3 = 22{,}82$), ($B_4 = 28{,}52$), e ($B_5 = 37{,}08$).

1.6.11 – Arbitre dados e analise a treliça da próxima figura de maneira que em uma primeira etapa todas as barras tenham a mesma rigidez e, em etapas seguintes, que a barra diagonal próxima aos apoios tenha a rigidez sucessivamente dividida pelo fator 100. Verifique a perda gradativa de precisão do deslocamento vertical do ponto A indicado e comprove que na sétima etapa não se obtém resultado satisfatório.

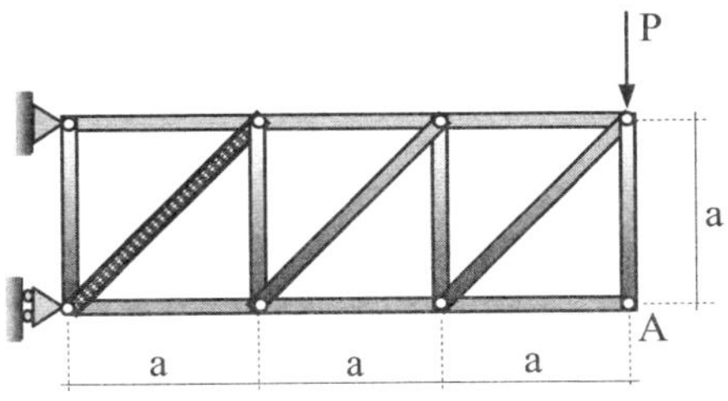

Figura 1.62 – Treliça em balanço.

1.7 – Questões para reflexão

1.7.1 – Por que são criados modelos matemáticos de sistemas físicos? Como são constituídos esses modelos?

1.7.2 – Como se justifica a idealização de continuidade da matéria? Sem o cálculo diferencial seria possível essa idealização? Por que?

1.7.3 – O que são variáveis independentes, variáveis primárias e variáveis dependentes secundárias em um modelo matemático de um sistema físico? Como exemplificar?

1.7.4 – Um problema de condições de contorno tem sempre condições essenciais e condições não essenciais de contorno? Como exemplificar?

1.7.5 – Um problema de condições iniciais tem necessariamente condições essenciais de contorno invariantes? Como exemplificar? O que significa condições iniciais?

1.7.6 – É possível desenvolver o **MEF** sem a existência de equações diferenciais? Por que? E por que se diz que com este método se faz simulações numéricas de fenômenos físicos?

1.7.7 – Qual é a diferença entre um modelo matemático contínuo e um modelo matemático discreto, e entre um modelo matemático contínuo e o correspondente modelo discreto do **MEF**? E por que utilizar este método?

1.7.8 – Por que são utilizadas funções de interpolação no **MEF**? Qual é a aproximação básica deste método? Com exemplificar?

1.7.9 – Como é descrita a conectividade dos elementos de uma malha? E por que são feitas numerações locais e uma numeração global dos pontos nodais?

1.7.10 – Como é obtido o sistema global de equações no **MEF**? E qual é a diferença entre o sistema global restringido e o não restringido?

1.7.11 – Qual é a diferença entre condições essenciais e condições não essenciais de contorno? E por que antes da resolução do sistema global de equações é necessário impor o primeiro tipo de condições?

1.7.12 – Na formulação de deslocamentos do **MEF**, tem-se equilíbrio nos pontos nodais? E compatibilidade de deslocamentos nodais? Além disso, por que nessa formulação se tem descontinuidade de tensão nas interfaces dos elementos? Como essas descontinuidades podem ser eliminadas em etapa de pós-processamento?

1.7.13 – Quais são as diferenças entre os diversos modelos de estruturas? Como identificar o modelo a ser utilizado em análise de uma estrutura?

1.7.14 – Como discretizar um sólido elástico de mais de um tipo de material?

1.7.15 – Quais são as diversas análise de estruturas? Como escolher a análise a ser utilizada? Como identificar a necessidade de uma análise dinâmica?

1.7.16 – Quais são as diferenças entre os diversos métodos de análise dinâmica? Como escolher o método a ser utilizado?

1.7.17 – Por que, mesmo com o uso de programas automáticos confiáveis, os resultados obtidos com o **MEF** precisam ser validados? Como validar esses resultados? Quais os tipos de erro que podem ocorrer?

RCM Estruturas Metálicas

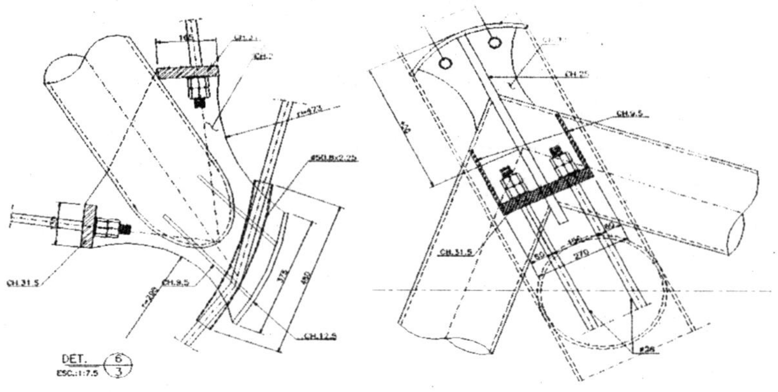

2

Métodos de Aproximação Direta do Contínuo

Como argumentado no capítulo anterior, não é possível obter soluções analíticas exatas para a grande maioria dos modelos matemáticos contínuos. A alternativa é utilizar *métodos aproximados* de resolução que substituem os infinitos graus de liberdade do modelo contínuo por um número finito de parâmetros a serem determinados em um novo modelo, com a consequente troca das equações diferenciais daquele modelo por um sistema de equações algébricas desse modelo. E isso pode ser feito em aproximação analítica direta no domínio do modelo matemático original, como nos métodos aproximados clássicos variacionais e de resíduos ponderados, ou a partir de aproximações em subdomínios, como no método numérico dos elementos finitos.

O *Método de Rayleigh-Ritz*, que será desenvolvido no Item 2.2, utiliza *princípios variacionais* cuja conceituação é apresentada no próximo item, e o *Método de Galerkin* parte de *equações integrais de resíduos ponderados*, como será descrito no Item 2.3. Ambos os métodos adotam soluções propositivas arbitradas diretamente no domínio do modelo matemático, sob a forma de combinações lineares de funções cujos parâmetros multiplicadores são determinados com a condição de que essas soluções atendam de forma aproximada às equações diferenciais desse modelo. Esses são os métodos aproximados clássicos que mais frequentemente subsidiam a formulação do **MEF**.

O Método de Galerkin é mais geral do que o de Rayleigh-Ritz, por não exigir a existência ou o conhecimento de um princípio variacional. Contudo, a utilização desse princípio tem a vantagem de melhor esclarecer e sistematizar o tratamento das condições de contorno. Por outro lado, como em Mecânica dos Sólidos Deformáveis, a denominada *forma fraca* do Método de Galerkin é o *Princípio dos Deslocamentos Virtuais*, que é amplamente utilizado em análise de estruturas e a partir do qual pode ser desenvolvida diretamente a formulação de deslocamentos do **MEF**, o Item 2.4 apresenta esse princípio. E no Item 2.5, a partir desse princípio, obtém-se o *Funcional Energia Potencial Total* necessário ao Método de Rayleigh-Ritz para a referida formulação.

No caso de análise de sólidos deformáveis, que é o objetivo primeiro deste livro, a próxima figura ilustra o inter-relacionamento dos diversos encaminhamentos aqui descritos. A compreensão desse relacionamento será de grande valia para o entendimento da formulação do **MEF** que será apresentada a partir do próximo capítulo.

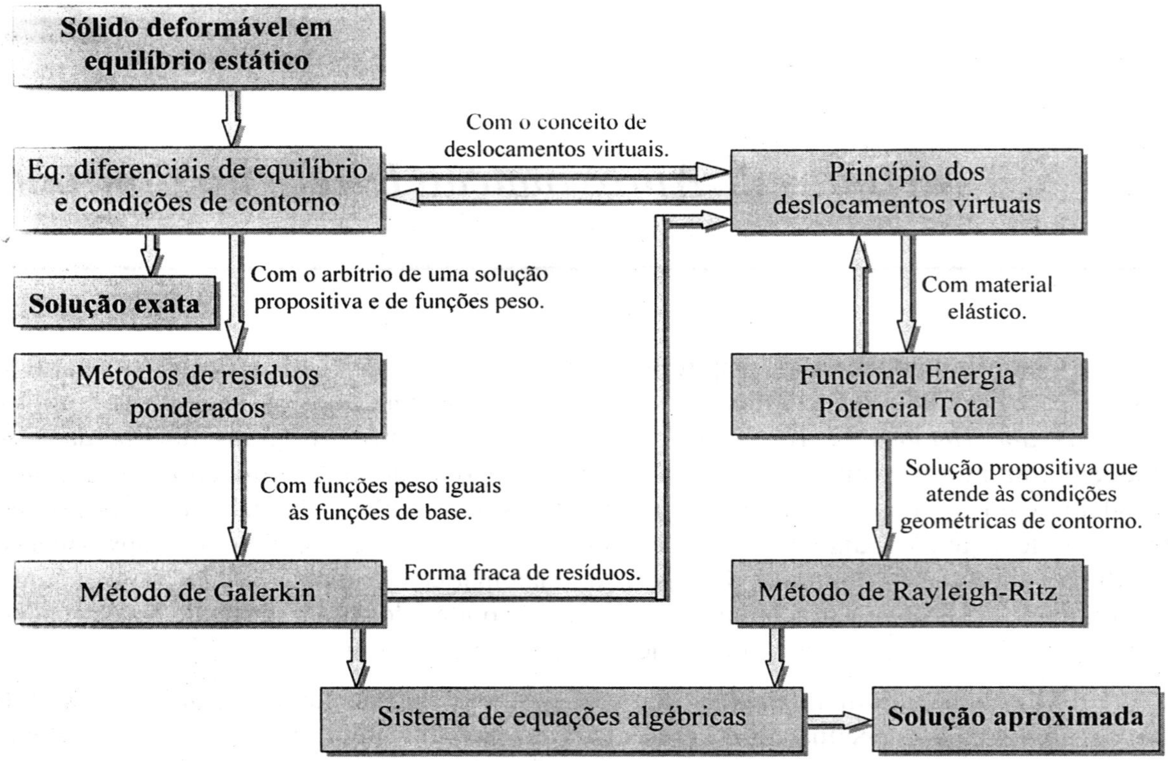

Figura 2.1 – Relacionamento entre os encaminhamentos de análise de um sólido deformável em equilíbrio estático.

Contudo, como este capítulo é bastante amplo e denso em desenvolvimento matemático, ele pode apresentar dificuldades ao leitor pouco familiarizado com o cálculo diferencial e integral. E se esse for o caso, não se deve potencializar o sentimento de que não se possa prosseguir no estudo do **MEF** sem o completo domínio do conteúdo deste capítulo. Uma forte base teórica é desejável para o estudo desse método, mas não é imprescindível. É suficiente, para se iniciar nesse estudo, a compreensão dos conceitos de funcional e de variação de funcional apresentados no próximo item, e o entendimento dos resumos dos Métodos de Rayleigh-Ritz e de Galerkin assinalados em negrito nos Itens 2.2 e 2.3, respectivamente. Acrescenta-se que os exemplos aqui desenvolvidos, embora simples, têm transformações analíticas trabalhosas que em parte foram realizadas com o auxílio de um programa de linguagem simbólica. Assim, para o entendimento desses exemplos, não há necessidade de checar as integrações e diferenciações apresentadas, basta seguir as correspondentes lógicas de encadeamento de desenvolvimento. E certamente, o esforço despendido nesse entendimento será recompensado com a compreensão das formulações do **MEF** desenvolvidas a partir do próximo capítulo e que se mostrarão muito interessantes e úteis. E esse entendimento pode ser complementado com o estudo dos Itens 2.6 e 2.7, que são os de exercícios propostos e de questões para reflexão.

2.1 – Noções de Cálculo Variacional

O Cálculo Variacional utiliza a entidade *funcional* que é uma função de funções sob a forma de equação integral e que resulta em um número real quando essas funções são arbitradas. Essa entidade, em modelagem de um sistema físico, tem conexão com argumentos físicos e a sua condição de mínimo, de máximo ou de inflexão (chamada de condição de estacionariedade) fornece as equações diferenciais com condições de contorno (e iniciais) que regem o comportamento desse sistema, o que será devidamente esclarecido neste item.[1] E a principal vantagem dessa entidade no presente contexto, é ser utilizada no Método de Rayleigh-Ritz, que particularizado a subdomínios (com o uso de parâmetros nodais como incógnitas) constitui o Método dos Elementos Finitos.

Como exemplo de funcional, segue a expressão do *Funcional Energia Potencial Total* das vigas representadas na parte superior da Figura 2.2 (funcional este que será obtido no Item 2.7)

$$J(u) = \int_0^L \left(\frac{EI}{2} u_{,xx}^2 - p\,u \right) dx \qquad (2.1)$$

onde L, u, p e EI são, respectivamente, o vão, o deslocamento transversal, a força distribuída transversal e a rigidez de flexão. Além disso, x é a variável independente, a função deslocamento ($u = u(x)$) é a variável primária, e o funcional J(u) é função da função u(x).

No caso da viga biapoiada representada na parte esquerda da figura em questão, a solução deslocamento transversal se anula em ($x = 0$) e em ($x = L$), o que recebe o nome de *condições geométricas, essenciais* ou *forçadas de contorno*. E como será mostrado no Exemplo 2.2, a condição de estacionariedade desse funcional fornece a equação diferencial ($EI\,u_{,xxxx} = p$) no domínio ($0 < x < L$), e as chamadas *condições mecânicas, naturais* ou *não essenciais de contorno* ($(EI\,u_{,xx})_{|x=0} = 0$) e ($(EI\,u_{,xx})_{|x=L} = 0$), que expressam momentos fletores nulos nas extremidades da viga. Já no caso da viga em balanço esquematizada na parte direita da mesma figura, a solução deslocamento transversal se anula e tem derivada primeira nula (rotação da seção transversal nula) em ($x = 0$), que são as *condições*

[1] No que se segue, utiliza-se o termo *condição de estacionariedade* em sentido geral, englobando as condições de extremo (de mínimo e de máximo) e de inflexão, embora os modelos matemáticos dos fenômenos físicos costumem ser expressos através de uma condição de mínimo. E também no dia-a-dia, lida-se com problemas de condições de extremo, como a escolha do menor caminho para se chegar a um lugar, melhor aplicação financeira etc.

geométricas de contorno. A condição de mínimo do funcional fornece a mesma equação diferencial que a do caso anterior, além das *condições mecânicas de contorno* ($(EI\,u_{,xx})_{|x=L}=0$) e ($(EI\,u_{,xxx})_{|x=L}=0$), que expressam, respectivamente, momento fletor nulo e esforço cortante nulo na extremidade em balanço da viga. Vê-se, assim, que em um mesmo ponto pode-se ter ambos os tipos de condições de contorno.[2]

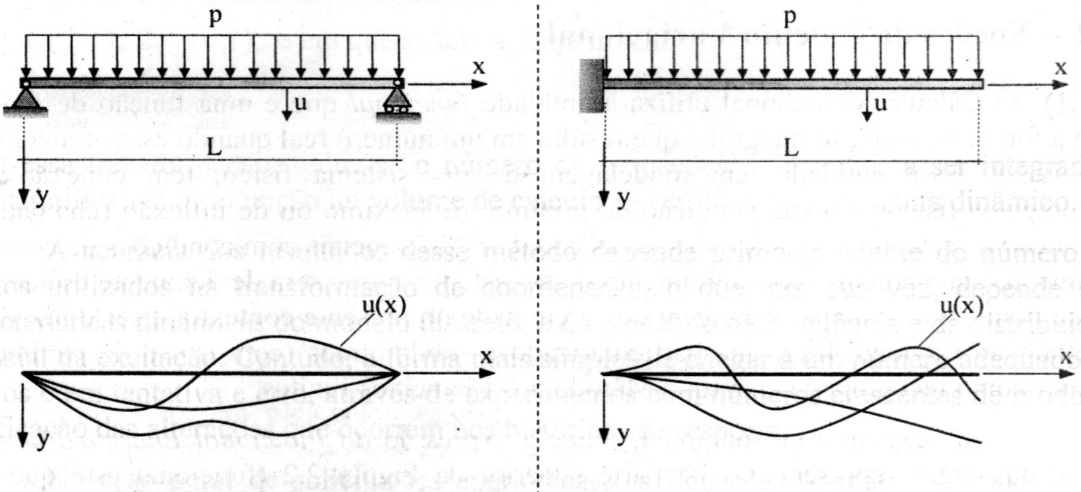

Viga biapoiada. Viga em balanço.

Figura 2.2 – Exemplificação de funções admissíveis.

Outro exemplo é o da teoria de condução bidimensional de calor em meio isotrópico e regime permanente. No caso, o funcional tem a forma

$$J(T)=\int_A\left(\frac{k}{2}\left(T_{,x}^2+T_{,y}^2\right)-Q\,T\right)dA+\int_{s_q}\bar{q}\,T\,ds \tag{2.2}$$

onde T, k, Q e $\bar{q}$ são, respectivamente, a temperatura, a condutividade térmica, a razão de geração interna de calor e o fluxo de calor normal à parcela s_q do contorno, com a temperatura prescrita na parte complementar ($s-s_q$), como *condição essencial de contorno* ou *de Dirichlet*. Neste caso, x e y são as variáveis independentes, o funcional J(T) é função da função T(x,y) que é a variável primária. E será mostrado no Exemplo 2.3 que a condição de estacionariedade desse funcional fornece a equação diferencial ($(k\,T_{,x})_{,x}+(k\,T_{,y})_{,y}+Q=0$) no domínio A, além da *condição não essencial de contorno* ou *de Newmann* ($k\,T_{,n}=-\bar{q}$) na parcela s_q em que n é a normal externa ao contorno.

Dado um funcional com certas condições essenciais de contorno (e iniciais) a serem atendidas pelas variáveis primárias, as leis dessas variáveis podem ser escolhidas

---

[2] Os termos *condições geométricas* e *mecânicas de contorno* são utilizados apenas na Mecânica dos Sólidos.

entre todas as funções que atendam a essas condições e que permitam o cálculo das derivadas e integrais que ocorrem no funcional. Essas funções são ditas *funções admissíveis*. Para cada uma das vigas representadas na figura anterior, por exemplo, estão mostradas (na parte inferior) três funções admissíveis para a variável (primária) deslocamento transversal. Nota-se que, além de contínuas, essas funções, no caso da viga biapoiada, se anulam nos pontos de apoio e, no caso da viga em balanço, se anulam e têm derivada primeira nula no ponto do engaste. E caso houvesse deslocamentos prescritos nesses apoios, essas funções teriam valores iguais a esses deslocamentos nos correspondentes pontos de apoio. Assim, o termo *condições essenciais de contorno* se refere às condições de contorno que as funções admissíveis devem atender, e o termo *condições não essenciais de contorno* se refere às demais condições de contorno atendidas pela solução exata contida no espaço das referidas funções admissíveis.

Uma função é dita de classe C^n, em determinado domínio, quando existem e são contínuas as suas derivadas até a ordem n inclusive. Com isso, uma função de classe C^0 é contínua e admite derivadas primeiras descontínuas em alguns pontos do domínio. Já uma função da classe C^1 tem derivadas primeiras contínuas e derivadas segundas descontínuas. Logo, no caso de funcionais em que a ordem máxima de derivada da(s) variável(eis) primária(s) é igual a n, as funções admissíveis são pelo menos da classe C^{n-1} (para permitir o cálculo das integrais que ocorrem no funcional).

Será mostrado que, entre todas as funções admissíveis de um determinado funcional, as que correspondem a um valor estacionário do funcional são as soluções das equações diferenciais com condições de contorno (e iniciais) associadas ao funcional. E essa questão pode ser sempre invertida; a partir dessas equações e condições, pode-se determinar o funcional de origem. Contudo, nem todas as equações diferenciais com condições de contorno (e iniciais) podem ser associadas a um funcional cuja condição de estacionariedade corresponda a essas equações e condições. Esse é o caso das equações diferenciais de ordem ímpar, por exemplo.

Mostra-se, a seguir, que a estacionariedade de funcionais tem analogia com a estacionariedade de funções.[3] Para isso, a Figura 2.3 ilustra incrementos finitos da função contínua u(x) e da variável independente x, ambos utilizados na definição da derivada primeira expressa por

$$u(x)_{,x} = u_{,x} = \lim_{\Delta x \to 0} \frac{\Delta u}{\Delta x} \tag{2.3}$$

E na condição do incremento Δx tender ao infinitésimo dx, $(u_{,x}\,\Delta x)$ tende para $(u_{,x}\,dx)$, o que é denominado (primeira) *diferencial da função* e se escreve

$$du(x) = du = u_{,x}\,dx \tag{2.4}$$

Como a diferencial anterior é outra função de x, define-se as diferenciais de ordens superiores

[3] Para desenvolvimentos matemáticos mais amplos, vide, na Bibliografia, Gelfand, I.M. & Fomin, S.V., 1963; Langhaar, H.L., 1962; e Elsgoltz, L., 1969.

$$d(du) = d^2u(x) \quad , \; d(d^2u) = d^3u(x) \quad \cdots \quad d(d^{n-1}u) = d^nu(x) = d^nu \; , \; \cdots \qquad (2.5)$$

onde d^n expressa a diferencial de ordem n.

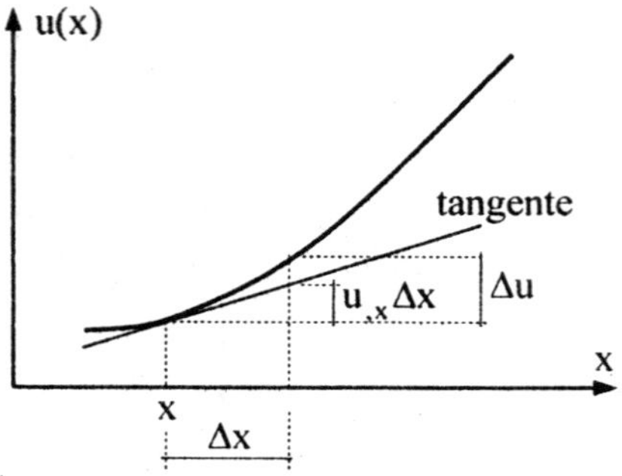

Figura 2.3 – Incrementos finitos da função u(x) e da variável independente x.

Com essas definições, e de acordo com o teorema de Taylor, escreve-se o incremento finito da função u(x)

$$\Delta u(x) = du(x) + \frac{1}{2!}d^2u(x) + \cdots \; \frac{1}{n!}d^nu(x) + \cdots \qquad (2.6)$$

em que a parte linear ou incremento infinitesimal de primeira ordem da função é a primeira diferencial. Logo, no caso dessa diferencial ser nula em determinado valor $\hat{x}$ da variável independente, $du(x)_{|\hat{x}} = 0$, o que requer que a derivada primeira em $\hat{x}$ seja também nula, $u(x)_{,x|\hat{x}} = 0$, tem-se nesse ponto (e para uma vizinhança a ele) um máximo, um mínimo ou a inflexão da função, como ilustra a Figura 2.4. Diz-se, então, que a função é *estacionária* em $\hat{x}$ e, no caso, a derivada segunda maior, menor ou igual a zero em $\hat{x}$ identifica, respectivamente, uma condição de mínimo, de máximo ou de inflexão. Assim, a derivada nula é condição necessária (mas não suficiente) para condição de extremo.

Para ampliar o conceito anterior ao caso de uma função contínua $u(x_i)$ de variáveis independentes $(x_1, x_2, \cdots x_n)$, escreve-se, em generalização da Equação 2.4, a (primeira) diferencial

$$du(x_i) = u_{,x_1}dx_1 + u_{,x_2}dx_2 + \cdots u_{,x_n}dx_n = \sum_{i=1}^{n} u_{,x_i}dx_i \qquad (2.7)$$

E como a condição de estacionariedade dessa função no ponto $(\hat{X} = (\hat{x}_1, \hat{x}_2 \cdots \hat{x}_n))$ requer as derivadas nulas

$$u(x_i)_{,x_j|\hat{X}} = 0 \quad \text{com } j = 1, 2 \cdots n \; , \qquad (2.8)$$

essa condição corresponde à diferencial nula

$$du(x_i)\big|_{\hat{X}} = u_{,x_1}\big|_{\hat{X}}\, dx_1 + u_{,x_2}\big|_{\hat{X}}\, dx_2 + \cdots u_{,x_n}\big|_{\hat{X}}\, dx_n = \sum_{i=1}^{n} u_{,x_i}\big|_{\hat{X}}\, dx_i = 0 \qquad (2.9)$$

Isto é, a diferencial nula da função $u(x_i)$ em determinado ponto ($\hat{X} = (\hat{x}_1, \hat{x}_2 \cdots \hat{x}_n)$) é condição necessária de mínimo, máximo ou inflexão dessa função.

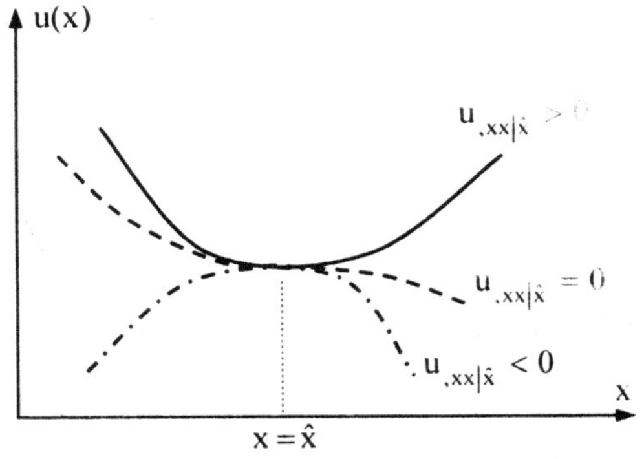

Figura 2.4 – Condições de estacionariedade da função u(x) no ponto

Aborda-se, a seguir, o caso de funcional com uma variável primária contínua ($u = u(x)$), que se escreve

$$J(u) = \int_{x_0}^{x_1} F(u, u_{,x}, u_{,xx}, \cdots x)\, dx \qquad (2.10)$$

em que F é uma função de u(x), $u(x)_{,x}$, $u(x)_{,xx} \cdots$ e da variável independente x, e em que a função u(x) pode ser escolhida em uma classe de funções admissíveis. Busca-se, entre essas funções, a que estacionariza esse funcional. Para isso, seja $\tilde{u}(x)$ uma função admissível "próxima" de u(x), como ilustra a Figura 2.5 em uma viga biapoiada com os deslocamentos prescritos (condições essenciais de contorno) ($u_{|x=0} = \bar{u}_A$) e ($u_{|x=L} = \bar{u}_B$), sob a força uniformemente distribuída p e em que o deslocamento transversal u é medido a partir da posição anterior à imposição desses deslocamentos prescritos e força distribuída. Assim, são definidos os incrementos da função u(x), ($\Delta u = \tilde{u} - u$), e os incrementos de suas derivadas, ($\Delta u_{,x} = \tilde{u}_{,x} - u_{,x}$), ($\Delta u_{,xx} = \tilde{u}_{,xx} - u_{,xx}$) $\cdots$ até a máxima ordem de derivada que ocorre no funcional J. Observa-se que esses incrementos são "ao longo" do domínio, e não em um valor específico da variável independente, e que o incremento Δu atende à forma homogênea das condições essenciais de contorno porque u e $\tilde{u}$ são funções admissíveis.

E quando esses incrementos se tornam tão pequenos quantos se queiram, são denominados *variações da função admissível* e *de suas derivadas*, e são denotados por δu, $\delta u_{,x}$, $\delta u_{,xx} \cdots$, em que δ é o *operador de variação*. Assim, $(u + \delta u)$ é uma função admissível infinitamente próxima da função u e diz-se que δu é a primeira variação dessa função. Logo, para cada conjunto dessas variações, tem-se um incremento do funcional J, que de forma análoga ao incremento de função expresso pela Equação 2.6, se escreve

$$\Delta J(u) = \delta J(u) + \frac{1}{2!}\delta^2 J(u) + \cdots \frac{1}{n!}\delta^n J(u) + \cdots \qquad (2.11)$$

onde $\delta J(u)$ é a primeira variação do funcional e $\delta^n J(u)$ é a variação de ordem n desse funcional. Em resumo, a (primeira) diferencial de uma função é a parte linear do incremento (ou decremento) da função devido a uma alteração infinitesimal da variável independente, e a (primeira) variação de um funcional é a parte linear do incremento (ou decremento) do funcional devido a uma variação (alteração infinitesimal ao longo) da função, variação essa que atende à forma homogênea das condições essenciais de contorno.

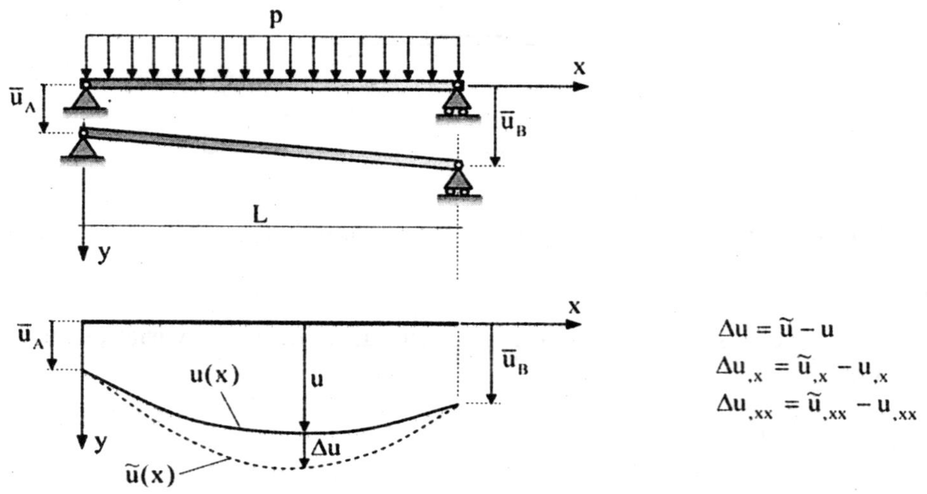

Figura 2.5 – Incremento Δu da função admissível u(u).

Ainda de forma análoga à condição de estacionariedade de uma função, que requer a nulidade de sua (primeira) diferencial, a condição de estacionariedade de um funcional J(u) requer que seja nula a sua (primeira) variação

$$\delta J(u) = 0 \qquad (2.12)$$

Pode-se demonstrar que as fórmulas de variação de funcional são análogas às de diferencial de função. Logo, para o funcional expresso pela Equação 2.10, escreve-se, em analogia com a Equação 2.7 de diferencial de função, a variação do funcional sob a forma

$$\delta J(u) = \int_{x_0}^{x_1} \delta F(u, u_{,x}, u_{,xx}, \cdots x)\, dx = \int_{x_0}^{x_1} \left(\frac{\partial F}{\partial u}\delta u + \frac{\partial F}{\partial u_{,x}}\delta u_{,x} + \frac{\partial F}{\partial u_{,xx}}\delta u_{,xx}, \cdots \right) dx \qquad (2.13)$$

Observa-se que o operador de variação comuta com o operador de integração, e que não se define variação da variável independente x.

Pode-se também demonstrar que o operador de variação comuta com os operadores de derivação, como exemplificado a seguir:

$$\delta\left(u(x_i)_{,x_j}\right) = \left(\delta(u(x_i))\right)_{,x_j} \tag{2.14}$$

Além disso, um funcional J(u) é dito *linear* quando

$$J(\alpha u_1 + \beta u_2) = \alpha J(u_1) + \beta J(u_2) \tag{2.15}$$

em que α e β são números reais quaisquer e u_1 e u_2 são as variáveis dependentes. E um funcional J(u) é dito quadrático se

$$J(\alpha u) = \alpha^2 J(u) \tag{2.16}$$

em que α é um número real. E um funcional J(u,v) é dito simétrico quando

$$J(u, v) = J(v, u) \tag{2.17}$$

em que u e v são as variáveis dependentes.

Ainda em analogia de funcional com função, a segunda variação de um funcional maior, menor ou igual a zero indica, respectivamente, condição de mínimo, máximo ou inflexão do funcional, como ilustra a figura seguinte.

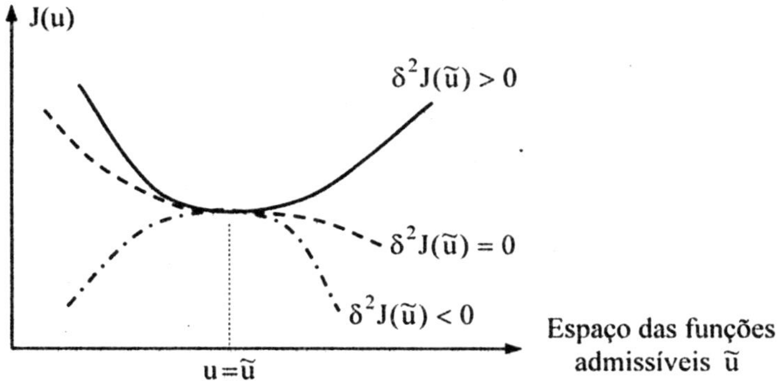

Figura 2.6 – Condições de estacionariedade do funcional J(u).

Foi afirmado, no início do presente item, que a condição de estacionariedade de um funcional corresponde a certas equações diferenciais com determinadas condições de contorno ditas *condições não essenciais* ou *naturais de contorno*. Essa correspondência é denominada *princípio variacional* e essas equações são chamadas de *Equações de Euler* ou *de Euler-Lagrange*, e se diz que as condições essenciais de contorno são restrições às funções admissíveis e que as condições não essenciais estão contidas no funcional.

É simples verificar que o número de Equações de Euler é igual ao de variáveis primárias e que, com a notação "n" para a maior ordem de derivada dessas variáveis no funcional, as Equações de Euler são de ordem 2n e, consequentemente, de ordem par. Além disso, as condições essenciais de contorno dizem respeito à especificação de valores para as variáveis primárias e para as suas derivadas até a ordem $(n-1)$ que, quando têm valores nulos, recebem a denominação de *condições essenciais homogêneas*. E como a variação δu é a diferença entre duas funções admissíveis, essa variação atende à forma homogênea dessas condições. Quanto às condições de contorno não essenciais, estas envolvem derivadas das variáveis primárias da ordem n até a ordem $(2n-1)$.

Além disso, como mostra a Equação 2.13, na condição de estacionariedade de um funcional ocorrem variações de derivadas das variáveis primárias e, de acordo com o afirmado quando da apresentação da Equação 2.14, o operador de variação pode ser permutado com os operadores de derivação. Logo, para obter as correspondentes Equações de Euler e as condições não essenciais de contorno, tem-se que retirar as derivadas dessas variações (através de integração por partes ou procedimento similar) e chegar a expressões do tipo

$$\delta J(u) = \int_V v(x_i)\, \delta u(x_i)\, dV = 0 \qquad (2.18)$$

em que $v(x_i)$ é uma função integrável no domínio V. E como $\delta u(x_i)$ é uma variação contínua qualquer, pelo *lema fundamental* do Cálculo Variacional tem-se $(v(x_i) = 0)$ no referido domínio. Assim, com a identificação das parcelas nulas na condição de estacionariedade, são obtidas as referidas equações e condições de contorno.

Esse lema será amplamente utilizado nos próximos exemplos e é simples verificar que ele se cumpre mesmo no caso de $\delta u(x_i)$ ser uma função contínua qualquer e não apenas uma variação contínua da variável primária, quando então se pode escolher essa função igual a $v(x_i)$ e escrever

$$\int_V v(x_i)^2\, dV = 0$$

Logo, dessa equação tem-se que $v(x_i)$ é igual a zero no domínio V, porque o resultado da integração de uma função positiva é um número positivo.

Pelo fato de serem necessárias na obtenção das Equações de Euler e das condições não essenciais de contorno, a integração por partes e a sua forma estendida em que se tem mais de uma variável primária, denominada *Teorema de Green*, são descritas a seguir.

No caso de duas variáveis contínuas u(x) e v(x), a integração por partes na variável independente x escreve-se

$$\int_x u\, v_{,x}\, dx = -\int_x u_{,x}\, v\, dx + (u\, v)_{|x} \qquad (2.19)$$

E no caso de duas variáveis contínuas $u(x_j)$ e $v(x_j)$ nas variáveis independentes x_j, com $(j = 1, 2 \text{ ou } 3)$, o Teorema de Green pode ser escrito sob a forma

$$\int_V u(x_j) \frac{\partial v(x_j)}{\partial x_k}\, dV = -\int_V \frac{\partial u(x_j)}{\partial x_k}\, v(x_j)\, dV + \int_S u(x_j)\, v(x_j)\, n_k\, dS \qquad (2.20)$$

onde $(k = 1, 2 \text{ ou } 3)$, e em que n_k é o cosseno diretor da normal n externa ao contorno e em relação ao eixo coordenado x_k, como ilustra a próxima figura.

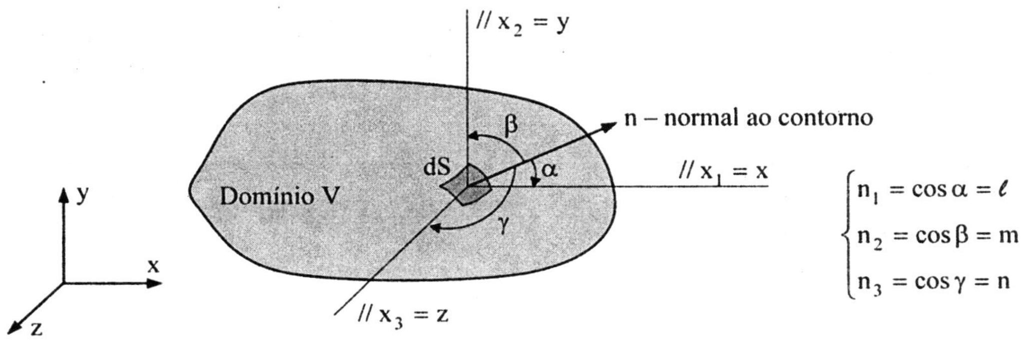

Figura 2.7 – Cossenos diretores de normal externa ao contorno em domínio tridimensional.

Exemplo 2.1 – Será mostrado no Exemplo 2.12 que o Funcional Energia Potencial Total da coluna representada na próxima figura tem a forma

$$J(u) = \frac{1}{2}\int_0^L EA\, u_{,x}^2\, dx - \int_0^L p\, u\, dx - \overline{P}\, u_{|x=0}$$

Nesse funcional, u e EA são, respectivamente, o deslocamento e a rigidez axiais, p é uma força distribuída por unidade de comprimento da coluna, e $\overline{P}$ é uma força concentrada prescrita em sua extremidade superior. Além disso, o deslocamento nulo em (x = L) é a condição essencial de contorno ou condição geométrica de contorno.

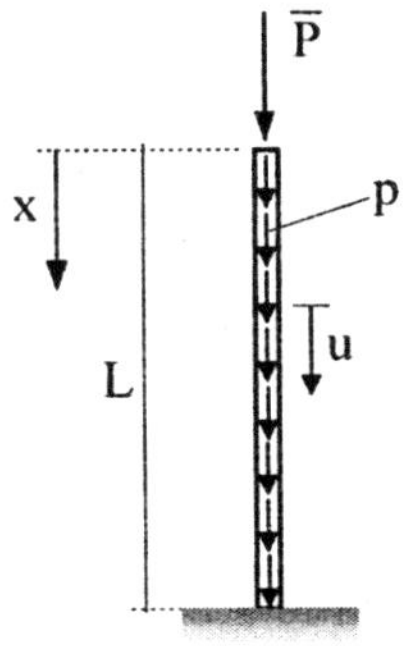

Figura E2.1 – Coluna com forças axiais.

Para obter a equação de Euler e a condição não essencial de contorno desse funcional, de acordo com a Equação 2.13, escreve-se a condição de estacionariedade

$$\delta J(u)=\frac{1}{2}\int_0^L \frac{\partial}{\partial u_{,x}}\left(EA\,u_{,x}^2\right)\delta u_{,x}\,dx-\int_0^L\frac{\partial}{\partial u}(p\,u)\,\delta u\,dx-\overline{P}\,\delta u_{|x=0}=0$$

E dessa equação, para o caso de EA e p constantes, obtém-se

$$\int_0^L EA\,u_{,x}\,\delta u_{,x}\,dx-\int_0^L p\,\delta u\,dx-\overline{P}\,\delta u_{|x=0}=0$$

Além disso, com a aplicação da integração por partes ao primeiro termo da equação anterior, obtém-se

$$-\int_0^L\left(EA\,u_{,xx}+p\right)\delta u\,dx+\left(EA\,u_{,x}\,\delta u\right)\Big|_{x=0}^{x=L}-\overline{P}\,\delta u_{|x=0}=0$$

$$\rightarrow\qquad -\int_0^L\left(EA\,u_{,xx}+p\right)\delta u\,dx+\left(EA\,u_{,x}\,\delta u\right)\Big|_{x=L}-\left(\left(EA\,u_{,x}+\overline{P}\right)\delta u\right)\Big|_{x=0}=0$$

Nessa equação tem-se ($\delta u_{|x=L}=0$), porque δu atende à condição essencial de contorno. Logo, essa equação reduz-se a

$$\int_0^L\left(EA\,u_{,xx}+p\right)\delta u\,dx+\left(EA\,u_{,x}+\overline{P}\right)_{|x=0}\delta u_{|x=0}=0$$

E como δu é uma variação qualquer, pelo lema fundamental do Cálculo Variacional, obtém-se a equação diferencial

$$EA\,u_{,xx}+p=0 \quad \text{no domínio} \quad 0<x<L$$

e a condição não essencial ou mecânica de contorno

$$EA\,u_{,x}+\overline{P}=0 \quad \text{no ponto} \quad x=0$$

que expressa o equilíbrio da força aplicada na extremidade superior da coluna.

A integração da equação diferencial anterior com as condições de contorno ($u_{|x=L}=0$) e ($EA\,u_{,x|x=0}+\overline{P}=0$) fornece a solução exata

$$u=\frac{1}{EA}\left(-\frac{p x^2}{2}-\overline{P}x+\frac{pL^2}{2}+\overline{P}L\right)$$

Exemplo 2.2 – Será demonstrado no Exemplo 2.13 que o Funcional Energia Potencial Total da viga biapoiada sob força distribuída transversal, representada na Figura E2.2, escreve-se

$$J(u)=\int_0^L\left(\frac{EI}{2}u_{,xx}^2-p\,u\right)dx$$

onde u é o deslocamento transversal, EI é a rigidez de flexão e p é a força distribuída transversal. Obtém-se, a seguir, as correspondentes equação de Euler e condições não essenciais de contorno.

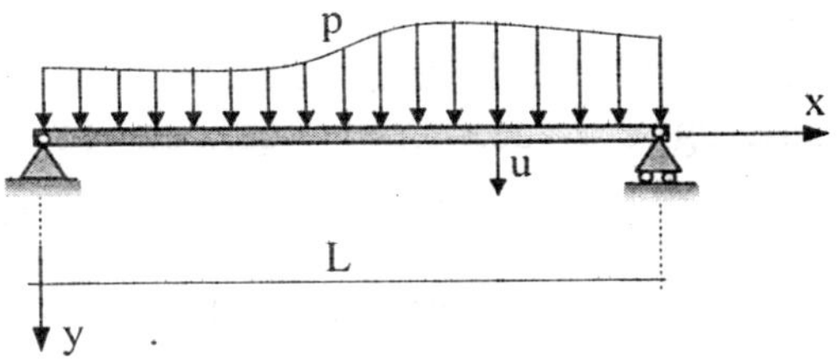

Figura E2.2 – Viga biapoiada sob força transversal distribuída.

De acordo com a Equação 2.13, escreve-se a condição de estacionariedade do funcional

$$\delta J(u) = \int_0^L \left(\frac{\partial}{\partial u_{,xx}} \left(\frac{EI}{2} u_{,xx}^2 \right) \delta u_{,xx} + \frac{\partial}{\partial u} (-p\,u)\,\delta u \right) dx = 0$$

$$\rightarrow \qquad \int_0^L \left(EI\,u_{,xx}\,\delta u_{,xx} - p\,\delta u \right) dx = 0$$

Vale observar que na função $(p = p(x))$ não se aplicou variação, por não ser uma variável primária e nem função que dependa dessa variável.

E com a aplicação da integração por partes duas vezes ao primeiro termo do integrando anterior, obtém-se

$$-\int_0^L \left(EI\,u_{,xxx}\,\delta u_{,x} + p\,\delta u \right) dx + \left(EI\,u_{,xx}\,\delta u_{,x} \right)\Big|_{x=0}^{x=L} = 0$$

e $$\int_0^L \left(EI\,u_{,xxxx} - p \right) \delta u\,dx - \left(EI\,u_{,xxx}\,\delta u \right)\Big|_{x=0}^{x=L} + \left(EI\,u_{,xx}\,\delta u_{,x} \right)\Big|_{x=0}^{x=L} = 0$$

A segunda parcela dessa equação se anula porque as condições essenciais de contorno (deslocamento transversal nulo das extremidades da viga) implicam em $(\delta u_{|x=0} = 0)$ e $(\delta u_{|x=L} = 0)$, o que faz essa equação se reduzir a

$$\rightarrow \qquad \int_0^L \left(EI\,u_{,xxxx} - p \right) \delta u\,dx + \left(EI\,u_{,xx}\,\delta u_{,x} \right)_{|x=L} - \left(EI\,u_{,xx}\,\delta u_{,x} \right)_{|x=0} = 0$$

Logo, como a variação δu é qualquer, com o lema fundamental do Cálculo Variacional obtém-se a equação diferencial

$$EI\,u_{,xxxx} - p = 0 \qquad \text{no domínio} \quad 0 < x < L$$

e as condições não essenciais ou mecânicas de contorno

$$\left(EI\,u_{,xx} \right)_{|x=L} = 0 \qquad \text{e} \qquad \left(EI\,u_{,xx} \right)_{|x=0} = 0$$

Essas condições exprimem que o momento fletor é nulo nas extremidades da viga.

Uma vez que seja definida a lei de distribuição da força transversal p, pode-se efetuar a integração da equação diferencial anterior (com quatro condições de contorno) para obter a solução exata u. Para o caso de força transversal uniformemente distribuída, por exemplo, com as condições de contorno $(u_{|x=0}=0)$, $(u_{|x=L}=0)$, $((EI\ u_{,xx})_{|x=0}=0)$ e $((EI\ u_{,xx})_{|x=L}=0)$, obtém-se a solução

$$u=\frac{p}{24EI}\left(x^4-2Lx^3+L^3x\right)$$

E a partir da equação diferencial anterior, com o percurso do caminho inverso à sua obtenção, pode-se retornar ao funcional. Para isso, escreve-se a equação integral

$$\int_0^L (EI\ u_{,xxxx}-p)\,\delta u\,dx=0$$

que por integração por partes fornece

$$-\int_0^L (EI\ u_{,xxx}\ \delta u_{,x}+p\,\delta u)dx+(EI\ u_{,xxx}\ \delta u)\Big|_{x=0}^{x=L}=0$$

e

$$\int_0^L (EI\ u_{,xx}\ \delta u_{,xx}-p\,\delta u)dx+(EI\ u_{,xxx}\ \delta u)\Big|_{x=0}^{x=L}-(EI\ u_{,xx}\ \delta u_{,x})\Big|_{x=0}^{x=L}=0$$

Dessa última equação, após introduzir as condições não essenciais de contorno e fazer $(\delta u_{|x=0}=0)$ e $(\delta u_{|x=L}=0)$, obtém-se

$$\int_0^L (EI\ u_{,xx}\ \delta u_{,xx}-p\,\delta u)dx=0 \quad\rightarrow\quad \delta\int_0^L\left(\frac{EI}{2}u_{,xx}^2-p\,u\right)dx=0$$

$$\rightarrow\quad \int_0^L\left(\frac{EI}{2}u_{,xx}^2-p\,u\right)dx=J(u)$$

Exemplo 2.3 – Obtém-se a equação de Euler e a condição não essencial de contorno do problema de condução de calor, em regime permanente e domínio bidimensional de espessura unitária, regido pelo funcional [4]

$$J(T)=\int_A\left(\frac{k}{2}\left(T_{,x}^2+T_{,y}^2\right)-QT\right)dA+\int_{s_q}\bar{q}\,T\,ds$$

Nesse funcional, k é a condutividade térmica função das variáveis independentes x e y, Q é uma fonte de calor por unidade de volume e T é a temperatura, prescrita na parcela $(s_T=s-s_q)$ como condição essencial de contorno.

De acordo com a Equação 2.13, escreve-se a condição de estacionariedade

$$\delta J(T)=\int_A\left(\frac{\partial}{\partial T_{,x}}\left(\frac{k}{2}T_{,x}^2\right)\delta T_{,x}+\frac{\partial}{\partial T_{,y}}\left(\frac{k}{2}T_{,y}^2\right)\delta T_{,y}+\frac{\partial}{\partial T}(-QT)\delta T\right)dA+\int_{s_q}\frac{\partial}{\partial T}(\bar{q}\,T)\,\delta T\,ds=0$$

$$\rightarrow\quad \int_A\left(k\,(T_{,x}\ \delta T_{,x}+T_{,y}\ \delta T_{,y})-Q\delta T\right)dA+\int_{s_q}\bar{q}\ \delta T\,ds=0$$

E com a aplicação do Teorema de Green expresso pela Equação 2.20, obtém-se

[4] Noções de condução de calor estão apresentadas no Anexo III.

$$-\int_A \left((kT_{,x})_{,x} + (kT_{,y})_{,y} + Q\right)\delta T\,dA + \int_s k(T_{,x}\,\ell + T_{,y}\,m)\,\delta T\,ds + \int_{s_q} \bar{q}\;\delta T\,ds = 0$$

onde ℓ e m são os cossenos diretores da normal n externa ao contorno. E como $(T_{,x}\,\ell + T_{,y}\,m = T_{,n})$, obtém-se

$$-\int_A \left((kT_{,x})_{,x} + (kT_{,y})_{,y} + Q\right)\delta T\,dA + \int_s kT_{,n}\;\delta T\,ds + \int_{s_q} \bar{q}\;\delta T\,ds = 0$$

Além disso, como a condição essencial de contorno implica em se ter $(\delta T_{|s-s_q} = 0)$, a equação anterior reduz-se a

$$-\int_A \left((kT_{,x})_{,x} + (kT_{,y})_{,y} + Q\right)\delta T\,dA + \int_{s_q} (kT_{,n} + \bar{q})\;\delta T\,ds = 0$$

Logo, como δT é qualquer, com o lema fundamental obtém-se a equação diferencial

$(kT_{,x})_{,x} + (kT_{,y})_{,y} + Q = 0$ no domínio A

e a condição não essencial ou de Newmann

$k\,T_{,n} = -\bar{q}$ na parcela s_q do contorno.

Naturalmente, a partir da equação diferencial anterior, pode-se obter de volta o funcional. Para isso, de maneira semelhante ao exemplo anterior, escreve-se a equação integral

$$\int_A \left((k\,T_{,x})_{,x} + (k\,T_{,y})_{,y} + Q\right)\delta T\,dA = 0$$

que, com o Teorema de Green, fornece

$$\int_A \left(-k\,(T_{,x}\;\delta T_{,x} + T_{,y}\;\delta T_{,y}) + Q\;\delta T\right)dA + \int_s k\,(T_{,x}\,\ell + T_{,y}\,m)\;\delta T\,ds = 0$$

Dessa equação, com $(T_{,x}\,\ell + T_{,y}\,m = T_{,n})$, a condição não essencial de contorno e $(\delta T_{|s-s_q} = 0)$, obtém-se

$$\int_A \left(k\,(T_{,x}\;\delta T_{,x} + T_{,y}\;\delta T_{,y}) - Q\delta T\right)dA + \int_{s_q} \bar{q}\;\delta T\,ds = 0$$

$$\rightarrow \quad \delta \int_A \left(\frac{k}{2}(T_{,x}^2 + T_{,y}^2) - QT\right)dA + \delta \int_{s_q} \bar{q}\,T\,ds = 0$$

$$\rightarrow \quad \int_A \left(\frac{k}{2}(T_{,x}^2 + T_{,y}^2) - QT\right)dA + \int_{s_q} \bar{q}\,T\,ds = J(T)$$

A maior parte dos modelos matemáticos de sistemas físicos pode ser expressa por princípios variacionais de funcionais quadráticos. E a grande vantagem desse tipo de funcional é resultar, através do Método de Rayleigh-Ritz, em um sistema de equações algébricas de matriz dos coeficientes simétrica positiva-definida. Além disso, esses funcionais são ditos *irredutíveis* ou *de um único campo*, pelo fato das variações serem apenas em termos das variáveis primárias. Contudo, podem ser utilizados multiplicadores de Lagrange ou funções de penalidade para relaxar restrições entre algumas variáveis dependentes ou de condições essenciais de contorno, de maneira a obter *funcionais de mais de um campo*, *redutíveis* ou *mistos*.[5]

2.2 – Método de Rayleigh-Ritz

O Método de Rayleigh-Ritz [6] utiliza a condição de estacionariedade de um funcional e parte do arbítrio de solução propositiva que, para o caso de uma única variável dependente primária, se escreve [7]

$$u(x_i) \approx \tilde{u}(x_i) = \psi_0(x_i) + \sum_{j=1}^{j'} \alpha_j \, \psi_j(x_i)$$

$$\rightarrow \quad \tilde{u} = \psi_0 + \begin{bmatrix} \cdots & \psi_j & \cdots \end{bmatrix} \begin{Bmatrix} \vdots \\ \alpha_j \\ \vdots \end{Bmatrix} = \psi_0 + \boldsymbol{\psi}\,\boldsymbol{\alpha} \qquad (2.21)$$

O til sobre a notação é utilizado para denotar que a solução propositiva é suposta "próxima" da solução exata. E na solução propositiva:

– ψ_0 é uma função que atende às formas não homogêneas das condições essenciais de contorno não homogêneas que podem ser definidas em uma parcela S_2 do contorno,

– ψ_j são j' funções linearmente independentes que atendem às formas homogêneas daquelas condições, isto é ($\psi_j(x_i)_{|S_2} = 0$), e que formam a matriz $\boldsymbol{\psi}$,

– α_j são j' parâmetros generalizados a ser determinados e que formam o vetor $\boldsymbol{\alpha}$.

Para a viga em balanço que foi representada na parte direita da Figura 2.2, por exemplo, a forma polinomial

$$u = \alpha_1 x^2 + \alpha_2 x^3 + \alpha_3 x^4 + \cdots \alpha_{j'} x^{(j'-1)} = \boldsymbol{\psi}\,\boldsymbol{\alpha}$$

vale como solução propositiva, porque atende às condições essenciais homogêneas de contorno ($u_{|x=0} = 0$) e ($u_{,x\,|x=L} = 0$), e as funções ($\psi_1 = x^2$), ($\psi_2 = x^3$), ... ($\psi_{j'} = x^{(j'-1)}$) são linearmente independentes.

As funções ψ_j são denominadas *funções de base*, *de forma* ou *de aproximação* e os parâmetros generalizados α_j são chamados de *graus de liberdade* ou *coeficientes de Ritz*. E no caso de funcional com mais de uma variável primária, escreve-se uma solução

---

[5] Vide, na Bibliografia, Zienkiewicz & Morgam, 1983.

[6] *John William Strutt*, o *Lord Rayleigh*, resolveu problemas estruturais com um parâmetro indeterminado, através do princípio de minimização de energia, em 1870. E *Walter Ritz* estendeu essa resolução a caso de parâmetros indeterminados múltiplos, em 1909.

[7] Essa solução precisa atender apenas às condições essenciais de contorno, porque as condições não essenciais estão contidas no funcional.

propositiva sob a forma da Equação 2.21 para cada uma dessas variáveis, com distintos coeficientes de Ritz.

No caso de J(u) designar o funcional de um determinado modelo matemático para o qual se busca solução, as funções de base contidas na solução propositiva $\tilde{u}(x_i)$ devem ser contínuas e deriváveis de maneira a permitir o cálculo das integrais que componham o funcional. E com a substituição dessa solução nesse funcional, tem-se a sua transformação em uma função dos parâmetros generalizados, $J(u) \approx J(\tilde{u}) = J(\alpha_j)$, de maneira que a condição de estacionariedade do funcional se modifica para a condição de estacionariedade dessa função, expressa por derivadas nulas dessa função

$$\frac{\partial J(\tilde{u})}{\partial \alpha_j} = 0 \quad \text{para } j = 1, 2, \cdots j' \tag{2.22}$$

Esse é um sistema de equações algébricas cuja resolução fornece os parâmetros generalizados, que, uma vez obtidos e substituídos na solução propositiva, definem uma solução aproximada para o modelo matemático. E esta é a melhor solução contida no espaço definido pelas funções de base.

No caso de funcional quadrático ou quadrático-linear, pode-se verificar que o referido sistema toma a forma

$$\left\{ \begin{matrix} \vdots \\ \dfrac{\partial J(\tilde{u})}{\partial \alpha_j} \\ \vdots \end{matrix} \right\} = \mathbf{K}\,\boldsymbol{\alpha} - \mathbf{f} = \mathbf{0} \quad \rightarrow \quad \mathbf{K}\,\boldsymbol{\alpha} = \mathbf{f} \tag{2.23}$$

onde **K** é uma matriz quadrada simétrica de ordem j' e **f** é um vetor, ambos de coeficientes constantes, como será mostrado no próximo exemplo. E como as funções de base são linearmente independentes, tem-se garantia que a matriz **K** é não singular, o que permite obter os parâmetros

$$\boldsymbol{\alpha} = \mathbf{K}^{-1}\,\mathbf{f} \tag{2.24}$$

que definem a Solução Propositiva 2.21.

No caso da solução propositiva convergente sob a forma

$$\lim_{j \to \infty} \tilde{u} = u \tag{2.25}$$

a solução adotada pode ser entendida como a "parte principal" de um desenvolvimento em série da solução exata $u(x_i)$. Diz-se, então, que o conjunto de funções de base é *completo de forma uniforme*.[8]

Alternativamente ao procedimento anterior em que a solução propositiva é substituída no funcional para escrever a condição de estacionariedade da função resultante, pode-se escrever a condição de estacionariedade do funcional e, então, substituir a solução propositiva e a sua variação ($\delta\tilde{u} = \boldsymbol{\Psi}\,\delta\boldsymbol{\alpha}$) nessa condição, para obter expressões do tipo

[8] Quando se adotam funções polinomiais, a solução propositiva deve conter todos os termos até a mais alta ordem de termo utilizada nessa solução, o que define um conjunto completo de funções de base.

$$\delta \mathbf{a}^T(\mathbf{K}\,\mathbf{a}-\mathbf{f})=0 \qquad (2.26)$$

Logo, com quaisquer variações $\delta\mathbf{u}$, chega-se ao Sistema de Equações Algébricas 3.23, em procedimento denominado *forma variacional direta* do Método de Rayleigh-Ritz.

Em resumo, com um princípio variacional, o Método de Rayleigh-Ritz segue a sistemática:

1 – Arbitra-se uma solução propositiva para cada uma das variáveis primárias, como a soma de uma função que atende às formas não homogêneas das condições essenciais de contorno mais uma combinação linear de funções de base que atendam às condições essenciais de contorno e que sejam suficientemente contínuas e deriváveis,

2 – Substitui-se as soluções aproximadas no funcional, com a sua transformação em uma função em termos dos parâmetros generalizados adotados nessas soluções,

3 – Da condição de estacionariedade dessa função chega-se a um sistema de equações algébricas,

4 – Resolve-se esse sistema para obter os parâmetros generalizados,

5 – Substitui-se esses parâmetros nas soluções propositivas, o que define soluções aproximadas, funções contínuas no domínio.

Exemplo 2.4 – O Funcional Energia Potencial Total da viga da próxima figura pode ser escrito sob a forma

$$J(u)=\frac{1}{2}\int_0^L EI\,u_{,x}^2\,dx-\int_0^L M\,u\,dx$$

onde se tem apenas derivada primeira e onde M é o momento fletor expresso por $(M = pLx/2 - px^2/2)$.

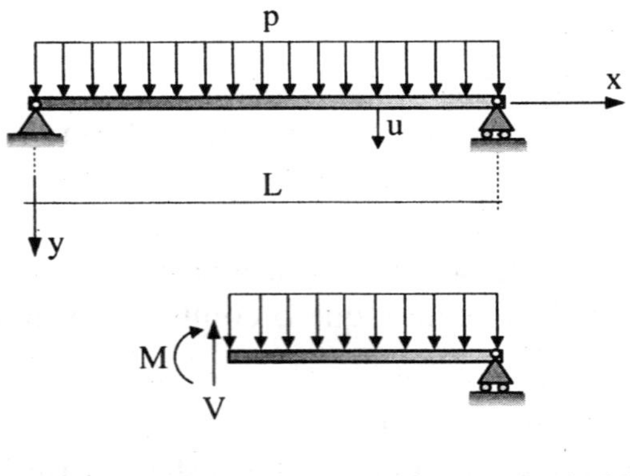

Figura E2.4a – Viga biapoiada sob força transversal uniformemente distribuída.

Inicialmente, obtém-se a equação de Euler, para comprovar que esse funcional tem a mesma solução que o funcional adotado no Exemplo 2.2. Assim, escreve-se a condição de estacionariedade.

$$\delta J(u) = \int_0^L EI\, u_{,x}\, \delta u_{,x}\, dx - \int_0^L M\, \delta u\, dx = 0$$

Com a aplicação da integração por partes ao primeiro termo do segundo membro da equação anterior, obtém-se

$$-\int_0^L \left(EI\, u_{,xx} + M\right)\delta u\, dx + \left(EI\, u_{,x}\, \delta u\right)\Big|_{x=0}^{x=L} = 0$$

Dessa equação, como δu é qualquer, tira-se a equação diferencial

$$EI\, u_{,xx} + M = 0 \quad \text{no domínio} \quad 0 < x < L.$$

e nenhuma condição natural de contorno porque $(\delta u_{|x=0} = 0)$ e $(\delta u_{|x=L} = 0)$. E por derivação da equação diferencial anterior, obtém-se a solução procurada

$$EI\, u_{,xxx} = -M_{,x} = -V \qquad \rightarrow \qquad EI\, u_{,xxxx} = -V_{,x} = p$$

A seguir, aplica-se o Método de Rayleigh-Ritz, com a adoção da solução polinomial de quarta ordem

$$\tilde{u} = \alpha_0 + \alpha_0^* x + \alpha_1 x^2 + \alpha_2 x^3 + \alpha_3 x^4$$

E como essa solução deve atender às condições essenciais de contorno, faz-se

$$\begin{cases} \tilde{u}_{|x=0} = 0 & \rightarrow \quad \alpha_0 = 0 \\ \tilde{u}_{|x=L} = 0 & \rightarrow \quad \alpha_0^* = -(\alpha_1 L + \alpha_2 L^2 + \alpha_3 L^3) \end{cases}$$

Logo, chega-se à solução propositiva

$$\tilde{u} = -(\alpha_1 L + \alpha_2 L^2 + \alpha_3 L^3)\, x + \alpha_1 x^2 + \alpha_2 x^3 + \alpha_3 x^4$$

$$\rightarrow \quad \tilde{u} = \lfloor x^2 - L x \quad x^3 - L^2 x \quad x^4 - L^3 x \rfloor \begin{Bmatrix} \alpha_1 \\ \alpha_2 \\ \alpha_3 \end{Bmatrix}$$

$$\rightarrow \quad \tilde{u} = \lfloor \psi_1 \quad \psi_2 \quad \psi_3 \rfloor \begin{Bmatrix} \alpha_1 \\ \alpha_2 \\ \alpha_3 \end{Bmatrix} = \boldsymbol{\psi}\, \boldsymbol{\alpha}$$

Neste caso, não se tem a parcela ψ_0 que ocorre na Equação 2.21, porque as condições essenciais de contorno são homogêneas (isto é, os deslocamentos nos apoios da viga são nulos). Além disso, identifica-se que as funções de forma ψ_j anteriores são de fato linearmente independentes e que se anulam nos apoios.

A derivada da solução anterior escreve-se

$$\tilde{u}_{,x} = \lfloor 2x - L \quad 3x^2 - L^2 \quad 4x^3 - L^3 \rfloor \begin{Bmatrix} \alpha_1 \\ \alpha_2 \\ \alpha_3 \end{Bmatrix} = \boldsymbol{\psi}_{,x}\, \boldsymbol{\alpha}$$

Com a substituição dessa solução e de sua derivada no funcional, este se transforma na função

$$J(\tilde{u}) = \frac{1}{2}\int_0^L EI\left(\boldsymbol{\psi}_{,x}\,\boldsymbol{\alpha}\right)^2 dx - \int_0^L \left(\frac{p\,L\,x}{2} - \frac{p\,x^2}{2}\right)\boldsymbol{\psi}\,\boldsymbol{\alpha}\;dx$$

de condição de estacionariedade

$$\begin{cases} \dfrac{\partial J(\tilde{u})}{\partial \alpha_1} = \int_0^L EI\left(\boldsymbol{\psi}_{,x}\,\boldsymbol{\alpha}\right)\psi_{1,x}\,dx - \int_0^L \left(\dfrac{p\,L\,x}{2} - \dfrac{p\,x^2}{2}\right)\psi_1\;dx = 0 \\ \dfrac{\partial J(\tilde{u})}{\partial \alpha_2} = \int_0^L EI\left(\boldsymbol{\psi}_{,x}\,\boldsymbol{\alpha}\right)\psi_{2,x}\,dx - \int_0^L \left(\dfrac{p\,L\,x}{2} - \dfrac{p\,x^2}{2}\right)\psi_2\;dx = 0 \\ \dfrac{\partial J(\tilde{u})}{\partial \alpha_3} = \int_0^L EI\left(\boldsymbol{\psi}_{,x}\,\boldsymbol{\alpha}\right)\psi_{3,x}\,dx - \int_0^L \left(\dfrac{p\,L\,x}{2} - \dfrac{p\,x^2}{2}\right)\psi_3\;dx = 0 \end{cases}$$

E em forma matricial, escreve-se o sistema de equações algébricas lineares

$$\left(\int_0^L \boldsymbol{\psi}_{,x}^T\,EI\,\boldsymbol{\psi}_{,x}\,dx\right)\boldsymbol{\alpha} - \int_0^L \boldsymbol{\psi}^T\left(\frac{p\,L\,x}{2} - \frac{p\,x^2}{2}\right)dx = \mathbf{0}$$

Logo, com as notações

$$\mathbf{K} = \int_0^L \boldsymbol{\psi}_{,x}^T\,EI\,\boldsymbol{\psi}_{,x}\,dx \qquad \text{e} \qquad \mathbf{f} = \int_0^L \boldsymbol{\psi}^T\left(\frac{p\,L\,x}{2} - \frac{p\,x^2}{2}\right)dx$$

o sistema anterior toma a forma ($\mathbf{K}\,\boldsymbol{\alpha} = \mathbf{f}$), apresentada na Equação 2.23.

Para o presente caso, calcula-se a seguir as matrizes **K** e **f**:

$$\mathbf{K} = \int_0^L \begin{Bmatrix} 2x - L \\ 3x^2 - L^2 \\ 4x^3 - L^3 \end{Bmatrix} EI \left\lfloor 2x - L \quad 3x^2 - L^2 \quad 4x^3 - L^3 \right\rfloor dx = EI \begin{bmatrix} \dfrac{L^3}{3} & \dfrac{L^4}{2} & \dfrac{3L^5}{5} \\ \dfrac{L^4}{2} & \dfrac{4L^5}{5} & L^6 \\ \dfrac{3L^5}{5} & L^6 & \dfrac{9L^7}{7} \end{bmatrix}$$

$$\mathbf{f} = \int_0^L \begin{Bmatrix} x^2 - L\,x \\ x^3 - L^2 x \\ x^4 - L^3 x \end{Bmatrix}\left(\frac{p\,L\,x}{2} - \frac{p\,x^2}{2}\right)dx \quad \rightarrow \quad \mathbf{f} = -p\begin{Bmatrix} \dfrac{L^5}{60} \\ \dfrac{L^6}{40} \\ \dfrac{5\,L^7}{168} \end{Bmatrix}$$

Logo, o sistema anterior fornece os coeficientes de Ritz

$$\boldsymbol{\alpha} = \mathbf{K}^{-1}\,\mathbf{f} = -\frac{p}{EI}\begin{bmatrix} \frac{300}{L^3} & \frac{-450}{L^4} & \frac{210}{L^5} \\ \frac{-450}{L^4} & \frac{720}{L^5} & \frac{-350}{L^6} \\ \frac{210}{L^5} & \frac{-350}{L^6} & \frac{175}{L^7} \end{bmatrix}\begin{Bmatrix} \frac{L^5}{60} \\ \frac{L^6}{40} \\ \frac{5L^7}{168} \end{Bmatrix} \rightarrow \quad \boldsymbol{\alpha} = -\frac{p}{EI}\begin{Bmatrix} 0 \\ \frac{L}{12} \\ -\frac{1}{24} \end{Bmatrix}$$

Esses coeficientes definem a solução propositiva

$$\tilde{u} \equiv u = p(x^4 - 2L\,x^3 + L^3x)/(24EI)$$

que é a solução exata obtida por integração da equação diferencial. Isso evidencia que, no caso da solução exata ser polinomial de ordem m e se utilizar uma solução propositiva constituída de uma base polinomial completa de ordem m (ou de ordem superior a m), obtém-se a solução exata com o Método de Rayleigh-Ritz. Ou em termos mais gerais, se o espaço das funções de base contiver a solução exata, obtém-se essa solução.

E no caso de se adotar a solução propositiva polinomial do terceiro grau

$$\tilde{u} = \lfloor x^2 - L\,x \quad x^3 - L^2\,x \rfloor \begin{Bmatrix} \alpha_1 \\ \alpha_2 \end{Bmatrix} = \boldsymbol{\psi}\;\boldsymbol{\alpha}$$

em que se tem apenas dois coeficientes de Ritz, obtém-se, como pode ser verificado, a solução aproximada

$$\tilde{u} = \frac{pL^2}{20\,EI}\left(L\,x - x^2\right)$$

A Figura 2.4b mostra as representações dessa última solução e da solução exata no caso de $(p = 1)$, $(EI = 1)$ e $(L = 1)$.

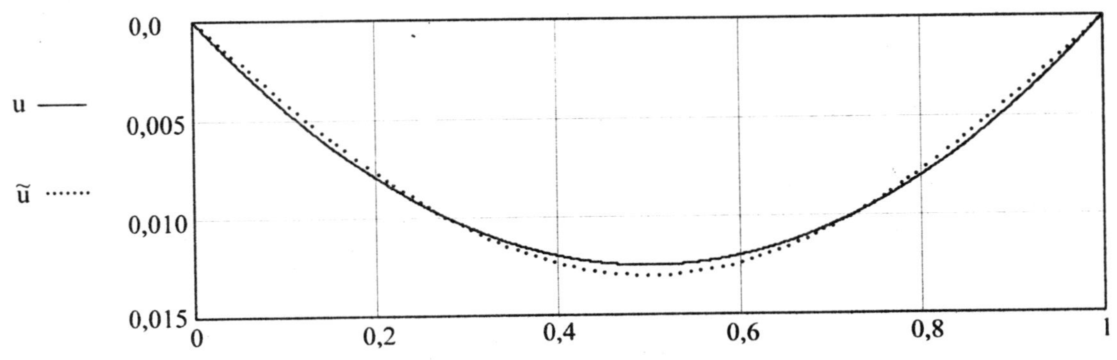

Figura E2.4b – Soluções exata e aproximada de deslocamento da viga da Figura E2.4a.

Alternativamente, para utilizar a forma variacional direta do Método de Rayleigh-Ritz expressa pela Equação 2.26, tem-se a variação ($\delta\tilde{u} = \boldsymbol{\psi}_{,x}\,\delta\boldsymbol{\alpha}$) e escreve-se a condição de estacionariedade

$$\delta J(\tilde{u}) = \int_0^L (\boldsymbol{\psi}_{,x}\,\delta\boldsymbol{\alpha})\,EI\,(\boldsymbol{\psi}_{,x}\,\boldsymbol{\alpha})\,dx - \int_0^L (\boldsymbol{\psi}\,\delta\boldsymbol{\alpha})\,M\,dx = 0$$

$$\rightarrow \quad \int_0^L \delta\boldsymbol{\alpha}^T \boldsymbol{\psi}_{,x}^T\,EI\,\boldsymbol{\psi}_{,x}\,\boldsymbol{\alpha}\,dx - \int_0^L \delta\boldsymbol{\alpha}^T\boldsymbol{\psi}^T M\,dx = 0$$

$$\rightarrow \quad \delta\boldsymbol{\alpha}^T\left(\left(\int_0^L \boldsymbol{\psi}_{,x}^T\,EI\,\boldsymbol{\psi}_{,x}\,dx\right)\boldsymbol{\alpha} - \int_0^L \boldsymbol{\psi}^T M\,dx\right) = 0 \quad \rightarrow \quad \delta\boldsymbol{\alpha}^T(\mathbf{K}\boldsymbol{\alpha} - \mathbf{f}) = 0$$

Logo, para quaisquer variações, obtém-se o tradicional sistema de equações algébricas ($\mathbf{K}\,\boldsymbol{\alpha} = \mathbf{f}$).

A seguir, para a mesma viga biapoiada, arbitra-se a solução propositiva sob a forma de série de Fourier

$$\tilde{u} = \sum_{j=1}^{j'} \alpha_j \sin\frac{(2j-1)\pi x}{L} \quad \rightarrow \quad \tilde{u} = \begin{bmatrix} \sin\frac{\pi x}{L} & \sin\frac{3\pi x}{L} & \cdots \end{bmatrix} \begin{Bmatrix} \alpha_1 \\ \alpha_2 \\ \vdots \end{Bmatrix} = \boldsymbol{\psi}\,\boldsymbol{\alpha}$$

que atende às condições geométricas de contorno e que fornece

$$\tilde{u}_{,x} = \sum_{j=1}^{j'} \alpha_j \frac{(2j-1)\pi}{L} \cos\frac{(2j-1)\pi x}{L}$$

$$\rightarrow \quad \tilde{u}_{,x} = \begin{bmatrix} \frac{\pi}{L}\cos\frac{\pi x}{L} & \frac{3\pi}{L}\cos\frac{3\pi x}{L} & \cdots \end{bmatrix} \begin{Bmatrix} \alpha_1 \\ \alpha_2 \\ \vdots \end{Bmatrix} \quad \rightarrow \quad \tilde{u}_{,x} = \boldsymbol{\psi}_{,x}\,\boldsymbol{\alpha}$$

Com essa solução, as expressões anteriores das matrizes $\mathbf{K}$ e $\mathbf{f}$ tomam as formas

$$\mathbf{K} = \int_0^L \begin{Bmatrix} \psi_{1,x} \\ \psi_{2,x} \\ \vdots \end{Bmatrix} EI \begin{bmatrix} \psi_{1,x} & \psi_{2,x} & \cdots \end{bmatrix} dx$$

$$\rightarrow \quad \mathbf{K} = \int_0^L \begin{Bmatrix} \frac{\pi}{L}\cos\frac{\pi x}{L} \\ \frac{3\pi}{L}\cos\frac{3\pi x}{L} \\ \vdots \end{Bmatrix} EI \begin{bmatrix} \frac{\pi}{L}\cos\frac{\pi x}{L} & \frac{3\pi}{L}\cos\frac{3\pi x}{L} & \cdots \end{bmatrix} dx$$

$$\mathbf{f} = \int_0^L \begin{Bmatrix} \psi_1 \\ \psi_2 \\ \vdots \end{Bmatrix} \left(\frac{p\,L\,x}{2} - \frac{p\,x^2}{2}\right) dx$$

$$\rightarrow \quad \mathbf{f} = \int_0^L \begin{Bmatrix} \sin\frac{\pi x}{L} \\ \sin\frac{3\pi x}{L} \\ \vdots \end{Bmatrix} \left(\frac{p\,L\,x}{2} - \frac{p\,x^2}{2}\right) dx \quad \rightarrow \quad \mathbf{f} = -p \begin{Bmatrix} \vdots \\ \frac{2L^3}{(2j-1)^3 \pi^3} \\ \vdots \end{Bmatrix}$$

A matriz **K** é diagonal e de coeficientes diagonais ($K_{jj}=((2j-1)\,\pi^2\,EI)/(2L)$), o que conduz aos coeficientes de Ritz ($\alpha_j=(4\,L^4\,p)/((2j-1)^5\,\pi^5\,EI)$) e à solução aproximada de deslocamento

$$\tilde{u} = \frac{4L^4 p}{\pi^5 EI} \sum_{j=1}^{j'} \left(\frac{1}{(2j-1)^5} \sin\frac{(2j-1)\pi x}{L} \right)$$

Nessa última resolução, foi escolhida uma solução propositiva com funções de forma simétricas em relação ao ponto médio da viga, por se saber a priori que a solução exata é também simétrica em relação a esse ponto. Caso fossem também adotadas, na solução propositiva, as funções ($\sin(j\pi x/L)$), com ($j = 2, 4, 5 \cdots$), que são anti-simétricas em relação ao referido ponto, os correspondentes coeficientes de Ritz seriam obtidos com valores nulos.

Da solução exata, tem-se que o deslocamento máximo ocorre em ($x = L/2$) com o valor ($u_{máx.} = 5\,pL^4 / (384\,EI)$) e, da solução aproximada obtida anteriormente, tem-se o deslocamento máximo ($\tilde{u}_{|x=L/2} = \tilde{u}_{máx.} = 4\,p\,L^4\,(1 - 1/3^5 + 1/5^5 - 1/7^5 + \cdots)/(4\pi^5\,EI)$). Em comparação desses resultados máximos, verifica-se que, com um, dois e três coeficientes de Ritz se tem respectivamente, as diferenças de 0,385%, −0,0274% e 0,0047%, o que evidencia a rápida convergência do método com a solução $\tilde{u}$ adotada anteriormente.

E a partir da solução de deslocamento encontrada, obtém-se as seguintes soluções aproximadas de momento fletor e de esforço cortante:

$$\begin{cases} \tilde{M} = -EI\,\tilde{u}_{,xx} & \rightarrow \quad \tilde{M} = \dfrac{4L^2 p}{\pi^3} \displaystyle\sum_{j=1}^{j'} \left(\dfrac{1}{(2j-1)^3} \sin\dfrac{(2j-1)\pi x}{L} \right) \\ \tilde{V} = \tilde{M}_{,x} & \rightarrow \quad \tilde{V} = \dfrac{4L\,p}{\pi^2} \displaystyle\sum_{j=1}^{j'} \left(\dfrac{1}{(2j-1)^2} \cos\dfrac{(2j-1)\pi x}{L} \right) \end{cases}$$

Essas soluções também convergem rapidamente para as correspondentes soluções exatas, como mostram as Figura E2.4c e E2.4d onde estão representadas as soluções exatas e as soluções aproximadas, respectivamente, com um e com dois coeficientes de Ritz, no caso de ($p = 1$), ($EI = 1$) e ($L = 1$).

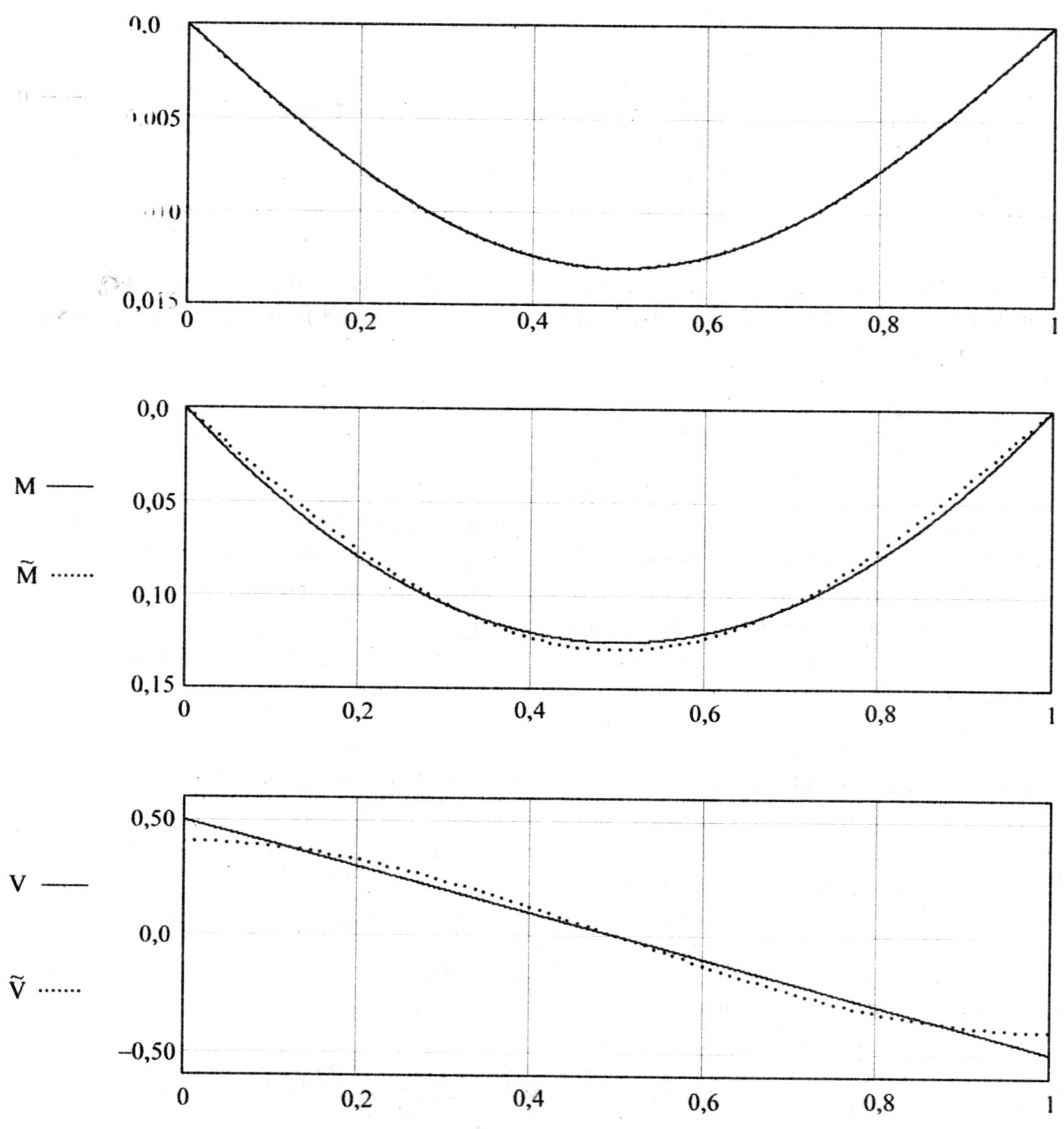

Figura E2.4c – Soluções exatas e aproximadas com um coeficiente de Ritz.

Comprova-se, assim, que a acurácia desse método aumenta com o número de coeficientes de Ritz, e nota-se, nas duas referidas figuras, que as soluções encontradas para os esforços seccionais são menos acuradas do que as soluções do deslocamento transversal (que na escala das referidas figuras praticamente coincidem com a solução exata). Isso porque esses esforços são obtidos através de derivações dessa solução. Além disso, observa-se que o esforço cortante nas extremidades da viga (condição mecânica de contorno) tem valores aproximados que se escrevem

$$\tilde{V}_{|x=0} = \frac{4Lp}{\pi^2}\sum_{j=1}^{j'}\frac{1}{(2j-1)^2} \neq \frac{pL}{2} \quad \text{e} \quad \tilde{V}_{|x=L} = -\frac{4Lp}{\pi^2}\sum_{j=1}^{j'}\frac{1}{(2j-1)^2} \neq -\frac{pL}{2}$$

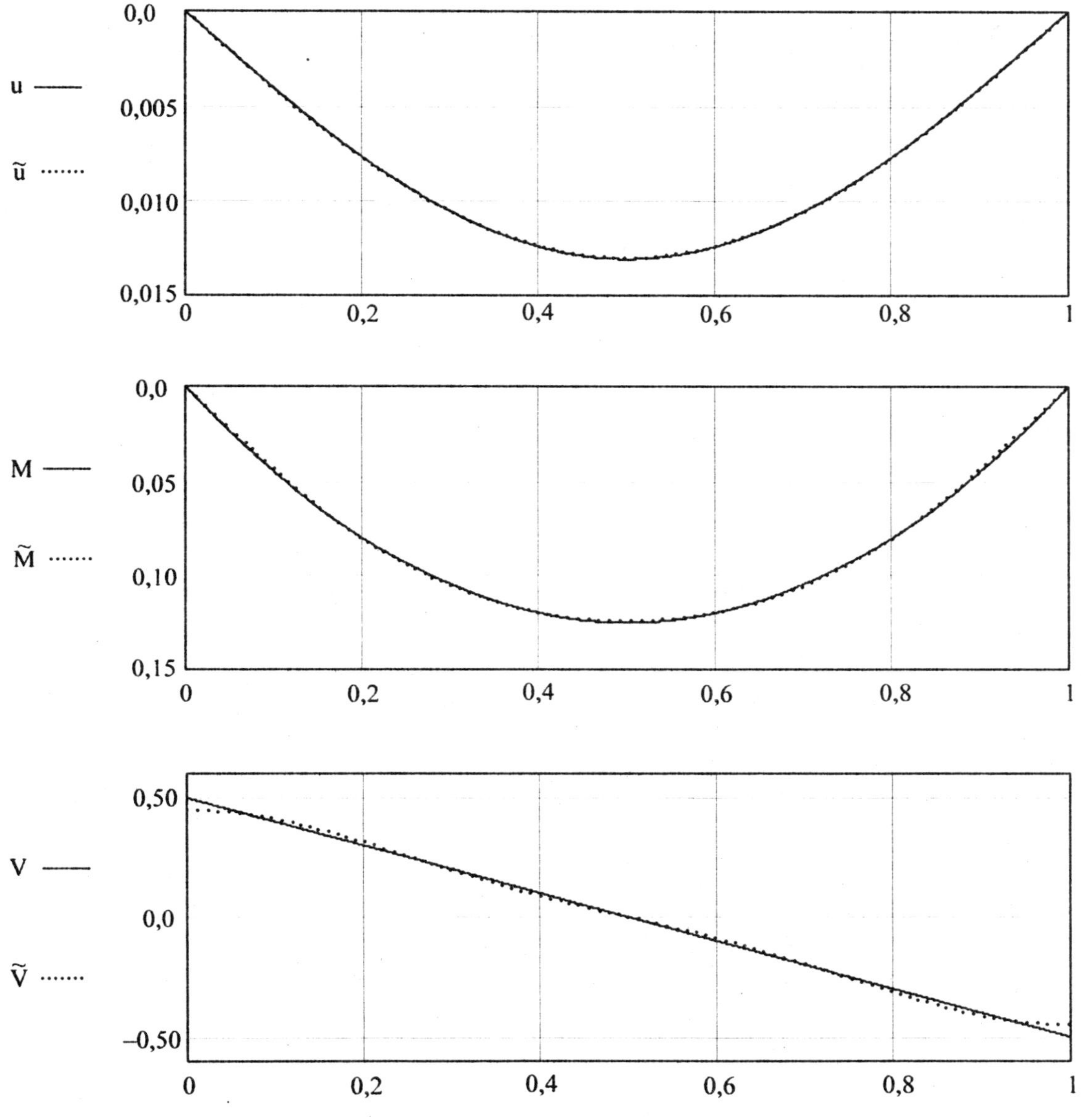

Figura E2.4d – Soluções exatas e aproximadas com dois coeficientes de Ritz.

Conclui-se que o Método de Rayleigh-Ritz é útil nos casos em que seja difícil ou impossível obter a solução exata, mas seja possível arbitrar uma solução propositiva e efetuar os cálculos requeridos nesse método. E para avaliar a acurácia de uma solução aproximada de determinada lei de formação, pode-se aplicar o método com números crescentes de coeficientes de Ritz e comparar os correspondentes resultados. Quando esses resultados convergirem rapidamente, a última das soluções calculadas é possivelmente de boa acurácia.

2.3 – Método de Galerkin

O Método de Galerkin [9] é um dos métodos clássicos da física matemática e inclui-se entre os chamados *métodos de resíduos ponderados* destinados à resolução aproximada de equações diferenciais com condições de contorno (e iniciais), sem requerer a existência de condição de estacionariedade de um funcional. No que se segue, considera-se o caso particular de operadores diferenciais lineares e a divisão das condições de contorno em dois grupamentos para posterior referência a condições essenciais e não essenciais de contorno.[10] E para simplicidade de exposição, supõe-se inicialmente apenas uma variável dependente primária e uma condição de contorno em cada um desses grupamentos.

Além disso, adota-se a notação de equação diferencial

$$\mathcal{A}(\mathrm{u})+\mathrm{a}=0 \quad \text{no domínio V de contorno S} \tag{2.27}$$

e as notações de condições de contorno

$$\mathcal{B}(\mathrm{u})+\mathrm{b}=0 \quad \text{na parcela } \mathrm{S_1} \text{ do contorno} \tag{2.28}$$

e

$$\mathcal{C}(\mathrm{u})+\mathrm{c}=0 \quad \text{na parcela complementar do contorno } \mathrm{S_2}=\mathrm{S}-\mathrm{S_1} \tag{2.29}$$

onde $\mathcal{A}$, $\mathcal{B}$ e $\mathcal{C}$ são operadores diferenciais e a, b e c são funções das variáveis independentes. E como ilustração, considera-se a coluna mostrada na próxima figura.

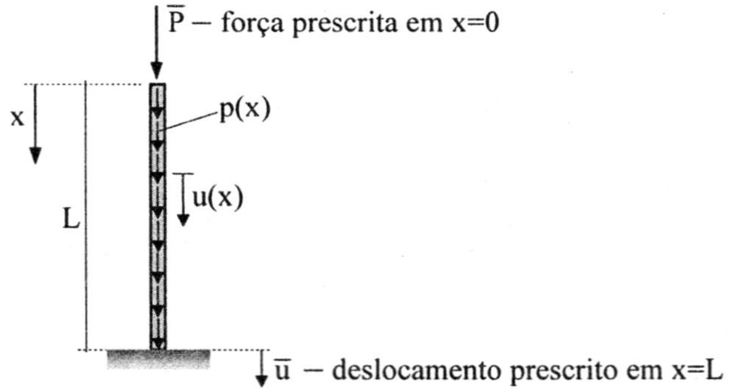

Figura 2.8 – Coluna com deslocamento prescrito na base.

[9] Galerkin, B.G., 1915, *Barras e Placas. As Séries em Algumas Questões de Equilíbrio Elástico de Barras e Placas*, Notícias dos Engenheiros, vol.1.

[10] Os métodos de resíduos ponderados, em particular o presente método apresentado por *B.G. Galerkin* em 1915, podem ser formulados sem essa divisão de condições de contorno. Contudo, com essa divisão e em certos problemas, é possível correlacionar o Método de Galerkin com o de Rayleigh-Ritz apresentado no item anterior.

Para essa coluna, tem-se o modelo matemático:

1 – A equação diferencial : $EA\ u_{,xx} + p = 0$ no domínio $0 < x < L$

2 – A condição não essencial de contorno: $EA\ u_{,x|x=0} + \overline{P} = 0$

3 – A condição essencial de contorno: $u_{|x=L} - \overline{u} = 0$.

Nessas três últimas expressões identifica-se os seguintes operadores diferenciais e escalares de notações adotadas nas Equações 2.27 a 2.29:

$$\begin{cases} \mathcal{A} = EA\ \dfrac{d^2}{dx^2} & \text{e} \quad a = p \\ \mathcal{B} = EA\ \dfrac{du}{dx}_{|x=0} & \text{e} \quad b = \overline{P} \\ \mathcal{C} = \dfrac{d^0}{dx^0}_{|x=L} & \text{(no sentido do operador ser igual à unidade)} \quad \text{e} \quad c = -\overline{u} \end{cases}$$

Nos métodos de resíduos ponderados arbitra-se uma solução propositiva igual à do Método de Rayleigh-Ritz e que se reescreve

$$\tilde{u}(x_i) = \psi_0(x_i) + \sum_{j=1}^{j'} \alpha_j\ \psi_j(x_i) \quad \rightarrow \quad \tilde{u}(x_i) = \psi_0 + \boldsymbol{\psi}\,\boldsymbol{\alpha} \tag{2.30}$$

Com a substituição dessa solução nas Equações 2.27 a 2.29, obtém-se os resíduos (ou erros)

$$\begin{cases} R_V = \mathcal{A}(\tilde{u}) + a \\ R_{S_1} = \mathcal{B}(\tilde{u}) + b \\ R_{S_2} = \mathcal{C}(\tilde{u}) + c \end{cases} \tag{2.31}$$

que são funções das variáveis independentes x_i e dos parâmetros generalizados α_j. Com esses resíduos escreve-se as equações integrais de ponderação

$$\int_V W_j\big(\mathcal{A}(\tilde{u}) + a\big)dV + \int_{S_1} W_j^{'}\big(\mathcal{B}(\tilde{u}) + b\big)dS + \int_{S_2} W_j^{''}\big(\mathcal{C}(\tilde{u}) + c\big)dS = 0 \tag{2.32}$$

onde ($j = 1, 2, \cdots$), e W_j, $W_j^{'}$ e $W_j^{''}$ são funções arbitradas de maneira que essas equações sejam em número igual ao de parâmetros generalizados da solução propositiva. Essas funções devem ser contínuas e deriváveis de maneira a permitir as integrais indicadas e são denominadas *funções de ponderação* ou *de peso*. E efetuadas essas integrais, obtém-se um sistema de equações algébricas lineares em termos dos parâmetros generalizados, cuja resolução permite (com a condição das funções peso serem linearmente independentes) a obtenção desses parâmetros, com a correspondente definição da solução aproximada.

A equação integral anterior expressa que uma média ponderada dos resíduos na região de definição do modelo é nula. Naturalmente, se a solução propositiva coincide com a solução exata, essa equação é satisfeita independentemente das funções peso. E em caso contrário, com solução propositiva convergente, a equação anterior conduz a uma solução que se aproxima da exata na medida em que se aumenta o número dos parâmetros generalizados da solução propositiva.

Diferentes métodos de resíduos são obtidos conforme sejam arbitradas as soluções propositivas e as funções peso. Essas soluções podem ser escolhidas de maneira a atender:

1– Parte das condições de contorno,

2– Todas as condições de contorno, ou

3 – Equação diferencial, mas não às condições de contorno.

A primeira das opções anteriores é a utilizada no presente item, a segunda opção é muito restritiva na grande maioria dos casos e a terceira opção dá origem aos métodos de aproximação no contorno, base do método dos elementos de contorno e que não é objeto de estudo neste livro.

Assim, no que se segue, supõe-se que a solução propositiva atenda à condição de contorno na parcela S_2, que é então qualificada como *essencial* e, por extensão, a condição na parcela S_1 do contorno é dita *não essencial*. Logo, a partir da equação anterior, tem-se a equação integral

$$\int_V \mathbf{W}^T \left(A(\tilde{u}) + a \right) dV + \int_{S_1} \mathbf{W}'^T \left(B(\tilde{u}) + b \right) dS = \mathbf{0} \tag{2.33}$$

onde $\mathbf{W}$ e $\mathbf{W}'$ são matrizes linha constituídas pelas funções peso adotadas.

No caso particular de operador A linear, aplica-se integração por partes ao primeiro termo da equação anterior para obter

$$\int_V \left(L(\mathbf{W}^T)\; G(\tilde{u}) + \mathbf{W}^T a \right) dV + \int_{S_1+S_2} H(\mathbf{W}^T)\, B(\tilde{u})\, dS + \int_{S_1} \mathbf{W}'^T \left(B(\tilde{u}) + b \right) dS = \mathbf{0} \tag{2.34}$$

onde L, G e H são operadores diferenciais (de ordem inferior à do operador A) que serão ilustrados nos próximos quatro exemplos.[11] As condições de contorno foram divididas nas parcelas S_1 e S_2 justamente para que a referida integração fornecesse, na equação anterior, a integral de contorno ($\int_{S_1} H(\mathbf{W}^T)\, B(\tilde{u})\, dS$).

E no caso de se arbitrar ($\mathbf{W}' = -H(\mathbf{W})_{|S_1}$) e considerar ($H(\mathbf{W})_{|S_2} = 0$), a equação integral anterior simplifica-se para a forma

$$\int_V \left(L(\mathbf{W}^T)\, G(\tilde{u}) + \mathbf{W}^T a \right) dV - \int_{S_1} H(\mathbf{W}^T)\, b\, dS = \mathbf{0} \tag{2.35}$$

Essa equação contém apenas um tipo de função peso e ordens de derivadas menores do que as que ocorrem na Equação 2.33 que lhe deu origem. Diz-se, então, que a Equação 2.35 é uma *forma fraca* por conter derivadas de ordem inferior à equação integral

---

[11] No caso da ordem "m' do operador A ser par, aplicam-se $m/2$ integrações por partes, e no caso dessa ordem ser ímpar utiliza-se essa integração em número de vezes igual ao inteiro inferior mais próximo de $m/2$. Naturalmente, para cada integração por partes, tem-se um termo de integral no contorno. Além disso, as condições essenciais de contorno envolvem a especificação das variáveis primárias e de suas derivadas até uma ordem abaixo do que o número de integrações por partes, e as condições não essenciais são as demais condições de contorno.

que lhe deu origem e que é chamada de *forma forte.* [12] E quando se tem mais de uma variável primária e, portanto, igual número de equações diferenciais, escreve-se a Forma Forte 2.33 ou a Forma Fraca 2.35, para cada uma dessas equações. Contudo, caso seja arbitrada uma solução propositiva que permita as derivações e as integrações da forma forte, ambas as formas são equivalentes, com a desvantagem da forma forte operar com uma matriz não simétrica, como ficará evidente no próximo exemplo. Por outro lado, a forma fraca tem a vantagem de permitir o arbítrio de solução propositiva de classe mais baixa do que a requerida pela forma forte, o que é amplamente utilizado em formulação do **MEF**.

Em resumo, a forma forte é uma equação integral de resíduos da equação diferencial e da condição não essencial de contorno, quando nessa equação e nessa condição é substituída a solução propositiva. E a forma fraca é obtida a partir da forma forte através de integrações por partes. Alternativamente e em procedimento mais simples, como ficará evidente nos próximos exemplos, a forma fraca pode ser obtida a partir da ponderação da equação diferencial (sem a substituição da solução propositiva)

$$\int_V \mathbf{W}^T \left(\mathcal{A}(u) + a \right) dV = \mathbf{0} \tag{2.36}$$

e em que são feitas, sequencialmente:

1 – As integrações por parte que se fizerem necessárias para distribuir igualmente as derivações entre as funções peso e a variável primária (com a suposição de operador diferencial linear e de ordem par),

2 – A incorporação da condição não essencial de contorno, e

3 – A substituição da variável primária u pela solução propositiva $\tilde{u}$.

A literatura apresenta diversos métodos de resíduos ponderados, como o *de Galerkin*, o *de colocação por pontos* ou *por subdomínios* e o *dos mínimos quadrados por pontos* ou *por subdomínios*, entre outros. Esses métodos diferem entre si quanto à escolha das funções peso e das funções de base. Entre esses, o de Galerkin é o mais utilizado em formulação do **MEF** e se caracteriza por as funções peso serem iguais às funções de base

$$\mathbf{W} = \boldsymbol{\psi} = \left[\cdots \quad \frac{\partial \tilde{u}}{\partial \alpha_j} \quad \cdots \right] \tag{2.37}$$

Assim, fica sistematizada a escolha das funções peso, que são linearmente independentes e atendem à forma homogênea das condições essenciais de contorno, e o que conduz a um sistema de equações algébricas linearmente independentes.

Logo, com essas funções, a Equação 2.36 fornece

---

[12] Observa-se que, na Forma Fraca 2.35, se tem a parcela "b" da condição não essencial de contorno. Além disso, diferentemente que a forma forte, e como ficará evidente no Exemplo 2.5, a forma fraca opera com matriz simétrica no caso de operador autoadjunto. Um operado $\mathcal{A}$ é autoadjunto ou simétrico em um domínio V com respeito a uma classe de funções, se para duas dessas funções $u(x_i)$ e $v(x_i)$, se tem ($\int_V u(x_i)\mathcal{A}(v(x_i))dV = \int_V v(x_i)\mathcal{A}(u(x_i))dV$).

$$\begin{cases} \int_V \psi_1\left(A(\mathrm{u})+\mathrm{a}\right)\mathrm{dV}=0 \\ \int_V \psi_2\left(A(\mathrm{u})+\mathrm{a}\right)\mathrm{dV}=0 \\ \quad\vdots \end{cases} \tag{2.38}$$

E com a multiplicação de cada uma das equações anteriores por $\delta\alpha_j$ e igualar a zero a soma dos correspondentes resultados, obtém-se

$$\int_V \psi_1\left(A(\mathrm{u})+\mathrm{a}\right)\mathrm{dV}\,\delta\alpha_1 + \int_V \psi_2\left(A(\mathrm{u})+\mathrm{a}\right)\mathrm{dV}\,\delta\alpha_2 + \cdots = 0$$

$$\rightarrow \quad \int_V \boldsymbol{\psi}\,\delta\boldsymbol{\alpha}\left(A(\mathrm{u})+\mathrm{a}\right)\,\mathrm{dV}=0 \quad \rightarrow \quad \int_V \delta\tilde{\mathrm{u}}\left(A(\mathrm{u})+\mathrm{a}\right)\mathrm{dV}=0 \tag{2.39}$$

Logo, caso (A(u) + a = 0) seja a equação de Euler de um funcional (o que requer que a equação diferencial seja de ordem par e que o operador diferencial seja autoadjunto) e sejam utilizadas as mesmas funções de base nos Métodos de Rayleigh-Ritz e de Galerkin, ambos os métodos fornecem a mesma solução. No caso, a diferença entre esses métodos é de metodologia. O primeiro utiliza a condição de estacionariedade de um funcional (que é uma forma fraca, por o funcional conter derivadas de ordem inferior às derivadas da equação diferencial), e o segundo método parte de uma equação integral de ponderação da equação diferencial (denominada forma forte), que por integração por partes conduz à mesma forma fraca do Método de Rayleigh-Ritz. [13]

Em resumo, o uso da forma fraca de Galerkin tem a seguinte sistemática:

1 – Arbitra-se uma solução propositiva igual à que foi especificada para o Método de Rayleigh-Ritz, para cada uma das variáveis primárias,

2 – Pondera-se cada uma das equações diferenciais com as funções de base sob a forma de equações integrais, isto é, multiplica-se cada equação diferencial por uma função de base, integra-se no domínio e iguala-se a zero,

3 – Faz-se, nas equações integrais anteriores, as integrações por partes que se fizerem necessárias para distribuir igualmente as derivadas entre as variáveis primárias e as funções peso,

4 – Incorpora-se, nas equações resultantes, as condições não essenciais de contorno,

5 – Substitui-se as variáveis primárias pelas soluções propositivas, para obter um sistema de equações algébricas lineares em termos dos parâmetros generalizados adotados nas soluções propositivas,

6 – Resolve-se esse sistema para determinar esses parâmetros, que substituídos nas soluções propositivas definem as soluções aproximadas procuradas, que são contínuas no domínio.

---

[13] Alguns autores consideram o Método de Galerkin como variacional, porque ele utiliza equações integrais. Contudo, como esse método não requer um princípio variacional em forma clássica, preferiu-se considerá-lo como não variacional.

Exemplo 2.5 – Analisa-se, com o Método de Galerkin, a coluna da Figura 2.8 de equação diferencial $(EA\, u_{,xx} + p = 0)$, condição mecânica de contorno $(EA\, u_{,x|x=0} + \overline{P} = 0)$ e condição geométrica de contorno $(u_{|x=L} = \overline{u})$.

Para utilizar a solução polinomial do terceiro grau $(\tilde{u} = \alpha_0 + \alpha_1\, x + \alpha_2\, x^2 + \alpha_3\, x^3)$, impõe-se o atendimento da condição geométrica de contorno

$$\tilde{u}_{|x=L} = \overline{u} = \alpha_0 + \alpha_1 L + \alpha_2 L^2 + \alpha_3 L^3 \quad \rightarrow \quad \alpha_0 = \overline{u} - (\alpha_1 L + \alpha_2 L^2 + \alpha_3 L^3)$$

o que conduz à solução propositiva

$$\tilde{u} = \overline{u} - (\alpha_1 L + \alpha_2 L^2 + \alpha_3 L^3) + \alpha_1 x + \alpha_2 x^2 + \alpha_3 x^3$$

$$\rightarrow \quad \tilde{u} = \overline{u} + (x - L)\, \alpha_1 + (x^2 - L^2)\, \alpha_2 + (x^3 - L^3)\, \alpha_3$$

$$\rightarrow \quad \tilde{u} = \overline{u} + \lfloor x - L \quad x^2 - L^2 \quad x^3 - L^3 \rfloor \begin{Bmatrix} \alpha_1 \\ \alpha_2 \\ \alpha_3 \end{Bmatrix} = \overline{u} + \boldsymbol{\psi}\, \boldsymbol{\alpha}$$

Logo, tem-se as funções peso

$$\mathbf{W} = \boldsymbol{\psi} = \lfloor x - L \quad x^2 - L^2 \quad x^3 - L^3 \rfloor \quad \rightarrow \quad \boldsymbol{\psi}_{,x} = \lfloor 1 \quad 2x \quad 3x^2 \rfloor$$

Utiliza-se inicialmente a forma fraca de Galerkin a partir da Equação 2.36 que se particulariza em

$$\int_0^L \boldsymbol{\psi}^T (EA\, u_{,xx} + p)\, dx = \mathbf{0}$$

E de acordo com a sistemática estabelecida anteriormente, integra-se por partes o primeiro termo da equação anterior, de maneira a distribuir as derivadas entre as funções peso e a variável primária, em obtenção da forma fraca

$$\int_0^L \left(-\boldsymbol{\psi}_{,x}^T\, EA\, u_{,x} + \boldsymbol{\psi}^T p\right) dx + \left(\boldsymbol{\psi}^T\, EA\, u_{,x}\right)\Big|_{x=0}^{x=L} = \mathbf{0}$$

Como $(\boldsymbol{\psi}^T_{|x=L} = \mathbf{0})$ e com a consideração da condição mecânica de contorno, a equação anterior fornece

$$\int_0^L \left(-\boldsymbol{\psi}_{,x}^T\, EA\, u_{,x} + \boldsymbol{\psi}^T\, p\right) dx + \boldsymbol{\psi}^T_{|x=0}\, \overline{P} = \mathbf{0}$$

Além disso, com a introdução da solução propositiva $(\tilde{u} = \overline{u} + \boldsymbol{\psi}\, \boldsymbol{\alpha})$ nessa equação, obtém-se o sistema de equações algébricas lineares

$$\left(\int_0^L \boldsymbol{\psi}_{,x}^T\, EA\, \boldsymbol{\psi}_{,x}\, dx\right) \boldsymbol{\alpha} = \int_0^L \boldsymbol{\psi}^T\, p\, dx + \boldsymbol{\psi}^T_{|x=0}\, \overline{P}$$

que, com as notações $(\mathbf{K} = \int_0^L \boldsymbol{\psi}_{,x}^T EA\, \boldsymbol{\psi}_{,x} dx)$ e $(\mathbf{f} = \int_0^L \boldsymbol{\psi}^T\, p dx + \boldsymbol{\psi}^T_{|x=0}\, \overline{P})$, se escreve, sob a forma compacta $(\mathbf{K}\, \boldsymbol{\alpha} = \mathbf{f})$.

A seguir são calculadas as matrizes $\mathbf{K}$ e $\mathbf{f}$:

$$\mathbf{K} = \int_0^L \begin{Bmatrix} 1 \\ 2x \\ 3x^2 \end{Bmatrix} EA \lfloor 1 \quad 2x \quad 3x^2 \rfloor dx \quad \rightarrow \quad \mathbf{K} = EA \begin{bmatrix} L & L^2 & L^3 \\ L^2 & \frac{4L^3}{3} & \frac{3L^4}{2} \\ L^3 & \frac{3L^4}{2} & \frac{9L^5}{5} \end{bmatrix}$$

$$\mathbf{f} = \int_0^L \begin{Bmatrix} x-L \\ x^2-L^2 \\ x^3-L^3 \end{Bmatrix} p\,dx + \begin{Bmatrix} -L \\ -L^2 \\ -L^3 \end{Bmatrix} \overline{P} \quad \rightarrow \quad \mathbf{f} = -p \begin{Bmatrix} L^2/2 \\ 2L^3/3 \\ 3L^4/4 \end{Bmatrix} - \overline{P} \begin{Bmatrix} L \\ L^2 \\ L^3 \end{Bmatrix}$$

Logo, do sistema $(\mathbf{K}\,\boldsymbol{\alpha} = \mathbf{f})$, obtém-se os coeficientes

$$\boldsymbol{\alpha} = \mathbf{K}^{-1}\mathbf{f} \quad \rightarrow \quad \boldsymbol{\alpha} = \frac{1}{EA} \begin{bmatrix} \frac{9}{L} & -\frac{18}{L^2} & \frac{10}{L^3} \\ -\frac{18}{L^2} & \frac{48}{L^3} & -\frac{30}{L^4} \\ \frac{10}{L^3} & -\frac{30}{L^4} & \frac{20}{L^5} \end{bmatrix} \left(-p \begin{Bmatrix} L^2/2 \\ 2L^3/3 \\ 3L^4/4 \end{Bmatrix} - \overline{P} \begin{Bmatrix} L \\ L^2 \\ L^3 \end{Bmatrix} \right)$$

$$\rightarrow \quad \boldsymbol{\alpha} = -\frac{1}{EA} \begin{Bmatrix} \overline{P} \\ p/2 \\ 0 \end{Bmatrix}$$

Esses parâmetros generalizados definem o campo de deslocamento

$$\tilde{u} = \overline{u} - \frac{(x-L)\overline{P}}{EA} - \frac{(x^2-L^2)p}{2EA}$$

que é exato porque foi adotada uma solução propositiva com a mesma lei de formação da exata, embora de ordem mais elevada, devido à inclusão do parâmetro excedente α_3. E essa solução tem o valor máximo

$$\tilde{u}_{máx.} = \tilde{u}_{|x=0} = \overline{u} + \frac{\overline{P}L}{EA} + \frac{pL^2}{2EA}$$

Além disso, com a solução propositiva

$$\tilde{u} = \overline{u} + (x-L)\alpha_1$$

chega-se a

$$\tilde{u} = \overline{u} - \frac{(x-L)\overline{P}}{EA} - \frac{(x-L)p}{2EA}$$

que é uma solução aproximada no que diz respeito à influência da força distribuída p. Isso porque as funções de base definem um espaço de funções em que se busca, com o Método de Galerkin, a solução que melhor se aproxima da solução exata. Assim, de forma análoga ao Método de Rayleigh-Ritz, caso essa solução esteja contida naquele espaço, a solução encontrada é a própria solução exata, e caso não esteja contida naquele espaço, a solução obtida é a projeção da exata naquele espaço.

A seguir, utiliza-se a forma forte expressa pela Equação 2.33, que com $(\mathbf{W} = \boldsymbol{\Psi})$ e $(\mathbf{W}' = \boldsymbol{\Psi}_{|x=0})$, particulariza-se em

$$\int_0^L \boldsymbol{\psi}^T \left(EA\,\tilde{u}_{,xx} + p \right) dx + \boldsymbol{\psi}_{|x=0}^T \left(EA\,\tilde{u}_{,x|x=0} + \overline{P} \right) = \mathbf{0}$$

Com a introdução nessa equação da solução propositiva $(\tilde{u} = \overline{u} + \boldsymbol{\psi}\,\boldsymbol{\alpha})$, obtém-se

$$\int_0^L \boldsymbol{\psi}^T EA\,\boldsymbol{\psi}_{,xx}\,dx\,\boldsymbol{\alpha} + \int_0^L \boldsymbol{\psi}^T p\,dx + \boldsymbol{\psi}_{|x=0}^T EA\,\boldsymbol{\psi}_{,x|x=0}\,\boldsymbol{\alpha} + \boldsymbol{\psi}_{|x=0}^T \overline{P} = \mathbf{0}$$

$$\rightarrow \quad \left(\int_0^L \boldsymbol{\psi}^T EA\,\boldsymbol{\psi}_{,xx}\,dx + \boldsymbol{\psi}_{|x=0}^T EA\,\boldsymbol{\psi}_{,x|x=0} \right) \boldsymbol{\alpha} = -\int_0^L \boldsymbol{\psi}^T p\,dx - \boldsymbol{\psi}_{|x=0}^T \overline{P}$$

E com as notações

$$\mathbf{K} = \int_0^L \boldsymbol{\psi}^T EA\,\boldsymbol{\psi}_{,xx}\,dx + \boldsymbol{\psi}_{|x=0}^T EA\,\boldsymbol{\psi}_{,x|x=0} \quad \text{e} \quad \mathbf{f} = -\int_0^L \boldsymbol{\psi}^T p\,dx - \boldsymbol{\psi}_{|x=0}^T \overline{P}$$

chega-se ao sistema de equações algébricas $(\mathbf{K}\,\boldsymbol{\alpha} = \mathbf{f})$, em que se observa que a primeira parcela da matriz $\mathbf{K}$ é não simétrica.

São calculadas, a seguir, essas matrizes $\mathbf{K}$ e $\mathbf{f}$ com a solução propositiva:

$$\tilde{u} = \overline{u} + \lfloor x - L \quad x^2 - L^2 \quad x^3 - L^3 \rfloor \begin{Bmatrix} \alpha_1 \\ \alpha_2 \\ \alpha_3 \end{Bmatrix} = \overline{u} + \boldsymbol{\psi}\,\boldsymbol{\alpha}$$

$$\mathbf{K} = \int_0^L \begin{Bmatrix} x - L \\ x^2 - L^2 \\ x^3 - L^3 \end{Bmatrix} EA \lfloor 0 \quad 2 \quad 6x \rfloor dx + \begin{Bmatrix} -L \\ -L^2 \\ -L^3 \end{Bmatrix} EA \lfloor 1 \quad 0 \quad 0 \rfloor$$

$$\rightarrow \quad \mathbf{K} = EA \begin{bmatrix} 0 & -L^2 & -L^3 \\ 0 & -\dfrac{4L^3}{3} & -\dfrac{3L^4}{2} \\ 0 & -\dfrac{3L^4}{2} & -\dfrac{9L^5}{5} \end{bmatrix} + EA \begin{bmatrix} -L & 0 & 0 \\ -L^2 & 0 & 0 \\ -L^3 & 0 & 0 \end{bmatrix} = -EA \begin{bmatrix} L & L^2 & L^3 \\ L^2 & \dfrac{4L^3}{3} & \dfrac{3L^4}{2} \\ L^3 & \dfrac{3L^4}{2} & \dfrac{9L^5}{5} \end{bmatrix}$$

$$\mathbf{f} = -\int_0^L \begin{Bmatrix} x - L \\ x^2 - L^2 \\ x^3 - L^3 \end{Bmatrix} p\,dx - \begin{Bmatrix} -L \\ -L^2 \\ -L^3 \end{Bmatrix} \overline{P} \quad \rightarrow \quad \mathbf{f} = p \begin{Bmatrix} L^2/2 \\ 2L^3/3 \\ 3L^4/4 \end{Bmatrix} + \overline{P} \begin{Bmatrix} L \\ L^2 \\ L^3 \end{Bmatrix}$$

Obtém-se, assim, a mesma solução exata

$$\tilde{u} = \overline{u} - \frac{(x-L)\overline{P}}{EA} - \frac{(x^2 - L^2)p}{2EA}$$

determinada com a forma fraca. Contudo, operou-se com a matriz não simétrica ($\int_0^L \boldsymbol{\psi}^T EA\, \boldsymbol{\psi}_{,xx}\, dx$), diferentemente que a forma fraca em que se opera com a matriz simétrica ($\int_0^L \boldsymbol{\psi}_{,x}^T EA\, \boldsymbol{\psi}_{,x}\, dx$).

Exemplo 2.6 – Considera-se a viga biapoiada sob uma força transversal uniformemente distribuída, que foi analisada anteriormente no Exemplo 2.4 e que tem a equação diferencial

$$EI\, u_{,xx} = -M = -(p\,L\,x/2 - p\,x^2/2) \qquad \text{ou} \qquad EI\, u_{,xxxx} = p$$

Para obter a forma fraca de Galerkin, de acordo com sistemática já estabelecida, pondera-se a primeira das equações diferenciais anteriores sob a forma

$$\int_0^L \boldsymbol{\psi}^T \left(EI\, u_{,xx} + \left(\frac{p\,L\,x}{2} - \frac{p\,x^2}{2} \right) \right) dx = \mathbf{0}$$

que, por integração por partes, fornece

$$\int_0^L \left(-\boldsymbol{\psi}_{,x}^T\, EI\, u_{,x} + \boldsymbol{\psi}^T \left(\frac{p\,L\,x}{2} - \frac{p\,x^2}{2} \right) \right) dx + \left(\boldsymbol{\psi}^T\, EI\, u_{,x} \right)\Big|_{x=0}^{x=L} = \mathbf{0}$$

E com a consideração de uma solução propositiva ($\tilde{u} = \boldsymbol{\Psi}\,\boldsymbol{\alpha}$) que atenda às condições essenciais de contorno, tem-se ($\boldsymbol{\Psi}^T{}_{|x=0} = \boldsymbol{\Psi}^T{}_{|x=L} = \mathbf{0}$), que substituído na equação anterior fornece

$$\left(\int_0^L \boldsymbol{\psi}_{,x}^T\, EI\, \boldsymbol{\psi}_{,x}\, dx \right) \boldsymbol{\alpha} = \int_0^L \boldsymbol{\psi}^T \left(\frac{p\,L\,x}{2} - \frac{p\,x^2}{2} \right) dx$$

Esse é o mesmo sistema de equações algébricas lineares que se obtém com o Método de Rayleigh-Ritz, independentemente do arbítrio da solução propositiva.

Escolhe-se, agora, a solução propositiva

$$\tilde{u} = \sum_{j=1}^{j'} \alpha_j \sin\frac{(2j-1)\pi x}{L} = \begin{bmatrix} \sin\frac{\pi x}{L} & \sin\frac{3\pi x}{L} & \cdots \end{bmatrix} \begin{Bmatrix} \alpha_1 \\ \alpha_2 \\ \vdots \end{Bmatrix} = \boldsymbol{\psi}\,\boldsymbol{\alpha}$$

e utiliza-se a equação diferencial ($EI\, u_{,xxxx} = p$) para escrever a equação de ponderação

$$\int_0^L \boldsymbol{\psi}^T \left(EI\, u_{,xxxx} - p \right) dx = \mathbf{0}$$

Logo, com a integração por partes do primeiro termo dessa equação, obtém-se

$$\int_0^L \left(-\boldsymbol{\psi}_{,x}^T\, EI\, u_{,xxx} - \boldsymbol{\psi}^T p \right) dx + \left(\boldsymbol{\psi}^T\, EI\, u_{,xxx} \right)\Big|_{x=0}^{x=L} = \mathbf{0}$$

e

$$\int_0^L \left(\boldsymbol{\psi}_{,xx}^T\, EI\, u_{,xx} - \boldsymbol{\psi}^T p \right) dx - \left(\boldsymbol{\psi}_{,x}^T\, EI\, u_{,xx} \right)\Big|_{x=0}^{x=L} + \left(\boldsymbol{\psi}^T\, EI\, u_{,xxx} \right)\Big|_{x=0}^{x=L} = \mathbf{0}$$

Além disso, como ($\boldsymbol{\psi}^{T}{}_{|x=0} = \boldsymbol{\psi}^{T}{}_{|x=L} = \mathbf{0}$) e com a consideração das condições mecânicas de contorno ($EI\, u_{,xx|x=0} = 0$) e ($EI\, u_{,xx|x=L} = 0$) na equação anterior, assim como com a introdução da solução propositiva ($\tilde{u} = \boldsymbol{\psi}\,\boldsymbol{\alpha}$), obtém-se o sistema de equações algébricas lineares

$$\left(\int_0^L \left(\boldsymbol{\psi}_{,xx}^{T}\, EI\, \boldsymbol{\psi}_{,xx} \right) dx \right) \boldsymbol{\alpha} = \int_0^L \boldsymbol{\psi}^{T}\, p\, dx$$

onde

$$\boldsymbol{\psi}_{,xx} = -\frac{\pi^2}{L^2} \left[\sin\frac{\pi x}{L} \quad 9 \sin\frac{3\pi x}{L} \quad 25 \sin\frac{5\pi x}{L} \quad \cdot \right]$$

A resolução do sistema anterior fornece os parâmetros generalizados $\boldsymbol{\alpha}$ que definem a mesma solução obtida no Exemplo 2.4 através do Método de Rayleigh-Ritz e que se reescreve

$$\tilde{u} = \frac{4L^4 p}{\pi^5 EI} \sum_{j=1}^{j'} \left(\frac{1}{(2j-1)^5} \sin\frac{(2j-1)\pi x}{L} \right)$$

Exemplo 2.7 – Aborda-se agora, o modelo de estado plano de tensão de espessura t e em que se tem, de acordo com o apresentado no Anexo II:

– As relações deformação–deslocamentos:

$$\begin{Bmatrix} \varepsilon_x \\ \varepsilon_y \\ \gamma_{xy} \end{Bmatrix} = \begin{bmatrix} \dfrac{\partial}{\partial x} & 0 \\ 0 & \dfrac{\partial}{\partial y} \\ \dfrac{\partial}{\partial y} & \dfrac{\partial}{\partial x} \end{bmatrix} \begin{Bmatrix} u \\ v \end{Bmatrix} \quad \rightarrow \quad \boldsymbol{\varepsilon} = \boldsymbol{L}\mathbf{u} \quad \text{em que} \quad \boldsymbol{L} = \begin{bmatrix} \dfrac{\partial}{\partial x} & 0 \\ 0 & \dfrac{\partial}{\partial y} \\ \dfrac{\partial}{\partial y} & \dfrac{\partial}{\partial x} \end{bmatrix}$$

– As equações constitutivas de material isótropo:

$$\begin{Bmatrix} \sigma_x \\ \sigma_y \\ \tau_{xy} \end{Bmatrix} = \frac{E}{1-\nu^2} \begin{bmatrix} 1 & \nu & 0 \\ \nu & 1 & 0 \\ 0 & 0 & \dfrac{1-\nu}{2} \end{bmatrix} \begin{Bmatrix} \varepsilon_x \\ \varepsilon_y \\ \gamma_{xy} \end{Bmatrix} \rightarrow \boldsymbol{\sigma} = \mathbf{E}\,\boldsymbol{\varepsilon} \quad \text{em que} \quad \mathbf{E} = \frac{E}{1-\nu^2} \begin{bmatrix} 1 & \nu & 0 \\ \nu & 1 & 0 \\ 0 & 0 & \dfrac{1-\nu}{2} \end{bmatrix}$$

– As equações diferenciais de equilíbrio no domínio A:

$$\begin{bmatrix} \dfrac{\partial}{\partial x} & 0 & \dfrac{\partial}{\partial y} \\ 0 & \dfrac{\partial}{\partial y} & \dfrac{\partial}{\partial x} \end{bmatrix} \begin{Bmatrix} \sigma_x \\ \sigma_y \\ \tau_{xy} \end{Bmatrix} + \begin{Bmatrix} p_x \\ p_y \end{Bmatrix} = \begin{Bmatrix} 0 \\ 0 \end{Bmatrix} \rightarrow \boldsymbol{L}^{T}\boldsymbol{\sigma} + \mathbf{p} = \mathbf{0} \quad \text{em que} \quad \boldsymbol{\sigma} = \begin{Bmatrix} \sigma_x \\ \sigma_y \\ \tau_{xy} \end{Bmatrix} \text{ e } \mathbf{p} = \begin{Bmatrix} p_x \\ p_y \end{Bmatrix}$$

– As condições mecânicas de contorno na parcela s_q:

$$\begin{bmatrix} \ell & 0 & m \\ 0 & m & \ell \end{bmatrix} \begin{Bmatrix} \sigma_x \\ \sigma_x \\ \tau_{xy} \end{Bmatrix} = \begin{Bmatrix} \bar{q}_x \\ \bar{q}_y \end{Bmatrix} \quad \rightarrow \quad \mathbf{n}\boldsymbol{\sigma} = \bar{\mathbf{q}} \quad \text{em que} \quad \mathbf{n} = \begin{bmatrix} \ell & 0 & m \\ 0 & m & \ell \end{bmatrix}$$

– As condições geométricas homogêneas de contorno na parcela s_u:

$$\begin{Bmatrix} \bar{u} \\ \bar{v} \end{Bmatrix} = \begin{Bmatrix} 0 \\ 0 \end{Bmatrix} \quad \rightarrow \quad \bar{\mathbf{u}} = \mathbf{0}$$

No caso, são arbitradas as seguintes soluções propositivas, com a suposição de se anularem na parcela s_u do contorno:

$$\begin{Bmatrix} \tilde{u} \\ \tilde{v} \end{Bmatrix} = \begin{bmatrix} \boldsymbol{\psi}_1 & \mathbf{0} \\ \mathbf{0} & \boldsymbol{\psi}_2 \end{bmatrix} \begin{Bmatrix} \boldsymbol{\alpha}_1 \\ \boldsymbol{\alpha}_2 \end{Bmatrix} \quad \rightarrow \quad \tilde{\mathbf{u}} = \boldsymbol{\psi}\,\boldsymbol{\alpha} \quad \rightarrow \quad \mathbf{W} = \boldsymbol{\psi} = \begin{bmatrix} \boldsymbol{\psi}_1 & \mathbf{0} \\ \mathbf{0} & \boldsymbol{\psi}_2 \end{bmatrix}$$

Logo, para aplicar o Método de Galerkin na forma fraca, escreve-se as equações de ponderação

$$\begin{cases} \int_V \boldsymbol{\psi}_1^T \left(\sigma_{x,x} + \tau_{xy,y} + p_x \right) dV = \mathbf{0} \\ \int_V \boldsymbol{\psi}_2^T \left(\tau_{xy,x} + \sigma_{y,y} + p_y \right) dV = \mathbf{0} \end{cases}$$

E com a aplicação da integração por partes aos dois primeiros termos de cada uma dessas equações e a efetuação da integração na coordenada da espessura, obtém-se

$$\begin{cases} -t \int_A \left(\boldsymbol{\psi}_{1,x}^T \, \sigma_x + \boldsymbol{\psi}_{1,y}^T \, \tau_{xy} - \boldsymbol{\psi}_1^T \, p_x \right) dA + \int_{s_q + s_u} \boldsymbol{\psi}_1^T \left(\sigma_x \, \ell + \tau_{xy} \, m \right) ds = \mathbf{0} \\ -t \int_A \left(\boldsymbol{\psi}_{2,x}^T \, \tau_{xy} + \boldsymbol{\psi}_{2,y}^T \, \sigma_y - \boldsymbol{\psi}_2^T \, p_y \right) dA + \int_{s_q + s_u} \boldsymbol{\psi}_2^T \left(\tau_{xy} \, \ell + \sigma_y \, m \right) ds = \mathbf{0} \end{cases}$$

Além disso, como as funções de base se anulam na parcela s_u do contorno, a equação anterior particulariza-se em

$$\begin{cases} -t \int_A \left(\boldsymbol{\psi}_{1,x}^T \, \sigma_x + \boldsymbol{\psi}_{1,y}^T \, \tau_{xy} - \boldsymbol{\psi}_1^T \, p_x \right) dA + \int_{s_q} \boldsymbol{\psi}_1^T \left(\sigma_x \, \ell + \tau_{xy} \, m \right) ds = \mathbf{0} \\ -t \int_A \left(\boldsymbol{\psi}_{2,x}^T \, \tau_{xy} + \boldsymbol{\psi}_{2,y}^T \, \sigma_y - \boldsymbol{\psi}_2^T \, p_y \right) dA + \int_{s_q} \boldsymbol{\psi}_2^T \left(\tau_{xy} \, \ell + \sigma_y \, m \right) ds = \mathbf{0} \end{cases}$$

que se escreve sob a forma compacta

$$\int_A (\boldsymbol{L}\,\boldsymbol{\psi})^T \boldsymbol{\sigma}\, dA = \int_A \boldsymbol{\psi}^T \mathbf{p}\, dA + \int_{s_q} \boldsymbol{\psi}^T \mathbf{n}\,\boldsymbol{\sigma}\, ds$$

E com a incorporação da solução propositiva nas equações constitutivas, escreve-se

$$\boldsymbol{\sigma} = \mathbf{E}\,\boldsymbol{\varepsilon} \cong \mathbf{E}\,\boldsymbol{L}\tilde{\mathbf{u}} = \mathbf{E}\,\boldsymbol{L}\boldsymbol{\psi}\,\boldsymbol{\alpha}$$

Logo, com esses componentes de tensão e as condições mecânicas de contorno, a equação de ponderação anterior fornece o seguinte sistema de equações algébricas:

$$\left(\int_A (\boldsymbol{L}\,\boldsymbol{\psi})^T \mathbf{E} (\boldsymbol{L}\,\boldsymbol{\psi}) dA \right) \boldsymbol{\alpha} = \int_A \boldsymbol{\psi}^T \mathbf{p}\, dA + \int_{s_q} \boldsymbol{\psi}^T \bar{\mathbf{q}}\, ds$$

E com as notações

$$\begin{cases} \mathbf{K} = \int_A (\boldsymbol{L}\boldsymbol{\psi})^T \mathbf{E} (\boldsymbol{L}\boldsymbol{\psi}) dA \\ \mathbf{f} = \int_A \boldsymbol{\psi}^T \mathbf{p}\, dA + \int_{s_q} \boldsymbol{\psi}^T \bar{\mathbf{q}}\, ds \end{cases}$$

o sistema anterior escreve-se sob a tradicional forma ($\mathbf{K}\,\boldsymbol{\alpha} = \mathbf{f}$).

A resolução desse sistema fornece os parâmetros generalizados $\boldsymbol{\alpha}$ que definem o campo aproximado de deslocamentos ($\tilde{u} = \boldsymbol{\Psi}\,\boldsymbol{\alpha}$), a partir do qual se obtém o campo aproximado de deformações ($\tilde{\boldsymbol{\varepsilon}} = \boldsymbol{L}\boldsymbol{\Psi}\boldsymbol{\alpha}$) e o campo aproximado de tensões ($\tilde{\boldsymbol{\sigma}} = \mathbf{E}\boldsymbol{L}\boldsymbol{\Psi}\,\boldsymbol{\alpha}$).

Exemplo 2.8 – Considera-se, a seguir, o problema de condução bidimensional de calor em regime permanente e meio isotrópico bidimensional de espessura unitária, que, de acordo como o apresentado no Anexo III, tem:

– A equação diferencial ($(k\,T_{,x})_{,x} + (k\,T_{,y})_{,y} + Q = 0$) no domínio A.

– A condição não essencial de contorno ($k\,T_{,n} = -\bar{q}$) na parcela s_q do contorno.

– A condição essencial de contorno ($T = \bar{T}$) na parcela s_T do contorno.

Adota-se a solução propositiva

$$\tilde{T} = \psi_0 + \boldsymbol{\psi}\,\boldsymbol{\alpha}$$

suposta a atender à condição forçada de contorno, para que se tenha ($\psi_{0|s_T} = \bar{T}$) e ($\boldsymbol{\psi}_{|s_T} = \mathbf{0}$).

Logo, para obter a forma fraca de Galerkin, escreve-se a equação de ponderação

$$\int_A \boldsymbol{\psi}^T \left((k\,T_{,x})_{,x} + (k\,T_{,y})_{,y} + Q\right) dA = \mathbf{0}$$

E com a integração por partes dos dois primeiros termos dessa equação, obtém-se

$$\int_A \left(-\boldsymbol{\psi}_{,x}^T\, k\,T_{,x} - \boldsymbol{\psi}_{,y}^T\, k\,T_{,y} + \boldsymbol{\psi}^T Q\right) dA + \int_{s_q} \boldsymbol{\psi}^T k\left(T_{,x}\,\ell + T_{,y}\,m\right) ds = \mathbf{0}$$

$$\rightarrow \quad \int_A \left(\boldsymbol{\psi}_{,x}^T\, k\,T_{,x} + \boldsymbol{\psi}_{,y}^T\, k\,T_{,y}\right) dA = \int_A \boldsymbol{\psi}^T Q\, dA + \int_{s_q} \boldsymbol{\psi}^T k\,T_{,n}\, ds$$

Além disso, com a introdução da condição natural de contorno e da solução propositiva nessa equação, obtém-se o sistema de equações algébricas

$$\int_A \left(\boldsymbol{\psi}_{,x}^T\, k\,(\psi_{0,x} + \boldsymbol{\psi}_{,x}\,\boldsymbol{\alpha}) + \boldsymbol{\psi}_{,y}^T\, k\,(\psi_{0,y} + \boldsymbol{\psi}_{,y}\,\boldsymbol{\alpha})\right) dA = \int_A \boldsymbol{\psi}^T Q\, dA - \int_{s_q} \boldsymbol{\psi}^T \bar{q}\, ds$$

$$\rightarrow \quad \int_A \left(\boldsymbol{\psi}_{,x}^T\, k\,\boldsymbol{\psi}_{,x} + \boldsymbol{\psi}_{,y}^T\, k\,\boldsymbol{\psi}_{,y}\right) dA\,\boldsymbol{\alpha} = \int_A \boldsymbol{\psi}^T Q\, dA - \int_{s_q} \boldsymbol{\psi}^T \bar{q}\, ds - \int_A \left(\boldsymbol{\psi}_{,x}^T\, k\,\psi_{0,x} + \boldsymbol{\psi}_{,y}^T\, k\,\psi_{0,y}\right) dA$$

Finalmente, com a notação matricial do operador diferencial (gradiente)

$$\nabla = \begin{Bmatrix} \partial / dx \\ \partial / dy \end{Bmatrix}$$

o sistema de equações anterior toma a forma matricial

$$\left(\int_A (\nabla \boldsymbol{\psi})^T \begin{bmatrix} k & 0 \\ 0 & k \end{bmatrix} (\nabla \boldsymbol{\psi})\, dA \right) \boldsymbol{\alpha} = \int_A \boldsymbol{\psi}^T Q\, dA - \int_{S_q} \boldsymbol{\psi}^T \bar{q}\, ds - \int_A (\nabla \boldsymbol{\psi})^T \begin{bmatrix} k & 0 \\ 0 & k \end{bmatrix} (\nabla \psi_0)\, dA$$

Logo, com as notações

$$\begin{cases} \mathbf{K} = \int_A (\nabla \boldsymbol{\psi})^T \begin{bmatrix} k & 0 \\ 0 & k \end{bmatrix} (\nabla \boldsymbol{\psi})\, dA \\ \mathbf{f} = \int_A \boldsymbol{\psi}^T Q\, dA - \int_{S_q} \boldsymbol{\psi}^T \bar{q}\, ds - \int_A (\nabla \boldsymbol{\psi})^T \begin{bmatrix} k & 0 \\ 0 & k \end{bmatrix} (\nabla \psi_0)\, dA \end{cases}$$

aquele sistema fica com a tradicional forma ($\mathbf{K}\,\boldsymbol{\alpha} = \mathbf{f}$), cuja resolução fornece os parâmetros generalizados contidos no vetor $\boldsymbol{\alpha}$, que definem o campo aproximado de temperatura ($\tilde{T} = \psi_0 + \boldsymbol{\psi}\,\boldsymbol{\alpha}$).

2.4 – Princípio dos Deslocamentos Virtuais

O *Teorema* ou *Princípio dos Deslocamentos Virtuais* (que é a denominação mais usual) tem grande importância na Mecânica dos Sólidos Deformáveis por conter as condições de equilíbrio, dar origem a importantes teoremas e poder ser aplicado aos comportamentos lineares e não lineares, tanto físicos como geométricos. A seguir, esse princípio é obtido a partir das equações diferenciais de equilíbrio, no caso do comportamento linear geométrico.

De acordo com o apresentado no Anexo II, o modelo matemático de sólido deformável em equilíbrio estático é regido pelas equações diferenciais de equilíbrio ($\boldsymbol{L}^T\boldsymbol{\sigma} + \mathbf{p} = \mathbf{0}$) no domínio V, condições mecânicas de contorno ($\mathbf{n}\,\boldsymbol{\sigma} = \bar{\mathbf{q}}$) na parcela S_q e condições geométricas de contorno ($\mathbf{u} = \bar{\mathbf{u}}$) na parcela S_u onde ocorrem as forças reativas ($\mathbf{q} = \mathbf{n}\,\boldsymbol{\sigma}$) equilibradas pelo estado tensional. Este modelo é completado com a lei constitutiva ($\boldsymbol{\sigma} = \mathbf{E}\boldsymbol{\varepsilon}$) e com as relações deformação–deslocamentos ($\boldsymbol{\varepsilon} = \boldsymbol{L}\mathbf{u}$).

Para chegar ao referido princípio, considera-se inicialmente um campo de deslocamentos finitos $\Delta\mathbf{u}$ sem a restrição de atender à forma homogênea das condições geométricas de contorno (isto é, com a possibilidade de ser diferente de zero em S_u, como ilustra a parte esquerda da Figura 2.9 no caso particular de uma viga biapoiada por questões de simplicidade de representação), mas contínuo, de forma a definir um campo de deformações através da equação

$$\Delta\boldsymbol{\varepsilon} = \boldsymbol{L}\Delta\mathbf{u} \tag{2.40}$$

Além disso, supõe-se que este campo seja suficientemente pequeno para que as equações de equilíbrio possam ser escritas na configuração não deformada, de maneira a configurar linearidade geométrica.

Com esse campo, escreve-se a seguinte equação integral, que é análoga à Equação 2.39 do Método de Galerkin,

$$\int_V \left(\boldsymbol{L}^T\boldsymbol{\sigma} + \mathbf{p}\right)^T \Delta\mathbf{u}\, dV = 0 \quad \rightarrow \quad \int_V \left(\boldsymbol{L}^T\boldsymbol{\sigma}\right)^T \Delta\mathbf{u}\, dV + \int_V \mathbf{p}^T \Delta\mathbf{u}\, dV = 0 \tag{2.41}$$

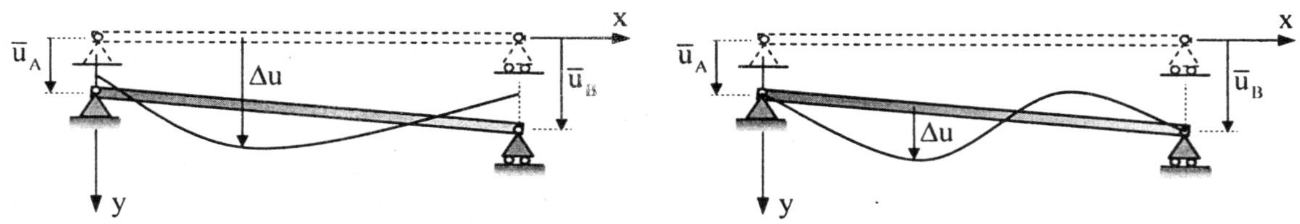

Sem atendimento às condições geométricas de contorno.

Com atendimento às condições geométricas de contorno.

Figura 2.9 – Deslocamentos virtuais Δu.

Por outro lado, com o Teorema de Green expresso pela Equação 2.20, tem-se

$$\int_V \boldsymbol{\sigma}^T \boldsymbol{L}\Delta\mathbf{u}\, dV = \int_S (\mathbf{n}\boldsymbol{\sigma})^T \Delta\mathbf{u}\, dS - \int_V \left(\boldsymbol{L}^T\boldsymbol{\sigma}\right)^T \Delta\mathbf{u}\, dV$$

$$\rightarrow \quad \int_V \left(\boldsymbol{L}^T\boldsymbol{\sigma}\right)^T \Delta\mathbf{u}\, dV = \int_S (\mathbf{n}\boldsymbol{\sigma})^T \Delta\mathbf{u}\, dS - \int_V \boldsymbol{\sigma}^T \boldsymbol{L}\Delta\mathbf{u}\, dV \qquad (2.42)$$

E com a substituição dessa última equação em 2.41, obtém-se

$$\int_S (\mathbf{n}\boldsymbol{\sigma})^T \Delta\mathbf{u}\, dS - \int_V \boldsymbol{\sigma}^T \boldsymbol{L}\Delta\mathbf{u}\, dV + \int_V \mathbf{p}^T \Delta\mathbf{u}\, dV = 0$$

$$\rightarrow \quad \int_S (\mathbf{n}\boldsymbol{\sigma})^T \Delta\mathbf{u}\, dS + \int_V \mathbf{p}^T \Delta\mathbf{u}\, dV = \int_V \boldsymbol{\sigma}^T \Delta\boldsymbol{\varepsilon}\, dV$$

Logo, com a consideração do equilíbrio de contorno, chega-se a

$$\int_V \mathbf{p}^T \Delta\mathbf{u}\, dV + \int_{S_q} \overline{\mathbf{q}}^T \Delta\mathbf{u}\, dS_q + \int_{S_u} \mathbf{q}^T \Delta\mathbf{u}\, dS_u = \int_V \boldsymbol{\sigma}^T \Delta\boldsymbol{\varepsilon}\, dV \qquad (2.43)$$

A partir dessa equação, por ser qualquer e fictício, $\Delta\mathbf{u}$ passa a ser denominado *campo de deslocamentos virtuais* e diz-se que essa equação exprime o *Princípio dos Deslocamentos Virtuais* que se enuncia: *com a suposição de um campo de deslocamentos virtuais (que define um campo de deformações virtuais através das relações deformação–deslocamentos) em um sólido em equilíbrio estático, o trabalho virtual das forças externas é igual ao trabalho virtual das forças internas, independentemente das propriedades do material.* E como a partir dessa equação, em percurso do caminho inverso, podem ser obtidas as equações de equilíbrio no domínio e no contorno, pode-se afirmar que o atendimento desse princípio é condição necessária e suficiente de equilíbrio, independentemente das propriedades do material.

Particulariza-se, agora, o campo de deslocamentos virtuais em atendimento à forma homogênea das condições geométricas de contorno, como ilustra a parte direita da figura anterior, quando então a equação do Princípio dos Deslocamentos Virtuais toma a forma

$$\int_V \mathbf{p}^T \Delta\mathbf{u}\, dV + \int_{S_q} \overline{\mathbf{q}}^T \Delta\mathbf{u}\, dS_q = \int_V \boldsymbol{\sigma}^T \Delta\boldsymbol{\varepsilon}\, dV \qquad (2.44)$$

E no caso, diz-se que o campo de deslocamentos virtuais tem as relações deformação–deslocamentos e as condições geométricas de contorno como restrições.

Os deslocamentos virtuais apresentados anteriormente são contínuos (de forma a definir as deformações virtuais $\Delta\boldsymbol{\varepsilon}$) e finitos, mas suficientemente pequenos (de maneira a ser válida a linearidade geométrica). Contudo, em certas aplicações, esses deslocamentos são particularizados a infinitesimais, o que permite adotar a notação $\delta\mathbf{u}$ que foi utilizada para variação de uma função $\mathbf{u}$, porque o campo de deslocamentos virtuais pode ser considerado como uma "alteração infinitesimal ao longo dessa função". Com essa notação, Princípio dos Deslocamentos Virtuais escreve-se sob a forma clássica

$$\int_V \mathbf{p}^T \delta\mathbf{u}\, dV + \int_{S_q} \overline{\mathbf{q}}^T \delta\mathbf{u}\, dS_q = \int_V \boldsymbol{\sigma}^T \delta\boldsymbol{\varepsilon}\, dV \qquad (2.45)$$

Exemplo 2.9 – Com o Princípio dos Deslocamentos Virtuais sob a forma da Equação 2.43, determina-se a reação do apoio da extremidade direita da viga biapoiada mostrada na próxima figura.

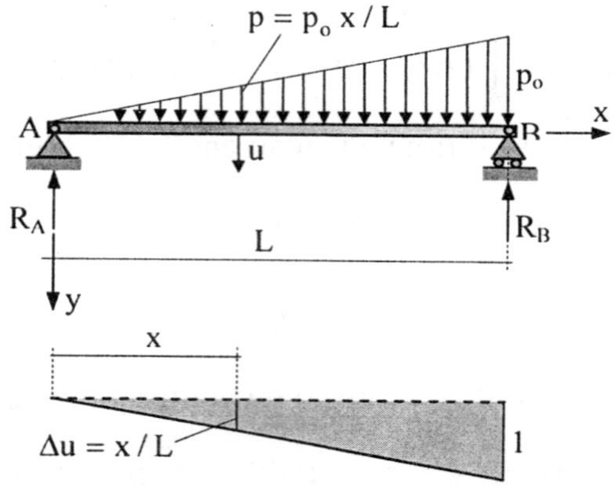

Figura E2.9 – Viga biapoiada sob distribuição triangular de força.

Por se tratar de uma estrutura isostática, é simples utilizar o referido princípio no cálculo de uma reação de apoio. E para o presente caso, arbitra-se o campo de deslocamentos virtuais representado na parte inferior da figura anterior, com o qual se tem um campo de deformação virtual nula (e consequentemente de trabalho nulo das forças virtuais internas), porque o campo foi arbitrado compatível com uma rotação de corpo rígido em torno do ponto A.

Logo, a partir da Equação 2.43, escreve-se o trabalho virtual das forças externas

$$\int_0^L p\,\Delta u\, dx - R_B \cdot 1 = 0$$

O sinal negativo nessa equação se deve à reação R_B ter sido considerada em sentido contrário ao sentido positivo dos deslocamentos virtuais. E da geometria da configuração virtual mostrada na figura, tem-se $(\Delta u = x\,/L)$, o que permite escrever a partir dessa equação

$$\int_0^L \left(p_o \frac{x}{L}\right) \frac{x}{L}\, dx - R_B = 0 \quad \rightarrow \quad R_B = \frac{p_o L}{3}$$

Exemplo 2.10 – Com o Princípio dos Deslocamentos Virtuais sob a forma da Equação 2.44, determina-se o momento fletor na seção média do vão principal da viga biapoiada com um balanço, mostrada na próxima figura.

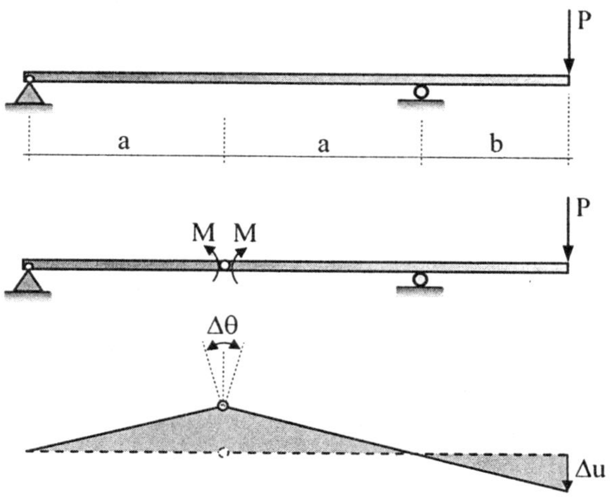

Figura E2.10 – Viga biapoiada com balanço.

Para a resolução da questão, supõe-se uma rótula na seção média do vão principal, ao mesmo tempo em que se aplica um par de momentos de forma a impedir a rotação relativa entre as seções à esquerda e à direita desta rótula (o que equivale a manter a continuidade física da viga original). A seguir, arbitra-se o campo de deslocamentos virtuais representado na parte inferior da figura anterior, no qual cada seção adjacente à rótula tem a rotação $(\Delta\theta/2)$.

Logo, com o referido princípio escreve-se

$$M\,\Delta\theta + P\,\Delta u = 0$$

E da geometria da configuração virtual suposta com pequenas rotações, obtém-se $(b\,\Delta\theta/2 = \Delta u)$, o que permite escrever a partir da equação anterior

$$M\,\Delta\theta + P\,b\,\Delta\theta/2 = 0 \quad \rightarrow \quad M = -P\,b/2$$

O sinal negativo desse resultado se deve ao arbítrio do par de momentos com o sentido positivo da convenção clássica de momento fletor.

Exemplo 2.11 – Utiliza-se o Princípio dos Deslocamentos Virtuais para obter o *Primeiro Teorema de Castigliano.*

Para isso, em um sólido deformável adequadamente vinculado e de material elástico linear, supõe-se um campo de deslocamentos virtuais infinitesimais que atende à forma homogênea das condições geométricas de contorno e que se anula nos pontos de aplicação de todas as forças externas, a menos do ponto de uma força concentrada externa ativa (ou momento) P_k. Logo, a equação do Princípio dos Deslocamentos Virtuais 2.45 particulariza-se em

$$P_k\,\delta u_k = \int_V \boldsymbol{\sigma}^T \delta\boldsymbol{\varepsilon}\, dV \quad \rightarrow \quad P_k\,\delta u_k = \int_V \delta U^*\, dV$$

$$\rightarrow \quad P_k\,\delta u_k = \delta \int_V U^*\, dV = \delta U$$

onde δu_k é a variação do deslocamento (ou rotação) no ponto de aplicação de P_k e em sua própria direção, δU^* é a variação da *densidade de energia de deformação* e δU é a variação da *energia de deformação* (vide o próximo item para esclarecimento quanto a essas energias).

Na última equação, o símbolo de variação pode ser trocado pelo de diferenciação, porque δu_k pode ser entendido como um incremento infinitesimal do deslocamento u_k e porque δU pode ser compreendido como um incremento infinitesimal da grandeza U. Logo, escreve-se

$$P_k\, du_k = dU \quad \rightarrow \quad P_k = \frac{\partial U}{\partial u_k}$$

2.5 – Funcional Energia Potencial Total

O Funcional Energia Potencial Total foi utilizado no Item 2.1 para exemplificar a entidade funcional e a sua variação foi empregada no Item 2.2 para ilustrar o Método de Rayleigh-Ritz. A seguir, esse funcional é obtido a partir do Princípio dos Deslocamentos Virtuais apresentado no item anterior.

No caso particular de material elástico, mas não necessariamente linear e isótropo, supõe-se a existência de uma função unívoca dos componentes de deformação, denominada *densidade de energia de deformação*, de notação U^* e que é ilustrada na parte esquerda da próxima figura no caso do estado uniaxial de tensão, e que no estado tridimensional de tensão permite escrever

$$\frac{\partial U^*}{\partial \varepsilon_x} = \sigma_x\,, \quad \frac{\partial U^*}{\partial \varepsilon_y} = \sigma_y\,, \quad \frac{\partial U^*}{\partial \varepsilon_z} = \sigma_z\,, \quad \frac{\partial U^*}{\partial \gamma_{xy}} = \tau_{xy}, \quad \frac{\partial U^*}{\partial \gamma_{xz}} = \tau_{xz}, \quad \frac{\partial U^*}{\partial \gamma_{yz}} = \tau_{yz} \quad (2.46)$$

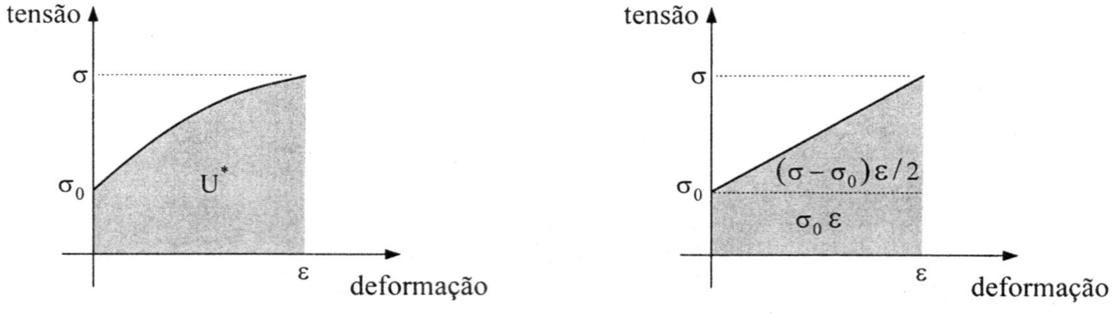

Figura 2.10 – Densidade de energia de deformação: $U^* = \int_0^{\varepsilon} \sigma\, d\varepsilon$.

Logo, tem-se a primeira variação dessa energia

$$\delta U^*(\boldsymbol{\varepsilon}) = \frac{\partial U^*}{\partial \varepsilon_x}\delta\varepsilon_x + \frac{\partial U^*}{\partial \varepsilon_y}\delta\varepsilon_y + \cdots \frac{\partial U^*}{\partial \gamma_{yz}}\delta\gamma_{yz}$$

$$\rightarrow \quad \delta U^*(\boldsymbol{\varepsilon}) = \left\lfloor \frac{\partial U^*}{\partial \varepsilon_x} \quad \frac{\partial U^*}{\partial \varepsilon_y} \quad \cdots \quad \frac{\partial U^*}{\partial \gamma_{yz}} \right\rfloor \begin{Bmatrix} \delta\varepsilon_x \\ \delta\varepsilon_y \\ \vdots \\ \delta\gamma_{yz} \end{Bmatrix}$$

$$\rightarrow \quad \delta U^*(\boldsymbol{\varepsilon}) = \lfloor \sigma_x \quad \sigma_y \quad \cdots \quad \tau_{yz} \rfloor \begin{Bmatrix} \delta\varepsilon_x \\ \delta\varepsilon_y \\ \vdots \\ \delta\gamma_{yz} \end{Bmatrix} = \boldsymbol{\sigma}^T \delta\boldsymbol{\varepsilon} \tag{2.47}$$

Com a substituição dessa última expressão na equação do Princípio dos Deslocamentos Virtuais 2.45 (particularizada ao caso elástico), obtém-se

$$\int_V \delta U^* dV - \int_V \mathbf{p}^T \delta\mathbf{u}\, dV - \int_{S_q} \overline{\mathbf{q}}^T \delta\mathbf{u}\, dS = 0 \tag{2.48}$$

Além disso, como as forças $\mathbf{p}$ e $\bar{\mathbf{q}}$ permanecem com valores constantes quando da "realização" dos deslocamentos virtuais, pode-se permutar, na equação anterior, a ordem dos operadores de integral e de variação para escrever

$$\delta\left(U - \int_V \mathbf{p}^T \mathbf{u}\, dV - \int_{S_q} \overline{\mathbf{q}}^T \mathbf{u}\, dS\right) = 0 \quad \rightarrow \quad \delta J(\mathbf{u}) = 0 \tag{2.49}$$

onde

$$J(\mathbf{u}) = U - \int_V \mathbf{p}^T \mathbf{u}\, dV - \int_{S_q} \overline{\mathbf{q}}^T \mathbf{u}\, dS_q \tag{2.50}$$

é o *Funcional Energia Potencial Total.*

Assim, a condição de estacionariedade desse funcional é a própria equação do Princípio dos Deslocamentos Virtuais 2.45, no caso particular de material elástico. E essa condição expressa que, *entre todos os campos de deslocamentos que atendem à forma homogênea das condições geométricas de contorno, e às relações deformação–deslocamentos em um sólido elástico adequadamente vinculado (campos esses ditos cinematicamente admissíveis), o que corresponde a um valor estacionário do funcional J(**u**) é o campo que satisfaz às condições de equilíbrio estático, solução do problema elástico.*

E com a notação

$$2W = \int_V \mathbf{p}^T \mathbf{u}\, dV + \int_{S_q} \overline{\mathbf{q}}^T \mathbf{u}\, dS_q \tag{2.51}$$

em que $(-2W)$ é denominado *energia potencial das forças externas* (ativas); o presente funcional tem a forma compacta

$$J(\mathbf{u}) = U - 2W \tag{2.52}$$

Verifica-se, a seguir, que a condição de estacionariedade desse funcional é uma condição de mínimo. Para isso, tem-se o fato de que essa condição corresponde a

$$\delta J(\mathbf{u}) = -\int_V (\boldsymbol{L}^T\boldsymbol{\sigma} + \mathbf{p})^T \delta\mathbf{u}\, dV + \int_{S_q} (\mathbf{n}\,\boldsymbol{\sigma} - \overline{\mathbf{q}})^T \delta\mathbf{u}\, dS_q = 0 \tag{2.53}$$

E a partir dessa primeira variação, tem-se a segunda variação

$$\delta^2 J(\mathbf{u}) = -\int_V (\boldsymbol{L}^T\boldsymbol{\sigma} + \mathbf{p})^T \delta^2\mathbf{u}\, dV - \int_V (\boldsymbol{L}^T\delta\boldsymbol{\sigma})^T \delta\mathbf{u}\, dV + \int_{S_q} (\mathbf{n}\,\boldsymbol{\sigma} - \overline{\mathbf{q}})^T \delta^2\mathbf{u}\, dS_q + \int_{S_q} (\mathbf{n}\,\delta\boldsymbol{\sigma})^T \delta\mathbf{u}\, dS_q$$

onde ($\delta\boldsymbol{\sigma} = \mathbf{E}\,\delta\boldsymbol{\varepsilon} = \mathbf{E}\,\boldsymbol{L}\delta\mathbf{u}$), em que $\mathbf{E}$ é a matriz constitutiva.

Dessa última equação, com o atendimento das equações diferenciais de equilíbrio e das condições mecânicas de contorno, obtém-se

$$\delta^2 J(\mathbf{u}) = -\int_V (\boldsymbol{L}^T\delta\boldsymbol{\sigma})^T \delta\mathbf{u}\, dV + \int_{S_q} (\mathbf{n}\,\delta\boldsymbol{\sigma})^T \delta\mathbf{u}\, dS_q \tag{2.54}$$

E com a aplicação do Teorema de Green ao primeiro termo do segundo membro dessa equação e como ($\delta\mathbf{u}_{|S_u} = \mathbf{0}$), obtém-se

$$\delta^2 J(\mathbf{u}) = \int_V \delta\boldsymbol{\sigma}^T \delta\boldsymbol{\varepsilon}\, dV - \int_{S_q} (\mathbf{n}\,\delta\boldsymbol{\sigma})^T \delta\mathbf{u}\, dS + \int_{S_q} (\mathbf{n}\,\delta\boldsymbol{\sigma})^T \delta\mathbf{u}\, dS_q$$

$$\rightarrow \quad \delta^2 J(\mathbf{u}) = \int_V \delta\boldsymbol{\sigma}^T \delta\boldsymbol{\varepsilon}\, dV \tag{2.55}$$

Assim, com material em que um acréscimo (ou decréscimo) de deformação corresponda a um acréscimo (ou decréscimo) de tensão (que é o caso do material elástico), essa segunda variação é sempre maior do que zero, de maneira a indicar condição de mínimo do Funcional Energia Potencial Total. Logo, qualquer solução aproximada implica em um valor superior ao obtido com a substituição da solução exata nesse funcional.

Particulariza-se, agora, ao caso de material elástico linear, quando então a notação W que consta na Equação 2.51 denota o trabalho das forças externas ativas, e tem-se a energia de deformação sob a forma (vide a parte direita da Figura 2.10 que mostra o diagrama tensão-deformação no caso uniaxial de tensão)

$$U = \int_V \left(\frac{1}{2}\left(\boldsymbol{\sigma} - \boldsymbol{\sigma}_0\right)^T \boldsymbol{\varepsilon} + \boldsymbol{\sigma}_0^T \boldsymbol{\varepsilon} \right) dV$$

que, com ($\boldsymbol{\sigma} = \mathbf{E}\boldsymbol{\varepsilon} + \boldsymbol{\sigma}_0$), fornece

$$U = \int_V \left(\frac{1}{2}\, \boldsymbol{\varepsilon}^T \mathbf{E}\, \boldsymbol{\varepsilon} + \boldsymbol{\sigma}_0^T \boldsymbol{\varepsilon} \right) dV \tag{2.56}$$

Logo, o Funcional Energia Potencial Total toma a forma

$$J(\mathbf{u}) = \int_V \left(\frac{1}{2}\, \boldsymbol{\varepsilon}^T \mathbf{E}\, \boldsymbol{\varepsilon} + \boldsymbol{\sigma}_0^T \boldsymbol{\varepsilon} \right) dV - \int_V \mathbf{p}^T \mathbf{u}\, dV - \int_{S_q} \overline{\mathbf{q}}^T \mathbf{u}\, dV \tag{2.57}$$

Exemplo 2.12 – A partir do Funcional Energia Potencial Total chega-se, a seguir, à equação do Princípio dos Deslocamentos Virtuais para a coluna utilizada no Exemplo 2.1, que é solicitada axialmente e de material elástico linear.

No caso, como há apenas o componente de tensão σ_x e a relação tensão-deformação tem a forma simplificada ($\sigma_x = E\,\varepsilon_x$), o Funcional Energia Potencial Total expresso pela Equação 2.57 particulariza-se em

$$J(u) = \frac{1}{2}\int_0^L \int_A \varepsilon_x E \varepsilon_x dA\, dx - \int_0^L p\,u\, dx - \overline{P}\, u_{|x=0}$$

$$\rightarrow \quad J(u) = \frac{1}{2}\int_0^L E \varepsilon_x^2 A\, dx - \int_0^L p\,u\, dx - \overline{P}\, u_{|x=0}$$

Logo, com a relação deformação-deslocamento ($\varepsilon_x = u_{,x}$), esse funcional toma a forma

$$J(u) = \frac{1}{2}\int_0^L EA\,u_{,x}^2\, dx - \int_0^L p\,u\, dx - \overline{P}\, u_{|x=0}$$

de condição de estacionariedade

$$\delta J(u) = \int_0^L EA\,u_{,x}\,\delta u_{,x}\, dx - \int_0^L p\,\delta u\, dx - \overline{P}\,\delta u_{|x=0} = 0$$

Nessa equação, substitui-se ($EA\ u_{,x} = EA\ \varepsilon_x = \sigma_x\ A = N$), onde N é o esforço normal, para escrever

$$\int_0^L N\,\delta\varepsilon_x\, dx = \int_0^L p\,\delta u\, dx + \overline{P}\,\delta u_{|x=0}$$

Essa equação expressa que o trabalho virtual do esforço normal é igual ao trabalho virtual das forças externas ativas.

2.6 – Exercícios propostos

2.6.1 – Determine as Equações de Euler dos seguintes funcionais:

$$\begin{cases} J(u) = \int_0^L (-u\,u_{,xx}x^2 - 2\,u\,u_{,x}\,x + 12\,u\,x)\,dx \\ J(u) = \frac{1}{2}\int_0^L (u_{,x}^2 - u^2 + 2\,u\,x^2)\,dx \\ J(u) = \int_{-1}^{1} (\alpha\,u_{,x}^2 + u^2 - 2\,u)\,dx \\ J(u) = \int_0^1 (u_{,x}^2 + u^2 - 2\,u\,x)\,dx \end{cases}$$

2.6.2 – O Funcional Energia Potencial Total de uma viga de rigidez de flexão EI, em base elástica de constante de mola por unidade de comprimento ou módulo elástico da fundação k e sob a força distribuída p, como mostra a próxima figura, tem a forma

$$J(u) = \frac{1}{2}\int_0^L (EI\,u_{,xx}^2 + k\,u^2 - 2\,p\,u)\,dx$$

A partir desse funcional, solicita-se determinar a equação diferencial de equilíbrio e as condições de contorno.

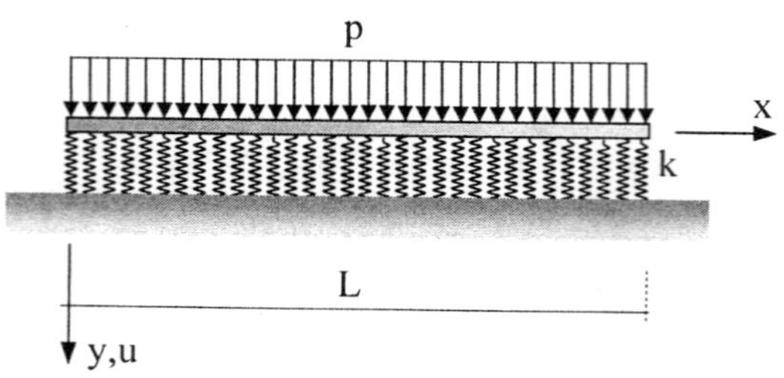

Figura 2.11 – Viga sobre base elástica.

2.6.3 – A Teoria de Viga de Timoshenko, como desenvolvida no Item I.2 do Anexo I, adota a hipótese da seção transversal plana, mas não perpendicular ao eixo geométrico deformado, devido à rotação β resultante da suposição de uma distribuição uniforme de tensões cisalhantes na seção, como ilustra a figura seguinte. E nessa teoria, o Funcional Energia Potencial Total tem a forma

$$J(u,\theta) = \frac{1}{2}\int_x \left(EI\,\theta_{,x}^2 + GKA(u_{,x} - \theta)^2 \right) dx - \int_x p\,u\,dx$$

onde u e θ são as variáveis primárias, respectivamente, o deslocamento transversal e a rotação final da seção. Além disso, EI, G, A, p e K designam, respectivamente, a rigidez de flexão, o módulo de elasticidade transversal, a área da seção transversal, a força distribuída transversal e o coeficiente de cisalhamento que é igual a 5/6 no caso de seção transversal retangular. Pede-se determinar as correspondentes equações diferenciais de equilíbrio e condições mecânicas de contorno.

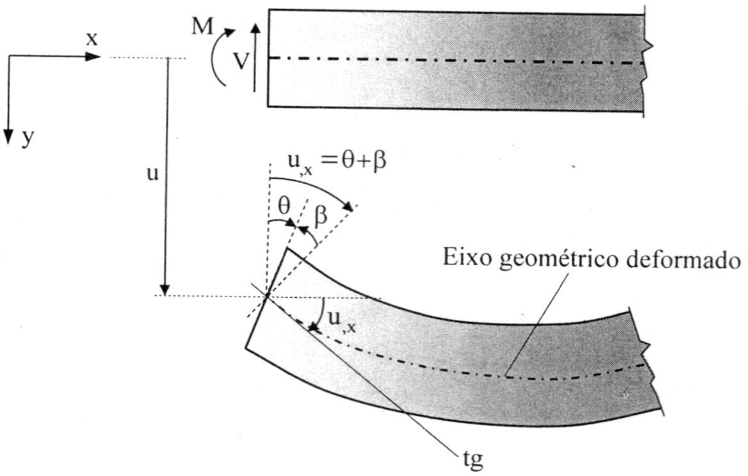

Figura 2.12 – Rotação de seção transversal em flexão simples de viga.

2.6.4 – O funcional de uma membrana elástica sob a força distribuída transversal p e a tração uniforme T por unidade de comprimento de contorno, como ilustra a Figura 2.13, tem a forma

$$J(u) = \frac{T}{2} \int_A (u_{,x}^2 + u_{,y}^2 - p)\, dA$$

onde u é o deslocamento transversal. Pede-se determinar a correspondente equação diferencial de equilíbrio e a condição mecânica de contorno.

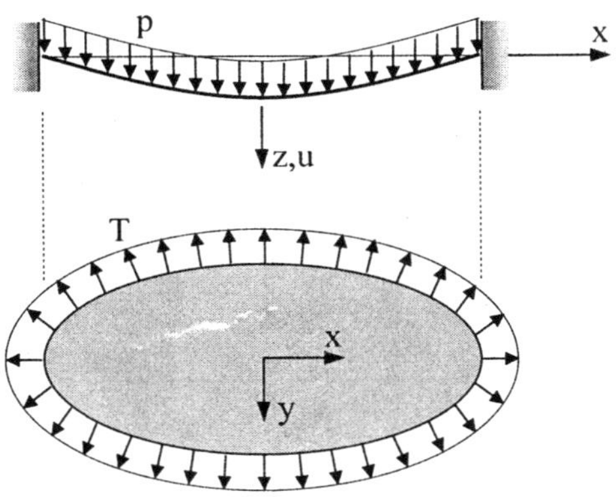

Figura 2.13 – Membrana elástica sob força transversal.

2.6.5 – A partir do Funcional Energia Potencial Total de uma barra suspensa e sob a ação de seu peso próprio como mostra a próxima figura (em que A e γ denotam, respectivamente, a área da seção transversal e o peso específico), solicita-se obter a equação diferencial de equilíbrio e a condição mecânica de contorno.

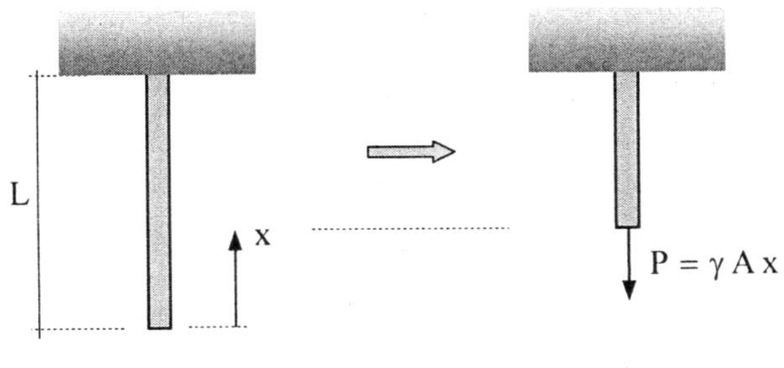

Figura 2.14 – Barra suspensa e sob a ação de peso próprio.

2.6.6 – Adote a solução propositiva ($\tilde{u} = \alpha \sin \pi x/L$) para o deslocamento transversal da viga biapoiada representada na parte esquerda da próxima figura e obtenha com os Métodos de Rayleigh-Ritz e de Galerkin a correspondente solução aproximada. Compare essa solução com a obtida por integração da equação diferencial.

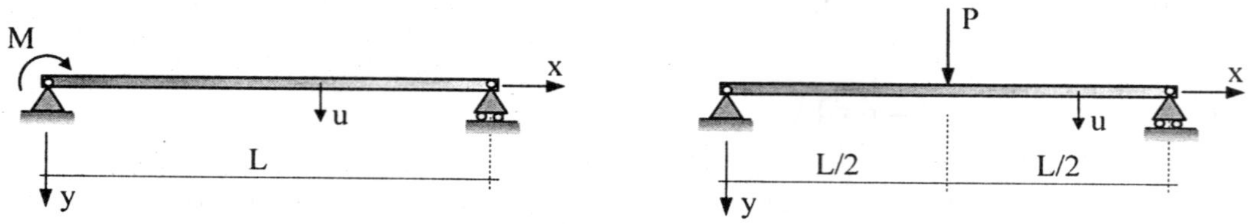

Figura 2.15 – Vigas biapoiadas.

2.6.7 – Idem, para a viga biapoiada mostrada na parte direita figura anterior, com a adoção da solução propositiva $(\tilde{u} = \Sigma\,(\alpha_j \sin((2j-1)\pi x/L)))$.

2.6.8 – Adote soluções propositivas polinomiais para os deslocamentos transversais das vigas em balanços representadas na próxima figura e obtenha as correspondentes soluções aproximadas através dos Métodos de Rayleigh-Ritz e de Galerkin. Compare essas soluções com as obtidas por integração da equação diferencial $(EI\, u_{,xxxx} = p)$.

Figura 2.16 – Vigas em balanço.

2.6.9 – A equação diferencial $(u_{,xx}\, x^2 + 2\, u_{,x}\, x - 6x = 0)$ com as condições de contorno $(u_{|x=1} = 0)$ e $(u_{|x=2} = 0)$ é a equação de Euler do funcional

$$J(u) = \int_1^2 (-u\, u_{,xx}\, x^2 - 2\, u\, u_{,x}\, x + 12\, u\, x)\, dx$$

Resolva esse problema com a solução propositiva $(\tilde{u} = \alpha\, (x^2 - 3x + 2))$ e os Métodos de Rayleigh-Ritz e de Galerkin, e compare os resultados obtidos com a solução exata.

2.6.10 – A equação diferencial $(u_{,xx} + u + x = 0)$ com as condições de contorno $(u_{|x=0} = 0)$ e $(u_{|x=1} = 0)$ tem a solução exata $(u = \sin x / \sin 1 - x)$ e é a equação de Euler do funcional

$$J(u) = \int_0^1 (u_{,x}^2 - u^2 - 2\, u\, x)\, dx$$

Resolva esse problema de condições de contorno com as soluções propositivas $(\tilde{u} = \alpha_1 (x - x^2))$ e $(\tilde{u} = \alpha_1 (x - x^2) + \alpha_2 (x^2 - x^3))$, e compare os resultados obtidos com a solução exata.

2.6.11 – Resolva a equação diferencial ($\cos \pi x - u_{,xx} = 0$) com as condições de contorno ($u_{,x|x=0} = 0$) e ($u_{,x|x=l} = 0$), com a forma fraca de Galerkin e com uma solução propositiva trigonométrica de três termos.

2.6.12 – Com o Princípio dos Deslocamentos Virtuais, determine as reações de apoio da viga representada na figura seguinte.

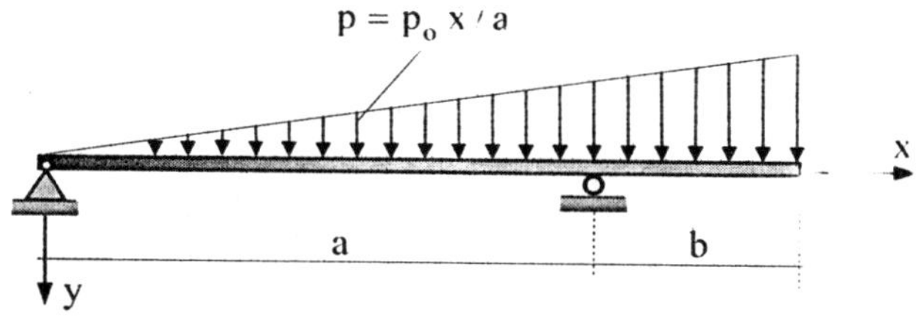

Figura 2.17 – Viga biapoiada com balanço

2.7 – Questões para reflexão

2.7.1 – Para um modelo matemático de um sistema físico, quais são as diferenças entre a *resolução analítica exata* e as *resoluções analíticas aproximadas* descritas neste capítulo?

2.7.2 – Qual é a diferença entre *incremento no valor de uma função* e uma *variação dessa função*? E qual é a diferença entre *função* e *funcional*? E entre *diferencial de uma função* e *variação de um funcional*? O que é *condição de estacionariedade de um funcional*?

2.7.3 – O que é um *princípio variacional*? Qual é a sua vantagem em estudo de um fenômeno físico? Como exemplificar?

2.7.4 – O que expressa o *lema fundamental* do Cálculo Variacional? Qual é a razão desse nome? Como mostrar a sua utilidade?

2.7.5 – Qual é a diferença entre as condições *essenciais* e *não essenciais* de contorno em um modelo matemático expresso por um princípio variacional. E como, a partir de um funcional, são obtidas as Equações de Euler e as condições não essenciais de contorno?

2.7.6 – Por que pode-se dizer que a formulação variacional e a formulação de resíduos são formulações integrais?

2.7.7 – Quais são as diferenças entre os *Métodos de Rayleigh-Ritz* e *de Galerkin*? Que condições as soluções propositivas adotadas nesses métodos precisam atender? Existem vantagens de um método em relação ao outro? E em que condições esses métodos fornecem as mesmas soluções? Como aplicar esses métodos na resolução de um problema de condições de contorno?

2.7.8 – O que significa *métodos de resíduos ponderados*? E por que o Método de Galerkin é um desses métodos? Por que é usual dar preferência à forma fraca desse método? E as formas fraca e forte conduzem sempre aos mesmos resultados?

2.7.9 – Por que o sistema de equações obtido com o Método de Rayleigh-Ritz a partir de um funcional quadrático é linear?

2.7.10 – O que são deslocamentos virtuais? Que condições esses deslocamentos têm que atender no caso de linearidade geométrica? E o que expressa o Princípio dos Deslocamentos Virtuais? Que vantagens tem esse princípio?

2.7.11 – Por que é simples calcular as reações de apoio de estruturas isostáticas com o Princípio dos Deslocamentos Virtuais?

2.7.12 – Qual é a relação entre o Princípio dos Deslocamentos Virtuais e o Funcional Energia Potencial Total? Ambos têm as mesmas restrições? Explique.

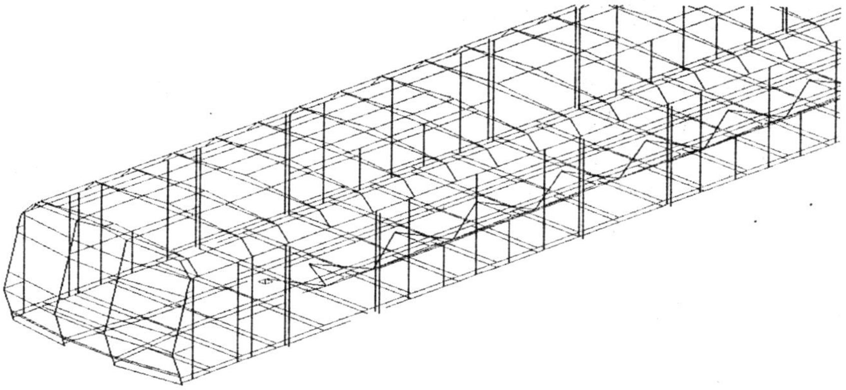

3

Elementos Finitos Unidimensionais

Os métodos analíticos aproximados de resolução dos modelos matemáticos contínuos apresentados no capítulo anterior requerem a escolha de soluções propositivas para as variáveis primárias em todo o domínio, em substituição às soluções exatas e sob a forma de combinações lineares de funções contínuas linearmente independentes entre si, que atendem às condições essenciais de contorno. Essa escolha oferece sérias dificuldades em caso de domínio descontínuo e com condições de contorno irregulares, e, mesmo em caso simples, basta uma pequena modificação no domínio ou nessas condições para inviabilizar a solução propositiva escolhida e, consequentemente, toda a subsequente resolução. Devido a essas dificuldades, tais métodos não têm desenvolvimentos padrões que possam ser utilizados em diferentes resoluções e não são práticos de serem levados a efeito.

No método numérico dos elementos finitos não se tem essa problemática, porque as soluções propositivas são arbitradas em nível de subdomínios de formas padrões simples, independentemente das condições de contorno, e é sempre possível construir um modelo discreto com esses subdomínios que simule o modelo matemático contínuo original, além de ser factível desenvolver um mesmo programa automático para uma ampla gama de modelos matemáticos. E outra marcante diferença entre aqueles métodos aproximados clássicos e o **MEF** é que os primeiros operam com parâmetros generalizados, e este último utiliza parâmetros nodais, usualmente valores nodais das variáveis primárias e, por vezes, de derivadas dessas variáveis. É justamente esse fato que possibilita a interação entre elementos adjacentes e a incorporação das condições essenciais de contorno em termos da malha de elementos.

Usualmente, formula-se o **MEF** através da forma variacional direta do Método de Rayleigh-Ritz ou através da forma fraca do Método de Galerkin. A abordagem variacional é mais clássica que a de Galerkin, entretanto, essa última tem a vantagem de ser mais geral do que a de Rayleigh-Ritz. E ambas no caso de sistema físico regido por funcional, fornecem os mesmos resultados. Já em Mecânica dos Sólidos Deformáveis, pode-se também formular o **MEF** através do Princípio dos Deslocamentos Virtuais que, como foi mostrado no capítulo anterior, equivale à condição de estacionariedade do Funcional Energia Potencial Total ou a uma forma fraca do Método de Galerkin. Contudo, essa abordagem é limitada ao arbítrio de campos de deslocamentos e, por essa razão, não é a mais indicada para uma ampla compreensão desse método.

Neste capítulo são desenvolvidos elementos finitos unidimensionais da Mecânica das Estruturas. Embora o **MEF** não seja essencial nesse caso, o presente desenvolvimento tem a vantagem de mostrar, de forma simples, grande parte da metodologia das formulações desse método. Maior detalhamento será apresentado no próximo capítulo, quando então o leitor já terá boa compreensão desse método, de maneira a se sentir confortável no estudo dos elementos bi e tridimensionais.

Quanto à estruturação deste capítulo, no próximo item é apresentado o elemento finito linear de barra sob o esforço axial. Em sequência, o Item 3.2 é destinado a elementos da Teoria Clássica de Viga, com o desenvolvido do elemento de quatro deslocamentos nodais em um referencial local dimensional, com a modificação desse desenvolvimento para a adoção de um referencial local adimensional, e com a ampliação desse desenvolvimento para o caso de um elemento de cinco deslocamentos nodais. Assim, o leitor compreenderá que a obtenção do sistema de equações de equilíbrio de um elemento tem a sequência esquematizada na próxima figura.

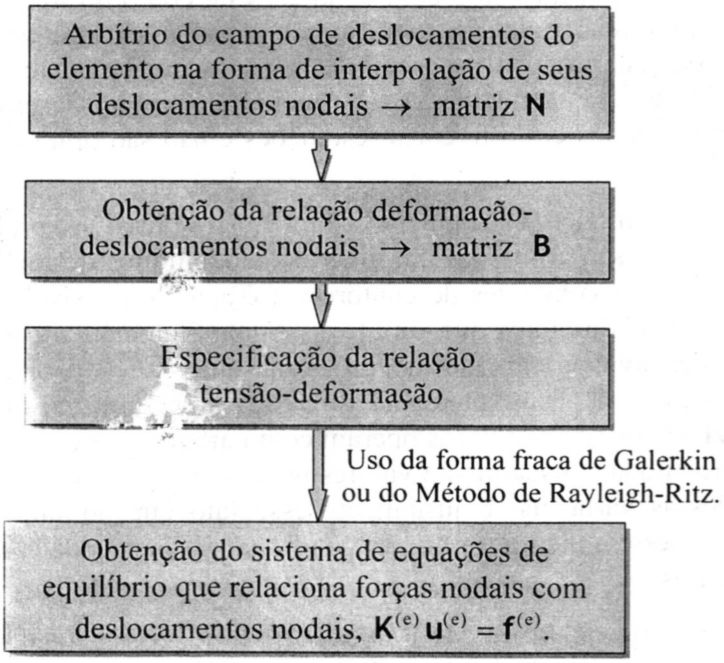

Figura 3.1 – Etapas de obtenção do sistema de equações de um elemento.

Além disso, o Item 3.3 apresenta a condensação estática dos parâmetros nodais internos aos elementos (com a finalidade de obtenção de um sistema de equações com menor número de incógnitas); o Item 3.4 trata da consideração das condições essenciais (geométricas) de contorno no sistema global de equações e o Item 3.5 desenvolve um elemento misto unidimensional. Em complemento a este capítulo, nos Itens 3.6 e 3.7 são propostos exercícios e questões para reflexão. E dentro da mesma orientação apresentada nos capítulos anteriores de facilitar a um leitor iniciante, sugere-se que, em uma primeira leitura deste capítulo, sejam omitidos os itens que tratam do desenvolvimento do elemento de cinco deslocamentos nodais e do elemento misto.

3.1 – Elemento linear

Em *formulação irredutível*, são arbitradas leis para as variáveis dependentes primárias (usualmente leis polinomiais), e em *formulação mista*, para essas variáveis e alguma(s) variável(eis) dependente(s), sob a forma[1]

$$u(x)=\lfloor 1 \quad x \quad x^2 \quad \cdots \quad x^p \rfloor \begin{Bmatrix} \alpha_1 \\ \alpha_2 \\ \alpha_3 \\ \vdots \\ \alpha_p \end{Bmatrix} = \boldsymbol{\psi}\,\boldsymbol{\alpha} \tag{3.1}$$

onde, por simplicidade, se adota notação de solução aproximada sem o til em sua parte superior. E essas leis são transformadas em interpolações de parâmetros nodais $\mathbf{u}^{(e)}$, de igual número aos parâmetros generalizados $\boldsymbol{\alpha}$.

E para garantia de convergência (como será argumentado no Item 4.4 do quarto capítulo) é necessário que:

1 – As leis arbitradas para as variáveis primárias devem ter todos os termos de polinômios completos até, pelo menos, a máxima ordem de derivada que ocorre no funcional ou na forma fraca de Galerkin, e

2 – As variáveis primárias e as suas derivadas até uma ordem imediatamente inferior àquela máxima ordem devem ser contínuas nas interfaces dos elementos, ou, de forma menos restritiva, com o refinamento da malha, deve-se ter convergência para essa continuidade.

Aplica-se, a seguir, a formulação irredutível na resolução da equação diferencial

$$a\,u_{,xx}+b=0 \tag{3.2}$$

em que a condição essencial de contorno é a prescrição da variável primária u e a condição não essencial de contorno está associada com a derivada primeira dessa variável. Este é o

---

[1] Em *formulação híbrida*, arbitra-se soluções distintas no domínio e no contorno do elemento. E entre as três formulações, a irredutível é a mais simples e a mais utilizada, e que é denominada *formulação de deslocamentos* no caso de se arbitrar campo de deslocamentos.

problema de condição de contorno de uma barra tracionada/comprimida e o de transmissão de calor unidimensional em regime permanente, por exemplo. Contudo, no presente desenvolvimento, particulariza-se ao caso da coluna axialmente solicitada esquematizada na parte esquerda da próxima figura.

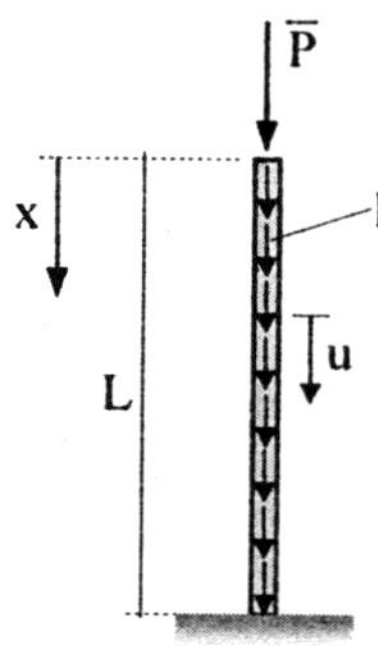

Coluna axialmente carregada.

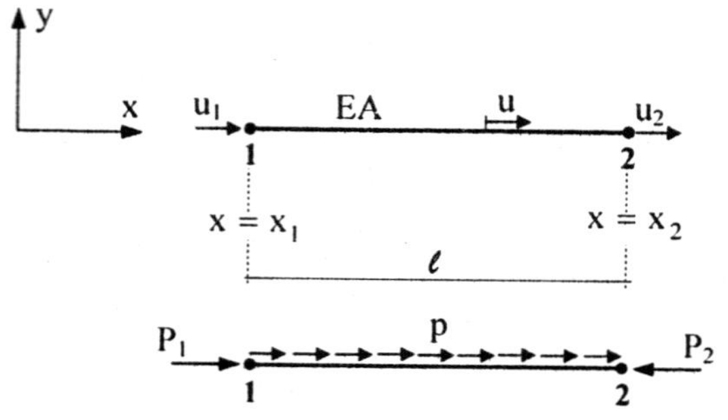

Elemento finito.

Figura 3.2 – Modelo unidimensional.

No caso, de acordo com o Exemplo 2.1 do capítulo anterior, tem-se a equação diferencial

$$EA\,u_{,xx} + p = 0 \tag{3.3}$$

no domínio $0 < x < L$, a condição geométrica (essencial) de contorno

$$u_{|x=L} = 0 \tag{3.4}$$

e a condição mecânica (não essencial) de contorno

$$EA\,u_{,x|x=0} + \overline{P} = 0 \tag{3.5}$$

A seguir, desenvolve-se o elemento finito linear de 2 pontos nodais e de 1 deslocamento por ponto nodal, representado na parte direita da figura anterior, em que u é o deslocamento axial de um ponto qualquer; u_1 e u_2 são, respectivamente, os deslocamentos dos pontos nodais 1 e 2, e P_1 e P_2 são os esforços normais de compressão nesses pontos, considerados positivos com os sentidos mostrados na figura. E pelo fato deste elemento ter 2 deslocamentos nodais, parte-se da Solução Propositiva 3.1 sob a forma

$$u(x) = \lfloor 1 \quad x \rfloor \begin{Bmatrix} \alpha_1 \\ \alpha_2 \end{Bmatrix} = \boldsymbol{\psi}\,\boldsymbol{\alpha} \tag{3.6}$$

Com a particularização dessa solução aos pontos nodais, escreve-se

$$\mathbf{u}^{(e)} = \begin{Bmatrix} u_1 \\ u_2 \end{Bmatrix} = \begin{Bmatrix} u_{|x=x_1} \\ u_{|x=x_2} \end{Bmatrix} = \begin{bmatrix} 1 & x_1 \\ 1 & x_2 \end{bmatrix} \begin{Bmatrix} \alpha_1 \\ \alpha_2 \end{Bmatrix} = \boldsymbol{\psi}_0\,\boldsymbol{\alpha}$$

onde $\mathbf{u}^{(e)}$ são os deslocamentos nodais. E dessa equação, obtém-se os parâmetros generalizados

$$\boldsymbol{\alpha} = \boldsymbol{\psi}_0^{-1}\,\mathbf{u}^{(e)} = \frac{1}{x_2 - x_1}\begin{bmatrix} x_2 & -x_1 \\ -1 & 1 \end{bmatrix}\begin{Bmatrix} u_1 \\ u_2 \end{Bmatrix} = \frac{1}{\ell}\begin{bmatrix} x_2 & -x_1 \\ -1 & 1 \end{bmatrix}\mathbf{u}^{(e)}$$

Logo, com a substituição desses parâmetros na Equação 3.6, chega-se à solução propositiva sob a forma de interpolação dos deslocamentos nodais, forma essa que passa a ser denominada *campo de deslocamentos* do elemento

$$u = \boldsymbol{\psi}\,\boldsymbol{\psi}_0^{-1}\,\mathbf{u}^{(e)} \quad \rightarrow \quad u = \left\lfloor \frac{x_2 - x}{\ell} \quad \frac{x - x_1}{\ell} \right\rfloor \begin{Bmatrix} u_1 \\ u_2 \end{Bmatrix}$$

$$\rightarrow \quad u = \lfloor N_1 \quad N_2 \rfloor \begin{Bmatrix} u_1 \\ u_2 \end{Bmatrix} = \mathbf{N}\,\mathbf{u}^{(e)} \qquad (3.7)$$

Nessa equação, **N** é a matriz das funções de interpolação ou de forma

$$\begin{cases} N_1 = \dfrac{x_2 - x}{\ell} \\ N_2 = \dfrac{x - x_1}{\ell} \end{cases} \qquad (3.8)$$

Essas funções dependem das coordenadas dos pontos nodais, pelo fato de ter sido adotado um referencial independente do elemento, e estão representadas na parte esquerda da figura seguinte:

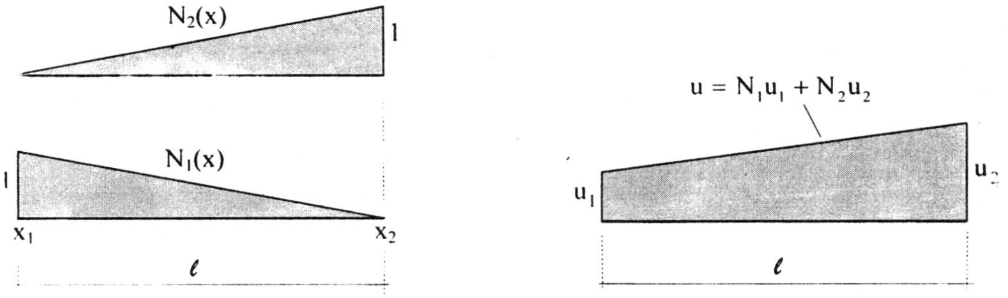

Figura 3.3 – Funções de interpolação unidimensionais lineares e o correspondente campo de deslocamentos.

Identifica-se que $(N_i(x_j) = \delta_{ij})$, em que δ_{ij} é o símbolo de Kronecker [2], com i e j iguais aos valores 1 e 2 (da numeração local dos pontos nodais), o que caracteriza as *funções de interpolação de Lagrange* que serão objeto de atenção mais detalhada no

[2] O símbolo de Kronecker tem valor unitário no caso de (i = j) e valor nulo no caso de (i ≠ j).

segundo livro. Essa propriedade permite que, em cada uma das extremidades do elemento, se tenha a variável primária u igual ao correspondente valor nodal, como mostra a parte direita da figura anterior. E como a interpolação é linear, tem-se também a propriedade $(\Sigma\, N_i(\hat{x}) = 1)$, em que $\hat{x}$ é um ponto qualquer do domínio $(0 < x < L)$.

O campo anterior tem a derivada

$$u_{,x} = \mathbf{N}_{,x}\, \mathbf{u}^{(e)} = \begin{bmatrix} -\frac{1}{\ell} & \frac{1}{\ell} \end{bmatrix} \begin{Bmatrix} u_1 \\ u_2 \end{Bmatrix} \quad \rightarrow \quad u_{,x} = \mathbf{B}\, \mathbf{u}^{(e)} \tag{3.9}$$

que é constante em todo o elemento e onde se adota a notação $\mathbf{B} = \mathbf{N}_{,x}$.

Vale apontar que o procedimento anterior de obtenção de funções de interpolação é geral e depende apenas da geometria do elemento, do sistema de coordenadas e do número, posição e tipo dos parâmetros nodais a serem interpolados.

Para formular o presente elemento com a forma fraca de Galerkin, de acordo com sistemática que foi estabelecida no Item 2.3 do capítulo anterior, escreve-se a equação integral de ponderação da equação diferencial no domínio do elemento, em que as funções peso são as funções de interpolação

$$\int_{x_1}^{x_2} \mathbf{N}^T \left(EA\, u_{,xx} + p \right) dx = \mathbf{0} \tag{3.10}$$

E com integração por partes do primeiro termo da equação anterior, obtém-se a forma fraca

$$\int_{x_1}^{x_2} \left(-\mathbf{N}_{,x}^T\, EA\, u_{,x} + \mathbf{N}^T p \right) dx + \left(\mathbf{N}^T EA\, u_{,x} \right) \Big|_{x_1}^{x_2} = \mathbf{0}$$

que com a matriz **B** identificada na Equação 3.9 se escreve

$$\int_{x_1}^{x_2} \left(-\mathbf{B}^T EA\, u_{,x} + \mathbf{N}^T p \right) dx + \left(\begin{Bmatrix} N_1 \\ N_2 \end{Bmatrix} EA\, u_{,x} \right)_{|x_2} - \left(\begin{Bmatrix} N_1 \\ N_2 \end{Bmatrix} EA\, u_{,x} \right)_{|x_1} = 0$$

Logo, dado que $(N_{i|x_j} = \delta_{ij})$, essa equação particulariza-se em

$$\int_{x_1}^{x_2} \mathbf{B}^T EA\, u_{,x}\, dx = \int_{x_1}^{x_2} \mathbf{N}^T p\, dx + \begin{Bmatrix} 0 \\ 1 \end{Bmatrix} EA\, u_{,x|x_2} - \begin{Bmatrix} 1 \\ 0 \end{Bmatrix} EA\, u_{,x|x_1}$$

Os dois últimos termos dessa equação são condições não essenciais (mecânicas) de contorno e expressam os esforços normais nas extremidades do elemento. Assim, com as notações e os sentidos mostrados na Figura 3.2, escreve-se

$$\int_{x_1}^{x_2} \mathbf{B}^T EA\, u_{,x}\, dx = \int_{x_1}^{x_2} \mathbf{N}^T p\, dx + \begin{Bmatrix} 0 \\ 1 \end{Bmatrix} (-P_2) - \begin{Bmatrix} 1 \\ 0 \end{Bmatrix} (-P_1)$$

$$\rightarrow \quad \int_{x_1}^{x_2} \mathbf{B}^T EA\, u_{,x}\, dx = \int_{x_1}^{x_2} \mathbf{N}^T p\, dx + \begin{Bmatrix} P_1 \\ -P_2 \end{Bmatrix}$$

Finalmente, com a introdução nessa equação do Campo de Deslocamentos 3.7 e de sua derivada primeira expressa pela Equação 3.9, obtém-se o sistema de equações algébricas

$$\left(\int_{x_1}^{x_2} \mathbf{B}^T EA\, \mathbf{B}\, dx\right) \mathbf{u}^{(e)} = \int_{x_1}^{x_2} \mathbf{N}^T p\, dx + \begin{Bmatrix} P_1 \\ -P_2 \end{Bmatrix} \tag{3.11}$$

Logo, com as notações

$$\mathbf{K}^{(e)} = \int_{x_1}^{x_2} \mathbf{B}^T EA\, \mathbf{B}\, dx \tag{3.12}$$

e

$$\mathbf{f}_p^{(e)} = \int_{x_1}^{x_2} \mathbf{N}^T p\, dx \tag{3.13}$$

o sistema anterior toma a forma compacta

$$\mathbf{K}^{(e)} \mathbf{u}^{(e)} = \mathbf{f}_p^{(e)} + \begin{Bmatrix} P_1 \\ -P_2 \end{Bmatrix} \quad \rightarrow \quad \mathbf{K}^{(e)} \mathbf{u}^{(e)} = \mathbf{f}^{(e)} \tag{3.14}$$

que expressa relações lineares entre forças nodais e deslocamentos nodais.

Essa é a *formulação de deslocamentos* no caso unidimensional do **MEF**, assim denominada porque foram arbitrados campos de deslocamentos. E no sistema anterior, $\mathbf{K}^{(e)}$ é a *matriz de rigidez* (simétrica), $\mathbf{f}_p^{(e)}$ é o *vetor de forças nodais equivalentes* à força distribuída aplicada ao elemento, e P_1 e P_2 são forças que ocorrem devido à iteração desse elemento com os que lhe são adjacentes na discretização ou são forças externas diretamente aplicadas em ponto nodal.[3] O nome *vetor de forças nodais equivalentes* advém do fato de que, em cálculo dos deslocamentos nodais, a força distribuída ao longo do elemento é substituída por essas forças nodais.[4] E uma vantagem da presente formulação é a simplicidade de sua extensão à análise dinâmica, como será desenvolvido no sexto capítulo.

Por não terem sido consideradas as condições geométricas de contorno, o sistema de equações anterior contém os deslocamentos de corpo rígido do elemento, e, portanto, o posto da matriz $\mathbf{K}^{(e)}$ é igual ao número de deslocamentos nodais do elemento menos o número de seus deslocamentos de corpo rígido, que no presente caso é igual a um. E nessa matriz, é simples identificar que o coeficiente K_{ij} é numericamente igual à força restritiva na direção do i-ésimo deslocamento nodal, quando se faz unitário o deslocamento de ordem j e se mantém nulo o outro deslocamento nodal. Logo, os coeficientes diagonais da matriz de rigidez são sempre positivos.

E, finalmente, com a substituição das Funções de Interpolação 3.8 nas Equações 3.12 e 3.13, são determinados, respectivamente, a matriz de rigidez e o vetor de forças nodais equivalentes seguintes:

---

[3] Essas denominações são amplamente utilizadas em **MEF** de diversas áreas de aplicação dos meios contínuos. E é simples identificar que, no presente elemento unidimensional, as forças nodais equivalentes são iguais aos esforços de engastamento perfeito do elemento, com sinais contrários.

[4] Vale observar que, uma vez que sejam calculadas as forças nodais equivalentes, o presente elemento se comporta como uma mola.

$$\mathbf{K}^{(e)} = \int_{x_1}^{x_2} \begin{Bmatrix} -1/\ell \\ 1/\ell \end{Bmatrix} EA \begin{bmatrix} -1/\ell & 1/\ell \end{bmatrix} dx \quad \rightarrow \quad \mathbf{K}^{(e)} = \frac{EA}{\ell}\begin{bmatrix} 1 & -1 \\ -1 & 1 \end{bmatrix} \tag{3.15}$$

$$\mathbf{f}_p^{(e)} = \int_{x_1}^{x_2} \begin{Bmatrix} (x_2 - x)/\ell \\ (x - x_1)/\ell \end{Bmatrix} p\, dx \quad \rightarrow \quad \mathbf{f}_p^{(e)} = \frac{p\ell}{2}\begin{Bmatrix} 1 \\ 1 \end{Bmatrix} \tag{3.16}$$

Em sequência, por questão didática, formula-se o mesmo elemento através do Método de Rayleigh-Ritz. Para isso, tem-se o Funcional Energia Potencial Total expresso pela Equação 2.57, agora no domínio do elemento em que ocorre apenas a tensão σ_x, a deformação ($\varepsilon_x = u_{,x}$) e a relação tensão-deformação ($\sigma_x = E\,\varepsilon_x$)

$$J(u^{(e)}) = \frac{1}{2}\int_{x_1}^{x_2}\int_{A_e} E\,\varepsilon_x^2\, dx\, dA_e - \int_{x_1}^{x_2} p\, u\, dx - P_1 u_{|x=x_1} + P_2 u_{|x=x_2}$$

$$\rightarrow \quad J(u^{(e)}) = \frac{1}{2}\int_{x_1}^{x_2} EA\, u_{,x}^2\, dx - \int_{x_1}^{x_2} p\, u\, dx - P_1 u_{|x=x_1} + P_2 u_{|x=x_2}$$

Nesse funcional, o sinal do último termo é positivo porque a força P_2 foi considerada em sentido contrário ao deslocamento em ($x = x_2$).

Desse funcional, tem-se a condição de estacionariedade [5]

$$\delta J(u^{(e)}) = \int_{x_1}^{x_2} EA\, u_{,x}\, \delta u_{,x}\, dx - \int_{x_1}^{x_2} p\, \delta u\, dx - P_1\, \delta u_{|x=x_1} + P_2\, \delta u_{|x=x_2} = 0 \tag{3.17}$$

E com a substituição, nessa equação, do Campo de Deslocamentos 3.7 e de sua primeira derivada expressa pela Equação 3.9, obtém-se

$$\int_{x_1}^{x_2} (\mathbf{B}\,\delta\mathbf{u}^{(e)})\, EA\, (\mathbf{B}\mathbf{u}^{(e)})\, dx - \int_{x_1}^{x_2} (\mathbf{N}\delta\mathbf{u}^{(e)})\, p\, dx - P_1(\mathbf{N}\delta\mathbf{u}^{(e)})_{|x=x_1} + P_2(\mathbf{N}\delta\mathbf{u}^{(e)})_{|x=x_2} = 0$$

$$\rightarrow \quad \delta\mathbf{u}^{(e)^T}\int_{x_1}^{x_2} \mathbf{B}^T EA\, \mathbf{B}\, dx\, \mathbf{u}^{(e)} - \delta\mathbf{u}^{(e)^T}\int_{x_1}^{x_2} \mathbf{N}^T p\, dx - \delta\mathbf{u}^{(e)^T}\begin{Bmatrix} 1 \\ 0 \end{Bmatrix} P_1 + \delta\mathbf{u}^{(e)^T}\begin{Bmatrix} 0 \\ 1 \end{Bmatrix} P_2 = 0$$

$$\rightarrow \quad \delta\mathbf{u}^{(e)^T}\left(\int_{x_1}^{x_2} \mathbf{B}^T EA\, \mathbf{B}\, dx\, \mathbf{u}^{(e)} - \int_{x_1}^{x_2} \mathbf{N}^T p\, dx - \begin{Bmatrix} 1 \\ 0 \end{Bmatrix} P_1 + \begin{Bmatrix} 0 \\ 1 \end{Bmatrix} P_2\right) = 0$$

Logo, por serem quaisquer as variações $\delta\mathbf{u}^{(e)}$, obtém-se o sistema de equações algébricas

$$\left(\int_{x_1}^{x_2} \mathbf{B}^T EA\, \mathbf{B}\, dx\right)\mathbf{u}^{(e)} = \int_{x_1}^{x_2} \mathbf{N}^T p\, dx + \begin{Bmatrix} P_1 \\ -P_2 \end{Bmatrix}$$

que é o mesmo Sistema 3.11 obtido com o Método de Galerkin.

Em ambas as formulações não se impôs o atendimento do equilíbrio infinitesimal. Consequentemente, a equação anterior expressa o equilíbrio do elemento como um todo, em relacionamento das forças nodais com os deslocamentos nodais. Essa é uma

---

[5] É importante ressaltar que essa condição pode ser obtida com a particularização da Equação do Princípio dos Deslocamentos Virtuais 2.45 ao presente caso.

característica da formulação de deslocamentos e esse é um sistema de equações de equilíbrio.

A composição de uma malha a partir de seus n elementos finitos corresponde a impor que a condição de estacionariedade do funcional no domínio do modelo matemático seja a soma dessa condição em cada um desses elementos

$$\delta J(u) \approx \sum_{e=1}^{n} \delta J(u^{(e)}) = 0 \tag{3.18}$$

Isto requer a igualdade de deslocamentos nas interfaces dos elementos de maneira a formar, a partir do sistema de equações de equilíbrio ($\mathbf{K}^{(e)} + \mathbf{u}^{(e)} = \mathbf{f}^{(e)}$) dos diversos elementos, o sistema global de equações de equilíbrio não restringido

$$\mathbf{K}\,\mathbf{d} = \mathbf{f} \tag{3.19}$$

o que significa somar os coeficientes de rigidez de elementos distintos, mas que dizem respeito aos mesmos deslocamentos nodais na numeração global, assim como somar as forças nodais relativas a esses deslocamentos. E uma vez formado esse sistema, a ele são incorporadas as condições essenciais (geométricas) de contorno para obter o sistema global restringido, para então, com a resolução deste último, chegar aos deslocamentos nodais não restringidos. Em sequência de resolução, entre esses, são identificados os deslocamentos nodais $\mathbf{u}^{(e)}$ de cada um dos elementos, para se calcular o correspondente esforço normal

$$N = \sigma_x A \quad \rightarrow \quad N = EA\,\varepsilon_x = EA\,u_{,x} \quad \rightarrow \quad N = EA\,\mathbf{B}\mathbf{u}^{(e)} \tag{3.20}$$

Exemplo 3.1 – A seguir, é analisada a coluna axialmente carregada representada na próxima figura, em discretização de três pontos nodais e dois elementos lineares. Estão mostrados os esforços atuantes nesses elementos, a numeração global d_i dos deslocamentos e as numerações locais $u_i^{(e)}$ de cada um dos elementos.

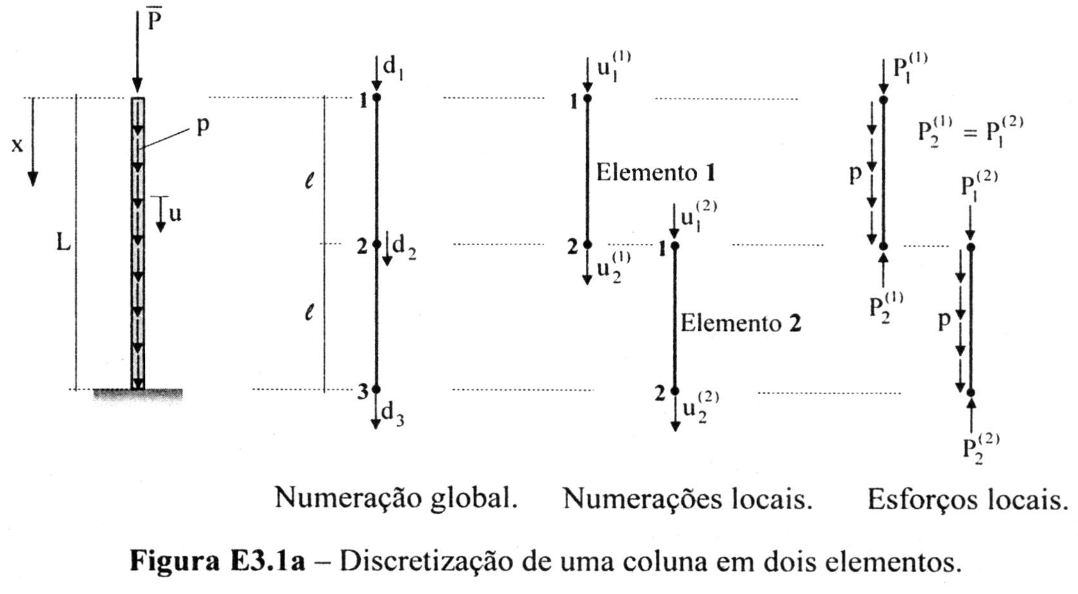

Figura E3.1a – Discretização de uma coluna em dois elementos.

Na presente discretização, o segundo ponto nodal do primeiro elemento coincide com o primeiro ponto nodal do segundo elemento. Logo, os deslocamentos locais $u_2^{(1)}$ e $u_1^{(2)}$ coincidem com o deslocamento global d_2 (de interface dos dois elementos) e, consequentemente, em obtenção do sistema global de equações não restringido, os coeficientes das matrizes $\mathbf{K}^{(1)}$ e $\mathbf{f}^{(1)}$ correspondentes ao deslocamento $u_2^{(1)}$ devem ser somados aos coeficientes das matrizes $\mathbf{K}^{(2)}$ e $\mathbf{f}^{(2)}$ correspondentes ao deslocamento $u_1^{(2)}$:

$$\frac{EA}{\ell}\begin{bmatrix} 1 & -1 & 0 \\ -1 & (1+1) & -1 \\ 0 & -1 & 0 \end{bmatrix}\begin{Bmatrix} d_1 \\ d_2 \\ d_3 \end{Bmatrix} = \frac{p\ell}{2}\begin{Bmatrix} 1 \\ 1+1 \\ 1 \end{Bmatrix} + \begin{Bmatrix} P_1^{(1)} \\ -P_2^{(1)} + P_1^{(2)} \\ -P_2^{(2)} \end{Bmatrix}$$

Esse processo de acumulação corresponde a adotar para a "malha formada pelos dois elementos" um campo de deslocamentos sob a forma

$$u = \lfloor N_{1|global} \quad N_{2|global} \quad N_{3|global} \rfloor \begin{Bmatrix} d_1 \\ d_2 \\ d_3 \end{Bmatrix}$$

em que as funções de interpolação $N_{i|global}$, com $(i = 1, 2 \text{ e } 3)$, estão mostradas na próxima figura. Vale observar que essas funções têm definições locais no entorno de cada ponto nodal, o que implica no fato dos coeficientes K_{13} e K_{31} serem nulos, e o que é evidente porque K_{ij} é numericamente igual à força restritiva na direção do i-ésimo deslocamento nodal, quando se faz unitário o deslocamento de ordem j e se mantém nulos os demais deslocamentos nodais. E diz-se que os coeficientes K_{13} e K_{31} estão desacoplados no sistema de equações.

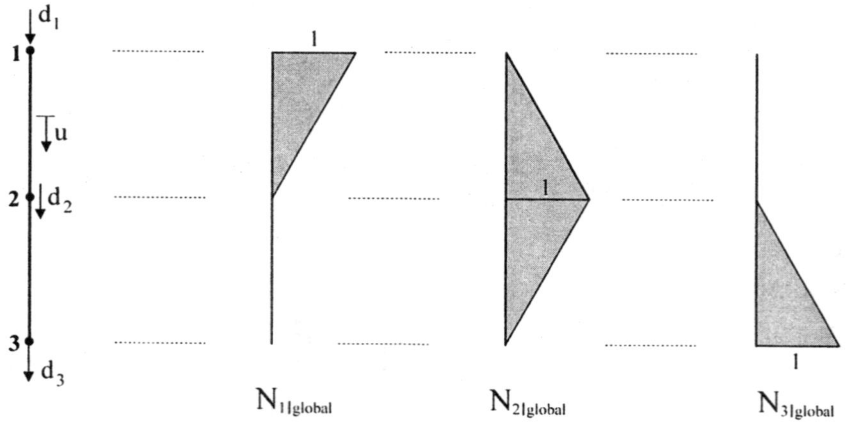

Figura E3.1b – Funções de interpolação na numeração global.

Em sequência de resolução, com a introdução, no sistema de equações anterior, da condição de $P_1^{(1)}$ ser igual à força $\overline{P}$ aplicada e da condição de $(P_2^{(1)} = P_1^{(2)})$, por essas forças serem ação e reação na interface dos dois elementos, obtém-se

$$\frac{EA}{\ell}\begin{bmatrix} 1 & -1 & 0 \\ -1 & 2 & -1 \\ 0 & -1 & 0 \end{bmatrix}\begin{Bmatrix} d_1 \\ d_2 \\ d_3 \end{Bmatrix} = \frac{p\ell}{2}\begin{Bmatrix} 1 \\ 2 \\ 1 \end{Bmatrix} + \begin{Bmatrix} \overline{P} \\ 0 \\ -P_2^{(2)} \end{Bmatrix}$$

Nesse sistema, a matriz dos coeficientes é singular, pelo fato de não ter sido eliminado o deslocamento de corpo rígido na direção vertical, e $P_2^{(2)}$ é a reação na base da coluna. E essa eliminação pode ser efetuada através de uma das técnicas que serão apresentadas no Item 3.4. Contudo, em procedimento manual, o mais simples é retirar a linha e a coluna correspondentes àquele deslocamento, de maneira a obter o *sistema global restringido*

$$\frac{EA}{\ell}\begin{bmatrix} 1 & -1 \\ -1 & 2 \end{bmatrix}\begin{Bmatrix} d_1 \\ d_2 \end{Bmatrix} = \frac{p\ell}{2}\begin{Bmatrix} 1 \\ 2 \end{Bmatrix} + \begin{Bmatrix} \overline{P} \\ 0 \end{Bmatrix}$$

$$\rightarrow \quad \mathbf{K}\,\mathbf{d} = \mathbf{f}$$

E nesse último sistema, **K** é a *matriz de rigidez restringida* (simétrica positiva definida), **d** é o *vetor dos deslocamentos livres* ou *graus de liberdade* e **f** é o *vetor das forças nodais ativas* ou *vetor de forças nodais combinadas* (no sentido de ser o resultado da combinação das forças nodais equivalentes com as forças diretamente aplicadas aos pontos nodais). Logo, tem-se a solução ($\mathbf{d} = \mathbf{K}^{-1}\,\mathbf{f}$) com os seguintes deslocamentos:[6]

$$\begin{cases} d_1 = \dfrac{2p\ell^2}{EA} + \dfrac{2\overline{P}\ell}{EA} \\[2ex] d_2 = \dfrac{3p\ell^2}{2EA} + \dfrac{\overline{P}\ell}{EA} \end{cases} \quad \rightarrow \quad \begin{cases} d_1 = \dfrac{pL^2}{2EA} + \dfrac{\overline{P}L}{EA} \\[2ex] d_2 = \dfrac{3pL^2}{8EA} + \dfrac{\overline{P}L}{2EA} \end{cases}$$

Esses dois deslocamentos nodais são exatos porque a integração da equação diferencial ($EAu_{,xx}=0$) fornece uma solução polinomial de primeira ordem que é a ordem do campo polinomial de deslocamentos adotado no desenvolvimento do elemento. Contudo, os deslocamentos no interior dos dois elementos são aproximados, pelo fato de existir força distribuída ao longo dos mesmos, e consequentemente, são obtidos com a Equação 3.20 resultados aproximados para o esforço normal, o que é evidente pelo fato da matriz **B** ser de coeficientes constantes.

Modifica-se, a seguir, o elemento anterior, para a análise de treliças planas. Nisso, tem-se barras inclinadas em relação ao referencial global XY segundo o qual precisa ser decomposto o deslocamento nodal axial de cada barra, como mostra a Figura 3.4. Assim, com um referencial local xy de origem em um dos pontos nodais do elemento, altera-se o Campo de Deslocamentos 3.7 para a forma

---

[6] Por simplicidade, foi utilizada inversa da matriz de rigidez para explicitar a solução do sistema de equações. Contudo, em resolução computacional, é mais eficaz resolver o sistema por método direto ou método iterativo, sem fazer uso de matriz inversa.

$$u = \lfloor N_1 \quad N_2 \rfloor \begin{bmatrix} \cos\alpha & \sin\alpha & 0 & 0 \\ 0 & 0 & \cos\alpha & \sin\alpha \end{bmatrix} \begin{Bmatrix} u_1 \\ u_2 \\ u_3 \\ u_4 \end{Bmatrix} = \mathbf{N}_g \, \mathbf{u}_g^{(e)} \tag{3.21}$$

porque agora os deslocamentos u_i são considerados no referencial global. E nessa equação,

$$N_1 = \frac{\ell - x}{\ell} \quad \text{e} \quad N_2 = \frac{x}{\ell} \tag{3.22}$$

são as funções de interpolação lineares já expressas pela Equação 3.8, mas agora particularizadas ao referencial local de origem no primeiro ponto nodal do elemento.

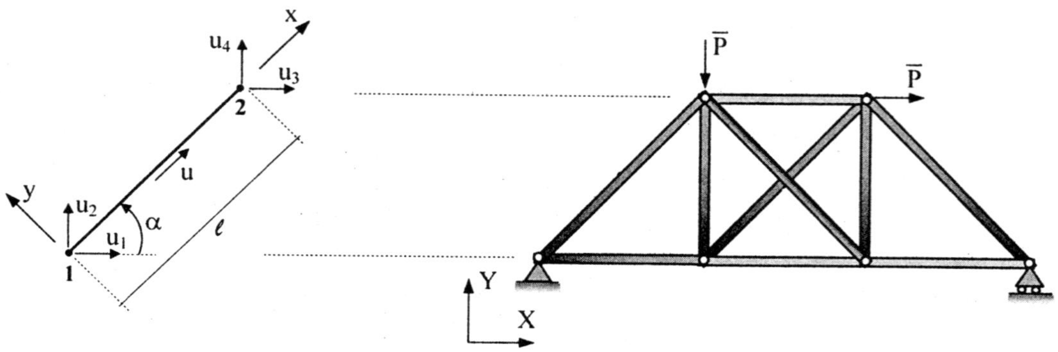

Figura 3.4 – Elemento de treliça plana.

Logo, tem-se

$$\mathbf{N}_g = \lfloor N_1 \quad N_2 \rfloor \begin{bmatrix} \cos\alpha & \sin\alpha & 0 & 0 \\ 0 & 0 & \cos\alpha & \sin\alpha \end{bmatrix}$$

$$\rightarrow \quad \mathbf{N}_g = \lfloor N_1 \cos\alpha \quad N_1 \sin\alpha \quad N_2 \cos\alpha \quad N_2 \sin\alpha \rfloor$$

$$\rightarrow \quad \mathbf{N}_{g,x} = \frac{1}{\ell} \lfloor -\cos\alpha \quad -\sin\alpha \quad \cos\alpha \quad \sin\alpha \rfloor = \mathbf{B} \tag{3.23}$$

E, finalmente, com a substituição da matriz **B** anterior na Equação 3.12, calcula-se a matriz de rigidez do elemento

$$\mathbf{K}^{(e)} = \int_0^{\ell} \mathbf{B}^T EA \, \mathbf{B} \, dx = \frac{EA}{\ell} \begin{bmatrix} \cos\alpha^2 & \cos\alpha \sin\alpha & -\cos\alpha^2 & -\cos\alpha \sin\alpha \\ . & \sin\alpha^2 & -\cos\alpha \sin\alpha & -\sin\alpha^2 \\ . & . & \cos\alpha^2 & \cos\alpha \sin\alpha \\ \text{sim.} & . & . & \sin\alpha^2 \end{bmatrix} \tag{3.24}$$

Exemplo 3.2 – Com o elemento desenvolvido anteriormente, analisa-se a treliça representada na próxima figura em que todas as barras têm a mesma rigidez axial EA, e onde estão indicados os deslocamentos nodais nas numerações locais e na numeração global, além da numeração das barras ou elementos.

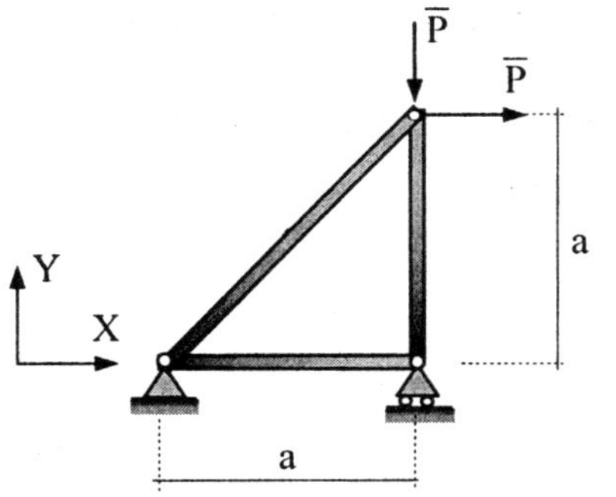

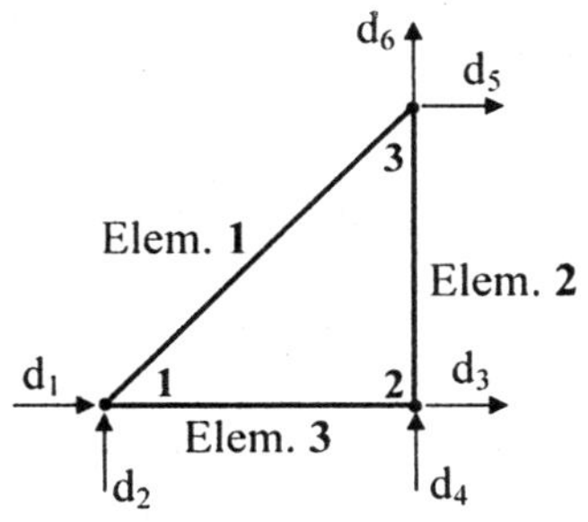

Numeração global.

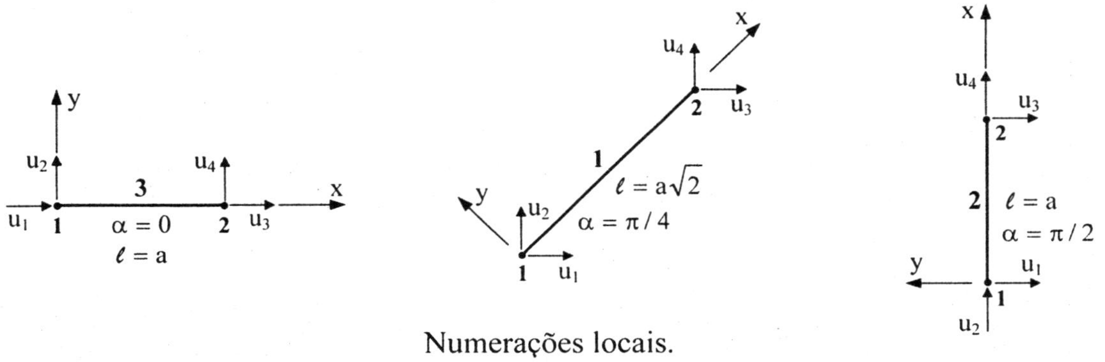

Numerações locais.

Figura E3.2a – Treliça plana.

Com a Equação 3.24, são calculadas as matrizes de rigidez das barras da treliça (divididas de acordo com os seus pontos nodais)

$$\mathbf{K}^{(1)} = \begin{bmatrix} \mathbf{k}_{11} & \mathbf{k}_{12} \\ \mathbf{k}_{21} & \mathbf{k}_{22} \end{bmatrix}^{(1)} = \frac{EA}{2\sqrt{2}\,a} \begin{bmatrix} 1 & 1 & -1 & -1 \\ 1 & 1 & -1 & -1 \\ -1 & -1 & 1 & 1 \\ -1 & -1 & 1 & 1 \end{bmatrix}$$

$$\mathbf{K}^{(2)} = \begin{bmatrix} \mathbf{k}_{11} & \mathbf{k}_{12} \\ \mathbf{k}_{21} & \mathbf{k}_{22} \end{bmatrix}^{(2)} = \frac{EA}{a} \begin{bmatrix} 0 & 0 & 0 & 0 \\ 0 & 1 & 0 & -1 \\ 0 & 0 & 0 & 0 \\ 0 & -1 & 0 & 1 \end{bmatrix}$$

$$\mathbf{K}^{(3)} = \begin{bmatrix} \mathbf{k}_{11} & \mathbf{k}_{12} \\ \mathbf{k}_{21} & \mathbf{k}_{22} \end{bmatrix}^{(3)} = \frac{EA}{a} \begin{bmatrix} 1 & 0 & -1 & 0 \\ 0 & 0 & 0 & 0 \\ -1 & 0 & 1 & 0 \\ 0 & 0 & 0 & 0 \end{bmatrix}$$

A seguir, monta-se a matriz de rigidez global a partir das matrizes de rigidez de elemento calculadas anteriormente, com o conhecimento da matriz de incidência mostrada na próxima figura e que expressa que os pontos nodais 1 e 2 do primeiro elemento correspondem a 1 e 3 na numeração global, que os pontos 1 e 2 do segundo elemento correspondem a 2 e 3 na numeração global e, de forma semelhante, que os pontos 1 e 2 do terceiro elemento correspondem a 1 e 2 na numeração global. E essa montagem é feita através da acumulação dos coeficientes de rigidez dos diversos elementos da treliça, como ilustra a mesma figura para o caso de um elemento genérico cujos pontos 1 e 2 correspondem aos pontos i e j da numeração global.[7]

	1ª coluna	2ª coluna
1ª linha	1	3
2ª linha	2	3
3ª linha	1	2

Matriz de incidência.

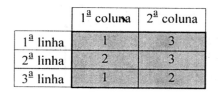

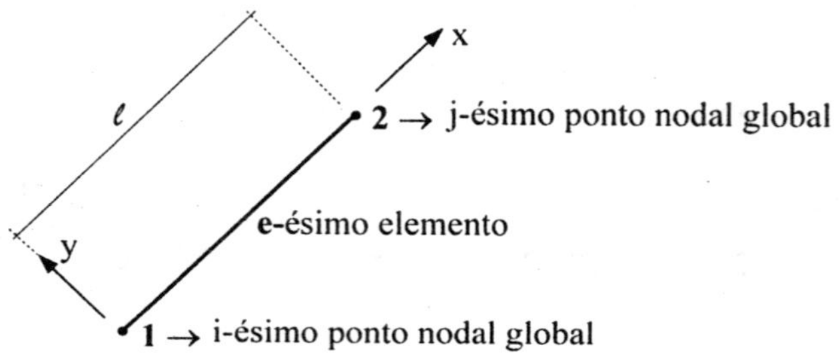

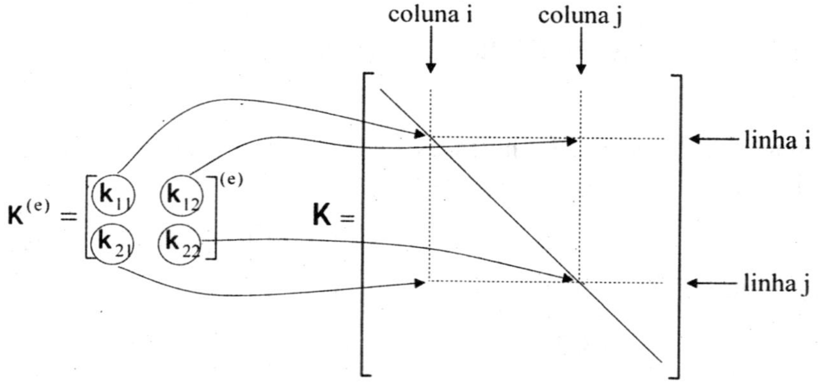

Figura E3.2b – Posições de acumulação, na matriz de rigidez global, das submatrizes de rigidez de um elemento finito genérico no caso de j > i.

[7] Essa acumulação é trabalhosa em procedimento manual, mas muito simples de ser programada com quaisquer elementos finitos, como será mostrado no próximo capítulo.

Assim, a partir das matrizes de rigidez dos três elementos da treliça, escreve-se a matriz de rigidez global não restringida

$$\mathbf{K} = \begin{bmatrix} \mathbf{K}_{11} & \mathbf{K}_{12} & \mathbf{K}_{13} \\ . & \mathbf{K}_{22} & \mathbf{K}_{23} \\ \text{sim.} & . & \mathbf{K}_{33} \end{bmatrix} = \begin{bmatrix} \left(\mathbf{k}_{11}^{(1)} + \mathbf{k}_{11}^{(3)}\right) & \mathbf{k}_{12}^{(3)} & \mathbf{k}_{12}^{(1)} \\ . & \left(\mathbf{k}_{11}^{(2)} + \mathbf{k}_{22}^{(3)}\right) & \mathbf{k}_{12}^{(2)} \\ \text{sim.} & . & \left(\mathbf{k}_{22}^{(1)} + \mathbf{k}_{22}^{(2)}\right) \end{bmatrix}$$

$$\rightarrow \quad \mathbf{K} = \frac{EA}{a} \begin{bmatrix} \left(\frac{1}{2\sqrt{2}} + 1\right) & \left(\frac{1}{2\sqrt{2}} + 0\right) & -1 & 0 & -\frac{1}{2\sqrt{2}} & -\frac{1}{2\sqrt{2}} \\ . & \left(\frac{1}{2\sqrt{2}} + 0\right) & 0 & 0 & -\frac{1}{2\sqrt{2}} & -\frac{1}{2\sqrt{2}} \\ . & . & (0+1) & (0+0) & 0 & 0 \\ . & . & . & (1+0) & 0 & -1 \\ . & . & . & . & \left(\frac{1}{2\sqrt{2}} + 0\right) & \left(\frac{1}{2\sqrt{2}} + 0\right) \\ \text{sim.} & . & . & . & . & \left(\frac{1}{2\sqrt{2}} + 1\right) \end{bmatrix}$$

E com a matriz anterior, tem-se o sistema global de equações não restringido:

$$\frac{EA}{a} \begin{bmatrix} 1{,}3536 & 0{,}35356 & -1 & 0 & -0{,}35356 & -0{,}35356 \\ . & 0{,}35356 & 0 & 0 & -0{,}35356 & -0{,}35356 \\ . & . & 1 & 0 & 0 & 0 \\ . & . & . & 1 & 0 & -1 \\ . & . & . & . & 0{,}35356 & 0{,}35356 \\ \text{sim.} & . & . & . & . & 1{,}3536 \end{bmatrix} \begin{Bmatrix} d_1 \\ d_2 \\ d_3 \\ d_4 \\ d_5 \\ d_6 \end{Bmatrix} = \begin{Bmatrix} f_1 \\ f_2 \\ 0 \\ f_4 \\ \overline{P} \\ -\overline{P} \end{Bmatrix}$$

Observa-se que o sexto termo do vetor independente desse sistema é negativo, por se tratar de força em sentido contrário ao deslocamento d_6, e que f_1, f_2 e f_4 são reações de apoio a ser calculadas.

Além disso, com a eliminação das linhas e colunas correspondentes aos deslocamentos d_1, d_2 e d_4, por serem nulos, obtém-se o sistema global de equações restringido e a respectiva solução

$$\frac{EA}{a} \begin{bmatrix} 1 & 0 & 0 \\ . & 0{,}35356 & 0{,}35356 \\ \text{sim.} & . & 1{,}3536 \end{bmatrix} \begin{Bmatrix} d_3 \\ d_5 \\ d_6 \end{Bmatrix} = \begin{Bmatrix} 0 \\ \overline{P} \\ -\overline{P} \end{Bmatrix} \quad \rightarrow \quad \begin{Bmatrix} d_3 \\ d_5 \\ d_6 \end{Bmatrix} = \frac{\overline{P}a}{EA} \begin{Bmatrix} 0 \\ 4{,}8283 \\ -2{,}0 \end{Bmatrix}$$

E, com as Equações 3.23 e 3.20, são calculados os esforços normais nos elementos:

$$N = EA \, \frac{1}{\ell} \lfloor -\cos\alpha \quad -\sin\alpha \quad \cos\alpha \quad \sin\alpha \rfloor \, \mathbf{u}^{(e)}$$

$$N^{(1)} = \frac{EA}{a\sqrt{2}} \begin{bmatrix} -\frac{\sqrt{2}}{2} & -\frac{\sqrt{2}}{2} & \frac{\sqrt{2}}{2} & \frac{\sqrt{2}}{2} \end{bmatrix} \begin{Bmatrix} 0 \\ 0 \\ 4{,}8283 \\ -2{,}0 \end{Bmatrix} \frac{\overline{P}a}{EA} = 1{,}4142\,\overline{P}$$

$$N^{(2)} = \frac{EA}{a} \lfloor 0 \quad -1 \quad 0 \quad 1 \rfloor \begin{Bmatrix} 0 \\ 0 \\ 4{,}8283 \\ -1{,}999 \end{Bmatrix} \frac{\overline{P}a}{EA} = -2{,}0\,\overline{P} \quad , \quad N^{(3)} = \lfloor -1 \quad 0 \quad 1 \quad 0 \rfloor \begin{Bmatrix} 0 \\ 0 \\ 0 \\ 0 \end{Bmatrix} = 0$$

Finalmente, com a substituição, no sistema global de equações não restringido, dos deslocamentos prescritos (nulos) e dos deslocamentos encontrados, obtém-se

$$\begin{Bmatrix} f_1 \\ f_2 \\ 0 \\ f_4 \\ \overline{P} \\ -\overline{P} \end{Bmatrix} = \frac{EA}{a} \begin{bmatrix} 1{,}3536 & 0{,}35356 & -1 & 0 & -0{,}35356 & -0{,}35356 \\ . & 0{,}35356 & 0 & 0 & -0{,}35356 & -0{,}35356 \\ . & . & 1 & 0 & 0 & 0 \\ . & . & . & 1 & 0 & -1 \\ . & . & . & . & 0{,}35356 & 0{,}35356 \\ \text{sim.} & . & . & . & . & 1{,}3536 \end{bmatrix} \frac{\overline{P}a}{EA} \begin{Bmatrix} 0 \\ 0 \\ 0 \\ 0 \\ 4{,}8283 \\ -2{,}0 \end{Bmatrix}$$

$$\rightarrow \quad \begin{Bmatrix} f_1 \\ f_2 \\ 0 \\ f_4 \\ \overline{P} \\ -\overline{P} \end{Bmatrix} = \overline{P} \begin{Bmatrix} -1 \\ -1 \\ 0 \\ 2 \\ 1 \\ -1 \end{Bmatrix}$$

Nesse último vetor, são identificados os valores das reações f_1, f_2 e f_4, e a confirmação das forças nodais aplicadas segundo os deslocamentos d_5 e d_6.

3.2 – Elementos de viga na formulação de deslocamentos

No item anterior, foi apresentada a formulação de deslocamentos em particularização de barra axialmente carregada. O desenvolvimento dessa formulação no caso de flexão de barra é análogo e carece apenas de utilizar a correspondente equação diferencial ou Funcional Energia Potencial Total, como apresentado a seguir em três abordagens distintas para detalhar diversas peculiaridades do **MEF**.

3.2.1 – Elemento de quatro deslocamentos nodais e de coordenada dimensional

Desenvolve-se, a seguir, o elemento da Teoria Clássica de Viga mostrado na parte esquerda da Figura 3.5 e em que se adota um sistema de referencia local de coordenada dimensional de origem no ponto médio do elemento. Este elemento tem 2 pontos nodais e

2 deslocamentos por ponto nodal, a saber: deslocamento transversal e deslocamento angular ou rotação (em radianos). A adoção desses deslocamentos nodais será justificada no Item 4.4 que trata dos critérios de convergência e identifica-se que esses deslocamentos garantem a continuidade do deslocamento transversal e da correspondente derivada primeira em discretização de viga, como ilustra a parte direita da mesma figura. Além disso, são adotadas as convenções clássicas de momento fletor e de esforço cortante mostradas nessa mesma figura. E como o presente elemento tem 4 deslocamentos nodais, a Solução Propositiva 3.1 particulariza-se para a forma polinomial cúbica

$$u = \lfloor 1 \quad x \quad x^2 \quad x^3 \rfloor \begin{Bmatrix} \alpha_1 \\ \alpha_2 \\ \alpha_3 \\ \alpha_4 \end{Bmatrix} = \boldsymbol{\psi}\,\boldsymbol{\alpha} \tag{3.25}$$

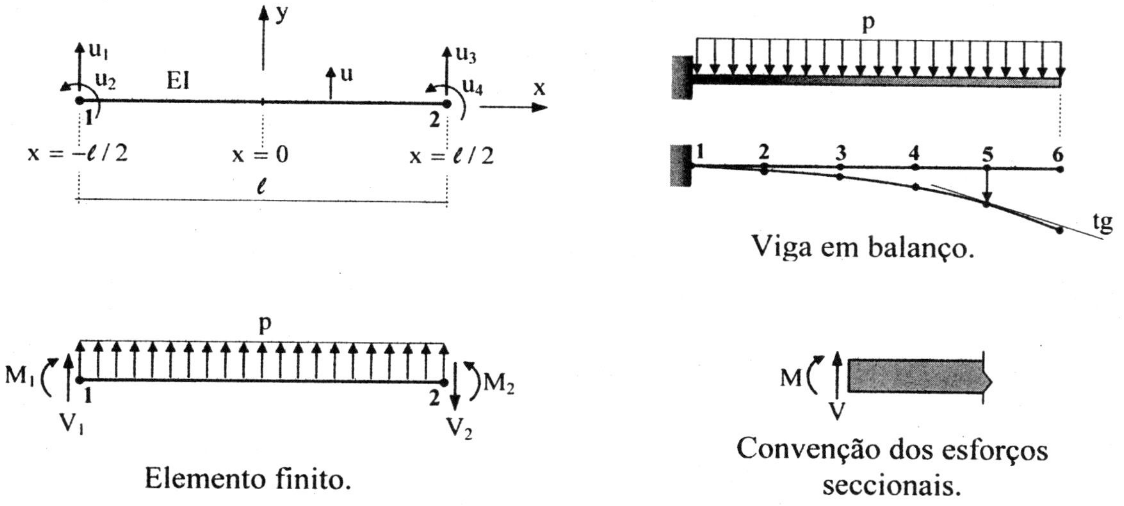

Figura 3.5 – Elemento e discretização de uma viga em balanço.

Com a particularização da solução anterior aos pontos nodais, obtém-se:

$$\mathbf{u}^{(e)} = \begin{Bmatrix} u_1 \\ u_2 \\ u_3 \\ u_4 \end{Bmatrix} = \begin{Bmatrix} u_{|x=-\ell/2} \\ u_{,x|x=-\ell/2} \\ u_{|x=\ell/2} \\ u_{,x|x=-\ell/2} \end{Bmatrix} = \begin{bmatrix} 1 & -\ell/2 & \ell^2/4 & -\ell^3/8 \\ 0 & 1 & -\ell & 3\ell^2/4 \\ 1 & \ell/2 & \ell^2/4 & \ell^3/8 \\ 0 & 1 & \ell & 3\ell^2/4 \end{bmatrix} \begin{Bmatrix} \alpha_1 \\ \alpha_2 \\ \alpha_3 \\ \alpha_4 \end{Bmatrix} = \boldsymbol{\psi}_0\,\boldsymbol{\alpha}$$

$$\rightarrow \quad \boldsymbol{\alpha} = \boldsymbol{\psi}_0^{-1}\,\mathbf{u}^{(e)} = \begin{bmatrix} 1/2 & \ell/8 & 1/2 & -\ell/8 \\ -3/2\ell & -1/4 & 3/2\ell & -1/4 \\ 0 & -1/2\ell & 0 & 1/2\ell \\ 2/\ell^3 & 1/\ell^2 & -2/\ell^3 & 2/\ell^2 \end{bmatrix} \mathbf{u}^{(e)} \tag{3.26}$$

E com a substituição dessa última equação na Equação 3.25, chega-se ao campo de deslocamentos

$$u = \boldsymbol{\psi}\,\boldsymbol{\psi}_0^{-1}\,\mathbf{u}^{(e)} \quad \rightarrow \quad u = \lfloor N_1 \quad N_2 \quad N_3 \quad N_4 \rfloor \mathbf{u}^{(e)} = \mathbf{N}\,\mathbf{u}^{(e)} \tag{3.27}$$

em que se têm as seguintes funções de interpolação:

$$\begin{cases} N_1 = \dfrac{1}{2} - \dfrac{3x}{2\ell} + \dfrac{2x^3}{\ell^3} \\ N_2 = \dfrac{\ell}{8} - \dfrac{x}{4} - \dfrac{x^2}{2\ell} + \dfrac{x^3}{\ell^2} \\ N_3 = \dfrac{1}{2} + \dfrac{3x}{2\ell} - \dfrac{2x^3}{\ell^3} \\ N_4 = -\dfrac{\ell}{8} - \dfrac{x}{4} + \dfrac{x^2}{2\ell} + \dfrac{x^3}{\ell^2} \end{cases} \tag{3.28}$$

Essas funções, que independem das coordenadas dos pontos nodais por se ter adotado um referencial dimensional no elemento, estão representadas na próxima figura no caso de elemento de comprimento unitário. E na parte inferior da mesma figura está ilustrado o campo polinomial cúbico representado pelo elemento.

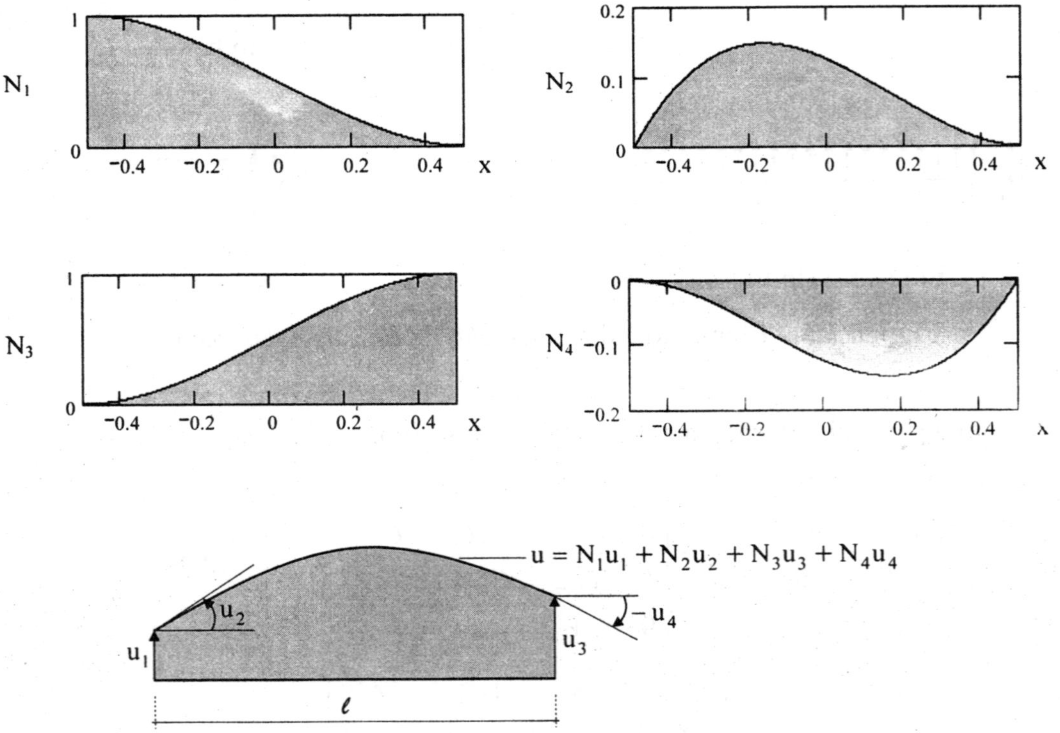

Figura 3.6 – Funções de interpolação unidimensionais cúbicas e o correspondente campo de deslocamento.

Essas são *funções de interpolação de Hermite*, utilizadas quando é necessário interpolar parâmetros nodais das variáveis primárias e de algumas de suas derivadas. Observa-se que, no presente caso, N_1 tem valor unitário no ponto nodal 1 e valor nulo no ponto nodal 2, e que N_3 tem valor unitário no ponto nodal 2 e valor nulo no ponto nodal 1. Já as funções N_2 e N_4 têm valores nulos em ambos os pontos nodais, mas têm derivada primeira nula em um dos pontos extremos e derivada primeira unitária no outro ponto nodal.

Por questão didática, desenvolve-se, a seguir, o mesmo elemento com o método variacional de Rayleigh-Ritz. Para isso, são considerados os esforços seccionais nas extremidades do elemento com os sentidos representados na Figura 3.5, com os quais se escreve o Funcional Energia Potencial Total no domínio do elemento [8]

$$J(u)^{(e)} = \int_{-\ell/2}^{\ell/2} \left(\frac{EI}{2} u_{,xx}^2 - p\,u \right) dx - V_1 u_{|x=-\ell/2} + M_1 u_{,x|x=-\ell/2} + V_2 u_{|x=\ell/2} - M_2 u_{,x|x=\ell/2}$$

E tem-se a condição de estacionariedade desse funcional

$$\begin{aligned}\delta J(u)^{(e)} = &\int_{-\ell/2}^{\ell/2} EI\, u_{,xx} \delta u_{,xx}\, dx - \int_{-\ell/2}^{\ell/2} p\, \delta u\, dx \\ &- V_1\, \delta u_{|x=-\ell/2} + M_1\, \delta u_{,x|x=-\ell/2} + V_2\, \delta u_{|x=\ell/2} - M_2\, \delta u_{,x|x=\ell/2} = 0\end{aligned} \qquad (3.29)$$

Além disso, a partir do Campo de Deslocamento 3.27, escreve-se a derivada segunda

$$u_{,xx} = \mathbf{N}_{,xx}\, \mathbf{u}^{(e)}$$

$$\rightarrow \qquad u_{,xx} = \begin{bmatrix} \dfrac{12x}{\ell^3} & -\dfrac{1}{2} + \dfrac{6x}{\ell^2} & \dfrac{12x}{\ell^3} & \dfrac{1}{2} + \dfrac{6x}{\ell^2} \end{bmatrix} \mathbf{u}^{(e)} = \mathbf{B}\mathbf{u}^{(e)} \qquad (3.30)$$

onde se identifica a matriz linha ($\mathbf{B} = \mathbf{N}_{,xx}$). Logo, tem-se, no elemento, o campo de momento fletor (com troca de sinal em relação à Equação I.7 do Anexo I, porque houve inversão do sentido do deslocamento transversal)

$$M = EI\,\mathbf{B}\,\mathbf{u}^{(e)} \qquad (3.31)$$

e o campo de esforço cortante (com troca de sinal em relação à Equação I.9 do Anexo I)

$$V = EI\,\mathbf{B}_{,x}\,\mathbf{u}^{(e)} \qquad (3.32)$$

Assim, com a substituição das Equações 3.27 e 3.30 na Condição de Estacionariedade 3.29, obtém-se

$$\begin{aligned}&\delta \mathbf{u}^{(e)^T} \int_{-\ell/2}^{\ell/2} \mathbf{B}^T EI\, \mathbf{B}\, \mathbf{u}^{(e)} dx - \delta \mathbf{u}^{(e)^T} \int_{-\ell/2}^{\ell/2} \mathbf{N}^T p\, dx \\ &+ \delta \mathbf{u}^{(e)^T} \left(-(\mathbf{N}^T V_1)_{|x=-\ell/2} + (\mathbf{N}_{,x}^T M_1)_{|x=-\ell/2} + (\mathbf{N}^T V_2)_{|x=\ell/2} - (\mathbf{N}_{,x}^T M_2)_{|x=\ell/2} \right) = 0\end{aligned}$$

---

[8] Por questão formalismo, foram incluídos neste funcional os esforços seccionais de extremidades do elemento. A omissão desses esforços em nada afeta a construção do sistema global de equações, porque esses esforços se anulam por efeito de ação e reação.

$$\rightarrow \quad \delta\mathbf{u}^{(e)^T}\left(\int_{-\ell/2}^{\ell/2}\mathbf{B}^T EI\,\mathbf{B}\,dx\right)\mathbf{u}^{(e)} - \delta\mathbf{u}^{(e)^T}\left(\int_{-\ell/2}^{\ell/2}\mathbf{N}^T p\,dx\right) - \delta\mathbf{u}^{(e)^T}\begin{Bmatrix} V_1 \\ -M_1 \\ -V_2 \\ M_2 \end{Bmatrix} = 0$$

E como são quaisquer as variações $\delta\mathbf{u}^{(e)}$, dessa equação obtém-se o sistema de equações algébricas lineares do elemento

$$\left(\int_{-\ell/2}^{\ell/2}\mathbf{B}^T EI\,\mathbf{B}\,dx\right)\mathbf{u}^{(e)} = \int_{-\ell/2}^{\ell/2}\mathbf{N}^T p\,dx + \begin{Bmatrix} V_1 \\ -M_1 \\ -V_2 \\ M_2 \end{Bmatrix}$$

que com as notações

$$\mathbf{K}^{(e)} = \int_{-\ell/2}^{\ell/2}\mathbf{B}^T EI\,\mathbf{B}\,dx \qquad (3.33)$$

$$\mathbf{f}_p^{(e)} = \int_{-\ell/2}^{\ell/2}\mathbf{N}^T p\,dx \qquad (3.34)$$

escreve-se sob a forma compacta

$$\mathbf{K}^{(e)}\mathbf{u}^{(e)} = \mathbf{f}_p^{(e)} + \begin{Bmatrix} V_1 \\ -M_1 \\ -V_2 \\ M_2 \end{Bmatrix}$$

$$\rightarrow \quad \mathbf{K}^{(e)}\mathbf{u}^{(e)} = \mathbf{f}^{(e)} \qquad (3.35)$$

Logo, no caso de elemento de seção transversal constante e com a matriz **B** que se identifica na Equação 3.30, obtém-se, com a Equação 3.33, a matriz de rigidez

$$\mathbf{K}^{(e)} = \frac{EI}{\ell}\begin{bmatrix} 12/\ell^2 & 6/\ell & -12/\ell^2 & 6/\ell \\ . & 4 & -6/\ell & 2 \\ . & . & 12/\ell^2 & -6/\ell \\ \text{sim.} & . & . & 4 \end{bmatrix} \qquad (3.36)$$

E com a Equação 3.34 e a matriz **N** identificada na Equação 3.27, obtém-se o vetor de forças nodais equivalentes à força distribuída aplicada ao elemento

$$\mathbf{f}_p^{(e)} = \frac{p\ell}{2}\begin{Bmatrix} 1 \\ \ell/6 \\ 1 \\ -\ell/6 \end{Bmatrix} \qquad (3.37)$$

A Expressão de Forças Nodais Equivalentes 3.34 pode ser utilizada para qualquer distribuição de força transversal. E como com esse vetor o elemento passa a ter apenas forças nodais e o campo de deslocamentos é cúbico (de mesma ordem que a solução obtida por integração da equação $EI u_{,xxxx} = 0$), obtém-se deslocamentos nodais exatos, mas deslocamentos aproximados nos pontos interiores ao elemento. E, consequentemente, obtém-se também resultados aproximados de momento fletor e de esforço cortante.

Além disso, a composição das Matrizes de Rigidez 3.15 e 3.36, com as numerações de deslocamentos mostradas na próxima figura, fornece a matriz de rigidez do elemento de pórtico plano

$$K^{(e)} = \begin{bmatrix} EA/\ell & 0 & 0 & -EA/\ell & 0 & 0 \\ \cdot & 12EI/\ell^3 & 6EI/\ell^2 & 0 & -12EI/\ell^3 & 6EI/\ell^2 \\ \cdot & \cdot & 4EI/\ell & 0 & 6EI/\ell^2 & 2EI/\ell \\ \cdot & \cdot & \cdot & EA/\ell & 0 & 0 \\ \cdot & \cdot & \cdot & \cdot & 12EI/\ell^3 & -6EI/\ell^2 \\ \text{sim.} & \cdot & \cdot & \cdot & \cdot & 4EI/\ell \end{bmatrix} \tag{3.38}$$

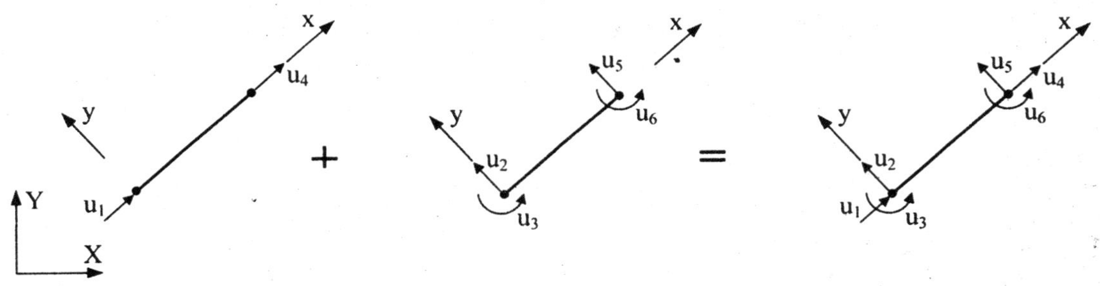

Figura 3.7 – Elemento de pórtico plano.

Exemplo 3.3 – A seguir, faz-se a análise da viga biapoiada representada na próxima figura em discretização de dois elementos finitos. Nessa mesma figura, estão mostradas a numeração global d_i e as numerações locais u_i, dos deslocamentos.

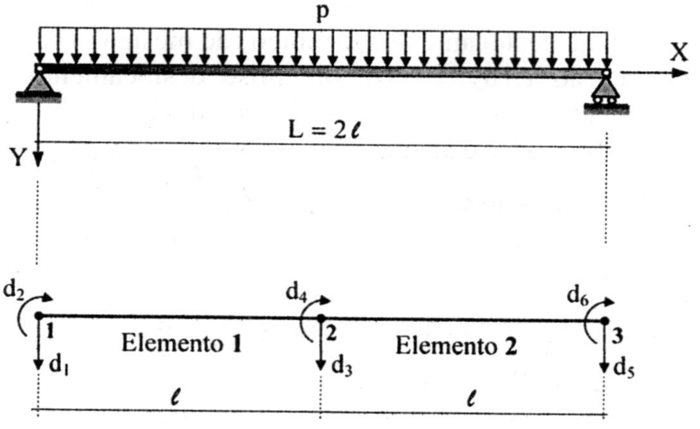

Numeração global.

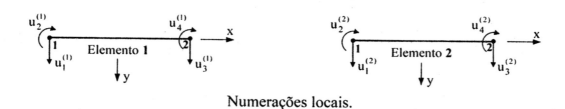

Numerações locais.

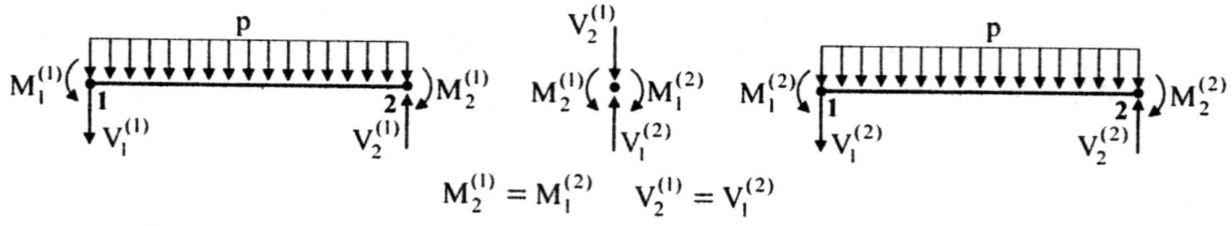

Esforços locais.

Figura E3.3a – Discretização de viga biapoiada em dois elementos.

Na presente discretização, os deslocamentos locais $u_3^{(1)}$ e $u_1^{(2)}$ coincidem com o deslocamento global d_3 e os deslocamentos locais $u_4^{(1)}$ e $u_2^{(2)}$ coincidem com o deslocamento global d_4, por se tratar dos deslocamentos do ponto de interface dos elementos. Logo, em obtenção do sistema global de equações, os coeficientes das matrizes $\mathbf{K}^{(1)}$ e $\mathbf{f}^{(1)}$ correspondentes aos deslocamentos $u_3^{(1)}$ e $u_4^{(1)}$ devem ser somados aos coeficientes das matrizes $\mathbf{K}^{(2)}$ e $\mathbf{f}^{(2)}$ correspondentes aos deslocamentos $u_1^{(2)}$ e $u_2^{(2)}$, como mostrado a seguir.

$$\frac{EI}{\ell}\begin{bmatrix} \frac{12}{\ell^2} & \frac{6}{\ell} & -\frac{12}{\ell^2} & \frac{6}{\ell} & 0 & 0 \\ . & 4 & -\frac{6}{\ell} & 2 & 0 & 0 \\ . & . & \left(\frac{12}{\ell^2}+\frac{12}{\ell^2}\right) & \left(-\frac{6}{\ell}+\frac{6}{\ell}\right) & -\frac{12}{\ell^2} & \frac{6}{\ell} \\ . & . & . & (4+4) & -\frac{6}{\ell} & 2 \\ . & . & . & . & \frac{12}{\ell^2} & -\frac{6}{\ell} \\ \text{sim.} & . & . & . & . & 4 \end{bmatrix}\begin{Bmatrix} d_1 \\ d_2 \\ d_3 \\ d_4 \\ d_5 \\ d_6 \end{Bmatrix} = \frac{p\ell}{2}\begin{Bmatrix} 1 \\ \frac{\ell}{6} \\ 1+1 \\ -\frac{\ell}{6}+\frac{\ell}{6} \\ 1 \\ -\frac{\ell}{6} \end{Bmatrix} + \begin{Bmatrix} V_1^{(1)} \\ -M_1^{(1)} \\ -V_2^{(1)}+V_1^{(2)} \\ M_2^{(1)}-M_1^{(2)} \\ -V_2^{(2)} \\ M_2^{(2)} \end{Bmatrix}$$

Nesse sistema, $(V_2^{(1)}=V_1^{(2)})$ e $(M_2^{(1)}=M_1^{(2)})$ por serem ações e reações na interface dos dois elementos, $(M_1^{(1)}=0)$ e $(M_2^{(2)}=0)$ porque as extremidades da viga são rótulas, e $-V_1^{(1)}$ e $V_2^{(2)}$ são iguais às reações de apoio da viga biapoiada.

Além disso, com a exclusão das linhas e colunas correspondentes aos deslocamentos transversais nulos que ocorrem nas extremidades da viga, obtém-se o sistema global restringido e a respectiva solução

$$\frac{EI}{\ell}\begin{bmatrix} 4 & -\frac{6}{\ell} & 2 & 0 \\ . & \frac{24}{\ell^2} & 0 & \frac{6}{\ell} \\ . & . & 8 & 2 \\ \text{sim.} & . & . & 4 \end{bmatrix}\begin{Bmatrix} d_2 \\ d_3 \\ d_4 \\ d_6 \end{Bmatrix} = \frac{p\ell}{2}\begin{Bmatrix} \frac{\ell}{6} \\ 2 \\ 0 \\ -\frac{\ell}{6} \end{Bmatrix} \quad \rightarrow \quad \mathbf{d} = \begin{Bmatrix} d_2 \\ d_3 \\ d_4 \\ d_6 \end{Bmatrix} = \frac{p\ell^3}{EI}\begin{Bmatrix} 1/3 \\ 5\ell/24 \\ 0 \\ -1/3 \end{Bmatrix}$$

$$\rightarrow \quad \mathbf{d} = \frac{pL^3}{8EI}\begin{Bmatrix} 1/3 \\ 5L/48 \\ 0 \\ -1/3 \end{Bmatrix}$$

Esses deslocamentos são exatos. E com a substituição desses deslocamentos e dos deslocamentos nulos das extremidades da viga no sistema global não restringido, obtém-se

$$\begin{Bmatrix} V_1^{(1)} \\ 0 \\ 0 \\ 0 \\ -V_2^{(2)} \\ 0 \end{Bmatrix} = -\frac{p\ell}{2}\begin{Bmatrix} 1 \\ \frac{\ell}{6} \\ 2 \\ 0 \\ 1 \\ -\frac{\ell}{6} \end{Bmatrix} + \frac{EI}{\ell}\begin{bmatrix} \frac{12}{\ell^2} & \frac{6}{\ell} & -\frac{12}{\ell^2} & \frac{6}{\ell} & 0 & 0 \\ . & 4 & -\frac{6}{\ell} & 2 & 0 & 0 \\ . & . & \left(\frac{12}{\ell^2}+\frac{12}{\ell^2}\right) & \left(-\frac{6}{\ell}+\frac{6}{\ell}\right) & -\frac{12}{\ell^2} & \frac{6}{\ell} \\ . & . & . & (4+4) & -\frac{6}{\ell} & 2 \\ . & . & . & . & \frac{12}{\ell^2} & -\frac{6}{\ell} \\ \text{sim.} & . & . & . & . & 4 \end{bmatrix}\frac{p\ell^3}{EI}\begin{Bmatrix} 0 \\ \frac{1}{3} \\ \frac{5\ell}{24} \\ 0 \\ 0 \\ -\frac{1}{3} \end{Bmatrix}$$

Finalmente, dessa equação, tem-se as reações ($-V_1^{(1)} = p\,\ell = p\,L/2$) e ($V_2^{(2)} = p\,\ell = p\,L/2$), em sentido de baixo para cima.[9]

3.2.2 – Elemento de quatro deslocamentos nodais e de coordenada adimensional

No desenvolvimento do elemento de viga do item anterior, foi adotada a coordenada dimensional local x. Contudo, em elementos mais elaborados, é mais vantajoso efetuar o mapeamento entre um elemento em um sistema de coordenadas normalizadas e um elemento no espaço físico de coordenadas cartesianas. E para exemplificar esse mapeamento, desenvolve-se o elemento de viga representado na figura seguinte.

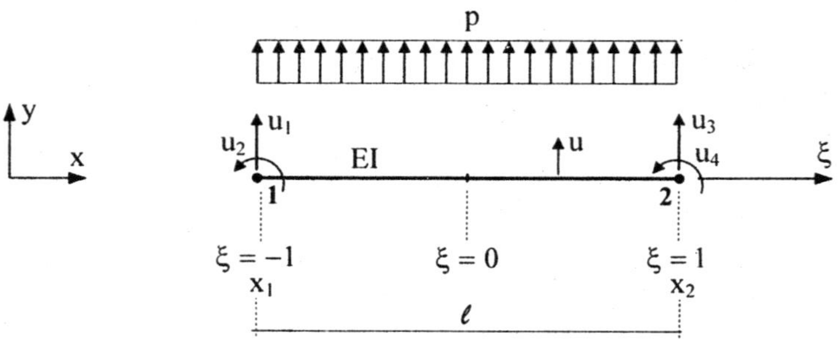

Figura 3.8 – Elemento de viga com quatro deslocamentos nodais e de coordenada adimensional ξ.

Inicia-se com uma solução propositiva cúbica análoga à Equação 3.25, mas agora com a coordenada normalizada adimensional ξ que varia entre −1 a +1

$$u = \lfloor 1 \quad \xi \quad \xi^2 \quad \xi^3 \rfloor \begin{Bmatrix} \alpha_1 \\ \alpha_2 \\ \alpha_3 \\ \alpha_4 \end{Bmatrix} = \boldsymbol{\psi}\,\boldsymbol{\alpha} \qquad (3.39)$$

E para que se tenha correspondência biunívoca entre a coordenada ξ e a coordenada x do espaço físico, adota-se a interpolação (linear) das coordenadas dos pontos nodais

$$x = \lfloor (1-\xi)/2 \quad (1+\xi)/2 \rfloor \begin{Bmatrix} x_1 \\ x_2 \end{Bmatrix} = 1 + \frac{\xi}{2}(x_2 - x_1) \qquad (3.40)$$

A partir dessa equação tem-se

[9] Na Análise Matricial de Estruturas, os resultados nodais exatos de momento fletor e de esforço cortante são obtidos por ($\mathbf{K}^{(e)}\mathbf{u}^{(e)} - \mathbf{f}_p^{(e)}$) (vide, na Bibliografia, Soriano, H.L., 2005).

$$x_{,\xi} = \frac{\ell}{2} \quad \rightarrow \quad dx = \frac{\ell}{2} d\xi \tag{3.41}$$

E ainda a partir da Equação 3.40 tem-se

$$\xi = \frac{2x - (x_1 - x_2)}{x_2 - x_1}$$

$$\rightarrow \quad \xi_{,x} = \frac{2}{x_2 - x_1} = \frac{2}{\ell} \tag{3.42}$$

Logo, pela regra de derivação em cadeia, escreve-se a derivada do deslocamento transversal

$$u_{,x} = u_{,\xi}\, \xi_{,x}$$

onde $\xi_{,x}$ é denominado *Jacobiano*. Assim, tem-se essa derivada sob a forma

$$u_{,x} = u_{,\xi}\, 2/\ell \tag{3.43}$$

Com a particularização da Solução Propositiva 3.39 aos pontos nodais do elemento, escreve-se

$$\mathbf{u}^{(e)} = \begin{Bmatrix} u_1 \\ u_2 \\ u_3 \\ u_4 \end{Bmatrix} = \begin{Bmatrix} u_{|\xi=-1} \\ u_{,x|\xi=-1} \\ u_{|\xi=1} \\ u_{,x|\xi=1} \end{Bmatrix} = \begin{Bmatrix} u_{|\xi=-1} \\ u_{,\xi}\,\xi_{,x|\xi=-1} \\ u_{|\xi=1} \\ u_{,\xi}\,\xi_{,x|\xi=1} \end{Bmatrix} = \begin{bmatrix} 1 & -1 & 1 & -1 \\ 0 & 2/\ell & -4/\ell & 6/\ell \\ 1 & 1 & 1 & 1 \\ 0 & 2/\ell & 4/\ell & 6/\ell \end{bmatrix} \boldsymbol{\alpha} = \boldsymbol{\psi}_0\, \boldsymbol{\alpha}$$

$$\rightarrow \quad \boldsymbol{\alpha} = \boldsymbol{\psi}_0^{-1}\, \mathbf{u}^{(e)} = \begin{bmatrix} 1/2 & \ell/8 & 1/2 & -\ell/8 \\ -3/4 & -\ell/8 & 3/4 & -\ell/8 \\ 0 & -\ell/8 & 0 & \ell/8 \\ 1/4 & \ell/8 & 1/4 & \ell/8 \end{bmatrix} \mathbf{u}^{(e)}$$

E com a substituição desse resultado na Solução Propositiva 3.39, obtém-se o campo de deslocamentos

$$u = \boldsymbol{\psi}\, \boldsymbol{\psi}_0^{-1}\, \mathbf{u}^{(e)} \quad \rightarrow \quad u = \lfloor N_1 \quad N_2 \quad N_3 \quad N_4 \rfloor \mathbf{u}^{(e)} = \mathbf{N}\,\mathbf{u}^{(e)} \tag{3.44}$$

donde se tem as funções de interpolação e as correspondentes derivadas segundas

$$\begin{cases} N_1 = \dfrac{1}{2} - \dfrac{3\xi}{4} + \dfrac{\xi^3}{4} \\ N_2 = \dfrac{\ell}{8}\left(1 - \xi - \xi^2 + \xi^3\right) \\ N_3 = \dfrac{1}{2} + \dfrac{3\xi}{4} - \dfrac{\xi^3}{4} \\ N_4 = \dfrac{\ell}{8}\left(-1 - \xi + \xi^2 + \xi^3\right) \end{cases} \tag{3.45}$$

$$\rightarrow \quad \begin{cases} N_{1,\xi\xi} = \dfrac{3\xi}{2} \\ N_{2,\xi\xi} = \dfrac{\ell}{4}(-1+3\,\xi) \\ N_{3,\xi\xi} = -\dfrac{3\xi}{2} \\ N_{4,\xi\xi} = \dfrac{\ell}{4}(1+3\,\xi) \end{cases} \tag{3.46}$$

E como N_i é função de ξ, novamente com a regra da cadeia, escreve-se

$$N_{i,x} = N_{i,\xi}\,\xi_{,x} = N_{i,\xi}\frac{2}{\ell} \quad \rightarrow \quad N_{i,xx} = N_{i,\xi\xi}\frac{2}{\ell}\frac{2}{\ell} = \frac{4}{\ell^2}N_{i,\xi\xi} \tag{3.47}$$

que fornece

$$u_{,xx} = \mathbf{N}_{,xx}\,\mathbf{u}^{(e)} = \frac{4}{\ell^2}\left[\frac{3\xi}{2} \quad -\frac{\ell}{4}+\frac{3\ell\xi}{4} \quad -\frac{3\xi}{2} \quad \frac{\ell}{4}+\frac{3\ell\xi}{4}\right]\mathbf{u}^{(e)} = \mathbf{B}\,\mathbf{u}^{(e)} \tag{3.48}$$

Assim, com a substituição das Equações 3.41, 3.44 e 3.47 na Condição de Estacionariedade 3.29, obtém-se novamente o sistema de Equações 3.35, agora com as seguintes expressões de matriz de rigidez e de vetor de forças nodais equivalentes:

$$\mathbf{K}^{(e)} = \int_{-1}^{1}\mathbf{B}^{T} E I\, \mathbf{B}\,\frac{\ell}{2}\,d\xi \tag{3.49}$$

$$\mathbf{f}_p^{(e)} = \int_{-1}^{1}\mathbf{N}^{T} p\,\frac{\ell}{2}\,d\xi \tag{3.50}$$

E com a substituição, nessas duas equações, da matriz **B** identificada na Equação 3.48 e da matriz **N** identificada na Equação 3.45, e a integração das correspondentes expressões, obtém-se os mesmos resultados de matriz de rigidez e de forças nodais equivalentes expressos pelas Equações 3.36 e 3.37.

3.2.3 – Elemento de cinco deslocamentos nodais

O elemento de viga formulado nos dois itens anteriores tem campo cúbico de deslocamento, o que conduz a deslocamentos nodais exatos e deslocamentos aproximados em pontos interiores ao elemento e, consequentemente, a resultados aproximados de momento fletor e de esforço cortante. Resultados exatos para esses esforços ao longo do comprimento do elemento podem ser obtidos com o aumento da ordem do campo de deslocamentos, como desenvolvido a seguir. O principal objetivo é mostrar que se pode desenvolver um elemento finito com o número de pontos nodais que se desejar, assim como com diferentes parâmetros nodais.

Assim, considera-se o elemento de viga representado na Figura 3.9, em que se tem três pontos nodais e os cinco deslocamentos nodais indicados, dois deslocamentos em cada um dos pontos extremos e apenas um deslocamento no ponto médio. Logo, como os deslocamentos nodais são em número de cinco, parte-se da solução propositiva

$$u = \lfloor 1 \quad \xi \quad \xi^2 \quad \xi^3 \quad \xi^4 \rfloor \begin{Bmatrix} \alpha_1 \\ \vdots \\ \alpha_5 \end{Bmatrix} = \boldsymbol{\psi}\,\boldsymbol{\alpha} \qquad (3.51)$$

e, como foi adotada a coordenada normalizada ξ, utiliza-se a definição de geometria expressa pela Equação 3.40.

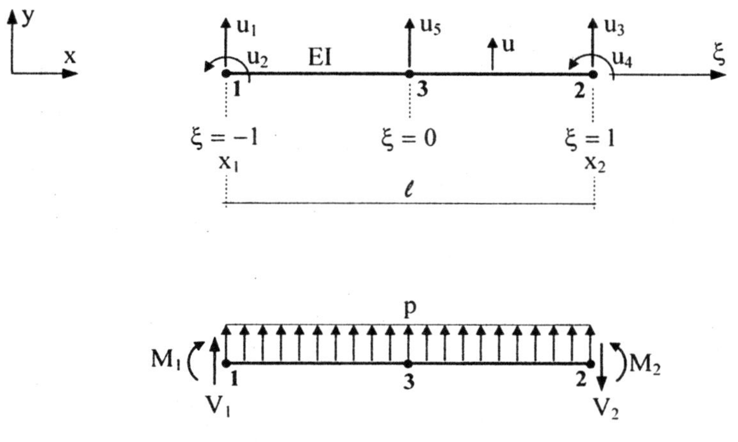

Figura 3.9 – Elemento de viga com cinco parâmetros nodais.

Logo, de forma semelhante ao desenvolvido no item anterior, particulariza-se a equação anterior aos deslocamentos nodais

$$\mathbf{u}^{(e)} = \begin{Bmatrix} u_1 \\ u_2 \\ u_3 \\ u_4 \\ u_5 \end{Bmatrix} = \begin{Bmatrix} u_{|\xi=-1} \\ u_{,x|\xi=-1} \\ u_{|\xi=1} \\ u_{,x|\xi=1} \\ u_{|\xi=0} \end{Bmatrix} = \begin{Bmatrix} u_{|\xi=-1} \\ u_{,\xi}\,\xi_{,x|\xi=-1} \\ u_{|\xi=1} \\ u_{,\xi}\,\xi_{,x|\xi=1} \\ u_{|\xi=0} \end{Bmatrix} = \begin{bmatrix} 1 & -1 & 1 & -1 & 1 \\ 0 & 2/\ell & -4/\ell & 6/\ell & -8/\ell \\ 1 & 1 & 1 & 1 & 1 \\ 0 & 2/\ell & 4/\ell & 6/\ell & 8/\ell \\ 1 & 0 & 0 & 0 & 0 \end{bmatrix} \boldsymbol{\alpha} = \boldsymbol{\psi}_0\,\boldsymbol{\alpha}$$

E com o isolamento de $\boldsymbol{\alpha}$ nessa equação e substituição do resultado na Equação 3.51, obtém-se o campo de deslocamentos

$$u = \boldsymbol{\psi}\;\boldsymbol{\psi}_0^{-1}\,\mathbf{u}^{(e)}$$

$$\rightarrow \qquad u = \lfloor N_1 \quad N_2 \quad N_3 \quad N_4 \quad N_5 \rfloor \mathbf{u}^{(e)} = \mathbf{N}\,\mathbf{u}^{(e)} \qquad (3.52)$$

com as seguintes funções de interpolação e correspondentes derivadas segundas

$$\begin{cases} N_1 = -\dfrac{3\xi}{4} + \xi^2 + \dfrac{\xi^3}{4} - \dfrac{\xi^4}{2} \\ N_2 = \dfrac{\ell}{8}\left(-\xi + \xi^2 + \xi^3 - \xi^4\right) \\ N_3 = \dfrac{3\xi}{4} + \xi^2 - \dfrac{\xi^3}{4} - \dfrac{\xi^4}{2} \\ N_4 = \dfrac{\ell}{8}\left(-\xi - \xi^2 + \xi^3 + \xi^4\right) \\ N_5 = 1 - 2\xi^2 + \xi^4 \end{cases} \rightarrow \begin{cases} N_{1,\xi\xi} = 2 + \dfrac{3\xi}{2} - 6\xi^2 \\ N_{2,\xi\xi} = \ell\left(\dfrac{1}{4} + \dfrac{3\xi}{4} - \dfrac{3\xi^2}{2}\right) \\ N_{3,\xi\xi} = 2 - \dfrac{3\xi}{2} - 6\xi^2 \\ N_{4,\xi\xi} = \ell\left(-\dfrac{1}{4} + \dfrac{3\xi}{4} + \dfrac{3\xi^2}{2}\right) \\ N_{4,\xi\xi} = -4 + 12\xi^2 \end{cases} \qquad (3.53a,b)$$

Essas funções estão representadas na próxima figura e têm características análogas às funções expressas pelas Equações 3.28.

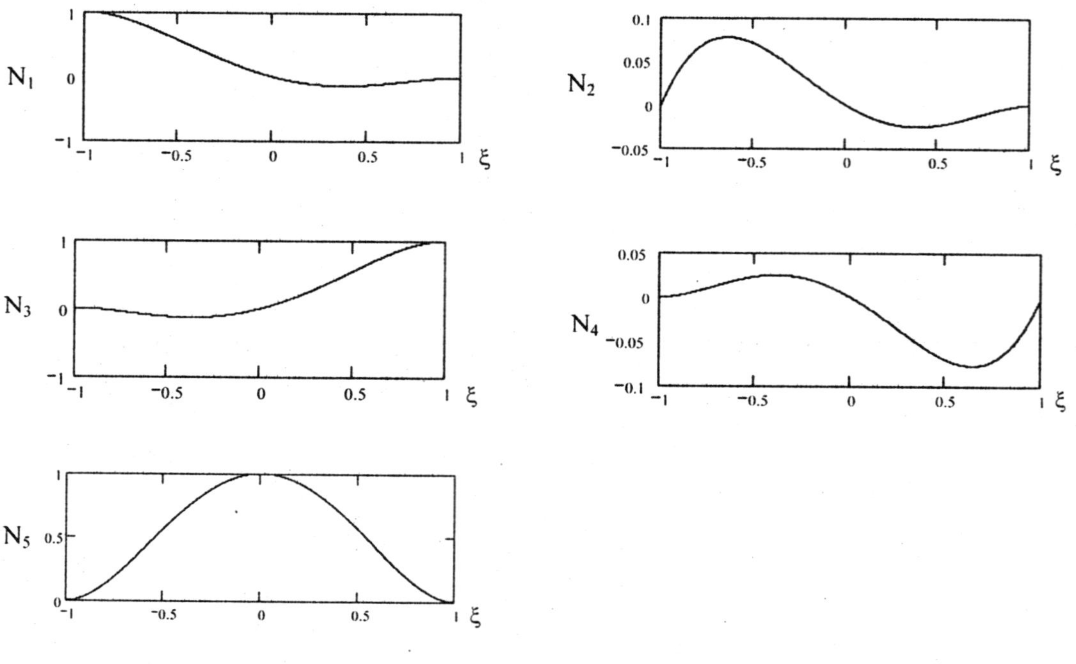

Figura 3.10 – Funções de interpolação do elemento de cinco deslocamentos nodais.

Logo, a partir das Equações 3.52 e 3.47, obtém-se a seguinte derivada do campo de deslocamentos

$$u_{,xx} = \frac{4}{\ell^2}\lfloor N_{1,\xi\xi} \quad N_{2,\xi\xi} \quad N_{3,\xi\xi} \quad N_{4,\xi\xi} \quad N_{5,\xi\xi} \rfloor \mathbf{u}^{(e)} = \mathbf{B}\,\mathbf{u}^{(e)} \qquad (3.54)$$

E com as Equações 3.49 e 3.50 obtém-se, respectivamente, a matriz de rigidez e o vetor das forças nodais equivalentes

$$\mathbf{K}^{(e)} = \int_{-1}^{1} \mathbf{B}^T E I \, \mathbf{B} \frac{\ell}{2} d\xi \quad \rightarrow \quad \mathbf{K}^{(e)} = \frac{EI}{\ell} \begin{bmatrix} \frac{316}{5\ell^2} & \frac{94}{5\ell} & \frac{196}{5\ell^2} & -\frac{34}{5\ell} & -\frac{512}{5\ell^2} \\ . & \frac{36}{5} & \frac{34}{5\ell} & -\frac{6}{5} & -\frac{128}{5\ell} \\ . & . & \frac{316}{5\ell^2} & -\frac{94}{5\ell} & -\frac{512}{5\ell^2} \\ . & . & . & \frac{36}{5} & \frac{128}{5\ell} \\ \text{sim.} & . & . & . & \frac{1024}{5\ell^2} \end{bmatrix} \tag{3.55}$$

$$\mathbf{f}^{(e)} = \int_{-1}^{1} \mathbf{N}^T p \frac{\ell}{2} d\xi + \begin{Bmatrix} V_1 \\ -M_1 \\ -V_2 \\ M_2 \\ 0 \end{Bmatrix} \quad \rightarrow \quad \mathbf{f}_p^{(e)} = \int_{-1}^{1} \mathbf{N}^T p \frac{\ell}{2} d\xi = p \begin{Bmatrix} 7\ell/30 \\ \ell^2/60 \\ 7\ell/30 \\ -\ell^2/60 \\ 8\ell/15 \end{Bmatrix} \tag{3.56}$$

Neste caso, como o campo de deslocamentos é polinomial de quarta ordem, o elemento é capaz de representar campo quadrático de momento fletor e campo linear de esforço cortante.

3.3 – Condensação estática de graus de liberdade

O elemento finito desenvolvido no item anterior tem um grau de liberdade interno, o que não é prático quando da construção do sistema global de equações. Graus internos podem ser eliminados do sistema de equações de qualquer elemento finito, sem introduzir aproximações adicionais nos campos das variáveis dependentes, no que se denomina *condensação estática*.

Trata-se de uma eliminação de Gauss parcial, em liberação dos graus internos. E para isso, escreve-se o sistema de equações do elemento ($\mathbf{K}^{(e)} \mathbf{u}^{(e)} = \mathbf{f}^{(e)}$) sob a forma particionada seguinte:

$$\begin{bmatrix} \mathbf{k}_{EE} & \mathbf{k}_{EI} \\ \mathbf{k}_{IE} & \mathbf{k}_{II} \end{bmatrix}^{(e)} \begin{Bmatrix} \mathbf{u}_E \\ \mathbf{u}_I \end{Bmatrix}^{(e)} = \begin{Bmatrix} \mathbf{f}_E \\ \mathbf{f}_I \end{Bmatrix}^{(e)} \tag{3.57}$$

onde o índice E diz respeito ao conjunto dos graus de liberdade externos e o índice I, dos graus internos. Logo, a equação anterior fornece

$$\begin{cases} \mathbf{k}_{EE}^{(e)} \mathbf{u}_E^{(e)} + \mathbf{k}_{EI}^{(e)} \mathbf{u}_I^{(e)} = \mathbf{f}_E^{(e)} \\ \mathbf{k}_{IE}^{(e)} \mathbf{u}_E^{(e)} + \mathbf{k}_{II}^{(e)} \mathbf{u}_I^{(e)} = \mathbf{f}_I^{(e)} \end{cases}$$

A última dessas duas equações fornece os parâmetros internos

$$\mathbf{u}_I^{(e)} = \mathbf{k}_{II}^{(e)^{-1}} \mathbf{f}_I^{(e)} - \mathbf{k}_{II}^{(e)^{-1}} \mathbf{k}_{IE}^{(e)} \mathbf{u}_E^{(e)} \tag{3.58}$$

E com a substituição desse resultado na outra equação, obtém-se o sistema em termos apenas dos graus externos

$$\mathbf{K}'^{(e)}_{EE}\,\mathbf{u}^{(e)}_{E} = \mathbf{f}'^{(e)}_{E} \tag{3.59}$$

onde

$$\begin{cases} \mathbf{K}'^{(e)}_{EE} = \mathbf{k}^{(e)}_{EE} - \mathbf{k}^{(e)}_{EI}\,\mathbf{k}^{(e)^{-1}}_{II}\,\mathbf{k}^{(e)}_{IE} \\ \mathbf{f}'^{(e)}_{E} = \mathbf{f}^{(e)}_{E} - \mathbf{K}^{(e)}_{EI}\,\mathbf{K}^{(e)^{-1}}_{II}\,\mathbf{f}^{(e)}_{I} \end{cases} \tag{3.60}$$

Exemplo 3.4 – Para ilustrar a condensação estática descrita anteriormente, analisa-se a viga biapoiada representada na próxima figura em idealização com um único elemento de cinco deslocamentos nodais.

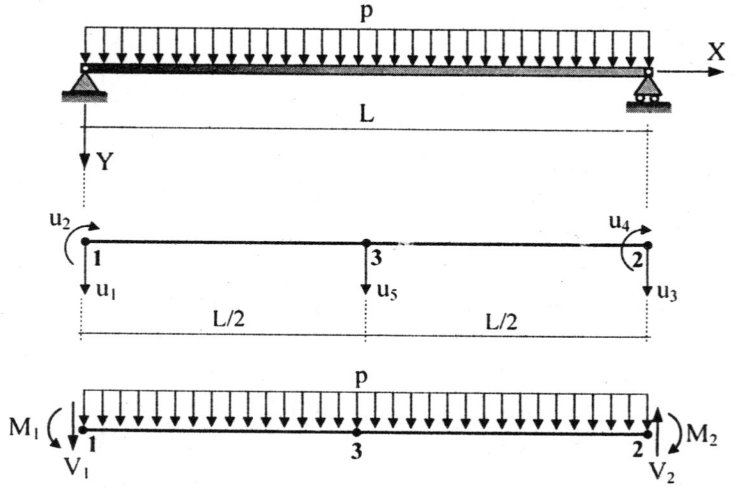

Figura E3.4a – Viga biapoiada idealizada em um elemento de cinco deslocamentos nodais.

Com as matrizes expressas pelas Equações 3.55 e 3.56, e como $(M_1 = 0)$ e $(M_2 = 0)$, escreve-se o sistema de equações algébricas da viga

$$\frac{EI}{L}\begin{bmatrix} \frac{316}{5L^2} & \frac{94}{5L} & \frac{196}{5L^2} & -\frac{34}{5L} & -\frac{512}{5L^2} \\ . & \frac{36}{5} & \frac{34}{5L} & -\frac{6}{5} & -\frac{128}{5L} \\ . & . & \frac{316}{5L^2} & -\frac{94}{5L} & -\frac{512}{5L^2} \\ . & . & . & \frac{36}{5} & \frac{128}{5L} \\ \text{sim.} & . & . & . & \frac{1024}{5L^2} \end{bmatrix}\begin{Bmatrix} u_1 \\ u_2 \\ u_3 \\ u_4 \\ u_5 \end{Bmatrix} = p\begin{Bmatrix} \frac{7L}{30} \\ \frac{L^2}{60} \\ \frac{7L}{30} \\ -\frac{L^2}{60} \\ \frac{8L}{15} \end{Bmatrix} + \begin{Bmatrix} V_1 \\ 0 \\ -V_2 \\ 0 \\ 0 \end{Bmatrix}$$

Efetuada a condensação estática do deslocamento u_5 com as Equações 3.60, obtém-se o sistema[10]

$$\frac{EI}{L}\begin{bmatrix} \frac{12}{L^2} & \frac{6}{L} & -\frac{12}{L^2} & \frac{6}{L} \\ . & 4 & -\frac{6}{L} & 2 \\ . & . & \frac{12}{L^2} & -\frac{6}{L} \\ \text{sim.} & . & . & 4 \end{bmatrix}\begin{Bmatrix} u_1 \\ u_2 \\ u_3 \\ u_4 \end{Bmatrix} = \frac{pL}{2}\begin{Bmatrix} 1 \\ \frac{L}{6} \\ 1 \\ -\frac{L}{6} \end{Bmatrix} + \begin{Bmatrix} V_1 \\ 0 \\ -V_2 \\ 0 \end{Bmatrix}$$

Nesse sistema, considera-se as condições geométricas de contorno, $(u_1=0)$ e $(u_3=0)$, por eliminação das correspondentes linhas e colunas, para obter o sistema de equações restringido e a respectiva solução

$$\frac{EI}{L}\begin{bmatrix} 4 & 2 \\ 2 & 4 \end{bmatrix}\begin{Bmatrix} u_2 \\ u_4 \end{Bmatrix} = \frac{pL^2}{12}\begin{Bmatrix} 1 \\ -1 \end{Bmatrix} \quad \rightarrow \quad \begin{Bmatrix} u_2 \\ u_4 \end{Bmatrix} = \frac{pL^3}{24EI}\begin{Bmatrix} 1 \\ -1 \end{Bmatrix}$$

Com esses dois deslocamentos exatos e a Equação 3.58 (utilizada na condensação estática do quinto grau de liberdade), obtém-se o deslocamento vertical exato do ponto nodal médio do elemento

$$u_5 = \frac{5pL^4}{384}$$

E com esse deslocamento forma-se o conjunto dos deslocamentos nodais do elemento

$$\mathbf{u}^{(e)} = \begin{Bmatrix} u_1 \\ u_2 \\ u_3 \\ u_4 \\ u_5 \end{Bmatrix} = \frac{pL^3}{8EI}\begin{Bmatrix} 0 \\ 1/3 \\ 0 \\ -1/3 \\ 5L/48 \end{Bmatrix}$$

Esses deslocamentos definem o campo exato de deslocamento ($\mathbf{u} = \mathbf{N}\,\mathbf{u}^{(e)}$), que, com a Equação 3.31 e a matriz **B** identificada na Equação 3.54, fornecem o campo exato de momento fletor no elemento

$$M = EI\,\mathbf{B}\,\mathbf{u}^{(e)} = EI\,\frac{4}{L^2}\lfloor N_{1,\xi\xi} \quad N_{2,\xi\xi} \quad N_{3,\xi\xi} \quad N_{4,\xi\xi} \quad N_{5,\xi\xi}\rfloor\,\mathbf{u}^{(e)}$$

$$\rightarrow \quad M = \frac{pL^2}{8}\left(-1+\xi^2\right)$$

E com a Equação 3.32, aqueles deslocamentos fornecem o seguinte campo exato de esforço cortante no elemento

---

[10] Esse é o mesmo sistema que se obtém com as Equações 3.49 e 3.50 deduzidas para o elemento de viga de quatro deslocamentos nodais.

$$V = EI\,\mathbf{B}_{,\xi}\,\xi_{,x}\;\mathbf{u}^{(e)}$$

$$\rightarrow \quad V = EI\frac{4}{L^2}\lfloor N_{1,\xi\xi\xi} \quad N_{2,\xi\xi\xi} \quad N_{3,\xi\xi\xi} \quad N_{4,\xi\xi\xi} \quad N_{5,\xi\xi\xi}\rfloor \frac{2}{L}\,\mathbf{u}^{(e)} \quad \rightarrow \quad V = -\frac{pL\xi}{2}$$

As equações dos esforços seccionais anteriores foram calculadas com sinais contrários ao da convenção clássica, devido à inversão do sentido do deslocamento transversal. Com a alteração desses sinais, esses esforços estão representados na figura que se segue, no caso de $(L=1)$ e $(p=1)$.

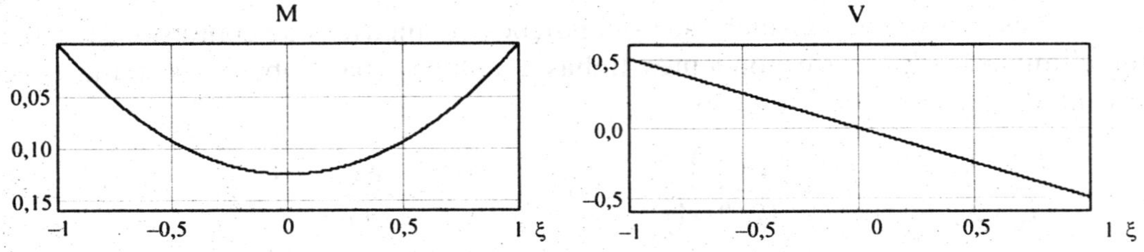

Figura E3.4b – Esforços seccionais da viga da Figura E3.4a.

Contudo, como a condensação estática do deslocamento nodal interno ao presente fornece o mesmo sistema de equações de equilíbrio do elemento de viga de quatro deslocamentos nodais, é mais prático adotar diretamente esse sistema e, após o cálculo desses parâmetros, utilizar a Equação 3.58 para obter aquele deslocamento interno.

3.4 – Consideração das condições essenciais de contorno

De acordo com o que ficou esclarecido nos itens anteriores, em cada direção de parâmetro nodal pode-se estabelecer uma condição essencial de contorno (como deslocamento prescrito) ou uma condição não essencial de contorno (como força prescrita), nunca ambas as condições. Essa última condição é levada em conta de forma natural através da atribuição de valores a termos do vetor independente (no caso, vetor de forças nodais). E o primeiro tipo de condição de contorno precisa ser incorporado a esse sistema, para obter o sistema global restringido a ser resolvido. Contudo, até então, as condições essenciais de contorno eram homogêneas e foram consideradas com a simples exclusão das correspondentes linhas e colunas do sistema global não restringido. A seguir, são apresentadas três outras técnicas de introdução dessas condições no contexto da formulação de deslocamentos, embora essas técnicas se apliquem a qualquer outra formulação do **MEF**.

3.4.1 – Técnica de ordenação e eliminação de parâmetros nodais

Nessa técnica, são numerados inicialmente os graus de liberdade $\mathbf{d}_\ell$ (parâmetros nodais desconhecidos), seguidos dos parâmetros nodais prescritos (conhecidos) $\mathbf{d}_{\not\ell}$ (ou se faz uma renumeração automática para se ter essa numeração), de maneira a escrever o sistema global de equações não restringido na forma

$$\begin{bmatrix} \mathbf{K}_{\ell\ell} & \mathbf{K}_{\ell p} \\ \mathbf{K}_{p\ell} & \mathbf{K}_{pp} \end{bmatrix} \begin{Bmatrix} \mathbf{d}_\ell \\ \mathbf{d}_p \end{Bmatrix} = \begin{Bmatrix} \mathbf{f}_\ell \\ \mathbf{f}_p \end{Bmatrix} \tag{3.61}$$

Nessa forma repartida, o vetor $\mathbf{f}_\ell$ contém as forças nodais conhecidas (resultado de forças externas diretamente aplicadas em pontos nodais e de forças nodais equivalentes a ações externas aplicadas a elementos) e o vetor $\mathbf{f}_p$ contém as reações de apoio (desconhecidas).

Dessa última equação, tem-se

$$\begin{cases} \mathbf{K}_{\ell\ell}\mathbf{d}_\ell + \mathbf{K}_{\ell p}\mathbf{d}_p = \mathbf{f}_\ell \\ \mathbf{K}_{p\ell}\mathbf{d}_\ell + \mathbf{K}_{pp}\mathbf{d}_p = \mathbf{f}_p \end{cases}$$

E desde que os deslocamentos prescritos sejam suficientes para impedir os deslocamentos de corpo rígido do modelo discreto, a matriz $\mathbf{K}_{\ell\ell}$ é não singular (e simétrica positiva-definida), o que permite obter os parâmetros nodais

$$\mathbf{d}_\ell = \mathbf{K}_{\ell\ell}^{-1}\left(\mathbf{f}_\ell - \mathbf{K}_{\ell p}\mathbf{d}_p\right) = \mathbf{K}_{\ell\ell}^{-1}\mathbf{f}_\ell^{*} \tag{3.62}$$

que, por sua vez, conduzem ao cálculo das reações de apoio

$$\mathbf{f}_p = \mathbf{K}_{p\ell}\mathbf{d}_\ell + \mathbf{K}_{pp}\mathbf{d}_p \tag{3.63}$$

A matriz de rigidez global é usualmente *esparsa*, isto é, tem grande percentagem de coeficientes nulos. Essa característica é de grande relevância porque permite reduzir a quantidade de coeficientes a serem armazenados e operados nas etapas de montagem e de resolução do sistema global de equações, que são as etapas de maior volume de cálculo em análise com o **MEF**. Contudo, a presente técnica de consideração das condições essenciais de contorno tem a desvantagem de não se poder tirar partido dessa característica, principalmente porque a inversa de uma matriz esparsa não é esparsa. Assim, essa técnica costuma ser utilizada apenas em desenvolvimento teórico.

E para esclarecimento quanto a essa questão de esparsidade, descreve-se, a seguir, o *armazenamento por alturas efetivas de coluna* proposto por Jennings & Tuff [11]. Esse é o armazenamento (de matriz esparsa) mais utilizado em elementos finitos e é ilustrado na Figura 3.12 no caso da treliça plana esquematizada na Figura 3.11. Consiste em posicionar sequencialmente em um *vetor de trabalho* $\mathbf{a}$, os coeficientes situados a partir do primeiro coeficiente não-nulo de cada coluna até o correspondente coeficiente da diagonal principal, inclusive; ou o que dá no mesmo em termos da parte triangular inferior da matriz, consiste em armazenar nesse vetor os coeficientes de cada linha a partir do primeiro coeficiente não-nulo até o coeficiente da diagonal principal dessa linha, inclusive. O contorno da região desses coeficientes na parte triangular superior da matriz é denominado *perfil*, que, para a treliça mostrada na próxima figura, está indicado em tracejado na parte esquerda da Figura 3.12. Importa observar que ocorrem alguns poucos coeficientes nulos abaixo desse perfil.

[11] Jennings, A. & Tuff, A.D., 1971, *A Direct Method for the Solution of Large Sparse Symmetric Equations*. Large Sparse Sets of Linear Equations, J. K. Reid e A. E. R. E. Harwell (editors), Academic Press, Inc.

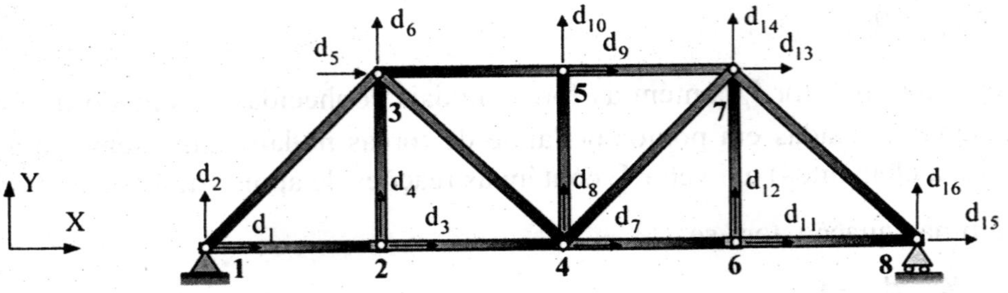

Figura 3.11 – Treliça plana.

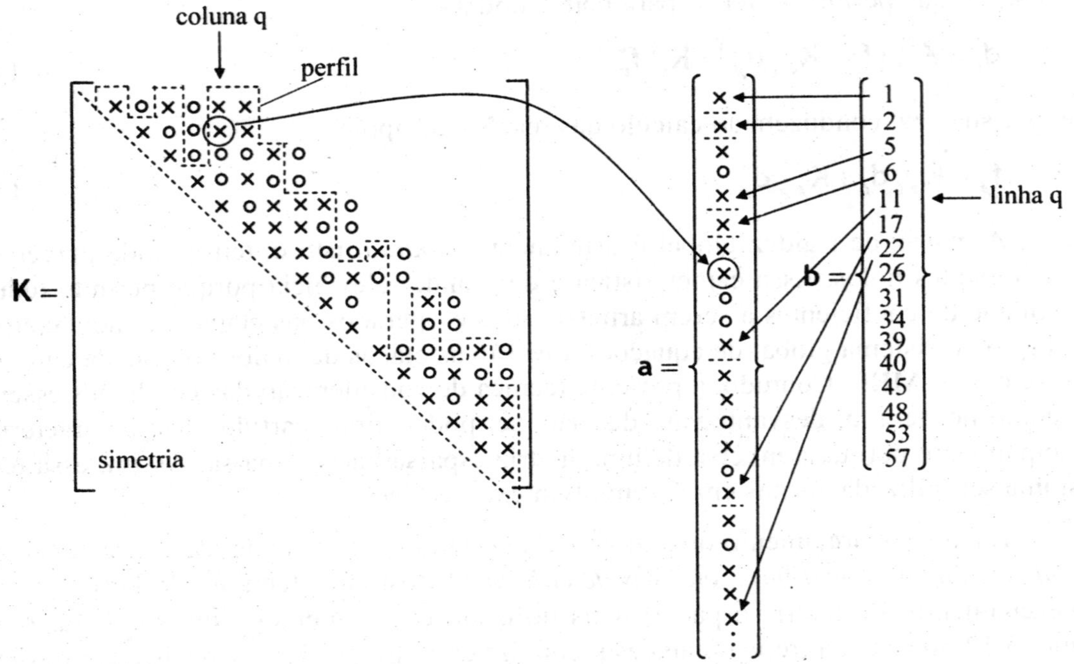

Figura 3.12 – Armazenamento da matriz de rigidez da treliça da Figura 3.11, por alturas efetivas de coluna.

A identificação da posição de armazenado de cada coeficiente de rigidez no vetor de trabalho **a** é feita através do *vetor apontador* **b** em que o q-ésimo elemento indica a posição de armazenamento do coeficiente diagonal da q-ésima coluna da matriz **K**, como ilustra a parte direita da figura anterior. Isto é, o coeficiente b_q especifica a posição em que se armazena o coeficiente diagonal K_{qq} no vetor **a**. Logo, o coeficiente de posição lógica (p,q) dessa matriz, em que $(q \geq p)$, é armazenado nesse vetor na posição $(c = b_q + p - q)$. E a "distância" entre o primeiro coeficiente não-nulo da q-ésima coluna e o correspondente coeficiente diagonal dessa matriz, inclusive, é denominada *altura efetiva da coluna* q e tem o valor $(h = b_q - b_{q-1})$.[12]

Em programação automática, é mais prático gerar os modelos discretos sem a preocupação quanto à esparsidade daquela matriz, deixar a cargo do programa a pesquisa por uma ordem de numeração que corresponda a uma adequada característica de esparsidade[13] e adotar uma das técnicas de prescrição das condições essenciais de contorno descritas nos próximos dois itens.

3.4.2 -Técnica de zeros e um

Uma importante técnica de considerar as condições essenciais de contorno é denominada *técnica de zeros e um*. Nesta técnica, para estabelecer que o p-ésimo parâmetro nodal tenha o valor especificado por $d_{\wp}$, faz-se a seguinte modificação no sistema global não restringido de n equações

$$\begin{bmatrix} K_{1,1} & \cdots & K_{1,p-1} & K_{1,p} & K_{1,p+1} & \cdots & K_{1,n} \\ . & \ddots & \vdots & \vdots & \vdots & & \vdots \\ . & . & K_{p-1,p-1} & K_{p-1,p} & K_{p-1,p+1} & \cdots & K_{p-1,n} \\ . & . & . & K_{p,p} & K_{p,p+1} & \cdots & K_{p,n} \\ . & . & . & . & K_{p+1,p+1} & \cdots & K_{p+1,n} \\ . & . & . & . & . & \ddots & \vdots \\ \text{sim.} & . & . & . & . & . & K_{n,n} \end{bmatrix} \begin{Bmatrix} d_1 \\ \vdots \\ d_{p-1} \\ d_p \\ d_{p+1} \\ \vdots \\ d_n \end{Bmatrix} = \begin{Bmatrix} f_1 \\ \vdots \\ f_{p-1} \\ f_p \\ f_{p+1} \\ \vdots \\ f_n \end{Bmatrix}$$

$$\rightarrow \begin{bmatrix} K_{1,1} & \cdots & K_{1,p-1} & 0 & K_{1,p+1} & \cdots & K_{1,n} \\ . & \ddots & \vdots & \vdots & \vdots & & \vdots \\ . & . & K_{p-1,p-1} & 0 & K_{p-1,p+1} & \cdots & K_{p-1,n} \\ . & . & . & 1 & 0 & \cdots & 0 \\ . & . & . & . & K_{p+1,p+1} & \cdots & K_{p+1,n} \\ . & . & . & . & . & \ddots & \vdots \\ \text{sim.} & . & . & . & . & . & K_{n,n} \end{bmatrix} \begin{Bmatrix} d_1 \\ \vdots \\ d_{p-1} \\ d_p \\ d_{p+1} \\ \vdots \\ d_n \end{Bmatrix} = \begin{Bmatrix} f_1 - K_{1,p}\, d_{\wp} \\ \vdots \\ f_{p-1} - K_{p-1,p}\, d_{\wp} \\ d_{\wp} \\ f_{p+1} - K_{p,p+1}\, d_{\wp} \\ \vdots \\ f_n - K_{p,n}\, d_{\wp} \end{Bmatrix} \qquad (3.64)$$

Importa observar que a modificação anterior dos termos independentes está de acordo com o vetor $(\mathbf{f}_\ell^{\bullet} = \mathbf{f}_\ell - \mathbf{K}_{\ell \wp}\, \mathbf{d}_{\wp})$ que se identifica na Equação 3.62, excetuado o seu p-ésimo termo em que está diretamente especificado $(d_p = d_{\wp})$.

---

[12] Para maior detalhamento, vide na Bibliografia Soriano, H.L., 2005

[13] Eficiente algoritmo com esse objetivo foi apresentado por Sloan, A.W., 1986, *An Algorithm for Profile and Wavefront Reduction of Sparse Matrices*, International Journal for Numerical Methods in Engineering, vol.23.

Naturalmente, desde que sejam prescritos parâmetros nodais em número suficiente para restringir os deslocamentos de corpo rígido do modelo discreto, a matriz dos coeficientes fica não singular, e o sistema passa a admitir solução única **d**. E obtida essa solução, o p-ésimo termo do vetor independente do sistema global não restringido (que no caso da formulação de deslocamentos é uma reação de apoio) pode ser calculado a partir da equação de ordem p desse sistema

$$f_p = \sum_{q=1}^{n} K_{pq}\, d_q \tag{3.65}$$

3.4.3 - Técnica do número grande

A técnica mais simples e prática de considerar as condições essenciais de contorno é denominada *técnica do número grande* ou *técnica da penalidade*. Nesta técnica, para estabelecer que o p-ésimo parâmetro nodal seja igual a $d_{\wp}$, arbitra-se um número N_∞ muito grande em relação à grandeza dos coeficientes de rigidez e faz-se a seguinte modificação no sistema global não restringido:

$$\begin{bmatrix} K_{1,1} & \cdots & K_{1,p-1} & K_{1,p} & K_{1,p+1} & \cdots & K_{1,n} \\ . & \ddots & \vdots & \vdots & \vdots & & \vdots \\ . & . & K_{p-1,p-1} & K_{p-1,p} & K_{p-1,p+1} & \cdots & K_{p-1,n} \\ . & . & . & K_{pp} & K_{p,p+1} & \cdots & K_{p,n} \\ . & . & . & . & K_{p+1,p+1} & \cdots & K_{p+1,n} \\ . & . & . & . & . & \ddots & \vdots \\ \text{sim.} & . & . & . & . & . & K_{n,n} \end{bmatrix} \begin{Bmatrix} d_1 \\ \vdots \\ d_{p-1} \\ d_p \\ d_{p+1} \\ \vdots \\ d_n \end{Bmatrix} = \begin{Bmatrix} f_1 \\ \vdots \\ f_{p-1} \\ f_p \\ f_{p+1} \\ \vdots \\ f_n \end{Bmatrix}$$

$$\rightarrow \begin{bmatrix} K_{1,1} & \cdots & K_{1,p-1} & K_{1,p} & K_{1,p+1} & \cdots & K_{1,n} \\ . & \ddots & \vdots & \vdots & \vdots & & \vdots \\ . & . & K_{p-1,p-1} & K_{p-1,p} & K_{p-1,p+1} & \cdots & K_{p-1,n} \\ . & . & . & (K_{pp}+N_\infty) & K_{p,p+1} & \cdots & K_{p,n} \\ . & . & . & . & K_{p+1,p+1} & \cdots & K_{p+1,n} \\ . & . & . & . & . & \ddots & \vdots \\ \text{sim.} & . & . & . & . & . & K_{n,n} \end{bmatrix} \begin{Bmatrix} d_1 \\ \vdots \\ d_{p-1} \\ d_p \\ d_{p+1} \\ \vdots \\ d_n \end{Bmatrix} = \begin{Bmatrix} f_1 \\ \vdots \\ f_{p-1} \\ f_p + N_\infty d_{\wp} \\ f_{p+1} \\ \vdots \\ f_n \end{Bmatrix} \tag{3.66}$$

Logo, a equação de ordem p desse sistema tem a forma

$$\sum_{q=1}^{p-1} K_{pq}\, d_q + (K_{pp}+N_\infty)\, d_p + \sum_{q=p+1}^{n} K_{pq}\, d_q = (f_p + N_\infty\, d_{\wp}) \tag{3.67}$$

E em aritmética de ponto-flutuante dos computadores, os somatórios que ocorrem nessa equação se cancelam frente a $((K_{pp}+N_{\infty})d_p)$, K_{pp} se cancela frente a N_{∞}, e f_p se cancela frente a $(N_{\infty}\, d_{\not p})$, de maneira a se obter

$$d_p \cong d_{\not p} \tag{3.68}$$

O número grande não oferece risco de mau condicionamento porque é adicionado à diagonal principal da matriz dos coeficientes. E vale identificar que, como não existe apoio perfeitamente indeslocável, a presente técnica tem mais coerência física do que as demais, porque adicionar um número grande à diagonal principal equivale (na Mecânica dos Sólidos Deformáveis) a considerar um apoio elástico de grande rigidez.

Experimentos numéricos mostram que ótimos resultados são obtidos com $(N_{\infty} \geq 10^{30})$. Contudo, como a grandeza dos coeficientes do sistema de equações depende da discretização e do sistema de unidades adotado, é aconselhável escolher o referido número grande em função da grandeza média dos coeficientes diagonais da matriz de rigidez.

Além disso, como na formulação de deslocamentos, o procedimento anterior equivale a considerar um apoio elástico de grande rigidez no ponto e direção do parâmetro prescrito, a reação de apoio segundo a direção da coordenada de ordem p é expressa por

$$r_p = -N_{\infty}(d_p - d_{\not p}) \tag{3.69}$$

A aplicação dessa equação fornece excelente resultado no caso de $(d_{\not p} = 0)$. Contudo, quando $(d_{\not p} \neq 0)$ e em função do valor adotado para N_{∞}, as aproximações da aritmética em ponto-flutuante podem afetar significativamente a precisão de cálculo da reação.

Esta é a mais prática técnica de consideração das condições essenciais de contorno e que, diferentemente da técnica de zeros e um, se aplica também em análise dinâmica.

3.5 – Formulação mista

Em toda formulação irredutível do **MEF**, são arbitrados campos para as variáveis primárias, a partir dos quais são obtidos os campos das variáveis secundárias. Contudo, nos modelos matemáticos com restrições internas, como será mostrado no segundo livro, é vantajoso arbitrar campos independentes para as variáveis primárias e para algumas variáveis secundárias, o que é chamado de *formulação mista*. E essa formulação pode partir de um funcional misto (em que as relações entre os campos das variáveis primárias e algumas das variáveis secundárias estejam relaxadas) com aplicação do Método de Rayleigh-Ritz, ou partir de desdobramento das equações diferenciais e ponderações dessas equações como no Método de Galerkin, com a vantagem deste último procedimento não requerer o conhecimento de um funcional misto.

Exemplifica-se, a seguir, a formulação mista com a forma fraca do Método de Galerkin em um elemento de viga de campos de deslocamento transversal e de momento fletor independentes entre si.

Para isso, com as notações da Figura 3.13, a equação diferencial da Teoria Clássica de Viga $(EI\, u_{,xxxx} = p)$ engloba a equação de equilíbrio $(M_{,xx} = p)$ e a relação entre momento fletor e curvatura (que é uma deformação generalizada) ($M = EI\, u_{,xx}$). E essas equações podem ser escritas sob as formas

$$\begin{cases} u_{,xx} - M/EI = 0 \\ M_{,xx} - p = 0 \end{cases} \tag{3.70}$$

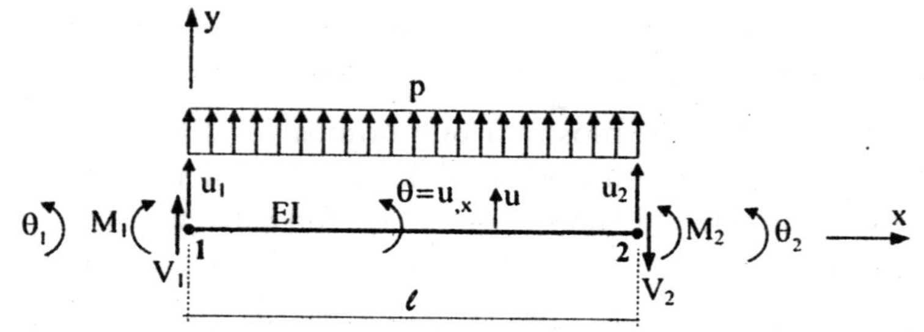

Figura 3.13 – Elemento misto de viga.

Com suposição de campos independentes para o deslocamento transversal e para o momento fletor, arbitra-se

$$\begin{cases} u = \mathbf{N}_u \mathbf{u}^{(e)} \\ M = \mathbf{N}_M \mathbf{M}^{(e)} \end{cases} \tag{3.71}$$

onde $\mathbf{N}_u$ e $\mathbf{N}_M$ são funções de interpolação, e $\mathbf{u}^{(e)}$ e $\mathbf{M}^{(e)}$ são os correspondentes parâmetros nodais.

Logo, com essas funções e de acordo com a metodologia do Método de Galerkin, escreve-se as equações integrais de ponderação

$$\begin{cases} \int_0^\ell \mathbf{N}_M^T \left(u_{,xx} - M/EI\right) dx = 0 \\ \int_0^\ell \mathbf{N}_u^T \left(M_{,xx} - p\right) dx = 0 \end{cases} \tag{3.72}$$

E com a integração por partes do primeiro termo de cada uma das equações anteriores e com a posterior consideração dos campos arbitrados para u e para M, obtém-se as expressões

$$\begin{cases} \int_0^\ell \left(-\mathbf{N}_{M,x}^T\, u_{,x} - \mathbf{N}_M^T\, M/EI\right) dx + \left(\mathbf{N}_M^T\, u_{,x}\right)\Big|_{x=0}^{x=\ell} = \mathbf{0} \\ \int_0^\ell \left(-\mathbf{N}_{u,x}^T\, M_{,x} - \mathbf{N}_u^T\, p\right) dx + \left(\mathbf{N}_u^T\, M_{,x}\right)\Big|_{x=0}^{x=\ell} = \mathbf{0} \end{cases}$$

$$\rightarrow \quad \begin{cases} \int_0^\ell \mathbf{N}_{M,x}^T\, \mathbf{N}_{u,x}\, dx\, \mathbf{u}^{(e)} + \int_0^\ell \left(\mathbf{N}_M^T\, \mathbf{N}_M / EI\right) dx\, \mathbf{M}^{(e)} = \left(\mathbf{N}_M^T\, \theta\right)\Big|_{x=0}^{x=\ell} \\ \int_0^\ell \mathbf{N}_{u,x}^T\, \mathbf{N}_{M,x}\, dx\, \mathbf{M}^{(e)} = -\int_0^\ell \mathbf{N}_u^T\, p\, dx + \left(\mathbf{N}_u^T\, V\right)\Big|_{x=0}^{x=\ell} \end{cases} \tag{3.73}$$

Logo, com as notações

$$\mathbf{A}^{(e)} = \int_0^{\ell} \left(\mathbf{N}_M^T \mathbf{N}_M / EI \right) dx \tag{3.74}$$

$$\mathbf{B}^{(e)} = \int_0^{\ell} \mathbf{N}_{M,x}^T \mathbf{N}_{u,x}\, dx \tag{3.75}$$

$$\mathbf{f}_p^{(e)} = \int_0^{\ell} \mathbf{N}_u^T\, p\, dx \tag{3.76}$$

escreve-se o Sistema de Equações Algébricas Lineares 3.73 sob a forma compacta

$$\begin{bmatrix} \mathbf{A}^{(e)} & \mathbf{B}^{(e)} \\ \mathbf{B}^{(e)T} & \mathbf{0} \end{bmatrix} \begin{Bmatrix} \mathbf{M}^{(e)} \\ \mathbf{u}^{(e)} \end{Bmatrix} = \begin{Bmatrix} \left(\mathbf{N}_M^T \theta \right) \Big|_{x=0}^{x=\ell} \\ -\mathbf{f}_p^{(e)} + \left(\mathbf{N}_u^T V \right) \Big|_{x=0}^{x=\ell} \end{Bmatrix} \tag{3.77}$$

A submatriz nula que ocorre na matriz dos coeficientes desse sistema de equações é uma característica de formulação mista.

Na expressão da matriz $\mathbf{B}^{(e)}$ anterior ocorre derivada primeira das funções $\mathbf{N}_u$ e $\mathbf{N}_M$ e por isso, como será argumentado no Item 4.4, existe a necessidade, para efeito de convergência, de continuidade C^0 do deslocamento transversal e do momento fletor, nas interfaces dos elementos. E assim, a seguir, particulariza-se a presente formulação para o caso simples de funções de interpolação lineares para ambos os campos, em que se escreve

$$\mathbf{N}_u = \mathbf{N}_M = \lfloor (\ell - x)/\ell \quad x/\ell \rfloor \tag{3.78}$$

Com essas funções, são calculadas as diversas matrizes:

$$\mathbf{A}^{(e)} = \frac{1}{EI} \int_0^{\ell} \begin{Bmatrix} (\ell - x)/\ell \\ x/\ell \end{Bmatrix} \lfloor (\ell - x)/\ell \quad x/\ell \rfloor dx$$

$$\rightarrow \quad \mathbf{A}^{(e)} = \frac{1}{EI} \int_0^{\ell} \begin{bmatrix} (\ell - x)^2/\ell^2 & (\ell - x)x/\ell^2 \\ (\ell - x)x/\ell^2 & x^2/\ell^2 \end{bmatrix} dx = \frac{\ell}{6EI} \begin{bmatrix} 2 & 1 \\ 1 & 2 \end{bmatrix} \tag{3.79}$$

$$\mathbf{B}^{(e)} = \int_0^{\ell} \begin{Bmatrix} -1/\ell \\ 1/\ell \end{Bmatrix} \lfloor -1/\ell \quad 1/\ell \rfloor dx \quad \rightarrow \quad \mathbf{B}^{(e)} = \int_0^{\ell} \begin{bmatrix} 1/\ell^2 & -1/\ell^2 \\ -1/\ell^2 & 1/\ell^2 \end{bmatrix} dx = \frac{1}{\ell} \begin{bmatrix} 1 & -1 \\ -1 & 1 \end{bmatrix} \tag{3.80}$$

$$\mathbf{f}_p^{(e)} = \int_0^{\ell} \begin{Bmatrix} (\ell - x)/\ell \\ x/\ell \end{Bmatrix} p\, dx \quad \rightarrow \quad \mathbf{f}_p^{(e)} = p \begin{Bmatrix} \ell/2 \\ \ell/2 \end{Bmatrix} \tag{3.81}$$

$$\left(\mathbf{N}_M^T \theta \right) \Big|_{x=0}^{x=\ell} = \left(\begin{Bmatrix} (\ell - x)/\ell \\ x/\ell \end{Bmatrix} \theta \right) \Bigg|_{x=0}^{x=\ell} = \begin{Bmatrix} -\theta_1 \\ \theta_2 \end{Bmatrix} \tag{3.82}$$

$$\left(\mathbf{N}_u^T V \right) \Big|_{x=0}^{x=\ell} = \left(\begin{Bmatrix} (\ell - x)/\ell \\ x/\ell \end{Bmatrix} V \right) \Bigg|_{x=0}^{x=\ell} = \begin{Bmatrix} -V_1 \\ V_2 \end{Bmatrix} \tag{3.83}$$

Logo, chega-se ao seguinte sistema de equações algébricas do presente elemento linear

$$\frac{1}{6EI\ell}\begin{bmatrix} 2\ell^2 & \ell^2 & 6EI & -6EI \\ \cdot & 2\ell^2 & -6EI & 6EI \\ \cdot & \cdot & 0 & 0 \\ \text{sim.} & \cdot & \cdot & 0 \end{bmatrix}\begin{Bmatrix} M_1 \\ M_2 \\ u_1 \\ u_2 \end{Bmatrix}=\begin{Bmatrix} -\theta_1 \\ \theta_2 \\ -V_1-p\ell/2 \\ V_2-p\ell/2 \end{Bmatrix} \tag{3.84}$$

Exemplo 3.5 – Analisa-se a viga biapoiada representada na próxima figura, com a condição de simetria e as discretizações em dois e em três elementos mistos mostradas.

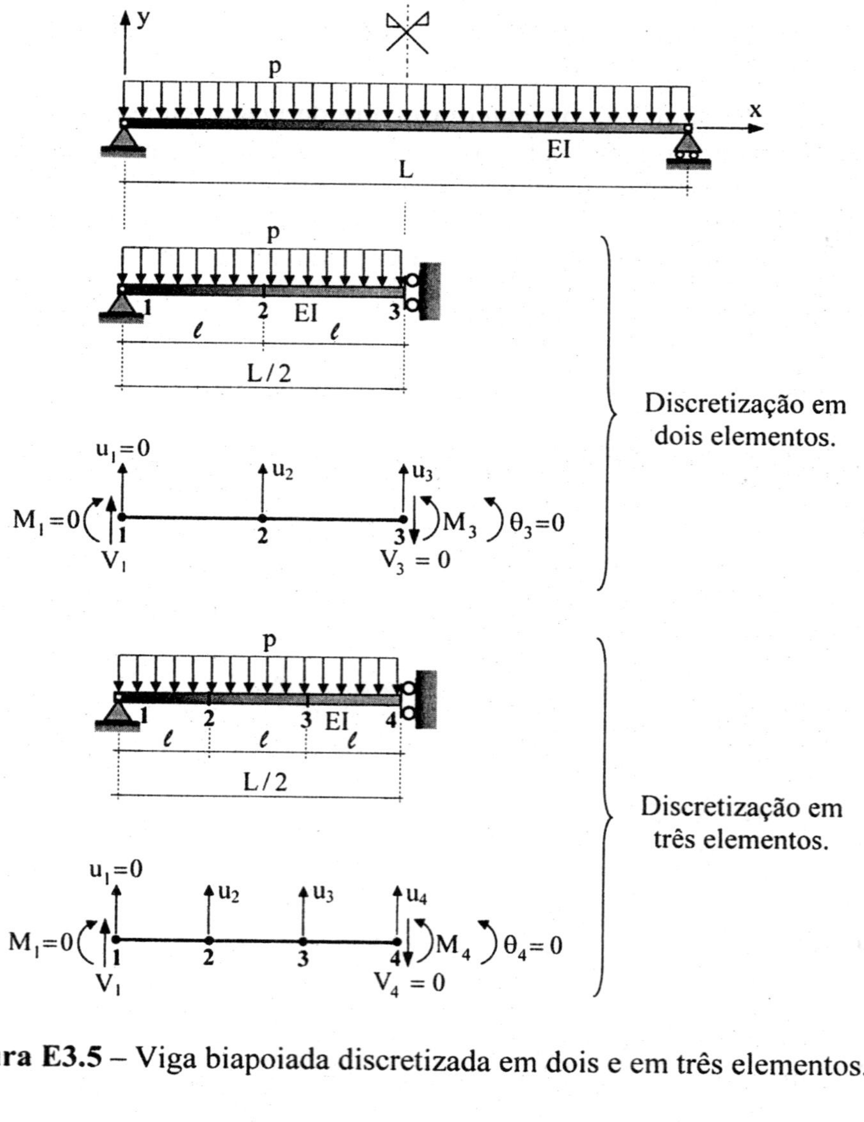

Figura E3.5 – Viga biapoiada discretizada em dois e em três elementos.

A partir da Equação 3.84 obtém-se, para a discretização em dois elementos, o sistema global de equações não restringido

$$\frac{1}{6EI\ell}\begin{bmatrix} 2\ell^2 & \ell^2 & 0 & 6EI & -6EI & 0 \\ \cdot & 4\ell^2 & \ell^2 & -6EI & 12EI & -6EI \\ \cdot & \cdot & 2\ell^2 & 0 & -6EI & 6EI \\ \cdot & \cdot & \cdot & 0 & 0 & 0 \\ \cdot & \cdot & \cdot & \cdot & 0 & 0 \\ \text{sim.} & \cdot & \cdot & \cdot & \cdot & 0 \end{bmatrix}\begin{Bmatrix} M_1 \\ M_2 \\ M_3 \\ u_1 \\ u_2 \\ u_3 \end{Bmatrix} = \begin{Bmatrix} -\theta_1 \\ 0 \\ \theta_3 \\ -V_1 + p\ell/2 \\ p\ell \\ V_3 + p\ell/2 \end{Bmatrix}$$

Com as condições de contorno ($u_1 = 0$), ($M_1 = 0$), ($\theta_3 = 0$) e ($V_3 = 0$), e o sistema anterior, obtém-se o sistema global restringido e a respectiva solução

$$\frac{1}{6EI\ell}\begin{bmatrix} 4\ell^2 & \ell^2 & 12EI & -6EI \\ \cdot & 2\ell^2 & -6EI & 6EI \\ \cdot & \cdot & 0 & 0 \\ \text{sim} & \cdot & \cdot & 0 \end{bmatrix}\begin{Bmatrix} M_2 \\ M_3 \\ u_2 \\ u_3 \end{Bmatrix} = \begin{Bmatrix} 0 \\ 0 \\ p\ell \\ p\ell/2 \end{Bmatrix} \rightarrow \begin{Bmatrix} M_2 \\ M_3 \\ u_2 \\ u_3 \end{Bmatrix} = p\ell^2 \begin{Bmatrix} 3/2 \\ 2 \\ -9\ell^2/4EI \\ -19\ell^2/6EI \end{Bmatrix}$$

Os momentos nodais M_2 e M_3 obtidos anteriormente são exatos. E com a substituição desses resultados no sistema global de equações não restringido, obtém-se o esforço cortante ($V_1 = p\,L/2$), que é exatamente a reação no apoio esquerdo da viga. Contudo, identifica-se que o deslocamento u_3, que é o máximo, tem erro de –5,0%.

Já para o caso da discretização em três elementos, obtém-se o sistema global de equações não restringido

$$\frac{1}{6EI\ell}\begin{bmatrix} 2\ell^2 & \ell^2 & 0 & 0 & 6EI & -6EI & 0 & 0 \\ \cdot & 4\ell^2 & \ell^2 & 0 & -6EI & 12EI & -6EI & 0 \\ \cdot & \cdot & 4\ell^2 & \ell^2 & 0 & -6EI & 12EI & -6EI \\ \cdot & \cdot & \cdot & 2\ell^2 & 0 & 0 & -6EI & 6EI \\ \cdot & \cdot & \cdot & \cdot & 0 & 0 & 0 & 0 \\ \cdot & \cdot & \cdot & \cdot & \cdot & 0 & 0 & 0 \\ \cdot & \cdot & \cdot & \cdot & \cdot & \cdot & 0 & 0 \\ \text{sim.} & \cdot & \cdot & \cdot & \cdot & \cdot & \cdot & 0 \end{bmatrix}\begin{Bmatrix} M_1 \\ M_2 \\ M_3 \\ M_4 \\ u_1 \\ u_2 \\ u_3 \\ u_4 \end{Bmatrix} = \begin{Bmatrix} -\theta_1 \\ 0 \\ 0 \\ \theta_4 \\ -V_1 + p\ell/2 \\ p\ell \\ p\ell \\ V_4 + p\ell/2 \end{Bmatrix}$$

Desse sistema e com as condições de contorno ($u_1 = 0$), ($M_1 = 0$), ($\theta_4 = 0$) e ($V_4 = 0$), obtém-se o sistema global restringido e a respectiva solução

$$\frac{1}{6EI\ell}\begin{bmatrix} 4\ell^2 & \ell^2 & 0 & 12EI & -6EI & 0 \\ \cdot & 4\ell^2 & \ell^2 & -6EI & 12EI & -6EI \\ \cdot & \cdot & 2\ell^2 & 0 & -6EI & 6EI \\ \cdot & \cdot & \cdot & 0 & 0 & 0 \\ \cdot & \cdot & \cdot & \cdot & 0 & 0 \\ \text{sim.} & \cdot & \cdot & \cdot & \cdot & 0 \end{bmatrix}\begin{Bmatrix} M_2 \\ M_3 \\ M_4 \\ u_2 \\ u_3 \\ u_4 \end{Bmatrix} = \begin{Bmatrix} 0 \\ 0 \\ 0 \\ p\ell \\ p\ell \\ p\ell/2 \end{Bmatrix}$$

$$\rightarrow \quad \begin{Bmatrix} M_2 \\ M_3 \\ M_4 \\ u_2 \\ u_3 \\ u_4 \end{Bmatrix} = p\ell^2 \begin{Bmatrix} 5/2 \\ 4 \\ 9/2 \\ -25\ell^2/3EI \\ -43\ell^2/3EI \\ -33\ell^2/2EI \end{Bmatrix}$$

Os resultados de momentos fletores anteriores são exatos e o erro do deslocamento máximo se reduz para –2,222%, o que indica convergência.

3.6 – Exercícios propostos

3.6.1 – Desenvolva o elemento linear da coluna representada na Figura 3.2, adotando coordenada adimensional e a condição de estacionariedade do Funcional Energia Potencial Total. Idem para o elemento quadrático.

3.6.2 – Com o elemento linear do exercício anterior, analise as colunas representadas na próxima figura com as respectivas discretizações. Compare os resultados de deslocamentos com essas discretizações com os que se obtêm com a Lei de Hooke.

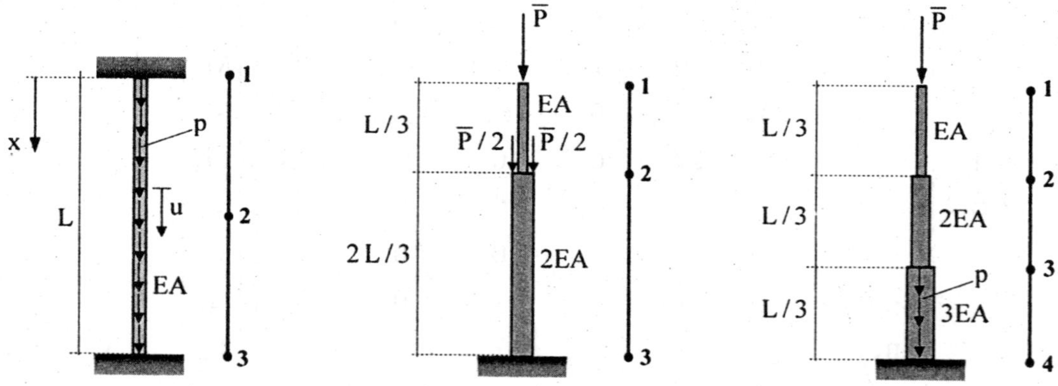

Figura 3.14 – Colunas com forças axiais.

3.6.3 – Com o elemento finito linear representado na Figura 3.4, analise as treliças esquematizadas da Figura 3.15 e de barras de mesma rigidez axial EA.

3.6.4 – Com um dos elementos de viga desenvolvidos no Item 3.2, analise as vigas representadas na Figura 3.16, em que se tem a constante de mola ($k = 10^4$ kN/m) e ($EI = 1{,}1 \cdot 10^5 \text{kN} \cdot \text{m}^2$).

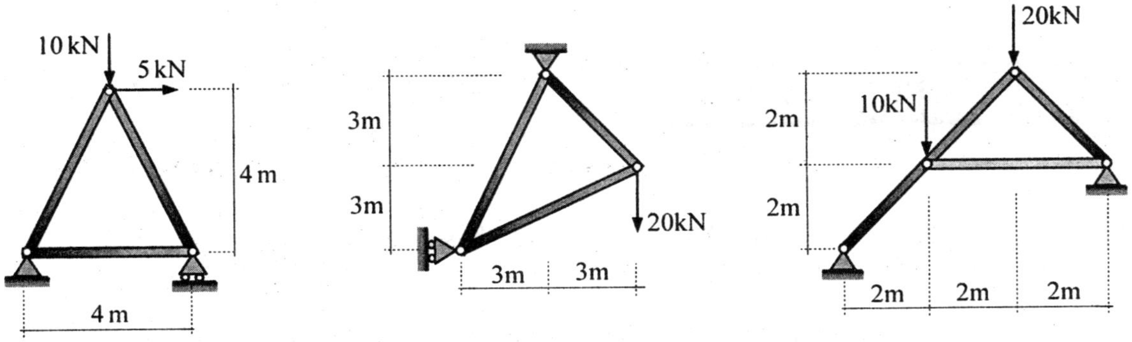

Figura 3.15 – Treliças planas.

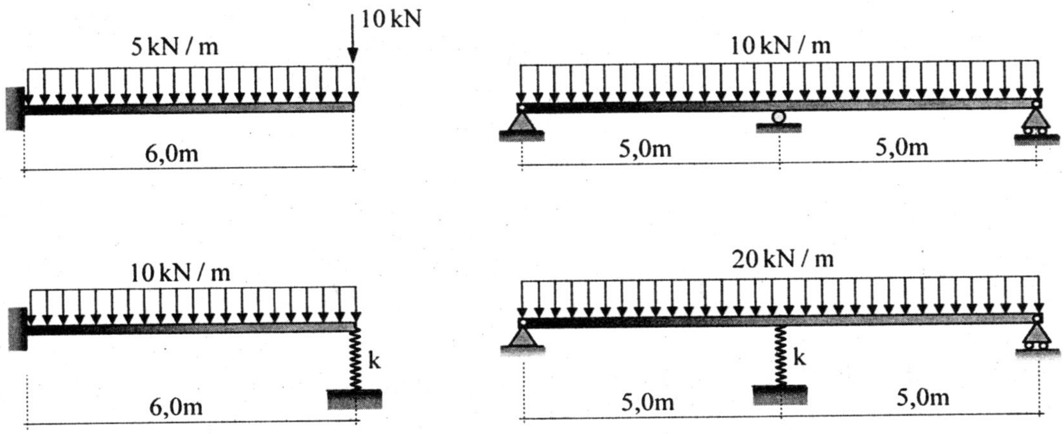

Figura 3.16 – Vigas sob força uniformemente distribuída.

3.6.5 – Desenvolva um elemento finito linear para o problema de valores de contorno de equação diferencial ($a u_{,xx} + u - x^2 = 0$) com o domínio ($0 < x < L$), de condição essencial de contorno ($u_{|x=0} = 0$) e de condição não essencial de contorno ($u_{,x|x=L} = b$), em que a e b são constantes.

3.6.6 – O Funcional Energia Potencial Total da viga de rigidez de flexão EI e sobre base elástica de Winkler, mostrada na parte esquerda da próxima figura, escreve-se

$$J(u) = \int_x \left(\frac{EI}{2} u_{,xx}^2 + \frac{1}{2} k u^2 - p u \right) dx$$

onde k é a constante de mola, e em que p e u têm os mesmos sentidos. Desenvolva o elemento finito de quatro deslocamentos nodais representado na parte direita da mesma figura.

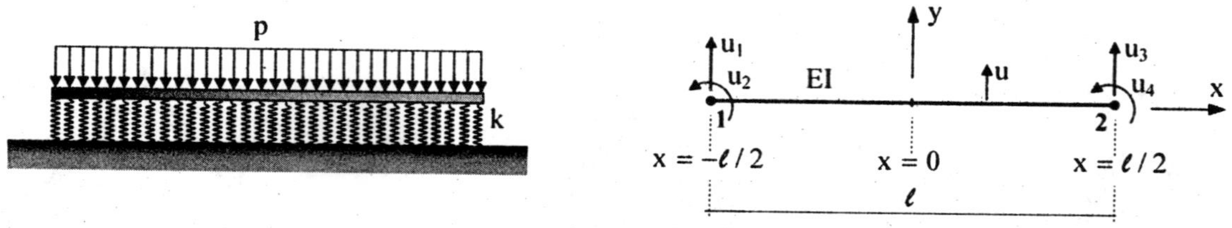

Figura 3.17 – Viga sobre base elástica.

3.7.7 – Obtenha o sistema de equações de equilíbrio do elemento de viga de seis parâmetros nodais representados na próxima figura, com a geometria definida por interpolação linear das coordenadas dos pontos nodais extremos.

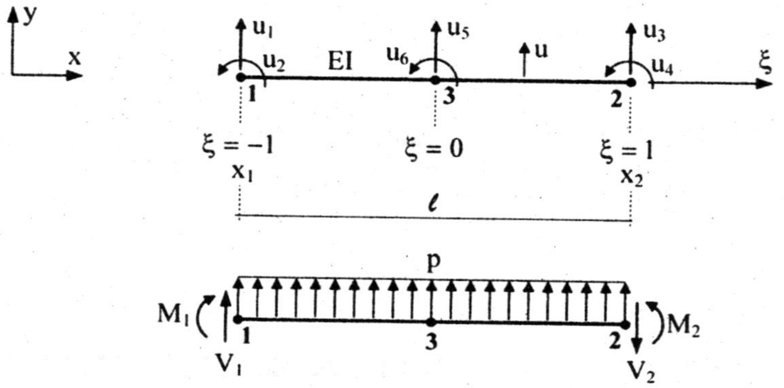

Figura 3.18 – Elemento de viga de 6 parâmetros nodais.

3.6.8 – Com as Equações 3.60, condense os deslocamentos nodais internos ao elemento do exercício anterior.

3.6.9 – Obtenha o Jacobiano do elemento representado na figura anterior para o caso da geometria do elemento ser definida por interpolação dos três pontos nodais igualmente espaçados.

3.6.10 – Determine as forças nodais equivalentes à distribuição triangular de força para o elemento de viga representado na próxima figura.

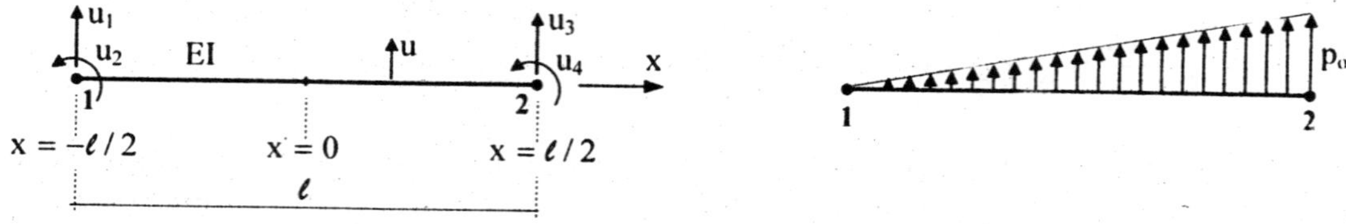

Figura 3.19 – Elemento de flexão de viga.

3.7 – Questões para reflexão

3.7.1 – Quais são as diferenças entre o **MEF** e os Métodos de Rayleigh-Ritz e de Galerkin? Por que esses três métodos são aproximados? E por que o **MEF** é um método numérico e os dois últimos não o são? Quais são as vantagens desse método?

3.7.2 – Quais são as diferenças entre as formulações do **MEF** a partir do Método de Rayleigh-Ritz, do Método de Galerkin e do Princípio dos Deslocamentos Virtuais? Existe vantagem de uma formulação em relação às outras?

3.7.3 – O que são funções de interpolação no contexto do **MEF**? Exemplifique. É possível desenvolver esse método sem essas funções? Por que? Quais são as diferenças entre as funções de interpolação de Lagrange e as de Hermite? Quando se utiliza as primeiras e se utiliza as segundas?

3.7.4 – Como são atendidas as condições essenciais de contorno no **MEF**? E as condições não essenciais? Qual é o número mínimo das condições geométricas de contorno para se resolver um problema de equilíbrio estático?

3.7.5 – Qual é a vantagem da formulação de deslocamentos no caso dos elementos unidimensionais, uma vez que a tradicional formulação matricial de estruturas fornece deslocamentos e esforços seccionais nodais exatos? E por que com aquela formulação se obtém deslocamentos nodais exatos, mas não se obtém esforços seccionais exatos?

3.7.6 – Qual é a consequência de se utilizar as Funções de Interpolação 3.8 no desenvolvimento de um elemento de treliça de seção transversal não constante e de se utilizar as Funções de Interpolação 3.28 no desenvolvimento de um elemento de viga de seção transversal não constante?

3.7.7 – Por que na formulação de deslocamentos de elementos (unidimensionais) de barra não é necessário o conceito de estrutura estaticamente determinada como no tradicional método das forças de resolução de estruturas hiperestáticas?

3.7.8 – Por que o sistema de equações da formulação de deslocamentos do elemento finito de viga de quatro parâmetros nodais é idêntico ao sistema de equações de equilíbrio de viga obtido na formulação matricial (sem a consideração da deformação do esforço cortante) e também igual ao sistema obtido por condensação do parâmetro nodal interno do elemento finito de viga de cinco parâmetros nodais?

3.7.9 – Por que no desenvolvimento dos elementos de viga do Item 3.2 foram considerados deslocamentos nodais transversais e de rotação? O que ocorreria caso fossem incluídas, como deslocamentos nodais, derivadas da variável primária de ordem superior à primeira?

3.7.10 – Todo funcional quadrático conduz a um sistema de equações de elemento finito sob a forma ($\mathbf{K}^{(e)}\,\mathbf{u}^{(e)} = \mathbf{f}^{(e)}$). Por que esse sistema é sempre singular?

3.7.11 – Na formulação de deslocamentos do **MEF** tem-se equilíbrio em cada ponto do elemento? Por que? Tem-se equilíbrio em cada elemento como um todo? Por que? Tem-se equilíbrio dos pontos nodais da malha de elementos? Por que?

3.7.12 – O que é condensação estática de graus de liberdade? Quando utilizar essa condensação? Qual é a vantagem e qual é a desvantagem?

3.7.13 – Como prescrever condições geométricas de contorno em modelos do **MEF**?

3.7.14 – Quais são os procedimentos de cálculo de reações de apoio em modelos do **MEF**? Qual é o mais prático computacionalmente?

3.7.15 – Como considerar apoio elástico contínuo em elemento finito de viga?

3.7.16 – Como se tira partido da esparsidade da matriz de rigidez global em resolução do sistema global de equações?

3.7.17 – Por que a formulação mista desenvolvida no Item 3.5 não apresenta vantagem em relação à formulação de deslocamentos no caso particular de elemento de viga?

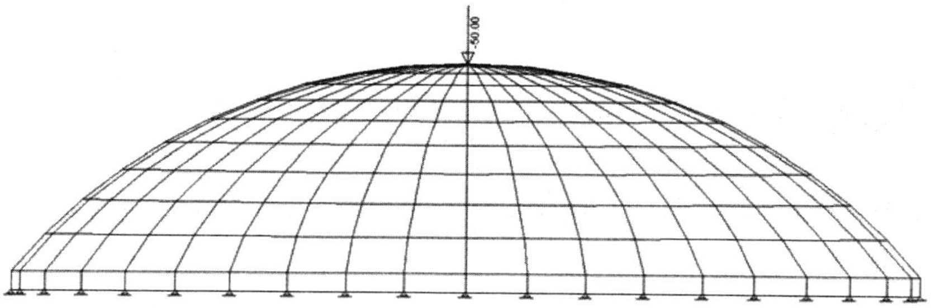

4

Elementos Finitos Básicos

Foi devidamente esclarecido no segundo capítulo que soluções analíticas exatas de modelos matemáticos multidimensionais são possíveis apenas no caso de domínios simples, com condições de contorno regulares. Assim, na prática, é necessário utilizar métodos numéricos de resolução e entre esses, o **MEF** é o que mais se destaca. E com o desenvolvimento dos elementos finitos unidimensionais do capítulo anterior, grande parte das peculiaridades deste método ficou esclarecida, tanto na formulação irredutível de deslocamentos quanto em formulação mista. Contudo, com esses elementos, as interfaces são apenas pontos nodais, o que em muito simplifica o método. Diferentemente, no caso de elementos de duas ou de três dimensões, as interfaces são arestas ou faces, a continuidade dos parâmetros nodais de interpolação não implica necessariamente que se tenha continuidade das variáveis interpoladas nas interfaces, a obtenção das funções de interpolação é mais elaborada e se faz necessária uma maior flexibilidade na definição da geometria dos elementos. Essas peculiaridades são esclarecidas neste capítulo através do desenvolvimento de elementos finitos de funções de interpolação polinomiais de baixa ordem, denominados *elementos básicos*.

Quanto à estruturação deste capítulo, no próximo item, é apresentada a formulação de deslocamentos derivada da elasticidade multidimensional, em abordagem variacional (ou Método de Rayleigh-Ritz) e em abordagem de resíduos ponderados (ou Método de Galerkin). Com essa formulação, nos Itens 4.1.1 e 4.1.2 são desenvolvidos, respectivamente, o elemento triangular linear e o tetraédrico linear. E nos Itens 4.1.3 e 4.1.4 são detalhados, respectivamente, o elemento quadrilateral linear e o hexaédrico linear. Nesses dois últimos elementos, a geometria é definida através de interpolação das coordenadas dos pontos nodais, com as mesmas funções que as do campo de deslocamentos, o que é chamado de *definição isoparamétrica* e tem a vantagem de conduzir a elementos com grande flexibilidade de forma. E em continuidade deste capítulo, no Item 4.1.5, é tratada a formulação dos elementos axissimétricos.

Com esta exposição ficará evidente que, uma vez arbitradas leis aproximadas para as variáveis primárias, o desenvolvimento de um elemento finito isoparamétrico (na formulação irredutível de deslocamentos) tem etapas bem definidas, como esquematizado na próxima figura.

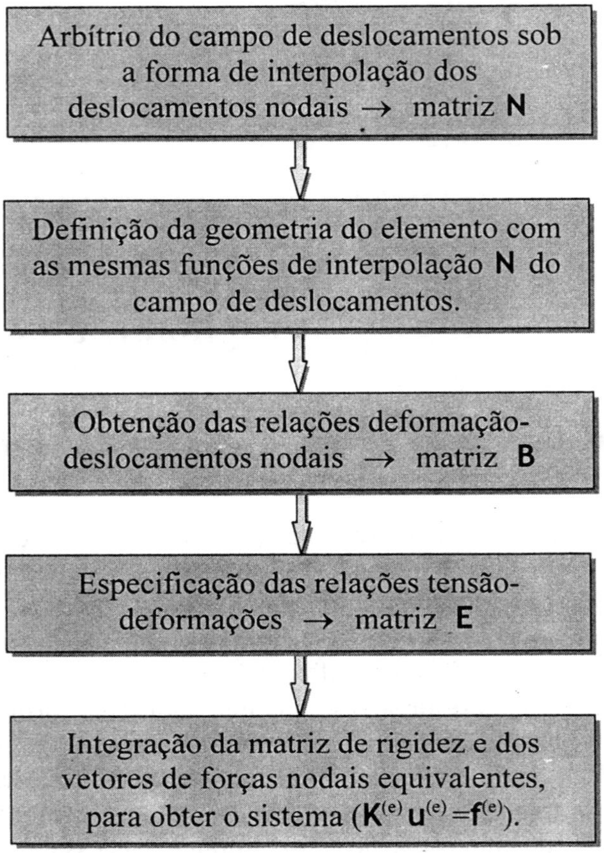

Figura 4.1 – Etapas de desenvolvimento de um elemento finito isoparamétrico.

Em sequência, no Item 4.2 deste capítulo é exemplificada uma formulação mista em Teoria da Elasticidade, no Item 4.3 é descrita a integração numérica utilizada quando da definição isoparamétrica e no Item 4.4 são apresentados critérios de convergência. Além disso, os dois itens finais são de exercícios propostos e de questões para reflexão.

E no sentido de facilitar ao leitor iniciante, sugere-se que, em um primeiro estudo deste capítulo, sejam omitidos os itens que tratam do desenvolvimento dos elementos axissimétricos e da formulação mista, além da integração numérica com coordenadas triangulares e tetraédricas.

4.1 – Formulação de deslocamentos

A *formulação de deslocamentos* se aplica à Mecânica dos Sólidos Deformáveis, tem essa denominação porque se inicia com arbítrio de um campo de deslocamentos, e é dita *irredutível* porque interpola um único tipo de variáveis dependentes.

Em elasticidade tridimensional, há os componentes de deslocamentos,

$$\mathbf{u} = \lfloor u \quad v \quad w \rfloor^T \tag{4.1}$$

que em elasticidade bidimensional se reduzem a

$$\mathbf{u} = \lfloor u \quad v \rfloor^T \tag{4.2}$$

Logo, a presente formulação é desenvolvida a partir do arbítrio de

$$\mathbf{u} = \mathbf{N}\,\mathbf{u}^{(e)} \tag{4.3}$$

o que é denominado *campo de deslocamentos* e onde $\mathbf{N}$ é uma matriz de funções de interpolação e $\mathbf{u}^{(e)}$ é um vetor de parâmetros nodais.

Além disso, tem-se as relações deformação-deslocamentos

$$\boldsymbol{\varepsilon} = \boldsymbol{L}\mathbf{u} \tag{4.4}$$

onde $\boldsymbol{L}$ é uma matriz de operadores diferenciais (vide as Equações II.9 e II.10 do Anexo II). E tem-se as relações tensão-deformações (vide as Equações II.18 a II.23)

$$\boldsymbol{\sigma} = \mathbf{E}\,\boldsymbol{\varepsilon} + \boldsymbol{\sigma}_0 \quad \rightarrow \quad \boldsymbol{\sigma} = \mathbf{E}\,\boldsymbol{L}\mathbf{u} + \boldsymbol{\sigma}_0 \tag{4.5}$$

onde $\mathbf{E}$ é uma matriz de propriedades elásticas e $\boldsymbol{\sigma}_0$ é um vetor de tensões iniciais.

A seguir, apresenta-se a formulação de deslocamentos a partir do Funcional Energia Potencial Total (vide Equação 2.57 do segundo capítulo)

$$J(\mathbf{u}) = \int_V \left(\frac{1}{2}\boldsymbol{\varepsilon}^T\mathbf{E}\boldsymbol{\varepsilon} + \boldsymbol{\sigma}_0^T\boldsymbol{\varepsilon} \right) dV - \int_V \mathbf{p}^T\mathbf{u}\, dV - \int_{S_q} \overline{\mathbf{q}}^T\mathbf{u}\, dS$$

$$\rightarrow \quad J(\mathbf{u}) = \int_V \left(\frac{1}{2}(\boldsymbol{L}\mathbf{u})^T\mathbf{E}\,\boldsymbol{L}\mathbf{u} + \boldsymbol{\sigma}_0^T\boldsymbol{L}\mathbf{u} \right) dV - \int_V \mathbf{p}^T\mathbf{u}\, dV - \int_{S_q} \overline{\mathbf{q}}^T\mathbf{u}\, dS$$

E esse funcional tem a condição de estacionariedade

$$\delta J(\mathbf{u}) = \int_V \left((\boldsymbol{L}\delta\mathbf{u})^T\mathbf{E}\boldsymbol{L}\mathbf{u} + (\boldsymbol{L}\delta\mathbf{u})^T\boldsymbol{\sigma}_0 \right) dV - \int_V \delta\mathbf{u}^T\mathbf{p}\, dV - \int_{S_q} \delta\mathbf{u}^T\overline{\mathbf{q}}\, dS = 0 \tag{4.6}$$

em que a variação do campo de deslocamentos é obtida a partir da Equação 4.3

$$\delta\mathbf{u} = \mathbf{N}\,\delta\mathbf{u}^{(e)} \tag{4.7}$$

Assim, com as notações V_e e S_e, respectivamente, de domínio e de contorno do elemento, e com a substituição do campo de deslocamentos e de sua variação na condição de anterior, obtém-se

$$\int_{V_e} \left((\boldsymbol{L}\mathbf{N}\delta\mathbf{u}^{(e)})^T\mathbf{E}\,\boldsymbol{L}\mathbf{N}\mathbf{u}^{(e)} + (\boldsymbol{L}\mathbf{N}\delta\mathbf{u}^{(e)})^T\boldsymbol{\sigma}_0 \right) dV_e - \int_{V_e} (\mathbf{N}\delta\mathbf{u}^{(e)})^T\mathbf{p}\, dV_e - \int_{S_e} (\mathbf{N}\delta\mathbf{u}^{(e)})^T\overline{\mathbf{q}}\, dS_e = 0$$

Logo, com a notação ($\mathbf{B} = \boldsymbol{L}\mathbf{N}$), dessa equação tem-se

$$\delta\mathbf{u}^{(e)T}\left(\int_{V_e} \mathbf{B}^T\mathbf{E}\,\mathbf{B}\, dV_e \right)\mathbf{u}^{(e)} = \delta\mathbf{u}^{(e)T}\left(-\int_{V_e} \mathbf{B}^T\boldsymbol{\sigma}_0\, dV_e + \int_{V_e} \mathbf{N}^T\mathbf{p}\, dV_e + \int_{S_e} \mathbf{N}^T\overline{\mathbf{q}}\, dS_e \right)$$

Nessa equação, não se fez distinção entre as parcelas de contorno S_u e S_q do elemento, porque as condições geométricas de contorno serão incorporadas quando do tratamento do sistema global de equações.

E como são quaisquer as variações $\delta\mathbf{u}^{(e)}$, a equação anterior fornece

$$\left(\int_{V_e} \mathbf{B}^T \mathbf{E}\, \mathbf{B}\, dV_e\right)\mathbf{u}^{(e)} = -\int_{V_e} \mathbf{B}^T \boldsymbol{\sigma}_0\, dV_e + \int_{V_e} \mathbf{N}^T \mathbf{p}\, dV_e + \int_{S_e} \mathbf{N}^T \overline{\mathbf{q}}\, dS_e \tag{4.8}$$

Logo, com as notações

$$\mathbf{K}^{(e)} = \int_{V_e} \mathbf{B}^T \mathbf{E}\, \mathbf{B}\, dV_e \tag{4.9}$$

$$\mathbf{f}_{\sigma_0}^{(e)} = -\int_{V_e} \mathbf{B}^T \boldsymbol{\sigma}_0\, dV_e \tag{4.10}$$

$$\mathbf{f}_{p}^{(e)} = \int_{V_e} \mathbf{N}^T \mathbf{p}\, dV_e \tag{4.11}$$

$$\mathbf{f}_{\overline{q}}^{(e)} = \int_{S_e} \mathbf{N}^T \overline{\mathbf{q}}\, dS_e \tag{4.12}$$

a Equação 4.8 fica sob a forma compacta

$$\mathbf{K}^{(e)}\mathbf{u}^{(e)} = \mathbf{f}_{\sigma_0}^{(e)} + \mathbf{f}_{p}^{(e)} + \mathbf{f}_{\overline{q}}^{(e)} \quad \rightarrow \quad \mathbf{K}^{(e)}\mathbf{u}^{(e)} = \mathbf{f}^{(e)} \tag{4.13}$$

Essa última equação expressa um sistema de equações de equilíbrio, onde a matriz $\mathbf{K}^{(e)}$ é de rigidez (simétrica, porque a matriz de propriedades elásticas ou matriz constitutiva $\mathbf{E}$ é simétrica), e onde os vetores de forças nodais $\mathbf{f}_{\sigma_0}^{(e)}$, $\mathbf{f}_p^{(e)}$ e $\mathbf{f}_{\overline{q}}^{(e)}$ são equivalentes, respectivamente, às tensões iniciais $\boldsymbol{\sigma}_0$, às forças de volume $\mathbf{p}$ e às forças de superfície $\overline{\mathbf{q}}$. E no caso de se tratar de superfície de contorno S_e coincidente com interface de elementos, essa última força é desconhecida, o que não oferece problema, porque ela implica em forças nodais de interação que se cancelam por ação e reação, quando da montagem do vetor global de forças nodais. Assim, basta calcular as forças nodais $\mathbf{f}_{\overline{q}}^{(e)}$ devidas às forças prescritas no contorno da malha de elementos.[1]

E para o caso de material elástico linear, eventuais deformações iniciais relacionam-se com tensões iniciais sob a forma [2]

$$\boldsymbol{\varepsilon}_0 = -\mathbf{E}^{-1}\boldsymbol{\sigma}_0 \tag{4.14}$$

Logo, a partir da Equação 4.10, tem-se o vetor de forças nodais equivalentes às deformações iniciais $\boldsymbol{\varepsilon}_0$

$$\mathbf{f}_{\varepsilon_0}^{(e)} = \int_{V_e} \mathbf{B}^T \mathbf{E}\, \boldsymbol{\varepsilon}_0\, dV_e \tag{4.15}$$

A presente formulação é uma extensão da formulação matricial das estruturas reticuladas ao caso dos sólidos elásticos multidimensionais, que por sua vez se estende à Dinâmica das Estruturas, como será desenvolvido no Item 6.1.2 do sexto capítulo.

Além disso, foi mostrado no capítulo anterior, que tratou de elementos finitos unidimensionais, que a obtenção do sistema global de equações, $\mathbf{K}\,\mathbf{d} = \mathbf{f}$, a partir dos

---

[1] Não é usual calcular forças nodais equivalentes a forças concentradas no interior dos elementos. É mais consistente considerar esse tipo de força diretamente nos pontos nodais da malha, quando da geração do modelo discreto.

[2] Vide a Figura II.4 do Anexo II, em que se observa que um componente positivo de tensão inicial se associa a um componente negativo de deformação inicial.

sistemas de equações dos diversos elementos da malha, $\mathbf{K}^{(e)}\,\mathbf{u}^{(e)} = \mathbf{f}^{(e)}$, resulta da imposição de igualdade dos deslocamentos nodais nas interfaces dos elementos, e equivale a acumular adequadamente os coeficientes desses sistemas. E no sistema global de equações, identificou-se que um coeficiente K_{ij} é diferente de zero apenas no caso dos graus de liberdade de ordens i e j estarem associados a um mesmo elemento, quando então esses graus são ditos *acoplados*. Identificou-se, também, que isso implica em uma grande percentagem de coeficientes de rigidez nulos, o que é chamado de *esparsidade* da matriz.

A obtenção do sistema global no caso dos elementos bi e tridimensional é análoga ao caso do elemento unidimensional, com o fato adicional de que cada um dos elementos tem mais do que dois pontos nodais. E para ilustrar a sistematização da referida acumulação, considera-se o e-ésimo elemento de uma malha plana de dois deslocamentos por ponto nodal, como mostra a Figura 4.2 que diz respeito a um elemento triangular de três pontos nodais, com os pontos 1, 2 e 3 correspondentes, respectivamente, aos pontos 6, 9 e 5 da numeração global dos pontos nodais. Essa correspondência foi exemplificada na Figura 1.9 do primeiro capítulo e, no presente caso, é expressa pela e-ésima linha da matriz de incidência $\mathtt{I}$, também apresentada na figura seguinte, em que se tem ($\mathtt{I}_{e,1} = 6$), ($\mathtt{I}_{e,2} = 9$) e ($\mathtt{I}_{e,3} = 5$).

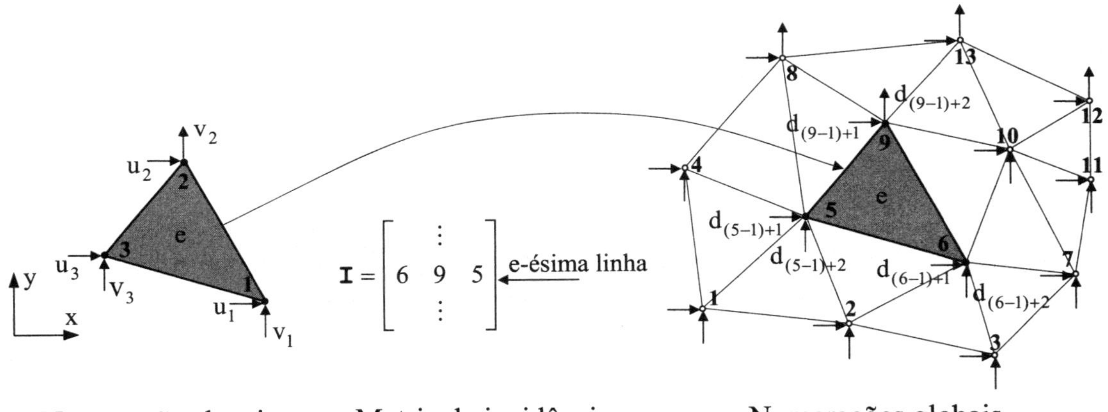

Figura 4.2 – Numerações do elemento de ordem "e" em uma malha.

Além disso, com os deslocamentos nodais do e-ésimo elemento armazenados no vetor ($\mathbf{u}^{(e)} = \lfloor u_1 \quad v_1 \quad u_2 \quad v_2 \quad u_3 \quad v_3 \rfloor^T$), é preciso identificar a correspondência entre a numeração desses deslocamentos (denominada *numeração local de deslocamentos*) e a numeração dos deslocamentos na malha de elementos (chamada de *numeração global de deslocamentos*). Para isso, tem-se que a ordem do primeiro deslocamento em cada ponto nodal da malha é igual ao total dos deslocamentos nodais que lhe antecede mais 1, isto é, igual ao número de pontos que antecede ao ponto nodal em questão, vezes o número de deslocamentos por ponto nodal, mais 1. E o segundo deslocamento em cada ponto nodal da malha é simplesmente a ordem do deslocamento anterior mais 1. Logo, com a notação ($g = 2$) de número de deslocamentos por ponto nodal, tem-se as seguintes correspondências entre a numeração local de deslocamentos do referido elemento e a numeração global de deslocamentos

$$\begin{cases} u_1 & \rightarrow & d_{(6-1)g+1} = d_{(\mathcal{I}_{e,1}-1)g+1} \\ v_1 & \rightarrow & d_{(6-1)g+2} = d_{(\mathcal{I}_{e,1}-1)g+2} \\ u_2 & \rightarrow & d_{(9-1)g+1} = d_{(\mathcal{I}_{e,2}-1)g+1} \\ v_2 & \rightarrow & d_{(9-1)g+2} = d_{(\mathcal{I}_{e,2}-1)g+2} \\ u_3 & \rightarrow & d_{(5-1)g+1} = d_{(\mathcal{I}_{e,3}-1)g+1} \\ v_3 & \rightarrow & d_{(5-1)g+2} = d_{(\mathcal{I}_{e,3}-1)g+2} \end{cases}$$

E para expressar essas informações de forma matricial concisa, define-se o *vetor de correspondência de deslocamentos*

$$\mathbf{q} = \lfloor (\mathcal{I}_{e,1}-1)g+1 \quad (\mathcal{I}_{e,1}-1)g+2 \quad (\mathcal{I}_{e,2}-1)g+1 \quad (\mathcal{I}_{e,2}-1)g+2 \quad (\mathcal{I}_{e,3}-1)g+1 \quad (\mathcal{I}_{e,3}-1)g+1 \rfloor^T \tag{4.16}$$

em que o i-ésimo coeficiente, q_i, fornece a numeração global da i-ésima numeração local de deslocamento do deslocamento de ordem e. A utilidade desse vetor é ilustrada na próxima figura que mostra, no sistema global de equações, as posições de acumulação dos coeficientes $K_{ij}^{(e)}$ e $f_i^{(e)}$ do sistema de equações do e-ésimo elemento. Além disso, é oportuno relembrar que não é necessário que todos os graus de liberdade digam respeito a um mesmo referencial global. Basta que, em cada ponto nodal, esses graus estejam em um único referencial.

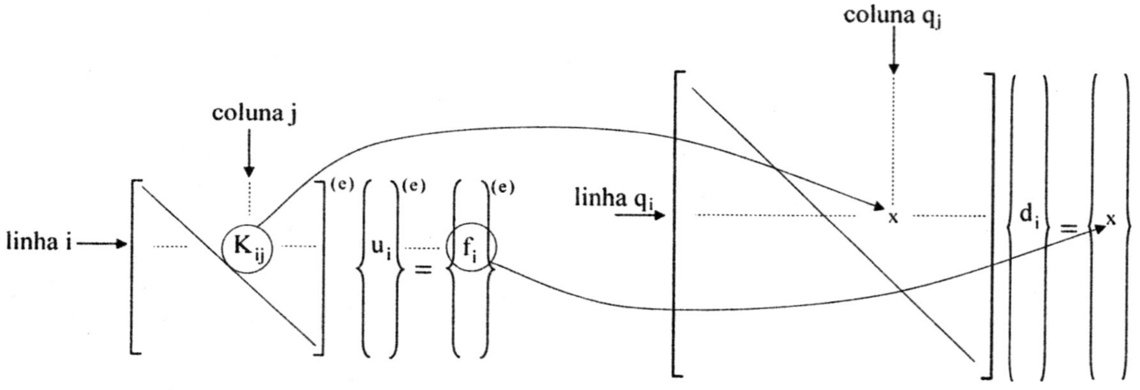

$\mathbf{K}^{(e)}\mathbf{u}^{(e)} = \mathbf{f}^{(e)}$ — Sistema de equações do e-ésimo elemento.

$\mathbf{K}\mathbf{d} = \mathbf{f}$ — Sistema global de equações.

Figura 4.3 – Correspondência para acumulação dos coeficientes do sistema global de equações.

O vetor de correspondência anterior é utilizado no algoritmo que se segue de construção do sistema global de equações, adequado para malhas de um número qualquer de elementos, com um número qualquer de pontos nodais por elemento e com um número qualquer de parâmetros nodais por ponto nodal. Adota-se a representação de um laço em forma de seta à esquerda de um conjunto de comandos para indicar que esses comandos estão afetados pela variável incremental especificada na extremidade final da seta.

– Atribuição de valores iniciais nulos para as matrizes $\mathbf{K}$ e $\mathbf{f}$.

→ $e = 1, 2, \cdots$ até o número total de elementos da malha

– Cálculo das matrizes $\mathbf{K}^{(e)}$ e $\mathbf{f}^{(e)}$ em rotinas separadas deste algoritmo.

Determinação do vetor $\mathbf{q}$ do e-ésimo elemento:

$z = 0$

→ $i = 1, 2, \cdots$ até o número de pontos nodais do e-ésimo elemento

→ $j = 1, 2, \cdots g$

$z = z + 1$

$q_z = (\mathcal{I}_{e,i} - 1)g + j$

Acumulação de $\mathbf{K}^{(e)}$ na matriz de rigidez global $\mathbf{K}$:

→ $i = 1, 2, \cdots$ até o número de deslocamentos nodais do e-ésimo elemento

→ $j = 1, 2, \cdots$ até o número de deslocamentos nodais do e-ésimo elemento

$\mathbf{K}_{q_i, q_j} = \mathbf{K}_{q_i, q_j} + \mathbf{K}^{(e)}_{ij}$

Acumulação de $\mathbf{f}^{(e)}$ no vetor global de forças nodais $\mathbf{f}$:

→ $i = 1, 2, \cdots$ até o número de deslocamentos nodais do e-ésimo elemento

$\mathbf{f}_{q_i} = \mathbf{f}_{q_i} + \mathbf{f}^{(e)}_i$

– Acumulação no vetor $\mathbf{f}$ das forças externas diretamente aplicadas aos pontos nodais.

Após a montagem do sistema global de equações, devem ser incorporadas as condições geométricas de contorno (através de umas das técnicas apresentadas no Item 3.4 do capítulo anterior), em obtenção do sistema global restringido. E com a resolução desse sistema, chega-se aos deslocamentos nodais da malha e, consequentemente, também aos deslocamentos nodais de cada um de seus elementos, $\mathbf{u}^{(e)}$. Logo, a partir das Equações 4.5 e 4.3, obtém-se o campo de tensões em cada elemento

$$\boldsymbol{\sigma} = \mathbf{E}\boldsymbol{L}\mathbf{N}\mathbf{u}^{(e)} + \boldsymbol{\sigma}_0 \quad \rightarrow \quad \boldsymbol{\sigma} = \mathbf{E}\mathbf{B}\mathbf{u}^{(e)} + \boldsymbol{\sigma}_0 \tag{4.17}$$

E no caso de deformações iniciais, com a Equação 4.14, esse campo tem a expressão

$$\boldsymbol{\sigma} = \mathbf{E}\mathbf{B}\mathbf{u}^{(e)} - \mathbf{E}\boldsymbol{\varepsilon}_0 \tag{4.18}$$

Além disso, calculado o campo de tensões dos elementos da malha, que é descontínuo nas interfaces dos elementos, é prático considerar que cada componente de tensão em cada um dos pontos nodais seja a média dos correspondentes valores de tensão nos elementos conectados ao ponto. E apesar dos elementos interagirem entre si através de forças nodais (concentradas), não se obtém tensão infinita nos pontos nodais porque os elementos são "forçados" a se deformarem de acordo com os campos de deslocamentos arbitrados.

Com esta formulação é simples concluir que a condição de mínimo da energia potencial total, $(U - 2W)$ corresponde à solução do problema elástico. Para isto, a partir da Equação 2.56 escreve-se a energia de deformação

$$U = \frac{1}{2}\int_{V_e}\left(\mathbf{B}\mathbf{u}^{(e)}\right)^T \mathbf{E}\left(\mathbf{B}\mathbf{u}^{(e)}\right) dV_e + \int_{V_e} \boldsymbol{\sigma}_0^T \mathbf{B}\mathbf{u}^{(e)}\, dV_e$$

$$U = \frac{1}{2}\mathbf{u}^{(e)T}\int_{V_e}\mathbf{B}^T\mathbf{E}\mathbf{B}\, dV_e\, \mathbf{u}^{(e)} + \mathbf{u}^{(e)T}\int_{V_e}\mathbf{B}^T\boldsymbol{\sigma}_0\, dV_e$$

$$\rightarrow \quad U = \frac{1}{2}\mathbf{u}^{(e)T}\mathbf{K}^{(e)}\mathbf{u}^{(e)} - \mathbf{u}^{(e)T}\mathbf{f}_{\sigma_0}^{(e)} \tag{4.19}$$

E dessa equação, escreve-se a energia de deformação do modelo discreto como um todo

$$U = \frac{1}{2}\mathbf{d}^T\mathbf{K}\,\mathbf{d} - \mathbf{d}^T\mathbf{f}_{\sigma_0} \tag{4.20}$$

Assim, no caso de tensões iniciais nulas, essa energia de deformação é uma função quadrática dos deslocamentos nodais.

Por outro lado, o trabalho das forças nodais equivalentes às forças de volume e de superfície no modelo discreto como um todo, tem a forma

$$W = \frac{1}{2}\left(\mathbf{f}_p^T + \mathbf{f}_q^T\right)\mathbf{d} \tag{4.21}$$

que é uma função linear dos deslocamentos nodais.

Esse trabalho e a energia anterior estão representados na próxima figura para o caso da alteração de um deslocamento específico d_i. E como a solução do problema elástico corresponde à igualdade desse trabalho com essa energia, é evidente que com essa igualdade se tenha o mínimo da energia potencial total, como indicado na figura.

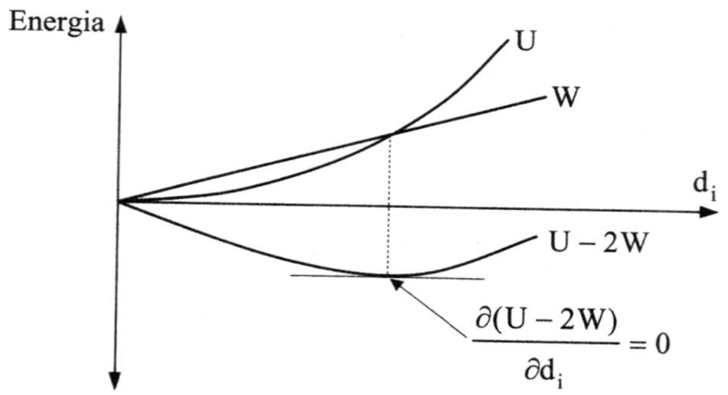

Figura 4.4 – Representações de U e de W, e do ponto de solução.

A presente formulação foi desenvolvida a partir da condição de estacionariedade do Funcional Energia Potencial Total, que equivale ao Princípio dos Deslocamentos Virtuais. Além disso, por questão didática, desenvolve-se, a seguir, essa formulação a partir da forma fraca do Método de Galerkin. Para isso, pondera-se a equação diferencial de equilíbrio ($\boldsymbol{L}^T\boldsymbol{\sigma} + \mathbf{p} = \mathbf{0}$) (vide as Equações II.35 e II.37 do Anexo II) , com as funções de interpolação $\mathbf{N}$ do campo de deslocamentos, sob a forma

$$\int_{V_e} \mathbf{N}^T \left(\boldsymbol{L}^T \boldsymbol{\sigma} + \mathbf{p} \right) dV_e = \mathbf{0} \tag{4.22}$$

Ao primeiro termo dessa ponderação, aplica-se o teorema de Green para obter uma forma fraca de resíduos (vide explicação da Equação 2.35 no segundo capítulo)

$$\int_{V_e} \left(-(\boldsymbol{L}\mathbf{N})^T \boldsymbol{\sigma} + \mathbf{N}^T \mathbf{p} \right) dV_e + \int_{S_e} \mathbf{N}^T \mathbf{n} \boldsymbol{\sigma} \, dS_e = \mathbf{0}$$

onde $\mathbf{n}$ é a matriz dos cossenos diretores da normal externa ao contorno, que é identificada nas Equações II.40 e II.41 do Anexo II.

E nessa equação, incorporam-se as condições mecânicas de contorno ($\mathbf{n}\boldsymbol{\sigma} = \overline{\mathbf{q}}$) para obter

$$\int_{V_e} \left((\boldsymbol{L}\mathbf{N})^T \boldsymbol{\sigma} - \mathbf{N}^T \mathbf{p} \right) dV_e = \int_{S_e} \mathbf{N}^T \overline{\mathbf{q}} \, dS_e$$

Introduz-se, agora, o campo de tensões expresso pela Equação 4.5 para escrever

$$\int_{V_e} (\boldsymbol{L}\mathbf{N})^T \mathbf{E} \, \boldsymbol{L}\mathbf{N} \, \mathbf{u}^{(e)} \, dV_e = -\int_{V_e} (\boldsymbol{L}\mathbf{N})^T \boldsymbol{\sigma}_0 \, dV_e + \int_{V_e} \mathbf{N}^T \mathbf{p} \, dV_e + \int_{S_e} \mathbf{N}^T \overline{\mathbf{q}} \, dS_e$$

que, com a notação ($\mathbf{B} = \boldsymbol{L}\mathbf{N}$), fornece

$$\left(\int_{V_e} \mathbf{B}^T \mathbf{E} \mathbf{B} \, dV_e \right) \mathbf{u}^{(e)} = -\int_{V_e} \mathbf{B}^T \boldsymbol{\sigma}_0 \, dV_e + \int_{V_e} \mathbf{N}^T \mathbf{p} \, dV_e + \int_{S_e} \mathbf{N}^T \overline{\mathbf{q}} \, dS_e \tag{4.23}$$

Essa é a própria Equação 4.8, obtida a partir do Funcional Energia Potencial Total e que deu origem ao Sistema de Equações de Equilíbrio 4.13.

Nos próximos itens, esta formulação de deslocamentos é aplicada no desenvolvimento de elementos básicos da Teoria da Elasticidade.

4.1.1 – Elemento triangular

Desenvolve-se, a seguir, o elemento finito triangular de três pontos nodais mostrado na próxima figura, denominado *elemento triangular linear* e que é o mais versátil e simples em elasticidade bidimensional, embora requeira grande refinamento de malha para fornecer resultados acurados, como ficará evidente com o seu desenvolvimento. Este elemento tem os pontos nodais numerados no sentido anti-horário e dois deslocamentos nodais por ponto nodal, como indicado.

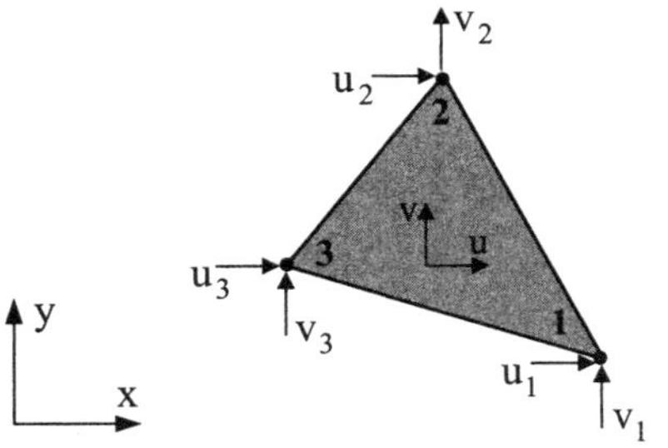

Figura 4.5 – Elemento triangular linear.

Foi mostrado no capítulo anterior que as funções de interpolação de um elemento podem ser obtidas a partir de soluções propositivas em termos de parâmetros generalizados. Assim, como o presente elemento tem 3 deslocamentos nodais em cada direção coordenada, são arbitradas as seguintes soluções propositivas polinomiais com 3 parâmetros generalizados cada

$$u = \lfloor 1 \quad x \quad y \rfloor \begin{Bmatrix} \alpha_1 \\ \alpha_2 \\ \alpha_3 \end{Bmatrix} \quad \text{e} \quad v = \lfloor 1 \quad x \quad y \rfloor \begin{Bmatrix} \alpha_4 \\ \alpha_5 \\ \alpha_6 \end{Bmatrix} \tag{4.24,25}$$

Com a particularização da primeira dessas soluções aos pontos nodais de coordenadas (x_i, y_i), em que ($i = 1$, 2 e 3), escreve-se

$$\begin{Bmatrix} u_1 \\ u_2 \\ u_3 \end{Bmatrix} = \begin{bmatrix} 1 & x_1 & y_1 \\ 1 & x_2 & y_2 \\ 1 & x_3 & y_3 \end{bmatrix} \begin{Bmatrix} \alpha_1 \\ \alpha_2 \\ \alpha_3 \end{Bmatrix} \quad \rightarrow \quad \begin{Bmatrix} \alpha_1 \\ \alpha_2 \\ \alpha_3 \end{Bmatrix} = \begin{bmatrix} 1 & x_1 & y_1 \\ 1 & x_2 & y_2 \\ 1 & x_3 & y_3 \end{bmatrix}^{-1} \begin{Bmatrix} u_1 \\ u_2 \\ u_3 \end{Bmatrix}$$

E das equações anteriores obtém-se

$$u = \lfloor 1 \quad x \quad y \rfloor \begin{bmatrix} 1 & x_1 & y_1 \\ 1 & x_2 & y_2 \\ 1 & x_3 & y_3 \end{bmatrix}^{-1} \begin{Bmatrix} u_1 \\ u_2 \\ u_3 \end{Bmatrix}$$

$$\rightarrow \quad u = \lfloor 1 \quad x \quad y \rfloor \frac{1}{2A_e} \begin{bmatrix} x_2y_3 - y_2x_3 & -x_1y_3 + y_1x_3 & x_1y_2 - y_1x_2 \\ y_2 - y_3 & -y_1 + y_3 & y_1 - y_2 \\ -x_2 + x_3 & x_1 - x_3 & -x_1 + x_2 \end{bmatrix} \begin{Bmatrix} u_1 \\ u_2 \\ u_3 \end{Bmatrix} \tag{4.26}$$

onde A_e é a área do triângulo expressa por

$$A_e = \frac{1}{2} \begin{vmatrix} 1 & x_1 & y_1 \\ 1 & x_2 & y_2 \\ 1 & x_3 & y_3 \end{vmatrix} = \frac{1}{2}\left(x_2y_3 - y_2x_3 - x_1y_3 + y_1x_3 + x_1y_2 - y_1x_2\right) \tag{4.27}$$

Logo, a partir da Equação 4.26 escreve-se sob a forma mais compacta

$$u = \lfloor N_1 \quad N_2 \quad N_3 \rfloor \begin{Bmatrix} u_1 \\ u_3 \\ u_5 \end{Bmatrix} \tag{4.28}$$

em que se tem as funções de interpolação

$$N_i = \frac{1}{2A_e}\left(a_i + b_i\,x + c_i\,y\right) \tag{4.29}$$

$$\text{com} \quad \begin{cases} a_1 = x_2y_3 - y_2x_3 \\ b_1 = y_2 - y_3 \\ c_1 = -x_2 + x_3 \end{cases}, \quad \begin{cases} a_2 = -x_1y_3 + y_1x_3 \\ b_2 = -y_1 + y_3 \\ c_2 = x_1 - x_3 \end{cases} \quad \text{e} \quad \begin{cases} a_3 = x_1y_2 - y_1x_2 \\ b_3 = y_1 - y_2 \\ c_3 = -x_1 + x_2 \end{cases} \tag{4.30}$$

Essas funções estão representadas na figura seguinte e têm as propriedades do delta ou símbolo de Kronecker

$$\begin{cases} N_i(x_j, y_j) = \delta_{ij} \text{ com } i, j = 1, 2 \text{ e } p \text{, em que } (p = 3) \\ \sum_{i=1}^{p=3} N_i = 1 \quad , \quad \sum_{i=1}^{p=3} N_{i,x} = 0 \quad , \quad \sum_{i=1}^{p=3} N_{i,y} = 0 \end{cases} \tag{4.31}$$

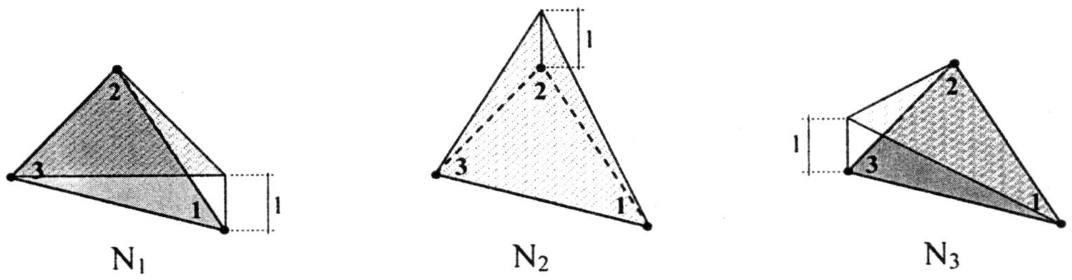

Figura 4.6 – Funções de interpolação do elemento triangular da Figura 4.5.

De maneira semelhante ao procedimento anterior, pode-se obter, a partir da Equação 4.25, o campo de deslocamento

$$v = \lfloor N_1 \quad N_2 \quad N_3 \rfloor \begin{Bmatrix} v_1 \\ v_2 \\ v_3 \end{Bmatrix} \tag{4.32}$$

com as funções de interpolação expressas pelas Equações 4.29 e 4.30.

E com o armazenamento dos deslocamentos nodais do presente elemento no vetor ($\mathbf{u}^{(e)} = \lfloor u_1 \quad v_1 \quad u_2 \quad v_2 \quad u_3 \quad v_3 \rfloor^T$), a partir das Equações 4.28 e 4.32, escreve-se o campo de deslocamentos do elemento

$$\mathbf{u} = \begin{Bmatrix} u \\ v \end{Bmatrix} = \begin{bmatrix} N_1 & 0 & N_2 & 0 & N_3 & 0 \\ 0 & N_1 & 0 & N_2 & 0 & N_3 \end{bmatrix} \begin{Bmatrix} u_1 \\ v_1 \\ u_2 \\ v_2 \\ u_3 \\ v_3 \end{Bmatrix} = \mathbf{N}\,\mathbf{u}^{(e)} \tag{4.33}$$

Logo, com o operador $\boldsymbol{L}$ que se identifica na Equação II.10 do Anexo II, tem-se a relação deformação-deslocamentos

$$\boldsymbol{\varepsilon} = \boldsymbol{L}\mathbf{u} \quad \rightarrow \quad \boldsymbol{\varepsilon} = \begin{Bmatrix} \varepsilon_x \\ \varepsilon_y \\ \gamma_{xy} \end{Bmatrix} = \begin{Bmatrix} u_{,x} \\ v_{,y} \\ u_{,y} + v_{,x} \end{Bmatrix} = \begin{bmatrix} \partial/\partial x & 0 \\ 0 & \partial/\partial y \\ \partial/\partial y & \partial/\partial x \end{bmatrix} \begin{Bmatrix} u \\ v \end{Bmatrix}$$

$$\rightarrow \quad \boldsymbol{\varepsilon} = \begin{bmatrix} \partial/\partial x & 0 \\ 0 & \partial/\partial y \\ \partial/\partial y & \partial/\partial x \end{bmatrix} \begin{bmatrix} N_1 & 0 & N_2 & 0 & N_3 & 0 \\ 0 & N_1 & 0 & N_2 & 0 & N_3 \end{bmatrix} \mathbf{u}^{(e)} = \mathbf{B}\,\mathbf{u}^{(e)} \tag{4.34}$$

E nessa equação, identifica-se a matriz que relaciona as deformações com os deslocamentos nodais

$$\mathbf{B} = \boldsymbol{L}\mathbf{N} = \frac{1}{2A_e} \begin{bmatrix} b_1 & 0 & b_2 & 0 & b_3 & 0 \\ 0 & c_1 & 0 & c_2 & 0 & c_3 \\ c_1 & b_1 & c_2 & b_2 & c_3 & b_3 \end{bmatrix} \tag{4.35}$$

Importa observar que essa matriz tem coeficientes constantes, o que implica em um estado de deformação constante no elemento e, consequentemente, também de tensão constante.[3]

Com essa matriz e a matriz constitutiva $\mathbf{E}$ identificada na Equação II.19 de material isótropo (ou II.31 de material ortotrópico) no caso do estado plano de tensão, e identificada na Equação II.21 de material isótropo (ou II.32 de material ortotrópico) no caso do estado plano de deformação, obtém-se a matriz de rigidez do elemento com a Equação 4.9

$$\mathbf{K}^{(e)} = \mathbf{B}^T \mathbf{E}\,\mathbf{B}\,t \int_{A_e} dA_e \quad \rightarrow \quad \mathbf{K}^{(e)} = \mathbf{B}^T \mathbf{E}\,\mathbf{B}\,t\,A_e \tag{4.36}$$

Nessa equação, a notação t designa a espessura do elemento, que deve ser tomada igual à unidade no caso do estado plano de deformação.

A seguir, são determinados os vetores de forças nodais equivalentes às ações externas. Assim, para uma variação de temperatura T uniforme no elemento, a Equação 4.10 fornece as forças nodais

$$\mathbf{f}_T^{(e)} = -\mathbf{B}^T \boldsymbol{\sigma}_0\, t\, A_e \tag{4.37}$$

em que $\boldsymbol{\sigma}_0$ é identificado na mesma equação do Anexo II em que se identifica a matriz $\mathbf{E}$. Logo, obtém-se para os estados planos de tensão e de deformação, respectivamente,

$$\mathbf{f}_T^{(e)} = -\frac{t\,E\,\alpha\,T}{2(1-\nu)} \lfloor b_1 \;\; c_1 \;\; b_2 \;\; c_2 \;\; b_3 \;\; c_3 \rfloor^T \tag{4.38}$$

e

$$\mathbf{f}_T^{(e)} = -\frac{E\,\alpha\,T}{2(1-2\nu)} \lfloor b_1 \;\; c_1 \;\; b_2 \;\; c_2 \;\; b_3 \;\; c_3 \rfloor^T \tag{4.39}$$

Quanto às forças de volume ($\mathbf{p} = \lfloor p_x \;\; p_y \rfloor^T$) consideradas uniformes no elemento, a Equação 4.11 fornece as forças nodais equivalentes

$$\mathbf{f}_p^{(e)} = t \int_{A_e} \mathbf{N}^T \mathbf{p}\, dA_e \quad \rightarrow \quad \mathbf{f}_p^{(e)} = \frac{t\,A_e}{3} \lfloor p_x \;\; p_y \;\; p_x \;\; p_y \;\; p_x \;\; p_y \rfloor^T \tag{4.40}$$

Isto é, as resultantes dos componentes de forças de volume em todo o elemento são divididas igualmente entre os seus três pontos nodais.

---

[3] Por essa razão, este elemento é identificado na literatura de língua inglesa pela sigla CST de *Constant Strain Triangle*.

E a partir da Equação 4.12, pode-se mostrar que, no cálculo das forças nodais equivalentes a uma força uniformemente distribuída em um dos lados do elemento, a resultante dessa força deve ser igualmente dividida entre os dois pontos nodais do correspondente lado. Assim, para o caso das forças ($\bar{\mathbf{q}} = \lfloor \bar{q}_x \quad \bar{q}_y \rfloor^T$) supostas aplicadas no lado 1–2 de comprimento $\ell_{1\text{-}2}$, tem-se o vetor de forças nodais equivalentes

$$\mathbf{f}_{\bar{q}}^{(e)} = \frac{t\,\ell_{1-2}}{2} \lfloor \bar{q}_x \quad \bar{q}_y \quad \bar{q}_x \quad \bar{q}_y \quad 0 \quad 0 \rfloor^T \tag{4.41}$$

Como o campo de deslocamentos do presente elemento é linear, e em cada um dos lados do elemento há dois parâmetros nodais para definir o deslocamento u, e dois parâmetros nodais para definir o deslocamento v, a interface entre dois elementos permanece retilínea quando da deformação dos mesmos. Isto é, não há formação de vazios entre os elementos e nem superposição de partes desses elementos, como ilustra a próxima figura, em que os elementos deformados estão representados em linha tracejada. E por ocorrer essa continuidade de deslocamentos através de interface, diz-se que o elemento é *compatível* ou *conforme*. Contudo, é aconselhável utilizar o presente elemento com ângulos internos maiores do que 30° e menores do que 150°, além de razões entre segmentos de lados menores do que quatro, para que se tenha uma adequada discretização do campo de deslocamentos.

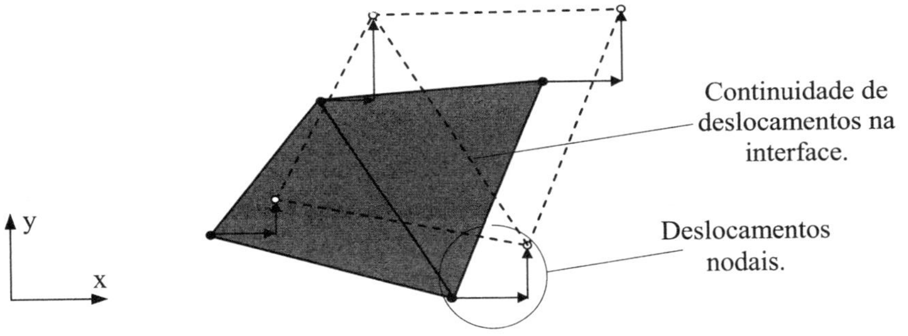

Figura 4.7 – Deformação de elementos adjacentes.

Exemplo 4.1 – Determina-se, a seguir, a matriz de rigidez do elemento triangular de espessura unitária, representado na próxima figura e com a notação de matriz constitutiva

$$E = \begin{bmatrix} e_{11} & e_{12} & 0 \\ e_{12} & e_{22} & 0 \\ 0 & 0 & e_{33} \end{bmatrix}$$

Com a Equação 4.27, calcula-se a área do elemento

$$A_2 = \frac{1}{2} \begin{vmatrix} 1 & 1 & 2 \\ 1 & 3 & 1 \\ 1 & 2 & 3 \end{vmatrix} = 1{,}5$$

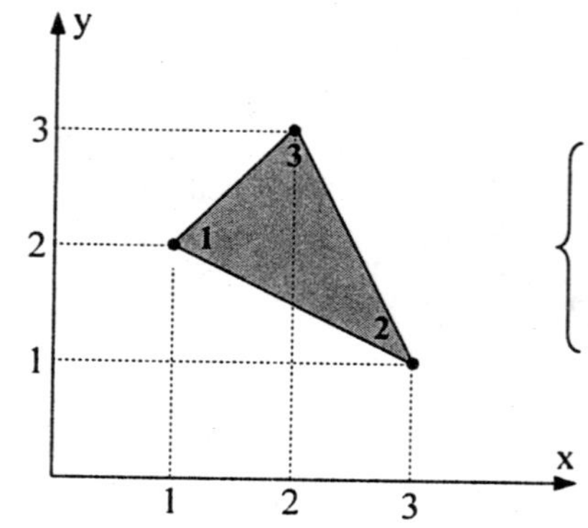

$$\begin{cases}(x_1, y_1) = (1,2)\\(x_2, y_2) = (3,1)\\(x_3, y_3) = (2,3)\end{cases}$$

Figura E4.1 – Elemento triangular.

Logo, a partir da Equação 4.30, obtém-se as funções de interpolação

$$\begin{cases}a_1 = 3\cdot 3 - 1\cdot 2 = 7\\ b_1 = 1 - 3 = -2\\ c_1 = -3 + 2 = -1\end{cases}, \quad \begin{cases}a_2 = -1\cdot 3 + 2\cdot 2 = 1\\ b_2 = -2 + 3 = 1\\ c_2 = 1 - 2 = -1\end{cases}, \quad \begin{cases}a_3 = 1\cdot 1 - 2\cdot 3 = -5\\ b_3 = 2 - 1 = 1\\ c_3 = -1 + 3 = 2\end{cases}$$

$$\rightarrow \begin{cases}N_1 = \dfrac{1}{2\cdot 1{,}5}(7 - 2x - y) = \dfrac{1}{3}(7 - 2x - y)\\ N_2 = \dfrac{1}{2\cdot 1{,}5}(1 + x - y) = \dfrac{1}{3}(1 + x - y)\\ N_3 = \dfrac{1}{2\cdot 1{,}5}(-5 + x + 2y) = \dfrac{1}{3}(-5 + x + 2y)\end{cases}$$

E a Equação 4.35, fornece a matriz que relaciona as deformações com os deslocamentos nodais

$$\mathbf{B} = \frac{1}{2\cdot 1{,}5}\begin{bmatrix}-2 & 0 & 1 & 0 & 1 & 0\\ 0 & -1 & 0 & -1 & 0 & 2\\ -1 & -2 & -1 & 1 & 2 & 1\end{bmatrix}$$

Logo, com a Equação 4.36, obtém-se a matriz de rigidez do elemento

$$\mathbf{K}^{(e)} = \frac{1}{3}\begin{bmatrix}-2 & 0 & -1\\ 0 & -1 & -2\\ 1 & 0 & -1\\ 0 & -1 & 1\\ 1 & 0 & 2\\ 0 & 2 & 1\end{bmatrix}\begin{bmatrix}e_{11} & e_{12} & 0\\ e_{12} & e_{22} & 0\\ 0 & 0 & e_{33}\end{bmatrix}\frac{1}{3}\begin{bmatrix}-2 & 0 & 1 & 0 & 1 & 0\\ 0 & -1 & 0 & -1 & 0 & 2\\ -1 & -2 & -1 & 1 & 2 & 1\end{bmatrix}1\cdot\frac{3}{2}$$

$$\rightarrow \quad \mathbf{K}^{(e)}=\frac{1}{3}\begin{bmatrix} 2e_{11}+\frac{e_{33}}{2} & e_{12}+e_{33} & -e_{11}+\frac{e_{33}}{2} & e_{12}-\frac{e_{33}}{2} & -e_{11}-e_{33} & -2e_{12}-\frac{e_{33}}{2} \\ e_{12}+e_{33} & \frac{e_{22}}{2}+2e_{33} & -\frac{e_{12}}{2}+e_{33} & \frac{e_{22}}{2}-e_{33} & -\frac{e_{12}}{2}-2e_{33} & -e_{22}-e_{33} \\ -e_{11}+\frac{e_{33}}{2} & -\frac{e_{12}}{2}+e_{33} & \frac{e_{11}}{2}+\frac{e_{33}}{2} & -\frac{e_{12}}{2}-\frac{e_{33}}{2} & \frac{e_{11}}{2}-e_{33} & e_{12}-\frac{e_{33}}{2} \\ e_{12}-\frac{e_{33}}{2} & \frac{e_{22}}{2}-e_{33} & -\frac{e_{12}}{2}-\frac{e_{33}}{2} & \frac{e_{22}}{2}+\frac{e_{33}}{2} & -\frac{e_{12}}{2}+e_{33} & -e_{22}+\frac{e_{33}}{2} \\ -e_{11}-e_{33} & -\frac{e_{12}}{2}-2e_{33} & \frac{e_{11}}{2}-e_{33} & -\frac{e_{12}}{2}+e_{33} & \frac{e_{11}}{2}+2e_{33} & e_{12}+e_{33} \\ -2e_{12}-\frac{e_{33}}{2} & -e_{22}-e_{33} & e_{12}-\frac{e_{33}}{2} & -e_{22}+\frac{e_{33}}{2} & e_{12}+e_{33} & 2e_{22}+\frac{e_{33}}{2} \end{bmatrix}$$

4.1.2 – Elemento tetraédrico

Entre os elementos finitos sólidos, o mais básico é o tetraédrico de 4 pontos nodais mostrado na próxima figura com a indicação de seus deslocamentos nodais e de sua numeração nodal, denominado *elemento tetraédrico linear*.

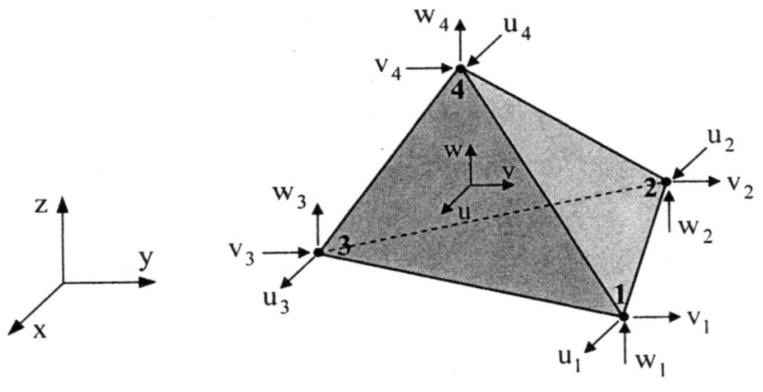

Figura 4.8 – Elemento tetraédrico linear.

De forma análoga ao elemento triangular do item anterior, escreve-se a solução propositiva polinomial de deslocamento

$$u=\lfloor 1 \quad x \quad y \quad z \rfloor \begin{Bmatrix} \alpha_1 \\ \alpha_2 \\ \alpha_3 \\ \alpha_4 \end{Bmatrix} \tag{4.42}$$

Com a particularização dessa solução aos pontos nodais de coordenadas (x_i, y_i, z_i), com $(i = 1, 2, 3, \text{e } 4)$, obtém-se

$$\begin{Bmatrix} u_1 \\ u_2 \\ u_3 \\ u_4 \end{Bmatrix} = \begin{bmatrix} 1 & x_1 & y_1 & z_1 \\ 1 & x_2 & y_2 & z_2 \\ 1 & x_3 & y_3 & z_3 \\ 1 & x_4 & y_4 & z_4 \end{bmatrix} \begin{Bmatrix} \alpha_1 \\ \alpha_2 \\ \alpha_3 \\ \alpha_4 \end{Bmatrix} \quad \rightarrow \quad \begin{Bmatrix} \alpha_1 \\ \alpha_2 \\ \alpha_3 \\ \alpha_4 \end{Bmatrix} = \begin{bmatrix} 1 & x_1 & y_1 & z_1 \\ 1 & x_2 & y_2 & z_2 \\ 1 & x_3 & y_3 & z_3 \\ 1 & x_4 & y_4 & z_4 \end{bmatrix}^{-1} \begin{Bmatrix} u_1 \\ u_2 \\ u_3 \\ u_4 \end{Bmatrix} \tag{4.43}$$

E a partir das duas equações anteriores chega-se ao campo de deslocamentos

$$u = \lfloor N_1 \quad N_2 \quad N_3 \quad N_4 \rfloor \begin{Bmatrix} u_1 \\ u_2 \\ u_3 \\ u_4 \end{Bmatrix} \tag{4.44}$$

com as funções de interpolação

$$N_i = (a_i + b_i\, x + c_i\, y + d_i\, z) / 6V_e \tag{4.45}$$

em que V_e é o volume do tetraedro expresso por

$$V_e = \frac{1}{6} \begin{vmatrix} 1 & x_1 & y_1 & z_1 \\ 1 & x_2 & y_2 & z_2 \\ 1 & x_3 & y_3 & z_3 \\ 1 & x_4 & y_4 & z_4 \end{vmatrix} \tag{4.46}$$

e a_i, b_i, c_i e d_i são os cofatores da i-ésima linha da matriz a ser invertida que ocorre na Equação 4.43. Assim, tem-se para a primeira linha dessa matriz, por exemplo,

$$a_1 = \begin{vmatrix} x_2 & y_2 & z_2 \\ x_3 & y_3 & z_3 \\ x_4 & y_4 & z_4 \end{vmatrix}, \quad b_1 = -\begin{vmatrix} 1 & y_2 & z_2 \\ 1 & y_3 & z_3 \\ 1 & y_4 & z_4 \end{vmatrix}, \quad c_1 = \begin{vmatrix} 1 & x_2 & z_2 \\ 1 & x_3 & z_3 \\ 1 & x_4 & z_4 \end{vmatrix}, \quad d_1 = -\begin{vmatrix} 1 & x_2 & y_2 \\ 1 & x_3 & y_3 \\ 1 & x_4 & y_4 \end{vmatrix} \tag{4.47}$$

E de maneira análoga ao elemento triangular do item anterior, essas mesmas funções são válidas também para os deslocamentos v e w, para escrever a interpolação

$$\begin{Bmatrix} u \\ v \\ w \end{Bmatrix} = \sum_{i=1}^{4} N_i\, \mathbf{I} \begin{Bmatrix} u_i \\ v_i \\ w_i \end{Bmatrix} \tag{4.48}$$

onde **I** é a matriz identidade 3x3.

Pode-se verificar que as funções de interpolação anteriores atendem às Equações 4.31, agora com (p=4), e que também se tem continuidade de deslocamentos nas interfaces de elementos.

E com a equação anterior e de acordo com a Equação II.9 do Anexo II, escreve-se o vetor de deformações

$$\boldsymbol{\varepsilon}=\begin{Bmatrix}\varepsilon_x\\ \varepsilon_y\\ \varepsilon_z\\ \gamma_{xy}\\ \gamma_{xz}\\ \gamma_{yz}\end{Bmatrix}=\begin{bmatrix}\partial/\partial x & 0 & 0\\ 0 & \partial/\partial y & 0\\ 0 & 0 & \partial/\partial z\\ \partial/\partial y & \partial/\partial x & 0\\ \partial/\partial z & 0 & \partial/\partial x\\ 0 & \partial/\partial z & \partial/\partial y\end{bmatrix}\sum_{i=1}^{4}N_i\,\mathbf{I}\begin{Bmatrix}u_i\\ v_i\\ w_i\end{Bmatrix}$$

$$\rightarrow \quad \boldsymbol{\varepsilon}=\mathbf{B}\mathbf{u}^{(e)}=\sum_{i=1}^{4}\mathbf{B}_i\begin{Bmatrix}u_i\\ v_i\\ w_i\end{Bmatrix} \tag{4.49}$$

onde se identifica a submatriz da matriz **B**

$$\mathbf{B}_i=\begin{bmatrix}N_{i,x} & 0 & 0\\ 0 & N_{i,y} & 0\\ 0 & 0 & N_{i,z}\\ N_{i,y} & N_{i,x} & 0\\ N_{i,z} & 0 & N_{i,x}\\ 0 & N_{i,z} & N_{i,y}\end{bmatrix}=\frac{1}{V_e}\begin{bmatrix}b_i & 0 & 0\\ 0 & c_i & 0\\ 0 & 0 & d_i\\ c_i & b_i & 0\\ d_i & 0 & b_i\\ 0 & d_i & c_i\end{bmatrix} \tag{4.50}$$

Essa submatriz tem coeficientes constantes, o que implica em um estado de tensão constante no elemento.

Com a submatriz anterior e a matriz constitutiva **E** identificada na Equação II.18 de material isótropo (ou II.26 de material ortotrópico com eventual transformação ao referencial global) do Anexo II, obtém-se, a partir da Equação 4.9, a submatriz de rigidez relativa ao acoplamento entre os deslocamentos nodais de ordens i e j

$$\mathbf{K}_{ij}^{(e)}=\int_{V_e}\mathbf{B}_i^T\,\mathbf{E}\,\mathbf{B}_j\,dV_e \quad\rightarrow\quad \mathbf{K}_{ij}^{(e)}=\mathbf{B}_i^T\,\mathbf{E}\,\mathbf{B}_j\,V_e \tag{4.51}$$

E assim, a matriz de rigidez do elemento é obtida ao fazer nessa equação (i, j = 1, 2, 3 e 4).

Quanto a uma variação uniforme de temperatura T no elemento, a partir da Equação 4.10 e com $\boldsymbol{\sigma}_0$ identificado na mesma equação em que se identifica a matriz constitutiva, obtém-se, no caso de material isótropo, as forças nodais equivalentes relativas ao ponto nodal de ordem i

$$\mathbf{f}_{\sigma_0 i}^{(e)}=-\int_{V_e}\mathbf{B}_i^T\,\boldsymbol{\sigma}_0\,dV_e \quad\rightarrow\quad \mathbf{f}_{\sigma_0 i}^{(e)}=-\mathbf{B}_i^T\,\boldsymbol{\sigma}_0\,V_e$$

$$\rightarrow\quad \mathbf{f}_{\sigma_0 i}^{(e)}=\frac{E\alpha T V_e}{1-2\nu}\mathbf{B}_i^T\lfloor 1\;\;1\;\;1\;\;0\;\;0\;\;0\rfloor^T \quad\rightarrow\quad \mathbf{f}_{\sigma_0 i}^{(e)}=\frac{E\alpha T V_e}{1-2\nu}\begin{Bmatrix}b_i\\ c_i\\ d_i\end{Bmatrix} \tag{4.52}$$

Quanto a forças de volume uniformes ($\mathbf{p}=\lfloor p_x\;\;p_y\;\;p_z\rfloor^T$), a partir da Equação 4.11 são obtidas as forças nodais equivalentes relativas ao ponto nodal de ordem i

$$\mathbf{f}_{pi}^{(e)} = \int_{V_e} N_i \, \mathbf{I} \, \mathbf{p} \, dV_e \quad \rightarrow \quad \mathbf{f}_{pi}^{(e)} = \frac{V_e}{4} \begin{Bmatrix} p_x \\ p_y \\ p_z \end{Bmatrix} \tag{4.53}$$

Esta equação expressa que as resultantes dos componentes de força de volume devem ser distribuídas igualmente entre os pontos nodais do elemento.

E quanto a forças de superfície ($\overline{\mathbf{q}} = \lfloor \overline{q}_x \quad \overline{q}_y \quad \overline{q}_z \rfloor^T$) uniformemente distribuídas na face 1–2–3 de área A_{123}, do elemento, a partir da Equação 4.12 são obtidas as forças nodais equivalentes

$$\mathbf{f}_{q}^{(e)} = \frac{A_{123}}{3} \lfloor \overline{q}_x \quad \overline{q}_y \quad \overline{q}_z \quad \overline{q}_x \quad \overline{q}_y \quad \overline{q}_y \quad \overline{q}_x \quad \overline{q}_y \quad \overline{q}_z \quad 0 \quad 0 \quad 0 \rfloor^T \tag{4.54}$$

Este resultado expressa que a resultante de componente de força de superfície uniformemente distribuída em uma face do elemento deve ser dividida igualmente entre os pontos nodais da correspondente face.

4.1.3 – Elemento quadrilateral

O procedimento de obtenção de funções de interpolação utilizado nos dois itens anteriores se estende a elementos de formas variadas e de ordens mais elevadas. Contudo, como esse procedimento se torna extremamente elaborado no caso desses elementos, é mais prático construir diretamente as funções de interpolação como apresentado a seguir, no desenvolvimento do *elemento quadrilateral linear* mostrado na parte direita da figura seguinte, cujos 4 pontos nodais são numerados no sentido anti-horário.

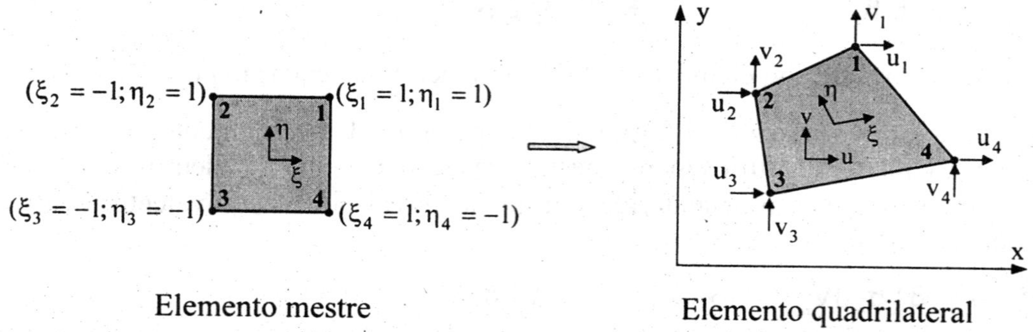

Figura 4.9 – Elemento quadrilateral linear.

Inicialmente, são determinadas as funções de interpolação do elemento de quatro pontos nodais representado na parte esquerda da figura anterior, denominado *elemento mestre* e de coordenadas locais normalizadas ortogonais (ξ, η), em que $(-1 \leq \xi \leq +1)$ e $(-1 \leq \eta \leq +1)$. E como essas funções devem atender à propriedade do delta de Kronecker

$(N_i(x_i,y_j) = \delta_{ij})$, elas podem ser obtidas através da multiplicação de funções lineares na coordenada ξ por funções lineares na coordenada η, que têm valor unitário em um dos pontos nodais e valor nulo no outro ponto nodal, e que estão mostradas na próxima figura.

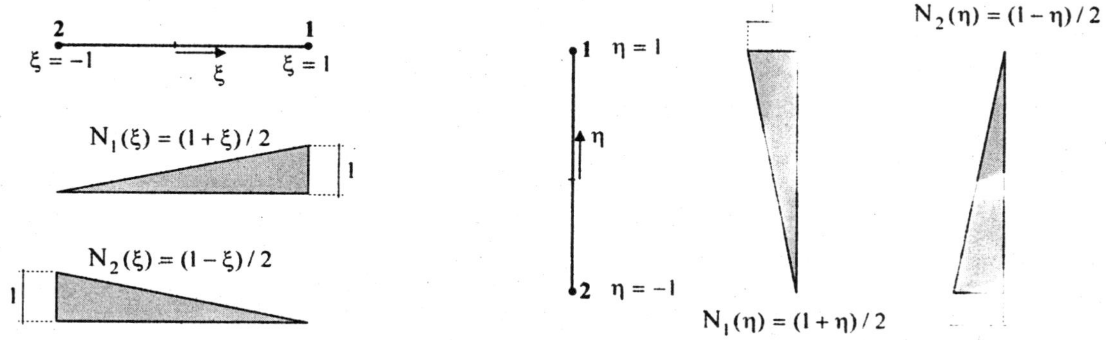

Figura 4.10 – Funções lineares unidimensionais.

Assim, é imediato identificar que as funções

$$\begin{cases} N_1 = N_1(\xi)\ N_1(\eta) \\ N_2 = N_2(\xi)\ N_1(\eta) \\ N_3 = N_2(\xi)\ N_2(\eta) \\ N_4 = N_1(\xi)\ N_2(\eta) \end{cases} \rightarrow \begin{cases} N_1 = (1+\xi)(1+\eta)/4 \\ N_2 = (1-\xi)(1+\eta)/4 \\ N_3 = (1-\xi)(1-\eta)/4 \\ N_4 = (1+\xi)(1-\eta)/4 \end{cases} \qquad (4.55)$$

têm as propriedades expressas pela Equação 4.31, agora com $(p=4)$, e são as funções de interpolação do referido elemento mestre. Tais funções são quadráticas no interior do elemento e lineares em seu contorno, como mostra a figura seguinte, e podem também ser obtidas a partir da solução propositiva polinomial $(u = \alpha_1 + \alpha_2\,\xi + \alpha_3\,\eta + \alpha_4\,\xi\eta)$.

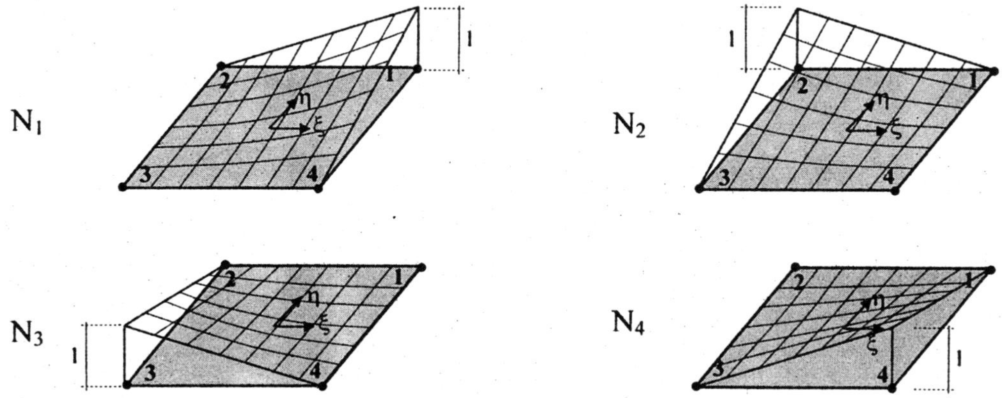

Figura 4.11 – Funções de interpolação bilineares.

E com as notações (ξ_i, η_i) para as coordenadas normalizadas do i-ésimo ponto nodal do elemento mestre, as funções anteriores são escritas sob a forma compacta

$$\rightarrow \quad N_i = \frac{1}{4}(1+\xi\xi_i)(1+\eta\eta_i) \quad \text{com } i = 1, 2, 3 \text{ e } 4. \tag{4.56}$$

Além disso, com o armazenamento dessas funções na matriz linha

$$\lfloor N \rfloor = \lfloor N_1 \quad N_2 \quad N_3 \quad N_{p=4} \rfloor \tag{4.57}$$

escreve-se o campo de deslocamentos do elemento sob a forma[4]

$$\begin{Bmatrix} u \\ v \end{Bmatrix} = \begin{bmatrix} \lfloor N \rfloor & \mathbf{0} \\ \mathbf{0} & \lfloor N \rfloor \end{bmatrix} \begin{Bmatrix} u_1 \\ \vdots \\ u_p \\ v_1 \\ \vdots \\ v_p \end{Bmatrix} \quad \rightarrow \quad \begin{Bmatrix} u \\ v \end{Bmatrix} = \sum_{i=1}^{p} N_i \begin{Bmatrix} u_i \\ v_i \end{Bmatrix} \tag{4.58}$$

E para obter o elemento quadrilateral representado na parte direita da Figura 4.9, mapeia-se o elemento mestre no espaço físico de referencial xy, através da interpolação das coordenadas cartesianas (x_i, y_i) dos pontos nodais, com as mesmas funções do campo de deslocamentos e de forma análoga à Equação 3.40 do capítulo anterior,

$$\begin{Bmatrix} x \\ y \end{Bmatrix} = \begin{bmatrix} \lfloor N \rfloor & \mathbf{0} \\ \mathbf{0} & \lfloor N \rfloor \end{bmatrix} \begin{Bmatrix} x_1 \\ \vdots \\ x_p \\ y_1 \\ \vdots \\ y_p \end{Bmatrix} = \begin{bmatrix} \lfloor N \rfloor & \mathbf{0} \\ \mathbf{0} & \lfloor N \rfloor \end{bmatrix} \begin{Bmatrix} \mathbf{x}^{(e)} \\ \mathbf{y}^{(e)} \end{Bmatrix} \quad \rightarrow \quad \begin{Bmatrix} x \\ y \end{Bmatrix} = \sum_{i=1}^{p} N_i \begin{Bmatrix} x_i \\ y_i \end{Bmatrix} \tag{4.59}$$

o que caracteriza uma *definição isoparamétrica* de geometria.[5]

Contudo, essa definição apresenta um problema adicional. Como as deformações são definidas através de derivadas dos deslocamentos em relação às coordenadas cartesianas xy, e as funções de interpolação obtidas anteriormente são expressas em

---

[4] Por simplicidade de equacionamento deste desenvolvimento, foram numerados inicialmente todos os deslocamentos nodais na direção x, seguidos dos deslocamentos nodais na direção y. Consequentemente, após a obtenção do sistema de equações do elemento, essas equações precisam ser reordenadas para que se tenha a ordem de deslocamentos adotada no vetor de correspondência exemplificado com a Equação 4.16.

[5] Essa definição foi sugerida em Irons, B.M., 1966, *Engineering Applications of Numerical Integration in Stiffness Methods*, AIAA Journal, vol. 4, n. 11, pp 2035-2037, e costuma ser aplicada no desenvolvimento de um grande número de elementos finitos, para maior flexibilidade de suas formas. De maneira análoga, pode ser utilizada em definições de espessura, propriedades de material e ações externas. E com essa definição de geometria, no segundo livro, serão desenvolvidas famílias de elementos finitos quadrilaterais, tetraédricos e hexaédricos.

termos das coordenadas normalizadas $\xi\eta$, é necessário obter aquelas derivadas a partir de derivadas em relação a essas coordenadas. Para isso, utiliza-se a regra da cadeia

$$\begin{cases} N_{i,\xi} = N_{i,x}\, x_{,\xi} + N_{i,y}\, y_{,\xi} \\ N_{i,\eta} = N_{i,x}\, x_{,\eta} + N_{i,y}\, y_{,\eta} \end{cases} \quad \rightarrow \quad \begin{Bmatrix} N_{i,\xi} \\ N_{i,\eta} \end{Bmatrix} = \mathbf{J} \begin{Bmatrix} N_{i,x} \\ N_{i,y} \end{Bmatrix} \tag{4.60}$$

onde $$\mathbf{J} = \begin{bmatrix} J_{11} & J_{12} \\ J_{21} & J_{22} \end{bmatrix} = \begin{bmatrix} x_{,\xi} & y_{,\xi} \\ x_{,\eta} & y_{,\eta} \end{bmatrix} \quad \rightarrow \quad \mathbf{J} = \sum_{i=1}^{p} \begin{bmatrix} N_{i,\xi}\, x_i & N_{i,\xi}\, y_i \\ N_{i,\eta}\, x_i & N_{i,\eta}\, y_i \end{bmatrix} \tag{4.61}$$

$$\rightarrow \quad \mathbf{J} = \frac{1}{4} \begin{bmatrix} (1+\eta)x_1 - (1+\eta)x_2 - (1-\eta)x_3 + (1-\eta)x_4 & (1+\eta)y_1 - (1+\eta)y_2 - (1-\eta)y_3 + (1-\eta)y_4 \\ (1+\xi)x_1 + (1-\xi)x_2 - (1-\xi)x_3 - (1+\xi)x_4 & (1+\xi)y_1 + (1-\xi)y_2 - (1-\xi)y_3 - (1+\xi)y_4 \end{bmatrix} \tag{4.62}$$

é a *matriz Jacobiana*. Essa matriz tem o determinante (função de ξ e η) denominado *Jacobiano* e que se calcula

$$\det \mathbf{J} = J_{11}J_{22} - J_{12}J_{21} \quad \rightarrow \quad \det \mathbf{J} = x_{,\xi}\, y_{,\eta} - x_{,\eta}\, y_{,\xi} \tag{4.63}$$

Esse Jacobiano relaciona o elemento infinitesimal de área no espaço físico de coordenadas xy com o elemento infinitesimal de área no espaço de coordenadas normalizadas $\xi\eta$, sob a forma

$$dx\, dy = \det \mathbf{J}\; d\xi\, d\eta \tag{4.64}$$

Além disso, no caso de Jacobiano não singular, tem-se a matriz inversa

$$\mathbf{J}^{-1} = \frac{1}{\det \mathbf{J}} \begin{bmatrix} J_{22} & -J_{21} \\ -J_{12} & J_{11} \end{bmatrix} \tag{4.65}$$

o que permite determinar, a partir da Equação 4.60, as derivadas necessárias à definição das deformações

$$\begin{Bmatrix} N_{i,x} \\ N_{i,y} \end{Bmatrix} = \mathbf{J}^{-1} \begin{Bmatrix} N_{i,\xi} \\ N_{i,\eta} \end{Bmatrix} \quad \rightarrow \quad \begin{bmatrix} \lfloor N \rfloor_{,x} \\ \lfloor N \rfloor_{,y} \end{bmatrix} = \mathbf{J}^{-1} \begin{bmatrix} \lfloor N \rfloor_{,\xi} \\ \lfloor N \rfloor_{,\eta} \end{bmatrix} \tag{4.66}$$

Exemplo 4.2 – Determina-se, a seguir, o Jacobiano do elemento retangular mostrado na próxima figura.

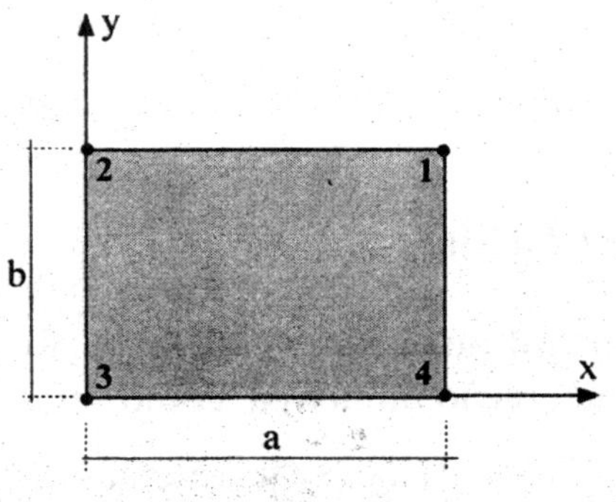

Figura E4.2 – Elemento finito retangular linear

A partir da Equação 4.62, tem-se a matriz Jacobiana

$$\mathbf{J} = \frac{1}{4}\begin{bmatrix} (1+\eta)a-(1+\eta)0-(1-\eta)0+(1-\eta)a & (1+\eta)b-(1+\eta)b-(1-\eta)0+(1-\eta)0 \\ (1+\xi)a-(1-\xi)0-(1-\xi)0-(1+\xi)a & (1+\xi)b+(1-\xi)b-(1-\xi)0-(1+\xi)0 \end{bmatrix}$$

$$\rightarrow \quad \mathbf{J} = \frac{1}{2}\begin{bmatrix} a & 0 \\ 0 & b \end{bmatrix} \quad \rightarrow \quad \det \mathbf{J} = \frac{a\,b}{4}$$

Esse resultado mostra que, no caso de elemento retangular, a matriz Jacobiana é diagonal e o Jacobiano é constante.

Em continuidade de desenvolvimento do presente elemento, escreve-se as deformações em coordenadas cartesianas

$$\boldsymbol{\varepsilon} = \begin{Bmatrix} \varepsilon_x \\ \varepsilon_y \\ \gamma_{xy} \end{Bmatrix} = \begin{bmatrix} 1 & 0 & 0 & 0 \\ 0 & 0 & 0 & 1 \\ 0 & 1 & 1 & 0 \end{bmatrix} \begin{Bmatrix} u_{,x} \\ u_{,y} \\ v_{,x} \\ v_{,y} \end{Bmatrix}$$

$$\rightarrow \quad \boldsymbol{\varepsilon} = \begin{bmatrix} 1 & 0 & 0 & 0 \\ 0 & 0 & 0 & 1 \\ 0 & 1 & 1 & 0 \end{bmatrix} \begin{bmatrix} \lfloor N \rfloor_{,x} & \mathbf{0} \\ \lfloor N \rfloor_{,y} & \mathbf{0} \\ \mathbf{0} & \lfloor N \rfloor_{,x} \\ \mathbf{0} & \lfloor N \rfloor_{,y} \end{bmatrix} \begin{Bmatrix} u_1 \\ \vdots \\ u_p \\ v_1 \\ \vdots \\ v_p \end{Bmatrix} = \mathbf{B} \begin{Bmatrix} u_1 \\ \vdots \\ u_p \\ v_1 \\ \vdots \\ v_p \end{Bmatrix} \qquad (4.67)$$

Nessa equação, identifica-se a matriz que relaciona os deslocamentos nodais com os componentes de deformação

$$\mathbf{B} = \begin{bmatrix} 1 & 0 & 0 & 0 \\ 0 & 0 & 0 & 1 \\ 0 & 1 & 1 & 0 \end{bmatrix} \begin{bmatrix} \lfloor N \rfloor_{,x} & \mathbf{0} \\ \lfloor N \rfloor_{,y} & \mathbf{0} \\ \mathbf{0} & \lfloor N \rfloor_{,x} \\ \mathbf{0} & \lfloor N \rfloor_{,y} \end{bmatrix} \qquad (4.68)$$

cujos coeficientes são funções lineares nas coordenadas normalizadas.

Assim, com a Equação 4.64, a matriz de rigidez expressa pela Equação 4.9 toma a forma

$$\mathbf{K}^{(e)} = t \int_{-1}^{+1}\int_{-1}^{+1} \mathbf{B}^T \mathbf{E}\, \mathbf{B} \det \mathbf{J}\; d\xi\, d\eta \qquad (4.69)$$

O cálculo analítico dessa integral só é simples para a forma retangular e a forma de paralelogramo, o que requer integração numérica, como será apresentado no Item 4.3.

Quanto ao vetor das forças nodais equivalentes às tensões iniciais, a partir da Equação 4.10, escreve-se

$$\mathbf{f}_{\sigma_0}^{(e)} = -t \int_{-1}^{+1}\int_{-1}^{+1} \mathbf{B}^T \boldsymbol{\sigma}_0 \det \mathbf{J}\, d\xi d\eta \tag{4.70}$$

É prático definir dados inerentes ao elemento através de interpolação de valores nodais. Assim, para as forças de volume, escreve-se

$$\mathbf{p} = \begin{Bmatrix} p_x \\ p_y \end{Bmatrix} = \begin{bmatrix} \lfloor N \rfloor & \mathbf{0} \\ \mathbf{0} & \lfloor N \rfloor \end{bmatrix} \begin{Bmatrix} \mathbf{p}_x^{(e)} \\ \mathbf{p}_y^{(e)} \end{Bmatrix} \tag{4.71}$$

onde $\mathbf{p}_x^{(e)}$ e $\mathbf{p}_y^{(e)}$ são os valores nodais daquelas forças nas direções dos eixos x e y, respectivamente. Logo, a partir da Equação 4.11, tem-se o correspondente vetor de forças nodais equivalentes

$$\mathbf{f}_p^{(e)} = t \int_{-1}^{+1}\int_{-1}^{+1} \begin{bmatrix} \lfloor N \rfloor & \mathbf{0} \\ \mathbf{0} & \lfloor N \rfloor \end{bmatrix}^T \begin{bmatrix} \lfloor N \rfloor & \mathbf{0} \\ \mathbf{0} & \lfloor N \rfloor \end{bmatrix} \begin{Bmatrix} \mathbf{p}_x^{(e)} \\ \mathbf{p}_y^{(e)} \end{Bmatrix} \det \mathbf{J}\, d\xi d\eta$$

$$\rightarrow \quad \mathbf{f}_p^{(e)} = t \int_{-1}^{+1}\int_{-1}^{+1} \begin{bmatrix} \lfloor N \rfloor^T \lfloor N \rfloor & \mathbf{0} \\ \mathbf{0} & \lfloor N \rfloor^T \lfloor N \rfloor \end{bmatrix} \begin{Bmatrix} \mathbf{p}_x^{(e)} \\ \mathbf{p}_y^{(e)} \end{Bmatrix} \det \mathbf{J}\, d\xi d\eta \tag{4.72}$$

E no caso de uma força distribuída aplicada no lado de $(\xi = 1)$ do elemento, de forma análoga à Equação 4.71, são especificados valores nodais para escrever a interpolação

$$\bar{\mathbf{q}}_{|\xi=1} = \begin{Bmatrix} \bar{q}_x \\ \bar{q}_y \end{Bmatrix}_{|\xi=1} = \begin{bmatrix} \lfloor N \rfloor & \mathbf{0} \\ \mathbf{0} & \lfloor N \rfloor \end{bmatrix}_{|\xi=1} \begin{Bmatrix} \bar{\mathbf{q}}_x^{(e)} \\ \bar{\mathbf{q}}_y^{(e)} \end{Bmatrix} \tag{4.73}$$

onde $\bar{\mathbf{q}}_x^{(e)}$ e $\bar{\mathbf{q}}_y^{(e)}$ têm valores não nulos apenas nas posições correspondentes aos pontos nodais do referido lado, e as funções de interpolação são particularizadas a esse lado. Logo, a partir da Equação 4.12, as respectivas forças nodais equivalentes são escritas sob a forma

$$\mathbf{f}_{\bar{q}}^{(e)} = t \int_{s_{e|\xi=1}} \begin{bmatrix} \lfloor N \rfloor^T \lfloor N \rfloor & \mathbf{0} \\ \mathbf{0} & \lfloor N \rfloor^T \lfloor N \rfloor \end{bmatrix}_{|\xi=1} \begin{Bmatrix} \bar{\mathbf{q}}_x^{(e)} \\ \bar{\mathbf{q}}_y^{(e)} \end{Bmatrix} ds_{e|\xi=1} \tag{4.74}$$

onde $ds_{e|\xi=1}$ designa segmento infinitesimal no lado de $(\xi = 1)$ do elemento. E para isso, a partir da Equação 4.59, tem-se

$$\begin{cases} x = \lfloor N \rfloor \mathbf{x}^{(e)} & \rightarrow \quad dx = \lfloor N \rfloor_{,\xi} \mathbf{x}^{(e)} d\xi + \lfloor N \rfloor_{,\eta} \mathbf{x}^{(e)} d\eta \\ y = \lfloor N \rfloor \mathbf{y}^{(e)} & \rightarrow \quad dy = \lfloor N \rfloor_{,\xi} \mathbf{y}^{(e)} d\xi + \lfloor N \rfloor_{,\eta} \mathbf{y}^{(e)} d\eta \end{cases}$$

$$\rightarrow \quad \begin{cases} dx_{|\xi=1} = \lfloor N \rfloor_{,\eta|\xi=1} \mathbf{x}^{(e)} d\eta \\ dy_{|\xi=1} = \lfloor N \rfloor_{,\eta|\xi=1} \mathbf{y}^{(e)} d\eta \end{cases} \quad \rightarrow \quad ds_{e|\xi=1} = \left(\sqrt{dx^2 + dy^2} \right)_{|\xi=1}$$

$$\rightarrow \quad ds_{e|\xi=1} = \left(\sqrt{\left(\lfloor N \rfloor_{,\eta|\xi=1} \mathbf{x}^{(e)} \right)^2 + \left(\lfloor N \rfloor_{,\eta|\xi=1} \mathbf{y}^{(e)} \right)^2} \right) d\eta$$

$$\rightarrow \quad ds_{e|\xi=1} = \sqrt{\left(\sum_{i=1}^{p} N_{i,\eta|\xi=1}\, x_i\right)^2 + \left(\sum_{i=1}^{p} N_{i,\eta|\xi=1}\, y_i\right)^2}\; d\eta \tag{4.75}$$

Logo, com a substituição desse resultado na Equação 4.74, obtém-se o vetor de forças nodais equivalentes à força distribuída no lado de $(\xi = 1)$

$$\mathbf{f}_{\bar{q}}^{(e)} = t \int_{-1}^{+1} \begin{bmatrix} \lfloor N \rfloor^T \lfloor N \rfloor & 0 \\ 0 & \lfloor N \rfloor^T \lfloor N \rfloor \end{bmatrix}_{|\xi=1} \begin{Bmatrix} \bar{\mathbf{q}}_x^{(e)} \\ \bar{\mathbf{q}}_y^{(e)} \end{Bmatrix} \sqrt{\left(\sum_{i=1}^{p} N_{i,\eta|\xi=1}\, x_i\right)^2 + \left(\sum_{i=1}^{p} N_{i,\eta|\xi=1}\, y_i\right)^2}\; d\eta \tag{4.76}$$

E de forma semelhante ao desenvolvimento anterior, obtém-se, para o caso de uma força distribuída no lado $(\eta = 1)$ do elemento, as forças nodais equivalentes

$$\mathbf{f}_{\bar{q}}^{(e)} = t \int_{-1}^{+1} \begin{bmatrix} \lfloor N \rfloor^T \lfloor N \rfloor & 0 \\ 0 & \lfloor N \rfloor^T \lfloor N \rfloor \end{bmatrix}_{|\eta=1} \begin{Bmatrix} \bar{\mathbf{q}}_x^{(e)} \\ \bar{\mathbf{q}}_y^{(e)} \end{Bmatrix} \sqrt{\left(\sum_{i=1}^{p} N_{i,\xi|\eta=1}\, x_i\right)^2 + \left(\sum_{i=1}^{p} N_{i,\xi|\eta=1}\, y_i\right)^2}\; d\xi \tag{4.77}$$

onde $\bar{\mathbf{q}}_y^{(e)}$ e $\bar{\mathbf{q}}_y^{(e)}$ têm valores não nulos apenas nas posições correspondentes aos pontos nodais do lado $(\eta = 1)$.

Exemplo 4.3 – A seguir, são determinadas as forças nodais equivalentes do elemento finito de espessura unitária representado na figura seguinte.

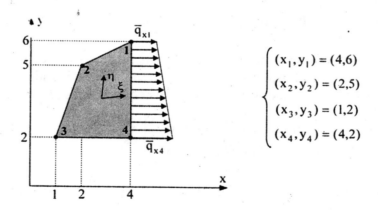

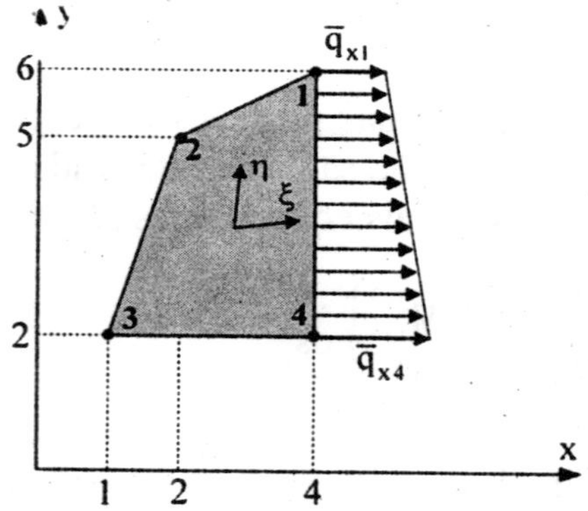

$$\begin{cases} (x_1, y_1) = (4,6) \\ (x_2, y_2) = (2,5) \\ (x_3, y_3) = (1,2) \\ (x_4, y_4) = (4,2) \end{cases}$$

Figura E4.3 – Elemento finito quadrilateral linear com força de contorno.

Tem-se

$$\bar{\mathbf{q}}_x^{(e)} = \lfloor \bar{q}_{x1} \quad 0 \quad 0 \quad \bar{q}_{x4} \rfloor^T$$

$$\lfloor N \rfloor_{|\xi=1} = \left\lfloor \frac{1+\eta}{2} \quad 0 \quad 0 \quad \frac{1-\eta}{2} \right\rfloor$$

$$\lfloor N \rfloor_{,\eta} = \left\lfloor \frac{1+\xi}{4} \quad \frac{1-\xi}{4} \quad -\frac{1-\xi}{4} \quad -\frac{1+\xi}{4} \right\rfloor \quad \rightarrow \quad \lfloor N \rfloor_{,\eta|\xi=1} = \left\lfloor \frac{1}{2} \quad 0 \quad 0 \quad -\frac{2}{4} \right\rfloor$$

Logo, a Equação 4.75 fornece

$$ds_{e|\xi=1} = \sqrt{\left(\begin{bmatrix}\frac{1}{2} & 0 & 0 & -\frac{1}{2}\end{bmatrix}\begin{Bmatrix}4\\2\\1\\4\end{Bmatrix}\right)^2 + \left(\begin{bmatrix}\frac{1}{2} & 0 & 0 & -\frac{1}{2}\end{bmatrix}\begin{Bmatrix}6\\5\\2\\2\end{Bmatrix}\right)^2} = 2$$

E com a Equação 4.76, obtém-se as forças nodais na direção x:

$$\mathbf{f}_{\bar{q}x}^{(e)} = t\int_{-1}^{+1} (\lfloor N \rfloor^T \lfloor N \rfloor)_{|\xi=1} \bar{\mathbf{q}}_x^{(e)}\, 2\, d\eta$$

$$\rightarrow \quad \mathbf{f}_{\bar{q}x}^{(e)} = \begin{Bmatrix} f_{x1}\\ f_{x2}\\ f_{x3}\\ f_{x4}\end{Bmatrix} = \int_{-1}^{+1} \begin{Bmatrix}(1+\eta)/2\\0\\0\\(1-\eta)/2\end{Bmatrix} \begin{bmatrix}\frac{1+\eta}{2} & 0 & 0 & \frac{1-\eta}{2}\end{bmatrix} \begin{Bmatrix}\bar{q}_{x1}\\0\\0\\\bar{q}_{x4}\end{Bmatrix} 2\, d\eta$$

$$\rightarrow \quad \mathbf{f}_{\bar{q}x}^{(e)} = \frac{1}{2}\int_{-1}^{+1} \begin{Bmatrix}(1+n)^2\bar{q}_{x1} + (1+n)(1-n)\bar{q}_{x4}\\ 0\\ 0\\ (1+n)(1-n)\bar{q}_{x1} + (1-n)^2\bar{q}_{x4}\end{Bmatrix} d\eta$$

$$\rightarrow \quad \mathbf{f}_{\bar{q}x}^{(e)} = \frac{2}{3}\begin{Bmatrix}2\bar{q}_{x1} + \bar{q}_{x4}\\ 0\\ 0\\ \bar{q}_{x1} + 2\bar{q}_{x4}\end{Bmatrix}$$

E no caso particular de ($\bar{q}_{x1} = \bar{q}_{x4}$), cada uma das forças nodais equivalentes é igual à metade da resultante da força distribuída no lado 1–4.

Em toda definição paramétrica de geometria, é necessário que o Jacobiano seja maior do zero. Isso ocorre com o elemento representado na Figura 4.9, mas não acontece em alguns pontos dos mapeamentos mostrados na Figura 4.12. No caso "a" dessa figura, ocorre o cruzamento de dois lados do elemento; no caso "b", o elemento é não convexo, e no caso "c", a numeração no espaço físico é em sentido contrário à numeração no espaço do elemento mestre, quando então o Jacobiano é negativo. E para boa representação do presente elemento quadrilateral, é aconselhável utilizar esse elemento com ângulo interno maior do que 45° e menor do que 135°, e também com razões entre segmentos de lados menores do que quatro. Importa também ressaltar, que esse elemento é conforme com o elemento triangular que foi desenvolvido no Item 4.1.1.

A forma quadrilateral pode também ser obtida pela união de dois elementos triangulares, como ilustra a Figura 4.13. Entretanto, o elemento finito resultante tem apenas capacidade de representar estado de deformação constante em cada um dos elementos triangulares originais, e é, pois, menos eficiente do que o elemento quadrilateral desenvolvido anteriormente.

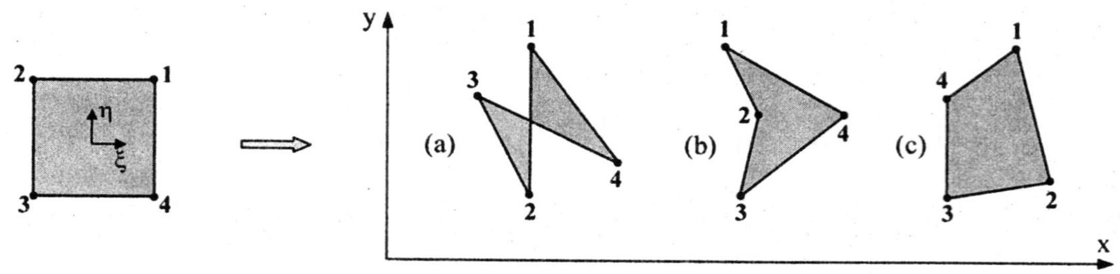

Figura 4.12 – Mapeamentos inconsistentes do elemento quadrilateral linear.

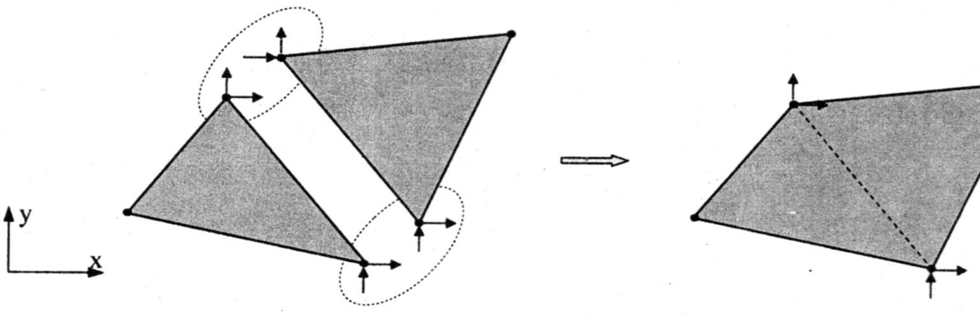

Figura 4.13 – Composição da forma quadrilateral a partir de dois elementos triangulares.

4.1.4 – Elemento hexaédrico

Desenvolve-se, a seguir, o elemento cúbico de 8 pontos nodais e de coordenadas locais normalizadas ξ, η e ζ, representado na parte esquerda da próxima figura, que, de maneira análoga ao elemento mestre do item anterior, é mapeado no espaço físico na forma de um elemento hexaédrico dito linear.

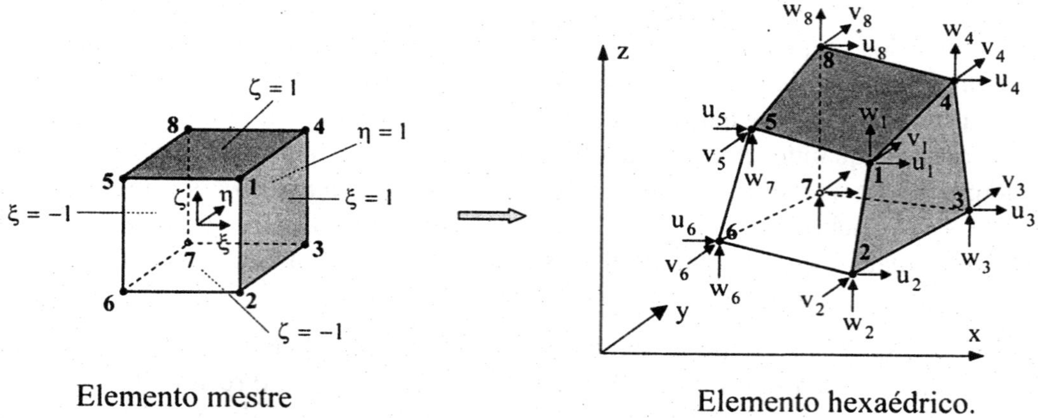

Elemento mestre

Elemento hexaédrico.

Figura 4.14 – Elemento hexaédrico linear.

Também de maneira análoga ao elemento quadrilateral do item anterior, as funções de interpolação do elemento cúbico mestre são obtidas através da multiplicação de funções lineares unidimensionais, agora as representadas na Figura 4.15 e escritas sob as formas

$$\begin{cases} N_1 = N_1(\xi)\, N_2(\eta)\, N_1(\zeta) \\ N_2 = N_1(\xi)\, N_2(\eta)\, N_2(\zeta) \\ N_3 = N_1(\xi)\, N_1(\eta)\, N_2(\zeta) \\ N_4 = N_1(\xi)\, N_1(\eta)\, N_1(\zeta) \\ N_5 = N_2(\xi)\, N_2(\eta)\, N_1(\zeta) \\ N_6 = N_2(\xi)\, N_2(\eta)\, N_2(\zeta) \\ N_7 = N_2(\xi)\, N_1(\eta)\, N_2(\zeta) \\ N_8 = N_2(\xi)\, N_1(\eta)\, N_1(\zeta) \end{cases} \rightarrow \begin{cases} N_1 = (1+\xi)(1-\eta)(1+\zeta)/8 \\ N_2 = (1+\xi)(1-\eta)(1-\zeta)/8 \\ N_3 = (1+\xi)(1+\eta)(1-\zeta)/8 \\ N_4 = (1+\xi)(1+\eta)(1+\zeta)/8 \\ N_5 = (1-\xi)(1-\eta)(1+\zeta)/8 \\ N_6 = (1-\xi)(1-\eta)(1-\zeta)/8 \\ N_7 = (1-\xi)(1+\eta)(1-\zeta)/8 \\ N_8 = (1-\xi)(1+\eta)(1+\zeta)/8 \end{cases} \quad (4.78)$$

$$\rightarrow \quad N_i = \frac{1}{8}(1+\xi\xi_i)(1+\eta\eta_i)(1+\zeta\zeta_i) \quad \text{com } i = 1, 2, \cdots 8. \quad (4.79)$$

onde (ξ_i, η_i, ζ_i) são as coordenadas normalizadas do i-ésimo ponto nodal. Essas funções atendem à propriedade do delta de Kronecker ($N_i(x_j, y_j) = \delta_{ij}$) e, portanto, são *funções de Lagrange*, próprias de interpolações que não incluem derivadas como parâmetros nodais.

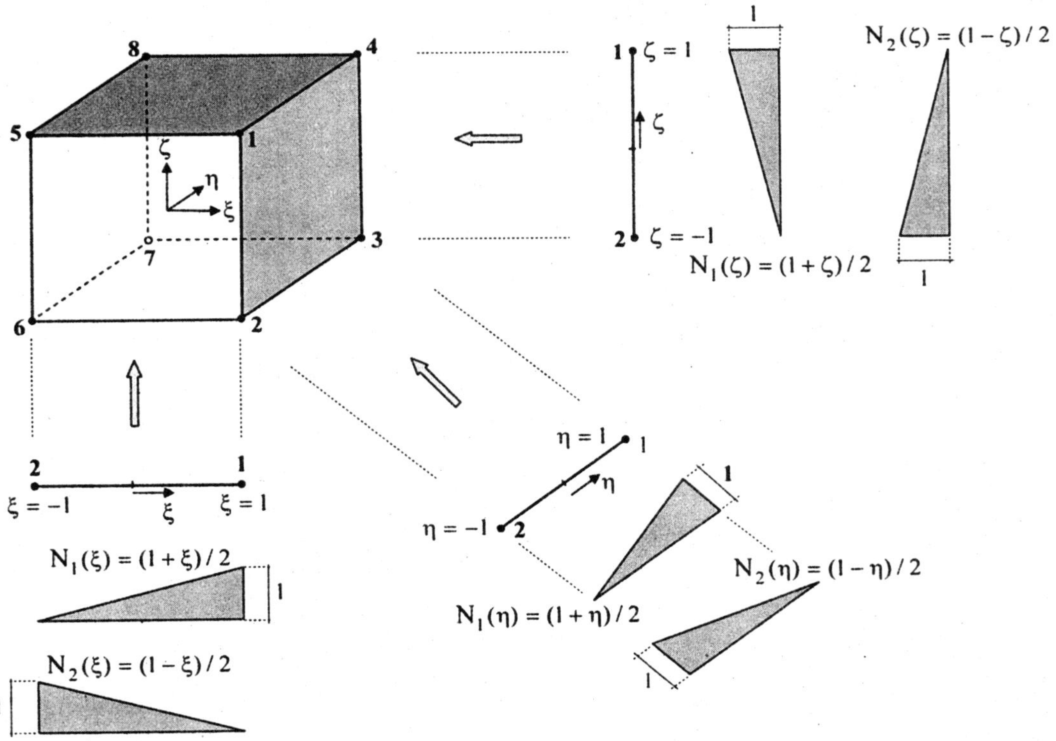

Figura 4.15 – Funções lineares unidimensionais de formação do elemento cúbico.

As funções de interpolação deste elemento são lineares em suas arestas, quadráticas em suas faces e cúbicas no seu interior, e poderiam ter sido obtidas a partir da solução propositiva ($u = \alpha_1 + \alpha_1\, \xi + \alpha_3\, \eta + \alpha_4\, \zeta + \alpha_5\, \xi\eta + \alpha_6\, \xi\zeta + \alpha_7\, \eta\zeta + \alpha_8\, \xi\eta\zeta$), o que não é prático. Assim, o presente procedimento de obtenção de funções será estendido, no segundo livro, a elementos com maior número de pontos nodais.

Além disso, com o armazenamento das funções anteriores na matriz linha ($\lfloor N \rfloor = \lfloor N_1 \quad N_2 \quad \cdots \quad N_8 \rfloor$), escreve-se o campo de deslocamentos

$$\begin{Bmatrix} u \\ v \\ w \end{Bmatrix} = \begin{bmatrix} \lfloor N \rfloor & \mathbf{0} & \mathbf{0} \\ \mathbf{0} & \lfloor N \rfloor & \mathbf{0} \\ \mathbf{0} & \mathbf{0} & \lfloor N \rfloor \end{bmatrix} \begin{Bmatrix} \mathbf{u}^{(e)} \\ \mathbf{v}^{(e)} \\ \mathbf{w}^{(e)} \end{Bmatrix} \quad \rightarrow \quad \begin{Bmatrix} u \\ v \\ w \end{Bmatrix} = \sum_{i=1}^{p} N_i \begin{Bmatrix} u_i \\ v_i \\ w_i \end{Bmatrix} \tag{4.80}$$

onde $\mathbf{u}^{(e)}$, $\mathbf{v}^{(e)}$ e $\mathbf{w}^{(e)}$ são, respectivamente, os conjuntos dos deslocamentos nodais nas direções dos eixos coordenados x, y e z (vide a nota de rodapé número 4).

E em extensão à definição isoparamétrica expressa pela Equação 4.59, escreve-se

$$\begin{Bmatrix} x \\ y \\ z \end{Bmatrix} = \begin{bmatrix} \lfloor N \rfloor & \mathbf{0} & \mathbf{0} \\ \mathbf{0} & \lfloor N \rfloor & \mathbf{0} \\ \mathbf{0} & \mathbf{0} & \lfloor N \rfloor \end{bmatrix} \begin{Bmatrix} \mathbf{x}^{(e)} \\ \mathbf{y}^{(e)} \\ \mathbf{z}^{(e)} \end{Bmatrix} \quad \rightarrow \quad \begin{Bmatrix} x \\ y \\ z \end{Bmatrix} = \sum_{i=1}^{p} N_i \begin{Bmatrix} x_i \\ y_i \\ z_i \end{Bmatrix} \tag{4.81}$$

onde $\mathbf{x}^{(e)}$, $\mathbf{y}^{(e)}$ e $\mathbf{z}^{(e)}$ são, respectivamente, os conjuntos das coordenadas nodais segundo os eixos x, y e z.

Também de maneira análoga à Equação 4.60 do elemento quadrilateral do item anterior, escreve-se

$$\begin{Bmatrix} N_{i,\xi} \\ N_{i,\eta} \\ N_{i,\zeta} \end{Bmatrix} = \mathbf{J} \begin{Bmatrix} N_{i,x} \\ N_{i,y} \\ N_{i,z} \end{Bmatrix} \quad \rightarrow \quad \begin{bmatrix} \lfloor N \rfloor_{,x} \\ \lfloor N \rfloor_{,y} \\ \lfloor N \rfloor_{,z} \end{bmatrix} = \mathbf{J}^{-1} \begin{bmatrix} \lfloor N \rfloor_{,\xi} \\ \lfloor N \rfloor_{,\eta} \\ \lfloor N \rfloor_{,\zeta} \end{bmatrix} \tag{4.82}$$

em que a matriz Jacobiana tem a forma

$$\mathbf{J} = \begin{bmatrix} J_{11} & J_{12} & J_{13} \\ J_{21} & J_{22} & J_{23} \\ J_{31} & J_{32} & J_{33} \end{bmatrix} = \begin{bmatrix} x_{,\xi} & y_{,\xi} & z_{,\xi} \\ x_{,\eta} & y_{,\eta} & z_{,\eta} \\ x_{,\zeta} & y_{,\zeta} & z_{,\zeta} \end{bmatrix} \quad \rightarrow \quad \mathbf{J} = \sum_{i=1}^{p} \begin{bmatrix} N_{i,\xi}\, x_i & N_{i,\xi}\, y_i & N_{i,\xi}\, z_i \\ N_{i,\eta}\, x_i & N_{i,\eta}\, y_i & N_{i,\eta}\, z_i \\ N_{i,\zeta}\, x_i & N_{i,\zeta}\, y_i & N_{i,\zeta}\, z_i \end{bmatrix} \tag{4.83}$$

E com as notações

$$\begin{cases} A_{11} = J_{22}J_{33} - J_{32}J_{23} \quad , \quad A_{12} = J_{32}J_{13} - J_{12}J_{33} \quad , \quad A_{13} = J_{12}J_{23} - J_{22}J_{13} \\ A_{21} = J_{31}J_{23} - J_{21}J_{33} \quad , \quad A_{22} = J_{11}J_{33} - J_{31}J_{13} \quad , \quad A_{23} = J_{21}J_{13} - J_{11}J_{23} \\ A_{31} = J_{21}J_{32} - J_{31}J_{22} \quad , \quad A_{32} = J_{31}J_{12} - J_{11}J_{32} \quad , \quad A_{33} = J_{11}J_{22} - J_{21}J_{12} \end{cases} \tag{4.84}$$

tem-se o Jacobiano

$$\det \mathbf{J} = J_{11}\, A_{11} - J_{12}\, A_{21} + J_{13}\, A_{31} \tag{4.85}$$

e a inversa da matriz Jacobiana

$$\mathbf{J}^{-1} = \frac{1}{\det \mathbf{J}} \begin{bmatrix} A_{11} & A_{12} & A_{13} \\ A_{21} & A_{22} & A_{23} \\ A_{31} & A_{32} & A_{33} \end{bmatrix} \tag{4.86}$$

Além disso, tem-se a relação entre os elementos infinitesimais de volume no espaço físico e no espaço de coordenadas normalizadas

$$dx\,dy\,dz = \det \mathbf{J}\; d\xi\, d\eta\, d\zeta \tag{4.87}$$

Logo, as deformações cartesianas podem ser obtidas sob a forma

$$\boldsymbol{\varepsilon} = \begin{Bmatrix} \varepsilon_x \\ \varepsilon_y \\ \varepsilon_z \\ \gamma_{xy} \\ \gamma_{xz} \\ \gamma_{yz} \end{Bmatrix} = \begin{Bmatrix} u_{,x} \\ v_{,x} \\ w_{,x} \\ u_{,y} + v_{,x} \\ u_{,z} + w_{,x} \\ v_{,z} + w_{,y} \end{Bmatrix} = \begin{bmatrix} 1 & 0 & 0 & 0 & 0 & 0 & 0 & 0 & 0 \\ 0 & 0 & 0 & 0 & 1 & 0 & 0 & 0 & 0 \\ 0 & 0 & 0 & 0 & 0 & 0 & 0 & 0 & 1 \\ 0 & 1 & 0 & 1 & 0 & 0 & 0 & 0 & 0 \\ 0 & 0 & 1 & 0 & 0 & 0 & 1 & 0 & 0 \\ 0 & 0 & 0 & 0 & 0 & 1 & 0 & 1 & 0 \end{bmatrix} \begin{Bmatrix} u_{,x} \\ u_{,y} \\ u_{,z} \\ v_{,x} \\ v_{,y} \\ v_{,z} \\ w_{,x} \\ w_{,y} \\ w_{,z} \end{Bmatrix}$$

$$\rightarrow \quad \boldsymbol{\varepsilon} = \begin{bmatrix} 1 & 0 & 0 & 0 & 0 & 0 & 0 & 0 & 0 \\ 0 & 0 & 0 & 0 & 1 & 0 & 0 & 0 & 0 \\ 0 & 0 & 0 & 0 & 0 & 0 & 0 & 0 & 1 \\ 0 & 1 & 0 & 1 & 0 & 0 & 0 & 0 & 0 \\ 0 & 0 & 1 & 0 & 0 & 0 & 1 & 0 & 0 \\ 0 & 0 & 0 & 0 & 0 & 1 & 0 & 1 & 0 \end{bmatrix} \begin{bmatrix} \lfloor N \rfloor_{,x} & \mathbf{0} & \mathbf{0} \\ \lfloor N \rfloor_{,y} & \mathbf{0} & \mathbf{0} \\ \lfloor N \rfloor_{,z} & \mathbf{0} & \mathbf{0} \\ \mathbf{0} & \lfloor N \rfloor_{,x} & \mathbf{0} \\ \mathbf{0} & \lfloor N \rfloor_{,y} & \mathbf{0} \\ \mathbf{0} & \lfloor N \rfloor_{,z} & \mathbf{0} \\ \mathbf{0} & \mathbf{0} & \lfloor N \rfloor_{,x} \\ \mathbf{0} & \mathbf{0} & \lfloor N \rfloor_{,y} \\ \mathbf{0} & \mathbf{0} & \lfloor N \rfloor_{,z} \end{bmatrix} \begin{Bmatrix} \mathbf{u}^{(e)} \\ \mathbf{v}^{(e)} \\ \mathbf{w}^{(e)} \end{Bmatrix}$$

$$\rightarrow \quad \boldsymbol{\varepsilon} = \begin{bmatrix} 1 & 0 & 0 & 0 & 0 & 0 & 0 & 0 & 0 \\ 0 & 0 & 0 & 0 & 1 & 0 & 0 & 0 & 0 \\ 0 & 0 & 0 & 0 & 0 & 0 & 0 & 0 & 1 \\ 0 & 1 & 0 & 1 & 0 & 0 & 0 & 0 & 0 \\ 0 & 0 & 1 & 0 & 0 & 0 & 1 & 0 & 0 \\ 0 & 0 & 0 & 0 & 0 & 1 & 0 & 1 & 0 \end{bmatrix} \begin{bmatrix} \mathbf{J}^{-1} & \mathbf{0} & \mathbf{0} \\ \mathbf{0} & \mathbf{J}^{-1} & \mathbf{0} \\ \mathbf{0} & \mathbf{0} & \mathbf{J}^{-1} \end{bmatrix} \begin{bmatrix} \lfloor N \rfloor_{,\xi} & \mathbf{0} & \mathbf{0} \\ \lfloor N \rfloor_{,\eta} & \mathbf{0} & \mathbf{0} \\ \lfloor N \rfloor_{,\zeta} & \mathbf{0} & \mathbf{0} \\ \mathbf{0} & \lfloor N \rfloor_{,\xi} & \mathbf{0} \\ \mathbf{0} & \lfloor N \rfloor_{,\eta} & \mathbf{0} \\ \mathbf{0} & \lfloor N \rfloor_{,\zeta} & \mathbf{0} \\ \mathbf{0} & \mathbf{0} & \lfloor N \rfloor_{,\xi} \\ \mathbf{0} & \mathbf{0} & \lfloor N \rfloor_{,\eta} \\ \mathbf{0} & \mathbf{0} & \lfloor N \rfloor_{,\zeta} \end{bmatrix} \begin{Bmatrix} \mathbf{u}^{(e)} \\ \mathbf{v}^{(e)} \\ \mathbf{w}^{(e)} \end{Bmatrix}$$

$$\rightarrow \qquad \boldsymbol{\varepsilon} = \mathbf{B}\begin{Bmatrix} \mathbf{u}^{(e)} \\ \mathbf{v}^{(e)} \\ \mathbf{w}^{(e)} \end{Bmatrix} \tag{4.88}$$

E nessa última equação, identifica-se a seguinte matriz que relaciona os deslocamentos nodais com os componentes de deformação

$$\mathbf{B} = \begin{bmatrix} 1 & 0 & 0 & 0 & 0 & 0 & 0 & 0 & 0 \\ 0 & 0 & 0 & 0 & 1 & 0 & 0 & 0 & 0 \\ 0 & 0 & 0 & 0 & 0 & 0 & 0 & 0 & 1 \\ 0 & 1 & 0 & 1 & 0 & 0 & 0 & 0 & 0 \\ 0 & 0 & 1 & 0 & 0 & 0 & 1 & 0 & 0 \\ 0 & 0 & 0 & 0 & 0 & 1 & 0 & 1 & 0 \end{bmatrix} \begin{bmatrix} \mathbf{J}^{-1} & \mathbf{0} & \mathbf{0} \\ \mathbf{0} & \mathbf{J}^{-1} & \mathbf{0} \\ \mathbf{0} & \mathbf{0} & \mathbf{J}^{-1} \end{bmatrix} \begin{bmatrix} \lfloor N \rfloor_{,\xi} & \mathbf{0} & \mathbf{0} \\ \lfloor N \rfloor_{,\eta} & \mathbf{0} & \mathbf{0} \\ \lfloor N \rfloor_{,\zeta} & \mathbf{0} & \mathbf{0} \\ \mathbf{0} & \lfloor N \rfloor_{,\xi} & \mathbf{0} \\ \mathbf{0} & \lfloor N \rfloor_{,\eta} & \mathbf{0} \\ \mathbf{0} & \lfloor N \rfloor_{,\zeta} & \mathbf{0} \\ \mathbf{0} & \mathbf{0} & \lfloor N \rfloor_{,\xi} \\ \mathbf{0} & \mathbf{0} & \lfloor N \rfloor_{,\eta} \\ \mathbf{0} & \mathbf{0} & \lfloor N \rfloor_{,\zeta} \end{bmatrix} \tag{4.89}$$

Assim, chega-se à matriz de rigidez do elemento

$$\mathbf{K}^{(e)} = \int_{-1}^{+1}\int_{-1}^{+1}\int_{-1}^{+1} \mathbf{B}^T \mathbf{E}\,\mathbf{B} \det \mathbf{J}\, d\xi\, d\eta\, d\zeta \tag{4.90}$$

e aos vetores de forças nodais equivalentes às tensões iniciais

$$\mathbf{f}_{\sigma_0}^{(e)} = -\int_{-1}^{+1}\int_{-1}^{+1}\int_{-1}^{+1} \mathbf{B}^T \boldsymbol{\sigma}_0 \det \mathbf{J}\, d\xi\, d\eta\, d\zeta \tag{4.91}$$

Além disso, com a especificação das forças de volume através da interpolação dos valores nodais $\mathbf{p}_x^{(e)}$, $\mathbf{p}_y^{(e)}$ e $\mathbf{p}_z^{(e)}$, e com as mesmas funções de interpolação do campo de deslocamentos, escreve-se

$$\mathbf{p} = \begin{bmatrix} \lfloor N \rfloor & \mathbf{0} & \mathbf{0} \\ \mathbf{0} & \lfloor N \rfloor & \mathbf{0} \\ \mathbf{0} & \mathbf{0} & \lfloor N \rfloor \end{bmatrix} \begin{Bmatrix} \mathbf{p}_x^{(e)} \\ \mathbf{p}_y^{(e)} \\ \mathbf{p}_z^{(e)} \end{Bmatrix} \tag{4.92}$$

Logo, a partir da Equação 4.11 tem-se as correspondentes forças nodais equivalentes

$$\mathbf{f}_p^{(e)} = \int_{-1}^{+1}\int_{-1}^{+1}\int_{-1}^{+1} \begin{bmatrix} \lfloor N \rfloor^T \lfloor N \rfloor & \mathbf{0} & \mathbf{0} \\ \mathbf{0} & \lfloor N \rfloor^T \lfloor N \rfloor & \mathbf{0} \\ \mathbf{0} & \mathbf{0} & \lfloor N \rfloor^T \lfloor N \rfloor \end{bmatrix} \begin{Bmatrix} \mathbf{p}_x^{(e)} \\ \mathbf{p}_y^{(e)} \\ \mathbf{p}_z^{(e)} \end{Bmatrix} \det \mathbf{J}\, d\xi\, d\eta\, d\zeta \tag{4.93}$$

Quanto ao caso de forças de superfície na face ($\zeta = 1$) do elemento, de forma análoga à Equação 4.92, define-se, a partir dos parâmetros nodais $\bar{\mathbf{q}}_x^{(e)}$, $\bar{\mathbf{q}}_y^{(e)}$ e $\bar{\mathbf{q}}_z^{(e)}$ que são diferentes de zero apenas nas posições correspondentes aos pontos nodais da referida face, a interpolação

$$\mathbf{q} = \begin{Bmatrix} \overline{q}_x \\ \overline{q}_y \\ \overline{q}_z \end{Bmatrix} = \begin{bmatrix} \lfloor N \rfloor & \mathbf{0} & \mathbf{0} \\ \mathbf{0} & \lfloor N \rfloor & \mathbf{0} \\ \mathbf{0} & \mathbf{0} & \lfloor N \rfloor \end{bmatrix}_{|\zeta=1} \begin{Bmatrix} \overline{q}_x^{(e)} \\ \overline{q}_y^{(e)} \\ \overline{q}_z^{(e)} \end{Bmatrix} \tag{4.94}$$

Logo, a partir da Equação 4.12, escreve-se as correspondentes forças nodais equivalentes

$$\mathbf{f}_{\overline{q}}^{(e)} = \int_{S_{e|\zeta=1}} \begin{bmatrix} \lfloor N \rfloor^T \lfloor N \rfloor & \mathbf{0} & \mathbf{0} \\ \mathbf{0} & \lfloor N \rfloor^T \lfloor N \rfloor & \mathbf{0} \\ \mathbf{0} & \mathbf{0} & \lfloor N \rfloor^T \lfloor N \rfloor \end{bmatrix}_{|\zeta=1} \begin{Bmatrix} \overline{q}_x^{(e)} \\ \overline{q}_y^{(e)} \\ \overline{q}_z^{(e)} \end{Bmatrix} dS_{e|\zeta=1} \tag{4.95}$$

E para aplicar essa equação, determina-se, a seguir, a área do elemento infinitesimal na referida face, $dS_{e|\zeta=1}$, através do produto dos vetores infinitesimais tangentes às direções ξ e η

$$\begin{cases} \mathbf{g}_\xi = \begin{Bmatrix} x_{,\xi} \\ y_{,\xi} \\ z_{,\xi} \end{Bmatrix}_{|\zeta=1} d\xi = \sum_{i=1}^{p} N_{i,\xi|\zeta=1} \begin{Bmatrix} x_i \\ y_i \\ z_i \end{Bmatrix} d\xi = \begin{Bmatrix} \lfloor N \rfloor_{,\xi|\zeta=1} \mathbf{x}^{(e)} \\ \lfloor N \rfloor_{,\xi|\zeta=1} \mathbf{y}^{(e)} \\ \lfloor N \rfloor_{,\xi|\zeta=1} \mathbf{z}^{(e)} \end{Bmatrix} d\xi \\ \mathbf{g}_\eta = \begin{Bmatrix} x_{,\eta} \\ y_{,\eta} \\ z_{,\eta} \end{Bmatrix}_{|\zeta=1} d\eta = \sum_{i=1}^{p} N_{i,\eta|\zeta=1} \begin{Bmatrix} x_i \\ y_i \\ z_i \end{Bmatrix} d\eta = \begin{Bmatrix} \lfloor N \rfloor_{,\eta|\zeta=1} \mathbf{x}^{(e)} \\ \lfloor N \rfloor_{,\eta|\zeta=1} \mathbf{y}^{(e)} \\ \lfloor N \rfloor_{,\eta|\zeta=1} \mathbf{z}^{(e)} \end{Bmatrix} d\eta \end{cases} \tag{4.96}$$

Além disso, como o produto vetorial dos vetores dos componentes $\lfloor a_x \; a_y \; a_z \rfloor^T$ e $\lfloor b_x \; b_y \; b_z \rfloor^T$ tem a forma

$$\begin{Bmatrix} a_x \\ a_y \\ a_z \end{Bmatrix} \times \begin{Bmatrix} b_x \\ b_y \\ b_z \end{Bmatrix} = \begin{Bmatrix} a_y b_z - a_z b_y \\ a_z b_x - a_x b_z \\ a_x b_y - a_y b_x \end{Bmatrix}$$

obtém-se o vetor

$$\begin{Bmatrix} x_{,\xi} \\ y_{,\xi} \\ z_{,\xi} \end{Bmatrix}_{|\zeta=1} \times \begin{Bmatrix} x_{,\eta} \\ y_{,\eta} \\ z_{,\eta} \end{Bmatrix}_{|\zeta=1} d\xi \, d\eta = \begin{Bmatrix} y_{,\xi} z_{,\eta} - z_{,\xi} y_{,\eta} \\ z_{,\xi} x_{,\eta} - x_{,\xi} z_{,\eta} \\ x_{,\xi} y_{,\eta} - y_{,\xi} x_{,\eta} \end{Bmatrix}_{|\zeta=1} d\xi \, d\eta \tag{4.97}$$

de módulo

$$\det \mathbf{J}_{|\zeta=1} = \sqrt{a^2 + b^2 + c^2} \tag{4.98}$$

em que

$$\begin{cases} a = \lfloor N \rfloor_{,\xi|\zeta=1} \mathbf{y}^{(e)} \lfloor N \rfloor_{,\eta|\zeta=1} \mathbf{z}^{(e)} - \lfloor N \rfloor_{,\xi|\zeta=1} \mathbf{z}^{(e)} \lfloor N \rfloor_{,\eta|\zeta=1} \mathbf{y}^{(e)} \\ b = \lfloor N \rfloor_{,\xi|\zeta=1} \mathbf{z}^{(e)} \lfloor N \rfloor_{,\eta|\zeta=1} \mathbf{x}^{(e)} - \lfloor N \rfloor_{,\xi|\zeta=1} \mathbf{x}^{(e)} \lfloor N \rfloor_{,\eta|\zeta=1} \mathbf{z}^{(e)} \\ c = \lfloor N \rfloor_{,\xi|\zeta=1} \mathbf{x}^{(e)} \lfloor N \rfloor_{,\eta|\zeta=1} \mathbf{y}^{(e)} - \lfloor N \rfloor_{,\xi|\zeta=1} \mathbf{y}^{(e)} \lfloor N \rfloor_{,\eta|\zeta=1} \mathbf{x}^{(e)} \end{cases} \tag{4.99}$$

Com isso, tem-se a área do elemento infinitesimal

$$dS_{e|\zeta=1} = \det \mathbf{J}_{|\zeta=1}\, d\xi\, d\eta \tag{4.100}$$

e, a partir da Equação 4.95, chega-se às forças nodais equivalentes

$$\mathbf{f}_{\bar{q}}^{(e)} = \int_{-1}^{+1}\int_{-1}^{+1} \begin{bmatrix} \lfloor N \rfloor^T \lfloor N \rfloor & \mathbf{0} & \mathbf{0} \\ \mathbf{0} & \lfloor N \rfloor^T \lfloor N \rfloor & \mathbf{0} \\ \mathbf{0} & \mathbf{0} & \lfloor N \rfloor^T \lfloor N \rfloor \end{bmatrix}_{|\zeta=1} \begin{Bmatrix} \bar{\mathbf{q}}_x^{(e)} \\ \bar{\mathbf{q}}_y^{(e)} \\ \bar{\mathbf{q}}_z^{(e)} \end{Bmatrix} \det \mathbf{J}_{|\zeta=1}\, d\xi\, d\eta \tag{4.101}$$

De maneira análoga, podem ser obtidas as forças nodais equivalentes às forças de superfície em outras faces do elemento. E como as fórmulas deste elemento são de difícil integração analítica, utiliza-se a integração numérica que será apresentada no Item 4.3.

4.1.5 – Elementos axissimétricos

Um caso particular em Teoria de Elasticidade é o estado axissimétrico de deformação que foi ilustrado na Figura 1.18 do primeiro capítulo, no qual são adotadas as coordenadas cilíndricas (r,z,θ) e onde ocorrem como variáveis primárias apenas o deslocamento u na direção radial r e o deslocamento w na direção axial z. Assim, este é um problema bidimensional para o qual podem ser desenvolvidos elementos finitos planos, como o elemento quadrilateral mostrado na próxima figura.

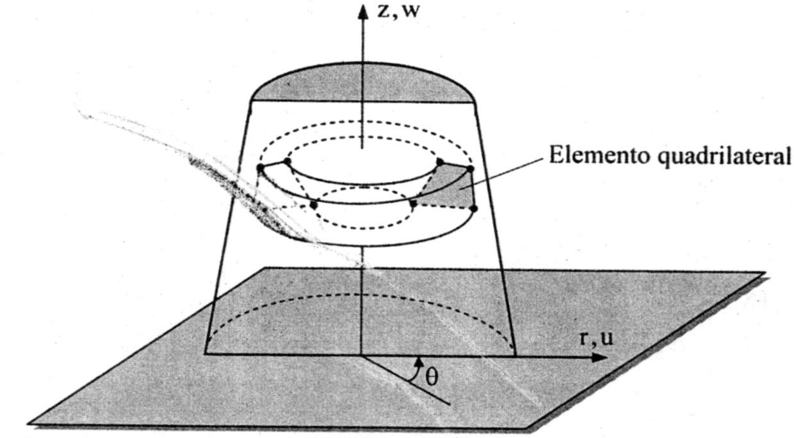

Figura 4.16 – Seção em um sólido sob estado axissimétrico de deformação.

Além disso, o desenvolvimento de um elemento isoparamétrico axissimétrico de p pontos nodais é semelhante ao do elemento quadrilateral de estado plano apresentado no Item 4.1.3, com a modificação da consideração das deformações axissimétricas e da integração em um domínio axissimétrico. E inicia-se esse desenvolvimento com a interpolação de deslocamentos ou campo de deslocamentos

$$\begin{Bmatrix} u \\ w \end{Bmatrix} = \begin{bmatrix} \lfloor N \rfloor & \mathbf{0} \\ \mathbf{0} & \lfloor N \rfloor \end{bmatrix} \begin{Bmatrix} \mathbf{u}^{(e)} \\ \mathbf{w}^{(e)} \end{Bmatrix} = \begin{bmatrix} \lfloor N \rfloor & \mathbf{0} \\ \mathbf{0} & \lfloor N \rfloor \end{bmatrix} \begin{Bmatrix} u_1 \\ \vdots \\ u_p \\ w_1 \\ \vdots \\ w_p \end{Bmatrix} \rightarrow \begin{Bmatrix} u \\ w \end{Bmatrix} = \sum_{i=1}^{p} N_i \begin{Bmatrix} u_i \\ w_i \end{Bmatrix} \qquad (4.102)$$

e com a correspondente definição isoparamétrica de geometria

$$\begin{Bmatrix} r \\ z \end{Bmatrix} = \begin{bmatrix} \lfloor N \rfloor & \mathbf{0} \\ \mathbf{0} & \lfloor N \rfloor \end{bmatrix} \begin{Bmatrix} \mathbf{r}^{(e)} \\ \mathbf{z}^{(e)} \end{Bmatrix} = \begin{bmatrix} \lfloor N \rfloor & \mathbf{0} \\ \mathbf{0} & \lfloor N \rfloor \end{bmatrix} \begin{Bmatrix} r_1 \\ \vdots \\ r_p \\ z_1 \\ \vdots \\ z_p \end{Bmatrix} \rightarrow \begin{Bmatrix} r \\ z \end{Bmatrix} = \sum_{i=1}^{p} N_i \begin{Bmatrix} r_i \\ z_i \end{Bmatrix} \qquad (4.103)$$

em que as funções de interpolação N_i são expressas em termos das coordenadas normalizadas ξ e η do elemento mestre (vide a nota de rodapé número 4).

E de acordo com a Equação II.12 do Anexo II, tem-se as relações deformação-deslocamentos

$$\boldsymbol{\varepsilon} = \begin{Bmatrix} \varepsilon_r \\ \varepsilon_z \\ \varepsilon_\theta \\ \gamma_{rz} \end{Bmatrix} = \begin{Bmatrix} u_{,r} \\ w_{,z} \\ u/r \\ u_{,z} + w_{,r} \end{Bmatrix} = \begin{bmatrix} 0 & 1 & 0 & 0 & 0 \\ 0 & 0 & 0 & 0 & 1 \\ 1/r & 0 & 0 & 0 & 0 \\ 0 & 0 & 1 & 1 & 0 \end{bmatrix} \begin{Bmatrix} u \\ u_{,r} \\ u_{,z} \\ w_{,r} \\ w_{,z} \end{Bmatrix}$$

em que a deformação circunferencial ($\varepsilon_\theta = u/r$) é indefinida ao longo do eixo z. Logo, com essa equação e o campo de deslocamentos, escreve-se

$$\boldsymbol{\varepsilon} = \begin{bmatrix} 0 & 1 & 0 & 0 & 0 \\ 0 & 0 & 0 & 0 & 1 \\ 1/r & 0 & 0 & 0 & 0 \\ 0 & 0 & 1 & 1 & 0 \end{bmatrix} \begin{bmatrix} \lfloor N \rfloor & \mathbf{0} \\ \lfloor N \rfloor_{,r} & \mathbf{0} \\ \lfloor N \rfloor_{,z} & \mathbf{0} \\ \mathbf{0} & \lfloor N \rfloor_{,r} \\ \mathbf{0} & \lfloor N \rfloor_{,z} \end{bmatrix} \begin{Bmatrix} \mathbf{u}^{(e)} \\ \mathbf{w}^{(e)} \end{Bmatrix} = \mathbf{B} \begin{Bmatrix} \mathbf{u}^{(e)} \\ \mathbf{w}^{(e)} \end{Bmatrix} \qquad (4.104)$$

Na equação anterior, identifica-se a matriz **B** que contém as derivadas

$$\begin{bmatrix} \lfloor N \rfloor_{,r} \\ \lfloor N \rfloor_{,z} \end{bmatrix} = \mathbf{J}^{-1} \begin{bmatrix} \lfloor N \rfloor_{,\xi} \\ \lfloor N \rfloor_{,\eta} \end{bmatrix} \qquad (4.105)$$

com a matriz Jacobiana expressa por

$$\mathbf{J} = \sum_{i=1}^{p} \begin{bmatrix} N_{i,\xi}\, r_i & N_{i,\xi}\, z_i \\ N_{i,\eta}\, r_i & N_{i,\eta}\, z_i \end{bmatrix} \tag{4.106}$$

E para o cálculo da matriz de rigidez do presente elemento, identifica-se a matriz constitutiva **E** na Equação II.23 do Anexo II (no caso de material isótropo), de maneira a escrever

$$\mathbf{K}^{(e)} = 2\pi \int_{A_e} \mathbf{B}^T \mathbf{E}\, \mathbf{B}\, r\, dr\, dz \quad \rightarrow \quad \mathbf{K}^{(e)} = 2\pi \int_{-1}^{+1}\int_{-1}^{+1} \mathbf{B}^T \mathbf{E}\, \mathbf{B}\, r \det \mathbf{J}\, d\xi\, d\eta \tag{4.107}$$

Naquela mesma equação identifica-se o vetor de tensões iniciais $\boldsymbol{\sigma}_0$, necessário ao cálculo do vetor de forças nodais equivalentes a uma variação de temperatura

$$\mathbf{f}_{\sigma_0}^{(e)} = -2\pi \int_{-1}^{+1}\int_{-1}^{+1} \mathbf{B}^T \boldsymbol{\sigma}_0\, r \det \mathbf{J}\, d\xi\, d\eta \tag{4.108}$$

E de forma análoga, podem ser obtidas as forças nodais equivalentes às forças de volume e de superfície.

Importa adiantar que, com a integração numérica que será apresentada no Item 4.3, a indefinição da deformação circunferencial ao longo do eixo z não provoca instabilidade numérica no cálculo da matriz de rigidez, porque nessa integração são utilizados apenas pontos internos ao elemento. Contudo, em etapa de pós-processamento, tem-se que evitar o cálculo da tensão σ_θ em pontos daquele eixo, quando então é prático idealizar o sólido axissimétrico com a suposição de um pequeno furo ao longo desse eixo.

4.2 – Formulação mista em Teoria da Elasticidade

Uma formulação mista a partir da Teoria Clássica de Viga foi exemplificada no Item 3.5 com campos independentes para o deslocamento transversal e para o momento fletor, quando então se teve a necessidade de impor continuidade desses dois campos nas interfaces dos elementos. Em formulação mista derivada da Teoria da Elasticidade, isso já não acontece, embora ocorram diversas peculiaridades que são comentadas neste item.

De acordo com o apresentado no Anexo II, em Teoria da Elasticidade há campos de deslocamentos, de deformações e de tensões, dependentes entre si. Formulações mistas podem ser desenvolvidas com quaisquer dois desses campos ou com esses três campos. No que se segue, formula-se com os campos de deslocamentos e de tensões, quando então se arbitra

$$\begin{cases} \mathbf{u} = \mathbf{N}_u\, \mathbf{u}^{(e)} \\ \boldsymbol{\sigma} = \mathbf{N}_\sigma\, \boldsymbol{\sigma}^{(e)} \end{cases} \tag{4.109}$$

onde $\mathbf{N}_u$ e $\mathbf{N}_\sigma$ são funções de interpolação, e $\boldsymbol{\sigma}^{(e)}$ e $\mathbf{u}^{(e)}$ são os correspondentes parâmetros nodais.

E com a suposição de que esses campos sejam independentes entre si, a equação diferencial de equilíbrio ($\boldsymbol{L}^T\boldsymbol{\sigma} + \mathbf{p} = \mathbf{0}$) fica independente das relações deformação-tensões ou das equações constitutivas ($\boldsymbol{\sigma} = \mathbf{E}\,\boldsymbol{\varepsilon} = \mathbf{E}\,\boldsymbol{L}\mathbf{u}$). Logo, com o Método de Galerkin, podem ser escritas as equações integrais de ponderação (vide a Equação 2.39)

$$\begin{cases} \int_{V_e} \delta\boldsymbol{\sigma}^T (\mathbf{E}^{-1}\boldsymbol{\sigma} - \boldsymbol{L}\mathbf{u})\, dV_e = \mathbf{0} \\ \int_{V_e} \delta\mathbf{u}^T (\boldsymbol{L}^T\boldsymbol{\sigma} + \mathbf{p})\, dV_e = \mathbf{0} \end{cases} \rightarrow \begin{cases} \int_{V_e} \mathbf{N}_\sigma^T (\mathbf{E}^{-1}\boldsymbol{\sigma} - \boldsymbol{L}\mathbf{u})\, dV_e = \mathbf{0} \\ \int_{V_e} \mathbf{N}_u^T (\boldsymbol{L}^T\boldsymbol{\sigma} + \mathbf{p})\, dV_e = \mathbf{0} \end{cases} \tag{4.110}$$

onde as variações ($\delta\boldsymbol{\sigma} = \mathbf{N}_\sigma\, \delta\boldsymbol{\sigma}^{(e)}$) e ($\delta\mathbf{u} = \mathbf{N}_u\, \delta\mathbf{u}^{(e)}$) foram escolhidas para se trabalhar com unidade de trabalho.

E com a integração por partes do primeiro termo da segunda das equações anteriores e a consideração das condições mecânicas de contorno ($\mathbf{n}\,\boldsymbol{\sigma} = \overline{\mathbf{q}}$), obtém-se

$$\begin{cases} \int_{V_e} \mathbf{N}_\sigma^T\, \mathbf{E}^{-1}\boldsymbol{\sigma}\, dV_e - \int_{V_e} \mathbf{N}_\sigma^T\, \boldsymbol{L}\mathbf{u}\, dV_e = \mathbf{0} \\ -\int_{V_e} (\boldsymbol{L}\mathbf{N}_u)^T \boldsymbol{\sigma}\, dV_e + \int_{V_e} \mathbf{N}_u^T \mathbf{p}\, dV_e = -\int_{S_e} \mathbf{N}_u^T \mathbf{n}\,\boldsymbol{\sigma}\, dS_e = -\int_{S_e} \mathbf{N}_u^T \overline{\mathbf{q}}\, dS_e \end{cases}$$

Além disso, com os campos de $\mathbf{u}$ e de $\boldsymbol{\sigma}$ expressos pela Equação 4.109, essas últimas equações tomam a forma

$$\begin{cases} \int_{V_e} \mathbf{N}_\sigma^T\, \mathbf{E}^{-1} \mathbf{N}_\sigma\, dV_e\, \boldsymbol{\sigma}^{(e)} - \int_{V_e} \mathbf{N}_\sigma\, \boldsymbol{L}\mathbf{N}_u\, dV_e\, \mathbf{u}^{(e)} = \mathbf{0} \\ -\int_{V_e} (\boldsymbol{L}\mathbf{N}_u)^T \mathbf{N}_\sigma\, dV_e\, \boldsymbol{\sigma}^{(e)} = -\int_{V_e} \mathbf{N}_u^T \mathbf{p}\, dV_e - \int_{S_e} \mathbf{N}_u^T \overline{\mathbf{q}}\, dS_e \end{cases} \tag{4.111}$$

Logo, com as notações

$$\mathbf{A}^{(e)} = \int_{V_e} \mathbf{N}_\sigma^T\, \mathbf{E}^{-1} \mathbf{N}_\sigma\, dV_e \tag{4.112}$$

$$\mathbf{B}^{(e)} = -\int_{V_e} \mathbf{N}_\sigma^T\, \boldsymbol{L}\mathbf{N}_u\, dV_e \tag{4.113}$$

$$\mathbf{f}_p^{(e)} = \int_{V_e} \mathbf{N}_u^T \mathbf{p}\, dV_e \tag{4.114}$$

$$\mathbf{f}_{\overline{q}}^{(e)} = \int_{S_e} \mathbf{N}_u^T \overline{\mathbf{q}}\, dS_e \tag{4.105}$$

o sistema de equações anterior fica sob a forma compacta

$$\begin{bmatrix} \mathbf{A}^{(e)} & \mathbf{B}^{(e)} \\ \mathbf{B}^{(e)^T} & \mathbf{0} \end{bmatrix} \begin{Bmatrix} \boldsymbol{\sigma}^{(e)} \\ \mathbf{u}^{(e)} \end{Bmatrix} = \begin{Bmatrix} \mathbf{0} \\ -\mathbf{f}_p^{(e)} - \mathbf{f}_{\overline{q}}^{(e)} \end{Bmatrix} \tag{4.116}$$

A submatriz nula que ocorre na matriz dos coeficientes desse sistema é uma característica de formulação mista. E como há nessa matriz apenas derivadas primeiras das funções de interpolação do campo de deslocamentos, não existe necessidade de continuidade do campo de tensões nas interfaces dos elementos para efeito de convergência, de acordo com argumentação que será apresentada no Item 4.4. E sem a imposição dessa continuidade, os parâmetros nodais $\boldsymbol{\sigma}^{(e)}$ podem ser condensados estaticamente (como foi apresentado no Item 3.3), de maneira a obter o sistema

$$\mathbf{K}^{(e)}\mathbf{u}^{(e)} = \mathbf{f}^{(e)} \tag{4.117}$$

onde

$$\mathbf{K}^{(e)} = \mathbf{B}^{(e)^T} \mathbf{A}^{(e)^{-1}} \mathbf{B}^{(e)} \tag{4.118}$$

Esse é o tradicional sistema de equações de equilíbrio e, portanto, a matriz dos coeficientes é a matriz de rigidez do elemento finito, a partir da qual se pode obter a matriz de rigidez global, que deve ser não singular após a incorporação das condições geométricas de contorno. Essa não singularidade requer uma escolha adequada dos campos de deslocamentos e de tensões expressos pela Equação 4.109. Para isso e de forma simplista, Zienkiewicz e co-autores[6] apresentam como condições necessárias que

$$\begin{cases} n_\sigma \geq n_u - r \\ \mathbf{B}^{(e)}\mathbf{u}^{(e)} \neq \mathbf{0} \end{cases} \tag{4.119}$$

onde n_σ, n_u e r são, respectivamente, os números dos parâmetros nodais $\boldsymbol{\sigma}^{(e)}$, dos parâmetros nodais $\mathbf{u}^{(e)}$ e das restrições de apoio da malha de elementos.

A primeira das condições anteriores expressa que o posto da matriz dos coeficientes do Sistema 4.116 deve ser menor ou igual à ordem da submatriz $\mathbf{A}^{(e)}$. E embora as duas condições anteriores sejam apenas necessárias, essas condições têm-se mostrado suficientes para determinar a aceitabilidade dos elementos mistos da Teoria da Elasticidade, na grande maioria dos casos.

Por outro lado, Veubeke[7] identificou que através do arbítrio de campos independentes para as variáveis primárias e para algumas variáveis secundárias com as mesmas leis de formação, mas sem a imposição de continuidade dos parâmetros nodais de interpolação das variáveis secundárias, os elementos da formulação mista fornecem os mesmos resultados que os elementos da formulação de deslocamentos que tenham os mesmos campos de deslocamentos que os elementos mistos. Essa condição é denominada *princípio da limitação*. Contudo, melhores elementos podem ser obtidos com a formulação mista do que com a formulação (irredutível) de deslocamentos, através da imposição de restrições ao campo de tensões, como no caso da elasticidade incompressível que será apresentado no segundo livro.

4.3 – Integração de Gauss

As integrais que ocorrem nas expressões dos elementos finitos isoparamétricos são muito elaboradas e, na grande maioria das vezes, impossíveis de terem soluções analíticas de forma fechada, o que requer integração numérica. E entre os métodos dessa integração, o de *Gauss* ou *Gauss-Legendre* é o que melhor se adapta ao **MEF**, devido à sua simplicidade e acurácia, como apresentado a seguir.[8]

4.3.1 – Caso de uma variável independente

A integral de uma função f(ξ) no intervalo [−1,+1] é a área sob a representação dessa função, como ilustra a Figura 4.17, e se escreve

---

[6] Zienkiewicz, O.C., Taylor, R.L. & Nakazawa, S., 1986, *The Patch Test for Mixed Formulations*, International Journal for Numerical Methods in Engineering, vol. 23.

[7] Veubeke, B.F., 1974, *Variational Principles and the Patch Test*, International Journal for Numerical Methods in Engineering, vol. 8.

[8] Esse método foi desenvolvido por *Johann Carl Friedrich Gauss* e o nome Legendre foi acrescentado porque os pontos de integração são raízes de polinômios de Legendre.

$$\int_{-1}^{+1} f(\xi)\, d\xi = \lim_{n\to\infty} \sum_{i=1}^{n} f(\xi_i)\, d\xi_i \qquad (4.120)$$

Em integração numérica ou *quadratura*, toma-se um número finito de valores discretos do integrando para escrever uma aproximação sob a forma

$$I = \int_{-1}^{+1} f(\xi)\, d\xi \quad \rightarrow \quad I \approx I_n = \sum_{i=1}^{n} w_i\, f(\xi_i) \qquad (4.121)$$

onde a notação ξ_i designa posição de um *ponto de integração* e w_i é o *intervalo de integração* ou *fator-peso*. Na regra do trapézio, por exemplo, o intervalo de integração é constante e os valores do integrando são igualmente espaçados.

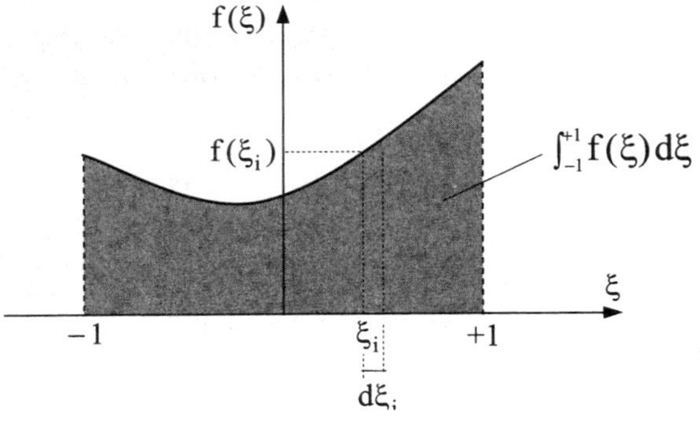

Figura 4.17 – Integração da função $f(\xi)$.

De forma mais eficiente que nas demais integrações numéricas, na integração de *Gauss*, fixado um determinado número de pontos da variável independente, esses pontos e os correspondentes fatores-peso foram determinados de maneira a se obter a melhor acurácia de resultado. Dessa maneira, pode-se provar que, com n pontos, se integra exatamente uma função polinomial do grau $(2n-1)$, grau este dito *ordem da integração*. E quando o integrando não é uma função polinomial, como no caso dos elementos isoparamétricos em formas distorcidas no espaço físico, as matrizes de rigidez e os vetores de forças nodais equivalentes são calculadas de forma aproximada, mas com acurácia crescente, na medida em que se aumenta o número de pontos de integração.

A Tabela 4.1 apresenta as posições dos pontos de integração de Gauss e os correspondentes fatores-peso para os casos de 1 até 10 pontos.[9] Nesta tabela, observa-se que para cada número de pontos, a soma dos correspondentes fatores-peso é igual a 2, que é a extensão do intervalo de integração.

---

[9] Na Bibliografia, vide Abramowitz, M. & Segun, I.A., 1968.

Nº de pontos	Ordem	ξ_i	w_i
1	linear	0,0	2,0
2	cúbica	$\pm 1/\sqrt{3}$	1,0
3	quíntupla	$\pm\sqrt{0,6}$ 0,0	5/9 8/9
4	sêxtupla	±0,861 136 311 594 953 ±0,339 981 043 584 856	0,347 854 845 137 454 0,652 145 154 862 546
5	nonagésima	±0,906 179 845 938 664 ±0,538 469 310 105 683 0,0	0,236 926 885 056 189 0,478 628 670 499 366 0,568 888 888 888 889
6	décima primeira	±0,932 469 514 203 152 ±0,661 209 386 466 265 ±0,238 619 186 083 197	0,171 324 492 379 170 0,360 761 573 048 139 0,467 913 934 572 691
7	décima terceira	±0,949 107 912 342 759 ±0,741 531 185 599 394 ±0,405 845 151 377 397 0,0	0,129 484 966 168 870 0,279 705 391 489 277 0,381 830 050 505 119 0,417 959 183 673 469
8	décima quinta	±0,960 289 856 497 536 ±0,796 666 477 413 627 ±0,525 532 409 916 329 ±0,183 434 642 495 650	0,101 228 536 290 376 0,222 381 034 453 374 0,313 706 645 877 887 0,362 683 783 378 362
9	décima sétima	±0,968 160 239 507 626 ±0,836 031 107 326 636 ±0,613 371 432 700 590 ±0,324 253 423 403 809 0,0	0,081 274 388 361 574 0,180 648 160 694 857 0,260 610 696 402 935 0,312 347 077 040 003 0,330 239 355 001 260
10	décima nona	±0,973 906 528 517 172 ±0,865 063 366 688 985 ±0,679 409 568 299 024 ±0,433 395 394 129 247 ±0,148 874 338 981 631	0,066 671 344 308 688 0,149 451 349 150 581 0,219 086 362 515 982 0,269 266 719 309 996 0,295 524 224 714 753

Tabela 4.1 – Pontos e fatores-peso da integração unidimensional de Gauss.

Exemplo 4.4 – Tem-se a integral exata

$$I = \int_{-1}^{+1} (2 + 3\xi + 6\xi^2)\, d\xi = \left(2\xi + 1{,}5\xi^2 + 2\xi^3\right)\Big|_{-1}^{+1} = 8{,}0 .$$

A seguir, essa integral é calculada com dois pontos de integração de Gauss:

$$I_2 = 1\left(2+3\left(-\frac{1}{\sqrt{3}}\right)+6\left(-\frac{1}{\sqrt{3}}\right)^2\right)+1\left(2+3\left(\frac{1}{\sqrt{3}}\right)+6\left(\frac{1}{\sqrt{3}}\right)^2\right) \quad \rightarrow \quad I_2 = 8{,}0$$

Esse resultado confirma que, com dois pontos, se integra exatamente um polinômio do segundo do grau. E a seguir, verifica-se que se obtém o mesmo resultado com três e quatro pontos.

$$I_3 = \frac{5}{9}\left(2+3\left(-\sqrt{0{,}6}\right)+6\left(-\sqrt{0{,}6}\right)^2\right)+\frac{8}{9}\left(2+3\,(0)+6\,(0)^2\right)+$$

$$+\frac{5}{9}\left(2+3\left(\sqrt{0{,}6}\right)+6\left(\sqrt{0{,}6}\right)^2\right) \quad \rightarrow \quad I_3 = 8{,}0$$

$$\begin{aligned} I_4 = {} & 0{,}347\,854\,845\,137\,454\left(2+3(-0{,}861\,136\,311\,594\,953)+6(-0{,}861\,136\,311\,594\,953)^2\right) \\ & +0{,}347\,854\,845\,137\,454\left(2+3(0{,}861\,136\,311\,594\,953)+6(0{,}861\,136\,311\,594\,953)^2\right) \\ & +0{,}652\,145\,154\,862\,546\left(2+3(-0{,}339\,981\,043\,584\,856)+6(-0{,}339\,981\,043\,584\,856)^2\right) \\ & +0{,}652\,145\,154\,862\,546\left(2+3(0{,}339\,981\,043\,584\,856)+6(0{,}339\,981\,043\,584\,856)^2\right) \\ & \rightarrow \quad I_4 = 8{,}0 \end{aligned}$$

Exemplo 4.5 – Tem-se também a integral

$$I = \int_{-1}^{+1} \sqrt{(0{,}2+\xi)^2+0{,}4}\; d\xi \cong 1{,}712\,530\,222\,281\,521$$

A seguir, essa integral é calculada com dois, três e quatro pontos de Gauss:

$$I_2 = 1\left(\sqrt{\left(0{,}2-\frac{1}{\sqrt{3}}\right)^2+0{,}4}\right)+1\left(\sqrt{\left(0{,}2+\frac{1}{\sqrt{3}}\right)^2+0{,}4}\right)$$

$$\rightarrow \quad I_2 = 1{,}738\,608$$

$$I_3 = \frac{5}{9}\left(\sqrt{\left(0{,}2-\sqrt{0{,}6}\right)^2+0{,}4}\right)+\frac{8}{9}\left(\sqrt{(0{,}2+0)^2+0{,}4}\right)+\frac{5}{9}\left(\sqrt{\left(0{,}2+\sqrt{0{,}6}\right)^2+0{,}4}\right)$$

$$\rightarrow \quad I_3 = 1{,}709\,800$$

$$\begin{aligned} I_4 = {} & 0{,}347\,854\,845\,137\,454\left(\sqrt{(0{,}2-0{,}861\,136\,311\,594\,953)^2+0{,}4}\right) \\ & +0{,}347\,854\,845\,137\,454\left(\sqrt{(0{,}2+0{,}861\,136\,311\,594\,953)^2+0{,}4}\right) \\ & +0{,}652\,145\,154\,862\,546\left(\sqrt{(0{,}2-0{,}339\,981\,043\,584\,856)^2+0{,}4}\right) \\ & +0{,}652\,145\,154\,862\,546\left(\sqrt{(0{,}2+0{,}339\,981\,043\,584\,856)^2+0{,}4}\right) \end{aligned}$$

$$\rightarrow \quad I_4 = 1{,}712\,741$$

E pode-se verificar que com seis pontos se obtém ($I_6 = 1{,}712\,501$). Esses resultados mostram que a acurácia da integração de uma função não polinomial cresce com o aumento do número de pontos adotados.

4.3.2 – Caso dos elementos quadrilaterais e hexaédricos

Em integração com duas ou três variáveis independentes, adota-se sucessivamente a integração unidimensional de Gauss para cada uma dessas variáveis, em desconsideração da influência das demais. Logo, no caso bidimensional escreve-se

$$I = \int_{-1}^{+1}\int_{-1}^{+1} f(\xi,\eta)\, d\xi\, d\eta \approx \int_{-1}^{+1}\left(\sum_{i=1}^{n_1} w_i\, f(\xi_i,\eta)\right) d\eta \approx \sum_{j=1}^{n_2} w_j \left(\sum_{i=1}^{n_1} w_i\, f(\xi_i,\eta_j)\right)$$

$$\rightarrow \quad I \approx I_{n_1 x n_2} = \sum_{i=1}^{n_1}\sum_{j=1}^{n_2} w_i\, w_j\, f(\xi_i,\eta_j) \qquad (4.122)$$

onde n_1 e n_2 são os números de pontos de integração adotados nas direções coordenadas ξ e η, respectivamente.[10]

Assim, podem ser utilizados diferentes números de pontos de integração nas direções coordenadas. Contudo, em elementos com lados de igual número de pontos nodais, é natural adotar o mesmo número de pontos de integração em cada uma dessas direções. E escolhidos esses pontos, a soma dos fatores peso é igual à 4, área do domínio de integração.

Exemplo 4.6 – A seguir, calcula-se numericamente a integral

$$I = \int_{-1}^{+1}\int_{-1}^{+1} 27\xi^4\eta^2\, d\xi\, d\eta = 36/5 = 7{,}2$$

Para cálculo exato com a integração de Gauss, são necessários três pontos na direção ξ (devido à ocorrência da quarta potência) e necessários dois pontos na direção η (devido à ocorrência da segunda potência). Logo, faz-se

$$I_{3x2} = \frac{5}{9}\left(1\left(27\left(-\sqrt{0{,}6}\right)^4\left(-\frac{1}{\sqrt{3}}\right)^2\right) + 1\left(27\left(-\sqrt{0{,}6}\right)^4\left(\frac{1}{\sqrt{3}}\right)^2\right)\right)$$
$$+\frac{8}{9}\left(1\left(27(0)^4\left(-\frac{1}{\sqrt{3}}\right)^2\right) + 1\left(27(0)^4\left(\frac{1}{\sqrt{3}}\right)^2\right)\right)$$
$$+\frac{5}{9}\left(1\left(27\left(\sqrt{0{,}6}\right)^4\left(-\frac{1}{\sqrt{3}}\right)^2\right) + 1\left(27\left(\sqrt{0{,}6}\right)^4\left(\frac{1}{\sqrt{3}}\right)^2\right)\right)$$

$$\rightarrow \quad I_{3x2} = 7{,}2$$

A Figura 4.18 mostra a localização de dois e de três pontos da integração de Gauss em cada direção coordenada de um elemento finito bidimensional.

---

[10] Vale ressaltar que é possível desenvolver, com as propriedades da integração de Gauss, uma quadratura diretamente para o presente caso bidimensional. Contudo, a simplicidade e a acurácia da presente extensão da integração de Gauss unidimensional ao caso multidimensional justifica plenamente a sua utilização.

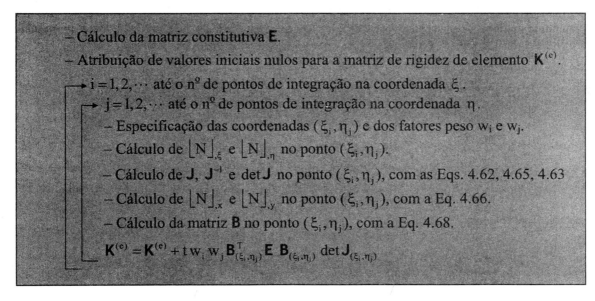

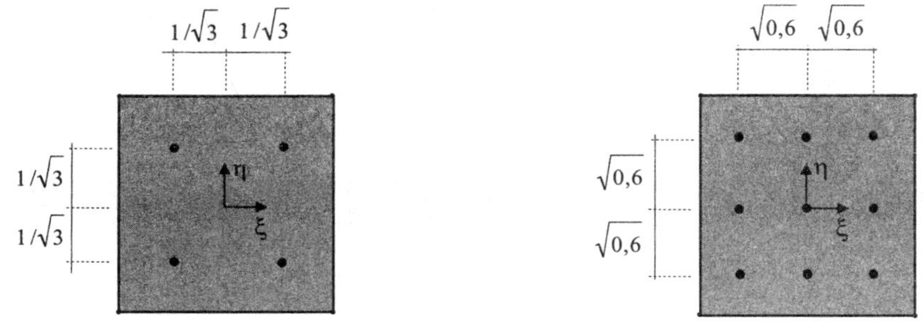

2 x 2 pontos   3 x 3 pontos

Figura 4.18 – Localização de pontos da integração de Gauss-Legendre nas coordenadas ξ e η.

E de forma análoga à Equação 4.122, para o caso tridimensional de coordenadas normalizadas (ξ,η,ζ), escreve-se a integral

$$I = \int_{-1}^{+1}\int_{-1}^{+1}\int_{-1}^{+1} f(\xi,\eta,\zeta)\, d\xi\, d\eta\, d\zeta$$

$$\rightarrow \quad I \approx I_{n_1 x n_2 x n_3} = \sum_{i=1}^{n_1}\sum_{j=1}^{n_2}\sum_{k=1}^{n_3} w_i\, w_j\, w_k\, f(\xi_i,\eta_j,\zeta_k) \qquad (4.123)$$

Assim, a presente integração numérica é uma soma de valores do integrando, em pontos previamente tabelados, multiplicados por pesos também tabelados. E essa integração, em vez de ser uma dificuldade adicional ao cômputo de elementos finitos, é uma simplificação, como evidencia o algoritmo seguinte de cálculo da matriz de rigidez do elemento bidimensional isoparamétrico.

– Cálculo da matriz constitutiva **E**.
– Atribuição de valores iniciais nulos para a matriz de rigidez de elemento $\mathbf{K}^{(e)}$.
→ $i = 1, 2, \cdots$ até o nº de pontos de integração na coordenada ξ.
→ $j = 1, 2, \cdots$ até o nº de pontos de integração na coordenada η.
– Especificação das coordenadas (ξ_i, η_j) e dos fatores peso w_i e w_j.
– Cálculo de $\lfloor N \rfloor_{,\xi}$ e $\lfloor N \rfloor_{,\eta}$ no ponto (ξ_i, η_j).
– Cálculo de $\mathbf{J}$, $\mathbf{J}^{-1}$ e $\det \mathbf{J}$ no ponto (ξ_i, η_j), com as Eqs. 4.62, 4.65, 4.63
– Cálculo de $\lfloor N \rfloor_{,x}$ e $\lfloor N \rfloor_{,y}$ no ponto (ξ_i, η_j), com a Eq. 4.66.
– Cálculo da matriz **B** no ponto (ξ_i, η_j), com a Eq. 4.68.
$\mathbf{K}^{(e)} = \mathbf{K}^{(e)} + t\, w_i\, w_j\, \mathbf{B}^T_{(\xi_i,\eta_j)}\, \mathbf{E}\, \mathbf{B}_{(\xi_i,\eta_j)} \det \mathbf{J}_{(\xi_i,\eta_j)}$

Logo, devido ao fato do integrando da expressão da matriz de rigidez ser calculado apenas em pontos internos ao elemento, não ocorre instabilidade numérica quando se adota a degeneração do elemento quadrilateral em triangular, como ilustra a próxima figura. Contudo, essa degeneração introduz perturbações na representação dos campos das variáveis dependentes e, na medida do possível, devem ser evitadas. Conclusão análoga se aplica ao elemento hexaédrico desenvolvido no Item 4.1.4.

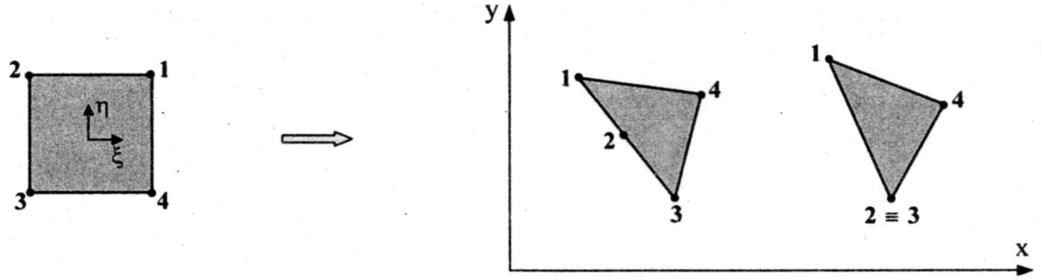

Figura 4.19 – Degenerações do elemento quadrilateral.

4.3.3 – Caso dos elementos triangulares e tetraédricos

Pelo fato do elemento triangular desenvolvido no Item 4.1.1 ter apenas três pontos nodais, foi simples determinar as funções de interpolação no sistema de coordenadas cartesianas. Isso já não ocorre em elementos triangulares de ordens mais elevadas (de maior número de pontos nodais) que serão desenvolvidos no segundo livro, cujas funções são escritas em *coordenadas triangulares* ou *coordenadas naturais de triângulo.*

Para descrever essas coordenadas, que são normalizadas entre 0 e 1, considera-se o triângulo 123 mostrado na próxima figura e no qual um ponto P interno qualquer define os triângulos P23, P13 e P12, respectivamente, de áreas A_{P23}, A_{P13} e A_{P12}. Com essas áreas são definidas as coordenadas triangulares

$$\xi_1 = \frac{A_{P23}}{A_e} \quad , \quad \xi_2 = \frac{A_{P13}}{A_e} \quad \text{e} \quad \xi_3 = \frac{A_{P12}}{A_e} \tag{4.124}$$

em que A_e é a área do triângulo original 123 expressa pela Equação 4.27.

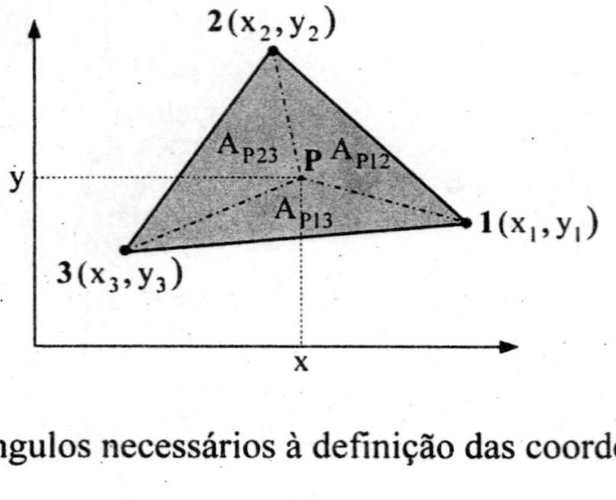

Figura 4.20 – Triângulos necessários à definição das coordenadas triangulares.

Observa-se que os lados 1–2, 2–3 e 3–1 do triangulo 123 têm, respectivamente, as coordenadas $(\xi_3=0)$, $(\xi_1=0)$ e $(\xi_2=0)$. E como $(A_{P23}+A_{P13}+A_{P12}=A_e)$, tais coordenadas relacionam-se univocamente com as cartesianas sob a forma

$$\begin{cases} \xi_1+\xi_2+\xi_3=1 \\ x=\xi_1\,x_1+\xi_2\,x_2+\xi_3\,x_3 \\ y=\xi_1\,y_1+\xi_2\,y_2+\xi_3\,y_3 \end{cases} \quad\rightarrow\quad \begin{Bmatrix}1\\x\\y\end{Bmatrix}=\begin{bmatrix}1&1&1\\x_1&x_2&x_3\\y_1&y_2&y_3\end{bmatrix}\begin{Bmatrix}\xi_1\\\xi_2\\\xi_3\end{Bmatrix} \tag{4.125}$$

Logo, escreve-se a relação inversa

$$\begin{Bmatrix}\xi_1\\\xi_2\\\xi_3\end{Bmatrix}=\begin{bmatrix}1&1&1\\x_1&x_2&x_3\\y_1&y_2&y_3\end{bmatrix}^{-1}\begin{Bmatrix}1\\x\\y\end{Bmatrix}$$

$$\rightarrow\quad \begin{cases} \xi_1=\dfrac{1}{2A_e}\big((y_2-y_3)x+(x_3-x_2)y+x_2y_3-x_3y_2\big) \\ \xi_2=\dfrac{1}{2A_e}\big((y_3-y_1)x+(x_1-x_3)y+x_3y_1-x_1y_3\big) \\ \xi_3=\dfrac{1}{2A_e}\big((y_1-y_2)x+(x_2-x_1)y+x_1y_2-x_2y_1\big) \end{cases} \tag{4.126}$$

Vê-se, assim, que as três coordenadas triangulares não são independentes entre si e que as funções de interpolação do elemento triangular desenvolvido no Item 4.1.1 passam a ter as formas $(N_1=\xi_1)$, $(N_2=\xi_2)$ e $(N_3=\xi_3)$, muito mais simples do que foi expresso pela Equação 4.29. E como as deformações são expressas em termos de derivadas dos deslocamentos em relação às coordenadas cartesianas, é necessário obter essas derivadas. Assim, no caso de uma função $(f=f(\xi_1,\xi_2))$ em que $(\xi_3=1-\xi_1-\xi_2)$, escreve-se

$$\begin{cases} f_{,x}=\sum_{i=1}^{3} f_{,\xi_i}\,\xi_{i,x} \\ f_{,y}=\sum_{i=1}^{3} f_{,\xi_i}\,\xi_{i,y} \end{cases} \tag{4.127}$$

com
$$\begin{cases} \xi_{1,x}=\dfrac{y_2-y_3}{2A_e}\ , & \xi_{1,y}=\dfrac{x_3-x_2}{2A_e} \\ \xi_{2,x}=\dfrac{y_3-y_1}{2A_e}\ , & \xi_{2,y}=\dfrac{x_1-x_3}{2A_e} \\ \xi_{3,x}=\dfrac{y_1-y_2}{2A_e}\ , & \xi_{3,y}=\dfrac{x_2-x_1}{2A_e} \end{cases} \tag{4.128}$$

E para maior esclarecimento quanto às coordenadas triangulares, representa-se o triângulo anterior no espaço de referencial ortogonal $\xi_1\,\xi_2$, em que o vértice 3 coincide com a origem desse referencial, como mostra a Figura 4.21, e em que a equação do segmento de reta paralelo ao lado 1–2 é $(\xi_1+\xi_2=1-\xi_3)$. Assim, pode-se considerar $(\xi_1=\xi)$, $(\xi_2=\eta)$ e $(\xi_3=1-\xi-\eta)$ para raciocinar em termos do sistema de coordenadas cartesianas $\xi\eta$ de origem no vértice 3 e com $(0 \leq \xi \leq 1)$ e $(0 \leq \eta \leq 1-\xi)$, e obter um elemento no espaço cartesiano xy através de definição paramétrica de geometria.

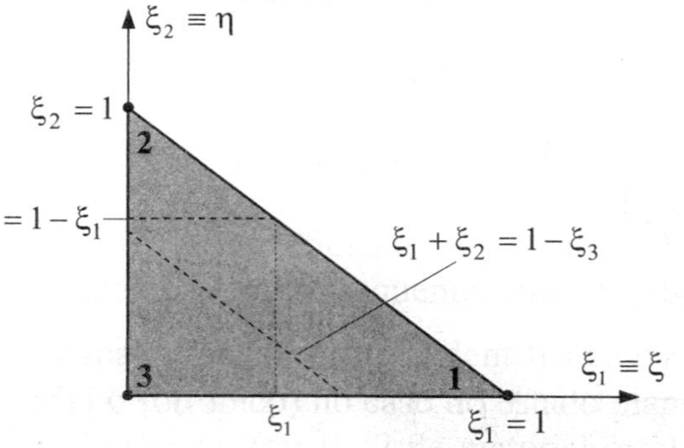

Figura 4.21 – Elemento triangular no referencial ortogonal $\xi\eta$.

Além disso, com as coordenadas triangulares, podem ser comprovadas as seguintes fórmulas de integração analítica de monômios

$$\int\int_{A_e} \xi_1^a\, \xi_2^b\, \xi_3^c\, dA_e = \frac{a!\, b!\, c!}{(a+b+c+2)!}\, 2\, A_e \tag{4.129}$$

$$\int_m^n \xi_1^a\, \xi_2^b\, ds = \frac{a!\, b!}{(a+b+1)!}\,(m-n) \tag{4.130}$$

A integração de Gauss em elementos quadrilaterais foi obtida através do produto de duas integrais unidimensionais. Já em domínios triangulares, essa integração é desenvolvida diretamente para a geometria triangular, de maneira a escrever

$$I = \int_0^1 \int_0^{1-\xi_1} f(\xi_1,\xi_2)\, d\xi_2 d\xi_1 \quad \rightarrow \quad I \cong I_n = \sum_{i=1}^{n} w_i\, f_i(\xi_1,\xi_2) \tag{4.131}$$

onde $(\xi_3 = 1 - \xi_1 - \xi_2)$ e com os pontos de integração e funções peso especificados na Tabela 4.2.[11]

Observa-se que, escolhido um determinado número de pontos de integração, a soma dos correspondentes fatores peso é igual a 0,5, que é a área do triângulo no espaço do referencial ortogonal $\xi_1\xi_2$. E a identificação da ordem necessária para a integração exata de um monômio é obtida por comparação da soma das potências de ξ_1 e ξ_2 com a ordem de integração indicada na referida tabela.

[11] Cowper, G.R., 1973, *Gaussian Quadrature Formulas for Triangles*, International Journal for Numerical Methods in Engineering, vol. 7, pp. 405-408.

n	Ordem	ξ_1	ξ_2	w_i
1	linear	1/3	1/3	0,5
3	quadrática	1/2 1/2 0	1/2 0 1/2	1/6 1/6 1/6
4	cúbica	1/3 0,6 0,2 0,2	1/3 0,2 0,6 0,2	-27/96 25/96 25/96 25/96
6	quártica	0,816 847 572 980 459 0,091 576 213 509 771 0,091 576 213 509 771 0,108 103 018 168 070 0,445 948 490 915 065 0,445 948 490 915 065	0,091 576 213 509 771 0,816 847 572 980 459 0,091 576 213 509 771 0,445 948 490 915 065 0,108 103 018 168 070 0,445 948 490 915 065	0,054 975 871 827 661 0,054 975 871 827 661 0,054 975 871 827 661 0,111 690 794 839 005 0,111 690 794 839 005 0,111 690 794 839 005
7	quíntupla	1/3 0,059 715 871 798 770 0,470 142 064 105 115 0,470 142 064 105 115 0,797 426 985 353 087 0,101 286 507 323 456 0,101 286 507 323 456	1/3 0,470 142 064 105 115 0,059 715 871 798 770 0,470 142 064 105 115 0,101 286 507 323 456 0,797 426 985 353 087 0,101 286 507 323 456	0,112 500 000 000 000 0,066 197 076 394 253 0,066 197 076 394 253 0,066 197 076 394 253 0,062 969 590 272 413 0,062 969 590 272 413 0,062 969 590 272 413
12	sêxtupla	0,873 821 971 016 996 0,063 089 014 491 502 0,063 089 014 491 502 0,501 426 509 658 179 0,249 286 745 170 910 0,249 286 745 170 910 0,636 502 499 121 399 0,310 352 451 033 785 0,053 145 049 844 816 0,636 502 499 121 399 0,310 352 451 033 785 0,053 145 049 844 816	0,063 089 014 491 502 0,873 821 971 016 996 0,063 089 014 491 502 0,249 286 745 170 910 0,501 426 509 658 179 0,249 286 745 170 910 0,310 352 451 033 785 0,053 145 049 844 816 0,636 502 499 121 399 0,053 145 049 844 816 0,636 502 499 121 399 0,310 352 451 033 785	0,025 422 453 185 103 0,025 422 453 185 103 0,025 422 453 185 103 0,058 393 137 863 189 0,058 393 137 863 189 0,058 393 137 863 189 0,041 425 537 809 187 0,041 425 537 809 187 0,041 425 537 809 187 0,041 425 537 809 187 0,041 425 537 809 187 0,041 425 537 809 187

Tabela 4.2 – Pontos e fatores-peso da integração em coordenadas triangulares.

A Figura 4.22 mostra a localização dos pontos de integração das ordens linear, quadrática e cúbica do elemento triangular.

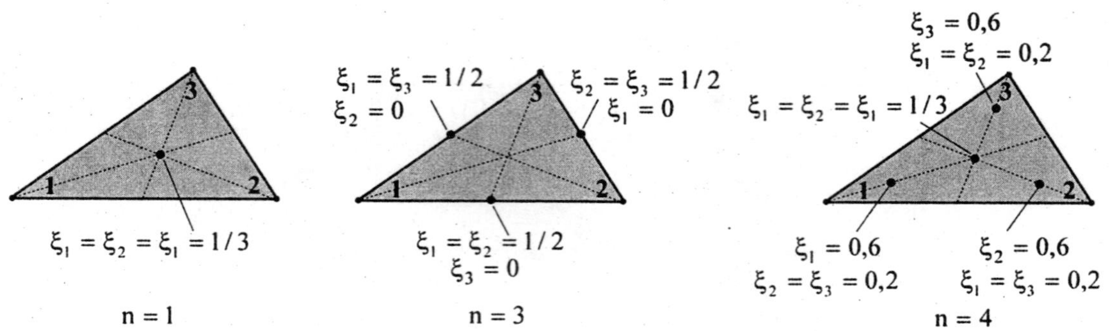

Figura 4.22 – Localização de pontos de integração em coordenadas triangulares.

Exemplo 4.7 – A seguir, calcula-se a integral $I = \int_0^1 \int_0^{1-\xi_1} \xi_1^2\, \xi_2 \; d\xi_2 d\xi_1$.

Inicialmente, para comparação de resultados, faz-se a integração analítica com a Equação 4.129

$$I = \frac{2!\,1!}{(2+1+2)!} \quad \rightarrow \quad I = \frac{1}{60} \cong 0{,}016\,666\,667$$

Para obter esse resultado com a integração de Gauss, é necessário adotar, de acordo com a Tabela 4.2, quatro pontos como a seguir

$$I_4 = -\frac{27}{96}\left(\frac{1}{3}\right)^2 \frac{1}{3} + \frac{25}{96} \cdot 0{,}6^2 \cdot 0{,}2 + \frac{25}{96} \cdot 0{,}2^2 \cdot 0{,}6 + \frac{25}{96} \cdot 0{,}2^2 \cdot 0{,}2 \quad \rightarrow \quad I_4 = 0{,}016\,666\,667$$

E para verificar que esse resultado não é afetado com o uso de mais do que quatro pontos, a seguir, são adotados cinco pontos

$$\begin{aligned} I_5 = {} & 0{,}054\,975\,871\,827\,661 \cdot 0{,}816\,847\,572\,980\,459^2 \cdot 0{,}091\,576\,213\,509\,771 \\ & + 0{,}054\,975\,871\,827\,661 \cdot 0{,}091\,576\,213\,509\,771^2 \cdot 0{,}816\,847\,572\,980\,459 \\ & + 0{,}054\,975\,871\,827\,661 \cdot 0{,}091\,576\,213\,509\,771^2 \cdot 0{,}091\,576\,213\,509\,771 \\ & + 0{,}111\,690\,794\,839\,005 \cdot 0{,}108\,103\,018\,168\,070^2 \cdot 0{,}445\,948\,490\,915\,065 \\ & + 0{,}111\,690\,794\,839\,005 \cdot 0{,}445\,948\,490\,915\,065^2 \cdot 0{,}108\,103\,018\,168\,070 \\ & + 0{,}111\,690\,794\,839\,005 \cdot 0{,}445\,948\,490\,915\,065^2 \cdot 0{,}445\,948\,490\,915\,065 \end{aligned}$$

$$\rightarrow \quad I_5 = 0{,}016\,666\,667$$

E de forma análoga às coordenadas triangulares apresentadas anteriormente, costuma-se adotar no desenvolvimento dos elementos tetraédricos as denominadas *coordenadas tetraédricas*. Para descrevê-las, considera-se o tetraedro 1234, mostrado na Figura 4.23, onde um ponto P interno ao elemento define os tetraedros P234, P134, P124 e P123, respectivamente de volumes V_{P234}, V_{P134}, V_{P124} e V_{P123}, e com os quais são definidas as coordenadas

$$\xi_1 = \frac{V_{P234}}{V_e} \;, \quad \xi_2 = \frac{V_{P134}}{V_e} \;, \quad \xi_3 = \frac{V_{P124}}{V_e} \quad e \quad \xi_4 = \frac{V_{P123}}{V_e} \qquad (4.132)$$

em que V_e é o volume do tetraedro 1234 expresso pela Equação 4.46.

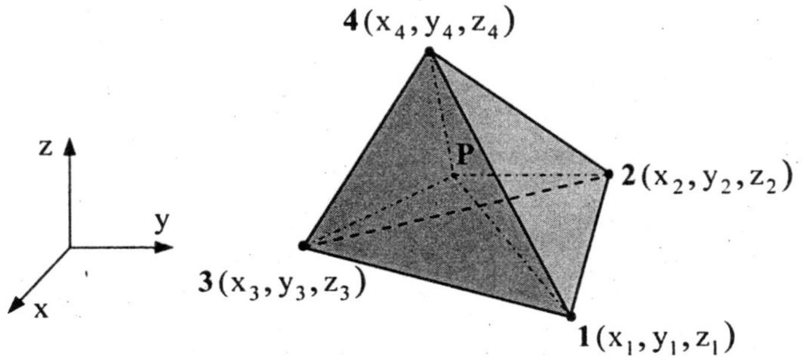

Figura 4.23 – Tetraedros necessários à definição das coordenadas tetraédricas.

Observa-se que as faces 1–2–3, 1–2–4, 1–3–4 e 2–3–4 do referido tetraedro têm, respectivamente, as coordenadas ($\xi_4 = 0$), ($\xi_3 = 0$), ($\xi_2 = 0$) e ($\xi_1 = 0$). E como ($V_{P234} + V_{P134} + V_{P124} + V_{P123} = V_e$), essas coordenadas se relacionam univocamente com as coordenadas cartesianas sob a forma

$$\begin{cases} \xi_1 + \xi_2 + \xi_3 + \xi_4 = 1 \\ x = \xi_1 x_1 + \xi_2 x_2 + \xi_3 x_3 + \xi_4 x_4 \\ y = \xi_1 y_1 + \xi_2 y_2 + \xi_3 y_3 + \xi_4 y_4 \\ z = \xi_1 z_1 + \xi_2 z_2 + \xi_3 z_3 + \xi_4 z_4 \end{cases} \rightarrow \begin{Bmatrix} 1 \\ x \\ y \\ z \end{Bmatrix} = \begin{bmatrix} 1 & 1 & 1 & 1 \\ x_1 & x_2 & x_3 & x_4 \\ y_1 & y_2 & y_3 & y_4 \\ z_1 & z_2 & z_3 & z_4 \end{bmatrix} \begin{Bmatrix} \xi_1 \\ \xi_2 \\ \xi_3 \\ \xi_4 \end{Bmatrix} \qquad (4.133)$$

onde (x_i, y_i, z_i) são as coordenadas cartesianas do i-ésimo vértice do tetraedro. Logo, tem-se a relação inversa

$$\begin{Bmatrix} \xi_1 \\ \xi_2 \\ \xi_3 \\ \xi_4 \end{Bmatrix} = \begin{bmatrix} 1 & 1 & 1 & 1 \\ x_1 & x_2 & x_3 & x_4 \\ y_1 & y_2 & y_3 & y_4 \\ z_1 & z_2 & z_3 & z_4 \end{bmatrix}^{-1} \begin{Bmatrix} 1 \\ x \\ y \\ z \end{Bmatrix} \rightarrow \begin{Bmatrix} \xi_1 \\ \xi_2 \\ \xi_3 \\ \xi_4 \end{Bmatrix} = \frac{1}{6V_e} \begin{bmatrix} a_1 & b_1 & c_1 & d_1 \\ a_2 & b_2 & c_2 & d_2 \\ a_3 & b_3 & c_3 & d_3 \\ a_4 & b_4 & c_4 & d_4 \end{bmatrix} \begin{Bmatrix} 1 \\ x \\ y \\ z \end{Bmatrix} \qquad (4.134)$$

com

$$\begin{cases} a_1 = \begin{vmatrix} x_2 & y_2 & z_2 \\ x_3 & y_3 & z_3 \\ x_4 & y_4 & z_4 \end{vmatrix} \quad , \quad b_1 = -\begin{vmatrix} 1 & y_2 & z_2 \\ 1 & y_3 & z_3 \\ 1 & y_4 & z_4 \end{vmatrix} \\ c_1 = \begin{vmatrix} x_2 & 1 & z_2 \\ x_3 & 1 & z_3 \\ x_4 & 1 & z_4 \end{vmatrix} \quad , \quad d_1 = \begin{vmatrix} x_2 & y_2 & 1 \\ x_3 & y_3 & 1 \\ x_4 & y_4 & 1 \end{vmatrix} \end{cases} \qquad (4.135)$$

e em que as demais constantes a_i, b_i, c_i e d_i são obtidas por permutação cíclica dos índices 1, 2, 3 e 4 e com a adaptação dos correspondentes sinais dos cofatores da matriz dos coeficientes do Sistema de Equações 4.133.

E no caso de uma função ($f = f(\xi_1, \xi_2, \xi_3)$) com ($\xi_4 = 1 - \xi_1 - \xi_2 - \xi_3$), escreve-se as derivadas

$$\begin{cases} f_{,x} = \sum_{i=1}^{4} f_{,\xi_i}\, \xi_{i,x} \\ f_{,y} = \sum_{i=1}^{4} f_{,\xi_i}\, \xi_{i,y} \\ f_{,z} = \sum_{i=1}^{4} f_{,\xi_i}\, \xi_{i,z} \end{cases} \tag{4.136}$$

onde

$$\xi_{i,x} = \frac{b_i}{6V_e} \quad , \quad \xi_{i,y} = \frac{c_i}{6V_e} \quad \text{e} \quad \xi_{i,z} = \frac{d_i}{6V_e} \tag{4.137}$$

A Figura 4.24 mostra o tetraedro anterior mapeado no espaço de sistema ortogonal direto de coordenadas $\xi_1\xi_2\xi_3$, com o vértice 4 coincidente com a origem desse sistema. Observa-se que um ponto P' da face 123 tem as coordenadas ξ_1, ($\xi_2 = 1 - \xi_1$) e que ($\xi_3 = 1 - \xi_1 - \xi_2$).

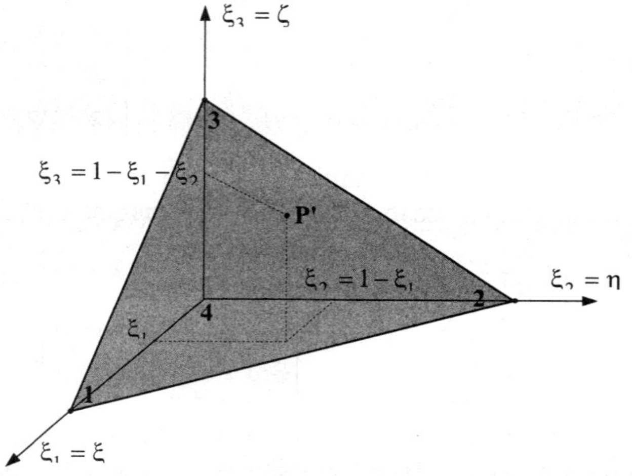

Figura 4.24 – Elemento tetraédrico no referencial ortogonal $\xi\eta\zeta$.

Além disso, tem-se a seguinte fórmula de integração analítica de um termo polinomial em coordenadas tetraédricas

$$\iiint_{V_e} \xi_1^a\, \xi_2^b\, \xi_3^c\, \xi_4^d\, dV_e = \frac{a!\, b!\, c!\, d!}{(a+b+c+d+3)!}\, 6V_e \tag{4.138}$$

E na integração numérica de Gauss, tem-se

$$I = \int_0^1 \int_0^{1-\xi_1} \int_0^{1-\xi_2} f(\xi_1,\xi_2,\xi_3)\, d\xi_3 d\xi_2 d\xi_1 \quad \rightarrow \quad I \cong I_n = \sum_{i=1}^{n} w_i\, f_i(\xi_1,\xi_2,\xi_3) \tag{4.139}$$

com $(\xi_4 = 1 - \xi_1 - \xi_2 - \xi_3)$ e com os pontos de integração e funções peso especificados na Tabela 4.3, em que "O" é a ordem da integração.

n	O	ξ_1	ξ_2	ξ_3	w_i
1	1ª	1/4	1/4	1/4	1/6
4	2ª	0,585 410 196 624 969	0,138 196 601 125 011	0,138 196 601 125 011	1/24
		0,138 196 601 125 011	0,585 410 196 624 969	0,138 196 601 125 011	1/24
		0,138 196 601 125 011	0,138 196 601 125 011	0,585 410 196 624 969	1/24
		0,138 196 601 125 011	0,138 196 601 125 011	0,138 196 601 125 011	1/24
12	3ª	0,094 847 264 914 513	0,094 847 264 914 513	0,241 276 996 823 274	0,013 888 888 888 888
		0,094 847 264 914 513	0,094 847 264 914 513	0,569 028 473 347 700	0,013 888 888 888 888
		0,094 847 264 914 513	0,241 276 996 823 274	0,094 847 264 914 513	0,013 888 888 888 888
		0,094 847 264 914 513	0,241 276 996 823 274	0,569 028 473 347 700	0,013 888 888 888 888
		0,094 847 264 914 513	0,569 028 473 347 700	0,094 847 264 914 513	0,013 888 888 888 888
		0,094 847 264 914 513	0,569 028 473 347 700	0,241 276 996 823 274	0,013 888 888 888 888
		0,241 276 996 823 274	0,094 847 264 914 513	0,094 847 264 914 513	0,013 888 888 888 888
		0,241 276 996 823 274	0,094 847 264 914 513	0,569 028 473 347 700	0,013 888 888 888 888
		0,241 276 996 823 274	0,569 028 473 347 700	0,094 847 264 914 513	0,013 888 888 888 888
		0,569 028 473 347 700	0,094 847 264 914 513	0,094 847 264 914 513	0,013 888 888 888 888
		0,569 028 473 347 700	0,094 847 264 914 513	0,241 276 996 823 274	0,013 888 888 888 888
		0,569 028 473 347 700	0,241 276 996 823 274	0,094 847 264 914 513	0,013 888 888 888 888
14	5ª	0,454 496 295 874 350	0,454 496 295 874 350	0,045 503 704 125 650	0,007 091 003 462 847
		0,454 496 295 874 350	0,045 503 704 125 650	0,454 496 295 874 350	0,007 091 003 462 847
		0,454 496 295 874 350	0,045 503 704 125 650	0,045 503 704 125 650	0,007 091 003 462 847
		0,045 503 704 125 650	0,454 496 295 874 350	0,454 496 295 874 350	0,007 091 003 462 847
		0,045 503 704 125 650	0,454 496 295 874 350	0,045 503 704 125 650	0,007 091 003 462 847
		0,045 503 704 125 650	0,045 503 704 125 650	0,454 496 295 874 350	0,007 091 003 462 847
		0,310 885 919 263 301	0,310 885 919 263 301	0,310 885 919 263 301	0,018 781 320 953 003
		0,067 342 242 210 098	0,310 885 919 263 301	0,310 885 919 263 301	0,018 781 320 953 003
		0,310 885 919 263 301	0,067 342 242 210 098	0,310 885 919 263 301	0,018 781 320 953 003
		0,310 885 919 263 301	0,310 885 919 263 301	0,067 342 242 210 098	0,018 781 320 953 003
		0,092 735 250 310 891	0,092 735 250 310 891	0,092 735 250 310 891	0,012 248 840 519 394
		0,721 794 249 067 326	0,092 735 250 310 891	0,092 735 250 310 891	0,012 248 840 519 394
		0,092 735 250 310 891	0,721 794 249 067 326	0,092 735 250 310 891	0,012 248 840 519 394
		0,092 735 250 310 891	0,092 735 250 310 891	0,721 794 249 067 326	0,012 248 840 519 394

Tabela 4.3 – Pontos e fatores-peso da integração em coordenadas tetraédricas.

Observa-se que, para cada número de pontos de integração, a soma dos correspondentes fatores peso é igual a $1/6$, volume do tetraedro mostrado na figura anterior. E a identificação da ordem necessária para a integração exata de um monômio é obtida por comparação da soma das correspondentes potências das coordenadas ξ_1, ξ_2 e ξ_3 com a ordem de integração indicada na tabela anterior.

4.3.4 – Escolha do número de pontos de integração

Nos itens anteriores ficou devidamente esclarecido que a quadratura exata de uma função polinomial do grau $(2n-1)$ requer n pontos de Gauss-Legendre e que a acurácia no caso do integrando não ser polinomial cresce na medida em que se aumenta o número de pontos de integração. Falta estabelecer o número desses pontos para o cálculo da matriz de rigidez dos elementos finitos. Para isso, adota-se um dos dois seguintes procedimentos:

(i) – Integração exata de elemento não distorcido, de maneira a não reduzir a rigidez do modelo discreto.

(ii) – Integração com um menor número de pontos do que a exata anterior, de maneira a tornar o modelo discreto mais flexível.

No primeiro procedimento, a integração é denominada *completa*, por ser exata a menos das aproximações da aritmética em ponto-flutuante. No caso, como o campo de deslocamentos é polinomial e o Jacobiano de um elemento não distorcido (ou em paralelogramo) é constante, o integrando da expressão da matriz de rigidez é também polinomial. Assim, basta identificar as maiores potências das coordenadas normalizadas nos coeficientes desse integrando e identificar nas tabelas anteriores o número de pontos necessários à integração de ordem igual ou imediatamente superior àquelas potências. E costuma-se utilizar esse mesmo número de pontos na integração dos vetores de forças nodais equivalentes. O mesmo procedimento é aplicado aos elementos de formulação mista.

Em elementos isoparamétricos distorcidos, o Jacobiano é função das variáveis independentes, o integrando da expressão da matriz de rigidez não é uma função polinomial e pode-se utilizar um maior número de pontos de integração do que a completa, para se ter grande acurácia de cálculo. Contudo, essa estratégia não tem sido adotada, porque: (1) os elementos isoparamétricos são utilizados com distorções moderadas de maneira a pouco influenciar no resultado da integração, (2) o uso do mesmo número de pontos da integração completa nesses elementos não provoca instabilidade numérica e (3) um maior número de pontos requer um maior volume de cálculo.

Assim, como no integrando da matriz de rigidez do elemento quadrilateral de estado plano desenvolvido no Item 4.1.3 são identificados termos quadráticos em ξ e em η, a integração completa requer dois pontos em cada direção coordenada.

No segundo livro serão apresentados os elementos quadráticos das *famílias Serendipity* e *Lagrange*, em cujos integrandos da matriz de rigidez de elemento em forma não distorcida há termos de quarta potência, o que requer, para uma integração completa, três pontos de integração em cada direção coordenada. E nos elementos cúbicos dessas famílias, para uma integração completa, são necessários quatro pontos de integração em cada direção coordenada.

Doherty e co-autores propuseram a adoção de uma ordem de integração menor do que a completa para cancelar a influência dos termos mais altos das funções polinomiais do integrando da expressão da matriz de rigidez.[12] Essa é a denominada *integração reduzida*, com a qual são obtidos elementos mais flexíveis (que costumam ter melhor razão de

[12] Doherty, W.P., Wilson, E.L. e Taylor, E.L., 1969, *Stress Analysis of Axisymetric Solids Utilizing Higher Order Quadrilateral Finite Elements*, Structural Engineering Laboratory, University of California, Berleley.

convergência) e com a qual podem ser evitados efeitos de travamento de esforço cortante, de membrana e de elasticidade quase-incompressível (como será explicado no segundo livro). E quando se utiliza uma ordem de integração menor do que a completa apenas em parte do cálculo da matriz de rigidez, diz-se *integração reduzida seletiva*. Contudo, o uso desse tipo de integração requer cuidado, isto porque, são introduzidos no elemento *modos espúrios de energia nula* (sem significado físico), que podem se propagar na malha de maneira a se ter um modelo discreto instável mesmo após a prescrição das condições essenciais de contorno.[13]

No elemento quadrilateral desenvolvido no Item 4.1.3, por exemplo, tem-se oito deslocamentos nodais e, portanto, três modos de corpo rígido (modos naturais de energia nula) e cinco modos de deformações independentes entre si. Esses modos estão representados na Figura 4.25 em que a configuração inicial do elemento é representada em tracejado. Os três primeiros são os modos de corpo rígido, os três consecutivos são os modos correspondentes às deformações constantes ε_x , ε_y e γ_{xy}, e os dois últimos são os modos de deformação associados à flexão. Com a integração de Gauss completa (em que são utilizados dois pontos em cada direção coordenada), o posto da matriz resultante é igual ao número total de deslocamentos nodais, 8, menos o número de deslocamentos de corpo rígido, 3, posto este que é também igual ao número dos modos de deformação que podem ocorrer no elemento e que são independentes entre si. Com integração reduzida de um ponto em cada direção coordenada, o posto da matriz de rigidez se reduz para três, o que resulta da introdução de dois modos espúrios de energia nula. E, como esse ponto de integração coincide com o centróide do elemento, esses modos são combinações do modo de corpo rígido de rotação (vide Figura 4.25c) com os de flexão (vide Figuras 4.25g e 4.25h), porque nessas combinações tem-se deformações ε_x , ε_y e γ_{xy} nulas no centróide.

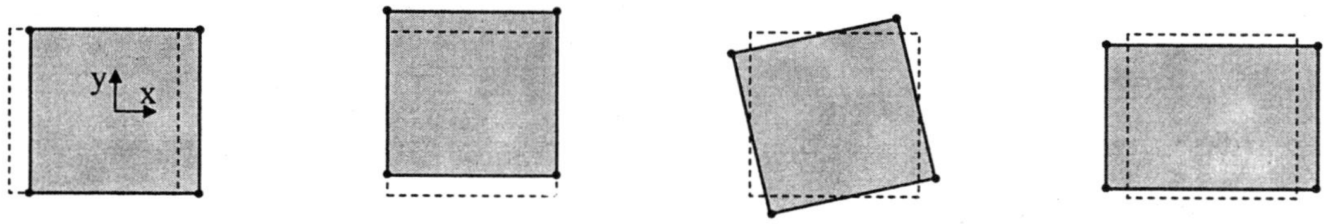

(a) Translação em x. (b) Translação em y. (c) Rotação no plano xy. (d) ε_x constante.

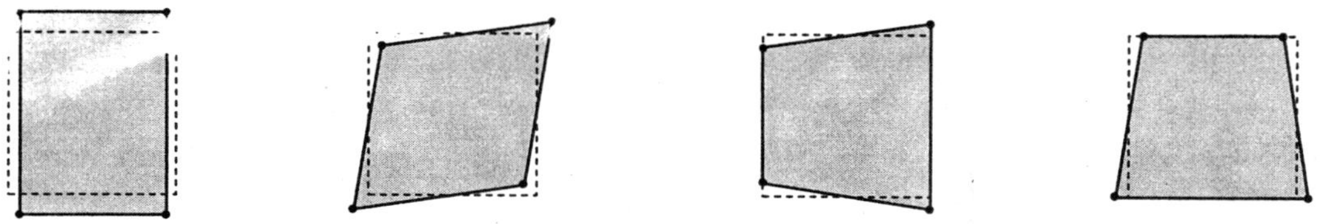

(e) ε_y constante. (f) γ_{xy} constante. (g) Flexão na direção x. (h) Flexão na direção y.

Figura 4.25 – Modos de deformação do elemento quadrilateral linear.

[13] O número desses modos é igual ao número de autovalores nulos da matriz de rigidez menos o número de deslocamentos de corpo rígido do elemento. E existe equivalência entre alguns elementos da formulação de deslocamentos com integração reduzida e elementos da formulação mista.

Um modo de energia nula em elemento finito está associado a um mecanismo que, em dependência das condições geométricas de contorno, pode se estender a toda a malha de elementos, o que é chamado de *modo comunicável*. Como ilustração, a Figura 4.26a mostra o referido elemento quadrilateral com condições de contorno que impedem apenas os deslocamentos de corpo rígido, mas que permitem a ocorrência da combinação dos modos de energia nula representados nas Figuras 4.25a e 4.25h. Neste caso, uma infinidade de deslocamentos nodais pode ser a solução do problema elástico, pois como o trabalho das forças externas é igual à energia interna de deformação, que é nula, não existe oposição à ação das forças externas. A Figura 4.26b mostra uma malha com condições geométricas de contorno que também permitem a ocorrência de combinações dos mesmos modos de energia nula, o que implica em matriz de rigidez global singular, mesmo após a incorporação daquelas condições. Já para a malha com as condições geométricas de contorno representadas na Figura 4.26c, essa singularidade não acorre. No caso, essas condições e as restrições elásticas entre os elementos impedem a propagação dos modos de energia nula motivados pela integração reduzida.

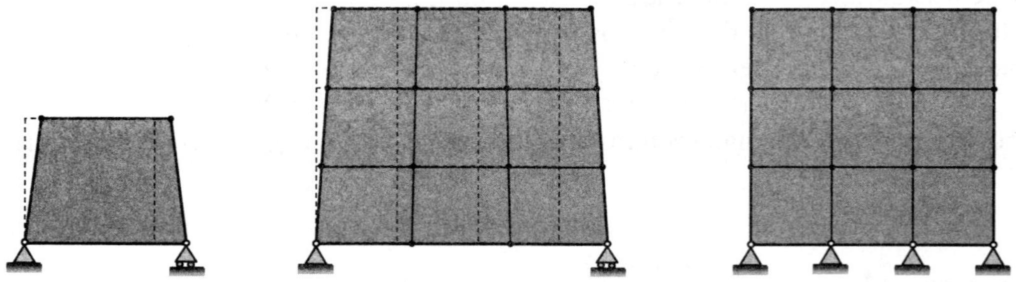

(a) Mecanismo em elemento.

(b) Mecanismo em malha de elementos.

(c) Impedimento de mecanismo em malha de elementos.

Figura 4.26 – Elementos quadrilaterais lineares com um ponto de integração.

Diversos procedimentos de controle de modos espúrios de energia nula são encontrados na literatura. Contudo, com o desenvolvimento de novos elementos finitos robustos e a crescente eficiência computacional, a tendência é não adotar a integração reduzida, de maneira a não requerer um procedimento de controle desses modos e nem cuidados especiais de uso. Assim, não é aconselhável que o iniciante utilize elemento com essa integração.

4.4 – Critérios de convergência

Com o exposto até este item, ficou plenamente esclarecido que a aproximação básica do **MEF** em resoluções da Mecânica dos Sólidos Deformáveis é o arbítrio de leis para os deslocamentos em nível de elemento finito e que, na medida em que se refina uma malha, os seus elementos devem se comportar adequadamente a fim de bem simular o modelo matemático original. E a acurácia dos resultados depende das leis arbitradas e do número, dimensões e forma dos elementos utilizados. Contudo, não ficou esclarecido que critérios essas leis devem atender para que se tenha convergência para a solução exata. Esses critérios são apresentados a seguir, em abordagem indutiva, uma vez que a teoria matemática de convergência do **MEF** está além do nível deste livro. Contudo, o aqui exposto se aplica a outros modelos matemáticos de fenômenos físicos que não o de equilíbrio de sólido deformável. Para isto, basta substituir a palavra *deslocamentos* pelas correspondentes *variáveis primárias* desses modelos e as palavras *tensão* e *deformação* pelas correspondentes *variáveis secundárias*.

Como na medida em que se refina uma malha por redução das dimensões dos elementos finitos, o estado de tensão em cada elemento deve tender a uniforme, é natural estabelecer que deslocamentos nodais devidos a qualquer estado de tensão constante devem provocar esse estado nos elementos, independentemente de suas dimensões.[14] Em elasticidade bidimensional, por exemplo, os elementos devem ter a capacidade de representar os estados de tensão σ_x , σ_y e τ_{xy} constantes (como ilustra a parte esquerda da próxima figura), e em flexão de placa devem ter a habilidade de representar os estados de momentos fletores, momento de torção e esforços cortantes constantes. E como os componentes de tensão se relacionam (através de leis constitutivas) com os componentes de deformação, que por sua vez são expressos através das derivadas (dos deslocamentos) que ocorrem na equação integral de formulação do método (funcional ou forma fraca do Método de Galerkin), os elementos devem ser capazes de representar valores constantes dessas derivadas.[15] E essa capacidade de representação de estado de tensão constante inclui a de tensão nula que ocorre em um elemento com deslocamentos nodais compatíveis com deslocamentos de corpo rígido, como ilustra a parte direita da próxima figura.[16]

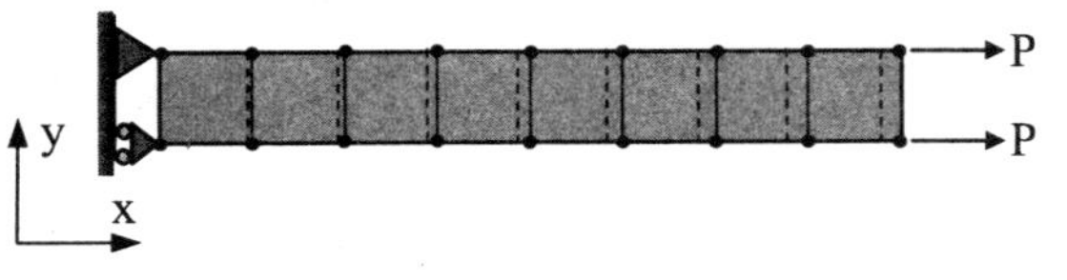

Estado de tensão constante.

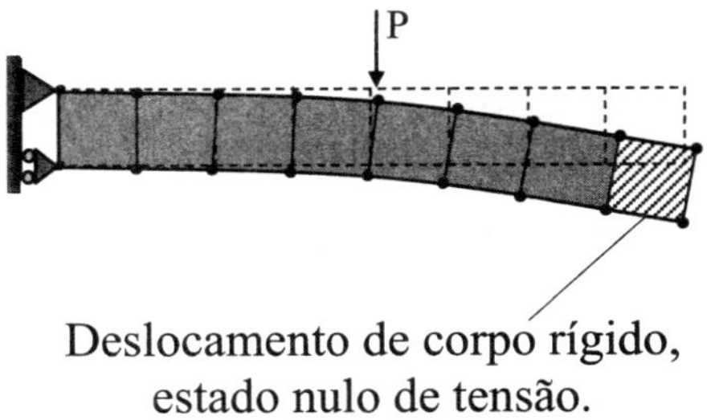

Deslocamento de corpo rígido, estado nulo de tensão.

Figura 4.27 – Estados de tensão particulares.

[14] Irons, B. & Barlow, J., 1964, *Comment on Matrices for the Direct Stiffness Method*, AIAA Journal, vol. 2, nº 2.

[15] Em problema de condução de calor em regime permanente, os elementos devem ter a capacidade de representar estado de fluxo de calor (variável secundária) constante, que se relaciona através da lei de Fourier com a derivada de temperatura (variável primária).

[16] Melosh, R.J., 1963, *Basis for Derivation of Matrices for the Direct Stiffness Method*, AIAA Journal, vol. 1, nº 7.

Assim, uma vez que sejam arbitradas leis polinomiais para os deslocamentos (o que é o usual), um elemento finito isolado é capaz de representar os referidos estados constantes quando essas leis contêm todos os termos polinomiais até a máxima ordem de derivada de deslocamento que ocorre na equação integral de governo da formulação. Assim, em elementos derivados da Teoria da Elasticidade linear, como as deformações são definidas através de derivadas primeiras, as leis dos componentes de deslocamento devem conter pelo menos todos os termos do polinômio do primeiro grau. Em elementos derivados da Teoria Clássica de Viga e da Teoria de Placa Fina, como as deformações são definidas através de derivadas segundas do deslocamento transversal, a lei arbitrada para esse deslocamento precisa conter pelo menos todos os termos do polinômio do segundo grau. Este é o denominado *critério dos estados de tensão constante* ou *de completude*, em alusão aos polinômios completos necessários para definir valores constantes de derivadas das variáveis primárias, e os elementos finitos que o atende são ditos *elementos completos*.

Contudo, é preciso ainda verificar o cumprimento deste critério quando da definição isoparamétrica de geometria, porque as leis arbitradas para os deslocamentos nas coordenadas normalizadas dos elementos mestres podem ser transformadas em leis diferentes nas coordenadas cartesianas do espaço físico.[17] Para isso, no caso de equação integral de, no máximo, derivada primeira das variáveis primárias, é necessário que o elemento mapeado no espaço físico contenha pelo menos a lei polinomial linear

$$u = \alpha_1 + \alpha_2 x + \alpha_3 y + \alpha_4 z \tag{4.140}$$

onde se considera a coordenada z para abranger domínio tridimensional.

Com a particularização dessa equação aos p pontos nodais do elemento, tem-se

$$\begin{cases} u_1 = \alpha_1 + \alpha_2 x_1 + \alpha_3 y_1 + \alpha_4 z_1 \\ u_2 = \alpha_1 + \alpha_2 x_2 + \alpha_3 y_2 + \alpha_4 z_2 \\ \qquad\vdots \\ u_p = \alpha_1 + \alpha_2 x_p + \alpha_3 y_p + \alpha_4 z_p \end{cases}$$

E com a substituição dessas equações na interpolação ($u = N_1 u_1 + N_2 u_2 + \cdots N_p u_p$) de uma variável primária, obtém-se

$$u = N_1(\alpha_1 + \alpha_2 x_1 + \alpha_3 y_1 + \alpha_4 z_1) + \cdots + N_p(\alpha_1 + \alpha_2 x_p + \alpha_3 y_p + \alpha_4 z_p)$$

$$\rightarrow \qquad u = \alpha_1 \sum_{i=1}^{p} N_i + \alpha_2 \sum_{i=1}^{p} N_i x_i + \alpha_3 \sum_{i=1}^{p} N_i y_i + \alpha_4 \sum_{i=1}^{p} N_i z_i \tag{4.141}$$

Finalmente, com a substituição da definição isoparamétrica

$$\begin{Bmatrix} x \\ y \\ z \end{Bmatrix} = \sum_{i=1}^{p} N_i \begin{Bmatrix} x_i \\ y_i \\ z_i \end{Bmatrix} \tag{4.142}$$

na equação anterior, chega-se a

[17] Lee, N.S. & Bathe, K.J., 1992, *Effects of Element Distortion on the Performance of Isoparametric Elements*, International Journal for Numerical Methods in Engineering, vol. 36.

$$u = \alpha_1 \sum_{i=1}^{p} N_i + \alpha_2 x + \alpha_3 y + \alpha_4 z \qquad (4.143)$$

Logo, desde que as funções de interpolação atendam à propriedade [18]

$$\sum_{i=1}^{p} N_i = 1 \qquad (4.144)$$

obtém-se a Equação 4.140 e fica comprovado que o elemento isoparamétrico tem representação de lei linear no espaço físico de coordenadas cartesianas. E de forma inversa, se o campo de deslocamentos do elemento mestre contiver todos os termos do polinômio do primeiro grau, o elemento isoparamétrico correspondente conterá todos os termos desse polinômio. O mesmo ocorre com definição subparamétrica, mas não necessariamente com definição superparamétrica, que, por esta razão, não é utilizada. E no caso de formulações de modelos de elementos finitos a partir de equações integrais que contenham derivadas de ordem superior à primeira, não se demonstra de forma geral que elementos mestres completos permaneçam completos quando mapeados através de definição isoparamétrica.

Além disso, como o critério de completude apresentado anteriormente diz respeito apenas a elementos finitos isolados, é necessário verificar o comportamento de malhas de elementos. Para isso, pode-se impor a condição de que uma malha com condições de contorno compatíveis a qualquer um dos referidos estados tensionais constantes represente o correspondente estado sem a necessidade de refinamento ou, de forma menos restritiva, impor a condição de que através de refinamento da malha se obtenha convergência para essa representação. A primeira dessas condições é a mais conservadora, e requer que a variação do funcional (ou a equação integral da forma fraca do Método de Galerkin) do modelo matemático correspondente ao referido estado de tensão seja igual à soma das variações do funcional (ou da forma fraca de Galerkin) com as leis arbitradas para os deslocamentos em cada um dos elementos, isto é, que se tenha

$$\delta J(u_i) = \sum \delta J(\mathbf{u}^{(e)}) = 0 \qquad (4.145)$$

Essa equação requer que essas leis e as suas derivadas que ocorrem no funcional tenham valores finitos bem determinados nos elementos e em suas interfaces. E como essas leis são naturalmente contínuas no interior de cada elemento (por serem polinomiais), para o atendimento da igualdade anterior se requer continuidade, nas interfaces dos elementos, dos deslocamentos e de suas derivadas até uma ordem inferior à máxima ordem que ocorre na equação integral de governo da formulação. Assim, como em elasticidade linear essa ordem é a primeira, requer-se continuidade C^0 do campo de deslocamentos nas interfaces de elementos, isto é, que elementos adjacentes se deformem sem formar vazios entre si e sem se sobrepor, como foi ilustrado na Figura 4.7 e o que requer que as leis de deslocamentos sejam as mesmas nas arestas ou faces comuns de elementos adjacentes. E, como em Teoria de Placa Fina essa ordem é a segunda, requer-se continuidade C^1 do campo do deslocamento transversal, isto é, que elementos adjacentes se deformem sem se afastar e sem formar charneiras, como ilustra a Figura 4.28.

---

[18] Essa propriedade é atendida por todas as funções de interpolação de Lagrange.

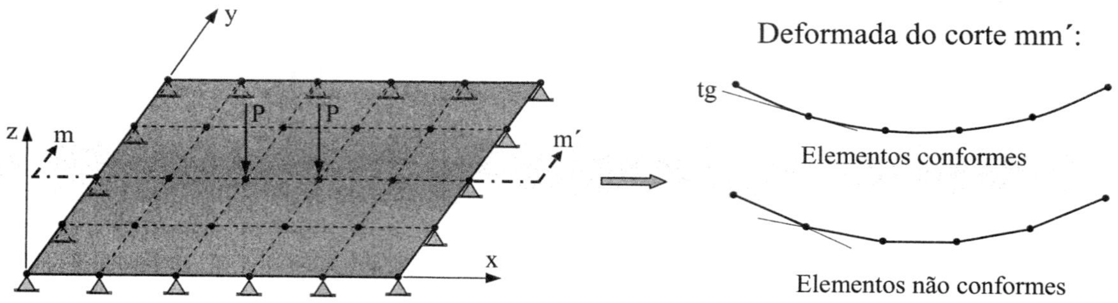

Figura 4.28 – Placa simplesmente apoiada discretizada em elementos finitos.

Este último é o denominado *critério de conformidade* ou *critério de compatibilidade* e os elementos que o atende são ditos *conformes* ou *compatíveis*. Para isso, o número de pontos nodais do elemento deve coincidir com o número de termos polinomiais da lei arbitrada para cada componente de deslocamento, e os pontos nodais devem ser posicionados de maneira a garantir compatibilidade. E com a condição menos conservativa de se requerer apenas convergência para a representação dos referidos estados tensionais constantes, na medida em que se refina a malha, são encontrados na literatura diversos elementos ditos *não conformes* ou *não compatíveis*.

A figura seguinte sumariza esses critérios de convergência.

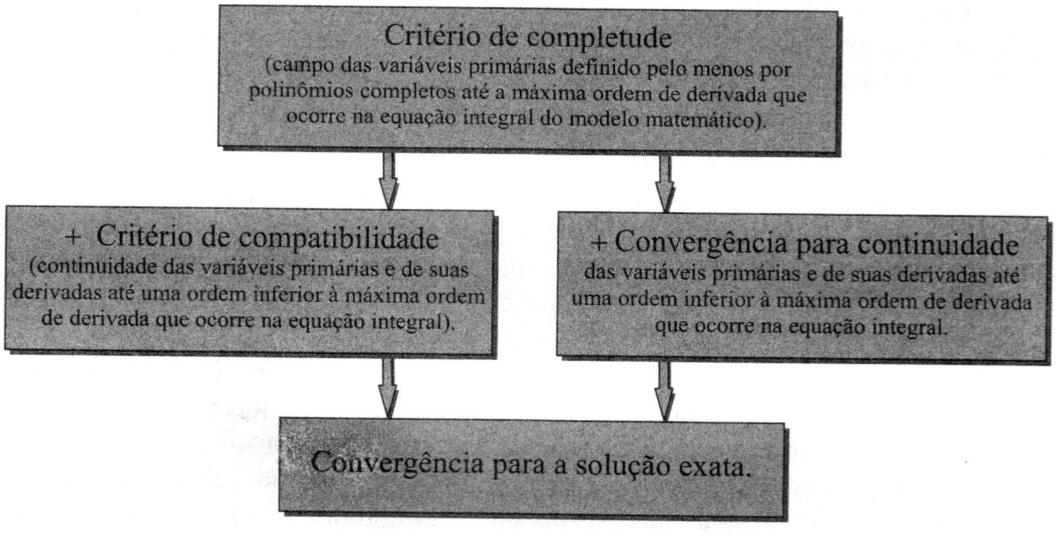

Figura 4.29 – Critérios de convergência.

No caso do estado de deformação axissimétrica, a deformação circunferencial ($\varepsilon_\theta = u/r$) implica a impossibilidade de se ter deformações ($\varepsilon_r = u_{,r}$) e ($\gamma_{rz} = u_{,z} + w_{,r}$)

constantes e independentes, o que inviabiliza o critério dos estados de tensão constante. Contudo, pode-se verificar numericamente que são também convergentes os elementos axissimétricos desenvolvidos com os mesmos campos que os elementos convergentes de estado plano.

Foi demonstrado no segundo capítulo que a solução exata em sólidos elásticos é a que corresponde ao mínimo do Funcional Energia Potencial Total. Logo, com malhas de elementos completos e conformes, como não há "perda de energia" nas interfaces de elementos (devido à continuidade dos deslocamentos e de suas derivadas até uma ordem inferior à máxima ordem de derivada que ocorre na equação integral, de maneira a se ter definição dessa derivada de ordem máxima), tem-se convergência por valores superiores desse funcional.[19] E no caso de serem nulas as tensões e deformações iniciais, o trabalho realizado pelas forças externas, W, é igual à energia de deformação, U, de maneira a obter a partir da Equação 2.52 que o Funcional Energia Potencial Total é igual a essa energia com sinal trocado, $J(\mathbf{u}) = -U$. Logo, com modelos de elementos completos e conformes, subestima-se essa energia, o que significa que esses modelos discretos são mais rígidos do que os correspondentes modelos matemáticos. E como essa energia se escreve $(U = P\,u/2)$, no caso de ocorrer uma única força externa concentrada P e "u" designar o deslocamento do ponto de aplicação dessa força e em sua própria direção, tem-se a *convergência monotônica* por valores inferiores para esse deslocamento como mostrado em traço-ponto na próxima figura. Já no caso de aplicação de várias forças concentradas, não se pode afirmar que todos os deslocamentos convergem por valores inferiores, pode-se apenas dizer que a energia de deformação converge por valores inferiores. Também não se pode afirmar que os componentes de tensão convergem por valores inferiores, pelo fato desses componentes serem funções de derivadas dos deslocamentos. E no caso de serem impostos deslocamentos prescritos, por os modelos com elementos completos e conformes serem mais rígidos do que os correspondentes modelos matemáticos, superestima-se a energia de deformação, com a ocorrência de maiores forças nos pontos de vinculação e com uma consequente convergência de tensão por valores superiores, como mostrado em tracejado na mesma figura.

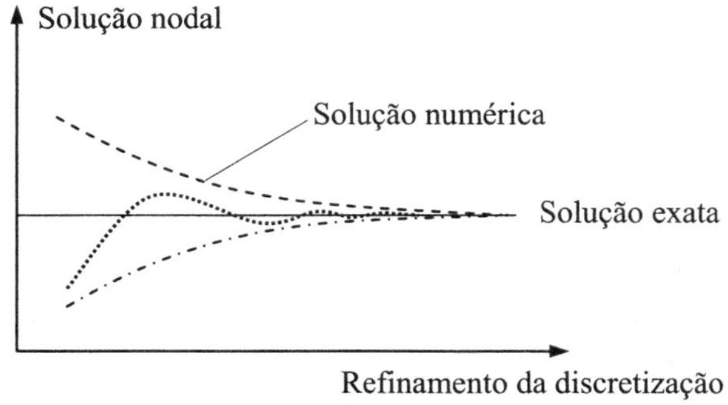

Figura 4.30 – Convergência para a solução exata.

[19] Supõe-se integração completa da matriz de rigidez dos elementos.

Com elementos não conformes, o modelo discreto não é mais rígido do que o correspondente modelo matemático e pode-se ter uma melhor razão de convergência do que com os elementos conformes, embora com convergência sem padrão definido, como ilustrado em pontilhado na figura anterior. Em formulação irredutível, esses elementos costumam ser desenvolvidos com um conjunto de funções de interpolação conformes denominadas *modos conformes* ou *compatíveis*, além de um conjunto de funções não conformes denominadas *modos não conformes* ou *incompatíveis*. Assim, para elementos finitos derivados da Teoria da Elasticidade escreve-se o campo de deslocamentos

$$\mathbf{u} = \mathbf{N}\mathbf{u}^{(e)} + \mathbf{N}^{(\alpha)}\boldsymbol{\alpha} = \mathbf{u}_c + \mathbf{u}_i \qquad (4.146)$$

onde $\mathbf{u}_c$ e $\mathbf{u}_i$ são as parcelas deste campo com continuidade e sem essa continuidade, respectivamente; $\mathbf{N}$ e $\mathbf{N}^{(\alpha)}$ são as matrizes com os modos compatíveis e incompatíveis, respectivamente; $\mathbf{u}^{(e)}$ são os parâmetros nodais de significado físico e $\boldsymbol{\alpha}$ é uma matriz coluna com os parâmetros generalizados associados aos modos incompatíveis. No desenvolvimento desses elementos, impõe-se a condição de que a parcela de energia correspondente aos modos incompatíveis tenda para zero com o refinamento de malhas com condições de contorno compatíveis com cada um dos estados de tensão constante, ou, de forma mais conservativa, que esses modos não sejam ativados no referido estado. E obtido o sistema de equações de equilíbrio do elemento, os parâmetros generalizados são eliminados por condensação estática (como foi apresentado no Item 3.3).

Um dos primeiros elementos não conformes de relativo sucesso foi desenvolvido por Taylor e associados.[20] Trata-se de uma modificação do elemento quadrilateral do Item 4.1.3, através da introdução dos modos incompatíveis mostrados na próxima figura. A adição desses modos ao campo de deslocamentos do elemento quadrilateral compatível permite a representação do modo de flexão mostrado na parte direta da mesma figura.

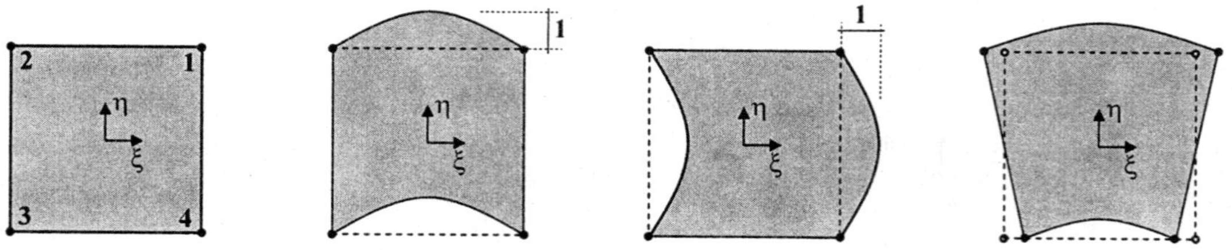

Elemento mestre $\qquad N_1^{(\alpha)} = 1 - \xi^2 \qquad N_1^{(\alpha)} = 1 - \eta^2 \qquad$ Modo de flexão

Figura 4.31 – Modos incompatíveis do elemento quadrilateral.

Além dos critérios anteriores, é necessário para se ter convergência que a malha de elementos não apresente modos espúrios de energia nula, de maneira a não se ter instabilidade numérica. E como foi apresentado, os elementos de formulação irredutível

[20] Taylor, R.L., Beresford, P.J. & Wilson, E.L., 1976, *A Non-Conforming Element for Stress Analysis*, International Journal for Numerical Methods in Engineering, vol. 10.

integrados de forma completa não apresentam esses modos. Já os elementos com integração reduzida e os elementos de formulação mista costumam apresentar esses modos, que podem ou não se propagar em malha de elementos. E como não se tem uma condição matemática simples e geral de verificação dessa propagação, o mais prático é comprovar essa estabilidade através de experimentos numéricos.

É prático verificar numericamente o cumprimento dos descritos critérios através do *teste da malha de Irons.*[21] Na forma mais simples deste teste, utiliza-se uma malha com pelo menos um ponto nodal interno comum a três ou mais elementos de formas variadas e propriedades elásticas constantes, com contorno retangular e condições geométricas mínimas para impedir os deslocamentos de corpo rígido. Nesse contorno são aplicadas condições mecânicas de contorno compatíveis com cada um dos estados de tensão constante, como ilustra a figura seguinte no caso do estado de tensão σ_x. Nessas condições e com elementos conformes, o estado tensional constante aplicado à malha deve ser representado em cada elemento, independentemente de refinamento. Com elementos não conformes, é necessário obter convergência para a representação desse estado na medida em que se refina a malha, o que é chamado de *teste fraco da malha.*

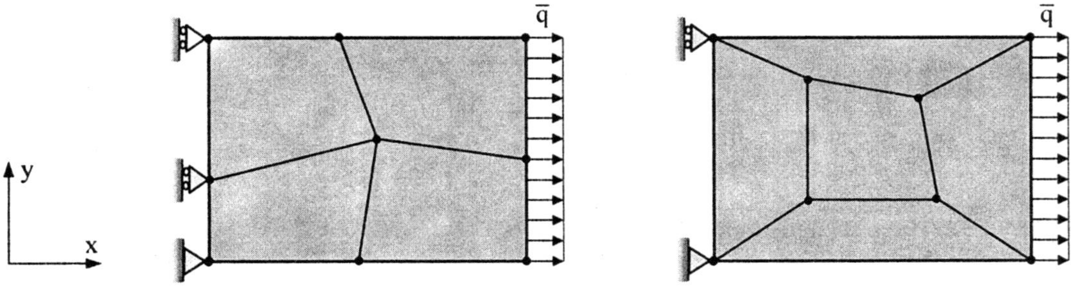

Figura 4.32 – Malhas de Irons para o estado de σ_x constante.

O atendimento do presente teste garante que o elemento seja convergente em quaisquer malhas, com quaisquer condições de contorno, a menos de eventuais problemas de mau condicionamento matricial.

Esse teste é útil para validar o desenvolvimento de novos elementos e as correspondentes programações, além de útil para se familiarizar com um programa desenvolvido por terceiros e evidenciar peculiaridades de cada tipo de elemento. Essas podem ser, por exemplo, a influência de formas distorcidas, de valores extremos de propriedades elásticas e de espessuras muito pequenas em elementos de placa e de casca desenvolvidos com a teoria que desconsidera o efeito de deformação dos esforços cortantes.

[21] Irons, B.M., 1966, *Engineering Applications of Numerical Integration in Stiffness Methods*, AIAA Journal, vol. 4; e Zienkiewicz, O.C. & Taylor, R.L., 1997, *The Finite Element Patch Test Revisited – A Computer Test for convergence, Validation and Error Estimates*, Computer Methods in Applied Mechanics and Engineering, vol. 149.

Além de convergente e estável, é importante que o elemento tenha *isotropia espacial*, também denominada *isotropia geométrica* ou *invariância geométrica*.[22] Isto é, o comportamento numérico do elemento deve independer de seu referencial, que por sua vez depende da numeração de seus pontos nodais. E para que se tenha essa invariância, no caso bidimensional, é necessário que a lei polinomial utilizada no desenvolvimento do elemento contenha monômios simétricos do triângulo de Pascal mostrado na próxima figura. Naturalmente, a extensão desse arbítrio de lei se aplica também aos elementos finitos tridimensionais. E é imediato identificar que todos os elementos desenvolvidos neste capítulo têm essa isotropia.

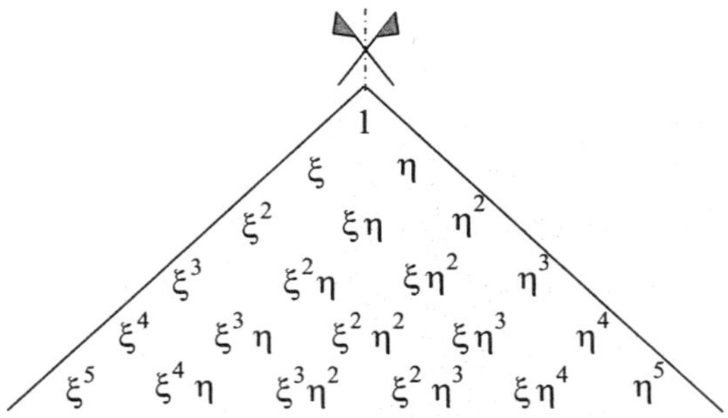

Figura 4.33 – Triângulo de Pascal.

4.5 – Exercícios propostos

4.5.1 – Determine as funções de interpolação do elemento representado na figura seguinte.

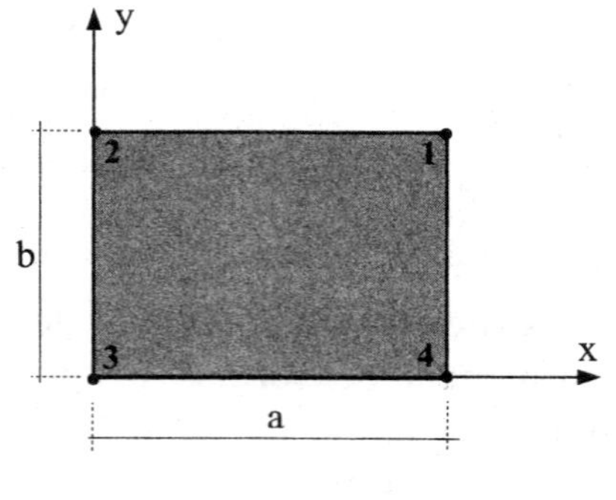

Figura 4.34 – Elemento retangular.

[22] Dunne, P., 1968, *Complete Polynomial Displacement Fields for the Finite Element Method*, The Aeronautical Journal, vol. 72.

4.5.2 – Verifique que o Jacobiano é constante em cada um dos elementos mostrados na próxima figura.

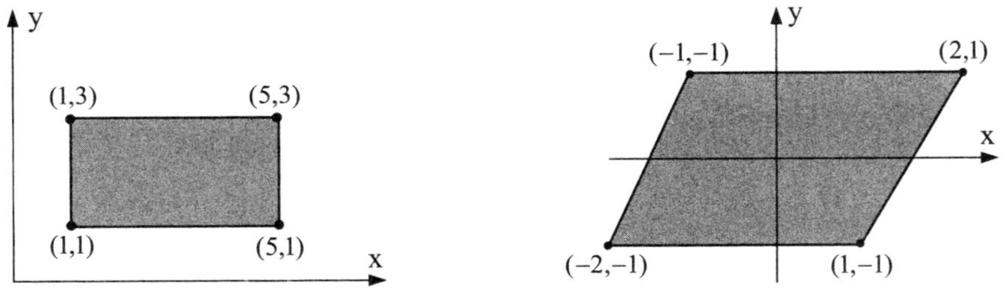

Figura 4.35 – Elementos bidimensionais de quatro pontos nodais.

4.5.3 – Determine os Jacobianos dos elementos representados na figura que se segue.

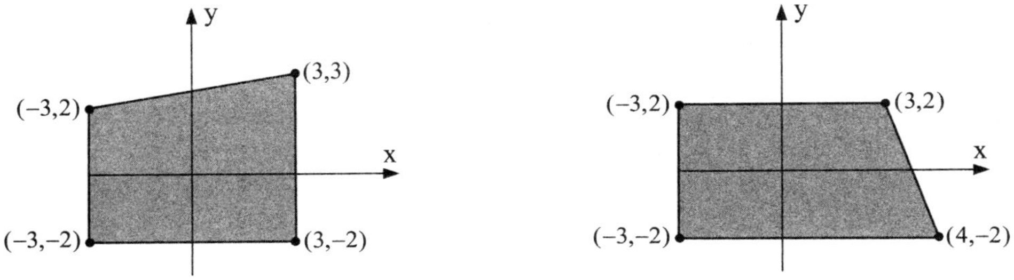

Figura 4.36 – Elementos trapezoidais.

4.5.4 – Determine as forças nodais equivalentes dos elementos mostrados na próxima figura.

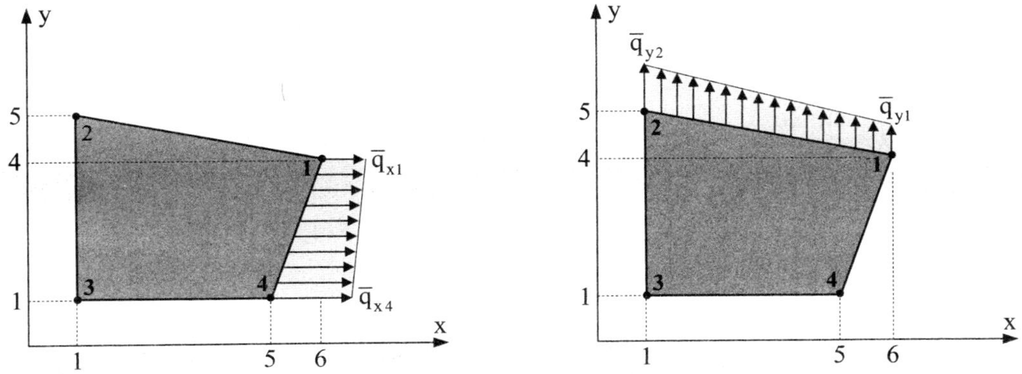

Figura 4.37 – Elementos quadrilaterais com forças de contorno.

4.5.5 – Para a malha esquematizada na próxima figura, faça as numerações dos pontos nodais e dos elementos, e construa a correspondente matriz de incidência.

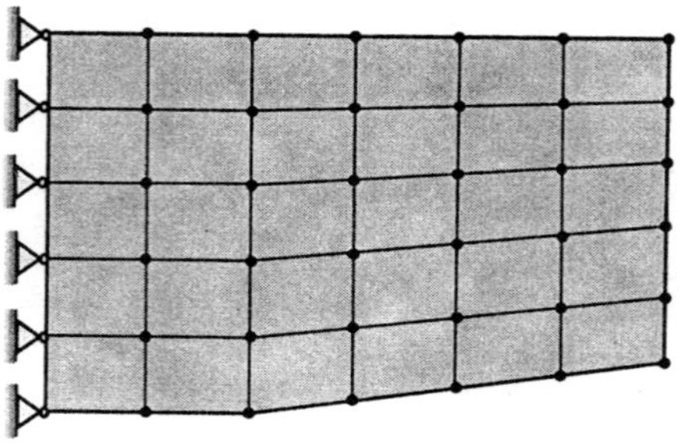

Figura 4.38 – Malha de elementos finitos.

4.5.6 – Para as discretizações mostradas na figura seguinte, arbitre valores para as propriedades elásticas e para a espessura, e determine os correspondentes deslocamentos nodais e estados de tensão. Tire conclusões a partir dos resultados obtidos.

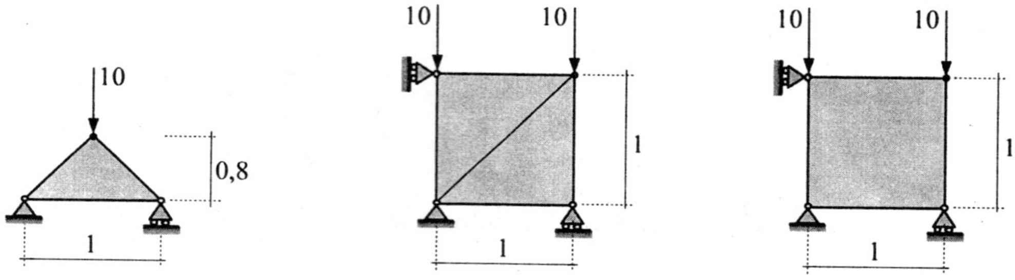

Figura 4.39 – Discretizações com elementos finitos.

4.5.7 – A Figura 4.40 mostra duas cunhas sob forças concentradas. De acordo con Teoria da Elasticidade[23], a tensão radial na primeira cunha é expressa por

$$\sigma_r = \frac{-P\cos\theta}{r\left(\alpha + \dfrac{\sin 2\alpha}{2}\right)}$$

e na segunda, as tensões em uma seção mn transversal são expressas por

$$\sigma_y = -\frac{P\,x \sin^4\theta}{y^2\left(\alpha - \dfrac{\sin 2\alpha}{2}\right)} \quad \text{e} \quad \tau_{xy} = -\frac{P\,x^2 \sin^4\theta}{y^3\left(\alpha - \dfrac{\sin 2\alpha}{2}\right)}$$

---

[23] Vide, na Bibliografia, Timoshenko & Goodier, 1951.

Arbitre dados para essas cunhas e compare resultados dessas fórmulas com resultados obtidos com o **MEF**.

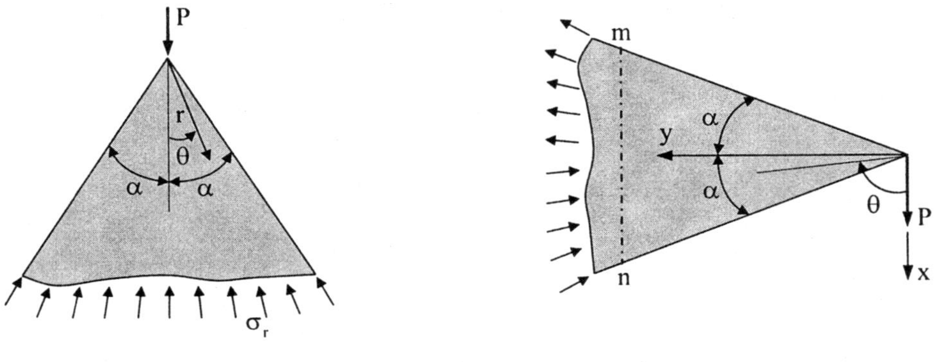

Figura 4.40 – Cunhas sob forças concentradas.

4.5.8 – A próxima figura mostra uma chapa tracionada com um pequeno orifício circular e uma chapa tracionada com dois pequenos entalhes semicirculares. Arbitre dados para essas chapas e verifique com o **MEF** os valores máximos de tensão indicados.

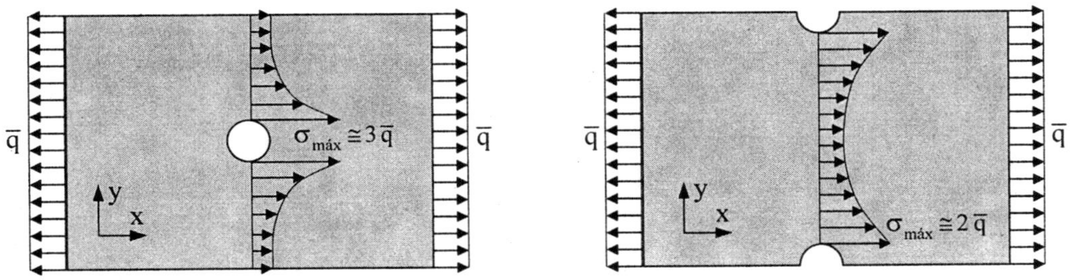

Figura 4.41 – Chapas tracionadas.

4.5.9 – A Figura 4.42 mostra um disco de espessura unitária sob forças concentradas segundo a direção de um diâmetro, com as respectivas distribuições das tensões σ_x e σ_y, ao longo desse diâmetro e que foram determinadas com a Teoria da Elasticidade. O resultado da tensão de tração σ_x constante mostrado nessa figura serve de base à norma brasileira de ensaio de corpos de prova cilíndricos de concreto (para a determinação da resistência à tração).[24] Arbitre dados para esse disco e verifique com o **MEF** essas distribuições de tensão.

[24] Trata-se do ensaio de compressão diametral, ou ensaio de tração indireta, criado pelo Prof. Fernando Luiz Lobo B. Carneiro.

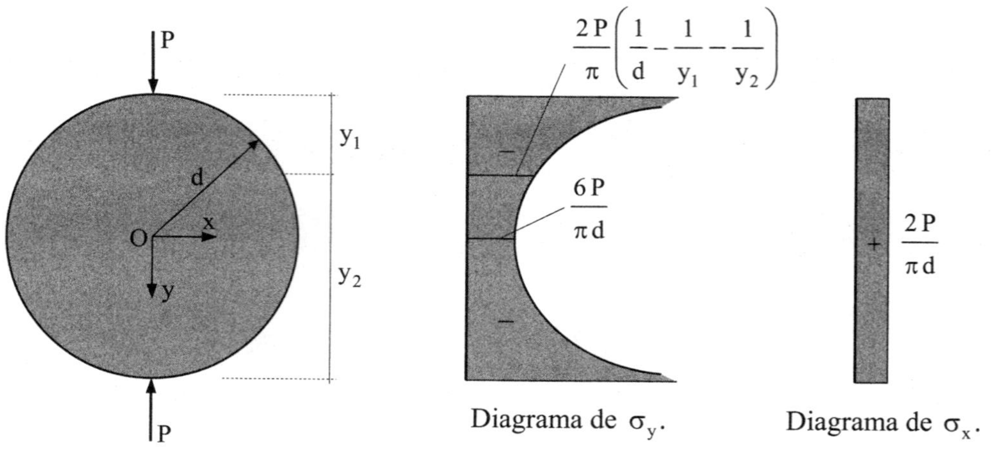

Figura 4.42 – Disco sob forças concentradas.

4.5.10 – A próxima figura mostra um sólido alongado de seção transversal retangular, apoiado livremente nas extremidades e sob a ação da força indicada. Arbitre valores para esse sólido e verifique numericamente que, com a discretização de estado plano de tensão e com a discretização tridimensional, como mostrado, são obtidos os mesmos resultados. Refaça as análises com a utilização das condições de simetria e comprove a obtenção dos mesmos resultados.

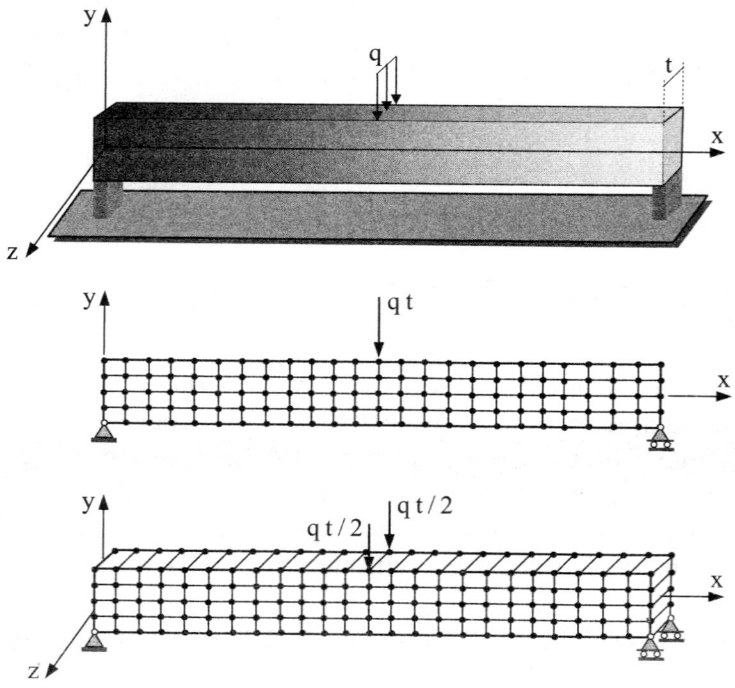

Figura 4.43 – Sólido sobre dois apoios.

4.5.11 – Efetue com o Método de Gauss-Legendre as integrais:

$$\begin{cases} I = \int_{-1}^{+1} \left(4 + 2\xi - 5\xi^3\right) d\xi = 8 \\ I = \int_{-1}^{+1} \dfrac{1}{\left(\xi^2 + 2\right)^2} d\xi = \dfrac{1}{6} + \dfrac{\sqrt{2}}{4} \text{arctg} \dfrac{\sqrt{2}}{2} \\ I = \int_{-1}^{+1} \dfrac{\xi}{\left(2\,\xi + 6\right)^3} d\xi = -\dfrac{1}{256} \end{cases}$$

4.5.12 – Efetue exata e numericamente as seguintes integrais em coordenadas triangulares:

$$\begin{cases} I = \int_0^1 \int_0^{1-\xi_1} \xi_1\, \xi_2\, \xi_3 \; d\xi_2 d\xi_1 \\ I = \int_0^1 \int_0^{1-\xi_1} \xi_1\, \xi_2^3 \; d\xi_2 d\xi_1 \\ I = \int_0^1 \int_0^{1-\xi_1} (2\,\xi_1 - 2)(4\,\xi_1 + 3)\, d\xi_2 d\xi_1 \end{cases}$$

4.5.13 – Efetue exata e numericamente as seguintes integrais em coordenadas tetraédricas:

$$\begin{cases} I = \int_0^1 \int_0^{1-\xi_1} \int_0^{1-\xi_2} \xi_1\, \xi_2\, \xi_3 \; d\xi_3 d\xi_2 d\xi_1 \\ I = \int_0^1 \int_0^{1-\xi_1} \int_0^{1-\xi_2} \xi_1\, \xi_3^2 \; d\xi_3 d\xi_2 d\xi_1 \\ I = \int_0^1 \int_0^{1-\xi_1} \int_0^{1-\xi_2} (1 - \xi_1)\left(\xi_2^2 - \xi_3\right) d\xi_3 d\xi_2 d\xi_1 \end{cases}$$

4.6 – Questões para reflexão

4.6.1 – Por que o **MEF** é mais necessário na resolução de modelos matemáticos multidimensionais do que em modelos unidimensionais?

4.6.2 – O que expressam os vetores de forças nodais equivalentes da formulação de deslocamentos do **MEF**?

4.6.3 – Na formulação de deslocamentos tem-se equilíbrio em cada ponto do interior e do contorno dos elementos bi e tridimensionais? E o equilíbrio de cada elemento como um todo? E a compatibilidade de deformações entre elementos? Por que?

4.6.4 – Na formulação de deslocamentos, as propriedades de material podem variar de elemento a elemento? Como? E no interior dos elementos? Como?

4.6.5 – Pode-se ter simultaneamente tensões iniciais e deformações iniciais em um mesmo elemento finito? Como?

4.6.6 – Por que as soluções propositivas do Método de Rayleigh-Ritz precisam atender às condições essenciais de contorno e os campos arbitrados no **MEF** não precisam? Por que nesse método não há necessidade de serem calculadas forças nodais equivalentes às condições não essenciais de contorno nas interfaces dos elementos? E por que no contorno de malhas de elementos essas condições são atendidas de forma aproximada?

4.6.7 – A matriz rigidez é sempre simétrica? E sempre positiva-definida? Por que?

4.6.8 – Em formulação do **MEF** como uma particularização de método de resíduos ponderados é essencial adotar funções peso iguais às funções de interpolação? Por que? E por que em formulação do **MEF** é usual adotar a forma fraca de Galerkin?

4.6.9 – Qual é a diferença entre as funções de interpolação de Lagrange e de Hermite? Quais são as características dessas funções? Em qual dessas interpolações é possível impor continuidade C^1? E quando se faz necessário o uso de funções de interpolação de Hermite?

4.6.10 – Por que as funções de interpolação dos elementos derivados da Teoria da Elasticidade atendem à propriedade do delta de Kronecker $(N_i(x_j,y_j)=\delta_{ij})$ e as funções de interpolação dos elementos de viga desenvolvidos no capítulo anterior não atendem?

4.6.11 – O que é definição paramétrica de geometria? Por que com essa definição é necessário utilizar matriz Jacobiana? Qual é a vantagem dessa definição e o que expressa o Jacobiano nessa definição? Essa definição tem restrições? Quais? E por que não são utilizados elementos superparamétricos? E os subparamétricos?

4.6.12 – Por que com os elementos triangular e tetraédrico desenvolvidos neste capítulo não houve necessidade de adotar definição paramétrica de geometria? E o que se pode dizer quanto a elementos de ordem superior triangulares e tetraédricos?

4.6.13 – Um elemento quadrilateral linear é capaz de representar de forma consistente força de contorno de distribuição cúbica? Por que?

4.6.14 – Por que, em estado plano, o elemento triangular de três pontos nodais tem capacidade de representar apenas estado de tensão constante? E o elemento quadrilateral? Qual é a vantagem de um elemento em relação ao outro? E os elementos tetraédrico e hexaédrico?

4.6.15 – Por que se considera espessura unitária no caso dos elementos finitos do estado plano de deformação? E por que em estado de deformação axissimétrica os elementos são planos e o domínio de integração é axissimétrico?

4.6.16 – Por que é usual utilizar integração numérica em elemento finito? Por que a preferência recai sobre a integração de Gauss? Como se escolhe o número de pontos dessa integração?

4.6.17 – O que são coordenadas triangulares e tetraédricas? Por que utilizá-las?

4.6.18 – Qual é a diferença entre elemento finito misto e elemento finito de formulação irredutível? E entre elemento finito conforme e não conforme?

4.6.19 – Por que na formulação de deslocamentos é usual impor continuidade do campo de deslocamentos nas interfaces dos elementos? E por que esses campos devem ser capazes de representar estados de tensão constante? O que são elementos completos?

4.6.20 – Por que o critério de completude é condição necessária de convergência e o critério de compatibilidade não o é? O que vem a ser o teste da malha de Irons? Qual é a importância desse teste?

ABNT NBR 15421:2006

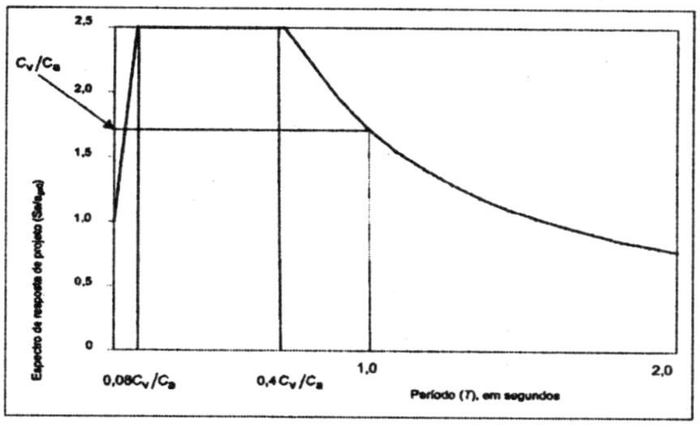

5

Análise Dinâmica - Sistemas de um Grau de Liberdade

Os capítulos anteriores trataram dos fundamentos, desenvolvimento e uso de elementos finitos em análise estática linear de modelos de uma quantidade finita de graus de liberdade. Para o estudo do comportamento dinâmico desses modelos discretos é necessária a compreensão do comportamento de modelos ou sistemas de um grau de liberdade, agora denominados *osciladores simples*. Assim, este capítulo apresenta, em ordem lógica, os conceitos e métodos de determinação do comportamento desses osciladores, para o tratamento, no próximo capítulo, de *modelos* ou *sistemas de multigraus de liberdade*.

A *Dinâmica das Estruturas* é tema de literatura especializada e os livros de elementos finitos com a variável temporal utilizam os conceitos e métodos trabalhados nessa literatura. Neste livro, de forma não tradicional, optou-se por apresentar esses conceitos e métodos juntamente com elementos finitos. Desta forma, mesmo sem conhecimentos prévios de dinâmica e sem recorrer a outras referências, o leitor poderá se iniciar em análise dinâmica de estruturas discretizadas com esses elementos. E como essa análise se aplica também às estruturas reticuladas, o leitor poderá se iniciar na presente análise apenas com o conhecimento da Análise Matricial de Estruturas.

Em *vibração livre* ou *movimento oscilatório livre* de um sistema estrutural ou mecânico (que é provocado por condições iniciais de deslocamento e de velocidade), são determinadas as *características dinâmicas* (frequências naturais e correspondentes modos de vibração do sistema). Em *vibração forçada* (decorrente de ações externas funções do tempo, como de ação humana, vento, equipamentos com partes móveis, ondas, correntes marítimas e terremotos, por exemplo) são determinadas a *resposta* do sistema em termos de deslocamentos, velocidades, acelerações, tensões ou esforços internos. Contudo, muito embora essas ações sejam variáveis no tempo, importa determinar o comportamento dinâmico apenas quando possam ser desenvolvidas vibrações que causem dano às estruturas e aos seus componentes não estruturais ou que provoquem problemas de utilização das mesmas (como de conforto humano e de interferência em funcionamento de equipamentos agregados a elas). Em caso contrário, essas ações são consideradas como estáticas. Assim, há a questão de identificar a princípio a relevância dos efeitos dinâmicos, o que depende da estrutura e da ação externa, e o que ficará esclarecido com o estudo deste e do próximo capítulo.

No presente contexto, as ações dinâmicas são também denominadas *excitações* e costumam ser idealizadas como *determinísticas* (definidas em função do tempo, analítica ou numericamente) ou como *aleatórias* (sem valores definidos em cada instante e tratadas de forma probabilística na análise). Com isso, os métodos de análise dinâmica podem ser *determinísticos* ou *probabilísticos*. Através dos determinísticos, dada uma ação de lei definida no tempo, determina-se a resposta do sistema em função do tempo. Com os probabilísticos, a partir de informações probabilísticas da ação, são determinadas características probabilísticas da resposta. Presentemente, serão abordados apenas os métodos determinísticos.

Além disso, as ações dinâmicas determinísticas podem ser divididas em *periódicas* e *aperiódicas*. Contudo, para a presente abordagem, essas ações são classificadas em *harmônicas*, *periódicas (arbitrárias)*, *impulsivas* e *aperiódicas (arbitrárias)*, como ilustra a figura seguinte.

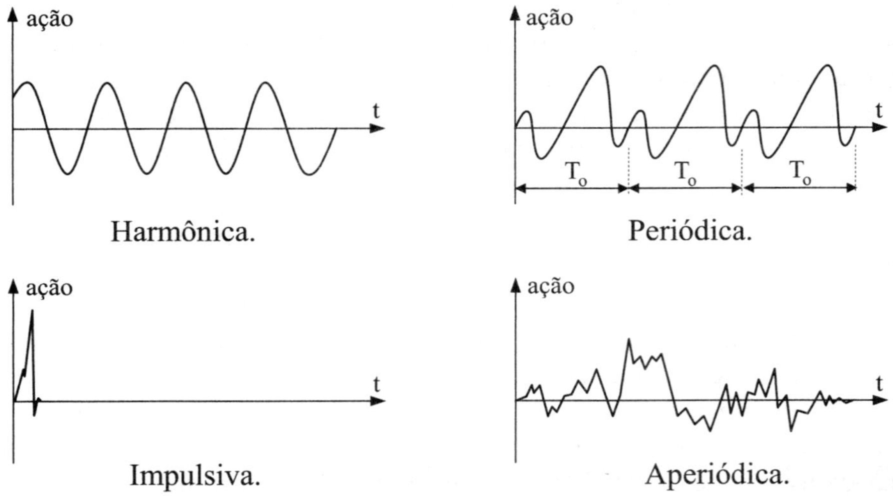

Figura 5.1 – Ações dinâmicas.

As *ações harmônicas* são expressas por cossenos ou senos e resultam frequentemente de efeitos de sistemas mecânicos, como por exemplo, de máquinas rotativas com massas desequilibradas. As *ações periódicas*, que incluem as harmônicas como caso particular, têm configurações que se repetem em iguais intervalos de tempo (denominados *períodos*) e costumam resultar da idealização do efeito de aglomerações humanas e de máquinas com partes oscilantes. As *ações impulsivas* têm a característica de ser de curta duração (de fração de segundo) e são usualmente derivadas de impactos, explosões e efeitos construtivos. Finalmente, as *ações aperiódicas* são aqui definidas como as que variam de forma arbitrária no tempo, sem serem de curta duração. É o caso dos efeitos de vento, de ondas, de terremoto e de tráfegos rodoviário e ferroviário, por exemplo.

Quanto ao desenvolvimento da análise dinâmica, este pode ser *no domínio do tempo* ou através do *domínio da frequência* no entendimento de que a variável tempo é substituída pela variável frequência em parte da resolução da questão. Os métodos de análise no domínio do tempo são mais intuitivos e costumam ser mais simples na grande maioria dos casos. Já a análise através do domínio da frequência tem importância devido ao elegante e compacto formalismo matemático, à sua adaptabilidade ao trato de ações definidas por sequências de valores numéricos e à facilidade de considerar amortecimento função da frequência. Contudo, como requer a álgebra complexa, ela não tem o mesmo caráter intuitivo e concreto da análise no domínio do tempo que é desenvolvida no campo dos números reais.

E quanto a este capítulo, no primeiro item é obtida a equação diferencial de equilíbrio do oscilador simples, que é trabalhada nos seis itens consecutivos de maneira a propiciar ao leitor a compreensão dos conceitos e métodos de determinação de resposta desse oscilador, de acordo com o esquema da próxima figura.

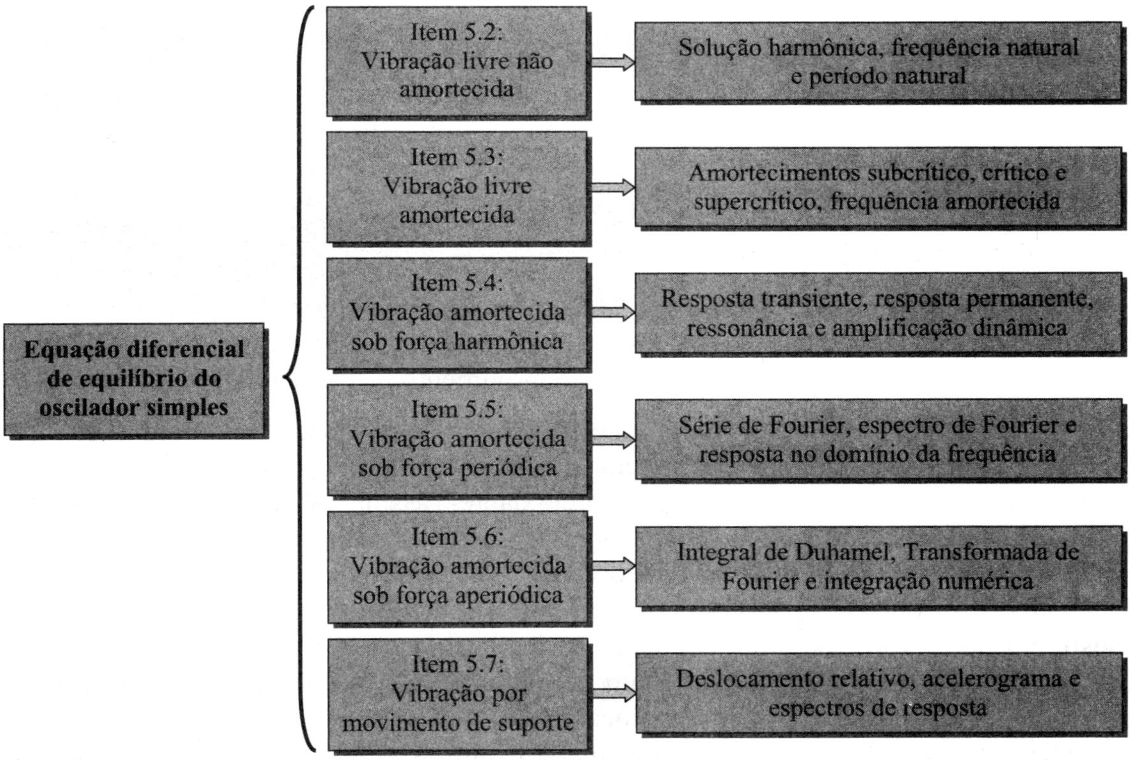

Figura 5.2 – Conceitos e métodos de resposta de oscilador simples.

Em complemento a este capítulo, os Itens 5.8 e 5.9 tratam, respectivamente, de exercícios propostos e de questões para reflexão. E para facilitar ao leitor iniciante, sugere-se que, em um primeiro estudo deste capítulo, sejam omitidas as partes destinadas à análise dinâmica através do domínio da frequência e a parte que trata a excitação sísmica.

5.1 – Equação diferencial de equilíbrio

O sistema vibratório de um grau de liberdade ou *oscilador simples* é ilustrado na próxima figura, em idealização de uma coluna de rigidez de flexão k, como um pêndulo invertido de massa m na extremidade superior, sob o efeito da força horizontal f(t).

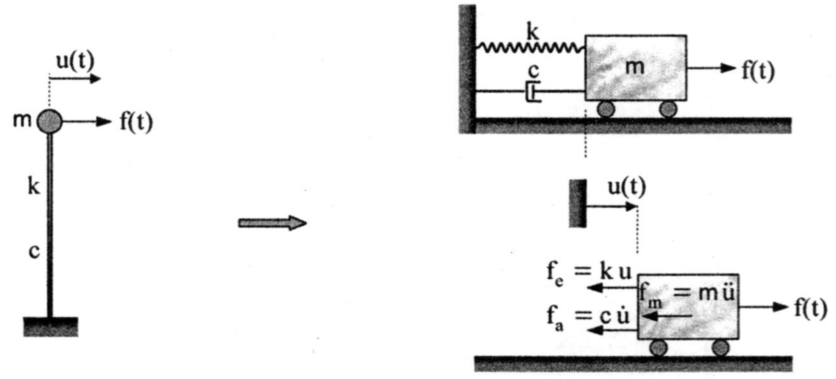

Coluna. Idealização.

Figura 5.3 – Oscilador simples.

De acordo com o *Princípio de D'Alembert*, as equações de equilíbrio dinâmico podem ser escritas com o acréscimo (às forças atuantes no sistema) de forças fictícias de inércia ($f_m(t) = m\,\ddot{u}(t)$), em sentido contrário ao movimento.

Além disso, em toda vibração de estrutura existe dissipação de energia (elástica e cinética) por geração de calor e/ou irradiação, devido ao atrito interno ao material, nos apoios, nas ligações e com o meio circundante, assim como devido a eventuais amortecedores agregados à mesma, com consequente atenuação da vibração. É o denominado *amortecimento*. E, entre as diversas modelagens desse amortecimento, a mais usual é análoga à que ocorre em movimento lento de um corpo imerso em fluido líquido ou gasoso, em que a força de amortecimento é idealizada como ($f_a(t) = c\,\dot{u}(t)$) e em sentido contrário ao movimento, em que c é um escalar característico do material, denominado *coeficiente de amortecimento viscoso* (linear), e $\dot{u}(t)$ é a velocidade. Essa idealização tem a vantagem de conduzir a um modelo matemático simples e de fornecer bons resultados na maioria das aplicações práticas.

Com essas considerações, na parte direita inferior da figura anterior, está representado o diagrama de corpo livre da massa do oscilador (no tocante às forças horizontais), onde ($f_e(t) = k\,u(t)$) é a *força restitutiva elástica*, e f(t) é a *força excitadora* (externa)

Logo, escreve-se a equação de equilíbrio dinâmico

$$m\ddot{u}(t)+c\dot{u}(t)+k\,u(t)=f(t) \tag{5.1}$$

Essa é uma equação diferencial de segunda ordem na variável tempo, de coeficientes constantes (no presente caso linear) e diz-se que a solução u(t) é a *resposta* do oscilador (em termos de deslocamento em relação a um referencial fixo no meio exterior).

Considera-se, agora, que a força f(t) seja aplicada a partir de uma configuração de deformação estática, em que o deslocamento u_{est} corresponda à força f_{est} que provoca essa configuração (como o peso próprio da massa na extremidade livre da viga em balanço esquematizada na próxima figura, por exemplo). Logo, com o deslocamento u(t) medido a partir dessa configuração, a equação de equilíbrio dinâmico tem a forma

$$m\ddot{u}(t)+c\dot{u}(t)+k\left(u_{est}+u(t)\right)=f(t)+f_{est} \tag{5.2}$$

E como ($u_{est}=k\,/\,f_{est}$), obtém-se como resultado (após o cancelamento dos fatores comuns) uma equação análoga à Equação de Equilíbrio 5.1, apenas com a diferença de deslocamento medido a partir da configuração de deformação estática. Assim, é prático analisar a vibração a partir dessa configuração, denominada *posição* ou *configuração neutra*, e, caso se faça necessário, adiciona-se a essa configuração a parcela de configuração função do tempo.

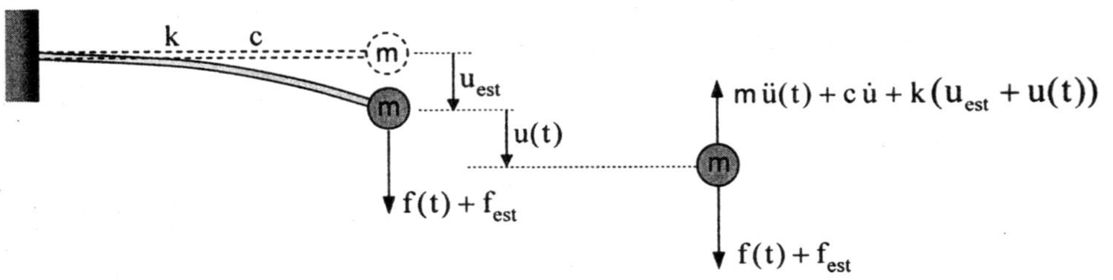

Configuração estática.   Diagrama de corpo livre

Figura 5.4 – Viga em balanço sob força externa com parcela constante.

5.2– Vibração livre não amortecida

Diz-se *vibração livre não amortecida* no caso de força externa nula e ausência de amortecimento, vibração esta que é causada por condições iniciais de deslocamento e/ou velocidade, como quando se desloca e solta a massa do oscilador. É, pois, uma idealização, pelo fato de não existir sistema sem amortecimento que vibre indefinidamente. Porém, é de estudo muito útil porque os seus conceitos e propriedades são utilizados na determinação do comportamento dos sistemas amortecidos.

Assim, em sistema conservativo de um grau de liberdade em vibração livre, denominado *oscilador harmônico*, a equação de equilíbrio dinâmico anterior particulariza-se para a forma

$$m\ddot{u}(t) + k\,u(t) = 0 \tag{5.3}$$

A solução geral dessa equação diferencial homogênea de segunda ordem envolve duas constantes de integração que são determinadas com as duas condições iniciais. E como soluções particulares, pode-se escrever

$$\begin{cases} u(t) = a_1 \cos(\omega_n t) \\ u(t) = a_2 \sin(\omega_n t) \end{cases} \tag{5.4}$$

em que a_1 e a_2 são constantes que dependem das condições iniciais e ω_n é uma grandeza característica do sistema.

Com a substituição da primeira dessas soluções na equação de equilíbrio anterior, obtém-se ($(-m\omega_n^2 + k)\,a_1 \cos(\omega_n t) = 0$), equação esta que só é satisfeita, em qualquer valor de tempo, no caso da primeira parcela entre parêntesis ser nula e o que fornece

$$\omega_n = \sqrt{k/m} \tag{5.5}$$

Este resultado é a *frequência natural* de vibração (não amortecida) ou, mais precisamente, *frequência natural angular* ou *circular*, medida em rad/s. E dessa frequência, tem-se o *período natural* (não amortecido) de vibração, que é o intervalo de tempo gasto pelo oscilador para executar uma oscilação completa,

$$T_n = \frac{2\pi}{\omega_n} \tag{5.6}$$

na unidade segundo (s). Além disso, desse período obtém-se a *frequência natural* em ciclos por segundo ou hertz (Hz), denominada *frequência cíclica natural*,

$$f_n = \frac{1}{T_n} = \frac{\omega_n}{2\pi} \tag{5.7}$$

e, portanto, ($\omega_n = 2\pi f_n$).

E a solução geral da Equação 5.3 é a soma das soluções contidas na Equação 5.4

$$u(t) = a_1 \cos(\omega_n t) + a_2 \sin(\omega_n t) \tag{5.8}$$

Logo, com as condições iniciais de deslocamento ($u_o = u_{|t=0}$) e de velocidade ($v_o = \dot{u}_{|t=0}$) da massa m, obtém-se as constantes a_1 e a_2 da equação anterior, o que permite escrever

$$u(t) = u_o \cos(\omega_n t) + \frac{v_o}{\omega_n} \sin(\omega_n t) \tag{5.9}$$

Além disso, com as notações ($a_1 = a\cos\theta$) e ($a_2 = a\sin\theta$), tem-se ($a = \sqrt{a_1^2 + a_2^2}$) e ($\theta = \text{arctg}\,(a_2 / a_1)$), e com a substituição dessas notações na Equação 5.8 chega-se a

$$u(t) = a\cos\theta\, \cos(\omega_n t) + a\sin\theta\, \sin(\omega_n t) \tag{5.10}$$

$$\rightarrow \quad u(t) = a\cos(\omega_n t - \theta) \tag{5.11}$$

em que "a" e θ denotam, respectivamente, a *amplitude* (deslocamento máximo da massa) e o *ângulo de fase*, ambos dependentes das condições iniciais.

Além disso, com a comparação da solução sob a forma da Equação 5.10 com a da Equação 5.9, identifica-se que

$$\begin{cases} u_o = a\cos\theta \\ v_o / \omega_n = a\sin\theta \end{cases}$$

E desse sistema obtém-se a amplitude

$$a = \sqrt{u_o^2 + (v_o / \omega_n)^2} \tag{5.12}$$

e o ângulo de fase

$$\operatorname{tg}\theta = v_o/(u_o\,\omega_n) \quad \rightarrow \quad \theta = \operatorname{arctg}(v_o/(u_o\,\omega_n)) \tag{5.13}$$

Uma representação gráfica da solução expressa pela Equação 5.11 está mostrada na parte direita da próxima figura. E é simples verificar que essa representação é também o resultado da projeção de um ponto P que se move sobre uma circunferência de raio a, em velocidade angular constante ω_n e sentido anti-horário, como indicado na mesma figura.

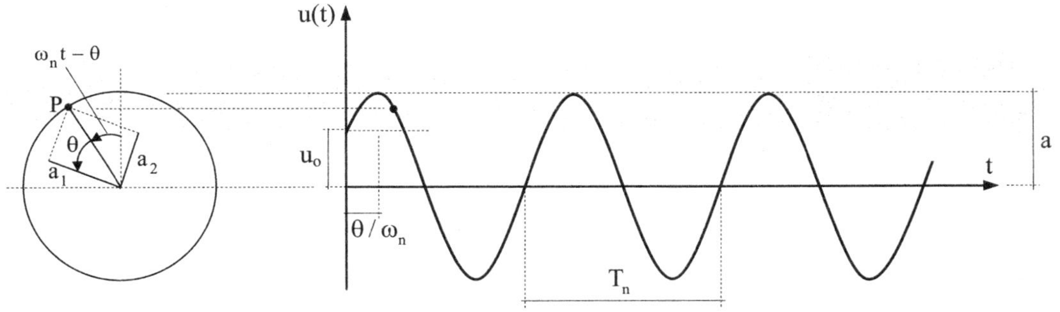

Figura 5.5 – Vibração livre do oscilador simples não amortecido.

Exemplo 5.1 – Determina-se, a seguir, a frequência natural e o correspondente período de vibração de uma viga em balanço de rigidez de flexão EI, de vão L e massa m concentrada na extremidade livre. Desconsidera-se a massa da viga.

Da análise estática de uma viga em balanço de vão L e sob força transversal P em sua extremidade, tem-se como deslocamento nessa extremidade ($\delta = PL^3/(EI)$). Logo, como o coeficiente de rigidez é numericamente igual à força que provoca um deslocamento unitário, obtém-se como coeficiente de rigidez de flexão dessa viga ($k = 3EI/L^3$). E com a substituição desse coeficiente na Equação 5.5, chega-se à frequência natural de vibração

$$\omega_n = \sqrt{\frac{3\,EI}{m\,L^3}}$$

E com esse resultado e a Equação 5.6, obtém-se o período natural de vibração

$$T_n = 2\,\pi / \sqrt{\frac{3\,EI}{m\,L^3}}$$

5.3 – Vibração livre amortecida

No caso do oscilador simples amortecido em vibração livre, a Equação de Equilíbrio 5.1 particulariza-se em

$$m\,\ddot{u}(t) + c\,\dot{u}(t) + k\,u(t) = 0 \tag{5.14}$$

que admite solução sob a forma $(u(t) = C\,e^{pt})$, em que C é uma constante e p é uma quantidade a ser determinada. Logo, com a substituição dessa solução nessa equação e após o cancelamento dos fatores comuns, obtém-se a equação característica $(m p^2 + c p + k = 0)$ de raízes

$$p_{1,2} = -\frac{c}{2m} \pm \sqrt{\left(\frac{c}{2m}\right)^2 - \frac{k}{m}} \tag{5.15}$$

E essas raízes conduzem à solução

$$u(t) = C_1\,e^{p_1 t} + C_2\,e^{p_2 t} \tag{5.16}$$

em que C_1 e C_2 são constantes de integração.

Quanto às raízes expressas pela Equação 5.15, pode-se ter um dos três seguintes casos:

(i) – O radicando é nulo, se diz *amortecimento crítico* e se tem

$$\left(\frac{c}{2m}\right)^2 = \frac{k}{m} \quad \rightarrow \quad c = c_{crit} = 2\sqrt{k\,m} \tag{5.17}$$

Esse é o valor limite do amortecimento viscoso que converte um estado oscilatório em não oscilatório, e o correspondente movimento é dito *criticamente amortecido*.

(ii) – O radicando é maior do que zero, se diz *amortecimento supercrítico* e se tem

$$c > c_{crit} \tag{5.18}$$

Com esse amortecimento, não se tem oscilação e o sistema retorna à posição neutra em mais tempo do que com amortecimento crítico, como ilustra o pêndulo invertido representado na parte esquerda da Figura 5.6, em movimento que é classificado como *superamortecido*.

(iii) – O radicando é menor do zero, se diz *amortecimento subcrítico* e se tem

$$0 < c < c_{crit} \tag{5.19}$$

o que é chamado de *vibração subamortecida*. No caso, as raízes da Equação Característica 5.15 são os números complexos conjugados

$$p_{1,2} = -\frac{c}{2m} \pm i\sqrt{\frac{k}{m} - \left(\frac{c}{2m}\right)^2} \tag{5.20}$$

em que se utiliza o símbolo complexo ($i = \sqrt{-1}$). E com esse amortecimento, o oscilador vibra e retorna à posição neutra em movimento não periódico, como desenvolvido a seguir.

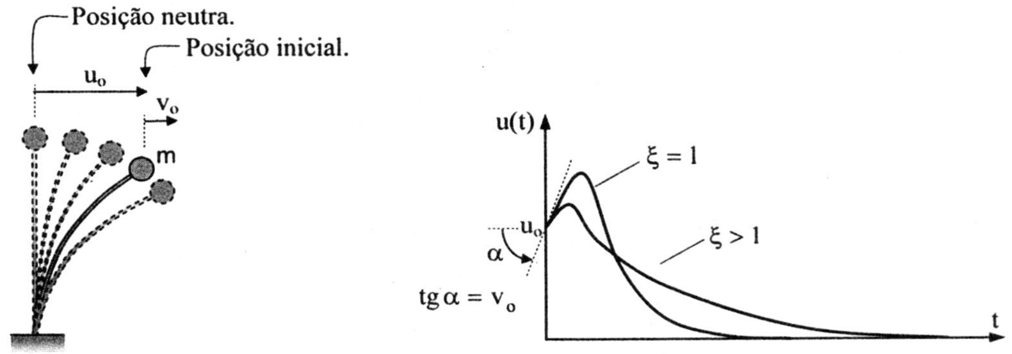

Coluna com massa concentrada. Deslocamento versus tempo.

Figura 5.6 – Amortecimentos crítico e supercrítico.

Com a substituição na Equação 5.16 das raízes expressas pela Equação 5.20, obtém-se a solução

$$u(t) = C_1 e^{(-\frac{c}{2m} + i\,\omega_a)t} + C_2 e^{(-\frac{c}{2m} - i\,\omega_a)t} \tag{5.21}$$

onde

$$\omega_a = \sqrt{\frac{k}{m} - \left(\frac{c}{2m}\right)^2} \quad \rightarrow \quad \omega_a = \omega_n\sqrt{1-\xi^2} \tag{5.22}$$

é denominado *frequência de vibração amortecida* e em que

$$\xi = c / c_{crit} \tag{5.23}$$

é chamado de *razão*, *fator* ou *fração de amortecimento*.

E com a solução anterior e a expressão complexa

$$e^{\pm ix} = \cos x \pm i \sin x \tag{5.24}$$

chega-se à seguinte forma de solução de deslocamento

$$u(t) = e^{-(c/2m)\,t}\left(a_1 \cos(\omega_a t) + a_2 \sin(\omega_a t)\right) \tag{5.25}$$

Além disso, com as Equações 5.5 e 5.17, obtém-se a seguinte expressão do amortecimento crítico

$$c_{crit} = 2\,m\,\omega_n \tag{5.26}$$

com a qual se escreve a solução anterior sob a nova forma

$$u(t) = e^{-\xi\omega_n t}\left(a_1 \cos(\omega_a t) + a_2 \sin(\omega_a t)\right) \tag{5.27}$$

E com as condições iniciais u_o e v_o, essa solução transforma-se em [1]

$$u(t) = e^{-\xi\omega_n t}\left(u_o \cos(\omega_a t) + \frac{u_o\,\xi\,\omega_n + v_o}{\omega_a} \sin(\omega_a t)\right) \tag{5.28}$$

Esta solução pode também ser escrita sob a forma

$$u(t) = e^{-\xi\omega_n t}\, a \cos(\omega_a t - \theta) \tag{5.29}$$

onde

$$a = \sqrt{u_o^2 + \left(\frac{u_o\,\xi\,\omega_n + v_o}{\omega_a}\right)^2} \tag{5.30}$$

e

$$\theta = \operatorname{arctg} \frac{u_o\,\xi\,\omega_n + v_o}{u_o\,\omega_a} \tag{5.31}$$

A Solução 5.29 decai exponencialmente com o fator ($e^{-\xi\omega_n t}$), como ilustra a Figura 5.7 (no caso de deslocamento e velocidade iniciais não nulos), em oscilações que ocorrem a iguais intervalos de tempo denominados *período amortecido* e de expressão

$$T_a = 2\pi/\omega_a \quad \rightarrow \quad T_a = \frac{T_n}{\sqrt{1-\xi^2}} \tag{5.32}$$

E no caso de amortecimento nulo, a solução anterior recai na solução da vibração livre não amortecida expressa pela Equação 5.11 e que também é representada na referida figura.

---

[1] No caso de amortecimento crítico, obtém-se a solução ($u(t) = e^{-\omega_n t}(u_o + (v_o + \omega_n u_o)\,t)$) e com amortecimento supercrítico, tem-se a solução ($u(t) = e^{-\xi\omega_n t}(u_o \cosh(\omega^* t) + \sinh(\omega^* t)(\xi\,\omega_n u_o + v_o)/\omega^*)$), onde ($\omega^* = \omega_n\sqrt{\xi^2 - 1}$). E um exemplo desse amortecimento é o de sistema amortecedor de porta.

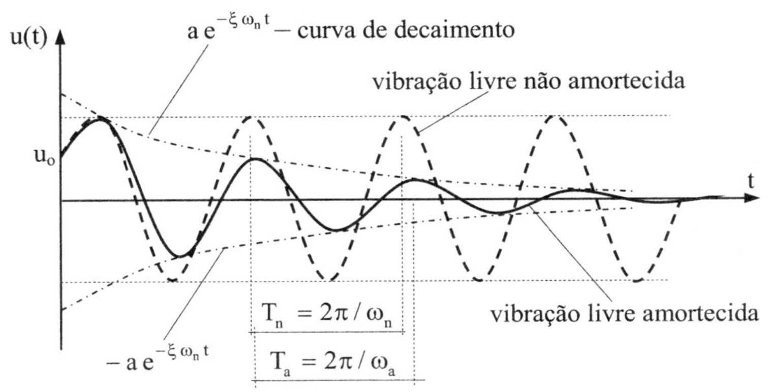

Figura 5.7 – Vibrações livres de osciladores simples amortecido e não amortecido.

Não é factível determinar a razão de amortecimento das estruturas a partir das propriedades de seus materiais constituintes, porque essa razão depende da forma como esses materiais são utilizados, dos materiais não estruturais agregados às estruturas e do nível de vibração, em adição ao fato de poder ser uma vibração localizada ou global. Assim, essa razão precisa ser determinada a partir do comportamento das próprias estruturas e a vibração livre subamortecida é útil nessa determinação. Para isso, define-se o *decremento logarítmico* como o logaritmo neperiano da razão entre os deslocamentos em dois instantes t_1 e $(t_2 = t_1 + T_a)$ que especificam um ciclo completo, como ilustra a próxima figura,

$$\delta_\ell = \ln(u_1/u_2) \tag{5.33}$$

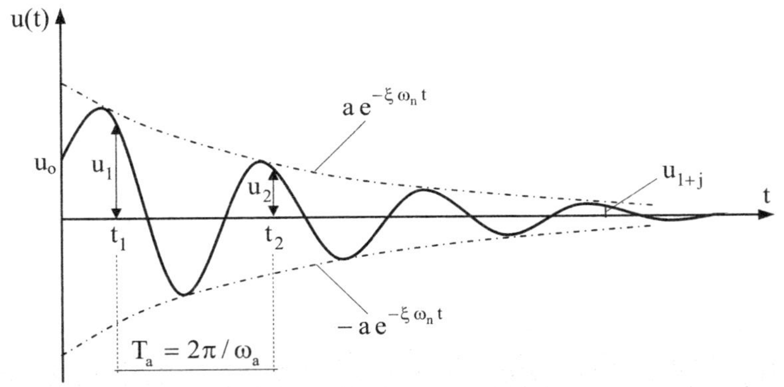

Figura 5.8 – Vibração livre subamortecida.

Com a substituição da Solução 5.29 nessa última equação, obtém-se o decremento

$$\delta_\ell = \ln\frac{e^{-\xi\omega_n t_1}\,a\cos(\omega_a t_1 - \theta)}{e^{-\xi\omega_n (t_1+T_a)}\,a\cos\left(\omega_a(t_1+T_a)-\theta\right)}$$

E como ao final de cada ciclo, o valor de $\cos(\omega_a t - \theta)$ retorna ao valor do início do ciclo, a expressão de decremento anterior toma a forma

$$\delta_\ell = \ln \frac{e^{-\xi\omega_n t_1}}{e^{-\xi\omega_n (t_1+T_a)}} = \ln(e^{\xi\omega_n T_a}) \quad \rightarrow \quad \delta_\ell = \xi\omega_n T_a$$

$$\rightarrow \quad \delta_\ell = \frac{2\pi\xi\omega_n}{\omega_a} \quad \rightarrow \quad \boxed{\delta_\ell = \frac{2\pi\xi}{\sqrt{1-\xi^2}}} \qquad (5.34)$$

Além disso, para razões de amortecimento menores do que 0,2, a próxima figura evidencia que, com grande precisão, se pode escrever

$$\delta_\ell \approx 2\pi\xi \quad \rightarrow \quad \boxed{\xi \cong \frac{1}{2\pi}\ln\frac{u_1}{u_2}} \qquad (5.35)$$

Esta expressão é comumente utilizada em análise experimental de determinação do amortecimento viscoso, o que é denominado *método do decremento logarítmico*. Para isso, excita-se a estrutura em vibração livre e registra-se o histórico de deslocamento de um ponto significativo da vibração. Logo, a partir das amplitudes nos instantes extremos de um ciclo (usualmente duas amplitudes máximas consecutivas ou valores de pico consecutivos), tem-se o decremento logarítmico e, consequentemente, o valor da razão de amortecimento.

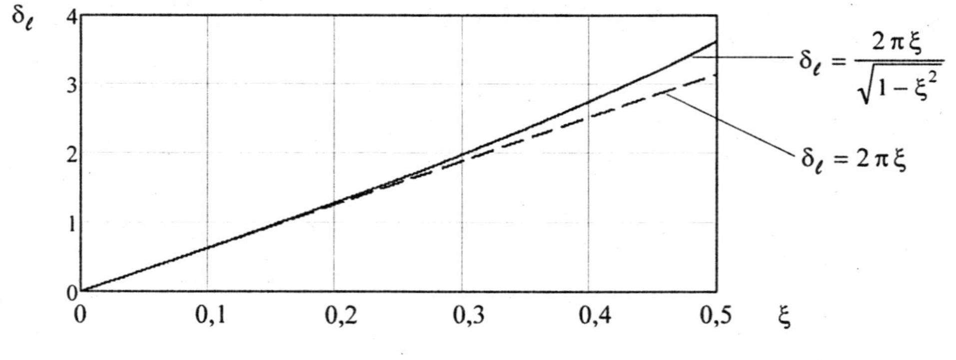

Figura 5.9 – Decremento logarítmico em função de ξ.

Em sistemas fracamente amortecidos, como os das estruturas usuais, é mais prático utilizar dois valores de pico afastados de j ciclos, quando então o decremento logarítmico se escreve

$$\delta_\ell = \frac{1}{j}\ln\frac{u_1}{u_{1+j}} \approx 2\pi\xi \quad \rightarrow \quad \boxed{\xi \cong \frac{1}{2\pi j}\ln\frac{u_1}{u_{1+j}} = \frac{1}{2\pi j}\ln\frac{\ddot{u}_1}{\ddot{u}_{1+j}}} \qquad (5.36)$$

Em projeto de uma nova estrutura, por se tratar de sistema físico ainda inexistente, não é possível a determinação experimental do amortecimento. Assim, arbitra-se a razão de amortecimento a partir de resultados experimentais em estruturas semelhantes, disponibilizados na literatura, como os reproduzidos na Tabela 5.1 onde se observa que essa razão se situa na faixa de 0,002 a 0,1. [2]

Tipo de estrutura	ξ
Edifício até cerca de 100 metros de altura sob ações usuais: – Em concreto armado – Em aço	 0,020 – 0,030 0,015 – 0,025
Edifício acima de 100 metros de altura sob ações usuais: – Em concreto armado – Em aço	 0,010 – 0,020 0,007 – 0,013
Edifício sob ação sísmica: – Até 6 graus na escala Richter – A partir de 6 graus na escala Richter Os códigos sísmicos costumam recomendar $\xi = 0{,}05$.	 0,020 – 0,050 0,050 – 0,100
Passarelas: – Em concreto armado – Em concreto protendido – Em aço	 0,008 – 0,020 0,005 – 0,017 0,002 – 0,004
Pisos para atividades esportivas: – Em concreto armado – Em concreto protendido – Mistos em aço e concreto	 0,014 – 0,035 0,010 – 0,030 0,006 – 0,020
Chaminés: – Com alvenaria – Em aço	 0,070 – 0,100 0,015 – 0,040

Tabela 5.1 – Razões de amortecimento usuais.

Pelo fato de as usuais razões de amortecimento terem valores muito reduzidos, a frequência de vibração amortecida é apenas pouco menor do que a frequência natural, como mostra a Figura 5.10. Contudo, mesmo com pequenos valores, o amortecimento tem grande influencia na vibração, o que pode ser evidenciado a partir da particularização da Solução 5.29 ao caso das condições iniciais $(u_o \neq 0)$ e $(v_o = 0)$, em que se tem

$$u(t) = u_o\, e^{-2\pi\xi t/T_n} \sqrt{1 + \frac{\xi}{\sqrt{1-\xi^2}}} \cos\left(2\pi\sqrt{1-\xi^2}\,\frac{t}{T_n} - \text{arctg}\frac{\xi}{\sqrt{1-\xi^2}}\right) \qquad (5.37)$$

[2] Vide, na Bibliografia, Bachmann, H. et al., 1995, e Chopra, A.K., 2007.

E a Figura 5.11 representa essa solução com as razões de amortecimentos ($\xi = 0{,}01$) em linha tracejada, ($\xi = 0{,}03$) em traço contínuo e ($\xi = 0{,}05$) em pontilhado.

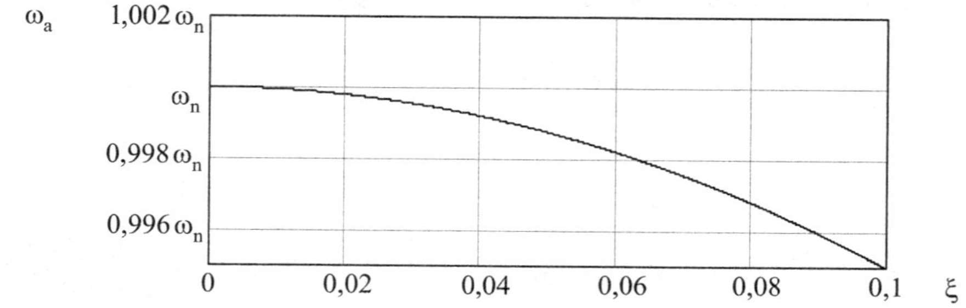

Figura 5.10 – Frequência angular amortecida em função de ξ.

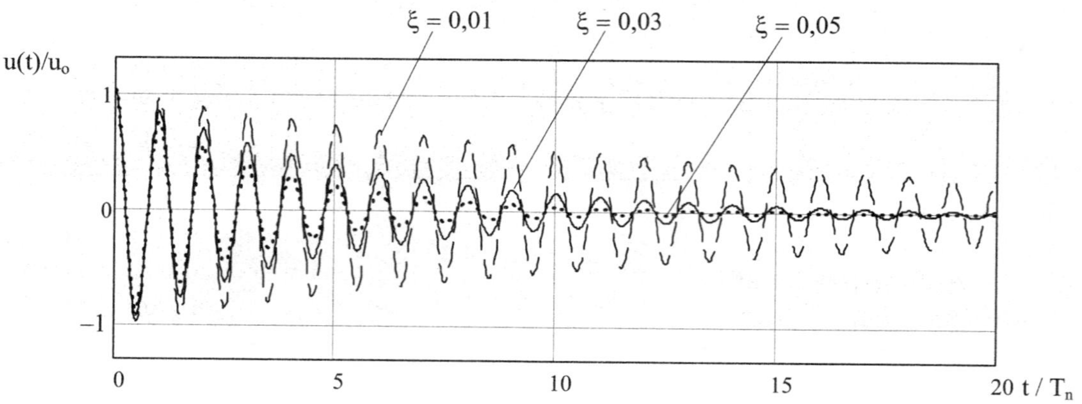

Figura 5.11 – Vibrações livres com as condições iniciais ($u_o \neq 0$) e ($v_o = 0$).

5.4 – Vibração amortecida sob força harmônica

As forças harmônicas têm fundamental importância em Dinâmica das Estrutura, não só porque diversas excitações são idealizadas como harmônicas, como também porque as ações periódicas arbitrárias podem ser decompostas em uma série de funções harmônicas, e as ações aperiódicas podem ser decompostas em uma distribuição contínua de componentes harmônicos, como será mostrado posteriormente neste capítulo.

Assim, considera-se o oscilador simples amortecido sob força harmônica, em que a Equação de Equilíbrio 5.1 toma a forma

$$m\ddot{u}(t) + c\dot{u}(t) + ku(t) = f_o \cos(\omega t) \tag{5.38}$$

onde f_o é a *amplitude* e ω é a *frequência angular* ou *circular*, ambos da excitação, e essa frequência corresponde ao período ($T = 2\,\pi / \omega$).

Como essa é uma equação diferencial linear de coeficientes constantes, a sua solução completa é a soma da solução da equação homogênea ($m\ddot{u}(t) + c\dot{u}(t) + ku(t) = 0$) expressa pela Equação 5.27, com uma solução particular que pode ser escrita sob a forma

$$u(t) = a\cos(\omega t - \theta) \qquad (5.39)$$

E nesta solução "a" é a *amplitude* (máxima) e θ é o *ângulo de fase* em relação à excitação, isto é, ângulo que expressa o "atraso" da resposta do oscilador em relação à força excitadora e o que implica que essa resposta e essa força não atinjam valores máximos nos mesmos instantes.

Com a substituição dessa solução na equação de equilíbrio anterior, obtém-se

$$-ma\omega^2\cos(\omega t - \theta) - ca\omega\sin(\omega t - \theta) + ka\cos(\omega t - \theta) = f_o\cos(\omega t)$$

$$\rightarrow \quad -ma\omega^2\cos(\omega t)\cos\theta - ma\omega^2\sin(\omega t)\sin\theta - c\,a\,\omega\sin(\omega t)\cos\theta$$
$$+ c\,a\,\omega\cos(\omega t)\sin\theta + ka\cos(\omega t)\cos\theta + ka\sin(\omega t)\sin\theta = f_o\cos(\omega t)$$

$$\rightarrow \quad \begin{cases} a\left((k - m\omega^2)\cos\theta + c\omega\sin\theta\right) = f_o \\ a\left((k - m\omega^2)\sin\theta - c\omega\cos\theta\right) = 0 \end{cases}$$

A resolução desse sistema fornece o ângulo de fase

$$\theta = \text{arctg}\frac{c\omega}{k - m\omega^2} \quad \rightarrow \quad \theta = \text{arctg}\frac{2\xi\omega/\omega_n}{1 - (\omega/\omega_n)^2} \qquad (5.40)$$

e a amplitude

$$a = \frac{f_o}{\sqrt{(k - m\omega^2)^2 + (c\omega)^2}} \quad \rightarrow \quad a = \frac{f_o}{k}\frac{1}{\sqrt{\left(1 - (\omega/\omega_n)^2\right)^2 + (2\xi\omega/\omega_n)^2}} \qquad (5.41)$$

E para reescrever a solução com esses resultados, são adotadas as notações

$$r = \omega / \omega_n \qquad (5.42)$$

e

$$u_{est} = f_o / k \qquad (5.43)$$

denominadas, respectivamente, *razão de frequências* e *pseudo-deslocamento estático*. Logo, com a substituição dessas notações na Expressão de Amplitude 5.41 e com a subsequente substituição na Equação 5.39, obtém-se a solução particular sob a forma

$$u(t) = \frac{u_{est}}{\sqrt{(1 - r^2)^2 + (2r\xi)^2}}\cos(\omega t - \theta) \qquad (5.44)$$

onde se tem o ângulo de fase

$$\theta = \text{arctg}\frac{2\xi r}{1 - r^2} \qquad (5.45)$$

Com a adição dessa solução à solução complementar expressa pela Equação 5.27, chega-se à solução completa da vibração subamortecida sob força harmônica [3]

$$u(t) = e^{-\xi\omega_n t}\left(a_1 \cos(\omega_a t) + a_2 \sin(\omega_a t)\right) + \frac{u_{est}}{\sqrt{(1-r^2)^2 + (2r\xi)^2}} \cos(\omega t - \theta) \quad (5.46)$$

E com o deslocamento inicial u_o e a velocidade inicial v_o, são obtidas as constantes

$$\begin{cases} a_1 = u_o - \dfrac{u_{est} \cos\theta}{\sqrt{(1-r^2)^2 + (2r\xi)^2}} \\ a_2 = \dfrac{1}{\omega_a}\left(v_o + a_1 \xi \omega_n\right) \end{cases} \quad (5.47)$$

Observa-se que a solução anterior não é harmônica e que a sua primeira parcela, denominada *resposta transiente*, tende a zero com o fator ($e^{-\xi\omega_n t}$), devido à dissipação de energia. Já a segunda parcela dessa solução, chamada de *resposta em regime permanente*, não decai a zero e é harmônica com a mesma frequência que a da força excitadora, embora com o ângulo de fase θ. Além disso, a sua amplitude é função da amplitude e da frequência da excitação, assim como dependente da frequência natural e do amortecimento do oscilador.

Além disso, a razão entre a amplitude (máxima) da resposta em regime permanente ($u_{est} / \sqrt{(1-r^2)^2 + (2r\xi)^2}$) e o pseudo-deslocamento estático é denominada *fator de amplificação* (dinâmica) do regime permanente, e se escreve

$$A_d = \frac{1}{\sqrt{(1-r^2)^2 + (2r\xi)^2}} \quad (5.48)$$

Assim, esse fator adimensional, função da razão de frequências e da razão de amortecimento, expressa quantas vezes a amplitude do regime permanente é maior do que o deslocamento do oscilador sob a ação de f_o, amplitude da força excitadora. E tem importante papel na interpretação do comportamento dinâmico dos sistemas lineares de multigraus de liberdade que serão estudados no próximo capítulo. Para isto, a Figura 5.12 mostra a representação deste fator versus razão de frequências, com diferentes valores de razão de amortecimento, que recebe o nome de *curvas de resposta em frequência*. E a Figura 5.13 mostra a representação do ângulo de fase versus razão de frequências, também para diferentes valores de razão de amortecimento.

Dessas figuras, conclui-se que:

(i) – Em vibração harmônica não amortecida, na medida em que a frequência ϖ da força excitadora se aproxima da frequência natural ϖ_n, o que corresponde à condição limite de razão de frequências ($r = 1$), a amplitude da vibração cresce indefinidamente e o

---

[3] Em vibração não amortecida sob a força ($f_o \cos(\omega t)$) em que ($\omega \neq \omega_n$), a solução completa tem a forma $u(t) = a_1 \cos(\omega_n t) + a_2 \sin(\omega_n t) + \cos(\omega t)\, u_{est} / (1 - r^2)$, em que ($a_1 = u_o - u_{est} / (1 - r^2)$) e ($a_2 = v_o / \omega_n$).

ângulo de fase tende para 90°, em fenômeno denominado *ressonância.* [4] E com amortecimento não nulo e essa mesma razão, esse ângulo é igual a 90°.

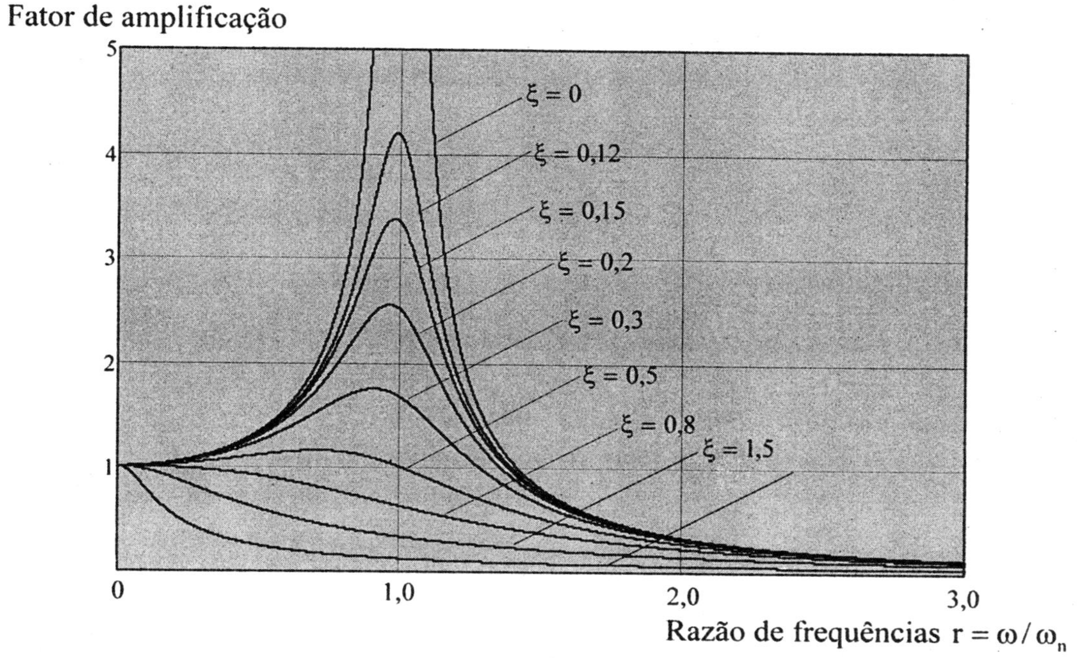

Figura 5.12 – Fator de amplificação versus razão de frequências.

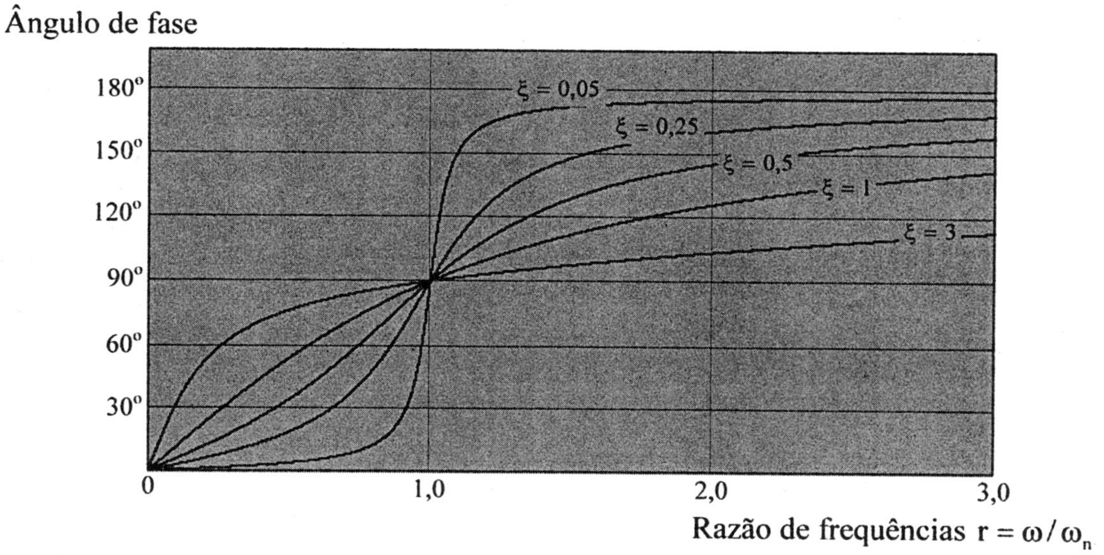

Figura 5.13 – Ângulo de fase versus razão de frequências.

---

[4] Isto é o que ocorre quando se empurra uma criança em um balanço de modo que o intervalo entre os empurrões seja idêntico ao intervalo que o balanço leva para ir e voltar, de maneira a transferir energia para o balanço (neste caso, de forma discreta), com o correspondente aumento do ângulo das oscilações.

(ii) – Em oscilador fracamente amortecido e sob forças harmônicas, a máxima amplitude de vibração ocorre na condição de ressonância

$$\frac{dA_d}{dr} = 0 \quad \rightarrow \quad r = \sqrt{1 - 2\xi^2} \tag{5.49}$$

válida para ($\xi \leq 1/\sqrt{2}$). E com a substituição dessa razão de frequências na Equação 5.48, obtém-se o fator de amplificação máximo

$$A_{dlmáx} = \frac{1}{2\sqrt{\xi^2 - \xi^4}} \tag{5.50}$$

Assim, para as razões de amortecimento mais usuais em estruturas, ($0{,}01 \leq \xi \leq 0{,}05$), tem-se esse máximo fator na faixa de ($10{,}013 \leq A_{dlmáx} \leq 50{,}002$), o que implica em grandes amplitudes de deslocamento. E a frequência ressonante, que é obtida com a Equação 5.49, tem a expressão ($\omega = \omega_n (1 - \xi)^{1/2}$). Contudo, é prático dizer que a ressonância ocorra com a coincidência de frequências ($\omega = \omega_n$), em que se tem ($A_{dlmáx} \approx ½\xi$).[5] E em determinação experimental de amortecimento, pode-se fazer uma varredura com a frequência da força excitadora para medir a amplitude máxima de deslocamento, que juntamente com u_{est} fornece $A_{dlmáx}$ e ($\xi \approx 1/(2\,A_{dlmáx})$).

(iii) – Com as usuais razões de amortecimento e força harmônica de frequência bem menor do que a frequência natural, por exemplo, no caso de ($r < 0{,}2 \;\rightarrow\; T > 5T_n$), a amplitude da resposta dinâmica em regime permanente é muito próxima ao pseudo-deslocamento estático e a defasagem da vibração em relação à excitação é praticamente irrelevante. Isso caracteriza uma excitação de variação lenta no tempo e consequente vibração em torno da posição neutra, com forças de inércia muito pequenas e com amplitudes próximas ao deslocamento estático e ângulo de fase próximo de zero.

(iv) – Ainda no caso das referidas razões de amortecimento, na medida em que se aumenta a razão de frequências, como no caso de ($0{,}2 \leq r \leq 2{,}5 \;\rightarrow\; 0{,}4T_n \leq T \leq 5T_n$), por exemplo, o comportamento dinâmico cresce de importância até atingir a condição de ressonância em ($r = (1 - 2\xi)^{1/2}$), para decrescer posteriormente.

(v) – E com as mesmas razões de amortecimento, mas com uma força harmônica de frequência bem maior do que a frequência natural, como no caso de ($r > 2{,}5 \;\rightarrow\; T < 0{,}4T_n$), a amplitude da resposta dinâmica em regime permanente é bem menor do que o pseudo-deslocamento estático, além do ângulo de fase ter grandes valores (próximos de 180°). Isto é, a reversão da excitação é bem mais rápida do que a capacidade do oscilador em atingir deslocamentos relevantes, com o desenvolvimento de grandes forças de inércia devido ao elevado valor daquela frequência. E pelo fato dos deslocamentos serem pequenos, são desenvolvidas forças elásticas pequenas, o que caracteriza situação em que o efeito dinâmico costuma não ser relevante em termos de dano estrutural.

---

[5] Em projeto de estruturas, é importante que as primeiras frequências naturais não sejam próximas da frequência da excitação. Por exemplo, como pessoas em movimento podem gerar forças periódicas na faixa de 1,60 a 3,5 Hz, é recomendável que a frequência fundamental de passarelas e de pisos seja acima de 5 Hz. E é para evitar ressonância que batalhões não atravessam pontes em marcha.

Um importante fenômeno, denominado *flutter aeroelástico*, é o de uma estrutura flexível inserida em um escoamento de fluido, em que o movimento da estrutura aumente a força aerodinâmica que, por sua vez, aumente o movimento, até o ponto de equilíbrio em que o amortecimento seja suficiente para dissipar a energia transmitida pela excitação. E em caso de insuficiência de amortecimento, os altos níveis de vibração provocam a ruína da estrutura. Isso é o que ocorreu com a primeira *Ponte de Tacoma* sobre o *Estreito de Tacoma*, Estados Unidos, que se rompeu devido a um vento de cerca de 65km/h, quatro meses depois de sua inauguração em 1940, como ilustra a Figura 5.14. A primeira das fotos dessa figura mostra a deformação por torção do vão central da ponte instantes antes do colapso, e a segunda dessas fotos mostra este vão em fase avançada de ruina.

Figura 5.14 – Acidente com a primeira *Ponte de Tacoma.*

Exemplo 5.2 – Para confirmar parte das conclusões anteriores, considera-se a viga em balanço representada na próxima figura, de rigidez de flexão de 50kN/m, razão de amortecimento de ($\xi = 0{,}03$), massa na extremidade em balanço de 250kg e submetida à força harmônica indicada com as frequências de 1rad/s, 10rad/s e 40rad/s. Com a Equação 5.46, são obtidos os históricos de resposta do deslocamento transversal da extremidade livre dessa viga, sem considerar a sua massa e com a idealização de oscilador simples.

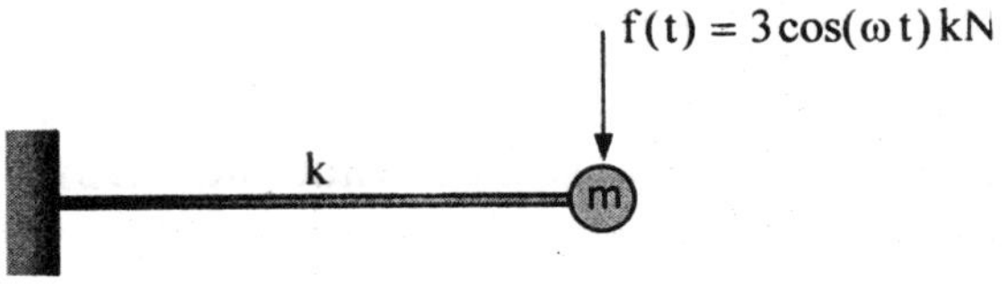

Figura E5.2a – Viga em balanço sob força harmônica.

Essa viga tem as características dinâmicas

$$\omega_n = \sqrt{50000/250} \cong 14{,}142\,\text{rad/s} \quad \rightarrow \quad T_n = 2\pi/\omega_n \cong 0{,}444\,\text{s}$$

E a Figura E5.2b mostra os históricos do referido deslocamento nos primeiros 10 segundos, em que as representações em traços contínuo, pontilhado e tracejado se referem, respectivamente, às frequência de 1, 10 e 40rad/s.

Com a primeira dessas frequências tem-se a razão de frequências ($r = 1/14{,}142 \approx 0{,}071 << 0{,}2$), que caracteriza aplicação lenta de força. Para a segunda frequência, tem-se a razão de frequências ($r = 10/14{,}142 \approx 0{,}71 \rightarrow 0{,}2 << r << 2{,}5$), o que indica tratar-se de uma ação dinâmica relevante, e, para a terceira frequência, tem-se a razão de frequências ($r = 40/14{,}142 \approx 2{,}8 > 2{,}5$), que uma caracteriza ação sem capacidade de provocar deslocamentos relevantes. Esse é o caso em que a reversão da excitação é bem mais rápida do que a capacidade do oscilador em atingir deslocamentos relevantes e, portanto, com o desenvolvimento de forças elásticas reduzidas.

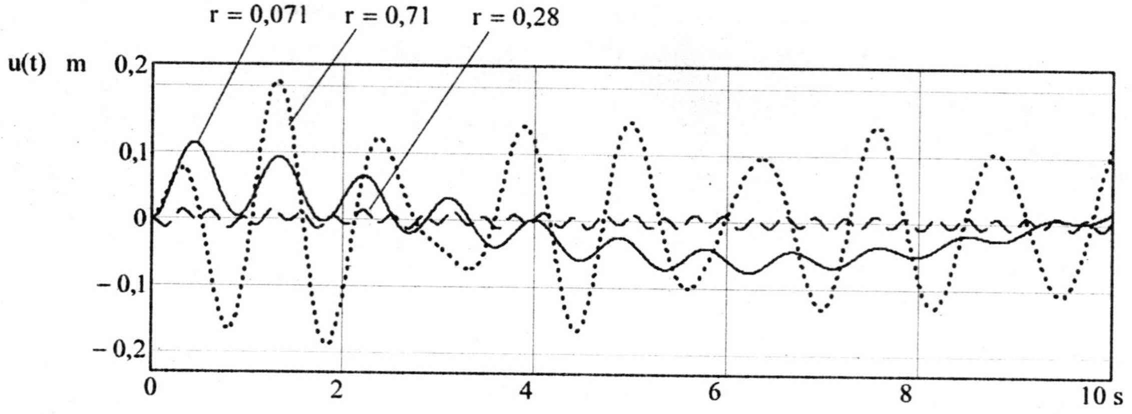

Figura E5.2b – Históricos de deslocamento nos primeiros 10 segundos.

Além disso, para evidenciar com mais detalhe o efeito da força com a frequência de 1rad/s, a Figura E5.2c apresenta o correspondente histórico de deslocamento nos primeiros 20s, em que, no regime transiente, a parcela da resposta permanente é representada em linha tracejada.

Nessa última figura, observa-se que a oscilação no regime permanente é entre os valores ($3/50 = 0{,}06$m) e ($-0{,}06$m), que são os deslocamentos correspondentes às forças estáticas de (3kN) e (–3kN), respectivamente. Observa-se também, que no regime transiente ocorrem deslocamentos superiores aos do regime permanente. Contudo, esse fato não é relevante na prática, porque as excitações harmônicas têm as suas amplitudes aumentadas de forma gradativa, o que implica em crescimento gradual da vibração.

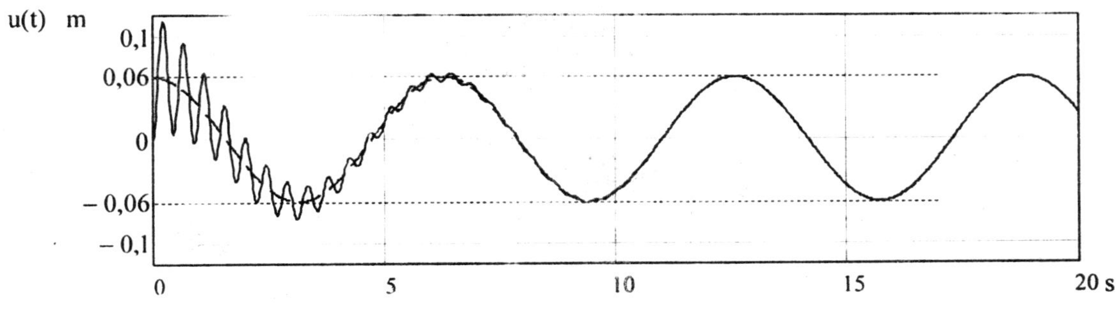

Figura E5.2c – Histórico de deslocamento no caso da força de frequência de 1 rad / s.

Na vibração com a força de frequência de 10rad/s, tem-se o ângulo de fase ($\theta = \text{arctg}(2 \cdot 0{,}03 \cdot 0{,}71 / (1 - 0{,}71^2))180/\pi = 4{,}92^o$). A correspondente defasagem em relação à força excitadora pode ser visualizada na Figura E5.2d que mostra, para o intervalo de 20 a 22 segundos, o histórico do deslocamento transversal em traço contínuo e a força normalizada ($f(t)/30\,000$) em pontilhado.

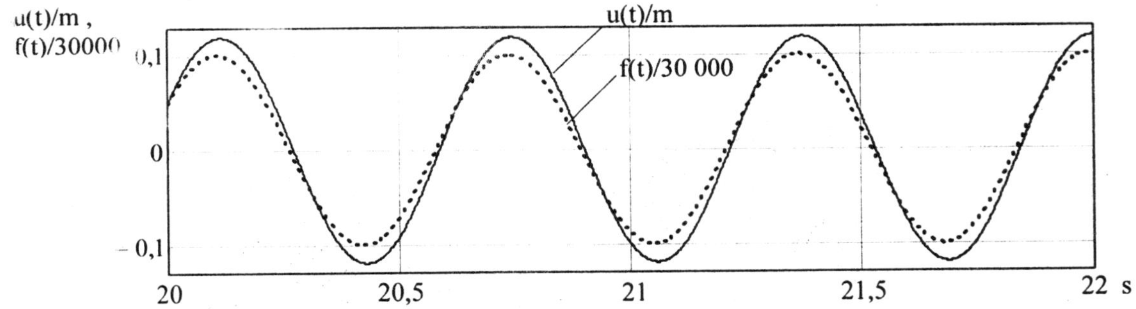

Figura E5.2d – Histórico de deslocamento no caso da frequência de 10 rad / s e representação da força excitadora.

É oportuno particularizar a Solução 5.46 ao caso de condições iniciais nulas e de frequência ressonante ($\omega = \omega_n$), quando então se obtém

$$u(t) = \frac{f_o}{2\xi k}\left(-e^{-\xi\omega_n t}\frac{\sin(\sqrt{1-\xi^2}\;\omega_n t)}{\sqrt{1-\xi^2}} + \sin(\omega_n t)\right) \qquad (5.51)$$

A Figura 5.15 apresenta essa solução no caso das razões de amortecimento 0,01, 0,03 e 0,05, em que se observa que a resposta em regime permanente é atingida em 42, 17 e 11 ciclos, respectivamente, e em que a amplitude tende para próximo de ($1/2\,\varphi$). E para realçar a grande influência do amortecimento, a Figura 5.16 mostra a representação conjunta dessas soluções amortecidas. Comprova-se, assim, a grande influência do amortecimento na redução das amplitudes e que as três respostas estão em fase.

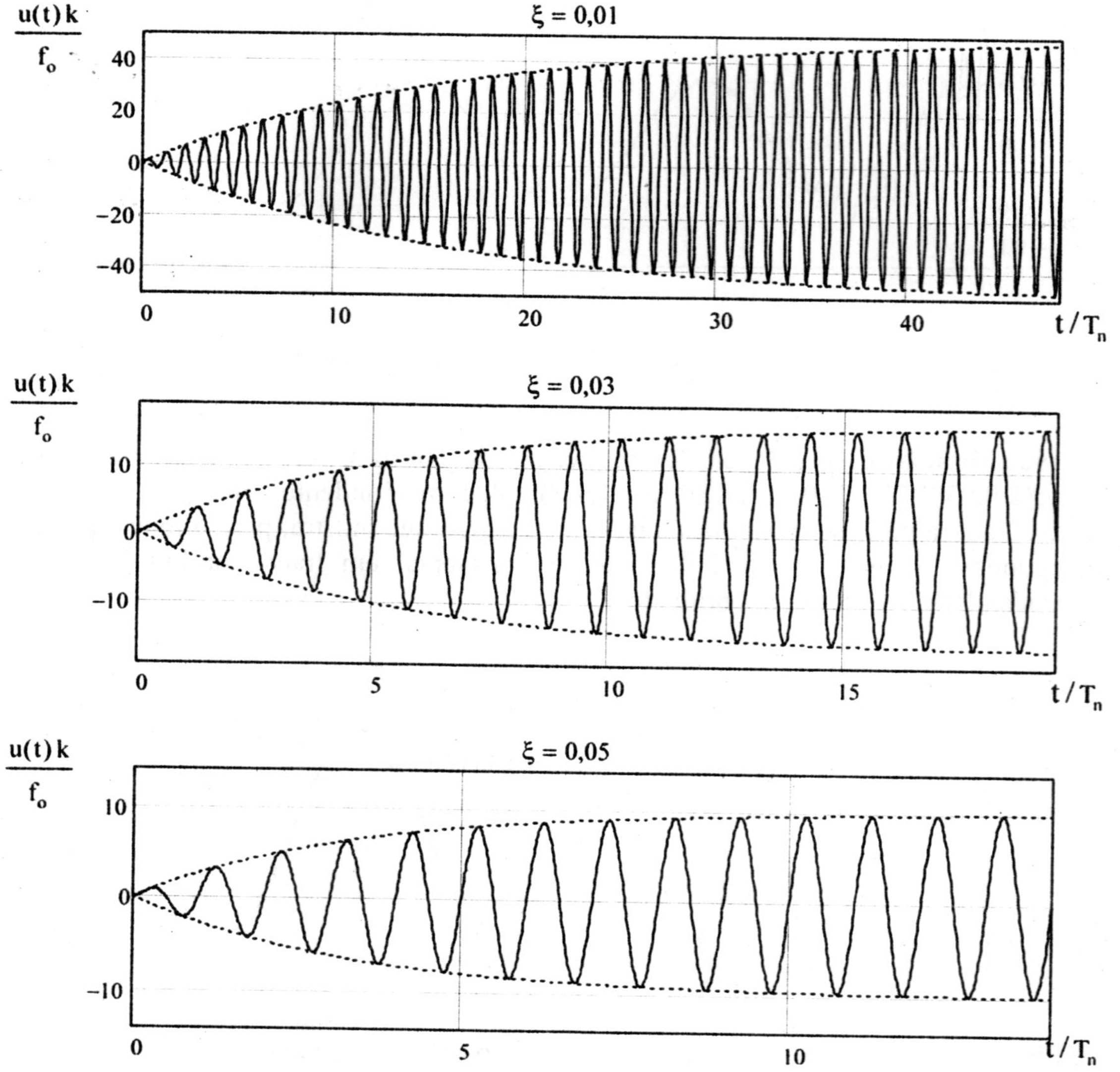

Figura 5.15 – Respostas do oscilador simples na condição de frequência ressonante.

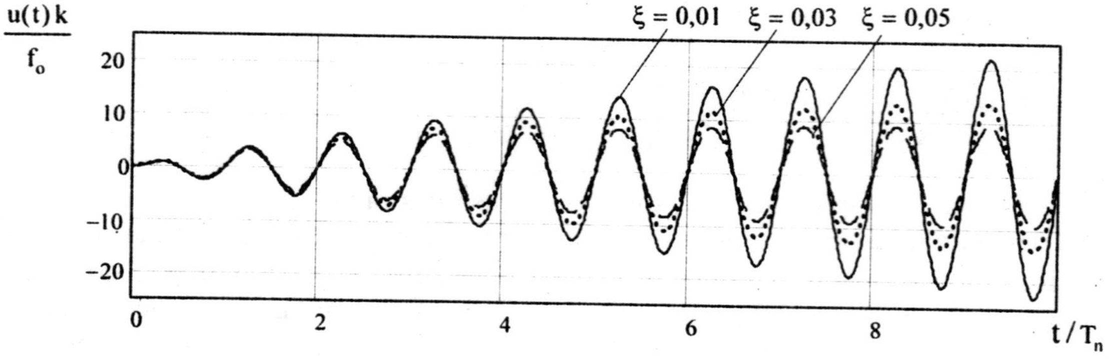

Figura 5.16 – Respostas superpostas do oscilador simples em frequência ressonante.

Os resultados anteriores são úteis quando da escolha da duração de determinação de respostas de sistemas de multigraus de liberdade, uma vez que a análise desses sistemas com o método de superposição modal (que será apresentado no Item 6.4) recai na resolução de equações desacopladas análogas às de sistemas de um grau de liberdade.

Por outro lado, para a resolução através do domínio da frequência, será essencial obter, sob forma exponencial, a resposta em regime permanente que foi expressa pela Equação 5.44 em forma não exponencial. Para isso, escreve-se a força harmônica

$$f(t) = f_o \cos(\omega t) = f_o \operatorname{Re}(\cos\omega t + i \sin\omega t) \quad \rightarrow \quad f(t) = f_o \operatorname{Re}(e^{i\omega t}) \tag{5.52}$$

onde Re expressa parte real do número complexo $e^{i\omega t}$.

E, com essa expressão de força, tem-se a equação diferencial de equilíbrio

$$m\ddot{u}(t) + c\dot{u}(t) + ku(t) = f_o e^{i\omega t} \tag{5.53}$$

com o entendimento de que vale apenas a parte real da solução u(t).

De forma análoga à definição de força anterior, escreve-se a solução particular expressa pela Equação 5.39 sob a forma exponencial

$$u(t) = a\cos(\omega t - \theta) = a \operatorname{Re}\big(\cos(\omega t - \theta) + i\sin(\omega t - \theta)\big)$$

$$\rightarrow \quad u(t) = \operatorname{Re}(a\, e^{i(\omega t - \theta)}) = \operatorname{Re}(a\, e^{-i\theta} e^{i\omega t}) \quad \rightarrow \quad u(t) = \operatorname{Re}(b\, e^{i\omega t}) \tag{5.54}$$

onde ($b = a\, e^{-i\theta}$) é uma amplitude complexa.

Logo, com a substituição dessa última solução na Equação de Equilíbrio 5.53, obtém-se

$$(-m\omega^2 + ic\omega + k)b e^{i\omega t} = f_o e^{i\omega t} \quad \rightarrow \quad b = \frac{f_o}{k - m\omega^2 + ic\omega} \tag{5.55}$$

E como ($\omega_n^2 = k/m$) e ($c = 2\xi\omega_n m$), este resultado tem também a forma

$$b = \frac{f_o}{k\big(1 - (\omega/\omega_n)^2 + i2\xi(\omega/\omega_n)\big)} = \frac{f_o}{k(1 - r^2 + i2r\xi)} \tag{5.56}$$

onde r é a razão de frequências definida pela Equação 5.42.

E com a notação

$$H(\omega) = \frac{1}{k - m\omega^2 + ic\omega} = \frac{1}{k(1 - r^2 + i2r\xi)} \tag{5.57}$$

denominada *função complexa de resposta em frequência* ou *função de transferência*, chega-se à solução particular da Equação de Equilíbrio 5.53 sob a nova forma

$$u(t) = \operatorname{Re}\big(H(\omega) f_o e^{i\omega t}\big) \tag{5.58}$$

Além disso, de acordo com o *diagrama de Argand* (do plano complexo) mostrado na Figura 5.17, tem-se o número complexo

$$(1 - r^2) + i2r\xi = \sqrt{(1 - r^2)^2 + (2r\xi)^2}\; e^{i\theta} \tag{5.59}$$

onde θ é o ângulo de fase expresso pela Equação 5.45.

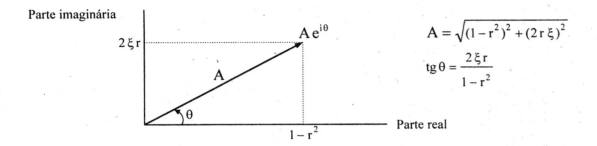

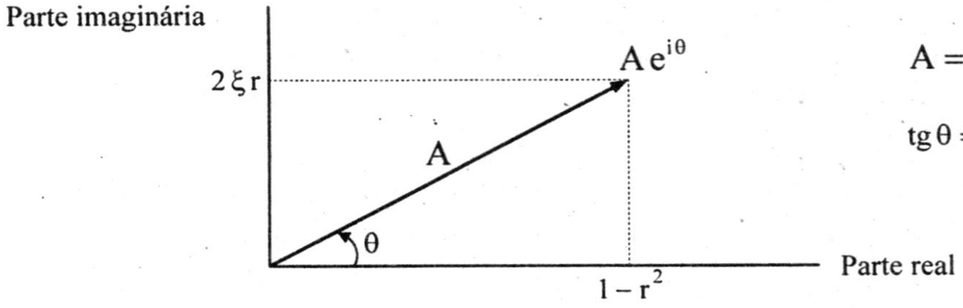

$$A = \sqrt{(1 - r^2)^2 + (2 r \xi)^2}$$

$$\text{tg}\,\theta = \frac{2 \xi r}{1 - r^2}$$

Figura 5.17 – Diagrama de Argand.

Logo, escreve-se

$$H(\omega) = \frac{1}{k \sqrt{(1 - r^2)^2 + (2 r \xi)^2}\; e^{i\theta}} \quad \rightarrow \quad H(\omega) = |H(\omega)|\, e^{-i\theta} \tag{5.60}$$

onde o módulo da função complexa $H(\omega)$

$$|H(\omega)| = \frac{1}{k \sqrt{(1 - r^2)^2 + (2 r \xi)^2}} \tag{5.61}$$

é o fator de amplificação dinâmica dividido pelo coeficiente de rigidez k.

E com a substituição da Equação 5.60 em 5.58, chega-se à nova forma de solução

$$u(t) = \text{Re}\left(f_o\, |H(\omega)|\, e^{i(\omega t - \theta)}\right) \tag{5.62}$$

que é a mesma resposta em regime permanente expressa anteriormente pela Equação 5.44.

5.5 – Vibração amortecida sob força periódica

Uma função é dita periódica quando atende à propriedade

$$f(t + q T_o) = f(t) \tag{5.63}$$

em que ($q = 0, 1, 2, \cdots$) e T_o é uma constante positiva denominada período, que é ilustrada na Figura 5.1 e que se relaciona com a frequência fundamental dessa força ($\omega_o = 2\pi / T_o$).

Essa função pode ser desenvolvida em uma série de termos harmônicos, denominada *série de Fourier* e que será utilizada em análise de vibração amortecida sob força periódica com formalismos trigonométrico e exponencial. O primeiro desses formalismos é mais simples e útil em determinação de resposta dinâmica no domínio do tempo, como será desenvolvido no próximo item. Já, o segundo formalismo tem álgebra complexa e é adotado em determinação de resposta através do domínio da frequência, como será mostrado no Item 5.5.2.

5.5.1 – Série de Fourier em forma trigonométrica

A série de Fourier de uma função periódica arbitrária, em forma trigonométrica, se escreve

$$f(t) = \frac{a_o}{2} + \sum_{q=1}^{\infty}\left(a_q \cos(q\,\omega_o t) + b_q \sin(q\,\omega_o t)\right) \tag{5.64}$$

onde se tem os coeficientes

$$\begin{cases} a_q = \dfrac{2}{T_o}\displaystyle\int_{t_1}^{t_1+T_o} f(t)\cos(q\omega_o t)\,dt & \text{com } q = 0, 1, 2\cdots \\ b_q = \dfrac{2}{T_o}\displaystyle\int_{t_1}^{t_1+T_o} f(t)\sin(q\omega_o t)\,dt & \text{com } q = 1, 2\cdots \end{cases} \tag{5.65}$$

e em que t_1 é um instante qualquer.[6] Além disso, no caso de se tratar de força periódica, $(a_o / 2)$ é o valor médio da força, denominado *componente estático*, e os demais coeficientes representam uma medida da participação dos componentes harmônicos $(\cos q\varpi_o t)$ e $(\sin q\varpi_o t)$, de frequências múltiplas inteiras da frequência fundamental ϖ_o da força excitadora. Isto é, a função periódica é a superposição de seu valor médio com funções harmônicas simples. E pode-se verificar que os coeficientes b_q são nulos no caso de função par, e que os coeficientes a_q são nulos no caso de função ímpar.

Além disso, com a notação

$$c_q = \sqrt{a_q^2 + b_q^2} \tag{5.66}$$

o q-ésimo termo do somatório da presente série escreve-se

$$a_q \cos(q\,\omega_o t) + b_q \sin(q\,\omega_o t) = c_q\left(\frac{a_q}{c_q}\cos(q\,\omega_o t) + \frac{b_q}{c_q}\sin(q\,\omega_o t)\right)$$

$$\rightarrow \quad a_q \cos(q\omega_o t) + b_q \sin(q\omega_o t) = c_q \cos(q\omega_o t + \theta_q) \tag{5.67}$$

em que se tem o ângulo de fase

$$\theta_q = \text{arctg}(b_q / a_q) \tag{5.68}$$

Logo, a série de Fourier 5.64 toma a forma mais compacta

$$f(t) = \frac{a_o}{2} + \sum_{q=1}^{\infty} c_q \cos(q\omega_o t + \theta_q) \tag{5.69}$$

A representação das amplitudes dos componentes harmônicos versus as frequências $(q\,\varpi_o)$ é denominada *espectro (das amplitudes) de Fourier* e expressa o "grau" de participação desses harmônicos na composição da função f(t), o que permite identificar os componentes mais relevantes da série.

[6] No caso da função f(t) ter descontinuidades, essa série fornece valores médios nas descontinuidades.

Exemplo 5.3 – Faz-se, a seguir, a decomposição da função representada na próxima figura, em série de Fourier.

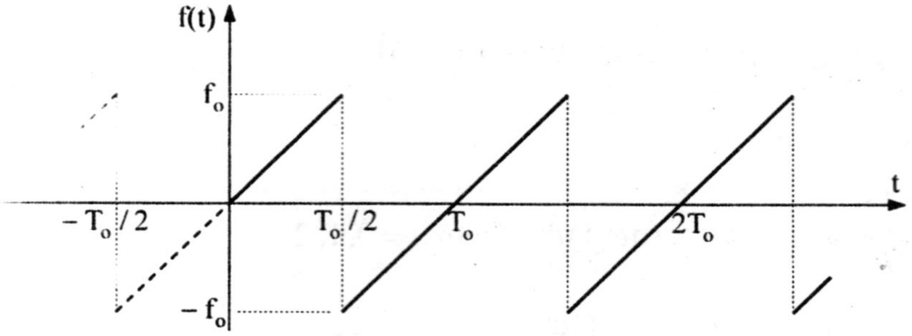

Figura E5.3a – Função periódica.

No intervalo ($-T_o/2 \leq t \leq T_o/2$), essa função é definida pela lei ($f(t) = 2\,f_o\,t\,/T_n$), e, por se tratar de função ímpar, a partir da primeira das Equações 5.65 são obtidos coeficientes a_q nulos. E a partir da segunda dessas equações, escreve-se

$$b_q = \frac{2}{T_o}\int_{-T_o/2}^{T_o/2} \frac{2\,f_o\,t}{T_o}\sin\left(q\frac{2\pi}{T_o}t\right)dt \quad \rightarrow \quad b_q = \frac{4\,f_o}{T_o^2}\int_{-T_o/2}^{T_o/2} t\,\sin\left(\frac{2\,q\,\pi}{T_o}t\right)dt$$

$$\rightarrow \quad c_q = b_q = \frac{2\,f_o}{\pi^2\,q^2}(\sin\pi q - \pi q\cos\pi q)$$

Logo, tem-se o desenvolvimento em série

$$f(t) = \frac{2\,f_o}{\pi^2}\sum_{q=1}^{\infty}\frac{1}{q^2}(\sin\pi q - \pi q\cos\pi q)\sin(2\,q\,\pi\,t\,/\,T_o)$$

E a figura seguinte mostra as representações dessa série com 1, 3, 5 e 7 termos, em que se observa que essas representações passam pelo ponto médio da descontinuidade da função f(t) em ($t = T_o/2$).

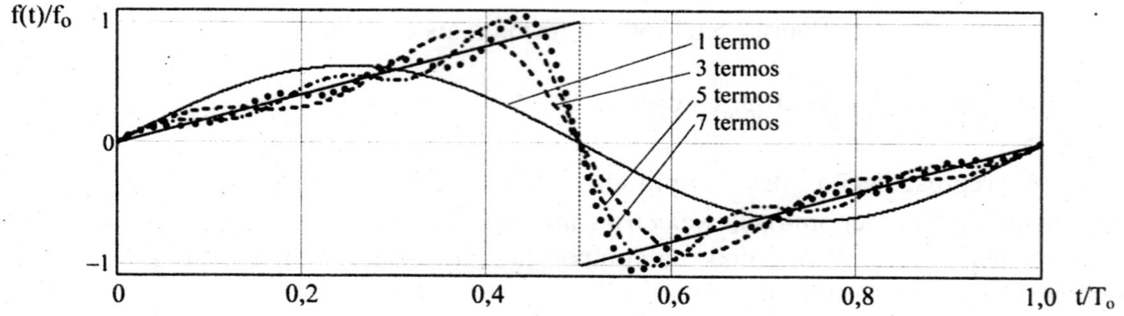

Figura E5.3b – Representações da função da Figura E5.3a.

Além disso, a próxima figura mostra o espectro de Fourier da presente função periódica, quanto aos componentes harmônicos de (q = 1, 2, ··· 6).

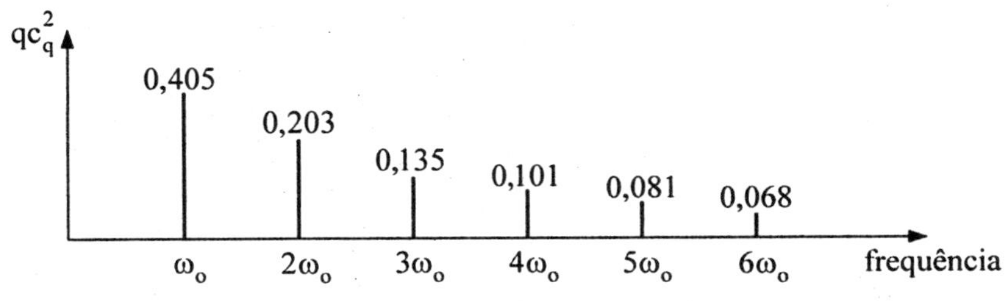

Figura E5.3c – Espectro de Fourier da função da Figura E5.3a.

Com o desenvolvimento de uma força periódica f(t) em série de Fourier sob a forma anterior, a Equação de Equilíbrio 5.1 (do oscilador simples amortecido) toma a forma

$$m\ddot{u}(t)+c\dot{u}(t)+ku(t)=\frac{a_o}{2}+\sum_{q=1}^{\infty}\left(a_q\cos(q\omega_o t)+b_q\sin(q\omega_o t)\right) \tag{5.70}$$

Importa acrescentar que a idealização em uma excitação periódica pressupõe a ocorrência da excitação por tempo indeterminado e, portanto, a influência de condições iniciais não é relevante. Assim, determina-se, a seguir, apenas a solução particular da equação anterior e, por se tratar de um sistema linear, essa solução é a soma das soluções com os termos do citado desenvolvimento em série.

A solução particular dos termos em cosseno dessa equação é obtida a partir da Equação 5.44, e se escreve

$$u(t)_{|cos}=\sum_{q=1}^{\infty}\frac{a_q}{k\sqrt{(1-r_q^2)^2+(2r_q\xi)^2}}\cos(q\omega_o t-\theta_q) \tag{5.71}$$

em que se tem a razão de frequências

$$r_q=\frac{q\omega_o}{\omega_n}\quad\rightarrow\quad r_q=\frac{q\omega_o}{\sqrt{k/m}} \tag{5.72}$$

e o ângulo de fase

$$\theta_q=\mathrm{arctg}\,\frac{2\xi r_q}{1-r_q^2} \tag{5.73}$$

E com essa expressão de ângulo e a Equação 5.71, obtém-se a solução

$$u(t)_{|cos}=\sum_{q=1}^{\infty}\frac{a_q}{k}\frac{(1-r_q^2)\cos(q\omega_o t)+2r_q\xi\sin(q\omega_o t)}{(1-r_q^2)^2+(2r_q\xi)^2} \tag{5.74}$$

Além disso, para os termos em seno em que a solução para cada termo é defasada de 90° em relação à solução do termo em cosseno, a equação anterior fornece

$$u(t)_{|sin} = \sum_{q=1}^{\infty} \frac{b_q}{k} \frac{(1-r_q^2)\sin(q\omega_o t) - 2r_q\xi\cos(q\omega_o t)}{(1-r_q^2)^2 + (2r_q\xi)^2} \tag{5.75}$$

Assim, a solução em regime permanente da Equação 5.70 é a soma da solução ao termo constante $(a_o/2)$ com as Soluções 5.74 e 5.75, e se escreve

$$u(t) = \frac{a_o}{2k} + \frac{1}{k}\sum_{q=1}^{\infty} \frac{1}{(1-r_q^2)^2 + (2r_q\xi)^2} \cdot \left(\left(a_q(1-r_q^2) - 2b_q r_q\xi\right)\cos(q\omega_o t) + \left(b_q(1-r_q^2) + 2a_q r_q\xi\right)\sin(q\omega_o t)\right) \tag{5.76}$$

E nessa solução, a contribuição relativa dos diversos termos depende dos coeficientes a_q e b_q, e da razão de frequências r_q.

5.5.2 – Série de Fourier em forma exponencial

Uma forma mais compacta e elegante de expressar a solução anterior, necessária em resolução através do domínio da frequência, é obtida a partir da série de Fourier em forma exponencial. Para isso, com a substituição das relações de Euler

$$\begin{cases} \cos(q\omega_o t) = \dfrac{e^{iq\omega_o t} + e^{-iq\omega_o t}}{2} \\ \sin(q\omega_o t) = \dfrac{e^{iq\omega_o t} - e^{-iq\omega_o t}}{2i} \end{cases}$$

na Equação 5.64, obtém-se (5.77)

$$f(t) = \frac{a_o}{2} + \frac{1}{2}\sum_{q=1}^{\infty}\left(a_q(e^{iq\omega_o t} + e^{-iq\omega_o t}) - i\,b_q(e^{iq\omega_o t} - e^{-iq\omega_o t})\right)$$

$$\rightarrow \quad f(t) = \frac{a_o}{2} + \frac{1}{2}\sum_{q=1}^{\infty}\left((a_q - i\,b_q)e^{iq\omega_o t} + (a_q + i\,b_q)e^{-iq\omega_o t}\right)$$

E com as notações

$$\begin{cases} C_o = \dfrac{a_o}{2} \\ C_q = \dfrac{a_q - i\,b_q}{2} \\ C_q^* = \dfrac{a_q + i\,b_q}{2} \end{cases} \tag{5.78}$$

onde C_q^* é o complexo conjugado do coeficiente C_q, o desenvolvimento em série anterior tem a nova forma

$$f(t) = C_o + \sum_{q=1}^{\infty}(C_q\, e^{iq\omega_o t} + C_q^*\, e^{-iq\omega_o t}) \tag{5.79}$$

Além disso, com a notação ($C_{-q} = C_q^*$), obtém-se a série de Fourier sob forma complexa exponencial, bem mais compacta do que a forma trigonométrica,

$$f(t) = \sum_{q=-\infty}^{\infty} C_q\, e^{iq\omega_o t} \tag{5.80}$$

O coeficiente C_o é ainda o valor médio da função periódica f(t), e C_q é a amplitude complexa do componente harmônico de frequência ($\varpi_q = q\varpi_o$). O módulo desse coeficiente, denominado *amplitude de Fourier*, representa uma medida da participação do componente $e^{iq\omega_o t}$ no desenvolvimento dessa função. E esse coeficiente pode também ser escrito em forma exponencial. Para isso, os coeficientes expressos pela Equação 5.65 são substituídos na segunda das Equações 5.78 de maneira a fornecer

$$C_q = \frac{1}{2}\left(\frac{2}{T_o}\int_{t_1}^{t_1+T_o} f(t)\cos(q\omega_o t)\,dt - i\frac{2}{T_o}\int_{t_1}^{t_1+T_o} f(t)\sin(q\omega_o t)\,dt \right)$$

$$\rightarrow \quad C_q = \frac{1}{T_o}\left(\int_{t_1}^{t_1+T_o} f(t)\big(\cos(q\omega_o t) - i\sin(q\omega_o t)\big)dt \right)$$

$$\rightarrow \quad C_q = \frac{1}{T_o}\int_{t_1}^{t_1+T_o} f(t)\, e^{-iq\omega_o t}\, dt \quad , \quad q = 0, \pm 1, \pm 2, \cdots \tag{5.81}$$

A representação gráfica do módulo dos coeficientes C_q versus as frequências ($q\varpi_o$) é denominada *espectro de amplitudes de Fourier* e mostra a participação desses harmônicos na composição da força periódica.

Com a decomposição de força expressa pela Equação 5.80, a Equação de Equilíbrio 5.70 toma a forma

$$m\ddot{u}(t) + c\dot{u}(t) + ku(t) = \sum_{q=-\infty}^{\infty} C_q\, e^{iq\omega_o t} \tag{5.82}$$

E a partir da solução para uma força definida por um único harmônico expressa pela Equação 5.58, escreve-se a solução em regime permanente da equação de equilíbrio anterior

$$u(t) = \sum_{q=-\infty}^{\infty} \left(H(q\omega_o)\, C_q\, e^{iq\omega_o t} \right) \tag{5.83}$$

onde se tem a função complexa de resposta em frequência do q-ésimo harmônico

$$H(q\omega_o) = \frac{1}{k(1 - r_q^2 + i2\xi r_q)} \tag{5.84}$$

e em que a razão de frequências r_q é definida pela Equação 5.72. Vale apontar que não há necessidade de indicar parte real na solução anterior (como foi feito na Equação 5.62), porque o resultado do desenvolvimento em série expresso pela Equação 5.80 é sempre real (cada número complexo ocorre acompanhado de seu conjugado, de maneira que as partes imaginárias se cancelam).

5.6 – Vibração amortecida sob força aperiódica

Força aperiódica é a que varia de forma arbitrária no tempo. E como com esse tipo de força não se tem solução analítica de forma fechada para a Equação de Equilíbrio 5.1, utiliza-se um dos três seguintes procedimentos:

– Consideração da excitação como uma superposição de sucessivos impulsos, o que fornece a *Integral de Duhamel* e se aplica a sistemas lineares subamortecidos.

– Representação da excitação através de *Integral de Fourier*, no caso de sistemas lineares sem restrição quanto ao valor do amortecimento viscoso.

– Integração numérica, com sistemas lineares e não lineares.

5.6.1 – Integral de Duhamel

Uma clássica resolução da Equação de Equilíbrio 5.1, no caso de força aperiódica e amortecimento subcrítico, é através da *Integral de Duhamel*. Para desenvolvê-la, considera-se uma força f(t) de lei arbitrária no tempo, como ilustra a parte esquerda da Figura 5.18, em que τ é um instante qualquer e a resultante de força ($f(\tau)\,d\tau$) representada em hachurado é denominada *impulso*.[7]

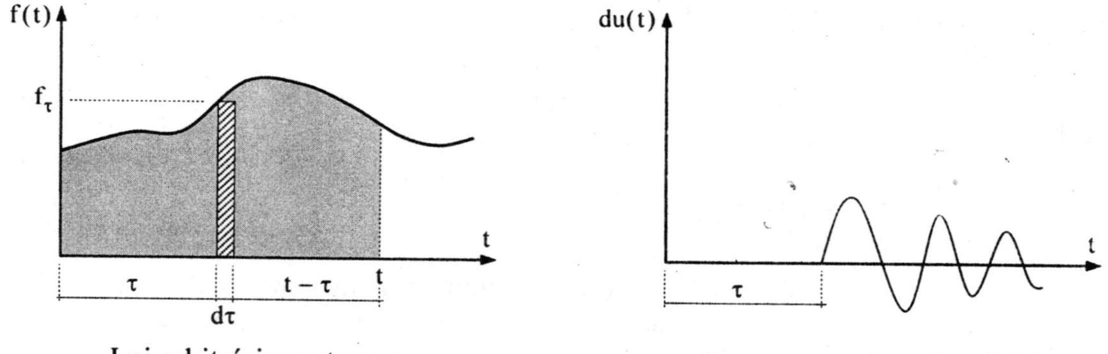

Lei arbitrária no tempo. — Resposta ao impulso $f(\tau)d\tau$.

Figura 5.18 – Força aperiódica.

Com a aplicação da força $f(\tau)$ a uma massa m e com a notação v designativa de velocidade, tem-se pela segunda lei de Newton

$$m\frac{dv}{d\tau} = f(\tau) \quad \rightarrow \quad dv = \frac{f(\tau)\,d\tau}{m} \tag{5.85}$$

[7] Impulso é também definido como a integral no tempo de uma força de grande magnitude e que atua em um lapso muito curto. E é usual o *impulso unitário* ou *delta de Dirac* definido como ($\delta(t-\tau)=0$) para ($t \neq \tau$), com $\int_{-\infty}^{+\infty} \delta(t-\tau)\,dt = 1$.

Assim, no caso de $(t > \tau)$ e amortecimento subcrítico, para obter o deslocamento do oscilador simples no instante t, devido à atuação do impulso $(f(\tau)\,d\tau)$ no instante τ, basta considerar as condições iniciais $(u_{o|\tau} = 0)$ e $(v_{o|\tau} = f(\tau)\,d\tau / m))$ na Equação 5.28 (que expressa a vibração livre desse oscilador), juntamente com a troca da variável t por $(t-\tau)$ nessa equação, de maneira a escrever

$$du(t) = e^{-\xi\,\omega_n(t-\tau)}\,\frac{f(\tau)\,d\tau}{m\,\omega_a}\,\sin\big(\omega_a(t-\tau)\big) \qquad (5.86)$$

E essa resposta é mostrada na parte direita da figura anterior.

Logo, como em sistemas lineares é válido o princípio da superposição, faz-se a integral dessa solução elementar a partir do início de atuação da força aperiódica, para obter a resposta do oscilador devido a essa força e a condições iniciais nulas em $(t = 0)$

$$u(t) = \frac{1}{m\,\omega_a}\int_0^t f(\tau)\,e^{-\xi\,\omega_n(t-\tau)}\sin\big(\omega_a(t-\tau)\big)\,d\tau \qquad (5.87)$$

Esta é a *Integral (de convolução) de Duhamel*. E no caso de condições iniciais $(u_o \neq 0)$ e/ou $(v_o \neq 0)$, a essa solução deve ser acrescentada a solução de vibração livre com amortecimento subcrítico expressa pela Equação 5.28 ou 5.29.

É possível efetuar analiticamente a integral anterior apenas com expressões simples de força, como ilustra o exemplo a seguir. Em caso contrário, pode-se utilizar integração numérica ou aproximar a força excitadora através de uma sucessão de segmentos lineares e efetuar a integração analítica, como apresentado posteriormente neste item.

Exemplo 5.4 – Determina-se, a seguir, a resposta do oscilador simples subamortecido, devido à aplicação (instantânea) da força de valor constante representada na figura seguinte.

Figura E5.4a – Força de valor constante.

A partir da Equação 5.87, escreve-se a resposta

$$u(t) = \frac{1}{m\,\omega_a}\int_0^t f_o\,e^{-\xi\,\omega_n(t-\tau)}\sin\big(\omega_a(t-\tau)\big)\,d\tau$$

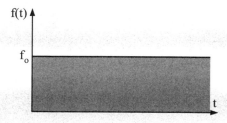

Este é um caso particular da Integral de Duhamel em que é possível efetuar a integração e obter a solução analítica

$$u(t) = \frac{f_o}{m\,\omega_a(\xi^2\omega_n^2 + \omega_a^2)}\left(\omega_a - e^{-\xi\omega_n t}(\omega_a\cos(\omega_a t) + \xi\omega_n\sin(\omega_a t))\right)$$

Além disso, como $(\omega_n = \sqrt{k/m})$ e $(\omega_a = \omega_n\sqrt{1-\xi^2})$, essa solução escreve-se também sob a forma

$$u(t) = \frac{f_o}{k}\left(1 - e^{-\xi\omega_n t}\left(\cos(\omega_n\sqrt{1-\xi^2}\,t) + \frac{\xi}{\sqrt{1-\xi^2}}\sin(\omega_n\sqrt{1-\xi^2}\,t)\right)\right)$$

A próxima figura representa esta solução para três valores distintos de amortecimento. Observa-se que, com amortecimento nulo, a amplitude máxima da vibração é igual ao dobro ao deslocamento estático (f_o/k), e que, com amortecimento não nulo, essa amplitude tende a zero com o tempo.

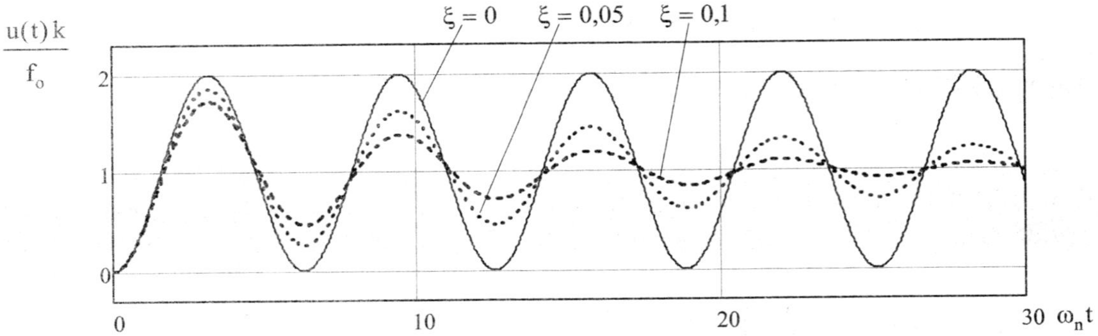

Figura E5.4b – Resposta do oscilador simples.

É oportuno apontar que, com a referida força constante, é mais simples obter a solução da equação $(m\ddot{u}(t) + c\dot{u}(t) + ku(t) = f_o)$ sem o emprego da Integral de Duhamel. Para isso, soma-se a solução em vibração livre expressa pela Equação 5.27 com a solução particular $(u = f_o/k)$

$$u(t) = e^{-\xi\omega_n t}\left(a_1\cos(\omega_a t) + a_2\sin(\omega_a t)\right) + f_o/k$$

em que a_1 e a_2 são constantes de integração determinadas com as condições iniciais e que no caso de $(u_o = 0)$ e $(v_o = 0)$ têm as formas

$$a_1 = -\frac{f_o}{k} \quad \text{e} \quad a_2 = -\frac{f_o\,\xi}{k\sqrt{1-\xi^2}}$$

Para simplificar o cálculo da integral que ocorre na Equação 5.87, no caso de expressão geral de força, substitui-se a identidade

$$\sin(\omega_a(t-\tau)) = \sin(\omega_a t)\cos(\omega_a \tau) - \cos(\omega_a t)\sin(\omega_a \tau) \qquad (5.88)$$

nessa equação, de maneira a obter

$$u(t) = \frac{1}{m\omega_a}\left(\sin(\omega_a t)\int_0^t f(\tau)\, e^{-\xi\omega_n(t-\tau)}\cos(\omega_a\tau)d\tau - \cos(\omega_a t)\int_0^t f(\tau)\, e^{-\xi\omega_n(t-\tau)}\sin(\omega_a\tau)d\tau\right)$$

$$\rightarrow \quad u(t) = \frac{e^{-\xi\omega_n t}}{m\omega_a}\left(a(t)\sin(\omega_a t) - b(t)\cos(\omega_a t)\right) \qquad (5.89)$$

onde se tem as variáveis

$$\begin{cases} a(t) = \int_0^t f(\tau)\, e^{\xi\omega_n\tau}\cos(\omega_a\tau)\, d\tau \\ b(t) = \int_0^t f(\tau)\, e^{\xi\omega_n\tau}\sin(\omega_a\tau)\, d\tau \end{cases} \qquad (5.90)$$

A Equação 5.89 é adequada a ser particularizada para resolução passo a passo, em caso de excitação aproximada por segmentos lineares ou de excitação definida por uma sequência de valores discretos com interpolação linear entre dois valores consecutivos, como ilustra a próxima figura.

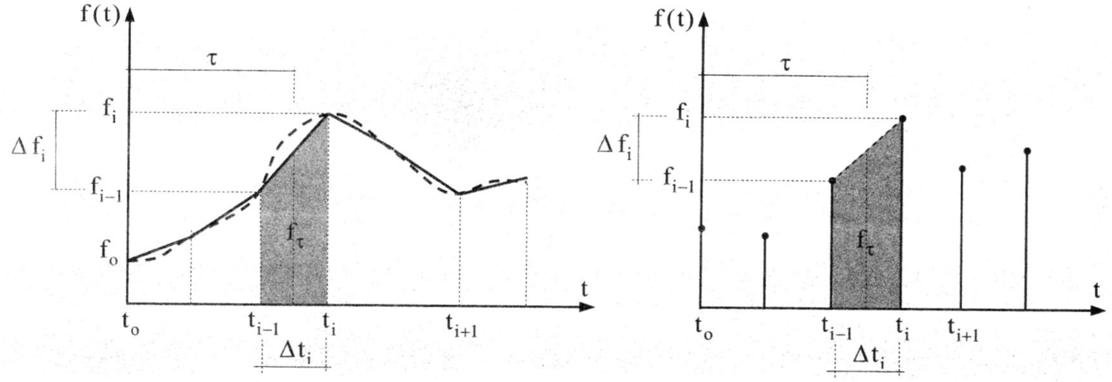

Figura 5.19 – Força discretizada em segmentos lineares e por valores discretos.

E de acordo com a figura anterior, tem-se a definição do i-ésimo segmento linear de força

$$f_\tau = f_{i-1} + \frac{\Delta f_i}{\Delta t_i}(\tau - t_{i-1}) \qquad (5.91)$$

com ($t_{i-1} \le \tau \le t_i$), em que ($\Delta t_i = t_i - t_{i-1}$) e ($\Delta f_i = f_i - f_{i-1}$).

Logo, a solução completa no instante t_i tem a forma

$$u_i = u_{i|livre} + \frac{e^{-\xi\omega_n t_i}}{m\omega_a}\left(a_i \sin(\omega_a t_i) - b_i \cos(\omega_a t_i)\right) \tag{5.92}$$

em que (i = 1, 2, 3 ⋯), com os coeficientes

$$\begin{cases} a_i = \int_{t_{i-1}}^{t_i} f(\tau)\, e^{\xi\omega_n\tau} \cos(\omega_a \tau)\, d\tau \\ b_i = \int_{t_{i-1}}^{t_i} f(\tau)\, e^{\xi\omega_n\tau} \sin(\omega_a \tau)\, d\tau \end{cases} \tag{5.93}$$

e em que $u_{i|livre}$ é a parcela devido às condições iniciais de vibração ao segmento de força de ordem i. Para o primeiro segmento, essas condições são o deslocamento e a velocidade no instante t_o e, para o i-ésimo segmento, essas condições são o deslocamento u_{i-1} e a velocidade $\dot{u}_{i-1}$ ao final do segmento de ordem (i–1) que, de acordo com a Equação 5.28, permitem escrever

$$u_{i|livre} = e^{-\xi\omega_n \Delta t_i}\left(u_{i-1}\cos(\omega_a \Delta t_i) + \frac{u_{i-1}\,\xi\,\omega_n + \dot{u}_{i-1}}{\omega_a}\sin(\omega_a \Delta t_i)\right) \tag{5.94}$$

Em continuidade de desenvolvimento, faz-se a substituição na Equação 5.93 do iésimo segmento de força definido pela Equação 5.91, de maneira a obter os coeficientes

$$\begin{cases} a_i = \int_{t_{i-1}}^{t_i} \left(f_{i-1} + \frac{\Delta f_i}{\Delta t_i}(\tau - t_{i-1})\right) e^{\xi\omega_n\tau} \cos(\omega_a \tau)\, d\tau \\ b_i = \int_{t_{i-1}}^{t_i} \left(f_{i-1} + \frac{\Delta f_i}{\Delta t_i}(\tau - t_{i-1})\right) e^{\xi\omega_n\tau} \sin(\omega_a \tau)\, d\tau \end{cases} \tag{5.95}$$

$$\rightarrow \begin{cases} a_i = \left(f_{i-1} - \frac{\Delta f_i}{\Delta t_i} t_{i-1}\right) \int_{t_{i-1}}^{t_i} e^{\xi\omega_n\tau} \cos(\omega_a \tau)\, d\tau + \frac{\Delta f_i}{\Delta t_i} \int_{t_{i-1}}^{t_i} \tau\, e^{\xi\omega_n\tau} \cos(\omega_a \tau)\, d\tau \\ b_i = \left(f_{i-1} - \frac{\Delta f_i}{\Delta t_i} t_{i-1}\right) \int_{t_{i-1}}^{t_i} e^{\xi\omega_n\tau} \sin(\omega_a \tau)\, d\tau + \frac{\Delta f_i}{\Delta t_i} \int_{t_{i-1}}^{t_i} \tau\, e^{\xi\omega_n\tau} \sin(\omega_a \tau)\, d\tau \end{cases}$$

$$\rightarrow \begin{cases} a_i = \left(f_{i-1} - \frac{\Delta f_i}{\Delta t_i} t_{i-1}\right) I_1 + \frac{\Delta f_i}{\Delta t_i} I_2 \\ b_i = \left(f_{i-1} - \frac{\Delta f_i}{\Delta t_i} t_{i-1}\right) I_3 + \frac{\Delta f_i}{\Delta t_i} I_4 \end{cases} \tag{5.96}$$

onde são adotadas as notações

$$\begin{cases} I_1 = \left(\dfrac{\mathrm{m} e^{\xi\omega_n\tau}}{k} (\xi\omega_n \cos(\omega_a\tau) + \omega_a \sin(\omega_a\tau)) \right) \Bigg|_{t_{i-1}}^{t_i} \\ I_2 = \left(\dfrac{\mathrm{m} e^{\xi\omega_n\tau}}{k} \left(\left(\xi\omega_n\tau - \dfrac{\mathrm{m}}{k}(\xi^2\omega_n^2 - \omega_a^2) \right) \cos(\omega_a\tau) - \left(\dfrac{2\mathrm{m}\xi\omega_n}{k} - \tau \right) \omega_a \sin(\omega_a\tau) \right) \right) \Bigg|_{t_{i-1}}^{t_i} \\ I_3 = \left(\dfrac{\mathrm{m} e^{\xi\omega_n\tau}}{k} (\xi\omega_n \sin(\omega_a\tau) - \omega_a \cos(\omega_a\tau)) \right) \Bigg|_{t_{i-1}}^{t_i} \\ I_4 = \left(\dfrac{\mathrm{m} e^{\xi\omega_n\tau}}{k} \left(\left(\xi\omega_n\tau - \dfrac{\mathrm{m}}{k}(\xi^2\omega_n^2 - \omega_a^2) \right) \sin(\omega_a\tau) + \left(\dfrac{2\mathrm{m}\xi\omega_n}{k} - \tau \right) \omega_a \cos(\omega_a\tau) \right) \right) \Bigg|_{t_{i-1}}^{t_i} \end{cases} \quad (5.97)$$

Assim, para aplicar a Equação 5.94 ao segmento de força de ordem $(i > 1)$, falta determinar a velocidade $\dot{u}_{i-1}$, o que pode ser feito a partir da derivada da Equação 5.87

$$\dot{u}(t) = -\frac{1}{\mathrm{m}} \int_0^t f(\tau)\, e^{-\xi\omega_n(t-\tau)} \cos(\omega_a(t-\tau))\, d\tau - \frac{\xi\omega_n}{\mathrm{m}\omega_a} \int_0^t f(\tau)\, e^{-\xi\omega_n(t-\tau)} \sin(\omega_a(t-\tau))\, d\tau \quad (5.98)$$

e proceder de forma análoga à integração efetuada anteriormente. Contudo, é prático considerar essa velocidade igual ao último incremento de deslocamento dividido pelo correspondente incremento de tempo, desde que esse incremento seja suficientemente pequeno para se ter precisão de cálculo. Assim, com as Equações 5.92, 5.94, 5.96 e 5.97, podem ser calculados o deslocamento e a velocidade no instante t_i a partir do deslocamento e da velocidade no instante t_{i-1}, em procedimento passo a passo. E para obter históricos em que se identifique com boa precisão a máxima resposta, sugere-se utilizar intervalos menores ou iguais a um décimo do período natural do oscilador, além de menores ou iguais aos intervalos de tempo da definição dos segmentos lineares da excitação.

Exemplo 5.5 – A viga simplesmente apoiada, de madeira e representada na Figura E5.5a, tem seção transversal quadrada de 30 x 30 cm, vão de 10m, módulo de elasticidade de 10GPa e densidade de 700kg/m^3. Na seção média dessa viga, aplica-se, separadamente, cada um dos casos de força representados na mesma figura. São determinados, a seguir, os históricos do deslocamento transversal dessa seção, com a idealização dessa viga como oscilador simples de razão de amortecimento $(\xi = 0)$ e como oscilador simples de razão de amortecimento $(\xi = 0{,}05)$.

A viga tem as propriedades:

– Módulo de rigidez à flexão: $EI = 10 \cdot 10^9 \cdot 0{,}3^4 / 12 = 6{,}75 \cdot 10^6 \text{N}/\text{m}^2$.

– Coeficiente de rigidez transversal: $k = 48\,EI / L^3 = 48 \cdot 6{,}75 \cdot 10^6 / 10^3 = 3{,}24 \cdot 10^5 \text{N}/\text{m}$.

– Massa total: $\mathrm{m} = 0{,}3^2 \cdot 10 \cdot 700 = 630{,}0\,\text{kg}$.

Em idealização da presente viga como oscilador simples, considera-se a metade da massa total concentrada no seu ponto médio, com a qual se tem as seguintes características dinâmicas:

$$\omega_n = \sqrt{k/m} = \sqrt{3{,}2 \cdot 10^5/(630/2)} \cong 31{,}87\,\text{rad/s} \quad \rightarrow \quad T_n = 2\pi/\omega_n \cong 0{,}198\,\text{s}$$

Esse resultado tem a diferença de apenas 0,7% em relação ao período fundamental obtido com a Teoria Clássica de Viga apresentada no Anexo I.

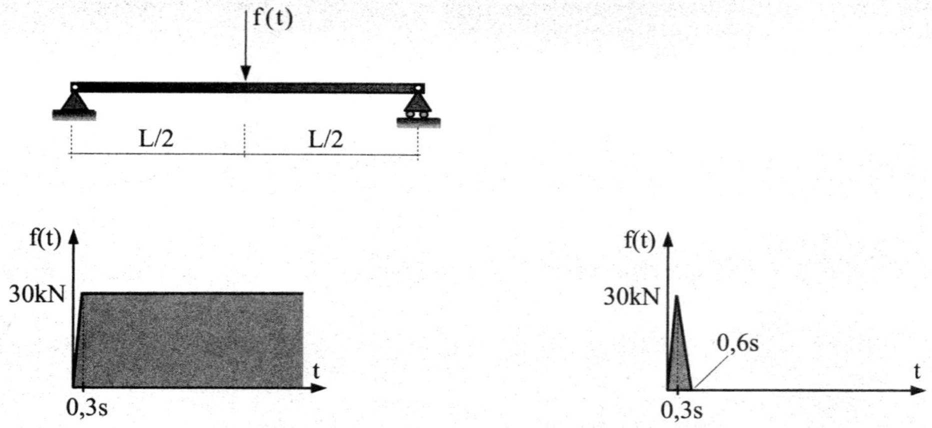

Figura E5.5a – Viga biapoiada sob força concentrada.

Com as propriedades dinâmicas anteriores e a integração de Duhamel em procedimento passo a passo com 500 pontos de cálculo, foram obtidos os históricos mostrados nas Figuras E5.5b e E5.5c para os referidos casos de força. Após o total amortecimento da vibração com ($\xi = 0{,}05$), no primeiro desses casos, obteve-se o deslocamento estático ($u = 30/324 \approx 0{,}093\,\text{m}$) e, no segundo caso, a viga voltou à posição neutra não deformada após cerca de doze vezes o período fundamental. E observa-se que, em ambos os casos, a resposta máxima ocorreu depois de a força assumir seu valor máximo.[8]

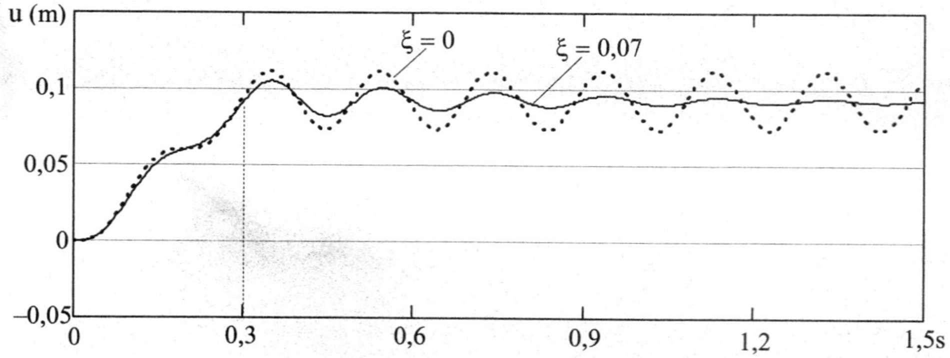

Figura E5.5b – Histórico de deslocamento do primeiro caso de força.

[8] Esses históricos foram conferidos com a resolução através do domínio da frequência que será desenvolvida no próximo item.

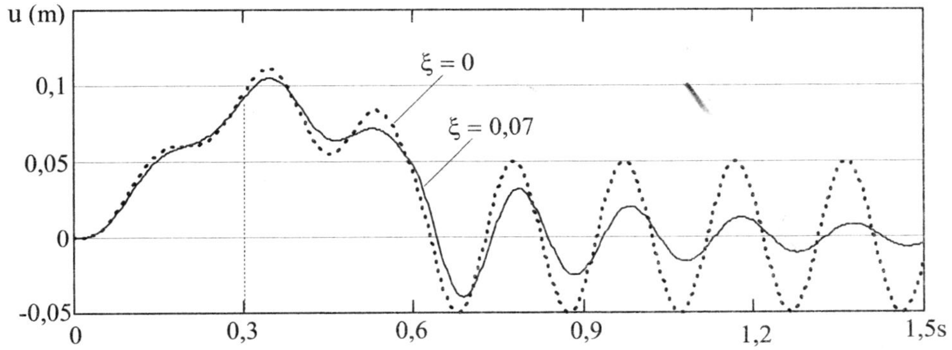

Figura E5.5c – Histórico de deslocamento do segundo caso de força.

A integração de Duhamel foi aqui apresentada por ser um procedimento clássico. Na prática, os métodos de resolução apresentados nos itens a seguir são mais eficientes.

5.6.2 – Resolução através do domínio da frequência

A análise dinâmica no caso de excitação aperiódica tem formalismo elegante com a transformação do domínio do tempo para o domínio da frequência, isto é, com a modificação da equação diferencial na variável temporal em uma equação algébrica complexa na frequência, cuja solução é transformada de volta ao domínio do tempo.

5.6.2.1 – Transformada contínua de Fourier

O desenvolvimento da presente resolução ou *método através do domínio da frequência* inicia-se com a decomposição em forma exponencial de uma função periódica de frequência fundamental ω_o, que se reescreve a partir das Equações 5.80 e 5.81

$$\begin{cases} f(t) = \sum_{q=-\infty}^{\infty} C_q \, e^{iq\omega_o t} \\ C_q = \dfrac{1}{T_o} \int_{t_1}^{t_1+T_o} f(t) \, e^{-iq\omega_o t} \, dt \end{cases} \tag{5.99}$$

Além disso, para uma função aperiódica, como representada em traço contínuo na Figura 5.20, arbitra-se um período T_o de forma a transformá-la em periódica, como indicam as representações em tracejado dessa mesma figura, período este que, posteriormente, será suposto tender ao infinito de maneira a transformá-la de volta em não periódica. E a partir da equação anterior, adota-se a notação ($\omega_q = q\,\omega_o$), para escrever

$$\begin{cases} f(t) = \dfrac{1}{T_o} \sum_{q=-\infty}^{\infty} T_o C_q \, e^{i\omega_q t} \quad \rightarrow \quad f(t) = \dfrac{\omega_o}{2\pi} \sum_{q=-\infty}^{\infty} \left(T_o C_q\right) e^{i\omega_q t} \\ T_o C_q = \int_{t_1}^{t_1+T_o} f(t) \, e^{-i\omega_q t} \, dt \end{cases} \tag{5.100}$$

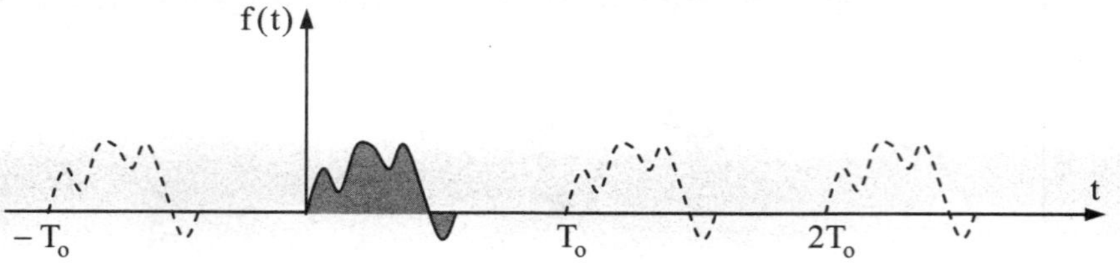

Figura 5.20 – Transformação de força aperiódica em periódica.

Faz-se, agora, o artifício de expandir o período T_o ao infinito, circunstância em que o intervalo entre frequências dos componentes do presente desenvolvimento em série

$$(q+1)\,\omega_o - q\,\omega_o = \omega_o = \Delta\omega \quad \rightarrow \quad \Delta\omega = 2\pi / T_o \tag{5.101}$$

tende a zero e, consequentemente, a frequência ω_q tende a ser contínua. Assim, no par de equações anterior, faz-se $(T_o \rightarrow \infty)$ e toma-se o limite

$$\begin{cases} f(t) = \dfrac{1}{2\pi} \lim\limits_{\substack{T_o \to \infty \\ \Delta\omega \to 0}} \left(\sum\limits_{q=-\infty}^{\infty} \left(T_o\, C_q\right) e^{i\,\omega_q t}\, \Delta\omega \right) \\ \lim\limits_{\substack{T_o \to \infty \\ \Delta\omega \to 0}} \left(T_o\, C_q\right) = \lim\limits_{\substack{T_o \to \infty \\ \Delta\omega \to 0}} \left(\int_{t_1}^{t_1+T_o} f(t)\, e^{-i\,\omega_q t}\, dt \right) \quad \rightarrow \quad F(\omega_q) = \lim\limits_{\substack{T_o \to \infty \\ \Delta\omega \to 0}} \left(\int_{t_1}^{t_1+T_o} f(t)\, e^{-i\,\omega_q t}\, dt \right) \end{cases}$$

E nessa condição limite, como ϖ_q varia de forma contínua, tem-se $(\Delta\omega = d\omega)$, substitui-se o somatório por uma integral (com a suposição da existência dessa integral) e adota-se a notação ϖ em substituição a ϖ_q, para escrever

$$\begin{cases} f(t) = \dfrac{1}{2\pi} \displaystyle\int_{-\infty}^{\infty} F(\omega)\, e^{i\omega t}\, d\omega \\ F(\omega) = \displaystyle\int_{-\infty}^{\infty} f(t)\, e^{-i\omega t}\, dt \end{cases} \tag{5.102}$$

A primeira dessas equações é a *Integral de Fourier* e expressa que a função temporal aperiódica f(t) é a integral de contribuições de componentes harmônicos de espectro contínuo entre $-\infty$ e $+\infty$, dividida por 2π. E a segunda dessas equações é a *transformada de Fourier*, que modifica a função temporal f(t) em uma função no domínio da frequência $F(\omega)$, que expressa o conteúdo de frequência de f(t). É usual dizer que $F(\varpi)$ é a *Transformada (direta) de Fourier* da função f(t) (FT, de ***F**ourier **T**ransform*), assim como se diz que f(t) é a *Transformada Inversa de Fourier* da função $F(\varpi)$ (IFT, de ***I**nverse **F**ourier **T**ransform*).

A função f(t) pode ser real ou complexa. No caso de ser real, a parte real de $F(\omega)$ é uma função par e a parte imaginária dessa transformada é uma função ímpar. E no caso de ser descontínua em t_i, a transformada inversa de $F(\varpi)$ fornece o valor médio da função na descontinuidade.

Além disso, como $(\omega = 2\pi f)$, em que f é a frequência cíclica, o par anterior de transformadas pode também ser escrito sob a forma

$$\begin{cases} f(t) = \int_{-\infty}^{\infty} F(f)\, e^{i2\pi f t}\, df \\ F(f) = \int_{-\infty}^{\infty} f(t)\, e^{-i2\pi f t}\, dt \end{cases} \tag{5.103}$$

Exemplo 5.6 – Determina-se, a seguir, a transformada de Fourier da função representada na figura seguinte.

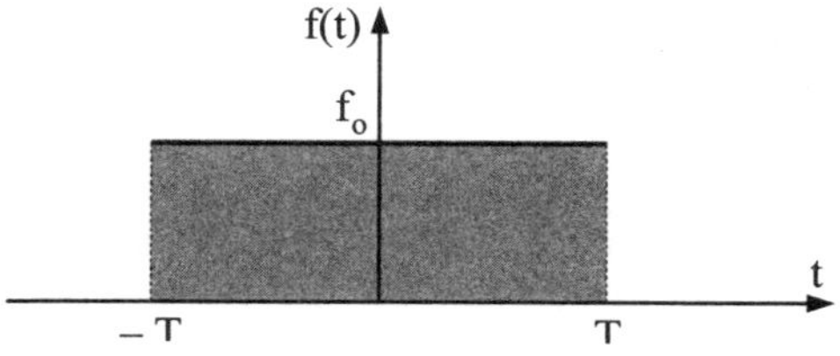

Figura E5.6a – Função degrau.

A segunda das Equações 5.102, fornece

$$F(\omega) = \int_{-T}^{T} f_o\, e^{-i\omega t}\, dt \qquad \rightarrow \qquad F(\omega) = f_o\, \frac{e^{i\omega T} - e^{-i\omega T}}{i\omega} = \frac{2 f_o \sin(\omega T)}{\omega}$$

Este é um caso particular em que a transformada de Fourier é real, e cuja representação gráfica é mostrada na Figura E5.6b. Observa-se que as amplitudes dessa transformada se atenuam na medida em que ω se afasta de zero.

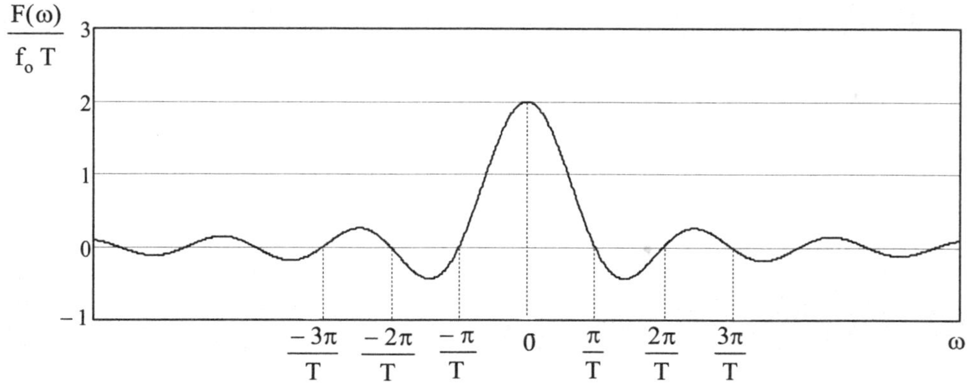

Figura E5.6b – Transformada de Fourier de $f(t)$.

Na primeira das Equações 5.102, $(dF(\varpi)\,d\varpi/(2\pi))$ é a amplitude infinitesimal do componente harmônico de frequência ϖ, no desenvolvimento da força. E de acordo com a Equação 5.58, a resposta do oscilador a esse componente tem a forma

$$du(t) = \text{Re}\left(H(\omega)\,\frac{F(\omega)\,d\omega}{2\pi}\,e^{i\omega t} \right)$$

em que $H(\varpi)$ é expressa pela Equação 5.57, contém as características do oscilador e é agora preferencialmente denominada *função de transferência.*

Logo, como em sistemas lineares é válido o princípio da superposição dos esforços, a solução em regime permanente é a integral das respostas infinitesimais no intervalo de frequências de $-\infty$ a $+\infty$

$$u(t) = \frac{1}{2\pi}\int_{-\infty}^{\infty} H(\omega)\,F(\omega)\,e^{i\omega t}\,d\omega \qquad (5.104)$$

em que não há necessidade de indicar parte real, porque a cada número complexo corresponde um conjugado (de maneira que as partes imaginárias se cancelam). E observa-se que essa solução é semelhante à Equação 5.83 (solução no caso de força periódica).

Adota-se, agora, a notação

$$U(\omega) = H(\omega)\,F(\omega) \qquad (5.105)$$

denominada *solução no domínio da frequência* ou *resposta complexa em frequência*, para escrever Equação 5.104 sob a nova forma

$$u(t) = \frac{1}{2\pi}\int_{-\infty}^{\infty} U(\omega)\,e^{i\omega t}\,d\omega = \text{IFT}(U(\omega)) \qquad (5.106)$$

Essa equação expressa que a função temporal $u(t)$ é a transformada inversa de Fourier da solução no domínio da frequência $U(\omega)$.

A transformada de Fourier de $f(t)$ expressa pela segunda das Equações 5.102, juntamente com as Equações 5.57, 5.105 e 5.106, é utilizada na resolução através do domínio da frequência. Com essa transformada, obtém-se a excitação no domínio da frequência $F(\omega)$; em sequência, com a Equação 5.105 (que inclui a função de transferência), tem-se a solução nesse domínio $U(\omega)$; e, finalmente, com a Equação 5.106 de transformada inversa de Fourier dessa solução, tem-se a solução no domínio do tempo, $u(t)$.

Com a derivada dessa última equação em relação ao tempo, obtém-se

$$\begin{cases} \dot{u}(t) = \dfrac{i\omega}{2\pi}\displaystyle\int_{-\infty}^{\infty} U(\omega)\,e^{i\omega t}\,d\omega & \rightarrow \quad \dot{u}(t) = i\,\omega\,\text{FT}(u(t)) \\ \ddot{u}(t) = \dfrac{i^2\,\omega^2}{2\pi}\displaystyle\int_{-\infty}^{\infty} U(\omega)\,e^{i\omega t}\,d\omega & \rightarrow \quad \ddot{u}(t) = -\omega^2\,\text{FT}(u(t)) \end{cases} \qquad (5.107)$$

E com esses dois resultados é esclarecedor obter a Equação 5.105 através da aplicação da transformada de Fourier à Equação Diferencial de Equilíbrio 5.1:

$$\text{FT}(m\,\ddot{u}(t)) + \text{FT}(c\,\dot{u}(t)) + \text{FT}(k\,u(t)) = \text{FT}(f(t))$$

$$\rightarrow \qquad -m\,\omega^2\,FT(u(t)) + i\,c\,\omega\,FT(u(t)) + k\,FT(u(t)) = FT(f(t))$$

$$\rightarrow \qquad (-m\,\omega^2 + i\,c\,\omega + k)\,U(\omega) = F(\omega) \qquad \rightarrow \qquad U(\omega) = \frac{1}{k - m\,\omega^2 + i\,c\,\omega}\,F(\omega)$$

$$\rightarrow \qquad U(\omega) = H(\omega)\,F(\omega) \tag{5.108}$$

A resolução através do domínio da frequência é bastante eficaz no caso da excitação ser definida por uma sequência numérica, além de exibir o *conteúdo de frequência* da excitação, como apresentado a seguir.

5.6.2.2 – Transformada discreta de Fourier

As integrações do par de transformadas contínuas de Fourier expresso pela Equação 5.102 costumam ser difíceis de ser efetuadas analiticamente, além do quê, na maior parte dos casos, não se tem a definição analítica da função $f(t)$ e sim uma sequência de seus valores discretos. É necessário, portanto, desenvolver o cálculo dessas transformadas a partir de sequências numéricas. Para isso, arbitra-se um intervalo de tempo T_o que inclua todos os instantes ou pontos dos valores discretos de $f(t)$ mais uma extensão de duração ΔT, como ilustra a Figura 5.21. ($T_o = t_f + \Delta T$) será associado ao conceito de período e essa extensão de tempo é considerada para que a excitação em um período não tenha influência na resposta da excitação do período consecutivo. E no período T_o, são considerados N instantes t_o, $t_1 \cdots$, $t_n \cdots$, $t_f \cdots$ t_{N-1}, igualmente espaçados de ($\Delta t = T_o/N$), de maneira a definir o n-ésimo instante

$$t_n = n\,\Delta t = n\,T_o\,/\,N \tag{5.109}$$

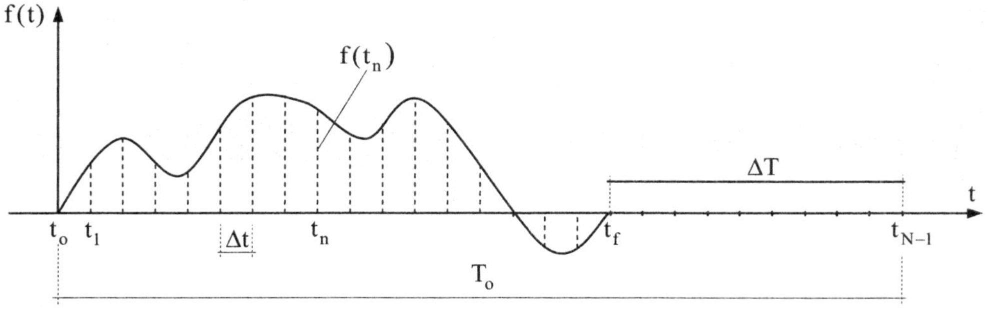

Figura 5.21 – Função aperiódica discretizada em N pontos.

Assim, têm-se N incrementos de frequências angulares definidos por

$$\Delta\omega = 2\,\pi\,/\,T_o \tag{5.110}$$

de maneira a estabelecer as frequências angulares discretas

$$\omega_q = q\,\Delta\omega \quad \rightarrow \quad \omega_q = q\,2\pi / T_o \tag{5.111}$$

em que $(0 \le q \le N-1)$.

Logo, as integrais das transformadas (contínuas) de Fourier expressas pela Equação 5.102 se tornam somatórios sob a seguinte forma de par de *transformadas discretas de Fourier* (DFT, de ***D****iscrete* ***F****ourier* ***T****ransform*)

$$\begin{cases} f(t_n) = \dfrac{\Delta\omega}{2\pi} \displaystyle\sum_{q=0}^{N-1} F(\omega_q)\, e^{i\,2\pi q n / N} & , \quad n = 0,\ 1,\ 2,\ \cdots (N-1) \\ F(\omega_q) = \Delta t \displaystyle\sum_{n=0}^{N-1} f(t_n)\, e^{-i\,2\pi q n / N} & \rightarrow \quad F(\omega_q) = \mathrm{DFT}(f(t_q)) \end{cases} \tag{5.112}$$

em que, na determinação de $F(\omega_q)$, q varia de 0 até (N–1), para manter simetria no cálculo do par de transformadas. Além disso, como a partir das Equações 5.109 e 5.110 tem-se

$$\frac{\Delta\omega}{2\pi}\,\Delta t = \frac{1}{N}$$

Assim, pode-se também definir a transformada discreta de Fourier da função f(t) através das Equações 5.112 multiplicadas por $(\Delta\omega / 2\pi)$, de maneira a escrever

$$\begin{cases} f(t_n) = \displaystyle\sum_{q=0}^{N-1} F(\omega_q)\, e^{i\,2\pi q n / N} & , \quad n = 0, 1, 2, \cdots (N-1) \\ F(\omega_q) = \dfrac{1}{N} \displaystyle\sum_{n=0}^{N-1} f(t_n)\, e^{-i\,2\pi q n / N} & , \quad q = 0, 1, 2, \cdots (N-1) \end{cases} \tag{5.113}$$

As representações gráficas de $\mathrm{Re}(F(\omega_q))$, de $\mathrm{Im}(F(\omega_q))$ e de $F|(\omega_q)|$ versus a frequência $(\omega_q = 2\pi q \,/\, (N\,\Delta t))$ são denominadas *espectros da transformada discreta de Fourier.*

Além disso, com a função de transferência relativa à frequência ω_q

$$H(\omega_q) = \frac{1}{k - m\omega_q^2 + i c \omega_q} \tag{5.114}$$

chega-se à solução no domínio da frequência em forma discreta

$$U(\omega_q) = H(\omega_q)\, F(\omega_q) \quad , \quad q = 0, 1, 2, \cdots (N-1) \tag{5.115}$$

As representações gráficas de $\mathrm{Re}(U(\omega_q))$, de $\mathrm{Im}(U(\omega_q))$ e de $|U(\omega_q)|$ versus a frequência $(\omega_q = 2\pi q \,/\, (N\,\Delta t))$ são denominadas *espectros da resposta no domínio da frequência*. E com essa resposta, escreve-se a solução na sequência dos instantes adotados

$$u(t_n) = \sum_{q=0}^{N-1} U(\omega_q)\, F(\omega_q)\, e^{i\,2\pi q n / N} = \mathrm{IDFT}(U(\omega_q)) \ , \quad n = 0, 1, 2, \cdots (N-1) \tag{5.116}$$

em que se utiliza a notação IDFT de ***D****iscrete* ***I****nverse* ***F****ourier* ***T****ransform*.

A acurácia da transformada discreta de Fourier depende do número de valores discretos, da extensão ΔT e, consequentemente, do período T_o arbitrado, como é discutido a seguir.

Inicialmente importa verificar o resultado da transformada discreta expressa pela segunda das Equações 5.113 no caso de $(q = N+\ell)$

$$F(\omega_{N+\ell}) = \frac{1}{N}\sum_{n=0}^{N-1} f(t_n)\, e^{-i\,2\pi(N+\ell)n/N} \quad \rightarrow \quad F(\omega_{N+\ell}) = \frac{1}{N}\sum_{n=0}^{N-1} f(t_n)\, e^{-i2\pi n}\, e^{-i\,2\pi\ell n/N}$$

E como $e^{-i\pi n}$ é igual a 1 para qualquer valor inteiro de n, obtém-se da equação anterior

$$F(\omega_{N+\ell}) = F(\omega_\ell) \tag{5.117}$$

Além disso, como $F(\omega_{-\ell})$ é o complexo conjugado de $F(\omega_\ell)$, tem-se $(|F(\omega_{-\ell}) = |F(\omega_\ell)|$, que expressa que a amplitude de Fourier $|F(\omega_q)|$ se repete periodicamente, como ilustram as representações da próxima figura no caso de N par.

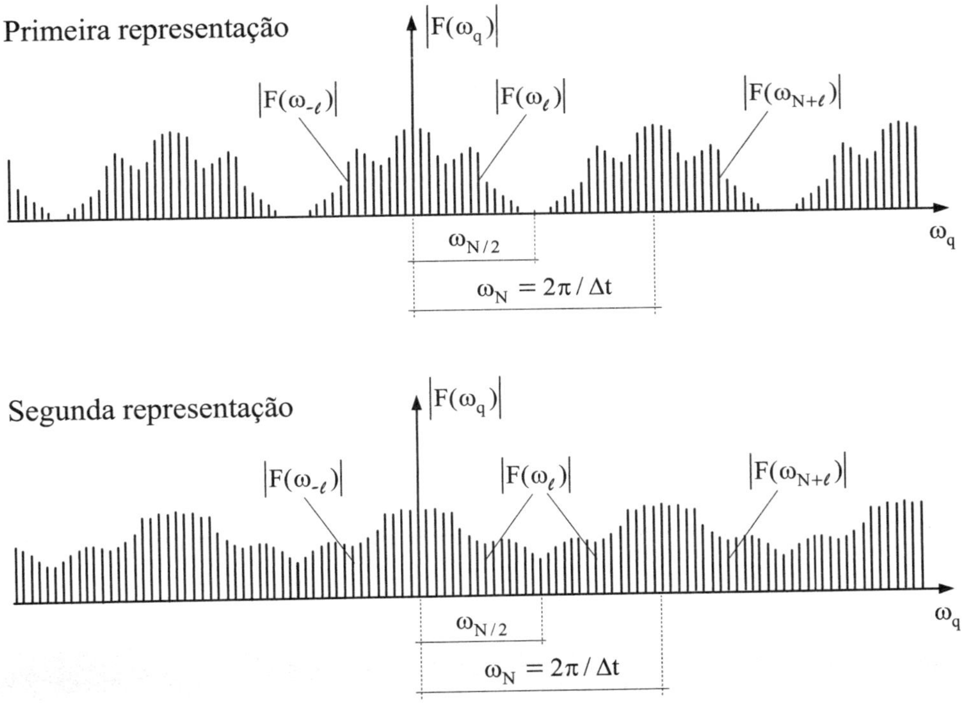

Figura 5.22 – Espectro de amplitudes discretas de Fourier.

Assim, os valores discretos da transformada de Fourier são corretos apenas até a frequência de ordem N/2, denominada *frequência de Nyquist* e que se calcula a partir da Equação 5.111

$$\omega_{N/2} = \frac{N}{2}\frac{2\pi}{T_o} \quad \rightarrow \quad \boxed{\omega_{N/2} = \frac{\pi}{\Delta t}} \tag{5.118}$$

$$\rightarrow \quad \boxed{f_{N/2} = \frac{1}{2\,\Delta t}} \tag{5.119}$$

Isto é, essa é a mais alta frequência que pode ser considerada na presente transformada discreta sem afetar os resultados.[9]

Caso inexista frequências acima da frequência de Nyquist na função temporal contínua f(t), a transformada discreta de Fourier representa exatamente a transformada contínua dessa função, como na primeira representação da figura anterior. Assim, dada uma função contínua, pode-se determinar o espaçamento ($\Delta t = 1/(2 f_{N/2})$) para que se tenha a representação exata com a transformada discreta. E caso se adote um espaçamento maior para essa função, as informações pertinentes às frequências superiores à frequência de Nyquist são perdidas, como na segunda representação da mesma figura. Por outro lado, esse espaçamento precisa ser suficientemente pequeno em relação a T_n para uma adequada representação da resposta.

Além disso, como a excitação aperiódica foi suposta como periódica de período T_o, este período precisa ser arbitrado com suficientemente extenso, através da adição de valores nulos à sequência de valores numéricos da função (como foi ilustrado na Figura 5.21), para que, ao final de T_o, a resposta esteja suficientemente amortecida de maneira a não introduzir condições iniciais espúrias no período consecutivo. Para isso, de forma prática, sugere-se arbitrar essa extensão como igual ao intervalo de tempo denotado por ΔT e em que a amplitude da vibração livre do sistema amortecido se reduza a 1% de seu valor inicial. E, como essa amplitude decresce com o fator $e^{-\xi\omega_n t}$ (vide a Equação 5.28), calcula-se essa extensão a partir de ($e^{-\xi\omega_n \Delta T} = 1/100$), o que fornece

$$\Delta T = \frac{\ln 100}{\xi\,\omega_n} \quad \rightarrow \quad \Delta T = \frac{\ln 100}{\xi\,2\,\pi} T_n \quad \rightarrow \quad \boxed{\Delta T = \frac{0{,}733}{\xi} T_n} \tag{5.120}$$

Observa-se que essa extensão de tempo é diretamente proporcional ao período natural e inversamente proporcional à razão de amortecimento.

O número de operações numéricas da transformada discreta de Fourier na forma expressa pela Equação 5.113 é proporcional ao quadrado do número de valores da sequência numérica, o que requer elevado volume de cálculo com as usuais sequências utilizadas na prática. Essa transformada só se mostrou prática após a proposição da *transforma rápida de Fourier* (FFT, de ***F****ast* ***F****ourier* ***T****ransform*) por *Cooley & Tukey* [10], em que se tem a restrição do número de valores discretos ser uma potência de 2 (essa restrição foi eliminada em algoritmos desenvolvidos posteriormente). Isto porque, essa

---

[9] Não se adota N ímpar para evitar a ocorrência de um número complexo sem o seu complexo conjugado no somatório da solução expressa pela Equação 5.116. E exclui-se as frequências ω_q acima da frequência de Nyquist para não se introduz distorção na resposta, em efeito denominado *aliasing*.

[10] Cooley, J.W. & Tukey, J.W., 1965, *An Algorithm for Machine Calculation of Complex Fourier Series*, Mathematics of Computation, vol. 19, pp. 297-301.

transformada propicia uma grande redução do volume de cálculo. No caso de 512 pontos, por exemplo, o número de operações numéricas com a FFT é menor do que um por cento do correspondente número de operações com a DFT.

E em resumo, a determinação de resposta através do domínio da frequência, com transformada rápida de Fourier, tem a sequência:

Definição de $f(t_q),\ q = 0,1,\cdots N-1$ $\rightarrow$ $F(\omega_q) = DFT(f(t_q))$

$\downarrow$

Cálculo de $H(\omega_q)$ com $\omega_q = 2q\pi / T_o$

$\downarrow$

$u(t_q) = IDFT(U(\omega_q))$ $\leftarrow$ $U(\omega_q) = H(\omega_q) F(\omega_q)$

Domínio do tempo. Domínio da frequência.

Exemplo 5.7 – Na viga em balanço do Exemplo 5.2 são agora consideradas forças com as leis representadas na Figura E5.7a. A primeira dessas leis expressa aplicação instantaneamente de 5kN e retirada instantânea dessa força aos 10 segundos. A segunda lei expressa aplicação linear dessa força em um intervalo ($T_d = 1{,}95\,s$) e sua interrupção também de forma instantânea aos 10 segundos. Em resolução através do domínio da frequência, foram obtidos os históricos para o deslocamento transversal da extremidade em balanço da viga.

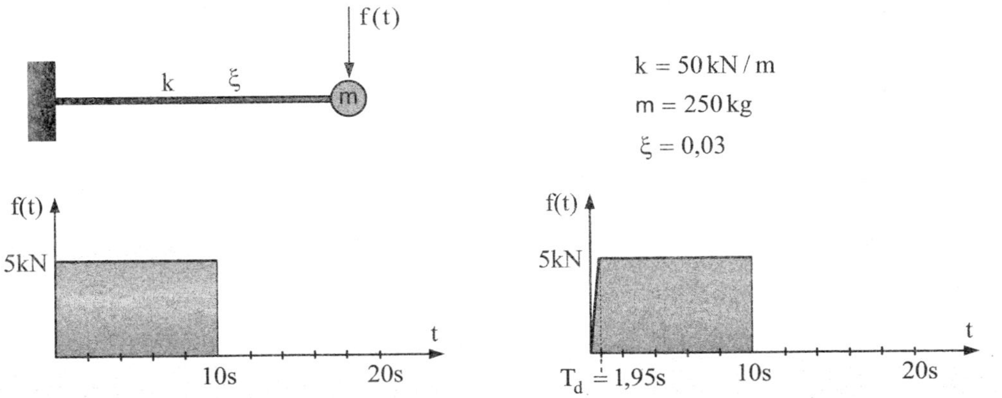

Figura E5.7a – Viga em balanço.

Tem-se: $\omega_n \approx 14{,}142\,rad/s$, $T_n \approx 0{,}444\,s$ e $\Delta T = 0{,}733 \cdot 0{,}444 / 0{,}03 \approx 10{,}8\,s$

Logo, para representar a resposta que inclui a retirada da força aos 10s, adotou-se ($T_o = 10 + 10{,}8 \approx 20s$). E as soluções foram obtidas com ($N = 2^{11} = 2048$) pontos.

As Figuras E5.7b e E5.7c apresentam os históricos do referido deslocamento para as duas leis de força.[11] Em ambos os casos, observa-se que ao se aproximar de 10 s (cerca de 23 vezes o período fundamental) a vibração fica praticamente amortecida, o que era esperado com o cálculo de Δt. E que a interrupção brusca da força aos 10 s provoca idênticas e relevantes vibrações que se atenuam em outros 10 s. No segundo caso, em que a duração do crescimento da força é cerca 4,39 vezes o período fundamental da viga, essa aplicação é *quase-estática* ou *lenta*, no sentido de que não há vibrações relevantes.

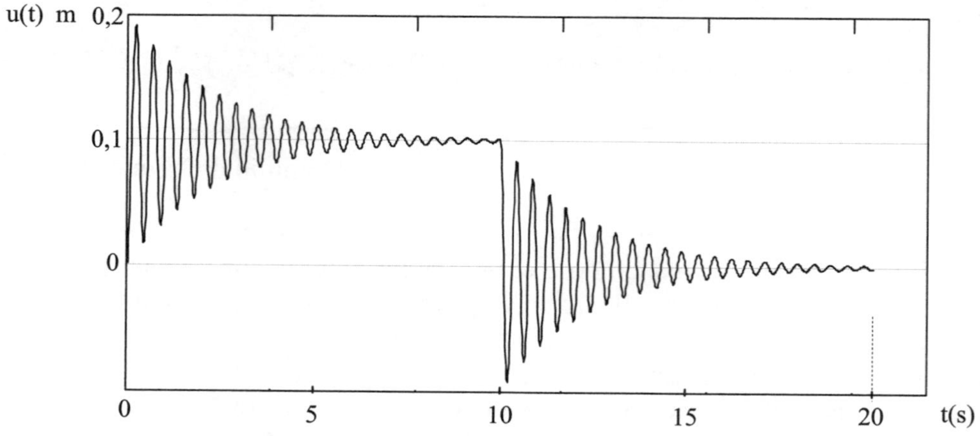

Figura E5.7b – Histórico de deslocamento no caso da aplicação instantânea de força.

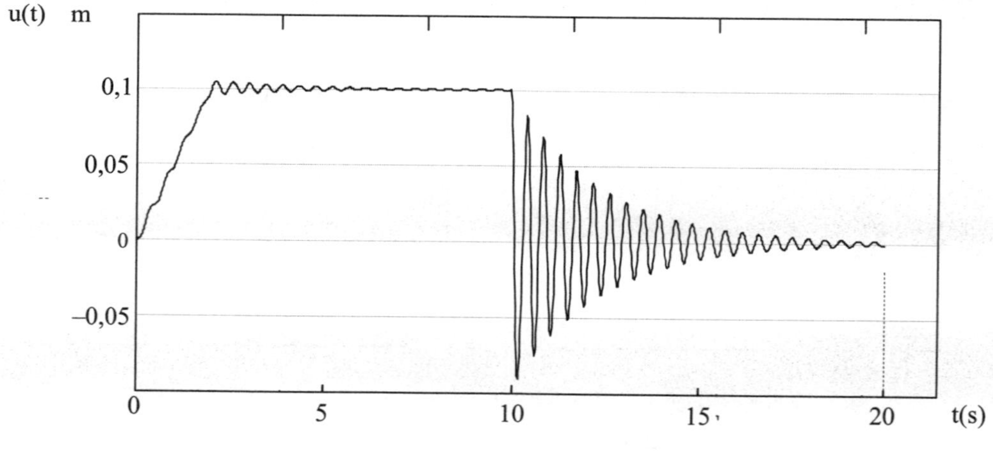

Figura E5.7c – Histórico de deslocamento no caso da aplicação gradual de força.

[11] Esses resultados foram obtidos com rotinas do *Sistema Mathcad* e conferidos com a Integração de Duhamel em procedimento passo a passo desenvolvido no item precedente.

E a próxima figura apresenta o espectro de amplitudes de Fourier do segundo caso de força. Observa-se o rápido decréscimo dessas amplitudes com o aumento das frequências ω_q, de forma análoga à Figura E5.6b do Exemplo 5.6.

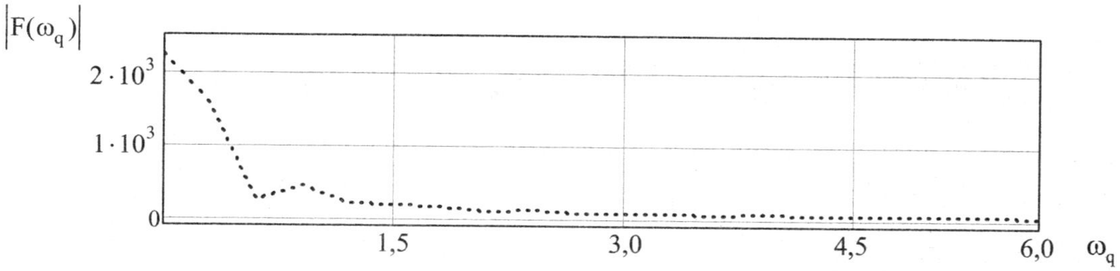

Figura E5.7d – Espectro de amplitudes de Fourier.

No segundo caso de força, razão (T_d / T_n) a expressa rapidez de aplicação da força comparativamente com o período natural. Na medida em que se diminui essa razão, cresce a vibração em torno do deslocamento estático e, na medida em que se aumenta o amortecimento, decresce a vibração. Uma razão $(T_d / T_n < 1/4)$ significa uma aplicação quase instantânea de força e uma razão $(T_d / T_n \geq 4)$, como no presente exemplo, indica uma aplicação quase-estática de força.

Para considerar condições iniciais, à solução de deslocamento 5.116 obtida através do domínio da frequência, pode ser acrescentada a influência das condições iniciais expressa pela Solução de Vibração Livre 5.29. Contudo, é prático incluir essas condições através de forças fictícias equivalentes na análise nesse domínio. Para o caso do deslocamento inicial, por exemplo, considera-se o deslocamento u_o da massa do oscilador a partir da posição neutra especificada pela coordenada x_o, como mostra a parte esquerda da Figura 5.23. Uma força $(f_o = ku_o)$ aplicada de forma instantânea ao sistema, como mostra a parte direita da mesma figura, faz o sistema oscilar com amplitude decrescente até que se estabilize com o deslocamento $(-u_o)$. Assim, a partir da Equação 5.116, escreve-se a resposta do sistema ao deslocamento inicial

$$u(t_n) = u_o + \sum_{q=0}^{N-1} U(\omega_q) F(\omega_q) e^{i2\pi qn/N} \quad , \quad n = 0, 1, 2, \cdots (N-1) \qquad (5.121)$$

em que $F(\omega_q)$ é a transformada discreta da força $(-ku_o)$.

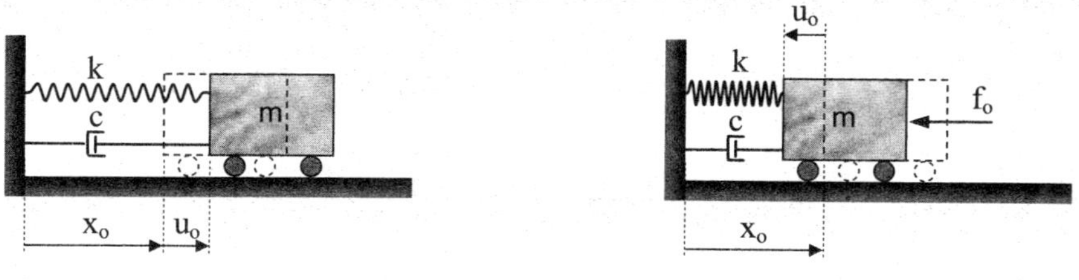

Figura 5.23 – Oscilador simples com deslocamento inicial.

Na resolução desenvolvida com transformada discreta de Fourier, o "período" T_o foi arbitrado com a extensão ΔT para eliminar condições iniciais espúrias. Uma alternativa ao uso dessa extensão é subtrair da solução $u(t)$ obtida através dessa transformada, a vibração livre com as condições espúrias $(u_o = u(t_o))$ e $(v_o = \dot{u}(t_o))$, para corrigir a resposta. Assim, a partir da Equação 5.28 escreve-se solução corrigida

$$u_c(t) = u(t) - e^{-\xi\omega_n t}\left(u_o \cos(\omega_a t) + \frac{u_o\,\xi\omega_n + v_o}{\omega_a}\sin(\omega_a t)\right) \tag{5.122}$$

em que o deslocamento inicial é fornecido pela própria solução $u(t)$ e a velocidade inicial pode ser calculada, com boa aproximação, como $(v_o = (u(t_1) - u(t_o))\,/\,\Delta t)$.

Exemplo 5.8 – Para comprovar a resposta corrigida anterior, considera-se a mesma viga do exemplo anterior, mas agora sob a força de aplicação instantânea e de atuação por 9,5 s, como mostra a próxima figura.

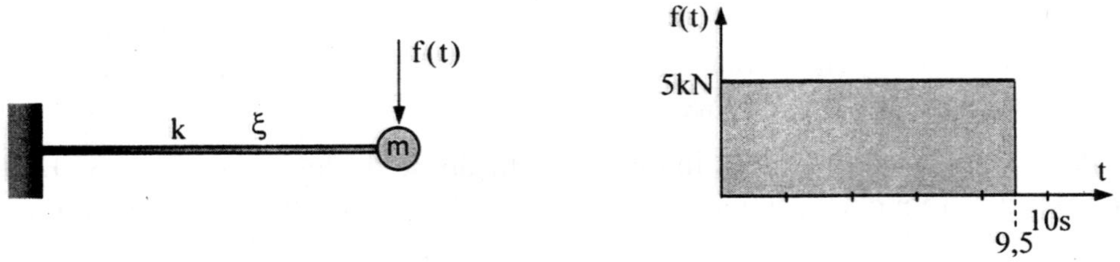

Figura E5.8a – Viga em balanço sob força de aplicação instantânea.

Com o arbítrio de $(T_o = 10\,s)$, a Figura E5.8b mostra em pontilhado a resposta sem a referida correção e mostra em traço contínuo a resposta com essa correção. Vê-se que a primeira dessas respostas tem a influência da interrupção da força aos 9,5 s e que a segundo inicia em zero e tem o mesmo valor máximo que no exemplo anterior (vide também a Figura E5.7b).

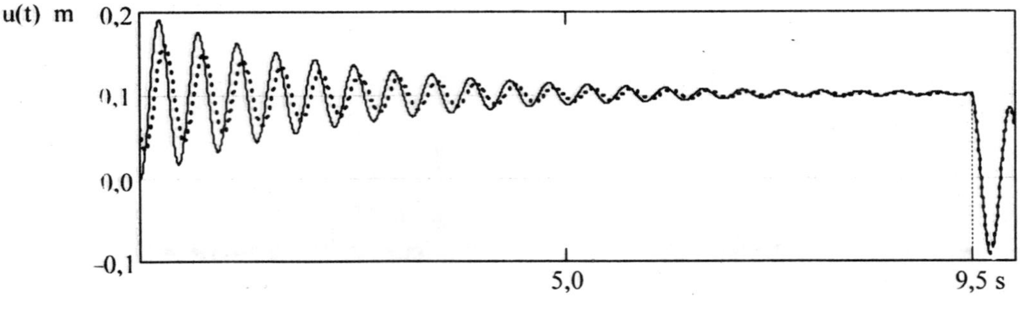

Figura E5.8b – Histórico de deslocamento em aplicação instantânea de força.

As Transformadas Discretas de Fourier 5.113 podem também ser escritas em forma matricial, o que apresenta vantagem em programação. Para isso, são definidos os seguintes vetores e matrizes:

$$\mathbf{f} = \lfloor f(t_o) \quad f(t_1) \quad \cdots \quad f(t_n) \quad \cdots \quad f(t_{N-1}) \rfloor^T \tag{5.123a}$$

$$\mathbf{u} = \lfloor u(t_o) \quad u(t_1) \quad \cdots \quad u(t_n) \quad \cdots \quad u(t_{N-1}) \rfloor^T \tag{5.123b}$$

$$\mathbf{F} = \lfloor F(\omega_o) \quad F(\omega_1) \quad \cdots \quad F(\omega_q) \quad \cdots \quad F(\omega_{N-1}) \rfloor^T \tag{5.123c}$$

$$\mathbf{E}^* = \begin{bmatrix} 1 & 1 & \cdots & 1 & \cdots & 1 \\ \cdot & e^{-i(2\pi/N)} & \cdots & e^{-in(2\pi/N)} & \cdots & e^{-i(N-1)(2\pi/N)} \\ & & & \vdots & & \vdots \\ \cdot & \cdot & \cdot & e^{-iqn(2\pi/N)} & \cdots & e^{-iq(N-1)(2\pi/N)} \\ \cdot & \cdot & \cdot & \cdot & \cdot & \vdots \\ \text{sim.} & \cdot & \cdot & \cdot & \cdot & e^{-i(N-1)(N-1)(2\pi/N)} \end{bmatrix} \tag{5.123d}$$

$$\mathbf{H} = \begin{bmatrix} H(\omega_o) & 0 & \cdots & 0 & \cdots & 0 \\ 0 & H(\omega_1) & \cdots & 0 & \cdots & 0 \\ & & \vdots & & & \vdots \\ 0 & 0 & \cdots & H(\omega_q) & \cdots & 0 \\ & & \vdots & & & \vdots \\ 0 & 0 & \cdots & 0 & \cdots & H(\omega_{N-1}) \end{bmatrix} \tag{5.123e}$$

E com essas definições, escreve-se a segunda das Equações 5.113 sob a forma de um vetor de valores discretos de transformada

$$\mathbf{F} = \frac{1}{N}\mathbf{E}^*\mathbf{f} \tag{5.124}$$

e escreve-se a Solução 5.116 sob a forma

$$\mathbf{u} = \mathbf{E}^{**}\mathbf{H}\,\mathbf{F} \tag{5.125}$$

onde $\mathbf{E}^{**}$ é uma matriz análoga à expressa pela Equação 5.123d, apenas com a modificação de sinais positivos nas exponenciais.

Logo, com a substituição da Equação 5.124 em 5.125, obtém-se a solução sob forma discreta matricial

$$\mathbf{u} = \frac{1}{N}\mathbf{E}^{**}\mathbf{H}\,\mathbf{E}^*\mathbf{f} \tag{5.126}$$

E com a notação

$$\mathbf{E}' = \mathbf{E}^{**}\mathbf{H}\,\mathbf{E}^* \tag{5.127}$$

de coeficiente genérico

$$\mathbf{E}'_{pr} = \sum_{n=0}^{N-1} \mathbf{E}^{**}_{pn}\, \mathbf{H}_{nn}\, \mathbf{E}^{*}_{nr} \tag{5.128}$$

a solução anterior fica sob a forma mais compacta [12]

$$\mathbf{u} = \frac{1}{N}\mathbf{E}'\,\mathbf{f} \tag{5.129}$$

5.6.3 – Integrações em procedimento passo a passo

As resoluções mais gerais da equação diferencial $(m\ddot{u}(t) + c\dot{u}(t) + ku(t) = f(t))$ são as que utilizam fórmulas de recorrência na determinação das soluções u_i, $\dot{u}_i$ e $\ddot{u}_i$ (do instante t_i), a partir de soluções em instantes anteriores, com acurácia dependente do intervalo de tempo adotado e do método utilizado. E essas resoluções podem ser através de integração numérica dessa equação ou através de integração exata baseada em aproximação da excitação através de funções simples.

A literatura apresenta o desenvolvimento de diversos métodos de integração numérica, juntamente com estudo de convergência, estabilidade numérica e de técnicas de programação. No que se segue, são detalhados apenas os dois métodos mais utilizados em Dinâmica das Estruturas, com destaque de suas principais características e condições de uso. Trata-se do método de aceleração constante (em cada intervalo de tempo), denominado *integração de Newmark* com $(\gamma = 1/2)$ e $(\beta = 1/4)$ e apresentado no Item 5.6.3.1, e do método de aceleração linear em intervalo de tempo estendido, chamado de *integração de Wilson-θ* e apresentado no Item 5.6.3.2. Esses métodos não se restringem ao amortecimento subcrítico e nem ao comportamento linear físico, e são *integrações implícitas* no sentido de que a solução no instante t_i é obtida com a condição de equilíbrio neste mesmo instante, diferentemente das *integrações explícitas*, em que a solução no instante t_i é obtida com a condição de equilíbrio do instante anterior, como é o caso da *integração de diferença central.* [13] E entre as integrações exatas baseadas em aproximação da excitação, vale destaque a que considerada a excitação definida através de segmentos lineares, e que requer linearidade física e amortecimento subcrítico, como desenvolvido no Item 5.6.3.3. Essa resolução se mostra mais eficiente do que a integração passo a passo de Duhamel que foi apresentada no Item 5.6.1, que se fundamenta na mesma aproximação e tem as mesmas limitações.

Vale adiantar que essas integrações serão utilizadas no próximo capítulo em análise de sistemas de multigraus de liberdade.

---

[12] Essa resolução foi proposta por Venâncio-Filho, F. & Claret, A.M., 1992, *Matrix Formulation of the Dynamic Analysis of SDOF in Frequency Domain,* Computer & Structures, vol.42, n°5, pp. 853-855, e recebeu a denominação *Transforma Implícita de Fourier* (ImFT, de **Im**plicit **F**ourier **T**ransform). Nessa resolução, $\mathbf{E}'$ é uma matriz Toeplitz, isto é, $\mathbf{E}'_{pr} = \mathbf{E}'_{p+1,r+1}$, o que implica que toda a matriz fica definida a partir dos coeficientes da primeira linha e da primeira coluna. Além disso, no presente caso, a primeira linha pode ser obtida a partir da primeira coluna, o que em muito reduz os cálculos na obtenção da solução.

[13] Essa integração é baseada em diferenças finitas e é condicionalmente estável, não apresentada aqui por concisão e por requerer intervalo de integração muito reduzido comparativamente aos métodos implícitos.

5.6.3.1 – Integração de Newmark

Newmark[14] apresentou uma família de integrações com parâmetros γ e β de influência na velocidade e no deslocamento ao final de cada intervalo de tempo Δt_i, para a resolução dos sistemas de equações de equilíbrio com n graus de liberdade que serão tratados no Item 6.6.1. E com $(\gamma = 1/2)$ e $(\beta = 1/4)$ recai-se no método de aceleração constante, que não introduz amortecimento artificial, é incondicionalmente estável (no sentido de ser estável independentemente de Δt_i), e tem boa razão de convergência no caso de $(\Delta t_i \leq T_n/10)$.

Essa é mais tradicional integração numérica das referidas equações de equilíbrio e se fundamenta no arbítrio da aceleração em cada intervalo de tempo ser igual à média da aceleração $\ddot{u}_{i-1}$ no início e da aceleração $\ddot{u}_i$ no fim desse intervalo

$$\ddot{u}(\tau) = (\ddot{u}_i + \ddot{u}_{i-1})/2 \tag{5.130}$$

em que $(0 \leq \tau \leq t_i - t_{i-1} = \Delta t_i)$ e como ilustra a figura seguinte.

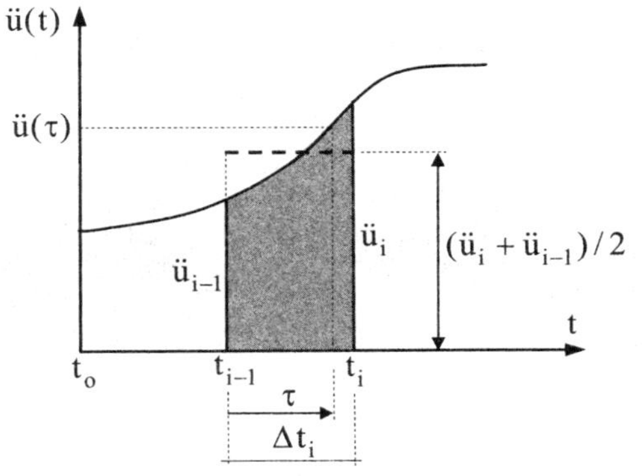

Figura 5.24 – Média de acelerações no intervalo Δt_i.

Com a integração analítica da equação anterior, chega-se à velocidade e ao deslocamento, no instante τ,

$$\begin{cases} \dot{u}(\tau) = \dot{u}_{i-1} + \dfrac{\ddot{u}_i + \ddot{u}_{i-1}}{2}\,\tau \\[2ex] u(\tau) = u_{i-1} + \dot{u}_{i-1}\,\tau + \dfrac{\ddot{u}_i + \ddot{u}_{i-1}}{4}\,\tau^2 \end{cases}$$

[14] Newmark, N.M., 1959, *A Method of Computation for Structural Dynamics*, ASCE, Journal of the Engineering Mechanics Division, vol. 44, pp. 67-94.

$$\rightarrow \begin{cases} \dot{u}_{\tau=\Delta t_i} = \dot{u}_i = \dot{u}_{i-1} + \dfrac{\ddot{u}_i + \ddot{u}_{i-1}}{2}\,\Delta t_i \\[2ex] u_{\tau=\Delta t_i} = u_i = u_{i-1} + \dot{u}_{i-1}\,\Delta t_i + \dfrac{\ddot{u}_i + \ddot{u}_{i-1}}{4}\,\Delta t_i^2 \end{cases} \tag{5.131}$$

E desses resultados intermediários, obtém-se para o instante t_i

$$\begin{cases} \ddot{u}_i = -\ddot{u}_{i-1} + 4(u_i - u_{i-1} - \dot{u}_{i-1}\,\Delta t_i)/\Delta t_i^2 \\ \dot{u}_i = -\dot{u}_{i-1} + 2(u_i - u_{i-1})/\Delta t_i \end{cases} \tag{5.132}$$

Além disso, tem-se a condição de equilíbrio no mesmo instante t_i

$$m\ddot{u}_i + c\dot{u}_i + k u_i = f_i \tag{5.133}$$

Logo, com a substituição, nessa equação, das expressões anteriores de velocidade e de aceleração, obtém-se a equação algébrica

$$k^* u_i = f^* \tag{5.134}$$

em que

$$\begin{cases} k^* = k + \dfrac{4m}{\Delta t_i^2} + \dfrac{2c}{\Delta t_i} \\[2ex] f^* = f_i + m\left(\ddot{u}_{i-1} + \dfrac{4\,\dot{u}_{i-1}}{\Delta t_i} + \dfrac{4\,u_{i-1}}{\Delta t_i^2}\right) + c\left(\dot{u}_{i-1} + \dfrac{2u_{i-1}}{\Delta t_i}\right) \end{cases} \tag{5.135}$$

Esses coeficientes k^* e f^* são denominados, respectivamente, *pseudo-rigidez* e *pseudo-força estática*.

Assim, com a Equação 5.134, obtém-se a solução de deslocamento em t_i

$$u_i = \frac{f^*}{k^*} \tag{5.136}$$

que, juntamente com as soluções u_{i-1}, $\dot{u}_{i-1}$ e $\ddot{u}_{i-1}$, fornece através da Equação 5.132 a velocidade $\dot{u}_i$ e a aceleração $\ddot{u}_i$.

Essa aceleração pode também ser obtida a partir da Equação de Equilíbrio 5.133, sob a forma

$$\ddot{u}_i = \frac{f_i - k u_i - c\dot{u}_i}{m} \tag{5.137}$$

Com a consideração de intervalo de tempo constante, segue um algoritmo desta integração numérica.

– Especificação de k, m, ξ, u_o, $\dot{u}_o$, Δt e f_i nos pontos de integração.

$$\omega_n = \sqrt{k/m} \quad , \quad c = 2\xi m \omega_n \quad , \quad \ddot{u}_o = (f_o - k u_o - c\dot{u}_o)/m$$

$$k^* = k + \frac{4m}{\Delta t^2} + \frac{2c}{\Delta t}$$

→ $i = 1 \rightarrow$ número de pontos de integração

$$f^* = f_i + m\left(\ddot{u}_{i-1} + \frac{4\,\dot{u}_{i-1}}{\Delta t} + \frac{4\,u_{i-1}}{\Delta t^2}\right) + c\left(\dot{u}_{i-1} + \frac{2u_{i-1}}{\Delta t}\right)$$

$$u_i = f^*/k^*$$

$$\dot{u}_i = -\dot{u}_{i-1} + 2(u_i - u_{i-1})/\Delta t$$

$$\ddot{u}_i = -\ddot{u}_{i-1} + 4(u_i - u_{i-1} - \dot{u}_{i-1}\Delta t)/\Delta t^2$$

5.6.3.2 – Integração de Wilson - θ

Esta integração é uma generalização da anterior, por adotar aceleração linear em intervalo de tempo estendido ($t_{i-1} \leq t \leq t_{i-1} + \theta\,\Delta t_i$), em que ($\theta \geq 1$), como mostra a Figura 5.25. É conhecida como *integração de Wilson - θ*, por ter sido apresentada por Wilson e coautores[15] e por utilizar o fator θ de estabilidade numérica. É, pois, um método condicionalmente estável como será mostrado no Exemplo 6.5 do próximo capítulo.

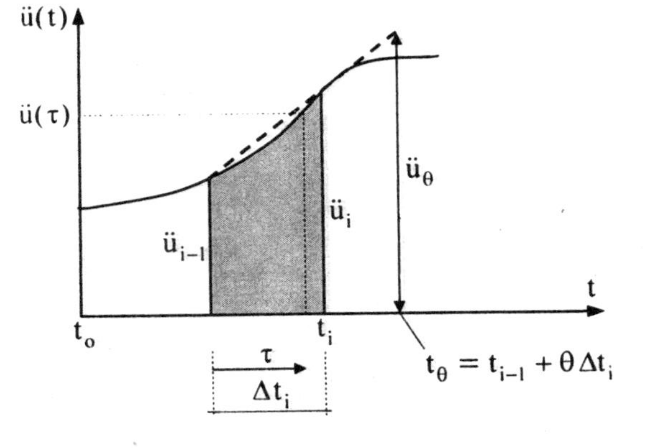

Figura 5.25 – Aceleração linear no intervalo Δt_i .

[15] Wilson, E.L., Farhoomand, I. & Bathe, K.J., 1973, *Nonlinear Dynamic Analysis of Complex Structures*, Earthquake Engineering and Structural Dynamics, vol. 1, pp. 241-252.

Com a notação τ de tempo medido a partir do instante t_{i-1}, $(0 \leq \tau \leq \theta\, \Delta t_i)$, tem-se a lei de aceleração linear [16]

$$\ddot{u}(\tau) = \ddot{u}_{i-1} + \left(\ddot{u}_\theta - \ddot{u}_{i-1}\right)\frac{\tau}{\theta\,\Delta t_i} \tag{5.138}$$

E com a integração dessa equação, obtém-se

$$\begin{cases} \dot{u}(\tau) = \dot{u}_{i-1} + \ddot{u}_{i-1}\,\tau + \left(\ddot{u}_\theta - \ddot{u}_{i-1}\right)\dfrac{\tau^2}{2\,\theta\,\Delta t_i} \\ u(\tau) = u_{i-1} + \dot{u}_{i-1}\,\tau + \ddot{u}_{i-1}\,\dfrac{\tau^2}{2} + \left(\ddot{u}_\theta - \ddot{u}_{i-1}\right)\dfrac{\tau^3}{6\,\theta\,\Delta t_i} \end{cases} \tag{5.139}$$

$$\rightarrow \begin{cases} \dot{u}_{\tau=\theta\Delta t_i} = \dot{u}_\theta = \dot{u}_{i-1} + \left(\ddot{u}_\theta + \ddot{u}_{i-1}\right)\dfrac{\theta\,\Delta t_i}{2} \\ u_{\tau=\theta\Delta t_i} = u_\theta = u_{i-1} + \dot{u}_{i-1}\,\theta\,\Delta t_i + \left(\ddot{u}_\theta + \ddot{u}_{i-1}\right)\dfrac{\theta^2\,\Delta t_i^{\,2}}{6} \end{cases}$$

Logo, a resolução do sistema anterior fornece as soluções no instante $(t_\theta = t_{i-1} + \theta\,\Delta t_i)$

$$\begin{cases} \ddot{u}_\theta = \dfrac{6}{\theta^2 \Delta t_i^2}\left(u_\theta - u_{i-1}\right) - \dfrac{6}{\theta\,\Delta t_i}\,\dot{u}_{i-1} - 2\,\ddot{u}_{i-1} \\ \dot{u}_\theta = \dfrac{3}{\theta\,\Delta t_i}\left(u_\theta - u_{i-1}\right) - 2\,\dot{u}_{i-1} - \dfrac{\theta\,\Delta t_i}{2}\,\ddot{u}_{i-1} \end{cases} \tag{5.140}$$

Por outro lado, a condição de equilíbrio no instante t_θ, em que $(f_\theta = f_{i-1} + \theta\,(f_i - f_{i-1}))$, escreve-se

$$m\ddot{u}_\theta + c\dot{u}_\theta + k\,u_\theta = f_{i-1} + \theta(f_i - f_{i-1}) \tag{5.141}$$

Logo, com a substituição, nessa equação, da velocidade e da aceleração expressas anteriormente, obtém-se a equação algébrica

$$k^*\,u_\theta = f^* \tag{5.142}$$

em que ocorrem os coeficientes

$$\begin{cases} k^* = k + \dfrac{6m}{\theta^2 \Delta t_i^2} + \dfrac{3c}{\theta\,\Delta t_i} \\ f^* = f_{i-1} + \theta(f_i - f_{i-1}) + 6m\left(\dfrac{\ddot{u}_{i-1}}{3} + \dfrac{\dot{u}_{i-1}}{\theta\,\Delta t_i} + \dfrac{u_{i-1}}{\theta^2 \Delta t_i^2}\right) + c\left(\dfrac{\theta\,\Delta t_i}{2}\,\ddot{u}_{i-1} + 2\,\dot{u}_{i-1} + \dfrac{3u_{i-1}}{\theta\,\Delta t_i}\right) \end{cases} \tag{5.143}$$

E da Equação 5.142, obtém-se a solução de deslocamento no instante t_θ

$$u_\theta = f^*/k^* \tag{5.144}$$

[16] No caso de $(\theta = 1)$, recai-se na integração de Newmark de aceleração linear em que $(\gamma = ½)$ e $(\beta = 1/6)$.

É necessário, agora, determinar as soluções no instante t_i. Para isso, substitui-se ($\tau = \Delta t_i$) nas Equações 5.138 e 5.139, de maneira a obter

$$\begin{cases} \ddot{u}_i = \ddot{u}_{i-1} + \left(\ddot{u}_\theta - \ddot{u}_{i-1}\right)\dfrac{1}{\theta} \\ \dot{u}_i = \dot{u}_{i-1} + \ddot{u}_{i-1}\,\Delta t_i + \left(\ddot{u}_\theta - \ddot{u}_{i-1}\right)\dfrac{\Delta t_i}{2\theta} \\ u_i = u_{i-1} + \dot{u}_{i-1}\,\Delta t_i + \ddot{u}_{i-1}\,\dfrac{\Delta t_i^2}{2} + \left(\ddot{u}_\theta - \ddot{u}_{i-1}\right)\dfrac{\Delta t_i^2}{6\theta} \end{cases}$$

e dessas equações tem-se

$$\begin{cases} \ddot{u}_i = \dfrac{6}{\theta^3\,\Delta t_i^2}\left(u_\theta - u_{i-1}\right) - \dfrac{6}{\theta^2\,\Delta t_i}\dot{u}_{i-1} + \left(1 - \dfrac{3}{\theta}\right)\ddot{u}_{i-1} \\ \dot{u}_i = \dot{u}_{i-1} + \dfrac{\Delta t_i}{2}\left(\ddot{u}_i + \ddot{u}_{i-1}\right) \\ u_i = u_{i-1} + \Delta t_i\,\dot{u}_{i-1} + \dfrac{\Delta t_i^2}{6}\left(\ddot{u}_i + 2\,\ddot{u}_{i-1}\right) \end{cases} \tag{5.145}$$

Logo, com as soluções no instante t_{i-1} e o deslocamento u_θ, obtém-se as soluções no instante t_i, como mostra o algoritmo que se segue, em que foi adotado intervalo de integração constante.

– Especificações de k, m, ξ, u_o, $\dot{u}_o$, $\theta, \Delta t$ e de f_i nos pontos de integração.

$\omega_n = \sqrt{k/m}$, $c = 2\xi m\omega_n$, $\ddot{u}_o = (f_o - k\,u_o - c\,\dot{u}_o)/m$

$$k^* = k + \frac{6m}{\theta^2\Delta t^2} + \frac{3c}{\theta\,\Delta t}$$

→ $i = 1 \rightarrow$ número de pontos de integração

$$f^* = f_{i-1} + \theta\left(f_i - f_{i-1}\right) + 6m\left(\frac{\ddot{u}_{i-1}}{3} + \frac{\dot{u}_{i-1}}{\theta\,\Delta t} + \frac{u_{i-1}}{\theta^2\Delta t^2}\right) + c\left(\frac{\theta\,\Delta t}{2}\ddot{u}_{i-1} + 2\,\dot{u}_{i-1} + \frac{3u_{i-1}}{\theta\,\Delta t}\right)$$

$$u_\theta = f^*/k^*$$

$$\ddot{u}_i = \frac{6}{\theta^3\,\Delta t^2}\left(u_\theta - u_{i-1}\right) - \frac{6}{\theta^2\,\Delta t}\dot{u}_{i-1} + \left(1 - \frac{3}{\theta}\right)\ddot{u}_{i-1}$$

$$\dot{u}_i = \dot{u}_{i-1} + \frac{\Delta t}{2}\left(\ddot{u}_i + \ddot{u}_{i-1}\right)$$

$$u_i = u_{i-1} + \Delta t\,\dot{u}_{i-1} + \frac{\Delta t^2}{6}\left(\ddot{u}_i + 2\,\ddot{u}_{i-1}\right)$$

5.6.3.3 – Integração por segmentos lineares da excitação

Uma integração muito eficiente da equação de equilíbrio do oscilador simples subamortecido de comportamento linear, no caso de aproximação da excitação em segmentos lineares ou definida por uma sequência de valores discretos, foi apresentada por *Nigam* e *Jennings*.[17] Esta integração não apresenta problemas de instabilidade e de amortecimento numérico, e parte da equação diferencial de equilíbrio escrita sob a forma

$$\ddot{u}(t) + c\,\dot{u}(t)/m + k\,u(t)/m = f(t)/m \;\rightarrow\; \ddot{u}(t) + 2\,\omega_n\,\xi\,\dot{u}(t) + \omega_n^2\,u(t) = \mathfrak{f}(t) \qquad (5.146)$$

em que se considera a excitação

$$\mathfrak{f}(t) = f(t)/m \qquad (5.147)$$

discretizada em uma sucessão de segmentos lineares, como ilustra a próxima figura.

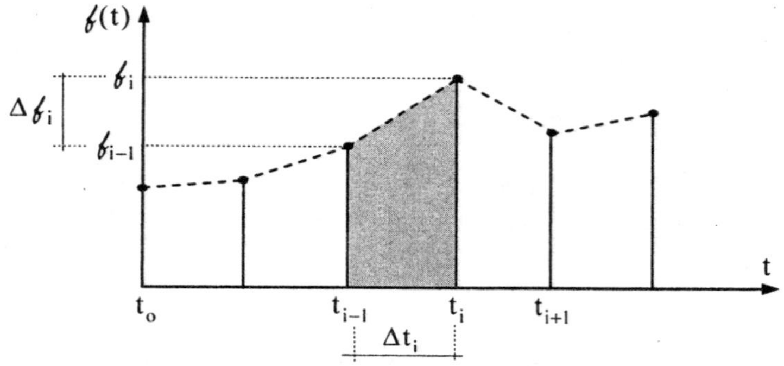

Figura 5.26 – Excitação discretizada em segmentos lineares.

Logo, para o segmento de força definido no intervalo de tempo ($t_{i-1} \leq t \leq t_i$), a equação anterior toma a nova forma

$$\ddot{u} + 2\,\omega_n \xi \dot{u} + \omega_n^2\,u = \mathfrak{f}_{i-1} + \frac{\Delta\mathfrak{f}_i}{\Delta t_i}\left(t - t_{i-1}\right) \qquad (5.148)$$

onde

$$\Delta\mathfrak{f}_i = \mathfrak{f}_i - \mathfrak{f}_{i-1} \qquad (5.149)$$

A solução geral dessa equação é a soma da solução da equação homogênea com uma solução particular. Assim, tem-se a solução

$$u = e^{-\xi\omega_n(t-t_{i-1})}\left(a_1\cos(\omega_a(t-t_{i-1})) + a_2\sin(\omega_a(t-t_{i-1}))\right) + \frac{\mathfrak{f}_{i-1}}{\omega_n^2} + \left(\frac{\Delta\mathfrak{f}_i(t-t_{i-1})}{\omega_n^2\,\Delta t_i} - \frac{2\xi\Delta\mathfrak{f}_i}{\omega_n^3\,\Delta t_i}\right) \qquad (5.150)$$

---

[17] Nigam, N.C. & Jennings, P.C., 1968, *Digital Calculation of Response Spectra from Strong-Motion Earthquake Records*, Earthquake Engineering Research Laboratory, California Institute of Technology, California.

onde a primeira parcela do segundo membro é a solução em vibração livre com as constantes de integração a_1 e a_2, a segunda parcela é a solução à "excitação constante" f_{i-1} e a terceira parcela é a solução devido ao incremento Δf_i dessa excitação.

E com a particularização da equação anterior às condições iniciais u_{i-1} e $\dot{u}_{i-1}$ do intervalo Δt_i, obtém-se os valores das referidas constantes

$$\begin{cases} a_1 = u_{i-1} - \dfrac{f_{i-1}}{\omega_n^2} + \dfrac{2\xi\Delta f_i}{\omega_n^3\,\Delta t_i} \\ a_2 = \dfrac{1}{\omega_a}\left(\omega_n\,\xi\,u_{i-1} + \dot{u}_{i-1} - \dfrac{(1-2\xi^2)\Delta f_i}{\omega_n^2\,\Delta t_i} - \dfrac{\xi f_{i-1}}{\omega_n}\right) \end{cases}$$

Além disso, com a substituição desses resultados na solução expressa pela Equação 5.150 e na derivada dessa solução, ambas no instante t_i, chega-se, respectivamente, ao deslocamento e à velocidade nesse instante, em termos do deslocamento e da velocidade do instante anterior t_{i-1},

$$\begin{cases} u_i = a_{11}\,u_{i-1} + a_{12}\,\dot{u}_{i-1} - b_{11}\,f_{i-1} - b_{12}\,f_i \\ \dot{u}_i = a_{21}\,u_{i-1} + a_{22}\,\dot{u}_{i-1} - b_{21}\,f_{i-1} - b_{22}\,f_i \end{cases} \qquad (5.151)$$

em que se tem os coeficientes

$$\begin{cases} a_{11} = e^{-\xi\omega_n\Delta t_i}\left(\cos(\omega_a\Delta t_i) + \dfrac{\xi\omega_n}{\omega_a}\sin(\omega_a\Delta t_i)\right) \\ a_{12} = \dfrac{e^{-\xi\omega_n\Delta t_i}}{\omega_a}\sin(\omega_a\Delta t_i) \\ a_{21} = -\dfrac{\omega_n^2\,e^{-\xi\omega_n\Delta t_i}}{\omega_a}\sin(\omega_a\Delta t_i) \\ a_{22} = e^{-\xi\omega_n\Delta t_i}\left(\cos(\omega_a\Delta t_i) - \dfrac{\xi\omega_n}{\omega_a}\sin(\omega_a\Delta t_i)\right) \end{cases} \qquad (5.152)$$

$$\begin{cases} b_{11} = e^{-\xi\omega_n\Delta t_i}\left(\left(\dfrac{1}{\omega_n^2} + \dfrac{2\xi}{\omega_n^3\Delta t_i}\right)\cos(\omega_a\Delta t_i) + \left(\dfrac{\xi}{\omega_n} + \dfrac{2\xi^2-1}{\omega_n^2\Delta t_i}\right)\dfrac{\sin(\omega_a\Delta t_i)}{\omega_a}\right) - \dfrac{2\xi}{\omega_n^3\Delta t_i} \\ b_{12} = -e^{-\xi\omega_n\Delta t_i}\left(\dfrac{2\xi}{\omega_n^3\Delta t_i}\cos(\omega_a\Delta t_i) + \dfrac{2\xi^2-1}{\omega_n^2\Delta t_i}\,\dfrac{\sin(\omega_a\Delta t_i)}{\omega_a}\right) - \dfrac{1}{\omega_n^2} + \dfrac{2\xi}{\omega_n^3\Delta t_i} \\ b_{21} = e^{-\xi\omega_n\Delta t_i}\left(\dfrac{\xi}{\omega_n} + \dfrac{2\xi^2-1}{\omega_n^2\Delta t_i}\right)\left(\cos(\omega_a\Delta t_i) - \dfrac{\xi\omega_n\sin(\omega_a\Delta t_i)}{\omega_a}\right) \\ \qquad - e^{-\xi\omega_n\Delta t_i}\left(\dfrac{1}{\omega_n^2} + \dfrac{2\xi}{\omega_n^3\Delta t_i}\right)(\xi\omega_n\cos(\omega_a\Delta t_i) + \omega_a\sin(\omega_a\Delta t_i)) + \dfrac{1}{\omega_n^2\Delta t_i} \\ b_{22} = -e^{-\xi\omega_n\Delta t_i}\left(\dfrac{2\xi^2-1}{\omega_n^2\Delta t_i}\right)\left(\cos(\omega_a\Delta t_i) - \dfrac{\xi\omega_n\sin(\omega_a\Delta t_i)}{\omega_a}\right) \\ \qquad + e^{-\xi\omega_n\Delta t_i}\dfrac{2\xi}{\omega_n^3\Delta t_i}(\xi\omega_n\cos(\omega_a\Delta t_i) + \omega_a\sin(\omega_a\Delta t_i)) - \dfrac{1}{\omega_n^2\Delta t_i} \end{cases} \qquad (5.153)$$

Assim, a partir do deslocamento e da velocidade no instante t_{i-1}, obtém-se o deslocamento e a velocidade no instante t_i, em procedimento passo a passo, como mostra o algoritmo que se segue.

– Especificações de k, m, ξ, u_o, $\dot{u}_o$, dos diversos instantes t_i e de f_i em cada um desses instantes.

$\omega_n = \sqrt{k/m}$, $\omega_a = \omega_n\sqrt{1-\xi^2}$

→ $i = 1 \rightarrow$ número de pontos de integração

$\Delta t_i = t_i - t_{i-1}$, $\not{f}_i = f_i / m$

– Cálculo dos coeficientes $a_{11} \cdots a_{22}$ e $b_{11} \cdots b_{22}$ (Equações 5.152 e 5.153).

$u_i = a_{11}\, u_{i-1} + a_{12}\, \dot{u}_{i-1} - b_{11} \not{f}_{i-1} - b_{12} \not{f}_i$

$\dot{u}_i = a_{21}\, u_{i-1} + a_{22}\, \dot{u}_{i-1} - b_{21} \not{f}_{i-1} - b_{22} \not{f}_i$

A aceleração em cada instante de discretização pode ser obtida diretamente da equação de equilíbrio, sob a forma ($\ddot{u}_i = \not{f}_i - 2\,\omega_n\,\xi\,\dot{u}_i - \omega_n^2\, u_i$)). E observa-se que, com intervalo de tempo constante, os coeficientes definidos pelas Equações 5.152 e 5.153 podem ser calculados apenas uma única vez, o que torna essa integração muito eficiente.

Exemplo 5.9 – A seguir, são comparados resultados das integrações apresentadas nos itens anteriores com a solução exata de vibração forçada sob força harmônica desenvolvida no Item 5.4. Para isso, utiliza-se a viga em balanço do Exemplo 5.2 de ($k = 50$kN/m), ($m = 250$kg) e ($\xi = 0{,}03$), considerada agora sob a força harmônica ($f(t) = 5{,}0\cos(\omega t)$ kN), em que ($\omega = 5$rad/s $\rightarrow$ $T \approx 1{,}127$s). Essa viga tem as características dinâmicas ($\omega_n \approx 14{,}142$rad/s $\rightarrow$ $T_n \approx 0{,}444$s). Adotou-se o intervalo de integração ($\Delta t = 1/30 \approx 0{,}033$s), que atende às condições ($\Delta t < T_n / 10 \approx 0{,}044$s) e ($\Delta t < T / 10 \approx 0{,}126$s). E para quantificar a "diferença" entre a solução exata e as soluções aproximadas, utilizou-se a norma

$$\|dif\| = \left(\sum_{i=0}^{n^o\,pontos} \left(u_{i-exato} - u_{i-aproximado}\right)^2 \right)^{1/2}$$

A Figura E5.9a mostra os históricos do deslocamento transversal da extremidade livre nos 2 primeiros segundos, obtidos com a integração exata (em traço contínuo), a integração por segmentos lineares (em pontilhado), a integração de Wilson $\theta = 1$ (em traço-ponto) e a integração de Newmark (em tracejado). Observa-se que a solução exata e a solução por segmentos lineares são coincidentes graficamente e que a solução de Wilson é mais próxima da solução exata do que a solução de Newmark. E para essas três últimas soluções aproximadas foram obtidas, respectivamente, as diferenças 0,004, 0,054 e 0,105. A instabilidade numérica não é um fator limitante no caso de oscilador simples porque adota-se pelo menos ($\Delta t_i < T_n / 10$) para se obter uma representação adequada da resposta.

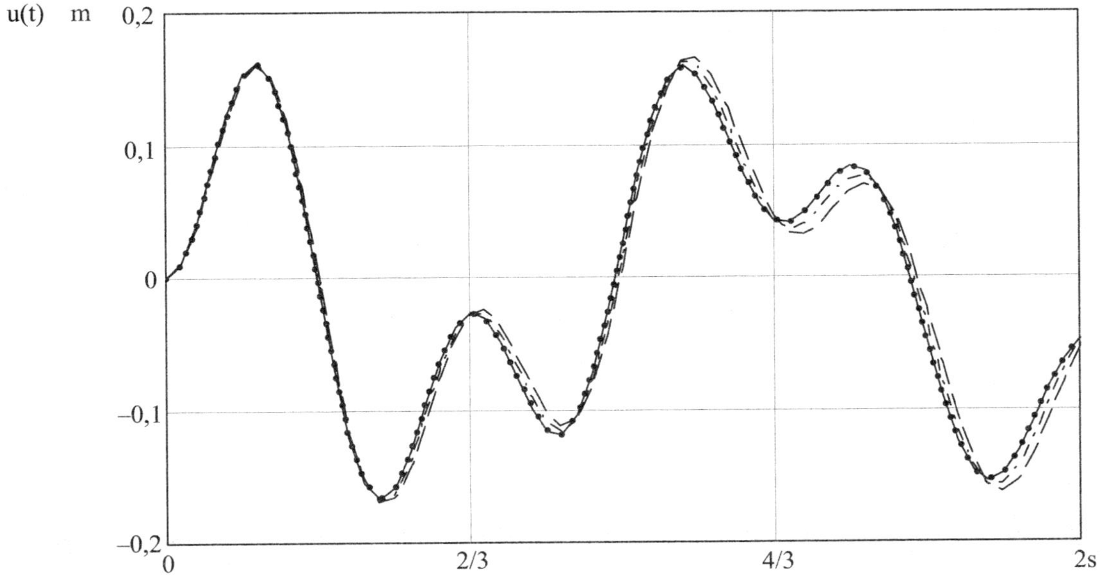

Figura E5.9a – Históricos de deslocamento, com Wilson $\theta = 1$.

As Figuras E5.9b e E5.9c mostram os históricos do deslocamento e da velocidade da mesma extremidade, agora com a integração de Wilson $\theta = 1{,}4$.

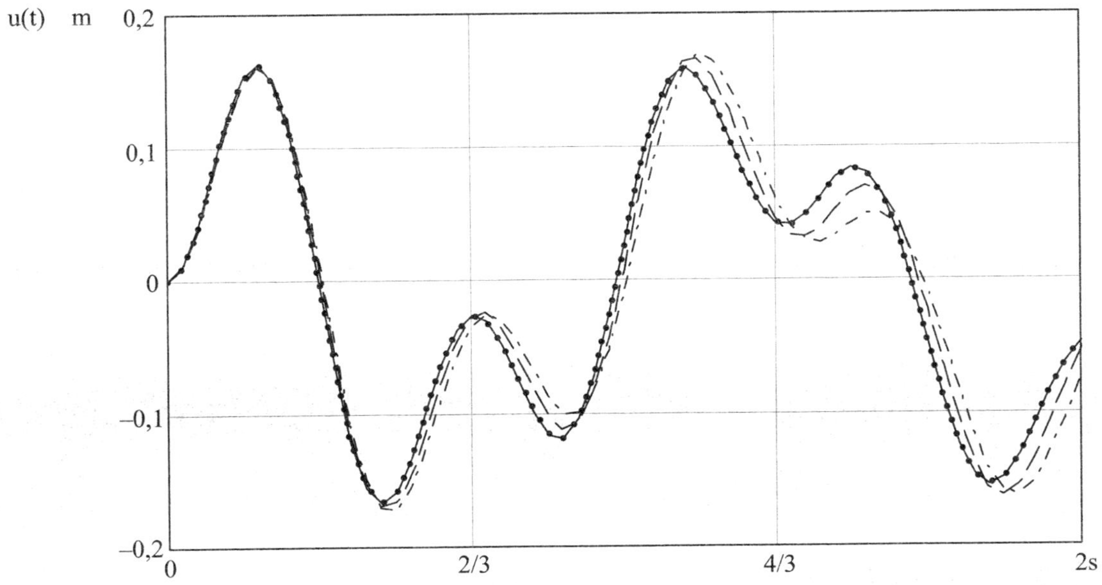

Figura E5.9b – Históricos de deslocamento, com Wilson $\theta = 1{,}4$.

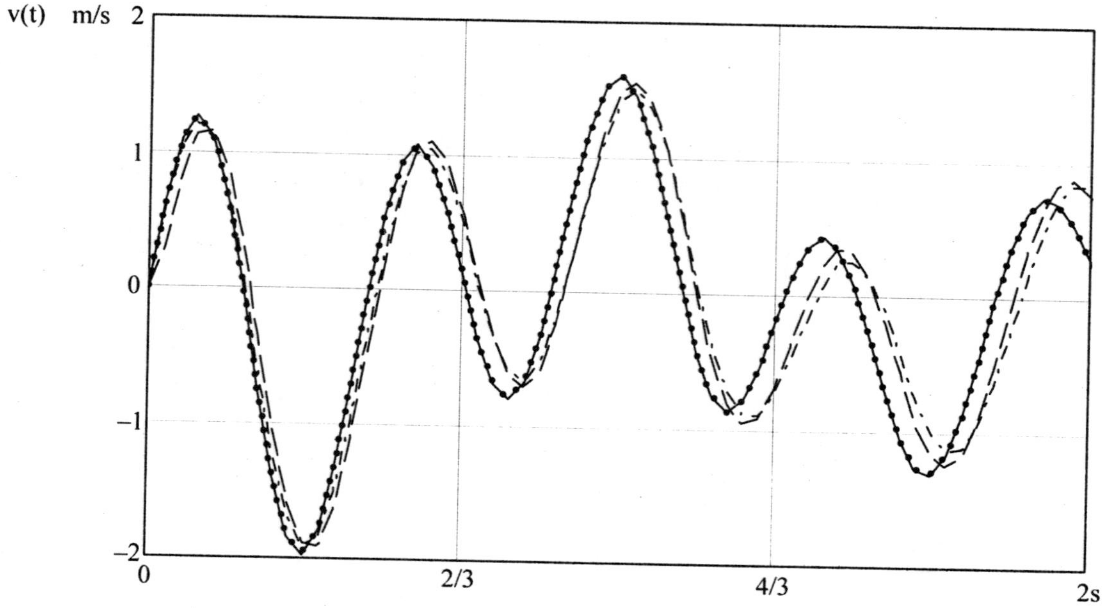

Figura E5.9c – Históricos de velocidade, com Wilson $\theta = 1{,}4$.

Vê-se, na Figura E5.9b, que a solução de Wilson é ligeiramente menos acurada do que a de Newmark, o que corresponde à diferença de 0,197. E na Figura E5.9c, vê-se que a solução de Wilson se aproxima da solução de Newmark. Já, a Figura E5.9d mostra que todas as soluções passam a ser graficamente coincidentes ao iniciar o regime permanente.

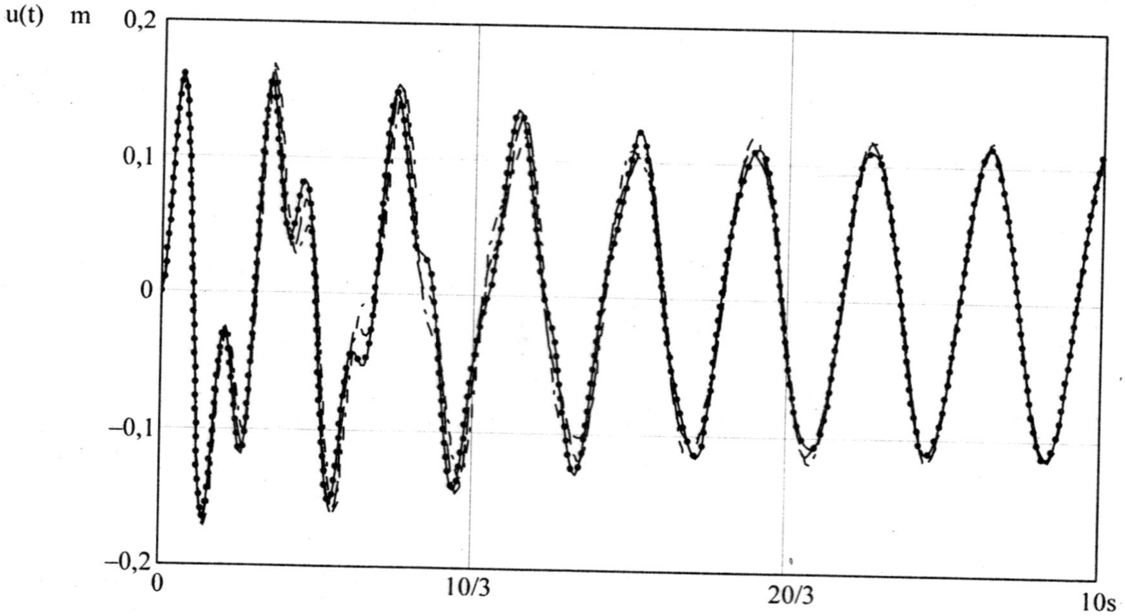

Figura E5.9d – Históricos de deslocamento até o início do regime permanente, com Wilson $\theta = 1{,}4$.

Neste exemplo, tem-se a razão de frequências ($r = 5/14,142 = 0,3536$) que, de acordo com a Figura 5.12, corresponde aproximadamente ao fator de amplificação dinâmica 1,1. Logo, como o pseudo-deslocamento estático é ($u_{est} = 5000 / 50000 = 0,1\,m$), a amplitude dinâmica em regime permanente é próxima de ($0,1 \cdot 1,1 = 0,11m$), o que confere o final do histórico exibido pela figura anterior. E é relevante observar que, na parcela transiente da resposta, ocorrem deslocamentos maiores do que aquela amplitude. Além disso, comprova-se a adequação do intervalo de integração ($\Delta t \leq T_n/10$).

Este exemplo evidencia que a presente integração por segmentos lineares da excitação tem maior acurácia do que as integrações de Newmark e de Wilson – θ (porque é exata a menos da aproximação da excitação em segmentos lineares) e não tem problema de instabilidade numérica e nem de amortecimento numérico. Ela é especialmente eficiente no caso de determinação de soluções em instantes igualmente espaçados e será muito útil na resolução das equações desacopladas que são obtidas com o método de superposição modal que será apresentado no Item 6.4. Já, as integrações de Newmark e de Wilson – θ têm a vantagem de se aplicarem à integração direta dos sistemas de equações diferenciais de equilíbrio dos sistemas de multigraus de liberdade, como será apresentado no Item 6.6.

5.7 – Vibração por movimento do suporte

As estruturas civis costumam também ser excitadas através de movimento de seus apoios ou suporte, como de terremotos e de explosões no subsolo, por exemplo, e as estruturas veiculares estão sujeitas a movimentos vibratórios ao se deslocar em pisos irregulares. Interessa, pois, analisar o oscilador simples excitado pelo suporte, como esquematizado na Figura 5.27 em que $u_s(t)$ é o deslocamento do suporte, $w(t)$ é o deslocamento da massa em relação ao suporte, denominado *deslocamento relativo*, e $u(t)$ é o *deslocamento absoluto*.

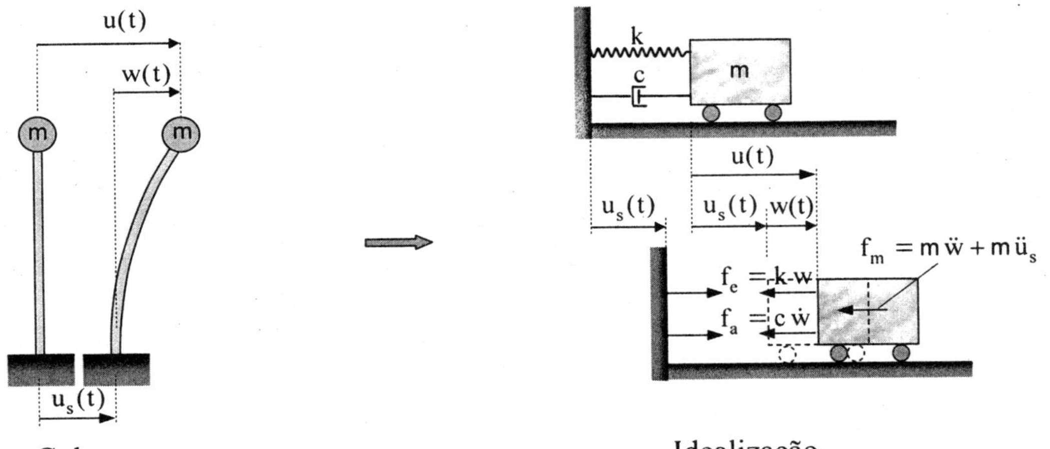

Figura 5.27 – Oscilador simples com movimento do suporte.

Logo, tem-se a seguinte relação entre deslocamentos

$$u(t) = w(t) + u_s(t) \tag{5.154}$$

que corresponde à força de inércia

$$f_m = m\,\ddot{u}(t) \quad \rightarrow \quad f_m = m\left(\ddot{w}(t) + \ddot{u}_s(t)\right) \tag{5.155}$$

Além disso, como as forças elástica e de amortecimento viscoso dependem apenas do deslocamento relativo e considera-se força externa nula, a equação de equilíbrio dinâmico tem a forma

$$m\left(\ddot{w}(t) + \ddot{u}_s(t)\right) + c\,\dot{w}(t) + k\,w(t) = 0$$

$$\rightarrow \quad m\,\ddot{w}(t) + c\,\dot{w}(t) + k\,w(t) = -m\,\ddot{u}_s(t) \tag{5.156}$$

Nessa equação, o movimento do suporte é transformado na força equivalente ($f(t) = -m\ddot{u}_s(t)$) e, consequentemente, os métodos de resolução e as conclusões apresentadas nos itens anteriores são aplicáveis ao presente caso. E assim, essa equação pode ser resolvida com diferentes leis para o movimento do suporte. Nos próximos dois itens, são tratados o movimento harmônico e a excitação sísmica.

5.7.1 – Movimento harmônico

Considera-se inicialmente o movimento harmônico do suporte

$$u_s = u_{so}\cos(\omega t) \quad \rightarrow \quad f(t) = -m\,\ddot{u}_s(t) = m\,u_{so}\,\omega^2\cos(\omega t) \tag{5.157}$$

com o qual a Equação 5.156 toma a nova forma

$$m\,\ddot{w}(t) + c\,\dot{w}(t) + k\,w(t) = m\,u_{so}\,\omega^2\cos(\omega t) \tag{5.158}$$

Logo, de acordo com a Equação 5.44, tem-se a resposta em regime permanente

$$w(t) = \frac{m\,u_{so}\,\omega^2}{k\sqrt{(1-r^2)^2 + (2\,r\,\xi)^2}}\cos(\omega t - \theta)$$

$$\rightarrow \quad w(t) = \frac{u_{so}\,r^2}{\sqrt{(1-r^2)^2 + (2\,r\,\xi)^2}}\cos(\,\omega t - \theta) \tag{5.159}$$

em que θ é o ângulo de fase expresso pela Equação 5.45.

E a partir dessa solução, define-se o *fator de amplificação do deslocamento relativo* como a razão entre a amplitude (máxima) desse deslocamento e a amplitude (máxima) do deslocamento do suporte

$$\frac{w_{máx}}{u_{so}} = \frac{r^2}{\sqrt{(1-r^2)^2 + (2\,r\,\xi)^2}} \tag{5.160}$$

que, com a notação do fator de amplificação dinâmica expresso pela Equação 5.48, se escreve

$$\frac{w_{máx}}{u_{so}} = r^2 A_d \tag{5.161}$$

A Figura 5.28 mostra a representação do fator de amplificação do deslocamento relativo versus razão de frequências, com diversos valores de razão de amortecimento. Dessa figura, conclui-se que:

(i) – Com ($\omega \ll \omega_n \rightarrow r \ll 1$), o deslocamento relativo da massa é muito pequeno, ou seja, a massa praticamente acompanha o movimento do suporte, com a geração de forças elásticas e de inércia desprezíveis.

(ii) – Com ($\omega \approx \omega_n \rightarrow r \approx 1$), tem-se o fenômeno de ressonância em que pequenos movimentos do suporte provocam grandes deslocamentos relativos e grandes forças elásticas, que se reduzem na medida em que se aumenta o amortecimento.

(iii) – Com ($\omega \gg \omega_n \rightarrow r \gg 1$), o deslocamento relativo é praticamente igual ao deslocamento do suporte, devido ao desenvolvimento de grandes forças de inércia.

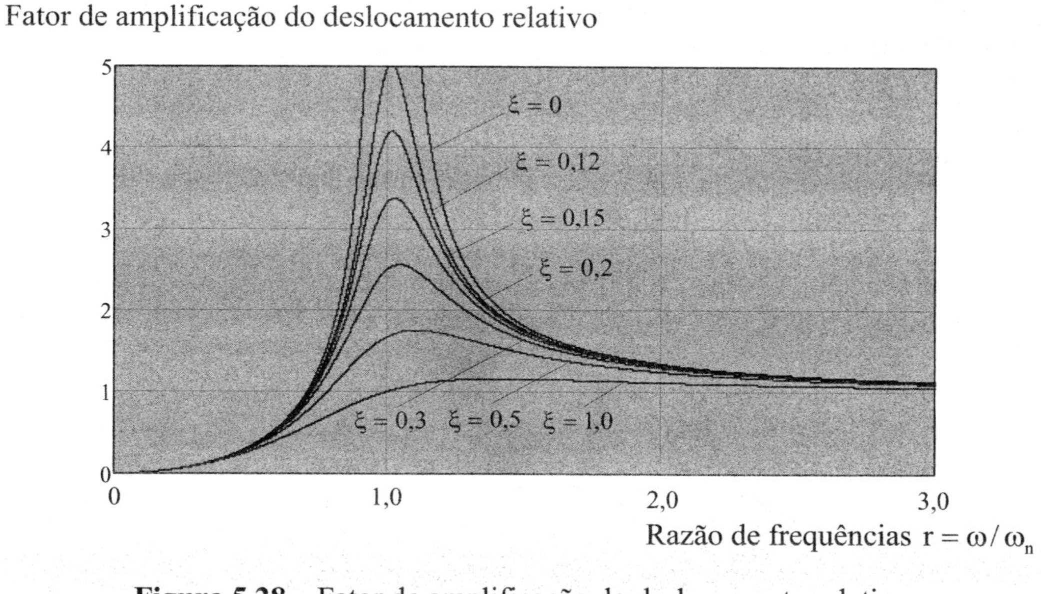

Figura 5.28 – Fator de amplificação do deslocamento relativo versus razão de frequências.

Em termos do deslocamento absoluto $u(t)$, a equação de equilíbrio do oscilador sob movimento harmônico do suporte, $u_s = u_{so} \cos(\omega t)$, tem a forma

$$m\ddot{u}(t) + c\big(\dot{u}(t) - \dot{u}_s(t)\big) + k\big(u(t) - u_s(t)\big) = 0$$

$$\rightarrow \quad m\ddot{u}(t) + c\dot{u}(t) + ku(t) = k u_{so} \cos(\omega t) - c u_{so}\, \omega \sin(\omega t) \tag{5.162}$$

E pode-se demonstrar que essa equação tem a solução

$$u(t) = \frac{u_{so}\sqrt{1+(2\,r\,\xi)^2}}{\sqrt{(1-r^2)^2+(2\,r\,\xi)^2}}\cos(\omega t + \beta - \theta) \qquad (5.163)$$

em que

$$\beta = \mathrm{arctg}(2\,r\,\xi) \qquad (5.164)$$

E a partir dessa solução, define-se o *fator de amplificação do deslocamento absoluto* ou *fator de transmissibilidade* como a razão entre a amplitude (máxima) desse deslocamento e a amplitude (máxima) do deslocamento do suporte

$$\frac{u_{máx}}{u_{so}} = \frac{\sqrt{1+(2\,r\,\xi)^2}}{\sqrt{(1-r^2)^2+(2\,r\,\xi)^2}} \qquad (5.165)$$

A próxima figura mostra a representação desse fator versus razão de frequências, com diversos valores de razão de amortecimento. Dessa figura, conclui-se que:

(i) – Com ($\omega \ll \omega_n \rightarrow r \ll 1$), o deslocamento absoluto da massa é praticamente igual ao deslocamento do suporte, isto é, a massa acompanha o movimento do suporte.

(ii) – Com ($\omega \gg \omega_n \rightarrow r \gg 1$), a massa quase não se move e o deslocamento relativo é praticamente igual e contrário ao deslocamento do suporte.

Fator de amplificação do deslocamento absoluto

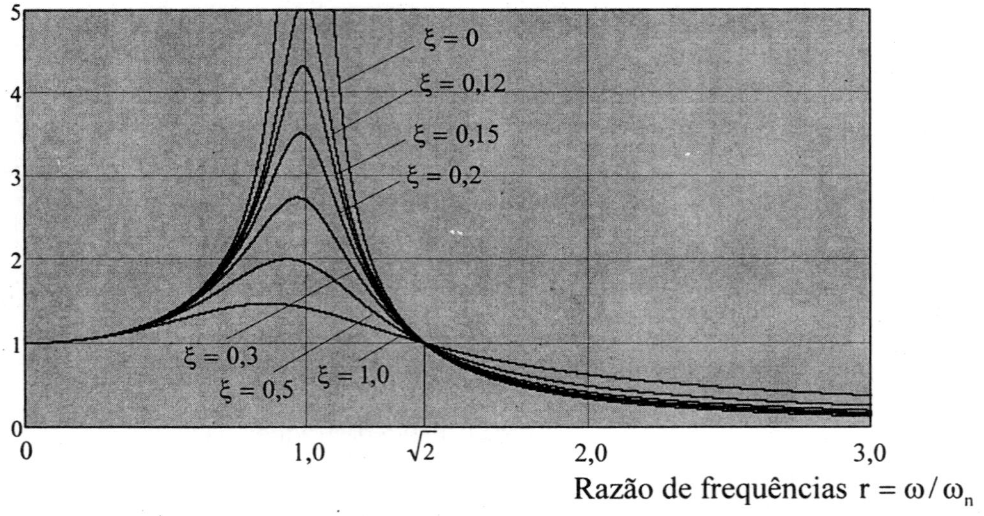

Figura 5.29 – Fator de amplificação do deslocamento absoluto versus razão de frequências.

É oportuno acrescentar que se pode demonstrar que o fator de amplificação anterior é igual ao *fator de transmissibilidade* da força induzida ao suporte, no caso de um oscilador simples sob força harmônica (razão entre a amplitude da força transmitida ao suporte e a amplitude da força aplicada à massa). Logo, do correspondente gráfico, conclui-se que:

(i) – Com ($\omega/\omega_n < \sqrt{2}$) e em regime permanente, a força transmitida à base é maior do que a força aplicada à massa, e essa força diminui com o aumento do amortecimento.

(ii) – Com ($\omega/\omega_n > \sqrt{2}$) e em regime permanente, a força transmitida à base é menor do que a força aplicada à massa, e essa força cresce com o aumento do amortecimento, o que não é intuitivo.

5.7.2 – Excitação sísmica

Um importante movimento de suporte é devido a *terremoto* ou *sismo*, cuja *magnitude* (que se relaciona com a quantidade de energia liberada) é usualmente medida na *Escala Richter*. Com essa escala, um terremoto é potencialmente destrutivo a partir de 5 graus e o de maior magnitude já registrado foi de 9,5 graus, em 1960, no Chile. Já, a *intensidade* de um terremoto é classificada de forma qualitativa, em função de seus efeitos nas pessoas e estruturas na superfície da Terra, com a *Escala Mercalli Modificada* de um a doze graus.

Os terremotos de grande magnitude são devidos ao deslocamento brusco de uma placa tectônica em relação à outra que lhe seja adjacente, e resultam de enorme dispersão de energia. Felizmente, pelo fato do Brasil estar situado no meio da *Placa Sul-Americana* a sismicidade tem nível muito reduzido em quase todo o país, diferentemente do que ocorre na região da cordilheira dos Andes que está sobre o limite dessa placa. Mesmo assim, é importante a consideração dessa excitação, principalmente em instalações nucleares, barragens e sistemas de exploração de petróleo, devido à importância dessas estruturas.

A norma NBR 15421 (2006), destinada ao projeto das estruturas civis usuais resistentes a sismos, divide o país em zonas sísmicas como mostra a Figura 5.30. Essas zonas são em número de cinco, numeradas de 0 a 4 e com acelerações máximas horizontais características de projeto, normalizadas em relação aos terrenos da classe B (rocha) e em percentuais da aceleração da gravidade, g.[18]

Pelo fato dos terremotos mais intensos serem ações excepcionais de longo período de retorno e terem caráter aleatório, as estruturas sismo-resistentes são projetadas com a capacidade de dissipação de energia em regime inelástico, com danos aceitáveis em função da importância das mesmas. Contudo, devido à complexidade de análise nesse regime, têm sido amplamente utilizadas análises determinísticas lineares a partir de dados de uma

[18] Essa norma não estabelece requisito de resistência sísmica às estruturas localizadas na zona 0; apresenta procedimento simplificado de análise para as estruturas localizadas na zona 1 (através de uma força horizontal ao nível de cada piso igual a um per cento do peso total da edificação) e prescreve análises com forças horizontais equivalentes e/ou procedimentos dinâmicos mais rigorosos para as estruturas localizadas nas demais zonas sísmicas. Excetuado o Acre que é o estado de maior nível de sismicidade, são poucos os registros de terremotos significativos no Brasil. Entre os mais recentes, citam-se: o de 4,8 graus na Escala Richter que aconteceu na região norte do Estado de Mato Grosso do Sul, em 15/06/2009; o de 5,2 graus que ocorreu cerca de 270km da cidade de São Vicente, no litoral sul do Estado de São Paulo, em 22/04/2008; o de 3,9 graus que ocorreu em Jordão, Ceará, em 4/04/2008 e o de 4,9 graus, que aconteceu na cidade de Itacarambi, no extremo norte de Minas Gerais, em 19/03/2008.

"média" de ações sísmicas, com a consideração da amplificação sísmica do solo e da ductilidade da estrutura. E, em função do nível da sismicidade local, os códigos de projeto prescrevem análises com forças estáticas horizontais equivalentes, análises dinâmicas com espectros de resposta (de conceituação desenvolvida a seguir e que será utilizada no Item 6.5 do próximo capítulo) ou análises dinâmicas com determinação de históricos de resposta (como será desenvolvida nos Itens 6.4 e 6.6).

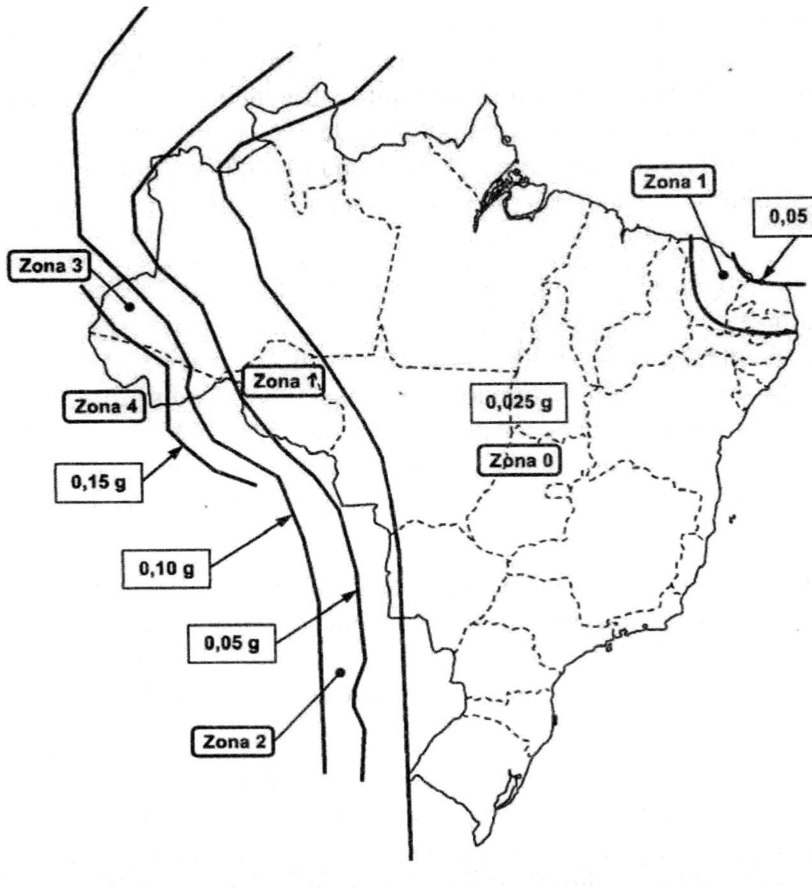

Figura 5.30 – Mapeamento da aceleração sísmica horizontal, NBR 15421.

Os sismos são registrados através de históricos de aceleração denominados *acelerogramas*, como o mostrado na Figura 5.31 do componente Norte–Sul do sismo *El Centro*, de magnitude 6,7, duração de 30s e aceleração de pico de $3{,}13\,m/s^2$ ou 0,319g, ocorrido em 18 de Maio de 1940.[19] E através da integração desse acelerograma, foi obtido o histórico de velocidade mostrado na Figura 5.32.

[19] Entre as diversas digitalizações existentes desse sismo, utilizou-se a de 1558 pontos espaçados de 0,02s, disponibilizada em www.vibrationdata.com/elcentro.htm. E observa-se que a variação dos impulsos de aceleração sísmica é muito irregular.

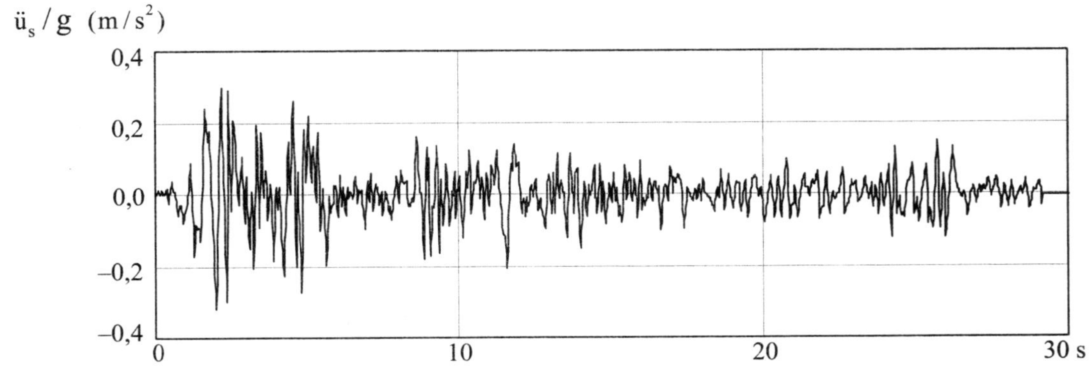

Figura 5.31 – Acelerograma, sismo *El Centro* (1940).

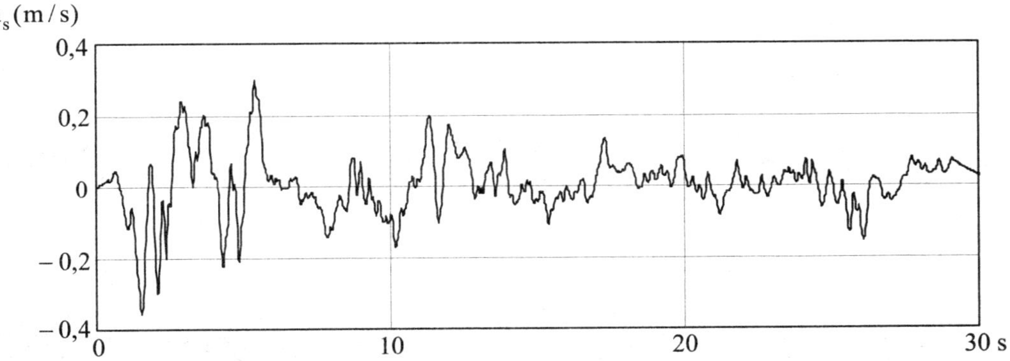

Figura 5.32 – Histórico de velocidade, sismo *El Centro* (1940).

A duração da parte mais intensa dos sismos não costuma ultrapassar 30s e os componentes horizontais são usualmente predominantes em relação ao componente vertical. E em análise sísmica, opera-se com a Equação de Equilíbrio 5.156 dividida pela massa

$$\ddot{w}(t) + 2\,\omega_n\,\xi\,\dot{w}(t) + \omega_n^2\,w(t) = -\ddot{u}_s(t) \qquad (5.166)$$

e que pode ser resolvida através de integração numérica como foi apresentado no Item 5.6.3 ou através do domínio da frequência como foi desenvolvido no Item 5.6.2.2.

Como em análise de estrutura interessa conhecer principalmente valores máximos de resposta, são importantes representações que expressem valores de pico, sem consideração de sinal, de osciladores simples com diferentes períodos e amortecimentos, representações essas denominadas *espectros de resposta*. E esses espectros são construídos a partir de históricos de deslocamento, de velocidade e de aceleração, dos quais se extraem os valores máximos que formam os correspondentes espectros.

Por exemplo, para um oscilador de período natural igual a 1s, razão de amortecimento igual a 0,05, sob o acelerograma mostrado na Figura 5.31, obteve-se, com a integração por segmentos lineares da excitação que foi desenvolvida no Item 5.6.3.3, assim como através do domínio da frequência em transformada discreta de Fourier com sequência de 2^{12} pontos, o histórico de deslocamento relativo mostrado na Figura 5.33.[20] Observa-se que esse histórico é mais regular do que a excitação sísmica de base e que nele está indicado o máximo valor absoluto 0,113m do deslocamento relativo. Esse deslocamento de pico é denominado *deslocamento relativo espectral* e recebe a notação

$$S_d(T_n, \xi) = u_{max} \tag{5.167}$$

onde se caracteriza que se trata de uma função do período natural e do amortecimento. Esse deslocamento é importante porque o esforço interno ao oscilador lhe é proporcional.

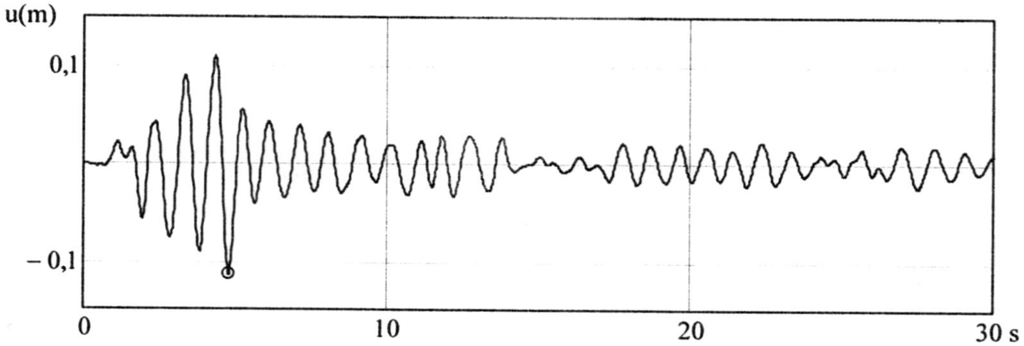

Figura 5.33 – Histórico do deslocamento relativo do oscilador de $(T_n = 1s)$ e $(\xi = 0,05)$ sob o sismo *El Centro* (1940).

A representação gráfica (ou função) do deslocamento relativo espectral versus período (ou frequência) natural é denominada *espectro de resposta de deslocamento*, e é ilustrada na Figura 5.34 nos casos das razões de amortecimento 0,02 , 0,05 , 0,1 e 0,2 , para o sismo anterior.

Outra resposta máxima comumente adotada é a *pseudo-velocidade relativa espectral*, que é próxima da velocidade relativa máxima em um oscilador subamortecido (com $\xi << 1$) e que é definida como

$$S_v(T_n, \xi) \cong \omega_n S_d(T_n, \xi) \tag{5.168}$$

---

[20] A partir de dados de aceleração do sismo El Centro com cinco algarismos significativos e em processamento com 16 dígitos decimais, as soluções da integração por segmentos lineares da excitação e através do domínio da frequência apresentaram diferença de apenas uma unidade no terceiro algarismo significativo dos últimos valores da resposta representada na Figura 5.33. Assim, dado à simplicidade e ao reduzido número de operações numéricas dessa integração, a resolução através do domínio da frequência não apresenta vantagem numérica no presente caso de amortecimento viscoso.

Essa pseudo-velocidade é mais simples de ser calculada do que a velocidade relativa de pico verdadeira que ocorre em um instante diferente e que requer a determinação do histórico dessa velocidade verdadeira para ser identificada. E além do cômputo da máxima força de amortecimento, ela é útil no cálculo da energia de deformação de pico que tem a forma

$$U = \frac{1}{2}\, k\, S_d^2 = \frac{1}{2}\, k\, \frac{S_v^2}{\omega_n^2} \quad \rightarrow \quad U = \frac{1}{2} m S_v^2 \qquad (5.169)$$

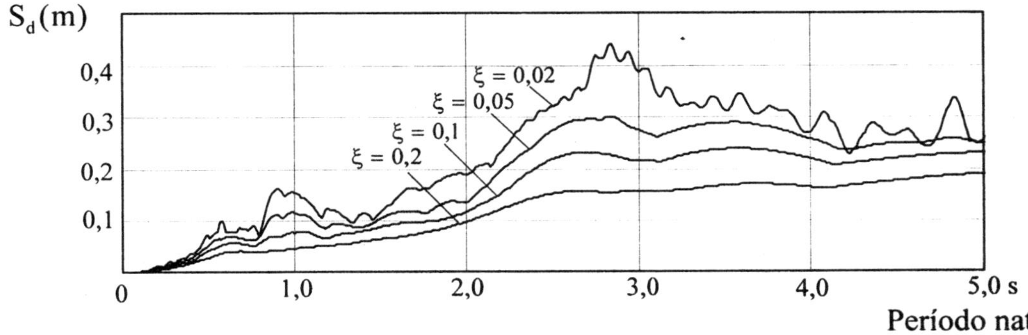

Figura 5.34 – Espectro de resposta do deslocamento relativo, sismo *El Centro* (1940).

A representação gráfica (ou a função) de S_v versus período (ou frequência) natural é denominada *espectro de resposta da pseudo-velocidade* e é ilustrada na próxima figura, no caso do acelerograma anterior e as razões de amortecimento 0,02 , 0,05 , 0,1 e 0,2.

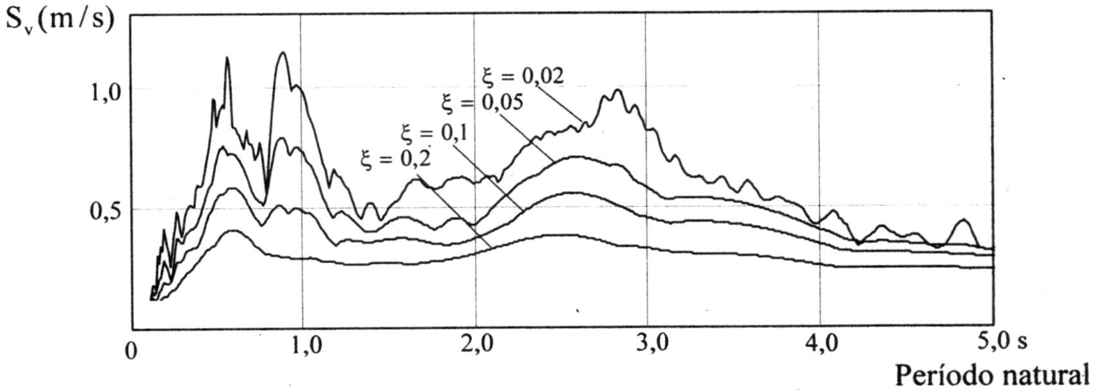

Figura 5.35 – Espectro de resposta da pseudo-velocidade, sismo *El Centro* (1940).

Além das respostas anteriores, outra importante resposta máxima é a *pseudo-aceleração absoluta espectral* que é determinada em osciladores não amortecidos, pelo fato de apresentar pouca diferença em relação à aceleração absoluta dos osciladores subamortecidos. Assim, substitui-se, na equação de equilíbrio do oscilador não amortecido ($m\ddot{w} + kw = -m\ddot{u}_s$), o deslocamento relativo ($w = u - u_s$), para obter a equação ($m\ddot{u} + kw = 0$). Logo, como ($k = m\omega_n^2$), chega-se a ($\ddot{u} + \omega_n^2\, w = 0$), que fornece à aceleração absoluta máxima

$$S_a(T_n, \xi) \cong \omega_n^2\, S_d(T_n, \xi) \cong \omega_n\, S_v(T_n, \xi) \qquad (5.170)$$

A representação gráfica (ou função) de S_a versus período (ou frequência) natural é denominada *espectro de resposta da pseudo-aceleração* e é ilustrado na próxima figura para o caso do sismo *El Centro* (1940), em termos da aceleração da gravidade e com as razões de amortecimento 0,02 , 0,05 , 0,1 e 0,2. Essa grandeza é simples de ser medida experimentalmente, a partir da qual, com a equação anterior, pode-se obter o deslocamento espectral e a velocidade espectral.

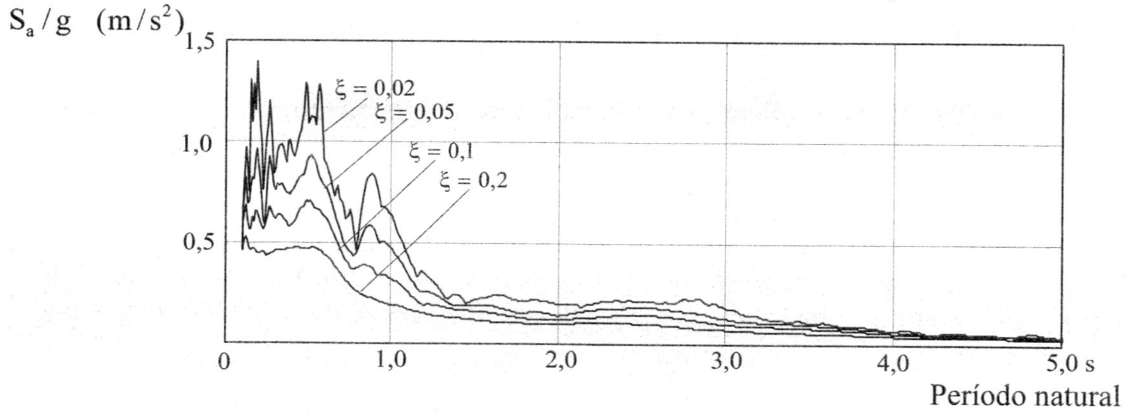

Figura 5.36 – Espectro de resposta da pseudo-aceleração, sismo *El Centro* (1940).

Além disso, obtém-se a força máxima na mola do oscilador sob a forma

$$f_{mola} = k\,S_d = k\,S_a / \omega_n^2$$

$$\rightarrow \quad f_{mola} = m\,S_a = m\,\omega_n^2\,S_d \qquad (5.170)$$

que é igual à força de inércia máxima, pelo fato de ter sido desconsiderado o amortecimento na definição da pseudo-aceleração espectral.

Newmark apresentou uma forma engenhosa de representar os três espectros descritos, em um único diagrama de escalas logarítmicas, o que é conhecido como *espectro de resposta tripartido*.[21] Para isso, nas abscissas são marcados os períodos (ou

---

[21] Newmark, N.M., 1959, *A Method of Computation for Structural Dynamics,* Proceedings of ASCE, vol. 85, EM3, pp. 67-94.

frequências), nas ordenadas são assinaladas as velocidades espectrais, nas diagonais a 45° são registrados os deslocamentos espectrais e nas diagonais a −45° são indicadas as acelerações espectrais. Esse espectro é ilustrado na Figura 5.37, para o caso do sismo *El Centro* (1940), em traços contínuos de cima para baixo, e que dizem respeito às razões de amortecimento 0, 0,02, 0,05, 0,1 e 0,2.[22]

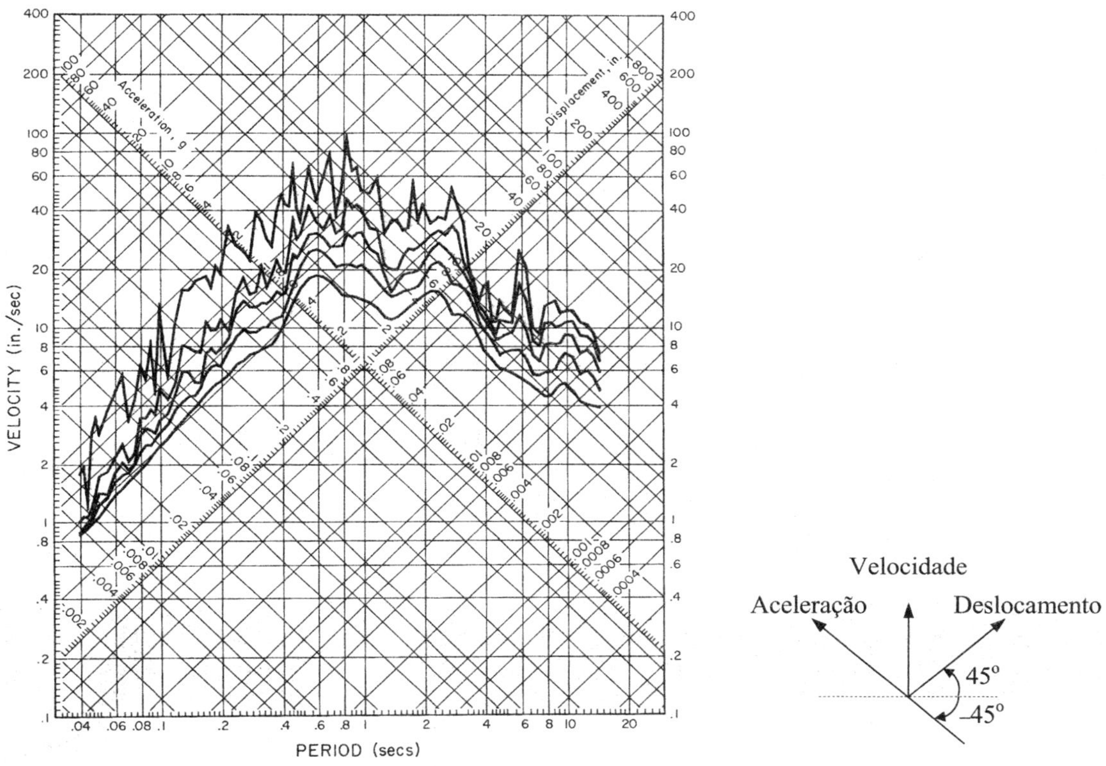

Figura 5.37 – Espectro de resposta tripartido, sismo *El Centro* (1940).

Em projeto de uma nova estrutura ou em avaliação do comportamento sísmico de uma estrutura existente, a utilização de espectros de resposta de um sismo já ocorrido tem a desvantagem de não incorporar o caráter aleatório dos sismos futuros, além de não considerar as características do solo local e da estrutura. Para resolver essa questão, os códigos normativos dos países sujeitos a sismos disponibilizam a construção de *espectros de resposta de projeto* que expressam, através de trechos curvos suavizados ou lineares, uma "média" de vários sismos com a consideração probabilística da sísmica local e das referidas características. E um esquema do espectro tripartido com trechos lineares é ilustrado na Figura 5.38, que mostra como são obtidos o deslocamento espectral S_{dj}, a

[22] Espectro disponibilizado em *Analyses of Strong Motion Earthquake Accelerograms*, 1972, Earthquake Engineering Research Laboratory, California Institute of Technology, Passadena, California, vol. III, EERL 72-80.

pseudo-velocidade espectral S_{vj} e a pseudo-aceleração espectral S_{aj}, a partir do período T_j e da razão de amortecimento ξ_j.

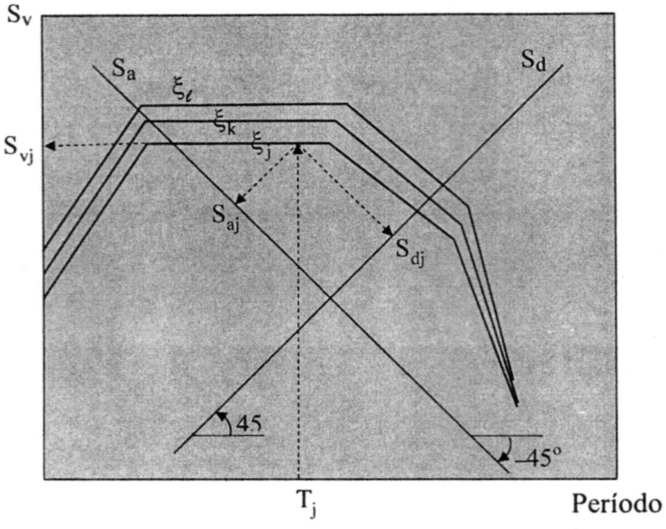

Figura 5.38 – Esquematização de uso do espectro de resposta tripartido.

A tendência atual, contudo, é os códigos normativos apresentarem apenas a construção do espectro da pseudo-aceleração, uma vez que a pseudo-velocidade espectral pode ser obtida com a divisão da pseudo-aceleração pela frequência natural angular, e o deslocamento espectral pode ser obtido com a divisão dessa aceleração por essa frequência ao quadrado. E a utilização desse espectro em análise de sistemas de multigraus de liberdade será descrita no Item 6.5 do próximo capítulo.

5.8 – Exercícios propostos

5.8.1 – Para o registro de um oscilador simples em vibração livre não amortecida como representado na próxima figura, determine, com uma escala, o período natural e a frequência natural angular. E no caso de $(k = 20\,kN/m)$, qual é a massa do oscilador?

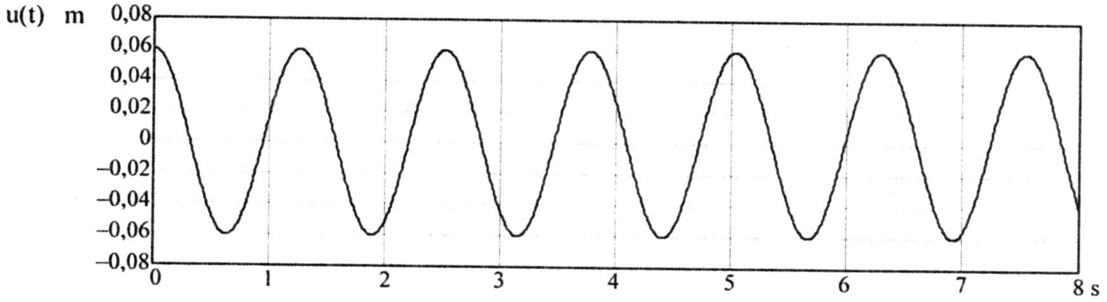

Figura 5.39 – Registro de vibração livre.

5.8.2 – Para o registro de vibração livre subamortecida representado próxima figura, determine, com uma escala, o período natural amortecido, o período natural e a razão de amortecimento. E no caso de ($m = 200 kg$), qual é o coeficiente de rigidez do oscilador?

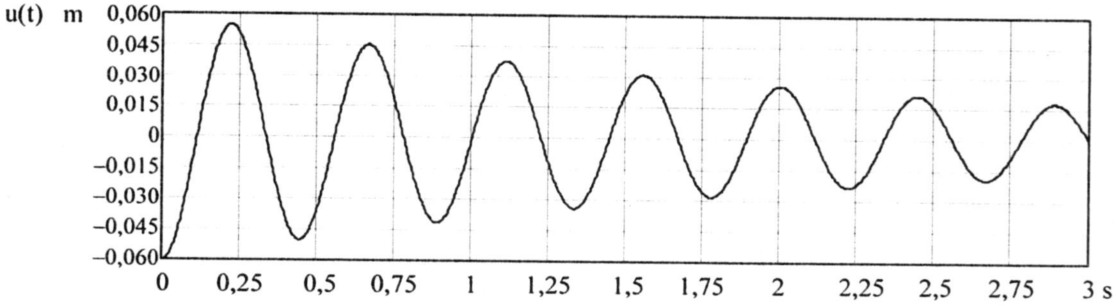

Figura 5.40 – Registro de vibração livre amortecida.

5.8.3 – As vigas representadas na figura seguinte são de concreto e têm ($25 \times 25\ cm^2$) de seção reta, ($E = 21 GPa$) e ($\gamma = 25 kN/m^3$). Em idealizações como osciladores simples de massa igual à metade da massa de cada uma dessas vigas, determine a frequência natural em rad/s e em hertz, e o período natural. Compare os resultados obtidos com os da Teoria Clássica em que a viga em balanço tem a frequência fundamental ($\omega_n \approx 1{,}875^2\,(EI/(mL^4))^{1/2}$), e a viga biapoiada tem a frequência fundamental ($\omega_n \approx \pi^2\,(EI/(mL^4))^{1/2}$), em que m é a massa por unidade de comprimento da viga.

Figura 5.41 – Vigas.

5.8.4 – Com as idealizações do exercício anterior e razão de amortecimento igual a 0,02, determine as frequências de vibração amortecida.

5.8.5 – Com as mesmas idealizações de osciladores simples do Exercício Proposto 5.8.3 e a força excitadora $(f=10\cos(10t)\,kN)$, determine os fatores de amplificação dinâmica e as amplitudes das respostas em regime permanente. Idem, para o caso da força excitadora $(f = 10\cos(25t)\,kN)$. Em comparação dos resultados obtidos, o que pode ser concluído?

5.8.6 – Faça a decomposição, em série de Fourier, da função representada na figura seguinte.

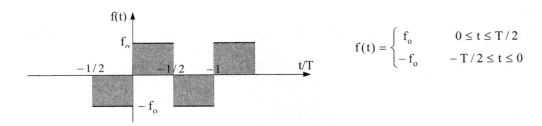

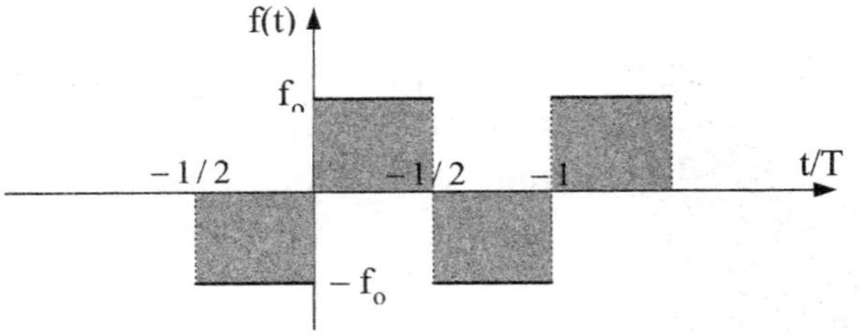

$$f(t) = \begin{cases} f_o & 0 \le t \le T/2 \\ -f_o & -T/2 \le t \le 0 \end{cases}$$

Figura 5.42 – Pulsos retangulares.

5.8.7 – Com as idealizações do Exercício Proposto 5.8.3 e razão de amortecimento igual a 0,03, determine a resposta de deslocamento através do domínio da frequência para o caso da força excitadora representada na figura seguinte com $(T_d = 0{,}5s)$ e $(T_d = 1{,}6s)$. Tire conclusões.

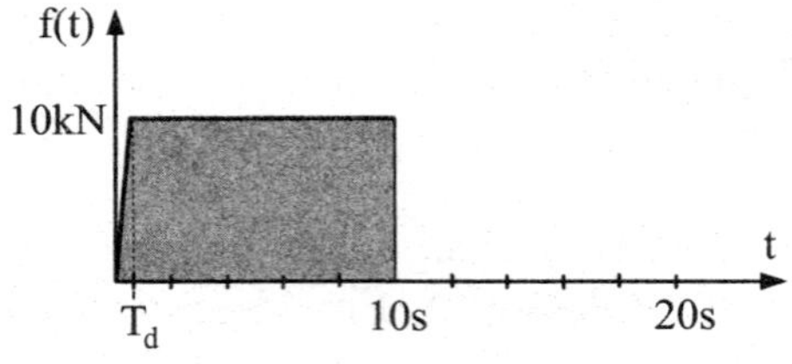

Figura 5.43 – Força excitadora.

5.8.8 – Resolva a questão anterior com as integrações de Newmark, Wilson – θ e por segmentos lineares da excitação. Comprove que com um intervalo de integração $(\Delta t \le T_n)$, obtém-se representação adequada da resposta em termos de deslocamento.

5.8.9 – Com os mesmos osciladores anteriores, determine as amplitudes da resposta de deslocamento em regime permanente devido ao movimento do suporte expresso pela função harmônica $(f(t)=0{,}01\cos(25t)\,kN)$.

5.8.10 – Demonstre que, em vibração livre amortecida, o decremento logarítmico é igual à razão entre duas acelerações de pico consecutivas.

5.9 – Questões para reflexão

5.9.1 – A seguir, estão relacionadas diversas características vibratórias. Quais dessas características ocorrem em vibração livre não amortecida, vibração livre subamortecida, vibração livre superamortecida, vibração subamortecida sob força harmônica, vibração subamortecida sob força periódica e vibração subamortecida sob força aperiódica?

a) Regime transiente.

b) Regime permanente.

c) Resposta periódica e harmônica.

d) Resposta periódica.

e) Resposta aperiódica.

f) Resposta com decaimento total da amplitude.

h) Resposta com decaimento de amplitude a um valor constante.

5.9.2 – Qual é a diferença entre *análise dinâmica determinística* e *análise dinâmica aleatória* ou *randômica*?

5.9.3 – O que são *frequência natural*, *frequência amortecida* e *período natural* de vibração? Como essas propriedades se relacionam entre si? Qual é a diferença entre *frequência angular* e *frequência cíclica*? Quais são as unidades em cada caso? O que são *amplitude* e *ângulo de fase* no presente contexto de análise dinâmica?

5.9.4 – Qual é a diferença entre *vibração livre* e *vibração forçada*? *Amortecida* e *não amortecida*? Por que estudar a vibração livre se corriqueiramente as vibrações são forçadas?

5.9.5 – O que é *ressonância*? Como evitar a ocorrência desse fenômeno em estruturas?

5.9.6 – O que são *amortecimento viscoso*, *amortecimento crítico* e *razão de amortecimento*? Como determinar experimentalmente essa razão?

5.9.7 – Em vibração forçada sob força harmônica, o que significam as respostas em *regime transiente* e em *regime permanente*?

5.9.8 – O que é o *fator de amplificação dinâmica*? Qual é a importância desse fator?

5.9.9 – Quando se diz que uma vibração é harmônica e quando se diz o contrário?

5.9.10 – Qual é a diferença entre a determinação da resposta no *domínio do tempo* e a determinação da resposta através do *domínio da frequência*?

5.9.11 – O que é a *função complexa de resposta em frequência*? Quais são as propriedades que caracterizam essa função?

5.9.12 – O que é a *Integral de Duhamel*? E por que essa integração se aplica apenas a sistemas lineares e não leva em consideração a influência de condições iniciais? Idem, para a solução através do domínio da frequência, $u(t) = IFT(U(\omega))$.

5.9.13 – Quais são as diferenças fundamentais entre as integrações de *Duhamel* (analítica e numérica), de *Newmark*, de $Wilson - \theta$ e por *segmentos lineares da excitação*? Quais são as vantagens e limitações de uso de cada uma dessas integrações?

5.9.14 – O que expressa o desenvolvimento de uma função em série de Fourier? E a transformada de Fourier? O que significa "*conteúdo de frequência*" de uma excitação?

5.9.15 – O que é a *transformada discreta de Fourier*? Qual a sua utilidade no contexto da Dinâmica das Estruturas? Quais são as limitações de uso dessa transformada? O que expressa a *frequência de Nyquist*?

5.9.16 – O que é o *fator de transmissibilidade* em estudo de movimento de suporte? Qual é a importância desse fator? Quais são as limitações desse fator?

5.9.17 – O que são *espectros de resposta*? E o espectro de resposta tripartite? Qual é a utilidade desses espectros? E o que é um *espectro de resposta de projeto*?

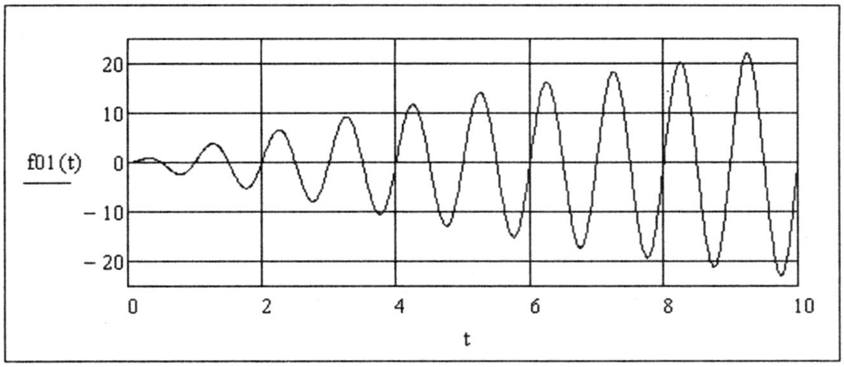

6

Análise Dinâmica - Sistemas de Multigraus de Liberdade

O capítulo anterior apresentou, no caso dos osciladores simples, os conceitos de frequências e períodos naturais de vibração, de razão de amortecimento e de ressonância, além da determinação da resposta desses osciladores a forças harmônicas, periódicas e aperiódicas (nos domínios do tempo e da frequência) e ao movimento do suporte. Toda essa apresentação é necessária à obtenção do comportamento dinâmico das estruturas discretizadas em elementos finitos, que é o tema do presente capítulo. Contudo, como entre as estruturas incluem-se as constituídas de barras tratadas na Análise Matricial de Estruturas, com este capítulo e sem o estudo do **MEF**, o leitor poderá se iniciar em análise dinâmica dos *sistemas de n graus de liberdade* aqui denominados *sistemas de multigraus de liberdade*.

Na análise dinâmica de qualquer estrutura discretizada em elementos finitos admite-se a separação da variável temporal das demais variáveis independentes em cada subdomínio denominado elemento finito, além do arbítrio de leis para as variáveis primárias. Com isso, obtém-se um sistema global de equações diferenciais de equilíbrio na variável tempo, cuja resolução recai em um problema de autovalor ou na integração dessas equações, como tratado neste capítulo. E assim, todo o desenvolvimento do **MEF** apresentado no terceiro e no quarto capítulos é útil para a presente abordagem da Dinâmica das Estruturas.

Em descrição deste capítulo, no Item 6.1, são obtidas as equações diferenciais do equilíbrio dinâmico do usual elemento finito unidimensional de viga e dos elementos finitos bi e tridimensionais derivados da Teoria da Elasticidade. Em continuidade, nos demais itens, são apresentados os métodos de resolução dessas equações para diversos tipos de vibração. Assim, no Item 6.2, é tratada a vibração livre não amortecida, que conduz ao conceito dos modos naturais de vibração associados às frequências naturais e que são obtidos através da resolução de um problema de autovalor. No Item 6.3, é apresentado um procedimento expedito de análise de vibração não amortecida sob força harmônica; no Item 6.4, é desenvolvido o importante método de superposição modal (aplicável no caso do denominado amortecimento clássico), juntamente com o procedimento de correção estática dos modos de vibração superiores que costuma melhorar a acurácia da solução. Em sequência, no Item 6.5, é apresentada a análise com espectro de resposta para o caso de excitação sísmica, e, nos Itens 6.6 e 6.7, são descritos, respectivamente, o método de integração (numérica) direta do sistema global equações diferenciais de equilíbrio e a resolução direta através do domínio da frequência.

Com esses itens, o leitor compreenderá os diferentes métodos da Dinâmica das Estruturas no contexto esquematizado na próxima figura. Verá que esses métodos são simples em concepção, embora requeiram a utilização de computador, dado ao elevado volume de cálculo. Saberá que a escolha do método depende do modelo numérico, das ações dinâmicas, dos recursos computacionais e do conhecimento e experiência do usuário.

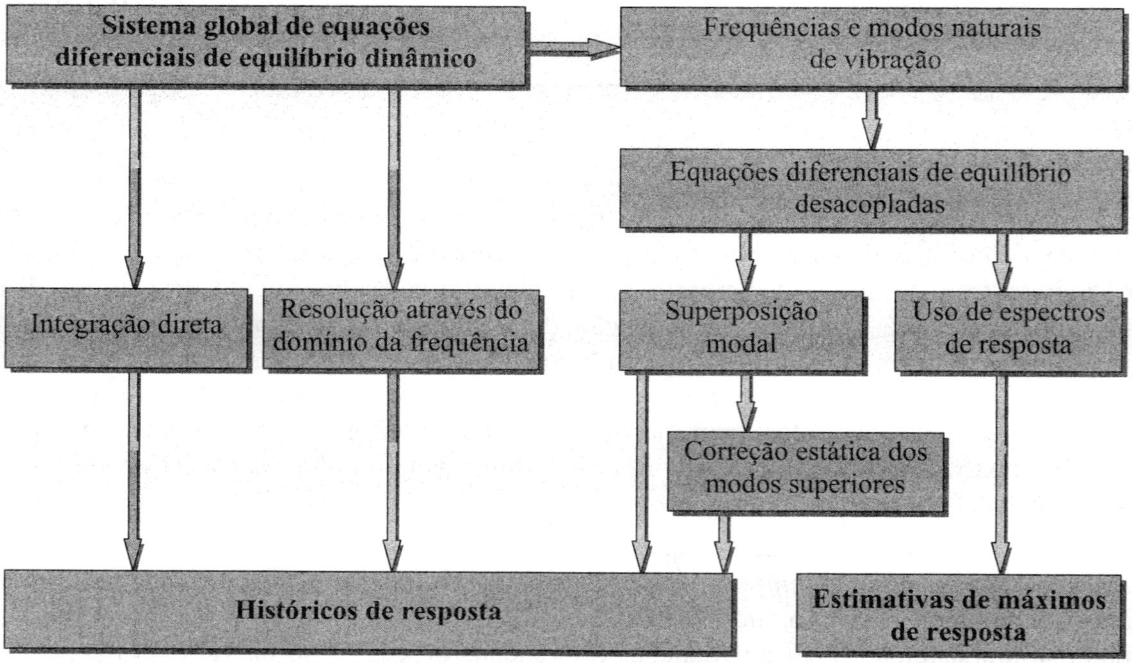

Figura 6.1 – Contexto da Dinâmica das Estruturas.

Na parte final deste capítulo, os Itens 6.8 e 6.9 apresentam, respectivamente, exercícios propostos e questões para reflexão. E com a estratégia de facilitar ao leitor iniciante, sugere-se que, em um primeiro estudo deste capítulo, sejam omitidas as partes que tratam da resolução através do domínio da frequência e do uso de espectros de resposta.

6.1 – Equações diferenciais de equilíbrio

Em obtenção das equações diferenciais de equilíbrio de *sistemas de multigraus de liberdade*, desenvolve-se inicialmente o elemento unidimensional de viga que permite aplicações simples ilustrativas e, posteriormente, formula-se os elementos finitos bi e tridimensionais derivados da Teoria de Elasticidade.

6.1.1 – Elemento finito unidimensional de viga

A equação diferencial de equilíbrio de viga da Teoria Clássica (vide Equação I.12 do Anexo I), acrescida da parcela do amortecimento viscoso, escreve-se

$$\rho\, A\, \ddot{u}(x,t) + E\, I\, u(x,t)_{,xxxx} + c\, \dot{u}(x,t) - p(x,t) = 0 \tag{6.1}$$

onde ρ, A, EI, $\ddot{u}$, $\dot{u}$, u, c e p denotam, respectivamente, massa específica, área da seção transversal, rigidez de flexão, aceleração, velocidade, deslocamento transversal, coeficiente de amortecimento viscoso e força distribuída transversal.

O encaminhamento mais simples para a formulação de deslocamentos em análise dinâmica de sistemas de multigraus de liberdade é através do método de Galerkin.[1] E para os elementos de viga, arbitra-se o campo de deslocamentos

$$u(x,t) = \mathbf{N}(x)\, \mathbf{u}(t)^{(e)} \tag{6.2}$$

onde **N** é uma matriz linha de funções de interpolação, como foi apresentado no Item 3.2.

Logo, com as notações da próxima figura e a Equação Diferencial 6.1, escreve-se a equação integral de ponderação

$$\int_{-\ell/2}^{\ell/2} \mathbf{N}^T \left(\rho\, A\, \ddot{u} + EI\, u_{,xxxx} + c\, \dot{u} - p\right) dx = \mathbf{0} \tag{6.3}$$

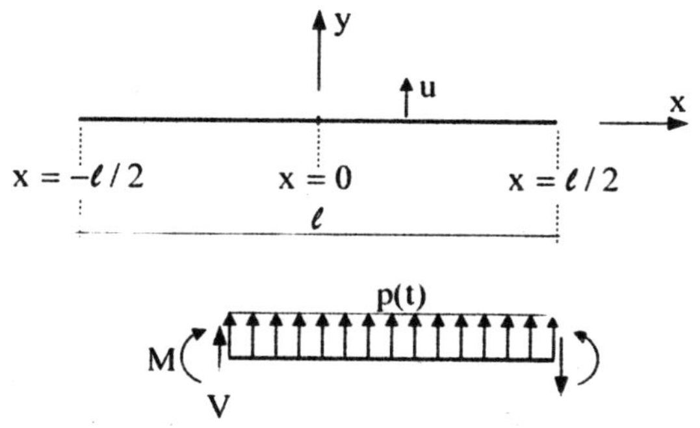

Figura 6.2 – Notações para elementos finitos de viga.

A seguir, para obter a forma fraca de Galerkin e como foi descrito no terceiro capítulo, integra-se o segundo termo da equação anterior por partes e duas vezes

$$\int_{-\ell/2}^{\ell/2} \left(\mathbf{N}^T \rho\, A\, \ddot{u} - \mathbf{N}_{,x}^T\, EI\, u_{,xxx} + \mathbf{N}^T c\, \dot{u} - \mathbf{N}^T p\right) dx + \left(\mathbf{N}^T\, EI\, u_{,xxx}\right)\Big|_{x=-\ell/2}^{x=\ell/2} = \mathbf{0}$$

$$\int_{-\ell/2}^{\ell/2} \left(\mathbf{N}^T \rho\, A\, \ddot{u} + \mathbf{N}_{,xx}^T\, EI\, u_{,xx} + \mathbf{N}^T c\, \dot{u} - \mathbf{N}^T p\right) dx - \left(\mathbf{N}_{,x}^T\, EI\, u_{,xx}\right)\Big|_{x=-\ell/2}^{x=\ell/2} + \left(\mathbf{N}^T\, EI\, u_{,xxx}\right)\Big|_{x=-\ell/2}^{x=\ell/2} = \mathbf{0}$$

[1] Outro importante encaminhamento de formulação é através do *Princípio de Hamilton*, que é uma extensão do Princípio do Funcional Energia Potencial Total obtida por inclusão da energia cinética.

Além disso, com a equação anterior e as condições mecânicas de contorno obtém-se (observe que o sentido do deslocamento u é o contrário do considerado na Figura I.1 do Anexo I)

$$\int_{-\ell/2}^{\ell/2}\left(\mathbf{N}^{T}\rho A\,\ddot{u}+\mathbf{N}_{,xx}^{T}\,EI\,u_{,xx}+\mathbf{N}^{T}c\,\dot{u}-\mathbf{N}^{T}p\right)dx-\left(\mathbf{N}_{,x}^{T}\,M\right)\Big|_{x=-\ell/2}^{x=\ell/2}+\left(\mathbf{N}^{T}\,V\right)\Big|_{x=-\ell/2}^{x=\ell/2}=\mathbf{0}$$

E com o arbítrio dos campos ($u=\mathbf{N}\mathbf{u}^{(e)}$), ($\dot{u}=\mathbf{N}\dot{\mathbf{u}}^{(e)}$), e ($\ddot{u}=\mathbf{N}\ddot{\mathbf{u}}^{(e)}$), juntamente com a notação ($\mathbf{B}=\mathbf{N}_{,xx}$), obtém-se da equação anterior

$$\int_{-\ell/2}^{\ell/2}\left(\mathbf{N}^{T}\rho A\mathbf{N}\ddot{\mathbf{u}}^{(e)}+\mathbf{N}_{,xx}^{T}\,EI\,\mathbf{N}_{,xx}\mathbf{u}^{(e)}+\mathbf{N}^{T}c\,\mathbf{N}\dot{\mathbf{u}}^{(e)}-\mathbf{N}^{T}p\right)dx=\left(\mathbf{N}_{,x}^{T}\,M\right)\Big|_{x=-\ell/2}^{x=\ell/2}-\left(\mathbf{N}^{T}\,V\right)\Big|_{x=-\ell/2}^{x=\ell/2}$$

$$\rightarrow\quad\left(\int_{-\ell/2}^{\ell/2}\mathbf{N}^{T}\rho A\,\mathbf{N}\,dx\right)\ddot{\mathbf{u}}^{(e)}+\left(\int_{-\ell/2}^{\ell/2}\mathbf{N}^{T}c\,\mathbf{N}\,dx\right)\dot{\mathbf{u}}^{(e)}+\left(\int_{-\ell/2}^{\ell/2}\mathbf{B}^{T}\,EI\,\mathbf{B}\,dx\right)\mathbf{u}^{(e)}=$$

$$+\int_{-\ell/2}^{\ell/2}\mathbf{N}^{T}p\,dx+\begin{Bmatrix}V_1\\-M_1\\-V_2\\M_2\end{Bmatrix}\qquad(6.4)$$

Logo, com as notações

$$\mathbf{M}^{(e)}=\int_{-\ell/2}^{\ell/2}\mathbf{N}^{T}\rho A\,\mathbf{N}\,dx\qquad(6.5)$$

$$\mathbf{C}^{(e)}=\int_{-\ell/2}^{\ell/2}\mathbf{N}^{T}c\,\mathbf{N}\,dx\qquad(6.6)$$

$$\mathbf{K}^{(e)}=\int_{-\ell/2}^{\ell/2}\mathbf{B}^{T}EI\,\mathbf{B}\,dx\qquad(6.7)$$

$$\mathbf{f}_{p}^{(e)}(t)=\int_{-\ell/2}^{\ell/2}\mathbf{N}^{T}p\,dx\qquad(6.8)$$

escreve-se, a partir da Equação 6.4, o sistema de equações diferenciais de segunda ordem de equilíbrio

$$\mathbf{M}^{(e)}\ddot{\mathbf{u}}^{(e)}(t)+\mathbf{C}^{(e)}\dot{\mathbf{u}}^{(e)}(t)+\mathbf{K}^{(e)}\mathbf{u}^{(e)}(t)=\mathbf{f}_{p}^{(e)}+\begin{Bmatrix}V_1\\-M_1\\-V_2\\M_2\end{Bmatrix}=\mathbf{f}^{(e)}(t)\qquad(6.9)$$

Nesse sistema, $\mathbf{M}^{(e)}$ é a matriz de massa,[2] $\mathbf{C}^{(e)}$ é a matriz de amortecimento, $\mathbf{K}^{(e)}$ é a já conhecida matriz de rigidez e $\mathbf{f}^{(e)}$ é o vetor de forças nodais equivalentes à força distribuída p que pode ser função do tempo. Assim, esse sistema tem a forma da Equação 1.10 (do primeiro capítulo) que se repete

$$\mathbf{f}_{m}(t)+\mathbf{f}_{a}(t)+\mathbf{f}_{e}(t)=\mathbf{f}(t)\qquad(6.10)$$

em que $\mathbf{f}_m(t)$, $\mathbf{f}_a(t)$, $\mathbf{f}_e(t)$ e $\mathbf{f}(t)$, são, respectivamente, os vetores das forças nodais de inércia, de amortecimento, restitutivas elásticas e externas. Essa forma de expressar equilíbrio é

---

[2] Essa matriz de massa foi apresentada por Archer, J.S., 1963, *Consistent Mass Matrix for Distributed Mass Systems*, Journal of the Structural Division, ASCE, ST 4, pp. 161-178.

geral em elementos finitos da Mecânica dos Sólidos e é consequência do fato de que, em qualquer instante, o trabalho das forças externas é igual à soma da energia cinética, da energia dissipada e da energia de deformação. Além disso, de forma semelhante à interpretação do significado físico de coeficiente de rigidez que foi apresentado no terceiro capítulo, o coeficiente M_{ij} da matriz de massa é numericamente igual à força de inércia segundo o i-ésimo grau de liberdade devido a uma aceleração unitária segundo o j-ésimo grau de liberdade, quando se mantém os demais graus de liberdade com acelerações nulas. E o coeficiente C_{ij} da matriz de amortecimento é numericamente igual à força segundo o i-ésimo grau de liberdade devido a uma velocidade unitária segundo o j-ésimo grau de liberdade, quando se mantém os demais graus de liberdade com velocidades nulas.

A seguir, particulariza-se o presente modelo ao elemento de viga de seção transversal constante, de quatro deslocamentos nodais e de coordenada dimensional x, como esquematizado na Figura 6.3 e cujas funções de interpolação foram expressas pela Equação 3.28 (do terceiro capítulo). Com isto, a matriz de rigidez é mesma da Equação 3.36 e o vetor de forças nodais equivalentes é o da Equação 3.37, agora com força distribuída função do tempo. Quanto à matriz de massa, a partir da Equação 6.5 e com a notação $(m = \rho A)$ designativa de massa por unidade de comprimento do elemento, obtém-se

$$\mathbf{M}^{(e)} = m\ell \begin{bmatrix} 13/35 & 11\ell/210 & 9/70 & -13\ell/420 \\ \cdot & \ell^2/105 & 13\ell/420 & -3\ell^2/420 \\ \cdot & \cdot & 13/35 & -11\ell/210 \\ \text{sim.} & \cdot & \cdot & \ell^2/105 \end{bmatrix} \qquad (6.11)$$

E a partir da Equação 6.6, obtém-se a matriz de amortecimento do elemento

$$\mathbf{C}^{(e)} = c \begin{bmatrix} 13/35 & 11\ell/210 & 9/70 & -13\ell/420 \\ \cdot & \ell^2/105 & 13\ell/420 & -3\ell^2/420 \\ \cdot & \cdot & 13/35 & -11\ell/210 \\ \text{sim.} & \cdot & \cdot & \ell^2/105 \end{bmatrix} \qquad (6.12)$$

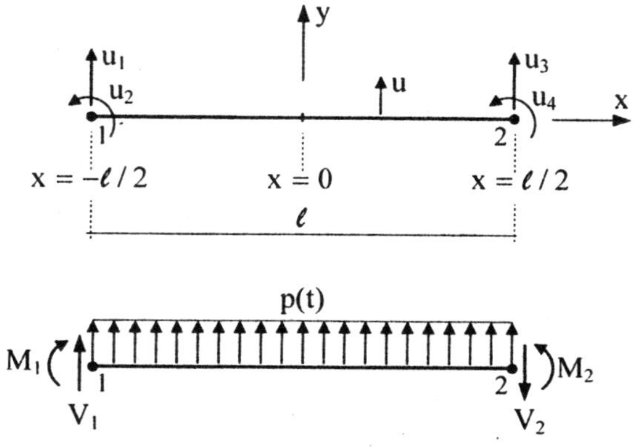

Figura 6.3 – Elemento de viga de quatro deslocamentos nodais.

As duas matrizes anteriores são ditas *consistentes* porque são obtidas com as mesmas funções de interpolação do campo de deslocamentos arbitrado.

Para reduzir o volume de cálculo, costuma-se utilizar matrizes de massa diagonais. E, para o presente elemento, a matriz diagonal mais simples é construída com a concentração de metade da massa do elemento em cada um de seus pontos nodais e na direção dos graus de liberdade translacionais. Faz-se, assim,

$$M_{11}^{(e)} = M_{33}^{(e)} = m\ell/2 \qquad (6.13)$$

de maneira a obter essa matriz sob a forma

$$\mathbf{M}^{(e)} = \frac{m\ell}{2}\begin{bmatrix} 1 & 0 & 0 & 0 \\ 0 & 0 & 0 & 0 \\ 0 & 0 & 1 & 0 \\ 0 & 0 & 0 & 0 \end{bmatrix} \qquad (6.14)$$

Uma das consequências desse simplificação é que a matriz de massa global fica com coeficientes diagonais nulos nas posições correspondentes aos graus de liberdade rotacionais. E embora esses graus possam ser eliminados por condensação estática, como foi apresentado no Item 3.3, isto não costuma ser vantajoso, dado que transforma a matriz de rigidez global esparsa em não esparsa. Além do que, com os modernos processadores computacionais, o uso de matriz de massa diagonal não costuma apresentar redução de processamento relevante.

Existem diversos outros procedimentos de construção de matriz de massa diagonal para o presente elemento de viga[3], mas, na opinião deste autor, nenhum desses procedimentos se mostra realmente vantajoso. E como será ilustrado no Exemplo 6.1, a matriz diagonal anterior fornece bons resultados.

A construção da matriz de amortecimento global será descrita no Item 6.4.1. E a simplicidade das matrizes de rigidez e de massa do presente elemento torna essas matrizes ideais para exercitar a aplicação dos métodos de análise desenvolvidos neste capítulo.

Acrescenta-se que, pelo fato das estruturas reticuladas serem formadas por elementos de barra, com a natural identificação dos graus de liberdade nas extremidades desses elementos e com a perfeita definição da geometria deformada das barras a partir desses graus, não é necessário refinamento de discretização para se obter a solução exata em análise estática. O mesmo já não ocorre em análise dinâmica dessas estruturas, porque a precisão da representação das forças de inércia melhora com o refinamento.

6.1.2 – Elementos finitos bi e tridimensionais

As equações do equilíbrio infinitesimal em sólido deformável (vide a Equação II.38 do Anexo II), acrescidas da parcela do amortecimento viscoso, escrevem-se

---

[3] Kim, K., 1993, *A Review of Mass Matrices for Eigenproblems*, Computers & Structures, vol. 46, pp. 1041-1048.

$$\boldsymbol{L}^{\mathrm{T}}\boldsymbol{\sigma}+\mathbf{p}-\rho\ddot{\mathbf{u}}-c\dot{\mathbf{u}}=\mathbf{0} \tag{6.15}$$

Logo, com a consideração de separação de variáveis análoga à da Equação 6.2 e em formulação com o método de Galerkin, escreve-se a equação integral de ponderação

$$\int_{V_e}\mathbf{N}^{\mathrm{T}}(\boldsymbol{L}^{\mathrm{T}}\boldsymbol{\sigma}+\mathbf{p}-\rho\ddot{\mathbf{u}}-c\dot{\mathbf{u}})\,dV_e=\mathbf{0} \tag{6.16}$$

onde $\mathbf{N}$ é a matriz com as funções de interpolação do campo de deslocamentos arbitrado.

Com a aplicação do teorema de Green ao primeiro termo dessa equação e a posterior utilização da lei constitutiva ($\boldsymbol{\sigma}=\mathbf{E}\,\boldsymbol{L}\mathbf{u}+\boldsymbol{\sigma}_0$) e das condições mecânicas de contorno ($\mathbf{n}\,\boldsymbol{\sigma}=\bar{\mathbf{q}}$), obtém-se

$$\int_{V_e}\left(-(\boldsymbol{L}\mathbf{N})^{\mathrm{T}}\boldsymbol{\sigma}+\mathbf{N}^{\mathrm{T}}(\mathbf{p}-\rho\ddot{\mathbf{u}}-c\dot{\mathbf{u}})\right)dV_e+\int_{S_e}\mathbf{N}^{\mathrm{T}}\mathbf{n}\boldsymbol{\sigma}\,dS_e=\mathbf{0}$$

$$\rightarrow\quad \int_{V_e}\left((\boldsymbol{L}\mathbf{N})^{\mathrm{T}}(\mathbf{E}\,\boldsymbol{L}\mathbf{u}+\boldsymbol{\sigma}_0)+\mathbf{N}^{\mathrm{T}}(-\mathbf{p}+\rho\ddot{\mathbf{u}}+c\dot{\mathbf{u}})\right)dV_e=\int_{S_e}\mathbf{N}^{\mathrm{T}}\bar{\mathbf{q}}\,dS_e \tag{6.17}$$

E com os campos de deslocamentos ($\mathbf{u}=\mathbf{N}\,\mathbf{u}^{(e)}$), de velocidades ($\dot{\mathbf{u}}=\mathbf{N}\dot{\mathbf{u}}^{(e)}$) e de acelerações ($\ddot{\mathbf{u}}=\mathbf{N}\ddot{\mathbf{u}}^{(e)}$), juntamente com a notação ($\mathbf{B}=\boldsymbol{L}\mathbf{N}$), obtém-se a partir da equação anterior

$$\int_{V_e}(\rho\mathbf{N}^{\mathrm{T}}\mathbf{N}\,\ddot{\mathbf{u}}^{(e)}+c\,\mathbf{N}^{\mathrm{T}}\mathbf{N}\,\dot{\mathbf{u}}^{(e)}+\mathbf{B}^{\mathrm{T}}\mathbf{E}\,\mathbf{B}\,\mathbf{u}^{(e)})\,dV_e=$$
$$-\int_{V_e}(\boldsymbol{L}\mathbf{N})^{\mathrm{T}}\boldsymbol{\sigma}_0\,dV_e+\int_{V_e}\mathbf{N}^{\mathrm{T}}\mathbf{p}\,dV_e+\int_{S_e}\mathbf{N}^{\mathrm{T}}\bar{\mathbf{q}}\,dS_e \tag{6.18}$$

Assim, com notações

$$\mathbf{M}^{(e)}=\int_{V_e}\rho\,\mathbf{N}^{\mathrm{T}}\mathbf{N}\,dV_e \tag{6.19}$$

$$\mathbf{C}^{(e)}=\int_{V_e}c\,\mathbf{N}^{\mathrm{T}}\mathbf{N}\,dV_e \tag{6.20}$$

e com as notações de matriz de rigidez e de vetores de forças nodais equivalentes expressas pelas Equações 4.9 a 4.12 do quarto capítulo, chega-se ao sistema de equações de equilíbrio dinâmico

$$\mathbf{M}^{(e)}\ddot{\mathbf{u}}^{(e)}+\mathbf{C}^{(e)}\dot{\mathbf{u}}^{(e)}+\mathbf{K}^{(e)}\mathbf{u}^{(e)}=\mathbf{f}_{\sigma_0}^{(e)}+\mathbf{f}_{p}^{(e)}+\mathbf{f}_{q}^{(e)}=\mathbf{f}^{(e)}(t) \tag{6.21}$$

Além disso, com a definição isoparamétrica de geometria apresentada no quarto capítulo, as matrizes de massa e de amortecimento anteriores tomam as novas formas

$$\mathbf{M}^{(e)}=\int_{-1}^{+1}\int_{-1}^{+1}\int_{-1}^{+1}\rho\,\mathbf{N}^{\mathrm{T}}\mathbf{N}\det\mathbf{J}\,d\xi\,d\eta\,d\zeta \tag{6.22}$$

$$\mathbf{C}^{(e)}=\int_{-1}^{+1}\int_{-1}^{+1}\int_{-1}^{+1}c\,\mathbf{N}^{\mathrm{T}}\mathbf{N}\det\mathbf{J}\,d\xi\,d\eta\,d\zeta \tag{6.23}$$

É usual adotar na integração de Gauss da matriz de massa anterior o mesmo número de pontos que na integração da matriz de rigidez.

Também com elementos bi e tridimensionais, pode-se utilizar matriz de massa diagonal. E entre os diversos procedimentos de construção dessa matriz apresentados na literatura, o que se mostra mais efetivo fornece a denominada *matriz de massa diagonalizada*, que é obtida a partir da matriz de massa consistente e que se aplica aos elementos finitos cujas funções de interpolação atendem à propriedade do símbolo de Kronecker. E na sua construção, soma-se todos os coeficientes da matriz consistente

$$m_t = \sum_i \sum_j M_{ij}^{(e)} \tag{6.24}$$

e soma-se os coeficientes diagonais

$$m_d = \sum_i M_{ii}^{(e)} \tag{6.25}$$

para obter os coeficientes da nova matriz

$$\begin{cases} M_{Dii}^{(e)} = M_{ii}^{(e)} m_t / m_d \\ M_{Dij}^{(e)} = 0 \quad \text{com} \quad i \neq j \end{cases} \tag{6.26}$$

Contudo, vale ressaltar que essa construção não se aplica ao elemento de viga apresentado no item anterior, porque as suas funções de interpolação não atendem à propriedade do símbolo de Kronecker, o que se deve ao fato dos graus de liberdade desse elemento não terem a mesma dimensão física.

Em modelos com grande refinamento de discretização, as matrizes de massa discreta e consistente praticamente fornecem os mesmos resultados, com a vantagem do primeiro tipo de matriz conduzir a processamentos mais rápidos.

A montagem da matriz de massa global $\mathbf{M}$ segue o mesmo procedimento que o apresentado no Item 4.1 (do primeiro capítulo) para o caso da matriz de rigidez global $\mathbf{K}$, isto é, essa montagem é feita através da soma de contribuições dos elementos que incidem em cada ponto nodal e na direção de cada um dos graus de liberdade. E no caso da modelagem incluir massas concentradas em alguns pontos nodais, essas massas devem ser adicionadas à diagonal da matriz $\mathbf{M}$, nas correspondentes posições dos graus de liberdade. Dessa maneira e com matrizes de massa consistente para os elementos, $\mathbf{M}$ tem a mesma esparsidade que $\mathbf{K}$.

Quanto ao amortecimento, como é impraticável montar a matriz global $\mathbf{C}$ a partir das matrizes dos elementos (dado à dificuldade de se estimar o coeficiente de amortecimento do material da estrutura e porque parte da energia dissipada se deve à presença de materiais não estruturais agregados à estrutura, com outra parte dissipada por atrito nas conexões), essa matriz costuma ser construída a partir de razões de amortecimento de modos de vibração, como será mostrado no Item 6.4.1.

Supõe-se, assim, conhecido o sistema global de equações diferenciais de equilíbrio dinâmico da formulação de deslocamentos

$$\mathbf{M}\,\ddot{\mathbf{d}}(t) + \mathbf{C}\,\dot{\mathbf{d}}(t) + \mathbf{K}\,\mathbf{d}(t) = \mathbf{f}(t) \tag{6.27}$$

No caso de matriz de massa consistente, a matriz $\mathbf{M}$ é simétrica positiva-definida. E como no caso estático, a matriz de rigidez $\mathbf{K}$ é simétrica positiva semi-definida, que se transforma em positiva definida após a eliminação dos deslocamentos de corpo rígido. A resolução desse sistema, após levar em conta as condições geométricas de contorno, fornece *históricos de resposta* que são sequências de valores, em instantes consecutivos do tempo, de variáveis características do comportamento vibratório do modelo numérico, como deslocamentos, tensões e/ou esforços seccionais, por exemplo.

A seguir, serão apresentados os usuais métodos de resolução do problema dinâmico, que se aplicam indistintamente aos modelos com elementos finitos uni, bi e/ou tridimensionais, e que costumam ser utilizados em programações automáticas.

6.2 – Vibração livre não amortecida

A particularização mais simples do sistema de equilíbrio anterior é a da *vibração livre não amortecida* de comportamento linear, em que esse sistema toma a forma

$$\mathbf{M}\ddot{\mathbf{d}}(t)+\mathbf{K}\mathbf{d}(t)=\mathbf{0} \tag{6.28}$$

em que $\mathbf{K}$ e $\mathbf{M}$ são matrizes de coeficientes constantes. E de forma análoga ao oscilador simples em vibração livre não amortecida, esse sistema de equações diferenciais homogêneas admite a solução harmônica

$$\mathbf{d}=\hat{\varphi}_j\cos(\omega_j t-\theta_j) \tag{6.29}$$

em que $\hat{\varphi}_j$ é um vetor denominado *modo natural de vibração*, ω_j é uma grandeza chamada de *frequência natural de vibração* e θ_j é o *ângulo de fase*.

A substituição dessa solução na Equação 6.28 conduz ao sistema de equações algébricas homogêneas

$$(-\mathbf{M}\omega_j^2+\mathbf{K})\hat{\varphi}_j\cos(\omega_j t-\theta_j)=\mathbf{0} \quad\rightarrow\quad (\mathbf{K}-\omega_j^2\mathbf{M})\,\hat{\varphi}_j=\mathbf{0} \tag{6.30}$$

Esse sistema expressa um problema de autovalor generalizado e tem soluções não triviais $(\omega_j^2,\ \hat{\varphi}_j)$ apenas no caso da matriz dos coeficientes de $(\mathbf{K}-\omega_j^2\mathbf{M})$ ser singular, isto é, no caso de

$$\det(\mathbf{K}-\omega_j^2\mathbf{M})=0 \tag{6.31}$$

E essa última equação, denominada *equação característica* ou *equação de frequências*, é polinomial em ω_j^2. Logo, para cada solução ω_j^2 (que é um autovalor e quadrado da j-ésima frequência natural), a resolução do sistema de Equações 6.30 fornece um autovetor $\hat{\varphi}_j$ que é o j-ésimo *modo natural de vibração* ou *modo normal não amortecido*.

A Equação 6.30 pode também ser escrita sob a forma

$$\mathbf{K}\hat{\varphi}_j=\omega_j^2\mathbf{M}\hat{\varphi}_j \quad\rightarrow\quad \mathbf{K}\hat{\varphi}_j=\mathbf{M}\ddot{\mathbf{d}}(t)/\cos(\omega_j-\theta_j) \tag{6.32}$$

que expressa que cada modo de vibração é uma configuração em que as forças elásticas estão em equilíbrio com as forças de inércia.

Em modelos com suficientes restrições para impedir os deslocamentos de corpo rígido, essas frequências são reais e positivas, e costumam ser consideradas ordenadas em ordem crescente de valor, com a menor frequência ω_1 denominada *frequência fundamental* e o correspondente modo $\hat{\varphi}_1$ chamado de *modo fundamental de vibração*.[4] E com a notação n designativa de número de graus de liberdade do modelo, tem-se n pares $(\omega_j,\ \hat{\varphi}_j)$ que são

[4] Quando não são introduzidas restrições a deslocamentos de corpo rígido, são obtidas "frequências" nulas correspondentes a esses deslocamentos.

características dinâmicas inerentes ao modelo discreto. Além disso, como as malhas de elementos bi e tridimensionais conformes e de integrações completas são mais rígidas do que o correspondente modelo matemático, as frequências naturais obtidas com o modelo numérico de matrizes de massas consistentes são maiores do que as frequências desse modelo matemático.

A frequência fundamental costuma indicar a necessidade ou não de uma análise dinâmica consistente, e apenas os primeiros pares "frequências – modos de vibração" podem ser necessários nessa análise, como será argumentado posteriormente.

A Solução 6.29 expressa que todos os graus de liberdade do modelo discreto executam um movimento harmônico de mesma frequência e em fase que um modo natural de vibração. Isto é, uma vez que o modelo estrutural seja deformado segundo o seu j-ésimo modo e se retirem as restrições que imponham essa deformação, esse modelo passa a vibrar com a frequência ω_j, em torno da posição neutra e com a configuração do modo $\hat{\boldsymbol{\varphi}}_j$.

No caso de uma viga em balanço, os dois primeiros modos de vibração estão ilustrados na próxima figura.

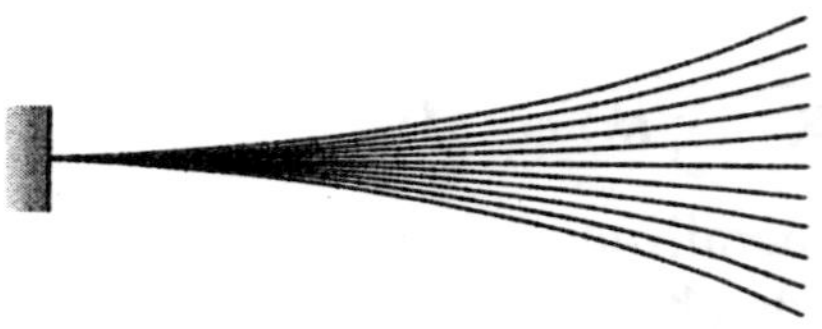

Vibração na frequência ω_1.

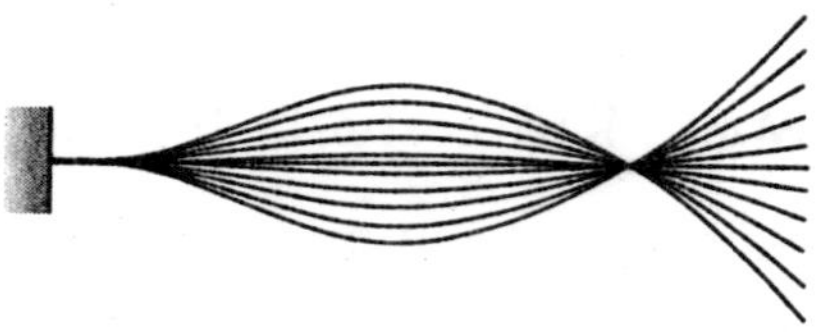

Vibração na frequência ω_2.

Figura 6.4 – Vibrações de viga em balanço.

E com o armazenamento do quadrado das n frequências e dos correspondentes modos naturais de vibração nas matrizes

$$\hat{\boldsymbol{\Phi}} = [\hat{\boldsymbol{\varphi}}_1 \quad \hat{\boldsymbol{\varphi}}_2 \quad \cdots \quad \hat{\boldsymbol{\varphi}}_n] \tag{6.33}$$

e

$$\boldsymbol{\Omega} = \begin{bmatrix} \omega_1^2 & 0 & \cdots & 0 \\ 0 & \omega_2^2 & \cdots & 0 \\ \vdots & \vdots & \ddots & \vdots \\ 0 & 0 & \cdots & \omega_n^2 \end{bmatrix} \tag{6.34}$$

denominadas, respectivamente, *matriz modal* e *matriz espectral*, o problema de autovalor anterior toma a nova forma

$$\mathbf{K}\hat{\boldsymbol{\Phi}} = \mathbf{M}\hat{\boldsymbol{\Phi}}\boldsymbol{\Omega} \tag{6.35}$$

cuja resolução é chamada de *análise modal*.

Os modos naturais de vibração têm a propriedade de ortogonalidade em relação às matrizes de rigidez e de massa. Para identificar essa propriedade, multiplica-se a equação anterior por $\hat{\mathbf{\Phi}}^{\mathrm{T}}$, com a obtenção de $((\hat{\mathbf{\Phi}}^{\mathrm{T}}\mathbf{K}\hat{\mathbf{\Phi}})=(\hat{\mathbf{\Phi}}^{\mathrm{T}}\mathbf{M}\hat{\mathbf{\Phi}})\mathbf{\Omega})$. Além disso, como as matrizes de rigidez e de massa são simétricas, os resultados dos produtos matriciais entre os parênteses internos dessa expressão também o são, o que só é possível no caso de $(\hat{\mathbf{\Phi}}^{\mathrm{T}}\mathbf{K}\hat{\mathbf{\Phi}})$ e $(\hat{\mathbf{\Phi}}^{\mathrm{T}}\mathbf{M}\hat{\mathbf{\Phi}})$ serem matrizes diagonais. E uma importante consequência dessa ortogonalidade é que os $\mathscr{n}$ modos naturais de vibração formam uma base completa no espaço $\mathscr{n}$-dimensional.

Além dessa propriedade, como a resolução do Sistema 6.30 só é possível com o arbítrio de um dos coeficientes do autovetor $\hat{\varphi}_j$ (pelo fato desse sistema ser constituído de equações homogêneas), é usual adotar um procedimento de normalização para que se tenha determinação única desse autovetor, a menos do fator (-1). E o procedimento mais utilizado é em relação à matriz de massa, que utiliza o fato da matriz $(\hat{\mathbf{\Phi}}^{\mathrm{T}}\mathbf{M}\hat{\mathbf{\Phi}})$ ser diagonal e que permite escrever

$$\hat{\varphi}_i^{\mathrm{T}}\mathbf{M}\hat{\varphi}_j = \begin{cases} \mathscr{m}_i & \text{no caso de } i = j \\ 0 & \text{no caso de } i \neq j \end{cases} \tag{6.36}$$

Em sequência, para obter modos de vibração normalizados de notação φ_i, a partir dos modos não normalizados $\hat{\varphi}_i$, escreve-se

$$\hat{\varphi}_i = \alpha_i\,\varphi_i \tag{6.37}$$

com $(i = 1, 2, \cdots \mathscr{n})$ e em que α_i é um escalar a ser determinado.

Substitui-se, agora, essa equação na equação que lhe precede, para escrever

$$\alpha_i\,\varphi_i^{\mathrm{T}}\mathbf{M}\varphi_j\alpha_j = \begin{cases} \mathscr{m}_i & \text{no caso de } i = j \\ 0 & \text{no caso de } i \neq j \end{cases} \tag{6.38}$$

Logo, para obter modos normalizados com a propriedade

$$\varphi_i^{\mathrm{T}}\mathbf{M}\varphi_j = \delta_{ij} \tag{6.39}$$

escolhe-se, a partir da equação anterior, o escalar

$$\alpha_i = \sqrt{\mathscr{m}_i} \tag{6.40}$$

que com a Equação 6.37 fornece o i-ésimo modo de vibração normalizado

$$\varphi_i = \hat{\varphi}_i / \sqrt{\mathscr{m}_i} \tag{6.41}$$

Os modos obtidos com essa equação são ditos M-ortonormalizados (por atenderem à Equação 6.39), são adimensionais e, uma vez que sejam considerados na matriz modal $(\mathbf{\Phi} = [\varphi_1 \quad \varphi_2 \quad \cdots \quad \varphi_{\mathscr{n}}])$, fornecem

$$\begin{cases} \mathbf{\Phi}^{\mathrm{T}}\mathbf{M}\mathbf{\Phi} = \mathbf{I} \\ \mathbf{K}\mathbf{\Phi} = \mathbf{M}\mathbf{\Phi}\mathbf{\Omega} \end{cases} \tag{6.42}$$

Além disso, com a pré-multiplicão da última equação por $\mathbf{\Phi}^T$, obtém-se

$$\mathbf{\Phi}^T \mathbf{K} \mathbf{\Phi} = \mathbf{\Phi}^T \mathbf{M} \mathbf{\Phi} \mathbf{\Omega} \quad \rightarrow \quad \mathbf{\Phi}^T \mathbf{K} \mathbf{\Phi} = \mathbf{\Omega}$$

$$\rightarrow \quad \begin{cases} \boldsymbol{\varphi}_i^T \mathbf{K} \boldsymbol{\varphi}_i = \omega_i^2 \\ \boldsymbol{\varphi}_i^T \mathbf{K} \boldsymbol{\varphi}_j = 0 \end{cases} \tag{6.43}$$

Isto é, a matriz modal diagonaliza as matrizes de rigidez e de massa, propriedade essa que será essencial ao método de superposição modal que será desenvolvido no Item 6.4 e ao método com espectro de resposta que será apresentado no Item 6.5, quando então ficará esclarecido que, na prática, basta determinar um conjunto com os primeiros p autopares $(\omega_j, \boldsymbol{\varphi}_j)$.[5]

Em adição a essa propriedade, a partir da Equação 6.30, escreve-se

$$\hat{\boldsymbol{\varphi}}_j^T \mathbf{K} \hat{\boldsymbol{\varphi}}_j = \omega_j^2 \hat{\boldsymbol{\varphi}}_j^T \mathbf{M} \hat{\boldsymbol{\varphi}}_j \quad \rightarrow \quad \omega_j^2 = \frac{\hat{\boldsymbol{\varphi}}_j^T \mathbf{K} \hat{\boldsymbol{\varphi}}_j}{\hat{\boldsymbol{\varphi}}_j^T \mathbf{M} \hat{\boldsymbol{\varphi}}_j} = \frac{\hat{\boldsymbol{\varphi}}_j^T \mathbf{K} \hat{\boldsymbol{\varphi}}_j / 2}{\hat{\boldsymbol{\varphi}}_j^T \mathbf{M} \hat{\boldsymbol{\varphi}}_j / 2} \tag{6.44}$$

Na razão anterior, o numerador expressa a energia potencial na configuração do modo de vibração $\hat{\boldsymbol{\varphi}}_j$ e o denominador, a energia cinética nessa configuração. De forma análoga, define-se o *coeficiente de Rayleigh* como a razão da energia potencial pela energia cinética em qualquer configuração de deslocamentos **d**

$$\rho(\mathbf{d}) = \frac{\mathbf{d}^T \mathbf{K} \mathbf{d}}{\ddot{\mathbf{d}}^T \mathbf{M} \ddot{\mathbf{d}}} \tag{6.45}$$

Esse coeficiente tem importantes propriedades, entre as quais cita-se:

(i) – Tem valor entre os quadrados da menor frequência e da maior frequência natural

$$\omega_1^2 \leq \rho(\mathbf{d}) \leq \omega_n^2 \tag{6.46}$$

(ii) – E com a notação ε designativa de um número de valor muito pequeno, de maneira que $(\mathbf{d} = \hat{\boldsymbol{\varphi}}_j + \varepsilon\, \hat{\boldsymbol{\varphi}}_j)$ seja uma aproximação ao j-ésimo modo de vibração, o coeficiente de Rayleigh é uma aproximação de ordem ε^2 ao autovalor correspondente a esse modo

$$\rho(\mathbf{d}) = \omega_j^2 + O(\varepsilon^2) \tag{6.47}$$

Exemplo 6.1 – A seguir, faz-se a determinação das primeiras frequências angulares da viga biapoiada de vão L, rigidez de flexão EI e massa m por unidade de comprimento, mostrada na próxima figura com discretizações em dois e em três elementos.

---

[5] É oportuno acrescentar que os modos naturais de vibração não são os únicos vetores que formam uma matriz com a propriedade de diagonalizar as matrizes de rigidez e de massa. E existe um grande número de métodos de resolução do presente problema de autovalor, entre os quais, para modelos com grande número de graus de liberdade, se destaca o *método de iteração por subespaço* apresentado por Bathe, K.J. & Wilson, E.L., 1972, *Large Eigenvalue Problems in Dynamics Analysis*, ASCE, Journal of the Engineering Mechanics Division, EM6, vol. 98, pp. 1471-1485.

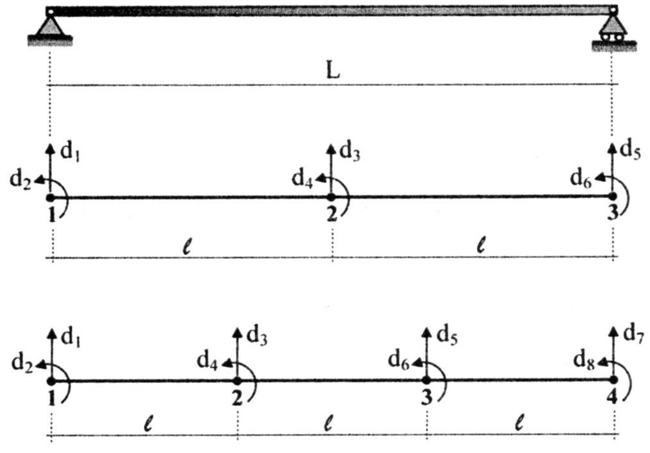

Figura E6.1a – Discretizações de viga biapoiada.

A discretização da viga em dois elementos conduz ao problema de autovalor

$$\left(\frac{EI}{\ell} \begin{bmatrix} 12/\ell^2 & 6/\ell & -12/\ell^2 & 6/\ell & 0 & 0 \\ \cdot & 4 & -6/\ell & 2 & 0 & 0 \\ \cdot & \cdot & 24/\ell^2 & 0 & -12/\ell^2 & 6/\ell \\ \cdot & \cdot & \cdot & 8 & -6/\ell & 2 \\ \cdot & \cdot & \cdot & \cdot & 12/\ell^2 & -6/\ell \\ \text{sim.} & \cdot & \cdot & \cdot & \cdot & 4 \end{bmatrix} \right.$$

$$\left. -\omega^2 m\ell \begin{bmatrix} 13/35 & 11\ell/210 & 9/70 & -13\ell/420 & 0 & 0 \\ \cdot & \ell^2/105 & 13\ell/420 & -3\ell^2/420 & 0 & 0 \\ \ell^2/105 & \cdot & 26/35 & 0 & 9/70 & -13\ell/420 \\ \cdot & \cdot & \cdot & 2\ell^2/105 & 13\ell/420 & -3\ell^2/420 \\ \cdot & \cdot & \cdot & \cdot & 13/35 & -11\ell/210 \\ \text{sim.} & \cdot & \cdot & \cdot & \cdot & \ell^2/105 \end{bmatrix} \right) \boldsymbol{\varphi} = \mathbf{0}$$

Com a exclusão das linhas e colunas associadas aos deslocamentos nodais restringidos d_1 e d_5, obtém-se o problema de autovalor mais reduzido

$$\left(\frac{EI}{\ell} \begin{bmatrix} 4 & -6/\ell & 2 & 0 \\ \cdot & 24/\ell^2 & 0 & 6/\ell \\ \cdot & \cdot & 8 & 2 \\ \text{sim.} & \cdot & \cdot & 4 \end{bmatrix} - \omega^2 m\ell \begin{bmatrix} \ell^2/105 & 13\ell/420 & -3\ell^2/420 & 0 \\ \cdot & 26/35 & 0 & -13\ell/420 \\ \cdot & \cdot & 2\ell^2/105 & -3\ell^2/420 \\ \text{sim.} & \cdot & \cdot & \ell^2/105 \end{bmatrix} \right) \boldsymbol{\varphi} = \mathbf{0}$$

E com a notação $(L=2\ell)$,, a resolução desse problema fornece

$$\begin{Bmatrix} \omega_1 \\ \omega_2 \\ \omega_3 \\ \omega_4 \end{Bmatrix} = \begin{Bmatrix} 9{,}9086 \\ 43{,}818 \\ 110{,}14 \\ 200{,}80 \end{Bmatrix} \sqrt{\frac{EI}{mL^4}}$$

A primeira, a segunda e a terceira dessas frequências apresentam, respectivamente, diferenças de 0,4%, 11% e 24%, em relação aos correspondentes resultados da Teoria Clássica de Viga. E o resultado obtido para a quarta frequência não tem significado físico, porque os deslocamentos nodais da discretização em dois elementos são insuficientes para reproduzir uma aproximação ao quarto modo de vibração.

Já no caso da discretização em três elementos, após a montagem do sistema global e a exclusão das linhas e colunas associadas aos deslocamentos nodais restringidos d_1 e d_7, obtém-se o seguinte problema de autovalor

$$\left(\frac{EI}{\ell} \begin{bmatrix} 4 & -6/\ell & 2 & 0 & 0 & 0 \\ \cdot & 24/\ell^2 & 0 & -12/\ell^2 & 6/\ell & 0 \\ \cdot & \cdot & 8 & -6/\ell & 2 & 0 \\ \cdot & \cdot & \cdot & 24/\ell^2 & 0 & 6/\ell \\ \cdot & \cdot & \cdot & \cdot & 8 & 2 \\ \text{sim.} & \cdot & \cdot & \cdot & \cdot & 4 \end{bmatrix} \right.$$

$$\left. -\omega^2 m\ell \begin{bmatrix} \ell^2/105 & 13\ell/420 & -3\ell^2/420 & 0 & 0 & 0 \\ \cdot & 26/35 & 0 & 9/70 & -13\ell/420 & 0 \\ \cdot & \cdot & 2\ell^2/105 & 13\ell/420 & -3\ell^2/420 & 0 \\ \cdot & \cdot & \cdot & 26/35 & 0 & -13\ell/420 \\ \cdot & \cdot & \cdot & \cdot & 2\ell^2/105 & -3\ell^2/420 \\ \text{sim.} & \cdot & \cdot & \cdot & \cdot & \ell^2/105 \end{bmatrix} \right) \boldsymbol{\varphi} = \mathbf{0}$$

E com a notação ($L=3\ell$), a resolução desse problema fornece as frequências naturais

$$\begin{Bmatrix} \omega_1 \\ \omega_2 \\ \omega_3 \\ \omega_4 \\ \omega_5 \\ \omega_6 \end{Bmatrix} = \begin{Bmatrix} 9{,}87759 \\ 39{,}9456 \\ 98{,}5900 \\ 183{,}3209 \\ 328{,}0150 \\ 451{,}7964 \end{Bmatrix} \sqrt{\frac{EI}{mL^4}}$$

A primeira, a segunda e a terceira dessas frequências apresentam, respectivamente, diferenças de –0,08%, 1,2% e 11% em relação aos correspondentes resultados da Teoria Clássica de Viga.

As Figuras E6.1b, E6.1c e E6.1d mostram, respectivamente, a convergência para a primeira, a segunda e a terceira frequências naturais, em discretizações da viga com três a oito pontos nodais. A solução analítica da Teoria Clássica de Viga é representada em traço contínuo, a solução com a Matriz de Massa Consistente 6.11 é mostrada em linha tracejada e a solução com a Matriz de Massa Diagonal 6.14 é representada em pontilhado. E dessas figuras, conclui-se que:

(i) – A acurácia dos resultados cresce com o aumento dos pontos nodais e diminui na medida em que se aumenta a ordem da frequência;

(ii) – A convergência com a matriz de massa consistente é por valores superiores e a convergência com a matriz de massa diagonal é por valores inferiores, e

(iii) – Com poucos graus de liberdade, a matriz de massa consistente fornece melhores resultados do que a matriz de massa diagonal, além do que com essa última não se obtém a segunda frequência com a discretização em três pontos nodais e não se obtém a terceira frequência com as discretizações em três e em quatro pontos nodais, o que se deve aos coeficientes diagonais nulos.[6]

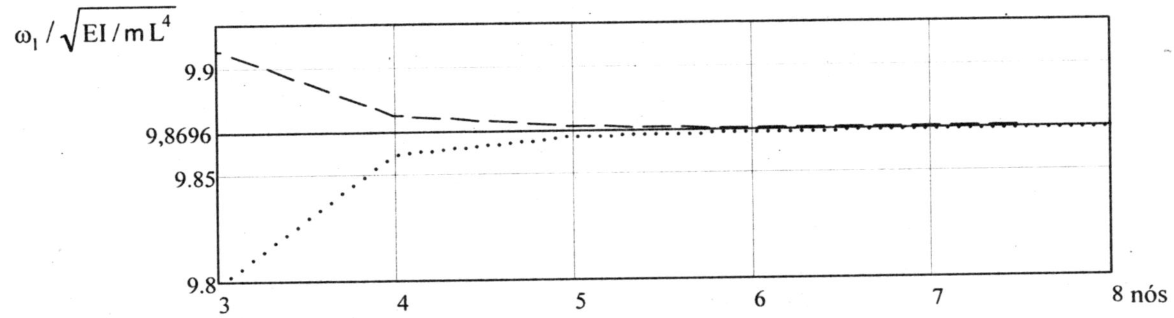

Figura E6.1b – Convergência para a primeira frequência natural.

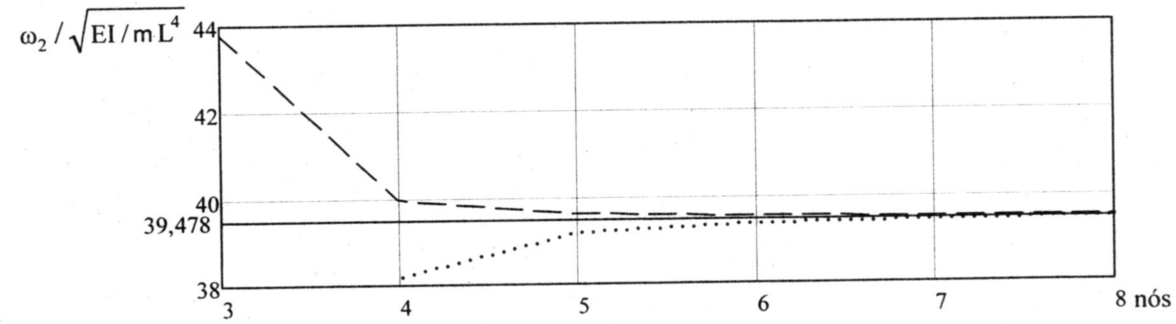

Figura E6.1c – Convergência para a segunda frequência natural.

[6] A literatura sugere o uso de massa rotacional na matriz diagonal do elemento de viga. Contudo, experimentos numéricos levados a efeito por este autor não mostraram vantagem desse uso.

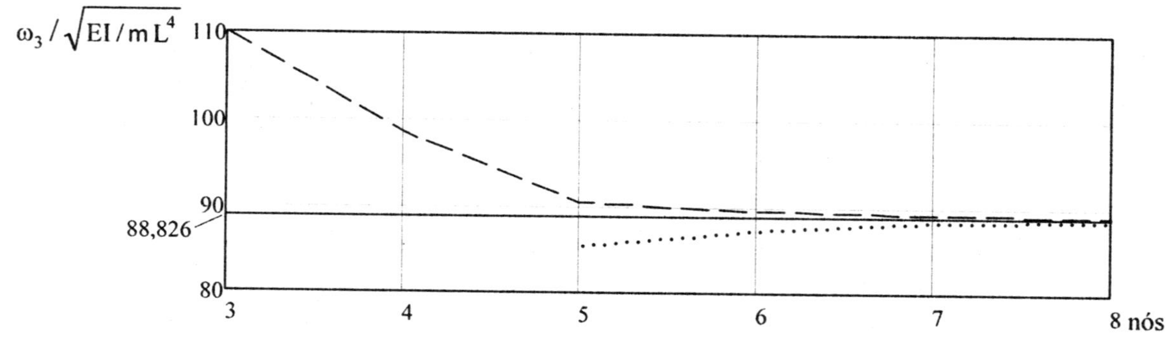

Figura E6.1d – Convergência para a terceira frequência natural.

Exemplo 6.2 – Para comparar resultados da análise modal de diferentes modelos matemáticos de um sistema físico, adota-se um sólido com uma dimensão preponderante em relação às demais e apoiado nas extremidades, como mostra a próxima figura. Esse sólido foi idealizado como viga biapoiada de acordo com a Teoria Clássica e a Teoria de Timoshenko, e como estado plano de tensão e como placa.

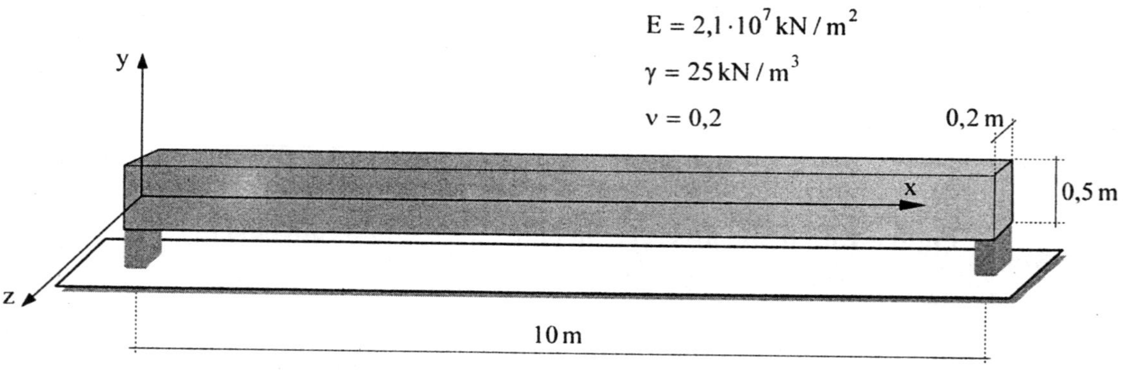

Figura E6.2a – Sólido sobre dois apoios.

Com a idealização em estado plano, para obter resultados próximos aos das teorias de viga, os apoios foram colocados no ponto médio da altura das extremidades da viga. E com a idealização em placa, para obter resultados próximos aos do modelo em estado plano, foi empregada a Teoria de Mindlin (de placa semi-espessa, a ser abordada no segundo livro). Da Teoria de Viga de Timoshenko, foram utilizados resultados analíticos. Já o modelo em viga da Teoria Clássica foi discretizado em 3, 4, 5, 6 e 7 elementos (de matriz de massa consistente), o modelo em estado plano de tensão foi discretizado em 25x4, 50x6, 100x8, 200x10 e 400x12 elementos quadrilaterais (de matriz de rigidez desenvolvida no Item 4.1.3), e o modelo em placa foi discretizado em 5x2, 10x2, 20x2, 40x2 e 80x2 elementos lineares de Mindlin, como ilustra a próxima figura.

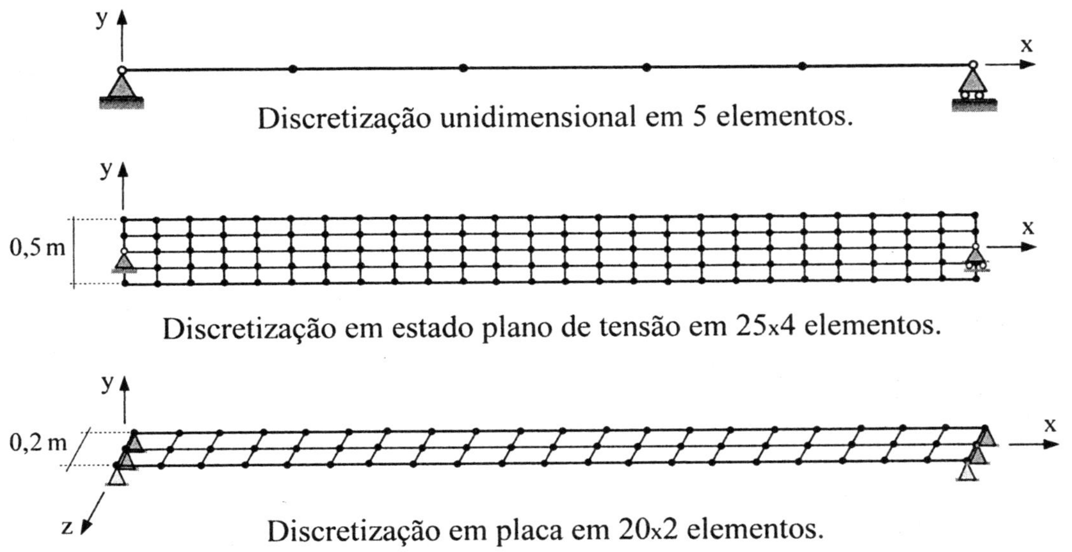

Figura E6.2b – Discretizações do sólido da Figura E6.2a.

Além disso, as Figuras E6.2c, E6.2d e E6.2e mostram a convergência de resultados para a primeira, a segunda e a terceira frequências, respectivamente; em que as representações em traço contínuo, em pontilhado e em tracejado dizem respeito às idealizações unidimensional, de placa e de estado plano, respectivamente. E a representação em traço-ponto é a da Teoria de Timoshenko que fornece a j-ésima frequência (vide Equação I.24 do Anexo I)

$$\omega_j = j^2\,\pi^2 \sqrt{\frac{E\,I}{m\,L^4}} \left(1 - \frac{j^2\,\pi^2\,I}{A\,L^2} \left(1 + \frac{E}{K\,G} \right) \right) \quad , \quad \text{com} \quad K = \frac{5}{6}.$$

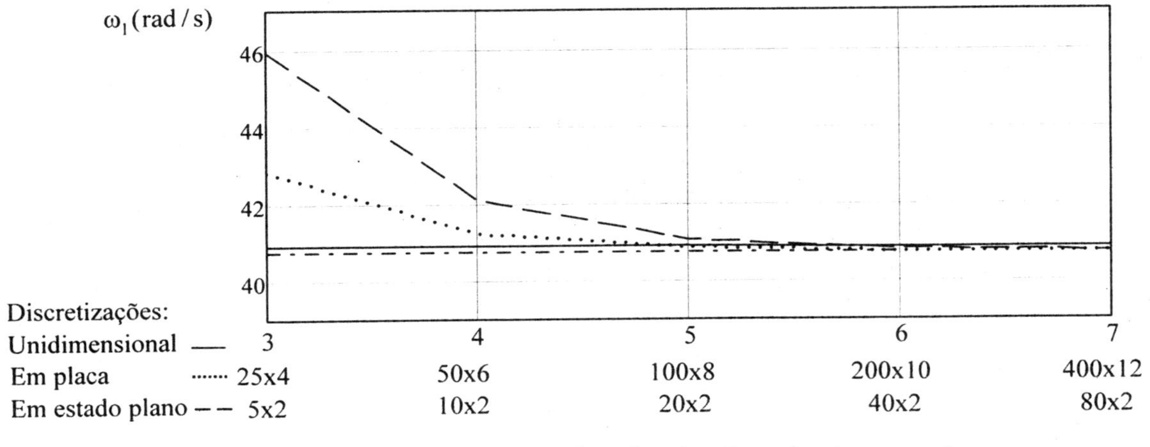

Figura E6.2c – Resultados da primeira frequência natural.

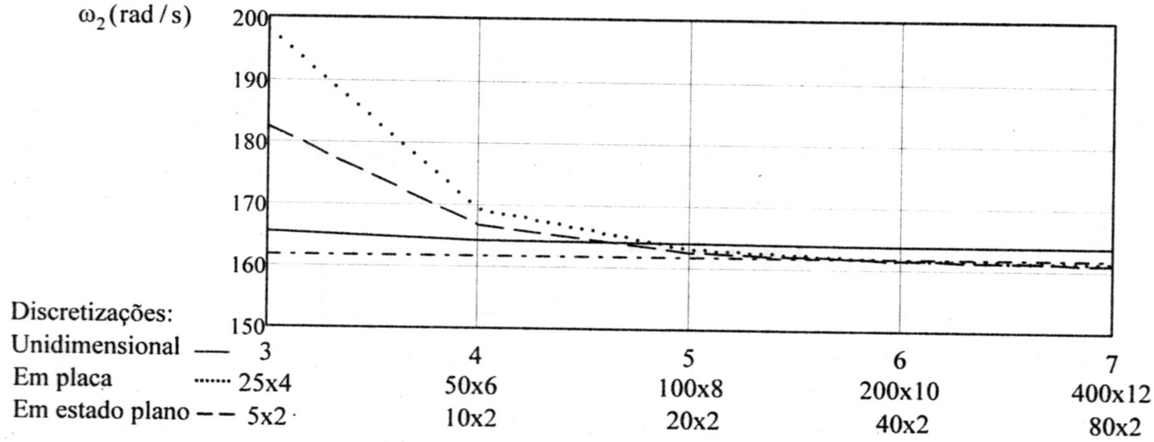

Figura E6.2d – Resultados da segunda frequência natural.

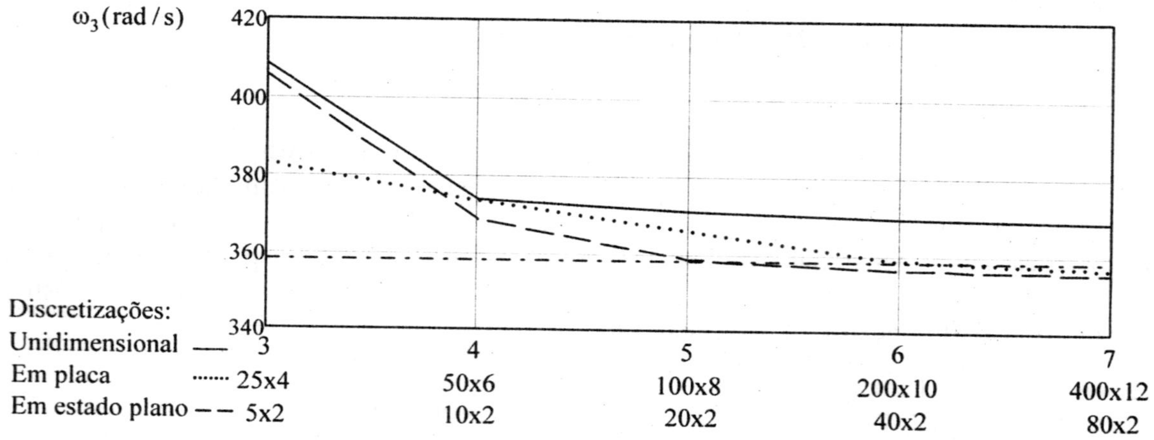

Figura E6.2e – Resultados da terceira frequência natural.

Quanto aos resultados anteriores, importa ressaltar que:

(i) – Pelo fato de se ter utilizado matriz de massa consistente em todos os elementos, a convergência foi por valores superiores.

(ii) – Como o elemento de estado plano utilizado não tem o modo de deformação de flexão, a representação do comportamento de flexão requereu um número de elementos desse estado muito maior do que de elementos de viga e de flexão de placa.

(iii) – Como o elemento de viga utilizado não leva em consideração o efeito de deformação do esforço cortante e o primeiro modo é de flexão pura, como mostra a Figura E6.2f, os três modelos forneceram resultados convergentes na primeira frequência. E como essa deformação é significativa nos demais modos (com a consequência de tornar o modelo mais flexível) o estado plano e a flexão de placa forneceram resultados da segunda e da terceira frequências convergentes entre si e com a Teoria de Timoshenko.

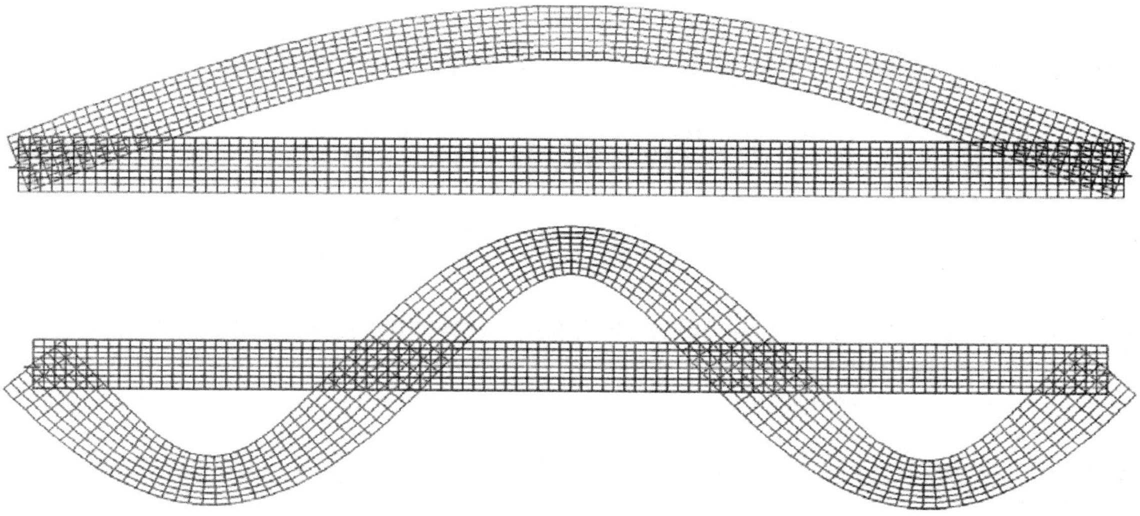

Figura E6.2f – Primeiro e terceiro modos naturais de vibração.

O fato de a precisão das frequências naturais, assim como dos modos naturais de vibração, diminuir na medida em que se aumenta a ordem desses resultados, não costuma ser desfavorável em Dinâmica das Estruturas, porque usualmente só há interesse nas primeiras frequências e correspondentes modos naturais, como será argumentado posteriormente.

6.3 – Vibração não amortecida sob força harmônica

Considera-se comportamento linear e a vibração forçada não amortecida com o vetor de forças nodais harmônicas

$$\mathbf{f}(t) = \mathbf{f}_o \cos(\omega t) \tag{6.48}$$

em que $\mathbf{f}_o$ expressa uma distribuição espacial de forças independentes do tempo, de maneira a particularizar o Sistema de Equilíbrio 6.27 para a forma

$$\mathbf{M}\,\ddot{\mathbf{d}}(t) + \mathbf{K}\,\mathbf{d}(t) = \mathbf{f}_o \cos(\omega t) \tag{6.49}$$

A solução geral desse sistema não é harmônica. Contudo, como nos sistemas físicos sempre existe amortecimento que faz desaparecer a parcela inicial da resposta que é dependente das condições iniciais, denominada *parcela transiente*, importa determinar a resposta em regime permanente que é harmônica e tem a forma

$$\mathbf{d}(t) = \mathbf{d}_o \cos(\omega t) \tag{6.50}$$

E com a substituição dessa solução na equação que lhe precede, obtém-se

$$(-\mathbf{M}\,\omega^2 + \mathbf{K})\,\mathbf{d}_o \cos(\omega t) = \mathbf{f}_o \cos(\omega t) \;\rightarrow\; (\mathbf{K} - \mathbf{M}\,\omega^2)\,\mathbf{d}_o = \mathbf{f}_o \;\rightarrow\; \mathbf{K}^*\,\mathbf{d}_o = \mathbf{f}_o \tag{6.51}$$

em que se adota a notação

$$\mathbf{K}^* = \mathbf{K} - \mathbf{M}\,\omega^2 \tag{6.52}$$

Recai-se, assim, na resolução do Sistema de Equações Algébricas 6.51, cuja solução substituída na Equação 6.50 fornece a resposta de deslocamentos em regime permanente, independentemente da necessidade do cálculo de frequências naturais e de modos naturais de vibração. Além disso, identifica-se que a solução no caso de forças estáticas é a solução desse sistema com frequência nula para essas forças. E no caso de estruturas com as razões de amortecimento usuais, a presente solução em regime permanente é muito próxima da solução não amortecida.

Exemplo 6.3 – Para ilustrar a resolução apresentada anteriormente, utiliza-se uma viga biapoiada com um balanço, como mostra próxima figura, em que $(EI = 2{,}2344 \cdot 10^7 \, N/m^2)$ e $(m = 103{,}0 kg/m)$, submetida às forças harmônicas indicadas. Comparam-se as respostas do deslocamento transversal da seção média do vão principal obtidas com essa resolução e com o método de integração direta que inclui a parte transiente da resposta e que será desenvolvido no Item 6.6. São adotadas as razões de amortecimento $(\xi = 0{,}01)$ e $(\xi = 0{,}03)$, em uma discretização de 14 elementos de igual comprimento e de matriz de massa consistente.

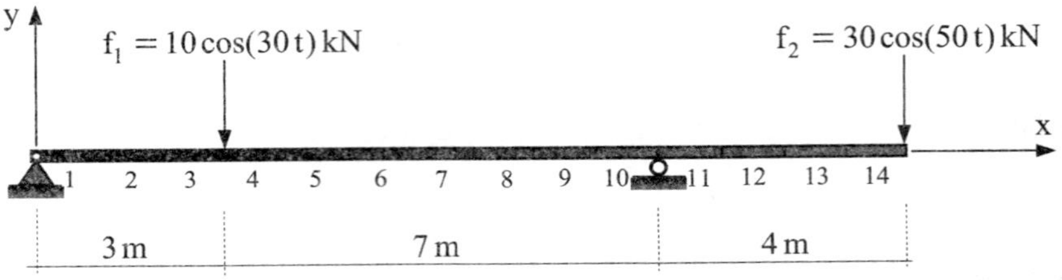

Figura E6.3a – Viga biapoiada com um balanço.

A presente resolução requer a construção das matrizes $\mathbf{K}$ e $\mathbf{M}$, e dos vetores $\mathbf{f}_{o1}$ e $\mathbf{f}_{o2}$, respectivamente, com as amplitudes das forças f_1 e f_2, e que têm as frequências $(\omega_1 = 30 rad/s)$ e $(\omega_2 = 50 rad/s)$. E como essas frequências são distintas entre si, utiliza-se o princípio da superposição dos esforços em ampliação da Equação 6.50 para a forma

$$\mathbf{d}(t) = \mathbf{d}_{o1} \cos(\omega_1 t) + \mathbf{d}_{o2} \cos(\omega_2 t)$$

em que

$$\begin{cases} \mathbf{d}_{o1} = \mathbf{K}_1^{*-1} \mathbf{f}_{o1} \\ \mathbf{d}_{o2} = \mathbf{K}_2^{*-1} \mathbf{f}_{o2} \end{cases} \quad \text{com} \quad \begin{cases} \mathbf{K}_1^* = \mathbf{K} - \mathbf{M}\,\omega_1^2 \\ \mathbf{K}_2^* = \mathbf{K} - \mathbf{M}\,\omega_2^2 \end{cases}.$$

A figura seguinte mostra os históricos do referido deslocamento no caso da razão de amortecimento $(\xi = 0{,}01)$ e nos quatro primeiros segundos. A solução em traço contínuo é a do método de integração direta e a solução em pontilhado é a do presente item. Observa-se que a diferença entre esses históricos (que ocorre na parte inicial transiente da resposta) é praticamente eliminada ao final dos quatro segundos de representação.

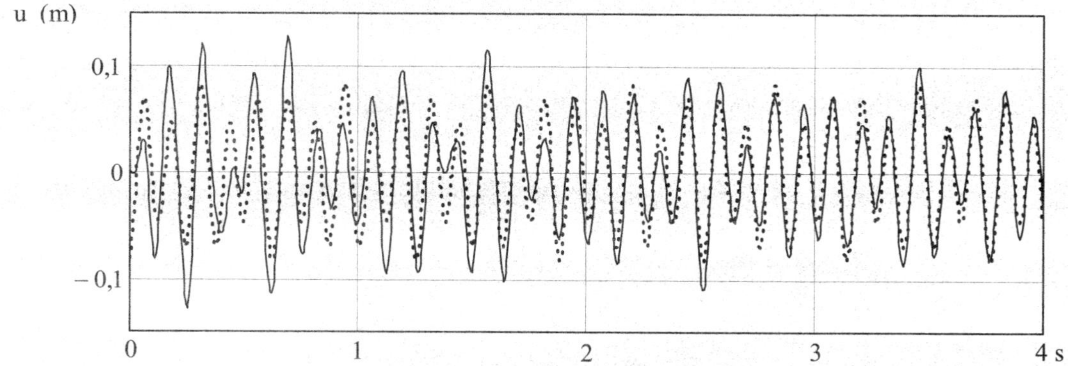

Figura 6.3b – Históricos de deslocamento no caso de ($\xi = 0{,}01$).

E próxima figura apresenta os históricos do mesmo deslocamento, no caso da razão de amortecimento ($\xi = 0{,}03$) e nos dois primeiros segundos, quando então a diferença entre esses históricos é praticamente eliminada ao final desses dois segundos. Vale ressaltar, que embora ocorram amplitudes maiores no regime transiente da resposta do que no regime permanente, na grande maioria dos casos, é justificável determinar soluções apenas neste último regime.

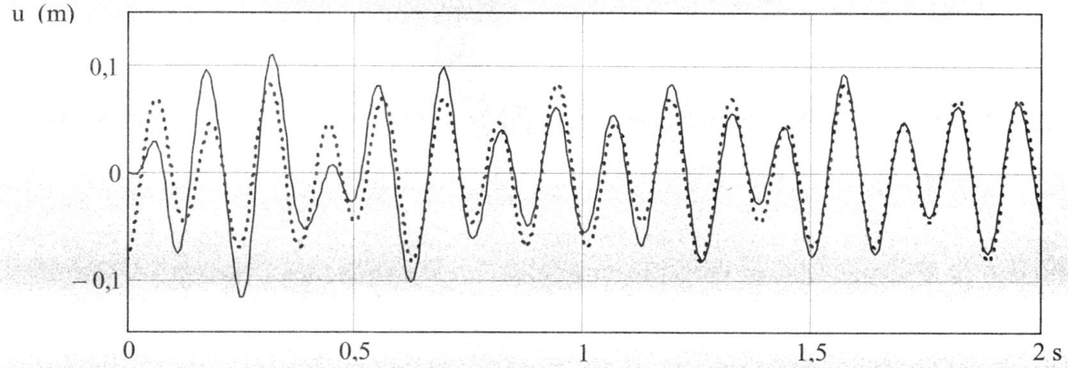

Figura 6.3c – Históricos de deslocamento no caso de ($\xi = 0{,}03$).

Assim, em vibração sob força harmônica, como a resposta em regime transiente tem pouca relevância e os sistemas estruturais são em geral fracamente amortecidos, a presente resolução fornece bons resultados em comparação aos métodos de determinação de resposta dos sistemas amortecidos apresentados a seguir, com a vantagem de ser de cálculo mais simples.

6.4 – Método de superposição modal

A determinação de históricos de resposta é chamada de *análise dinâmica consistente*, é a análise que mais tem volume de cálculo e, no caso de comportamento linear e amortecido viscoso, requer a resolução do sistema global de equações de equilíbrio dinâmico ($\mathbf{M}\,\ddot{\mathbf{d}}(t)+\mathbf{C}\dot{\mathbf{d}}(t)+\mathbf{K}\,\mathbf{d}(t)=\mathbf{f}(t)$). E para essa resolução, o *método de superposição modal* é muito vantajoso, por conduzir a um sistema de equações desacopladas em que as equações mais relevantes são as associados aos primeiros modos de vibração.

Este método é baseado no fato dos modos naturais de vibração formarem uma base completa no espaço n-dimensional, o que permite expressar a solução de deslocamentos como uma combinação linear desses modos. Assim, faz-se a transformação das coordenadas físicas sob a forma

$$\mathbf{d}(t)=\sum_{j=1}^{n}\boldsymbol{\varphi}_j\,\mathscr{d}_j(t) \quad\rightarrow\quad \mathbf{d}(t)=\boldsymbol{\Phi}\boldsymbol{\mathscr{d}}(t) \qquad (6.53)$$

onde $\boldsymbol{\Phi}$ é a matriz modal normalizada em relação à matriz de massa, e $\boldsymbol{\mathscr{d}}(t)$ é um vetor de coordenadas generalizadas denominadas *coordenadas modais*.[7]

E com a substituição dessa transformação no sistema global de equações de equilíbrio dinâmico e a pré-multiplicação do resultado por $\boldsymbol{\Phi}^T$, obtém-se

$$\boldsymbol{\Phi}^T\mathbf{M}\boldsymbol{\Phi}\,\ddot{\boldsymbol{\mathscr{d}}}(t)+\boldsymbol{\Phi}^T\mathbf{C}\boldsymbol{\Phi}\,\dot{\boldsymbol{\mathscr{d}}}(t)+\boldsymbol{\Phi}^T\mathbf{K}\boldsymbol{\Phi}\,\boldsymbol{\mathscr{d}}(t)=\boldsymbol{\Phi}^T\mathbf{f}(t) \qquad (6.54)$$

Logo, com a propriedade de diagonalização das matrizes de massa e de rigidez pela matriz modal, essa última equação toma a forma

$$\ddot{\boldsymbol{\mathscr{d}}}(t)+\boldsymbol{\Phi}^T\mathbf{C}\boldsymbol{\Phi}\,\dot{\boldsymbol{\mathscr{d}}}(t)+\boldsymbol{\Omega}\boldsymbol{\mathscr{d}}(t)=\boldsymbol{\mathscr{f}}(t) \qquad (6.55)$$

onde

$$\boldsymbol{\mathscr{f}}(t)=\boldsymbol{\Phi}^T\mathbf{f}(t) \qquad (6.56)$$

é denominado *vetor de forças modais*.

Dado à dificuldade de estimar de forma precisa o amortecimento das estruturas, costuma-se arbitrar esse amortecimento de maneira a facilitar a solução das equações de equilíbrio anteriores. Assim, para obter um sistema de equações desacopladas, arbitra-se, como será mostrado no próximo item, a diagonalização da matriz de amortecimento sob a forma

$$\boldsymbol{\Phi}^T\mathbf{C}\boldsymbol{\Phi}=\mathbf{C}_d=2\begin{bmatrix}\omega_1\xi_1 & & & \\ & \ddots & & \\ & & \omega_j\xi_j & \\ & & & \ddots\end{bmatrix} \quad\rightarrow\quad \boldsymbol{\varphi}_i^T\mathbf{C}\,\boldsymbol{\varphi}_j=2\,\omega_j\,\xi_j\,\delta_{ij} \qquad (6.57)$$

---

[7] Nessa transformação podem também ser utilizados modos de vibração não normalizados em relação à matriz de massa ou quaisquer outros vetores que tenha a propriedade de diagonalizar as matrizes de rigidez e de massa.

onde ξ_j é a razão de amortecimento do j-ésimo modo de vibração em relação ao amortecimento crítico desse mesmo modo.

Além disso, para transformar as condições iniciais (definidas nas coordenadas físicas) para o espaço das coordenadas modais, multiplica-se a Equação 6.53 por $(\mathbf{\Phi}^T\mathbf{M})$, de maneira a obter

$$\mathbf{\Phi}^T\mathbf{M}\,\mathbf{d}(t) = \mathbf{\Phi}^T\mathbf{M}\,\mathbf{\Phi}\,\mathscr{d}(t) = \mathscr{d}(t)$$

$$\rightarrow \quad \begin{cases} \mathscr{d}(t) = \mathbf{\Phi}^T\mathbf{M}\,\mathbf{d}(t) \\ \dot{\mathscr{d}}(t) = \mathbf{\Phi}^T\mathbf{M}\,\dot{\mathbf{d}}(t) \end{cases} \quad \rightarrow \quad \begin{cases} \mathscr{d}(t_o) = \mathbf{\Phi}^T\mathbf{M}\,\mathbf{d}(t_o) \\ \dot{\mathscr{d}}(t_o) = \mathbf{\Phi}^T\mathbf{M}\,\dot{\mathbf{d}}(t_o) \end{cases} \tag{6.58}$$

Assim, com as Equações 6.55 e 6.57, tem-se as *equações modais desacopladas*

$$\ddot{\mathscr{d}}_j(t) + 2\,\omega_j\,\xi_j\,\dot{\mathscr{d}}_j(t) + \omega_j^2\,\mathscr{d}_j(t) = \mathscr{f}_j(t) \tag{6.59}$$

com $(j = 1, 2, \cdots n)$, e em que se tem a j-ésima força modal

$$\mathscr{f}_j(t) = \boldsymbol{\varphi}_j^T\,\mathbf{f}(t) \tag{6.60}$$

Essas equações modais têm a mesma forma que a equação de equilíbrio do oscilador simples amortecido tratado no capítulo anterior e podem ser resolvidas em procedimento passo a passo de maneira a obter a solução modal em cada instante t_i de discretização do tempo, $(\mathscr{d}(t_i)^T = \lfloor \mathscr{d}_1(t_i) \ \cdots \ \mathscr{d}_j(t_i) \ \cdots \rfloor)$. E com essa solução, retorna-se às coordenadas físicas com a transformação

$$\mathbf{d}(t_i) = \mathbf{\Phi}\,\mathscr{d}(t_i) \tag{6.61}$$

em que $(t_i = t_o, t_1, t_2 \cdots)$ e que expressa os históricos dos diversos graus de liberdade. E com esses históricos podem ser obtidos os históricos dos esforços seccionais (ou tensões) e das forças resistentes elásticas. Além disso, em procedimento semelhante, as velocidades modais $\dot{\mathscr{d}}(t_i)$ e as acelerações modais $\ddot{\mathscr{d}}(t_i)$ podem ser transformadas ao espaço das coordenadas físicas, para obter os históricos das forças de amortecimento e de inércia.

A grande vantagem do presente método é não ser necessária a inclusão de todos os modos naturais de vibração na transformação de coordenadas, porque os modos mais altos têm pouca ou nenhuma participação na resposta dinâmica. Isso, contudo, requer o estabelecimento a priori de um número mínimo de modos para se obter resultados satisfatórios, o que depende das características dinâmicas do modelo discreto, do conteúdo de frequência da excitação, como esclarecido a seguir, e da distribuição espacial das forças externas que será tratada no Item 6.4.2.

Com forças nodais externas funções de um único harmônico de frequência ω, a força modal $\mathscr{f}_j(t)$ é também função desse harmônico e, no caso das razões de amortecimento usuais, a solução em regime permanente da j-ésima equação modal torna-se cada vez menos relevante na medida em que ω_j se afasta por valores superiores da frequência ω (vide Figura 5.12 do capítulo anterior). Consequentemente, como a solução final no presente método é obtida através da acumulação das correspondentes soluções modais, as equações modais de frequências muito superiores à frequência ω podem ser descartadas.

Assim, com a notação ω_1 da frequência fundamental do modelo discreto, sugere-se o seguinte critério:

(i) – Substituir a análise dinâmica por uma análise estática no caso de $(\omega/\omega_1 < 0{,}2)$. Isto porque, os deslocamentos estáticos são próximos das amplitudes de deslocamento da resposta dinâmica em regime permanente e uma análise estática é muito mais simples do que uma análise dinâmica.

(ii) – No caso de $(0{,}2 \leq \omega/\omega_1)$, incluir na transformação de coordenadas pelo menos os p primeiros modos de vibração tal que $(\omega/\omega_p \geq 0{,}25)$. Isto porque, os modos de vibração de frequências $(\omega_j > \omega/0{,}25)$ têm muito pequena participação na resposta dinâmica em regime permanente e podem ter o correspondente efeito incluído na resposta de forma estática, como será apresentado no Item 6.4.2. Além disso, tem-se o fato de que os modos de vibração mais altos são os menos bem representados no modelo discreto e, portanto, contribuem com pouca precisão na resposta dinâmica.

Logo, para esse critério, o problema de autovalor expresso pela segunda das Equações 6.42 toma a forma

$$\mathbf{K}\boldsymbol{\Phi}_p = \mathbf{M}\boldsymbol{\Phi}_p\boldsymbol{\Omega}_p \qquad (6.62)$$

cuja resolução fornece os p primeiros pares de características dinâmicas (ω_j, φ_j). E com os correspondentes modos de vibração, faz-se a transformação modal sob a forma truncada

$$\mathbf{d}(t) \approx \begin{bmatrix} \varphi_1 & \cdots & \varphi_j & \cdots & \varphi_p \end{bmatrix} \begin{Bmatrix} d_1(t) \\ \vdots \\ d_p(t) \end{Bmatrix} \quad \rightarrow \quad \mathbf{d}(t) \approx \boldsymbol{\Phi}_p d_p(t) \qquad (6.63)$$

E com essa transformação, escreve-se o vetor de forças modais sob a forma truncada

$$f_p(t) = \boldsymbol{\Phi}_p^T\, \mathbf{f}(t) \qquad (6.64)$$

No Item 5.5.1 (do quinto capítulo) foi descrita a decomposição de funções periódicas em séries infinitas de funções harmônicas de frequências múltiplas inteiras da frequência fundamental ω_o e de amplitudes c_q que expressam a participação dos harmônicos nestas séries. Logo, para aplicar o critério de truncamento sugerido anteriormente ao caso de excitação periódica, basta adotar a notação ω para designar a mais alta frequência $(q\omega_o)$ que venha a ser julgada relevante na referida decomposição.

Já para o caso de excitação aperiódica, foi desenvolvida no Item 5.6.2 (do capítulo anterior) a decomposição em infinitos termos harmônicos de amplitudes infinitesimais e de frequências que variam de forma contínua (vide Equação 5.102). E para a definição discreta dessa excitação, foi apresentada a transformada discreta de Fourier (vide Equação 5.113) em termos de harmônicos de frequência ω_q. Logo, por inspeção do correspondente espectro de amplitudes de Fourier, $|F(\omega_q)|$, pode-se arbitrar a mais alta frequência ω_q significativa na decomposição da excitação e aplicar o critério de truncamento sugerido anteriormente.

Contudo, de forma simplista, pode-se chegar a um adequado truncamento modal por tentativa e erro, através do uso de números crescentes de modos de vibração e verificações (por inspeção) da ocorrência de eventuais alterações relevantes na resposta da estrutura.

6.4.1 – Amortecimento clássico

Para obter as Equações Modais 6.59, é necessário que a matriz de amortecimento global seja diagonalizável sob a forma expressa pela Equação 6.57, o que pressupõe que o sistema amortecido tenha os mesmos modos naturais de vibração que o sistema não amortecido. Diz-se, então, *amortecimento clássico* ou *proporcional*, por permitir a aplicação do clássico método de superposição modal. E diz-se *amortecimento não proporcional* quando o amortecimento acopla os modos naturais de vibração.

Entre as diversas formas de obter a referida diagonalização, a mais utilizada e simples é a do *amortecimento de Rayleigh*, em que a matriz de amortecimento global é definida pela combinação linear[8]

$$\mathbf{C} = \alpha \mathbf{M} + \beta \mathbf{K} \tag{6.65}$$

com constantes α e β determinadas a seguir.

Dessa combinação, faz-se

$$\mathbf{\Phi}^T (\alpha \mathbf{M} + \beta \mathbf{K}) \mathbf{\Phi} = \alpha (\mathbf{\Phi}^T \mathbf{M} \mathbf{\Phi}) + \beta (\mathbf{\Phi}^T \mathbf{K} \mathbf{\Phi}) = \alpha + \beta \mathbf{\Omega}$$

$$\rightarrow \quad \boldsymbol{\varphi}_j^T (\alpha \mathbf{M} + \beta \mathbf{K}) \, \boldsymbol{\varphi}_j = \alpha + \beta \omega_j^2$$

Além disso, arbitra-se

$$\alpha + \beta \omega_j^2 = 2 \omega_j \xi_j \qquad \rightarrow \qquad \xi_j = \frac{\alpha + \beta \omega_j^2}{2 \omega_j} \tag{6.66}$$

e considera-se as razões de amortecimento ξ_i e ξ_j, respectivamente, dos modos naturais de vibração $\boldsymbol{\varphi}_i$ e $\boldsymbol{\varphi}_j$. Logo, com a equação anterior, obtém-se

$$\frac{1}{2} \begin{bmatrix} 1/\omega_i & \omega_i \\ 1/\omega_j & \omega_j \end{bmatrix} \begin{Bmatrix} \alpha \\ \beta \end{Bmatrix} = \begin{Bmatrix} \xi_i \\ \xi_j \end{Bmatrix} \quad \rightarrow \quad \begin{cases} \alpha = 2 \dfrac{\omega_i^2 \omega_j \xi_j - \omega_i \omega_j^2 \xi_i}{\omega_i^2 - \omega_j^2} \\ \beta = 2 \dfrac{\omega_i \xi_i - \omega_j \xi_j}{\omega_i^2 - \omega_j^2} \end{cases} \tag{6.67}$$

Em seguida, com essas constantes, calcula-se a razão de amortecimento do k-ésimo modo

$$\xi_k = \frac{\alpha + \beta \omega_k^2}{2 \omega_k} \tag{6.68}$$

---

[8] Esse é um caso particular do amortecimento de *Caughey* ($\mathbf{C} = \mathbf{M} \Sigma a_i (\mathbf{M}^{-1} \mathbf{K})^i$)), em que se tem I constantes a_i obtidas com a resolução de um sistema de I equações algébricas sob a forma ($\xi_j = (a_o/\omega_j + a_1 \omega_j + a_2 \omega_j^3 + \cdots + a_{I-1} \omega_j^{2I-3})/2$). No caso de ($I = 2$), recai-se no amortecimento de Rayleigh. Vide Caughey, T.K., 1960, *Classical Normal Modes in Damped Linear Dynamic Systems*, Journal of Applied Mechanics, Transactions of the ASME, June.

E no caso de se arbitrar a mesma razão ξ para os modos de vibração φ_i e φ_j, as constantes anteriores particularizam-se em

$$\begin{cases} \alpha = 2\xi \dfrac{\omega_i\,\omega_j}{\omega_i + \omega_j} \\ \beta = 2\xi \dfrac{1}{\omega_i + \omega_j} \end{cases} \tag{6.69}$$

e a Equação 6.68 toma a forma

$$\xi_k = \frac{\xi(\omega_i\,\omega_j + \omega_k^2)}{\omega_k(\omega_i + \omega_j)} \tag{6.70}$$

A próxima figura mostra a representação desse amortecimento no caso das frequências ($\omega_i = 10\,\text{rad/s}$) e ($\omega_j = 1{,}3\,\omega_i$), e das razões de amortecimento ($\xi = 0{,}01$), ($\xi = 0{,}03$) e ($\xi = 0{,}05$). Identifica-se, nessa figura, que não há controle quanto às razões de amortecimento dos demais modos de vibração e que se pode obter ($\xi_k > 1$). Contudo, o amortecimento de Rayleigh é muito utilizado e tem a vantagem, no método de superposição modal, de não ser necessária a construção da matriz **C**.[9]

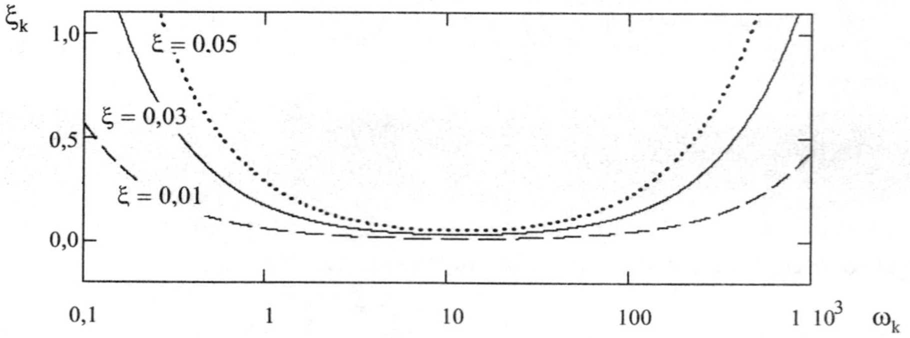

Figura 6.5 – Variação do amortecimento de Rayleigh com a frequência.

O método de superposição modal se mostra muito indicado em modelos de comportamento linear, com grande número de graus de liberdade e amortecimento clássico, principalmente quando utilizado com a correção estática dos modos superiores que será apresentada no próximo item.

E para melhor compreensão desse método, segue um algoritmo com a sua lógica no caso do amortecimento de Rayleigh.

---

[9] No método de integração direta (que será apresentado no Item 6.6), esse amortecimento tem a vantagem de fornecer uma matriz **C** com as mesmas características de esparsidade que as matrizes **K** e **M**.

– Especificações do número p de modos de vibração, dos instantes de discretização, da excitação $\mathbf{f}(t_i)$ em cada um desses instantes e dos amortecimentos correspondentes a dois modos de vibração.

– Cálculo das matrizes $\mathbf{K}$ e $\mathbf{M}$.

– Resolução do problema de autovalor $\mathbf{K}\mathbf{\Phi}_p = \mathbf{M}\mathbf{\Phi}_p\mathbf{\Omega}_p \quad \rightarrow \quad \mathbf{\Phi}_p$ e $\mathbf{\Omega}_p$.

– Cálculo dos coeficientes α e β (Equações 6.67).

→ $i = 1 \rightarrow$ número de instantes de discretização

$\mathbf{d}(t_i) = \mathbf{0}$

→ $j = 1 \rightarrow p$

$\xi_j = (\alpha + \beta\omega_j^2)/(2\omega_j)$

$f_j(t_i) = \boldsymbol{\varphi}_j^T \mathbf{f}(t_i)$

–Resolução da equação $\ddot{d}_j(t_i) + 2\omega_j\xi_j\dot{d}_j(t_i) + \omega_j^2 d_j(t_i) = f_j(t_i) \rightarrow d_j(t_i)$

$\mathbf{d}(t_i) = \mathbf{d}(t_i) + \boldsymbol{\varphi}_j d_j(t_i)$

Exemplo 6.4 – A viga do exemplo anterior, discretizada em 14 elementos, é aqui reconsiderada com a modificação das forças externas indicadas na próxima figura, nos casos da frequência ($\omega = 30$rad/s) (menor do que a primeira frequência natural que é igual a 36,33rad/s) e da frequência ($\omega = 50$rad/s) (mais próxima da segunda frequência natural que é igual a 82,43rad/s e muito afastada da terceira frequência natural que é igual a 209,94rad/s). Estuda-se a resposta do deslocamento transversal da seção média do vão principal com o método de superposição modal.

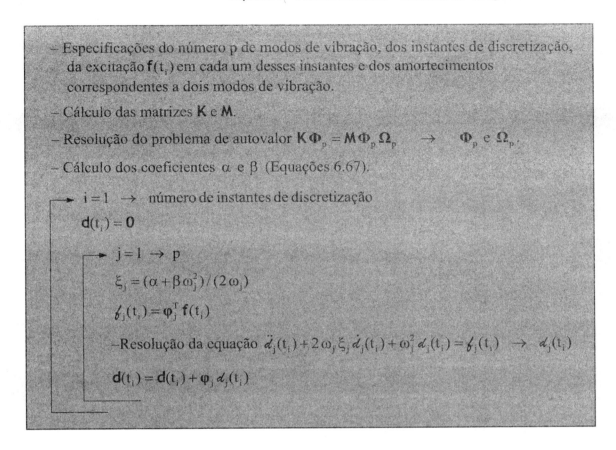

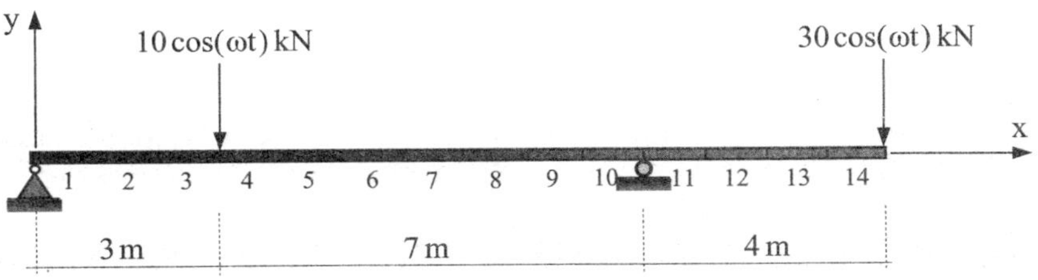

Figura E6.4a – Viga biapoiada com balanço.

Utilizou-se a matriz de massa consistente, o método de superposição modal com o amortecimento de Rayleigh com ($\xi = 0{,}03$) para os dois primeiros modos de vibração e a integração por segmentos lineares das forças modais (que será detalhada no Item 6.4.5.1) com o intervalo de tempo ($\Delta t = 1/400 \approx 0{,}0025\,s$). E para quantificar a diferença entre a solução com a matriz modal completa e as soluções com a matriz modal truncada, adotou-se a norma

$$\|dif\| = \left(\sum_{i=0}^{n^o\,inst.} \left(d_{i-modal\ completa} - d_{i-modal\ truncada} \right)^2 \right)^{1/2}$$

onde d_i é o deslocamento da referida seção média e o somatório diz respeito ao conjunto dos instantes em que as soluções são determinadas. Essa norma é útil para desenvolver a percepção de quanto acurada é a solução, com a ressalva de que aproximações são inerentes em qualquer método numérico.

A próxima figura mostra os históricos do deslocamento da seção transversal média do vão principal, no caso da frequência (ω=30 rad/s). A solução em traço contínuo foi obtida com a matriz modal completa, a solução em pontilhado foi obtida com a matriz modal formada com os dois primeiros modos de vibração e a solução em linha tracejada foi obtida com essa matriz reduzida ao primeiro modo de vibração. Observa-se que as duas primeiras soluções são coincidentes graficamente e que se cumpre o critério de truncamento modal sugerido anteriormente. Isto porque, ($\omega/\omega_2 = 30/82{,}43 > 0{,}25$), o que requer a inclusão dos dois primeiros modos, e ($\omega_3 > \omega/0{,}25$), o que dispensa a inclusão do terceiro modo. E nos históricos com a matriz modal formada com três, dois e um modos de vibração foram obtidos, para a referida norma, os valores $0{,}01955$, $0{,}01979$ e $0{,}07911$, respectivamente, o que evidencia perda de acurácia na medida em que se reduz o número de modos.

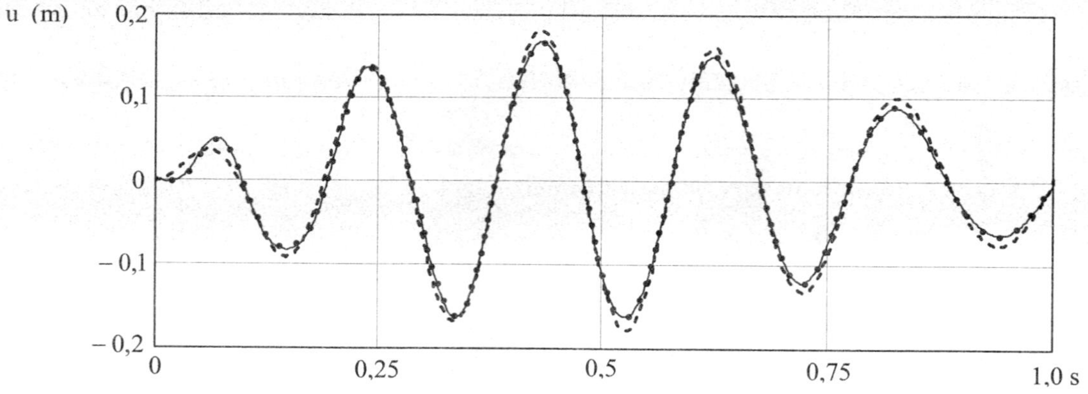

Figura E6.4b – Históricos de deslocamento no caso de $\omega = 30\,rad/s$.

A Figura E6.4c mostra os históricos do referido deslocamento com os mesmos traços representativos, agora no caso da frequência ($\omega = 50$ rad/s). E são válidas as mesmas observações do caso anterior, embora com o valor de norma mais acentuado de $0{,}13701$ na solução com a matriz modal constituída apenas com o primeiro modo de vibração.

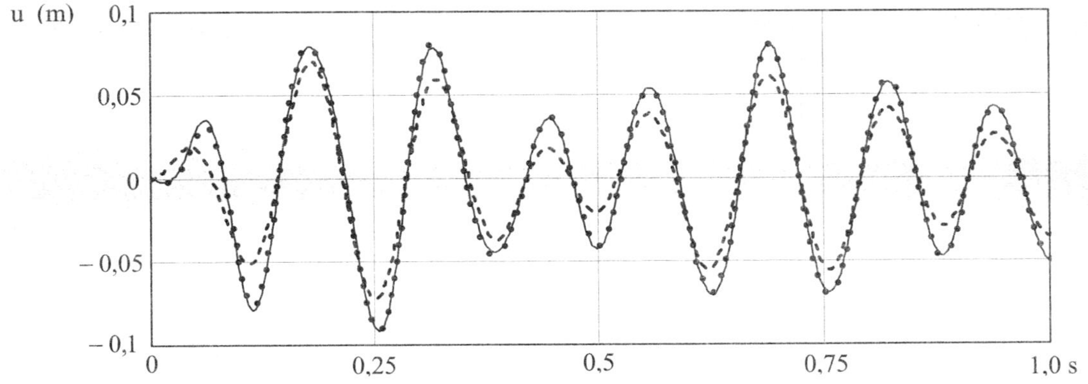

Figura E6.4c – Históricos de deslocamento no caso de ($\omega = 50\,\text{rad/s}$).

Uma forma de construir a matriz $\mathbf{C}$ a partir da especificação das razões de amortecimento dos diversos modos de vibração é o que se denomina *superposição dos amortecimentos modais*. Para isso, a partir da Equação 6.57, escreve-se

$$\mathbf{C} = \boldsymbol{\Phi}^{T^{-1}} \mathbf{C}_d \boldsymbol{\Phi}^{-1} \tag{6.71}$$

E com a condição de normalização dos autovetores, $\boldsymbol{\Phi}^T \mathbf{M} \boldsymbol{\Phi} = \mathbf{I}$, tem-se

$$\begin{cases} \boldsymbol{\Phi}^{-1} = \boldsymbol{\Phi}^T \mathbf{M} \\ \boldsymbol{\Phi}^{T^{-1}} = \mathbf{M} \boldsymbol{\Phi} \end{cases} \tag{6.72}$$

Logo, com a substituição dessa última equação na que lhe precede, obtém-se a matriz global de amortecimento ($\mathbf{C} = \mathbf{M}\,\boldsymbol{\Phi}\,\mathbf{C}_d\,\boldsymbol{\Phi}^T\,\mathbf{M}$). E com a substituição da Equação 6.57 nessa expressão, chega-se a

$$\mathbf{C} = \mathbf{M}\left(\sum_{j=1}^{n} 2\,\omega_j\,\xi_j\,\boldsymbol{\varphi}_j\,\boldsymbol{\varphi}_j^T\right)\mathbf{M} \tag{6.73}$$

Essa equação pode ser também utilizada com ($p < n$)

$$\mathbf{C} = \mathbf{M}\left(\sum_{j=1}^{p} 2\,\omega_j\,\xi_j\,\boldsymbol{\varphi}_j\,\boldsymbol{\varphi}_j^T\right)\mathbf{M} \tag{6.74}$$

o que equivale a prescrever amortecimentos nulos para os modos de vibração de ordem $(p+1)$ a n. E para especificar que esses modos superiores tenham o amortecimento

$$\xi_j = \xi_p\,\omega_j / \omega_p \tag{6.75}$$

onde ($j > p$), modifica-se a matriz anterior para a forma

$$\mathbf{C} = a\mathbf{K} + \mathbf{M}\left(\sum_{j=1}^{p-1} 2\,\omega_j\,\xi_j^*\,\boldsymbol{\varphi}_j\,\boldsymbol{\varphi}_j^T\right)\mathbf{M} \tag{6.76}$$

em que

$$\begin{cases} a = \dfrac{2\,\xi_p}{\omega_p} \\[2mm] \xi_j^* = \xi_j - \xi_p \dfrac{\omega_j}{\omega_p} \end{cases} \qquad (6.77)$$

Uma desvantagem do presente procedimento de construção da matriz **C** é a obtenção de uma matriz cheia, diferentemente das matrizes **K** e **M** que são usualmente esparsas.

E como esclarecido no início deste item, o amortecimento clássico baseia-se na hipótese de que o sistema amortecido tenha os mesmos modos de vibração que o correspondente sistema não amortecido. Essa hipótese não se aplica a sistemas constituídos de partes com materiais distintos, como em interação solo-estrutura e em interação fluido-estrutura, por exemplo. Contudo, uma forma simples de abordar a questão é:

(i) – Arbitrar amortecimento clássico separadamente para cada uma das partes desses sistemas;

(ii) – Construir as correspondentes matrizes de amortecimento com o procedimento do amortecimento de Rayleigh expresso pela Equação 6.65;

(iii) – Montar a matriz de amortecimento do sistema composto através da soma das contribuições aos graus de liberdade da interface das referidas partes (como esclarece a próxima figura), e

(iv) – Resolver o sistema de equações de equilíbrio através do método de integração direta que será apresentado no Item 6.6. [10]

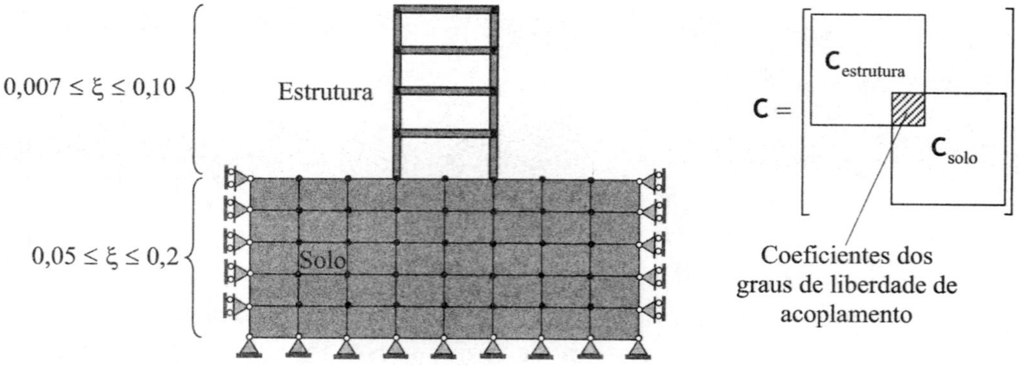

Figura 6.6 – Sistema solo-estrutura.

---

[10] Alternativamente, pode-se arbitrar o denominado *amortecimento esterético* ou *estrutural*, de expressão que inclui variável complexa, e efetuar a análise através do domínio da frequência.

6.4.2 – Correção estática dos modos superiores

Os modos normais de vibração são características dinâmicas do sistema ou modelo estrutural e não têm correlação com as ações dinâmicas. Assim, os p modos de vibração retidos na transformação de coordenadas (do método de superposição modal) podem definir um subespaço em que não esteja bem representada a distribuição espacial daquelas ações, de maneira que o efeito dessa distribuição não seja incluído de forma adequada na resposta dinâmica.[11] Importa, pois, incluir esse efeito, em procedimento denominado *correção estática dos modos superiores* e que é equivalente ao denominado *método de aceleração modal*.

Para isso, com a divisão da matriz modal sob a forma ($\mathbf{\Phi} = [\mathbf{\Phi}_p \quad \mathbf{\Phi}_{n-p}]$), onde $\mathbf{\Phi}_{n-p}$ representa o conjunto dos ($n-p$) modos de vibração não incluídos na transformação modal e denominados *modos superiores* ou *modos pseudo-estáticos*, escreve-se a transformação de coordenadas sob a forma particionada [12]

$$\mathbf{d}(t) = \mathbf{\Phi}_p \, \mathscr{d}_p(t) + \mathbf{\Phi}_{n-p} \, \mathscr{d}_{n-p} \tag{6.78}$$

E para obter a decomposição das forças nodais externas nos subespaços definidos pelos vetores das matrizes $\mathbf{\Phi}_p$ e $\mathbf{\Phi}_{n-p}$, parte-se da expressão de forças ($\mathscr{f}(t) = \mathbf{\Phi}^T \mathbf{M} \mathbf{\Phi} \, \mathscr{f}(t)$), onde, com o auxílio da Equação 6.56, se identifica

$$\mathbf{f}(t) = \mathbf{M} \mathbf{\Phi} \, \mathscr{f}(t)$$

$$\rightarrow \quad \mathbf{f}(t) = \mathbf{M} \, [\mathbf{\Phi}_p \quad \mathbf{\Phi}_{n-p}] \begin{Bmatrix} \mathscr{f}_p(t) \\ \mathscr{f}_{n-p}(t) \end{Bmatrix}$$

$$\rightarrow \quad \mathbf{f}(t) = \mathbf{M} \mathbf{\Phi}_p \, \mathscr{f}_p(t) + \mathbf{M} \mathbf{\Phi}_{n-p} \, \mathscr{f}_{n-p}(t) = \mathbf{f}_p(t) + \mathbf{f}_{n-p}(t)$$

Logo, dessa decomposição obtém-se a parcela das forças nodais externas que é desconsiderada ao se adotar a Transformação Modal Truncada 6.63

$$\mathbf{f}_{n-p}(t) = \mathbf{M} \mathbf{\Phi}_{n-p} \, \mathscr{f}_{n-p}(t) = \mathbf{f}(t) - \mathbf{M} \mathbf{\Phi}_p \, \mathscr{f}_p(t) \tag{6.79}$$

Assim, para incluir na solução o efeito estático dessa parcela de força sem a necessidade do cálculo dos modos superiores, modifica-se a Equação 6.78 para a forma

$$\mathbf{d}(t) \approx \mathbf{\Phi}_p \, \mathscr{d}_p(t) + \mathbf{K}^{-1} \left(\mathbf{f}(t) - \mathbf{M} \mathbf{\Phi}_p \, \mathscr{f}_p(t) \right) \tag{6.80}$$

---

[11] Pode-se, também, formar a matriz de transformação com p *vetores de Ritz* (combinações lineares de modos de vibração e linearmente independentes entre si) que levem em consideração a distribuição espacial das ações externas e as características dinâmicas do modelo discreto, de maneira a não se fazer necessária a presente correção. Isso foi concebido por Wilson, E.L.; Yuan, M. & Dickens, J., 1982, *Dynamic Analysis by Direct Superposition of Ritz Vectors*, Earthquake Engineering and Structural Dynamics, vol. 10, pp. 813-823. E para obter equações de equilíbrio dinâmico em forma tridiagonal, pode-se utilizar transformação de coordenadas com vetores de Laczos, como foi apresentada por Nour-Omid, B., 1984, *Dynamic Analysis of Structures using Lanczos Co-ordinates*, Earthquake Engineering and Structural Dynamis, vol. 12, pp. 565-577.

[12] Soriano, H.L. & Venâncio-Filho, F., 1988, *On the Modal Acceleration Method in Structural Dynamics, Mode Truncation and Static Correction*, Computers & Structures, vol. 29, nº 5, pp. 777-782.

Essa solução de deslocamentos pode ser escrita em forma mais adequada ao cálculo automático. Para isso, a partir do Problema de Autovalor 6.62, tem-se

$$\mathbf{\Phi}_p = \mathbf{K}^{-1}\mathbf{M}\,\mathbf{\Phi}_p\,\mathbf{\Omega}_p \quad \rightarrow \quad \mathbf{K}^{-1}\mathbf{M}\,\mathbf{\Phi}_p = \mathbf{\Phi}_p\,\mathbf{\Omega}_p^{-1}$$

E com a substituição dessa equação na equação que lhe precede, chega-se à solução corrigida

$$\mathbf{d}(t) \approx \mathbf{K}^{-1}\mathbf{f}(t) + \mathbf{\Phi}_p\left(\boldsymbol{d}_p(t) - \mathbf{\Omega}_p^{-1}\boldsymbol{f}_p(t)\right) \tag{6.81}$$

Nessa última equação, a inversão da matriz $\mathbf{\Omega}_p$ não causa dificuldades, por ser diagonal. Contudo, como a inversa da matriz de rigidez não tem a esparsidade da matriz original, além de requerer um número muito grande de operações numéricas, é mais eficiente resolver diretamente o sistema de n equações algébricas

$$\mathbf{K}\,\mathbf{d}_t(t) = \mathbf{f}(t) \tag{6.82}$$

em cada instante de determinação da resposta (através de fatoração da matriz de rigidez), para escrever a solução anterior sob a forma

$$\mathbf{d}(t_i) \approx \mathbf{d}_t(t_i) + \mathbf{\Phi}_p\left(\boldsymbol{d}_p(t_i) - \mathbf{\Omega}_p^{-1}\boldsymbol{f}_p(t_i)\right) \tag{6.83}$$

Considera-se, agora, o caso particular em que o vetor das forças nodais externas admita a separação entre uma distribuição espacial de forças, $\mathbf{f}_o$, e uma função do tempo, f(t), de maneira a escrever

$$\mathbf{f}(t) = \mathbf{f}_o\,f(t) \tag{6.84}$$

Logo, com a substituição desse vetor na Equação 6.81, obtém-se a solução corrigida sob a nova forma

$$\mathbf{d}(t) \approx \left(\mathbf{K}^{-1}\mathbf{f}_o\right) f(t) + \mathbf{\Phi}_p\left(\boldsymbol{d}_p(t) - \mathbf{\Omega}_p^{-1}\boldsymbol{f}_p(t)\right) \tag{6.85}$$

Essa equação é mais vantajosa do que a Equação 6.83, porque em vez de se ter que resolver um sistema de equações algébricas com n incógnitas em cada instante de discretização da variável temporal para determinar $\mathbf{d}_t(t_i)$, resolve-se o sistema de equações algébricas

$$\mathbf{K}\,\mathbf{d}_o = \mathbf{f}_o \tag{6.86}$$

uma única vez, de maneira a se ter a solução de deslocamentos com a correção estática dos modos superiores no instante t_i sob a forma

$$\mathbf{d}(t_i) \approx \mathbf{d}_o\,f(t_i) + \mathbf{\Phi}_p\left(\boldsymbol{d}_p(t_i) - \mathbf{\Omega}_p^{-1}\boldsymbol{f}_{op}\,f(t_i)\right) \tag{6.87}$$

em que ($\boldsymbol{f}_{op} = \mathbf{\Phi}_p^T\,\mathbf{f}_o$).

Essa correção à solução de deslocamentos do método de superposição modal será utilizada no Exemplo 6.7, em comparação com outros métodos de análise dinâmica aqui apresentados.

E com essa correção, o algoritmo do método de superposição modal apresentado anteriormente modifica-se para a seguinte forma:

– Especificações do número p de modos de vibração, dos instantes de discretização, de $f(t_i)$ em cada um desses instantes, de $\mathbf{f}_o$ e dos amortecimentos correspondentes a dois modos de vibração.

– Cálculo das matrizes **K** e **M**.

– Resolução do problema de autovalor $\mathbf{K}\boldsymbol{\Phi}_p = \mathbf{M}\boldsymbol{\Phi}_p \boldsymbol{\Omega}_p \quad \rightarrow \quad \boldsymbol{\Phi}_p$ e $\boldsymbol{\Omega}_p$.

– Cálculo dos coeficientes α e β (Equações 6.67).

– Resolução do sistema de equações $\mathbf{K}\mathbf{d}_o = \mathbf{f}_o \quad \rightarrow \quad \mathbf{d}_o$.

$\mathscr{f}_{op} = \boldsymbol{\Phi}_p^T \mathbf{f}_o$

→ $i = 1 \rightarrow$ número de instantes de discretização

  $\mathscr{f}_p(t_i) = \mathscr{f}_{op}\, f(t_i)$

  → $j = 1 \rightarrow p$

    $\xi_j = (\alpha + \beta\omega_j^2)/(2\omega_j)$

    – Resolução da equação $\ddot{\mathscr{d}}_j(t_i) + 2\omega_j \xi_j \dot{\mathscr{d}}_j(t_i) + \omega_j^2 \mathscr{d}_j(t_i) = \mathscr{f}_j(t_i) \rightarrow \mathscr{d}_j(t_i)$

  $\mathbf{d}(t_i) = \mathbf{d}_o f(t_i) + \boldsymbol{\Phi}_p \left(\mathscr{d}_p(t_i) - \boldsymbol{\Omega}_p^{-1} \mathscr{f}_{op} f(t_i) \right)$

6.4.3 – Vibração amortecida sob força harmônica

No Item 6.3 foi apresentada a obtenção da resposta de deslocamentos em regime permanente dos sistemas não amortecidos sob forças harmônicas, que é muito próxima da resposta dos usuais sistemas fracamente amortecidos. A seguir, obtém-se a resposta completa desses sistemas sob a atuação do vetor de forças harmônicas como expresso pela Equação 6.48 e que se repete ($\mathbf{f}(t) = \mathbf{f}_o \cos(\omega t)$). E com a substituição desse vetor na Equação 6.60, obtém-se a j-ésima força modal

$$\mathscr{f}_j(t) = \boldsymbol{\varphi}_j^T \mathbf{f}_o \cos(\omega t) \quad \rightarrow \quad \mathscr{f}_j(t) = \mathscr{f}_{oj} \cos(\omega t) \tag{6.88}$$

em que se adota a notação

$$\mathscr{f}_{oj} = \boldsymbol{\varphi}_j^T \mathbf{f}_o \quad \rightarrow \quad \mathscr{f}_{op} = \boldsymbol{\Phi}_p^T \mathbf{f}_o = \begin{Bmatrix} \vdots \\ \mathscr{f}_{oj} \\ \vdots \\ \mathscr{f}_{op} \end{Bmatrix} \tag{6.89}$$

com a denominação de *fator de participação modal.*

E de acordo com as Equações 6.58, as condições iniciais nas coordenadas modais têm as formas

$$\begin{cases} \mathscr{d}_o = \mathscr{d}(t_o) = \boldsymbol{\Phi}_p^T \mathbf{M}\, \mathbf{d}(t_o) \\ \dot{\mathscr{d}}_o = \dot{\mathscr{d}}(t_o) = \boldsymbol{\Phi}_p^T \mathbf{M}\, \dot{\mathbf{d}}(t_o) \end{cases} \tag{6.90}$$

Além disso, a Equação Modal 6.59 toma a forma

$$\ddot{\mathscr{d}}_j(t) + 2\,\omega_j\,\xi_j\,\dot{\mathscr{d}}_j(t) + \omega_j^2\,\mathscr{d}_j(t) = \mathscr{f}_{oj}\cos(\omega t) \qquad (6.91)$$

em que ($j = 1, 2 \cdots p$).

Logo, no caso de ($\xi_j < 1$) e de forma análoga à Equação 5.46, escreve-se a solução

$$\mathscr{d}_j(t) = e^{-\xi_j \omega_j t}\left(a_{1j}\cos(\omega_{aj} t) + a_{2j}\sin(\omega_{aj} t)\right) + \frac{\mathscr{d}_{estj}}{\sqrt{(1-r_j^2)^2 + (2\,r_j\,\xi_j)^2}}\cos(\omega t - \theta_j) \qquad (6.92)$$

onde são adotadas as notações

$$\begin{cases} r_j = \omega / \omega_j \\ \mathscr{d}_{estj} = \mathscr{f}_{oj} / \omega_j^2 \\ \omega_{aj} = \omega_j \sqrt{1-\xi_j^2} \\ \theta_j = \operatorname{arctg} \dfrac{2\,\xi_j\,r_j}{1-r_j^2} \\ a_{1j} = \mathscr{d}_{oj} - \dfrac{\mathscr{d}_{estj}\cos\theta_j}{\sqrt{(1-r_j^2)^2 + (2\,r_j\,\xi_j)^2}} \\ a_{2j} = \dfrac{1}{\omega_{aj}}\left(\dot{\mathscr{d}}_{oj} + a_{1j}\,\xi_j\,\omega_j\right) \end{cases} \qquad (6.93)$$

A Solução 6.92, com ($j = 1, 2 \cdots p$), compõe, em cada instante t_i, a solução modal $\mathscr{d}_p(t_i)$, que levada na Equação 6.87 fornece a solução de deslocamentos com a correção estática dos modos superiores

$$\mathbf{d}(t_i) \approx \mathbf{d}_o\cos(\omega t_i) + \mathbf{\Phi}_p\left(\mathscr{d}_p(t_i) - \mathbf{\Omega}_p^{-1}\,\mathscr{f}_{op}\cos(\omega t_i)\right) \qquad (6.94)$$

em que $\mathbf{d}_o$ é a solução do sistema de equações ($\mathbf{K}\,\mathbf{d}_o = \mathbf{f}_o$) e se tem ($\mathscr{f}_{op} = \mathbf{\Phi}_p^T\,\mathbf{f}_o$).

6.4.4 – Vibração amortecida sob força periódica

Considera-se, agora, o vetor de forças nodais externas com a separação de variáveis espaciais e de tempo

$$\mathbf{f}(t) = \mathbf{f}_o\,f(t) \qquad (6.95)$$

em que $f(t)$ é uma função periódica de frequência fundamental ω_o.

E de acordo com a Equação 5.64 (do quinto capítulo), a decomposição dessa função em série de Fourier com q_s termos, considerados relevantes, escreve-se

$$\mathbf{f}(t) = \mathbf{f}_o\left(\frac{a_o}{2} + \sum_{q=1}^{q_s}\left(a_q\cos(q\omega_o t) + b_q\sin(q\omega_o t)\right)\right) \qquad (6.96)$$

onde a_o, a_q e b_q são os coeficientes expressos pelas Equações 5.65.

Logo, tem-se o vetor de forças modais

$$\mathscr{f}_p(t) = \mathbf{\Phi}_p^T\,\mathbf{f}_o\left(\frac{a_o}{2} + \sum_{q=1}^{q_s}\left(a_q\cos(q\omega_o t) + b_q\sin(q\omega_o t)\right)\right) \tag{6.97}$$

com o qual a Equação Modal 6.59 toma a forma

$$\ddot{\mathscr{d}}_j(t) + 2\,\omega_j\,\xi_j\,\dot{\mathscr{d}}_j(t) + \omega_j^2\,\mathscr{d}_j(t) = \boldsymbol{\varphi}_j^T\,\mathbf{f}_o\left(\frac{a_o}{2} + \sum_{q=1}^{q_s}\left(a_q\cos(q\omega_o t) + b_q\sin(q\omega_o t)\right)\right)$$

$$\rightarrow \quad \ddot{\mathscr{d}}_j(t) + 2\,\omega_j\,\xi_j\,\dot{\mathscr{d}}_j(t) + \omega_j^2\,\mathscr{d}_j(t) = \mathscr{f}_{aoj} + \sum_{q=1}^{q_s}\left(\mathscr{f}_{aqj}\cos(q\omega_o t) + \mathscr{f}_{bqj}\sin(q\omega_o t)\right) \tag{6.98}$$

em que $(j = 1, 2, \cdots p)$, e onde são adotadas as notações dos fatores de participação modais

$$\begin{cases} \mathscr{f}_{aoj} = \boldsymbol{\varphi}_j^T\,\mathbf{f}_o\,a_o/2 \\ \mathscr{f}_{aqj} = \boldsymbol{\varphi}_j^T\,\mathbf{f}_o\,a_q \\ \mathscr{f}_{bqj} = \boldsymbol{\varphi}_j^T\,\mathbf{f}_o\,b_q \end{cases} \tag{6.99}$$

Assim, sem a consideração da influência das condições iniciais e em conformidade com a Equação 5.76 (do quinto capítulo), escreve-se a solução modal

$$\mathscr{d}(t) = \frac{\mathscr{f}_{aoj}}{\omega_j^2} + \frac{1}{\omega_j^2}\sum_{q=1}^{q_s}\left(\frac{\mathscr{f}_{aqj}(1-r_{qj}^2) - 2\mathscr{f}_{bqj}r_{qj}\xi_j}{(1-r_{qj}^2)^2 + (2r_{qj}\xi_j)^2}\cos(q\omega_o t) + \frac{\mathscr{f}_{bqj}(1-r_{qj}^2) + 2\mathscr{f}_{aqj}r_{qj}\xi_j}{(1-r_{qj}^2)^2 + (2r_{qj}\xi_j)^2}\sin(q\omega_o t)\right) \tag{6.100}$$

onde se tem as razões de frequências

$$r_{qj} = \frac{q\,\omega_o}{\omega_j} \tag{6.101}$$

A Solução 6.100 calculada nos diversos instantes compõe a solução modal $\mathscr{d}_p(t_i)$, que levada na Equação 6.87 fornece a solução de deslocamentos com a correção estática

$$\mathbf{d}(t_i) \approx \mathbf{d}_{oa} + \left(\sum_{q=1}^{q_s}\mathbf{d}_{qa}\right)\cos(q\omega_o t_i) + \left(\sum_{q=1}^{q_s}\mathbf{d}_{qb}\right)\sin(q\omega_o t_i) + \mathbf{\Phi}_p\left(\mathscr{d}_p(t_i) - \mathbf{\Omega}_p^{-1}\,\mathscr{f}_p(t_i)\right) \tag{6.102}$$

em que os vetores $\mathbf{d}_{oa}$, $\mathbf{d}_{qa}$ e $\mathbf{d}_{qb}$ são as soluções dos sistemas de equações algébricas

$$\begin{cases} \mathbf{K}\,\mathbf{d}_{oa} = a_o\,\mathbf{f}_o/2 \\ \mathbf{K}\,\mathbf{d}_{qa} = a_q\,\mathbf{f}_o \\ \mathbf{K}\,\mathbf{d}_{qb} = b_q\,\mathbf{f}_o \end{cases} \tag{6.103}$$

6.4.5 – Vibração amortecida sob força aperiódica

Considera-se novamente o vetor de forças nodais externas com a separação de variáveis expressa pela Equação 6.95, mas agora com a função $f(t)$ definida em uma sucessão de instantes t_i igualmente espaçados de Δt. E com a transformação modal de coordenadas, tem-se, em cada um desses instantes, o vetor de forças modais

$$\mathcal{f}_p(t_i) = \begin{Bmatrix} \vdots \\ \mathcal{f}_j(t_i) \\ \vdots \end{Bmatrix} = \mathbf{\Phi}_p^T \mathbf{f}_o \, f(t_i) \tag{6.104}$$

e a correspondente equação modal

$$\ddot{d}_j(t_i) + 2\omega_j \xi_j \dot{d}_j(t_i) + \omega_j^2 d_j(t_i) = \mathcal{f}_j(t_i) \tag{6.105}$$

em que $(j = 1, 2, \cdots p)$.

Para obter a solução dessa equação, há as resoluções apresentadas no Item 5.6. A seguir, são detalhadas: a integração por segmentos lineares da excitação e a resolução através do domínio da frequência.

6.4.5.1 – Integração por segmentos lineares da excitação

No caso de amortecimento subcrítico, a integração por segmentos lineares da excitação é a mais eficiente entre as resoluções apresentados no Item 5.6. Nessa integração, com a discretização da j-ésima força modal $\mathcal{f}_j(t)$ e em consonância com a Equação 5.151, calcula-se o correspondente deslocamento modal, juntamente com a correspondente velocidade modal

$$\begin{cases} d_j(t_i) = a_{11j}\, d_j(t_{i-1}) + a_{12j}\, \dot{d}_j(t_{i-1}) - b_{11j}\, \mathcal{f}_j(t_{i-1}) - b_{12j}\, \mathcal{f}_j(t_i) \\ \dot{d}_j(t_i) = a_{21j}\, d_j(t_{i-1}) + a_{22j}\, \dot{d}_j(t_{i-1}) - b_{21j}\, \mathcal{f}_j(t_{i-1}) - b_{22j}\, \mathcal{f}_j(t_i) \end{cases} \tag{6.106}$$

E nessa equação, de acordo com a Equação 5.152, tem-se as constantes

$$\begin{cases} a_{11j} = e^{-\xi_j \omega_j \Delta t} \left(\cos(\omega_{aj}\Delta t) + \dfrac{\xi_j\, \omega_j}{\omega_{aj}} \sin(\omega_{aj}\Delta t) \right) \\ a_{12j} = \dfrac{e^{-\xi_j \omega_j \Delta t}}{\omega_{aj}} \sin(\omega_{aj}\Delta t) \\ a_{21j} = -\dfrac{\omega_j^2\, e^{-\xi \omega_j \Delta t}}{\omega_{aj}} \sin(\omega_{aj}\Delta t) \\ a_{22j} = e^{-\xi_j \omega_j \Delta t} \left(\cos(\omega_{aj}\Delta t) - \dfrac{\xi_j\, \omega_j}{\omega_{aj}} \sin(\omega_{aj}\Delta t) \right) \end{cases} \tag{6.107}$$

e, de acordo com a Equação 5.153, tem-se as constantes

$$\begin{cases} b_{11j} = e^{-\xi_j \omega_j \Delta t}\left(\left(\dfrac{1}{\omega_j^2} + \dfrac{2\xi_j}{\omega_j^3 \Delta t}\right)\cos(\omega_{aj}\Delta t) + \left(\dfrac{\xi_j}{\omega_j} + \dfrac{2\xi_j^2 - 1}{\omega_j^2 \Delta t}\right)\dfrac{\sin(\omega_{aj}\Delta t)}{\omega_{aj}}\right) - \dfrac{2\xi_j}{\omega_j^3 \Delta t} \\ b_{12j} = -e^{-\xi_j \omega_j \Delta t}\left(\dfrac{2\xi_j}{\omega_j^3 \Delta t}\cos(\omega_{aj}\Delta t) + \dfrac{2\xi_j^2 - 1}{\omega_j^2 \Delta t}\dfrac{\sin(\omega_{aj}\Delta t)}{\omega_{aj}}\right) - \dfrac{1}{\omega_j^2} + \dfrac{2\xi_j}{\omega_j^3 \Delta t} \\ b_{21j} = e^{-\xi_j \omega_j \Delta t}\left(\dfrac{\xi_j}{\omega_j} + \dfrac{2\xi_j^2 - 1}{\omega_j^2 \Delta t}\right)\left(\cos(\omega_{aj}\Delta t) - \dfrac{\xi_j \omega_j \sin(\omega_{aj}\Delta t)}{\omega_{aj}}\right) \\ \qquad - e^{-\xi_j \omega_j \Delta t}\left(\dfrac{1}{\omega_j^2} + \dfrac{2\xi_j}{\omega_j^3 \Delta t}\right)\left(\xi_j \omega_j \cos(\omega_{aj}\Delta t) + \omega_{aj}\sin(\omega_{aj}\Delta t)\right) + \dfrac{1}{\omega_j^2 \Delta t} \\ b_{22j} = -e^{-\xi_j \omega_j \Delta t}\left(\dfrac{2\xi_j^2 - 1}{\omega_j^2 \Delta t}\right)\left(\cos(\omega_{aj}\Delta t) - \dfrac{\xi_j \omega_j \sin(\omega_{aj}\Delta t)}{\omega_{aj}}\right) \\ \qquad + e^{-\xi_j \omega_j \Delta t}\dfrac{2\xi_j}{\omega_j^3 \Delta t}\left(\xi_j \omega_j \cos(\omega_{aj}\Delta t) + \omega_{aj}\sin(\omega_{aj}\Delta t)\right) - \dfrac{1}{\omega_j^2 \Delta t} \end{cases} \tag{6.108}$$

em que se adota a notação de frequência amortecida

$$\omega_{aj} = \omega_j \sqrt{1 - \xi_j^2}$$

As soluções das p equações modais formam, em cada instante t_i, a solução modal $\boldsymbol{d}_p(t_i)$, cuja transformação para o espaço físico, juntamente com a correção estática dos modos superiores, se escreve

$$\mathbf{d}(t_i) \approx \mathbf{d}_o\, f(t_i) + \boldsymbol{\Phi}_p\left(\boldsymbol{d}_p(t_i) - \boldsymbol{\Omega}_p^{-1} \boldsymbol{f}_p(t_i)\right) \tag{6.109}$$

onde $\mathbf{d}_o$ é a solução do sistema de equações algébricas ($\mathbf{K}\,\mathbf{d}_o = \mathbf{f}_o$).

A lógica dessa resolução, no caso do amortecimento de Rayleigh, é mostrada no algoritmo seguinte.

– Especificações de $\mathbf{f}_o$, $\mathbf{d}(t_o)$, $\dot{\mathbf{d}}(t_o)$, Δt, $f(t_i)$ em cada um dos pontos de integração, do número p de modos de vibração e dos amortecimentos correspondentes a dois modos de vibração.

– Cálculo das matrizes $\mathbf{K}$ e $\mathbf{M}$.

– Resolução do sistema de equações $\mathbf{K}\,\mathbf{d}_o = \mathbf{f}_o \quad \rightarrow \quad \mathbf{d}_o$.

– Resolução do problema de autovalor $\mathbf{K}\,\boldsymbol{\Phi}_p = \mathbf{M}\,\boldsymbol{\Phi}_p\,\boldsymbol{\Omega}_p \quad \rightarrow \quad \boldsymbol{\Phi}_p$ e $\boldsymbol{\Omega}_p$.

$\mathscr{d}(t_o) = \boldsymbol{\Phi}_p^T \mathbf{M}\,\mathbf{d}(t_o)\ , \quad \dot{\mathscr{d}}(t_o) = \boldsymbol{\Phi}_p^T \mathbf{M}\,\dot{\mathbf{d}}(t_o)\ , \quad \mathscr{f}_{op} = \boldsymbol{\Phi}_p^T \mathbf{f}_o\ , \quad \mathscr{f}_p(t_o) = \mathscr{f}_{op}\, f(t_o)$

– Cálculo dos coeficientes α e β (Equações 6.67).

$j = 1 \rightarrow n$

$\quad \xi_j = (\alpha + \beta\,\omega_j^2)/(2\,\omega_j) \quad \rightarrow \quad \text{Se } \xi_j \geq 1 \quad \rightarrow \quad \xi_j = 0{,}999$

$\quad \omega_{aj} = \omega_j \sqrt{1-\xi_j^2}$

$\quad$ – Cálculo dos coeficientes $a_{11j} \cdots a_{22j}$ e $b_{11j} \cdots b_{22j}$ (Equações 6.107 e 6.108).

$\quad i = 1 \rightarrow$ número de pontos de integração

$\quad\quad \mathscr{f}_j(t_i) = \mathscr{f}_{opj}\, f(t_i)$

$\quad\quad \mathscr{d}_j(t_i) = a_{11j}\,\mathscr{d}_j(t_{i-1}) + a_{12j}\,\dot{\mathscr{d}}_j(t_{i-1}) - b_{11j}\,\mathscr{f}_j(t_{i-1}) - b_{12j}\,\mathscr{f}_j(t_i)$

$\quad\quad \dot{\mathscr{d}}_j(t_i) = a_{21j}\,\mathscr{d}_j(t_{i-1}) + a_{22j}\,\dot{\mathscr{d}}_j(t_{i-1}) - b_{21j}\,\mathscr{f}_j(t_{i-1}) - b_{22j}\,\mathscr{f}_j(t_i)$

$i = 1 \rightarrow$ número de pontos de integração

$\quad \mathbf{d}(t_i) = \mathbf{d}_o\, f(t_i) + \boldsymbol{\Phi}_p \left(\mathscr{d}_p(t_i) - \boldsymbol{\Omega}_p^{-1}\, \mathscr{f}_{op}\, f(t_i) \right)$

6.4.5.2 – Resolução através do domínio da frequência

Para a resolução da Equação 6.105 através do domínio da frequência, uma vez que se tenha a razão de amortecimento ξ_j da j-ésima equação modal, obtém-se, com as Equações 5.23 e 5.26 (do quinto capítulo), o coeficiente de amortecimento viscoso

$$c_j = 2\,\xi_j\,\omega_j \tag{6.110}$$

E com a frequência angular discreta ($\omega_q = 2q\pi/T_o$) do instante t_q, a função de transferência expressa pela Equação 5.114 toma a forma

$$H(\omega_q) = \frac{1}{\omega_j^2 - \omega_q^2 + i\,c_j\,\omega_q} \tag{6.111}$$

Assim, com a transformada discreta de Fourier, faz-se

$$F(\omega_q) = \mathrm{DFT}(f(t_q)) \quad \rightarrow \quad U(\omega_q) = H(\omega_q)\,F(\omega_q) \quad \rightarrow \quad \mathscr{d}_j(t_q) = \mathrm{IDFT}(U(\omega_q)) \tag{6.112}$$

Pode-se acrescentar o efeito das condições iniciais à solução em regime permanente anterior, para obter a solução modal completa. Contudo, há que se observar que a notação $d_j(t_q)$ utilizada na equação anterior representa o conjunto das soluções discretas da j-ésima equação modal e que a Equação 5.29 expressa a solução em vibração livre no instante t. Assim, adota-se a notação $d_j(t_i)$ como representativa da solução modal obtida através do domínio da frequência no instante t_i, para escrever a solução modal completa.

$$d_{cj}(t_i) = e^{-\xi_j \omega_j t_i} a_j \cos(\omega_{aj} t_i - \theta_j) + d_j(t_i) \tag{6.113}$$

onde

$$\begin{cases} a_j = \sqrt{d_{oj}^2 + \left(\dfrac{d_{oj}\,\xi_j\,\omega_j + \dot{d}_{oj}}{\omega_j \sqrt{1-\xi_j^2}} \right)^2} \\ \theta_j = \operatorname{arctg} \dfrac{d_{oj}\,\xi_j\,\omega_j + \dot{d}_{oj}}{d_{oj}\,\omega_j \sqrt{1-\xi_j^2}} \end{cases} \tag{6.114}$$

E a partir das p soluções modais completas em cada instante, $d_p(t_i)$, obtém-se, com a Equação 6.109, a solução no espaço físico. A lógica desta resolução, sem a consideração das condições iniciais, é mostrada no algoritmo que se segue.

– Especificações de $\mathbf{f}_o$, T_o, $f(t_q)$ nos N pontos de discretização temporal, do número p de modos de vibração e dos amortecimentos de dois modos de vibração.
– Cálculo das matrizes **K** e **M**, e resolução do sistema de equações $\mathbf{K}\mathbf{d}_o = \mathbf{f}_o \;\rightarrow\; \mathbf{d}_o$.
– Resolução do problema de autovalor $\mathbf{K}\boldsymbol{\Phi}_p = \mathbf{M}\boldsymbol{\Phi}_p\boldsymbol{\Omega}_p \;\rightarrow\; \boldsymbol{\Phi}_p$ e $\boldsymbol{\Omega}_p$.
– Cálculo dos coeficientes α e β (Equações 6.67).

$f_{op} = \boldsymbol{\Phi}_p^T \mathbf{f}_o$

→ $j = 1 \rightarrow p$
  $\xi_j = (\alpha + \beta\omega_j^2)/(2\omega_j) \;\rightarrow\; c_j = 2\xi_j\omega_j$
  → $q = 0 \rightarrow N$
    $f_j(t_q) = f_{oj}\, f(t_q)$
  $\mathbf{F}(\omega_q) = \mathrm{DFT}(f_j(t_q))$
  → $q = 0 \rightarrow N-1$
    $\omega_q = 2q\pi/T_o \;\rightarrow\; H(\omega_q) = 1/(\omega_j^2 - \omega_q^2 + i c_j \omega_q)$
  $\mathbf{U}(\omega_q) = \mathbf{H}(\omega_q)\mathbf{F}(\omega_q) \;\rightarrow\; d_j = \mathrm{IDFT}(\mathbf{U}(\omega_q))$

→ $q = 1 \rightarrow N-1$
  $\mathbf{d}(t_q) = \mathbf{d}_o f(t_q) + \boldsymbol{\Phi}_p \left(d_p(t_q) - \boldsymbol{\Omega}_p^{-1} f_{op}\, f(t_q) \right)$

6.5 – Método com espectro de resposta

A seguir, são apresentadas informações concisas de análise sísmica de estruturas de edificações civis, uma vez que se trata de tema de literatura especializada.[13]

A próxima figura ilustra os dois principais modelos de edifícios de andares múltiplos sob ação sísmica, a saber:

(i) – O *modelo shear building*, em que são supostos pisos indeformáveis, colunas inextensíveis e massas concentradas nos níveis das lajes, e

(ii) – O *modelo tridimensional*, em que as lajes são idealizadas como diafragmas (isto é, rígidas em seus próprios planos)[14] e em que se pode incluir a rigidez e a distribuição de massa de todos os elementos constituintes da edificação.

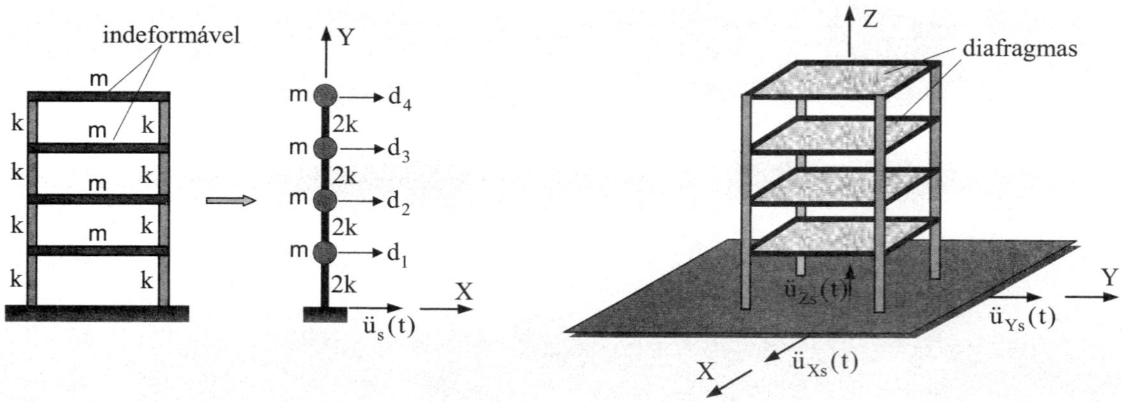

Shear builging

Figura 6.7 – Modelos de edifícios de andares múltiplos.

O primeiro desses modelos é clássico e simples, pelo fato de ter apenas um grau de liberdade em cada nível de andar, e se aplica a edifícios de dois eixos de simetria sob uma aceleração de base segundo cada um desses eixos separadamente. Equivale a uma coluna de trechos de rigidez igual à soma das rigidezes à flexão dos pilares do correspondente nível da edificação, com massa concentrada em cada um desses níveis igual à massa do correspondente andar e, devido à hipótese dos pisos indeformáveis, é bem mais rígido do que a estrutura real.

O segundo desses modelos é muito mais elaborado. Com ele pode-se descrever toda a distribuição de rigidez e de massa da estrutura (inclusive a de inércia rotacional dos

---

[13] Para maior detalhamento, vide, na Bibliografia, Chopra, A.K., 2007.

[14] A NBR 15421 admite a idealização das lajes como rígidas e como flexíveis em seus próprios planos, em procedimento de análise com a representação da ação sísmica através de forças horizontais estáticas equivalentes.

andares), incluir a discretização das lajes (como foi ilustrado pela Figura 1.47 do primeiro capítulo) e considerar acelerações independentes nas três direções ortogonais relevantes. A laje de ordem n do edifício é suposta com os três deslocamentos de corpo rígido d^n_X, d^n_Y, e r^n_Z representados na figura seguinte, juntamente com deslocamentos do tipo r_{Xk}, r_{Yk} e d_{Zk} para a sua discretização como placa e consideração das rigidezes dos pilares.

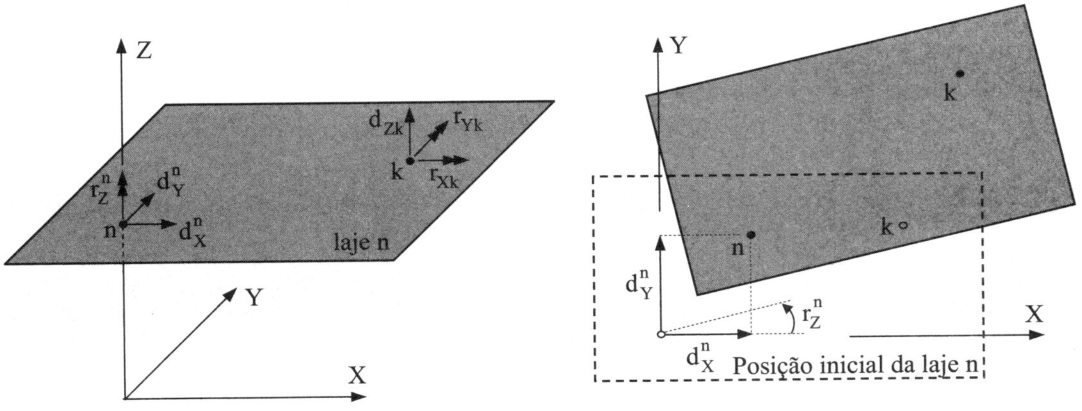

Figura 6.8 – Hipótese do diafragma em edifício de andares múltiplos.

Presentemente, supõe-se que tenham sido determinadas as matrizes globais $\mathbf{K}$ e $\mathbf{M}$, e que se adote amortecimento clássico de maneira a se ter a matriz de amortecimento $\mathbf{C}$ e os correspondentes coeficientes $(2\omega_j\xi_j)$ das equações modais. Logo, com a aceleração sísmica $\ddot{u}_s(t)$ na direção do eixo global X (Y ou Z) e de forma análoga à Equação 5.156 do quinto capítulo (mas sem o sinal negativo do termo do segundo membro, porque esse sinal é irrelevante), escreve-se o sistema global de equilíbrio dinâmico em comportamento linear

$$\mathbf{M}\,\ddot{\mathbf{d}}(t) + \mathbf{C}\,\dot{\mathbf{d}}(t) + \mathbf{K}\,\mathbf{d}(t) = \mathbf{M}\,\mathbf{I}\;\ddot{u}_s(t) \qquad (6.115)$$

Nesse sistema, os deslocamentos horizontais contidos no vetor $\mathbf{d}$ são relativos à base rígida e ($\mathbf{I} = \lfloor \cdots\ 0\ \cdots\ 1\ \cdots\ 0\ \cdots\ 1\ \cdots \rfloor^T$) é um *vetor de influência* com valores unitários nas posições correspondentes às numerações dos deslocamentos translacionais em X (Y ou Z), e com valores nulos nas demais posições. E assim, ($\mathbf{M}\,\mathbf{I}$) é um vetor coluna com as massas associadas à aceleração na direção X (Y ou Z).

A partir desse sistema e com a Transformação Modal 6.63, são obtidas as equações modais (desacopladas)

$$\ddot{\mathscr{d}}_j(t) + 2\,\omega_j\,\xi_j\,\dot{\mathscr{d}}_j(t) + \omega_j^2\,\mathscr{d}_j(t) = \boldsymbol{\varphi}_j^T\,\mathbf{M}\,\mathbf{I}\;\ddot{u}_s(t) = \mathscr{f}_j\;\ddot{u}_s(t) \qquad (6.116)$$

com $(j = 1, 2 \cdots p)$, e em que se adota a notação

$$\mathscr{f}_j = \boldsymbol{\varphi}_j^T\,\mathbf{M}\,\mathbf{I} \qquad (6.117)$$

com a denominação de *fator de excitação sísmica.*

No caso de aceleração de base e comportamento linear, os códigos normativos de projeto de edifícios costumam estabelecer razão de amortecimento igual a 0,05 e requerer que seja incluído na análise, pelo menos, noventa per cento de participação da massa total da edificação, m_t, em cada uma das direções ortogonais consideradas. Isto é, requerem que a *razão de participação de massa* em cada uma dessas direções e definida por

$$r_{massa} = \left(\sum_{j=1}^{p} \ell_j^2 \right) / m_t \qquad (6.118)$$

seja maior ou igual a 0,9.

A Equação 6.116 pode ser resolvida em procedimento passo a passo, de maneira a se obter históricos de resposta. Contudo, de forma aproximativa que costuma atender às necessidades de projeto, tem-se o *método com espectro de resposta* desenvolvido a seguir, em que são estimados valores máximos para as variáveis de interesse, como os de deslocamentos e de esforços internos.

Para isso, com o espectro de resposta de aceleração que foi descrito no Item 5.7.2, obtém-se a pseudo-aceleração espectral S_{aj} (correspondente à j-ésima equação modal de frequência ω_j e de razão de amortecimento ξ_j) que fornece o deslocamento espectral

$$S_{dj} = S_{aj} / \omega_j^2 \qquad (6.119)$$

Logo, calcula-se a parcela do i-ésimo deslocamento físico correspondente ao máximo deslocamento da j-ésima equação modal

$$\mathbf{d}_j = \boldsymbol{\varphi}_j \, \ell_j \, S_{dj} \quad \rightarrow \quad d_{ij} = \varphi_{ij} \, \ell_j \, S_{dj} \qquad (6.120)$$

onde φ_{ij} denota o i-ésimo coeficiente do modo de vibração $\boldsymbol{\varphi}_j$. Assim, com $(j = 1, 2, \cdots p)$, são obtidas as parcelas correspondentes às diversas equações modais, parcelas estas que têm o sinal algébrico de $(\varphi_{ij} \, \ell_j)$, uma vez que S_{dj}, por definição, não tem sinal. E como os máximos deslocamentos modais ocorrem em diferentes instantes, a soma dos valores absolutos dessas parcelas

$$d_i = \sum_{j=1}^{p} \left| d_{ij} \right| \qquad (6.121)$$

constitui um limite superior muito conservativo para a máxima amplitude do deslocamento de ordem i da estrutura.

Alternativamente, para obter melhores estimativas de soluções máximas, essas parcelas são combinadas de acordo com um procedimento baseado em teoria de vibração aleatória. E para isso, tem-se os dois procedimentos principais seguintes:

a) Procedimento SRSS (***S**quare **R**oot of the **S**um of the **S**quares*) em que se determina

$$d_i \approx \sqrt{\sum_{j=1}^{p} d_{ij}^2} \qquad (6.122)$$

b) Procedimento CQC (*Complete Quadratic Combination*) em que se calcula [15]

$$d_i \approx \sqrt{\sum_{j=1}^{p}\sum_{k=1}^{p} d_{ij}\,\rho_{jk}\,d_{ik}} \qquad (6.123)$$

Nessa equação, ρ_{jk} é um *coeficiente de correlação* entre o j-ésimo e o k-ésimo modos que, entre outras formas apresentadas na literatura e no caso de um mesmo amortecimento ξ para todos os modos, é expresso por

$$\rho_{jk} = \frac{8\xi^2(1+r_{jk})\,r_{jk}^{1,5}}{(1-r_{jk}^2)^2 + 4\xi^2 r_{jk}(1+r_{jk})^2} \qquad (6.124)$$

em que r_{jk} é a razão entre frequências

$$r_{jk} = \omega_j / \omega_k \qquad (6.125)$$

A figura seguinte mostra a representação desse coeficiente de correção nos casos das razões de amortecimentos ($\xi = 0{,}01$), ($\xi = 0{,}03$) e ($\xi = 0{,}05$). Identifica-se, que esse coeficiente decresce rapidamente na medida em que as frequências ω_j e ω_k se afastam entre si, principalmente com a redução do amortecimento, e que esse coeficiente é igual à unidade no caso de ($\omega_j = \omega_k$). Logo, reescreve-se a Equação 6.123 sob a nova forma

$$d_i \approx \sqrt{\sum_{j=1}^{p} d_{ij}^2 + \sum_{j=1}^{p}\sum_{\substack{k=1\\k\neq j}}^{p} d_{ij}\,\rho_{jk}\,d_{ik}} \qquad (6.126)$$

que evidencia que com frequências bem separadas (de reduzidos coeficientes de correlação ρ_{jk}), a estimativa de resultado com o procedimento CQC se aproxima da estimativa de resultado com o procedimento SRSS.

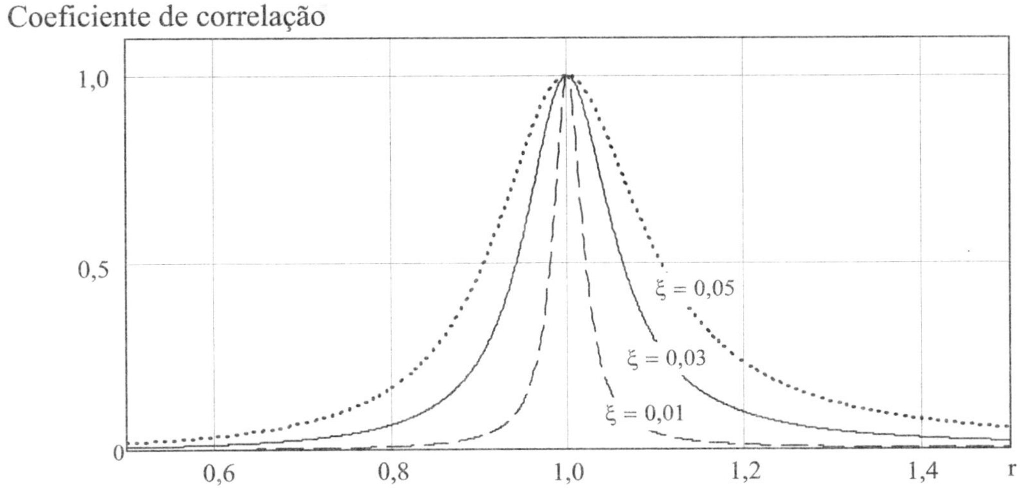

Figura 6.9 – Coeficiente de correlação entre modos de vibração.

[15] Wilson, E.L., Der Kiureghian, A., Bay, E.P., 1981, *A Replacement for the SRSS Method in Seismic Analysis*, Earthquake Engineering and Structural Dynamics, vol. 9, pp. 187-192.

Assim, o procedimento SRSS fornece bons resultados no caso de frequências naturais bem separadas e o procedimento CQC é indicado no caso de existem frequências agrupadas.

E de forma análoga ao procedimento adotado para os deslocamentos, podem ser estimados máximos de velocidades e de acelerações nodais.

Contudo, por razões probabilísticas, os esforços internos não podem ser estimados diretamente a partir das estimativas dos deslocamentos máximos no espaço físico. É necessário, para cada esforço interno, calcular primeiramente a parcela do esforço devido ao vetor de deslocamentos $\mathbf{d}_j$ (correspondente ao máximo deslocamento da j-ésima equação modal) com $(j = 1, 2 \cdots p)$, e posteriormente combinar as p parcelas de esforços através do procedimento SRSS ou com o procedimento CQC.

Como ilustração, segue um algoritmo de estimativa do i-ésimo deslocamento máximo com o procedimento SRSS.

– Especificações da razão de amortecimento ξ, do número p de modos de vibração, do espectro de resposta e da ordem i do deslocamento máximo procurado.

– Cálculo das matrizes $\mathbf{K}$, $\mathbf{M}$ e do vetor de influência $\mathbf{I}$.

– Resolução do problema de autovalor $\mathbf{K}\boldsymbol{\Phi}_p = \mathbf{M}\boldsymbol{\Phi}_p\boldsymbol{\Omega}_p \quad \rightarrow \quad \boldsymbol{\Phi}_p$ e $\boldsymbol{\Omega}_p$.

→ $j = 1 \rightarrow p$

$\ell_j = \varphi_j^T \mathbf{M}\,\mathbf{I}$

– Com $T_j = 2\pi / \omega_j$ e ξ, identificação de S_{aj} no espectro de resposta.

$S_{dj} = S_{aj} / \omega_j^2$

$d_{ij} = \varphi_{ij}\,\ell_j\,S_{dj}$

$$d_i = \sqrt{\sum_{j=1}^{p} d_{ij}^2}$$

O método com espectro de resposta será utilizado no Exemplo 6.6, em comparação com o método de integração direta desenvolvido no próximo item. Será visto que o presente método de estimativa de valores máximos de reposta apresenta diferenças significativas em relação aos máximos obtidos através de uma análise dinâmica mais completa. Contudo, essa estimativa é corriqueiramente utilizada em projeto, devido à sua simplicidade, seu reduzido volume de cálculo e à dificuldade de estimar com precisão a ação sísmica e as razões de amortecimento.

6.6 – Método de integração direta

O volume de cálculo do método de superposição modal cresce na medida em que se aumenta o número de modos na matriz $\mathbf{\Phi}_p$, o que é desfavorável quando se necessita de um grande número de modos nessa matriz, como em análise com força de impacto, por exemplo. Além disso, a forma tradicional desse método se restringe ao comportamento linear e ao amortecimento clássico (em que a matriz **C** é diagonalizável com a transformação modal de coordenadas).[16]

Em análise dinâmica, que inclui a não linearidade física e/ou amortecimento não proporcional, a alternativa é efetuar a integração numérica do sistema global de equilíbrio dinâmico, o que é denominado *método de integração direta* e o que requer a construção da matriz de amortecimento **C**. E neste método, podem ser utilizadas extensões dos procedimentos de integração da equação de equilíbrio do oscilador simples, que sejam baseados no arbítrio de leis para as derivadas do deslocamento. Contudo, na maior parte desses procedimentos costuma ocorrer instabilidade numérica (que se caracteriza pelo crescimento e oscilação desproporcional da solução dentro do período de tempo de interesse da resposta) e amortecimento numérico (que significa redução gradual das amplitudes do movimento, sem correlação com o amortecimento da estrutura), o que se deve à adoção de intervalos de integração demasiadamente grandes para a inclusão das contribuições dos modos superiores de vibração.

Os procedimentos de integração numérica costumam ser desenvolvidos para operar em sistemas lineares, onde são estudadas as suas condições de estabilidade e precisão, e então são extrapolados para aplicações em sistemas não lineares. A abordagem de não linearidades nas matrizes **K**, **C** e **M** pode ser feita com verificações de níveis de vibração em cada discretização da variável tempo, juntamente com procedimentos iterativos de controle de equilíbrio que requerem a alteração dessas matrizes e/ou a consideração de vetores de forças nodais equilibradoras. A melhor forma de proceder depende da não linearidade em apreço e está além do escopo deste livro.

E como foi esclarecido no item 5.6.3, as integrações numéricas são divididas em explícitas e implícitas. Nas *explícitas*, como na *integração de diferença central*, a solução no instante t_i é obtida com a condição de equilíbrio do instante anterior e, no caso de matrizes de massa e de amortecimento diagonais, não se tem a resolução de um sistema de equações algébricas em cada etapa de integração, mas requer o arbítrio de intervalos de tempo muito pequenos para se ter estabilidade numérica. Por essa razão, essas integrações não costumam ser utilizadas em análise dinâmica linear. Já nas *integrações implícitas*, a solução no instante t_i é obtida com a condição de equilíbrio neste mesmo instante; tem-se a resolução de um sistema de equações algébricas em cada discretização da variável tempo, mas os intervalos de tempo não precisam ser tão pequenos como no caso das integrações explícitas. Além disso, as integrações implícitas podem ser condicional ou

[16] A não linearidade física pode ser levada em conta neste método, através da manutenção da matriz de rigidez global inicial (de maneira a não se ter alteração dos modos normais de vibração) e com a introdução de forças nodais equilibradoras que simulam a alteração da matriz de rigidez em cada instante de tempo, em um processo iterativo. Mais esclarecimentos são apresentados por Nickell, R.E., 1976, *Nonlinear Dynamics by Mode Superposition*, Computer Methods in Applied Mechanics and Engineering, vol. 7.

incondicionalmente estáveis. E entre as integrações implícitas, destacam-se as integrações de Newmark e de Wilson–θ, que foram apresentadas no capítulo anterior com o oscilador simples e que são detalhadas nos próximos itens, no caso dos sistemas de multigraus de liberdade.[17] Essas integrações são também ditas de *um único passo*, porque as soluções $\mathbf{d}_i$, $\dot{\mathbf{d}}_i$ e $\ddot{\mathbf{d}}_i$ no instante t_i, são obtidas a partir das soluções $\mathbf{d}_{i-1}$, $\dot{\mathbf{d}}_{i-1}$ e $\ddot{\mathbf{d}}_{i-1}$ do instante anterior t_{i-1}, diferentemente das integrações de múltiplos passos em que a solução $\mathbf{d}_i$ é obtida a partir de $\mathbf{d}_{i-1}$, $\mathbf{d}_{i-2}$, $\mathbf{d}_{i-3}$ etc, sem explicitamente introduzir derivadas.

6.6.1 – Integração de Newmark

A integração de Newmark com os parâmetros ($\gamma = 1/2$) e ($\beta = 1/4$), que no caso do oscilador simples foi apresentada no Item 5.6.3.1 do capítulo anterior, baseia-se na hipótese de aceleração constante durante o intervalo de tempo Δt e é incondicionalmente estável.

Para o desenvolvimento da integração direta de Newmark, as Equações 5.130 e 5.132 são generalizadas para as formas

$$\ddot{\mathbf{d}}(\tau) = (\ddot{\mathbf{d}}_i + \ddot{\mathbf{d}}_{i-1})/2 \tag{6.127}$$

e

$$\begin{cases} \ddot{\mathbf{d}}_i = -\ddot{\mathbf{d}}_{i-1} + 4(\mathbf{d}_i - \mathbf{d}_{i-1} - \dot{\mathbf{d}}_{i-1}\Delta t_i)/\Delta t^2 \\ \dot{\mathbf{d}}_i = -\dot{\mathbf{d}}_{i-1} + 2(\mathbf{d}_i - \mathbf{d}_{i-1})/\Delta t \end{cases} \tag{6.128}$$

E com a substituição dessas expressões de velocidade e de aceleração no sistema global de equações de equilíbrio ($\mathbf{M}\ddot{\mathbf{d}}_i + \mathbf{C}\dot{\mathbf{d}}_i + \mathbf{K}\mathbf{d}_i = \mathbf{f}_i$), obtém-se o sistema de equações algébricas

$$\mathbf{K}^*\mathbf{d}_i = \mathbf{f}^* \tag{6.129}$$

em que se tem, de forma semelhante às Equações 5.135, as seguintes definições da *pseudo-matriz de rigidez* e do *pseudo-vetor de forças nodais*

$$\begin{cases} \mathbf{K}^* = \mathbf{K} + \dfrac{4}{\Delta t^2}\mathbf{M} + \dfrac{2}{\Delta t}\mathbf{C} \\ \mathbf{f}^* = \mathbf{f}_i + \left(\ddot{\mathbf{d}}_{i-1} + \dfrac{4\dot{\mathbf{d}}_{i-1}}{\Delta t} + \dfrac{4\mathbf{d}_{i-1}}{\Delta t^2}\right)\mathbf{M} + \left(\dot{\mathbf{d}}_{i-1} + \dfrac{2\mathbf{d}_{i-1}}{\Delta t}\right)\mathbf{C} \end{cases} \tag{6.130}$$

---

[17] Ampla descrição das integração numéricas é encontrada em Dokainish, M.A. & Subbaraj, K., 1989, *A Survey of Direct Time-Integration Methods in Computational Structural Dynamics – I. Explicit Methods*, Computers & Structures, vol. 32, pp. 1371-1386, e em Subbaraj, K. & Dokainish, M.A., 1989, *A Survey of Direct Time-Integration Methods in Computational Structural Dynamics – II. Implicit Methods*, Computers & Structures, vol. 32, pp. 1387-1401. E de acordo com essa descrição "geralmente, os algoritmos implícitos são mais efetivos para problemas de dinâmica de estruturas (nos quais a resposta é controlada por um pequeno número dos modos de vibração associados às menores frequências), enquanto que os algoritmos explícitos são mais efetivos em problemas de propagação de ondas (nos quais é importante a contribuição dos modos de vibração associados com as frequências intermediárias e altas)".

O presente procedimento inicia-se com a determinação das acelerações $\ddot{\mathbf{d}}_o$. E para isso, com as condições iniciais $\mathbf{d}_o$ e $\dot{\mathbf{d}}_o$, o sistema global de equilíbrio anterior fornece o sistema de equações algébricas

$$\mathbf{M}\ddot{\mathbf{d}}_o = \mathbf{f}_o - \mathbf{K}\mathbf{d}_o - \mathbf{C}\dot{\mathbf{d}}_o \qquad (6.131)$$

cuja solução é o vetor das acelerações iniciais $\ddot{\mathbf{d}}_o$. Em continuidade de resolução, determina-se a solução $\mathbf{d}_i$ do Sistema de Equações 6.129, com a qual se obtém as soluções de velocidades $\dot{\mathbf{d}}_i$ e de acelerações $\ddot{\mathbf{d}}_i$, através das Equações 6.128.

Um algoritmo desta integração, com o amortecimento de Rayleigh, é esquematizado a seguir.

– Especificações de $\mathbf{d}_o$, $\dot{\mathbf{d}}_o$, Δt, $\mathbf{f}_i$ em cada um dos pontos de integração, e dos amortecimentos correspondentes a dois modos de vibração.

– Cálculo das matrizes **K** e **M**.

– Resolução do sistema $\mathbf{M}\ddot{\mathbf{d}}_o = (\mathbf{f}_o - \mathbf{K}\mathbf{d}_o - \mathbf{C}\dot{\mathbf{d}}_o) \rightarrow \ddot{\mathbf{d}}_o$.

– Cálculo dos coeficientes de Ritz α e β (Equações 6.67).

$$\mathbf{C} = \alpha\mathbf{M} + \beta\mathbf{K}$$

$$\mathbf{K}^* = \mathbf{K} + \frac{4}{\Delta t^2}\mathbf{M} + \frac{2}{\Delta t}\mathbf{C}$$

→ $i = 1 \rightarrow$ número de pontos de integração

$$\mathbf{f}^* = \mathbf{f}_i + \left(\ddot{\mathbf{d}}_{i-1} + \frac{4\dot{\mathbf{d}}_{i-1}}{\Delta t} + \frac{4\mathbf{d}_{i-1}}{\Delta t^2}\right)\mathbf{M} + \left(\dot{\mathbf{d}}_{i-1} + \frac{2\mathbf{d}_{i-1}}{\Delta t}\right)\mathbf{C}$$

– Resolução do sistema de equações $\mathbf{K}^*\mathbf{d}_i = \mathbf{f}^* \rightarrow \mathbf{d}_i$.

$$\dot{\mathbf{d}}_i = -\dot{\mathbf{d}}_{i-1} + 2(\mathbf{d}_i - \mathbf{d}_{i-1})/\Delta t$$

$$\ddot{\mathbf{d}}_i = -\ddot{\mathbf{d}}_{i-1} + 4(\mathbf{d}_i - \mathbf{d}_{i-1} - \dot{\mathbf{d}}_{i-1}\Delta t_i)/\Delta t^2$$

6.6.2 – Integração de Wilson – θ

A integração de Wilson – θ foi apresentada no Item 5.6.3.2 do capítulo anterior, em abordagem do oscilador simples, baseia-se na hipótese de aceleração linear no intervalo de tempo estendido $(\theta\,\Delta t)$ e, no caso de integração dos sistemas de multigraus de liberdade, é numericamente estável com $(\theta \geq 1{,}37)$. Contudo, Bathe & Wilson[18] sugeriram o uso de $(\theta = 1{,}4)$.

Para o presente desenvolvimento, as Equações 5.138 e 5.140 são generalizadas para as formas

$$\ddot{\mathbf{d}}(\tau) = \ddot{\mathbf{d}}_{i-1} + \left(\ddot{\mathbf{d}}_\theta - \ddot{\mathbf{d}}_{i-1}\right)\frac{\tau}{\theta\,\Delta t} \tag{6.132}$$

e

$$\begin{cases} \ddot{\mathbf{d}}_\theta = \dfrac{6}{\theta^2\Delta t^2}\left(\mathbf{d}_\theta - \mathbf{d}_{i-1}\right) - \dfrac{6}{\theta\,\Delta t}\dot{\mathbf{d}}_{i-1} - 2\ddot{\mathbf{d}}_{i-1} \\[2ex] \dot{\mathbf{d}}_\theta = \dfrac{3}{\theta\,\Delta t}\left(\mathbf{d}_\theta - \mathbf{d}_{i-1}\right) - 2\dot{\mathbf{d}}_{i-1} - \dfrac{\theta\,\Delta t}{2}\ddot{\mathbf{d}}_{i-1} \end{cases} \tag{6.133}$$

Além disso, com a substituição dessas expressões de velocidade e de aceleração no sistema global de equações de equilíbrio $(\mathbf{M}\,\ddot{\mathbf{d}}_i + \mathbf{C}\dot{\mathbf{d}}_i + \mathbf{K}\mathbf{d}_i = \mathbf{f}_i)$, obtém-se o sistema de equações algébricas

$$\mathbf{K}^*\mathbf{d}_\theta = \mathbf{f}^* \tag{6.134}$$

em que, de forma semelhante às Equações 5.143, se tem as seguintes definições de *pseudo-matriz de rigidez* e de *pseudo-vetor de forças nodais*

$$\begin{cases} \mathbf{K}^* = \mathbf{K} + \dfrac{6}{\theta^2\Delta t^2}\mathbf{M} + \dfrac{3}{\theta\,\Delta t}\mathbf{C} \\[2ex] \mathbf{f}^* = \theta\,\mathbf{f}_i + (1-\theta)\,\mathbf{f}_{i-1} + 6\left(\dfrac{\ddot{\mathbf{d}}_{i-1}}{3} + \dfrac{\dot{\mathbf{d}}_{i-1}}{\theta\,\Delta t} + \dfrac{\mathbf{d}_{i-1}}{\theta^2\Delta t^2}\right)\mathbf{M} \\[2ex] \qquad + \left(\dfrac{\theta\,\Delta t}{2}\ddot{\mathbf{d}}_{i-1} + 2\dot{\mathbf{d}}_{i-1} + \dfrac{3\mathbf{d}_{i-1}}{\theta\,\Delta t}\right)\mathbf{C} \end{cases} \tag{6.135}$$

A aplicação desta integração inicia-se com a determinação das acelerações no instante t_o através da resolução do Sistema de Equações 6.131, e segue com a determinação da solução $\mathbf{d}_\theta$ do Sistema de Equações 6.134 em cada instante de tempo.

E de forma análoga às Equações 5.145, com essa solução de deslocamentos são obtidas as seguintes soluções de acelerações, velocidades e deslocamentos do instante t_i

[18] Bathe, K.J. & Wilson, E.L., 1973, *Stability and Accuracy Analysis of Direct Integration Methods*, Earthquake Engineering and Structural Dynamics, vol. 1, pp. 283-291.

$$\begin{cases} \ddot{\mathbf{d}}_i = \dfrac{6}{\theta^3\,\Delta t^2}\left(\mathbf{d}_\theta - \mathbf{d}_{i-1}\right) - \dfrac{6}{\theta^2\,\Delta t}\dot{\mathbf{d}}_{i-1} + \left(1-\dfrac{3}{\theta}\right)\ddot{\mathbf{d}}_{i-1} \\ \dot{\mathbf{d}}_i = \dot{\mathbf{d}}_{i-1} + \dfrac{\Delta t}{2}\left(\ddot{\mathbf{d}}_i + \ddot{\mathbf{d}}_{i-1}\right) \\ \mathbf{d}_i = \mathbf{d}_{i-1} + \Delta t\,\dot{\mathbf{d}}_{i-1} + \dfrac{\Delta t^2}{6}\left(\ddot{\mathbf{d}}_i + 2\ddot{\mathbf{d}}_{i-1}\right) \end{cases} \tag{6.136}$$

A seguir, é apresentado um algoritmo desta integração, em que se utiliza o amortecimento de Rayleigh.

– Especificações de $\mathbf{d}_o$, $\dot{\mathbf{d}}_o$, Δt, $\mathbf{f}_i$ em cada um dos pontos de integração e dos amortecimentos correspondentes a dois modos de vibração e de θ.

– Cálculo das matrizes $\mathbf{K}$ e $\mathbf{M}$.

– Resolução do sistema $\mathbf{M}\ddot{\mathbf{d}}_o = \mathbf{f}_o - \mathbf{K}\,\mathbf{d}_o - \mathbf{C}\,\dot{\mathbf{d}}_o \;\rightarrow\; \ddot{\mathbf{d}}_o$.

– Cálculo dos coeficientes de Ritz α e β (Equações 6.67).

$$\mathbf{C} = \alpha\mathbf{M} + \beta\mathbf{K} \quad , \quad \mathbf{K}^* = \mathbf{K} + \frac{6}{\theta^2\Delta t^2}\mathbf{M} + \frac{3}{\theta\Delta t}\mathbf{C}$$

→ $i = 1 \rightarrow$ número de pontos de integração

$$\mathbf{f}^* = \theta\mathbf{f}_i + (1-\theta)\,\mathbf{f}_{i-1} + 6\left(\frac{\ddot{\mathbf{d}}_{i-1}}{3} + \frac{\dot{\mathbf{d}}_{i-1}}{\theta\Delta t} + \frac{\mathbf{d}_{i-1}}{\theta^2\Delta t^2}\right)\mathbf{M} + \left(\frac{\theta\Delta t}{2}\ddot{\mathbf{d}}_{i-1} + 2\dot{\mathbf{d}}_{i-1} + \frac{3\mathbf{d}_{i-1}}{\theta\Delta t}\right)\mathbf{C}$$

– Resolução do sistema de equações $\mathbf{K}^*\mathbf{d}_\theta = \mathbf{f}^* \;\rightarrow\; \mathbf{d}_\theta$.

$$\ddot{\mathbf{d}}_i = \frac{6}{\theta^3\,\Delta t^2}\left(\mathbf{d}_\theta - \mathbf{d}_{i-1}\right) - \frac{6}{\theta^2\,\Delta t}\dot{\mathbf{d}}_{i-1} + \left(1-\frac{3}{\theta}\right)\ddot{\mathbf{d}}_{i-1}$$

$$\dot{\mathbf{d}}_i = \dot{\mathbf{d}}_{i-1} + \frac{\Delta t}{2}\left(\ddot{\mathbf{d}}_i + \ddot{\mathbf{d}}_{i-1}\right)$$

$$\mathbf{d}_i = \mathbf{d}_{i-1} + \Delta t\,\dot{\mathbf{d}}_{i-1} + \frac{\Delta t^2}{6}\left(\ddot{\mathbf{d}}_i + 2\ddot{\mathbf{d}}_{i-1}\right)$$

Exemplo 6.5 – Para comprovar a eficácia da integração direta, reconsidera-se a viga do Exemplo 6.4 de período fundamental igual a 0,173 s (mostrada novamente na próxima figura) e com o amortecimento de Rayleigh em que ($\xi = 0{,}03$). E são analisados, agora, os casos das forças externas de frequências ($\omega = 30\,\text{rad/s}$) e ($\omega = 50\,\text{rad/s}$).

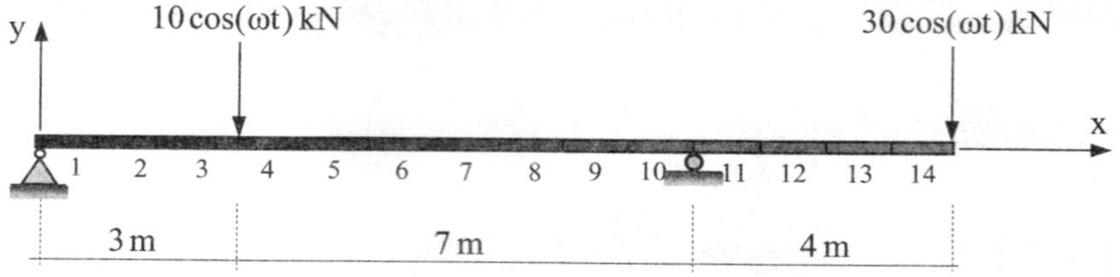

Figura E6.5a – Viga biapoiada com balanço.

Com o intervalo de integração ($\Delta t = 1/400 \approx 0{,}0025s \rightarrow \Delta t < T_1/100 \approx 0{,}00173\,s$) foram obtidos históricos graficamente coincidentes para o deslocamento transversal da seção média do vão principal, com as integrações diretas de Newmark e de Wilson $\theta = 1{,}4$ e com o método de superposição modal completa com integração por segmentos lineares da excitação, para ambos os casos das frequências das forças externas. E para a frequência ($\omega = 30\text{rad/s}$), o histórico do referido deslocamento está mostrado na figura seguinte.

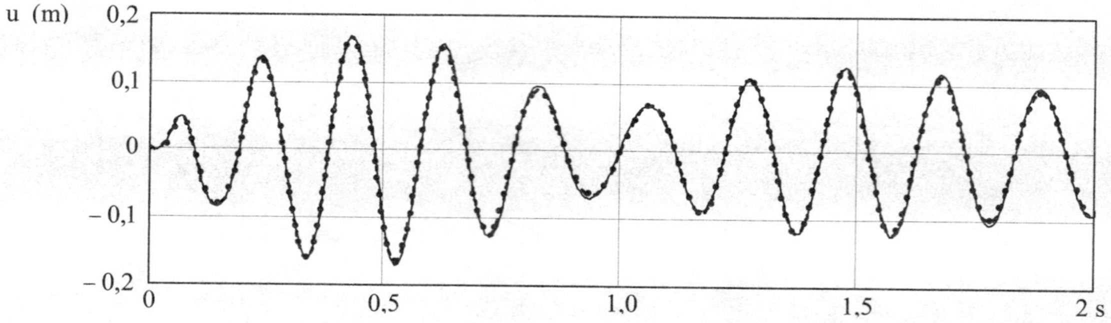

Figura E6.5b – Histórico de deslocamento no caso de ($\omega = 30\text{rad/s}$).

A próxima figura mostra a resposta do mesmo deslocamento, agora com instabilidade numérica, no caso da frequência ($\omega = 30\text{rad/s}$), intervalo ($\Delta t = 1/400$) e a integração direta de Wilson $\theta = 1{,}21$.

E para quantificar a diferença entre a solução determinada por superposição modal completa e as soluções obtidas com integração direta, adotou-se a norma

$$\|dif\| = \left(\sum_{i=0}^{n^o\,inst.} \left(d_{i-sup.modal} - d_{i-int.direta} \right)^2 \right)^{1/2}$$

onde d_i é o referido deslocamento e o somatório diz respeito ao conjunto dos pontos ou instnates em que as soluções são determinadas.

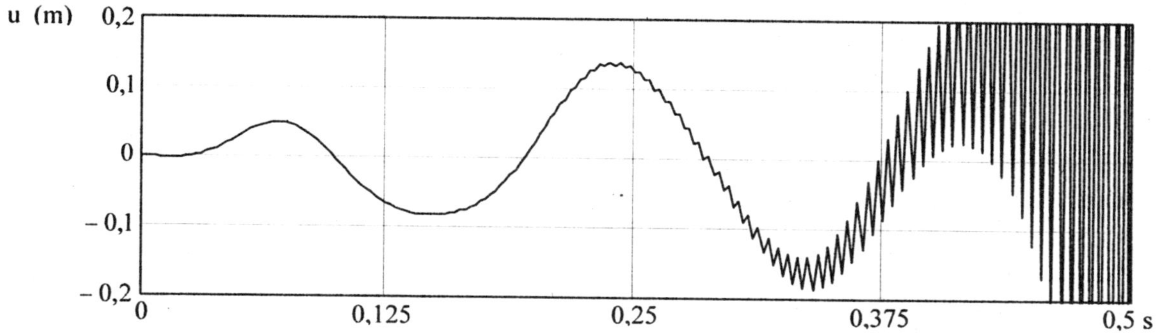

Figura E6.5c – Instabilidade numérica da integração de Wilson $\theta = 1,21$.

A próxima tabela apresenta resultados da referida norma com as integrações diretas de Newmark e de Wilson $\theta=1,4$, para o referido deslocamento e os dois casos de frequências das forças externas, nos dois primeiros segundos de resposta, com diferentes intervalos de integração. Esta mesma tabela indica os valores de θ abaixo dos quais a integração de Wilson$-\theta$ apresentou instabilidade numérica nos dois primeiros segundos de resposta. Esses valores dessa tabela mostram também que a integração de Newmark costuma ter precisão ligeiramente melhor que a integração de Wilson $\theta=1,4$.

Intervalo Δt	Integração de Newmark		Integração de Wilson $\theta = 1,4$		Instabilidade da integração de Wilson
	$\omega = 30\,rad/s$	$\omega = 50\,rad/s$	$\omega = 30\,rad/s$	$\omega = 50\,rad/s$	
$\frac{1s}{400} = \frac{T_n}{69,18}$	0,01853	0,01877	0,01794	0,01914	$\theta \le 1,21$
$\frac{1s}{200} = \frac{T_n}{34,59}$	0,02965	0,03515	0,02827	0,04081	$\theta \le 1,27$
$\frac{1s}{100} = \frac{T_n}{17,29}$	0,05428	0,07693	0,10898	0,09840	$\theta \le 1,31$
$\frac{1s}{50} = \frac{T_n}{8,64}$	0,28519	0,15053	0,55150	0,17169	$\theta \le 1,32$

Tabela E6.5 – Normas de diferenças entre resultados de deslocamento.

Além disso, a próxima figura mostra os históricos do referido deslocamento no caso do intervalo de integração ($\Delta t = 1/50 = 0,02 \;\rightarrow\; \Delta t > T_1/10 \approx 0,0173s$). A solução do método de superposição modal é representada em traço contínuo, a solução da integração direta de Newmark é representada em pontilhado e a solução da integração direta de Wilson $\theta = 1,4$ é representada em linha tracejada. Vê-se que o referido intervalo foi demasiadamente grande para se ter bons resultados e que a integração direta de Wilson forneceu maiores amplitudes do que com a integração direta de Newmark.

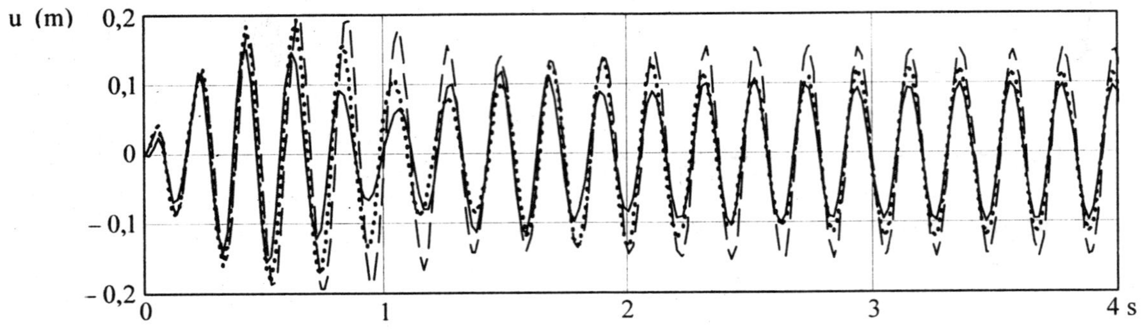

Figura E6.5d – Histórico de deslocamento, integração de Wilson $\theta = 1{,}4$.

Conclui-se que a integração direta de Wilson $\theta = 1{,}4$ não apresenta vantagem em relação à integração direta de Newmark (no presente caso linear) e que um adequado intervalo de tempo em ambas as integrações e no caso de excitação de baixa frequência é da ordem de ($\Delta t \leq T_1/15$). Além disso, como com um fator θ maior do que a unidade há a tendência de ocorrer amortecimento numérico dos modos de vibração mais altos, não é aconselhável ao uso da integração de Wilson em análise em que esses modos tenham importância, como no caso de forças de impacto.

Exemplo 6.6 – Com o modelo em *shear building* mostrado na próxima figura, compara-se o presente método de integração direta com o método com espectro de resposta desenvolvido no Item 6.5. Para isso, utiliza-se o acelerograma do sismo *El Centro* que foi mostrado na Figura 5.31 do capítulo anterior, e adota-se a razão de amortecimento com o valor 0,05 em todos os modos de vibração.

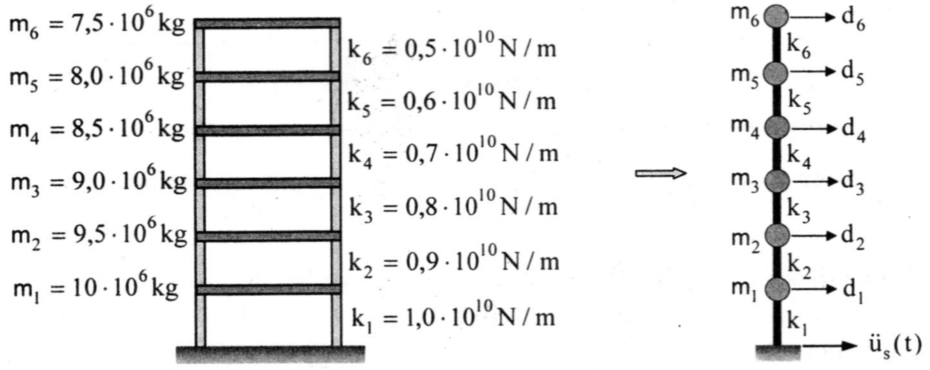

Figura E6.6a – *Shear building*.

O presente *shear building* tem as seguintes matrizes de rigidez e de massa:

$$\mathbf{K}=\begin{bmatrix} k_1+k_2 & -k_2 & 0 & 0 & 0 & 0 \\ -k_2 & k_2+k_3 & -k_3 & 0 & 0 & 0 \\ 0 & -k_3 & k_3+k_4 & -k_4 & 0 & 0 \\ 0 & 0 & -k_4 & k_4+k_5 & -k_5 & 0 \\ 0 & 0 & 0 & -k_5 & k_5+k_6 & -k_6 \\ 0 & 0 & 0 & 0 & -k_6 & k_6 \end{bmatrix} \quad , \quad \mathbf{M}=\begin{bmatrix} m_1 & 0 & 0 & 0 & 0 & 0 \\ 0 & m_2 & 0 & 0 & 0 & 0 \\ 0 & 0 & m_3 & 0 & 0 & 0 \\ 0 & 0 & 0 & m_4 & 0 & 0 \\ 0 & 0 & 0 & 0 & m_5 & 0 \\ 0 & 0 & 0 & 0 & 0 & m_6 \end{bmatrix}$$

Com a resolução do problema de autovalor ($\mathbf{K}\,\boldsymbol{\Phi}=\mathbf{M}\,\boldsymbol{\Phi}\,\boldsymbol{\Omega}$), foram obtido períodos naturais 0,817s, 0,311s, 0,196s, 0,149s, 0,126s e 0,111s, e a matriz modal

$$\boldsymbol{\Phi} = 10^{-5}\begin{bmatrix} 3{,}883 & -10{,}09 & 14{,}36 & -15{,}78 & 14{,}91 & 14{,}33 \\ 7{,}941 & -16{,}72 & 13{,}95 & -2{,}329 & -9{,}698 & -20{,}39 \\ 11{,}95 & -16{,}05 & -3{,}502 & 17{,}69 & -8{,}759 & 17{,}57 \\ 15{,}62 & -6{,}843 & -18{,}83 & 0{,}3756 & 20{,}30 & -10{,}89 \\ 18{,}60 & 7{,}868 & -9{,}354 & -20{,}77 & -17{,}28 & 4{,}980 \\ 20{,}41 & 2{,}037 & 17{,}37 & 12{,}58 & 6{,}334 & -1{,}321 \end{bmatrix}$$

Os modos de vibração contidos nessa matriz estão representados na próxima figura.

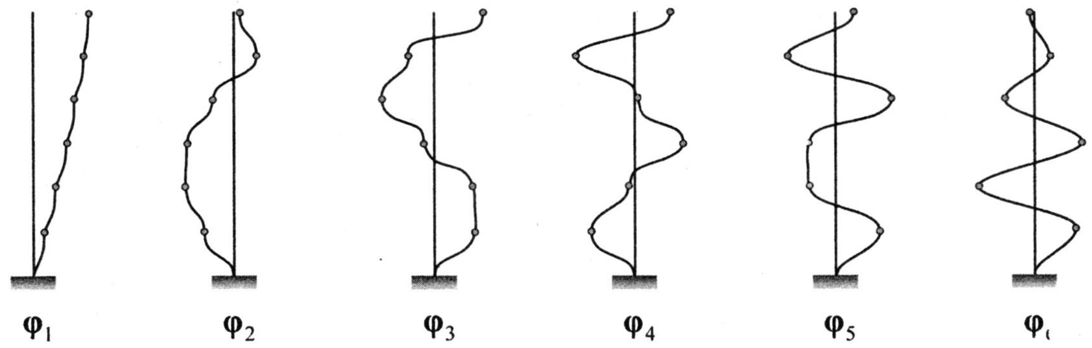

Figura E6.6b – Modos de vibração do *shear building*.

E com o procedimento de superposição dos amortecimentos modais expresso pela Equação 6.73, foi obtida a matriz de amortecimento

$$\mathbf{C} = 10^{6}\begin{bmatrix} 41{,}92 & -11{,}46 & -1{,}827 & -0{,}6432 & -0{,}3132 & -0{,}201 \\ -11{,}46 & 36{,}77 & -11{,}12 & -2{,}0 & -0{,}7942 & -0{,}4683 \\ -1{,}827 & -11{,}12 & 33{,}28 & -10{,}41 & -1{,}992 & -0{,}9465 \\ -0{,}6432 & -2{,}0 & -10{,}41 & 29{,}93 & -9{,}58 & -2{,}183 \\ -0{,}3132 & -0{,}7942 & -1{,}992 & -9{,}58 & 26{,}32 & -9{,}513 \\ -0{,}201 & -0{,}4683 & -0{,}9465 & -2{,}183 & -9{,}513 & 16{,}88 \end{bmatrix}$$

Além disso, foram utilizadas as integrações diretas de Newmark e de Wilson $\theta=1,4$, com o intervalo de tempo $(\Delta t=0,02s \rightarrow \Delta t < T_1/10)$ que é igual ao espaçamento de digitalização do referido acelerograma. E com essas integrações foram obtidos os históricos do deslocamento do sexto piso mostrados na próxima figura, em que não se nota diferença entre resultados. Essas representações gráficas foram também coincidentes com a do método de superposição modal com todos os modos e com apenas um modo de vibração, em integração das equações modais por segmentos lineares da excitação.

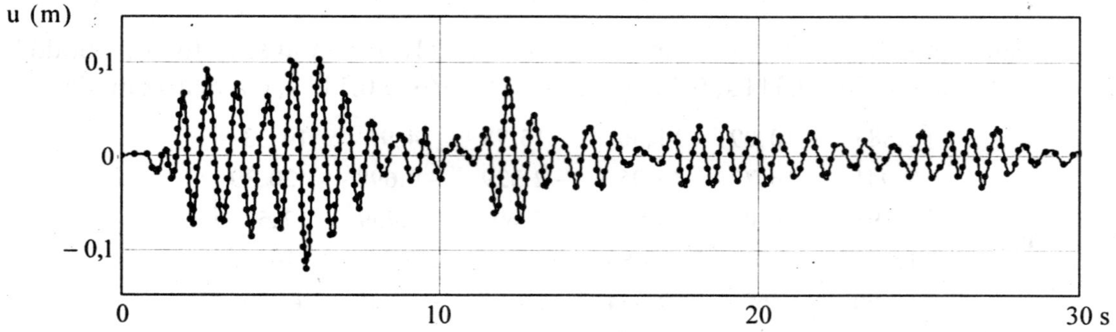

Figura E6.6c – Históricos do deslocamento do sexto piso.

E de acordo com que foi apresentado no Item 5.7.2 do capítulo anterior, o espectro de resposta do deslocamento relativo correspondente ao sismo El Centro é mostrado na figura seguinte.

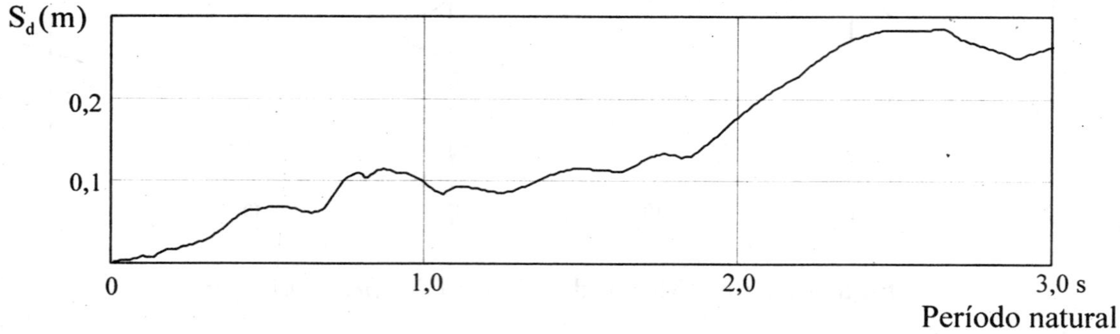

Figura E6.6d – Espectro de resposta de deslocamento, sismo *El Centro* (1940).

A Tabela E6.6a apresenta os deslocamentos máximos obtidos para os diversos pisos com o acelerograma do sismo El Centro e o método de integração direta de Newmark, assim como mostra os deslocamentos máximos estimados com o espectro de resposta desse sismo. Em exame dos valores dessa tabela, conclui-se que, com esse espectro, os resultados são conservativos e têm diferenças significativas em relação aos resultados da integração direta. E não está mostrado na tabela, mas com esse espectro, praticamente não ocorreu diferença de resultados entre os procedimentos SRSS e CQC de combinação das respostas modais máximas (o que se deve ao fato de as frequências naturais do *shear building* serem bem espaçadas). Contudo, dado que é pequeno o volume de cálculo do procedimento CQC comparativamente com o todo o método com espectro de resposta, em análises nas quais não se conhece *a priori* o espaçamento das frequências naturais, é aconselhável dar preferência a esse procedimento.

	Com integração direta de Newmark	Com espectro de resposta	Diferença percentual
1º piso	0,023	0,028	21,75
2º piso	0,046	0,055	19,6
3º piso	0,071	0,082	15,5
4º piso	0,093	0,106	14,0
5º piso	0,110	0,126	14,5
6º piso	0,118	0,139	17,8

Tabela E6.6a – Comparação entre deslocamentos máximos.

Finalmente, a próxima tabela apresenta as razões de participação da massa nos casos de utilização de um até seis modos de vibração, e apresenta também os correspondentes deslocamentos máximos do sexto piso determinados com o método de integração direta de Newmark e os deslocamentos máximos estimados com o espectro de resposta, tudo isso com o mesmo sismo.

		Deslocamentos do sexto piso	
Número de modos em $\mathbf{\Phi}_p$	Razões de participação da massa	Com a integração direta de Newmark	Com o espectro de resposta
1	0,8208	0,118041	0,138469
2	0,9367	0,118041	0,139314
3	0,9741	0,118041	0,139368
4	0,9893	0,118041	0,139371
5	0,9961	0,118041	0,139371
6	1,0	0,118041	0,139371

Tabela E6.6b – Influência da razão de participação de massa.

Identifica-se que, para uma precisão até o quarto algarismo significativo em valor do deslocamento do sexto piso, é necessário apenas um modo de vibração na transformação de coordenadas, o que é atendido de forma conservativa com a razão de participação de massa maior ou igual a 0,9, como costuma ser prescrito pelos códigos normativos de projeto.

Exemplo 6.7 – Para comprovar a eficácia da correção estática dos modos superiores ao tradicional método de superposição modal, utiliza-se novamente o modelo em *shear building* do exemplo anterior. E para que a distribuição espacial do vetor de forças nodais não seja representada no espaço dos primeiros modos de vibração, considera-se o vetor de forças nodais $(\mathbf{f}(t) = 10^{10}\, \varphi_6 \cos(\omega t)\, kN)$, em que φ_6 é o sexto modo de vibração e se prescreve $(\omega = 6{,}5\, rad/s)$ que é uma frequência de valor menor do que a primeira frequência natural $(\omega_1 = 7{,}691\, rad/s)$.

Foram obtidos os históricos do deslocamento do sexto piso mostrados na próxima figura. A solução do método de integração direta (de Newmark e de Wilson $\theta = 1{,}4$) e a solução do método de superposição modal completa (com a integração por segmentos lineares da excitação), ambas com o intervalo de integração $(\Delta t = 0{,}05\, s \;\rightarrow\; \Delta t < T_1/10)$, são graficamente coincidentes e estão representadas em traço contínuo. A solução do método da superposição modal com dois modos de vibração, que atende ao critério de truncamento modal apresentado no Item 6.4 (porque $\omega/\omega_3 = 0{,}203 \;\rightarrow\; \omega/\omega_3 < 0{,}25$), está representada em linha tracejada. A solução dessa superposição modal truncada, mas com a correção estática dos modos superiores, está representada em pontilhado e tem praticamente coincidência gráfica com as soluções dos métodos de integração direta e de superposição modal completa, o que evidencia a eficácia dessa correção.

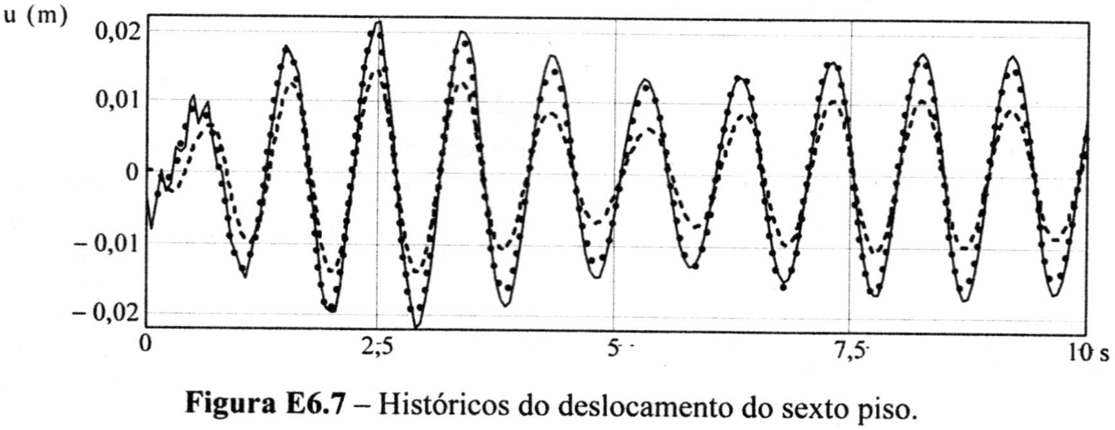

Figura E6.7 – Históricos do deslocamento do sexto piso.

A comparação do algoritmo de integração de Newmark com o algoritmo da integração de Wilson $-\,\theta$ evidencia que ambos têm a mesma estruturação e podem ser incorporados, com facilidade, em uma mesma programação. E para isso, no caso da integração de Newmark, são definidas as seguintes variáveis:

$$\begin{cases} \theta = 1 & , \quad a_o = 4/\Delta t^2 , \quad a_1 = 2/\Delta t \\ a_2 = 1 & , \quad a_3 = 2a_1 \quad , \quad a_4 = a_o \\ a_5 = 0 & , \quad a_6 = 1 \quad , \quad a_7 = a_1 \end{cases} \tag{6.137}$$

E no caso da integração de Wilson – θ, são definidas as seguintes variáveis:

$$\begin{cases} \theta = 1{,}4 & , \quad a_o = 6/(\theta\Delta t)^2 , \quad a_1 = 3/(\theta\Delta t) \\ a_2 = 2 & , \quad a_3 = 2a_1 \quad , \quad a_4 = a_o \\ a_5 = \theta\Delta t/2 & , \quad a_6 = a_2 \quad , \quad a_7 = a_1 \end{cases} \tag{6.138}$$

Logo, para ambas as integrações, a pseudo-matriz de rigidez e o pseudo-vetor de forças nodais tomam as formas

$$\begin{cases} \mathbf{K}^* = \mathbf{K} + a_o\,\mathbf{M} + a_1\,\mathbf{C} \\ \mathbf{f}^* = \theta\mathbf{f}_i + \mathbf{f}_{i-1}(1-\theta) + \left(a_2\,\ddot{\mathbf{d}}_{i-1} + a_3\,\dot{\mathbf{d}}_{i-1} + a_4\,\mathbf{d}_{i-1}\right)\mathbf{M} + \left(a_5\,\ddot{\mathbf{d}}_{i-1} + a_6\,\dot{\mathbf{d}}_{i-1} + a_7\,\mathbf{d}_{i-1}\right)\mathbf{C} \end{cases} \tag{6.139}$$

com a validade da Equação 6.128 no caso da integração de Newmark, e a validade da Equação 6.136 no caso da integração de Wilson – θ.

E com a suposição de que as matrizes **M**, **C** e **K** sejam não lineares (que é o caso mais geral), pode ser desenvolvido um procedimento incremental de análise. Para isso, escreve-se o sistema de equações de equilíbrio no instante t_i sob a forma

$$(\mathbf{f}_{m|i-1} + \Delta\mathbf{f}_{m|i}) + (\mathbf{f}_{a|i-1} + \Delta\mathbf{f}_{a|i}) + (\mathbf{f}_{e|i-1} + \Delta\mathbf{f}_{d|i}) = \mathbf{f}_i \tag{6.140}$$

onde os acréscimos das forças de inércia, de amortecimento e elásticas são estimados por

$$\begin{cases} \Delta\mathbf{f}_{m|i} \approx \mathbf{M}_{i-1}\,\Delta\ddot{\mathbf{d}}_i \\ \Delta\mathbf{f}_{a|i} \approx \mathbf{C}_{i-1}\,\Delta\dot{\mathbf{d}}_i \\ \Delta\mathbf{f}_{e|i} \approx \mathbf{K}_{i-1}\,\Delta\mathbf{d}_i \end{cases} \tag{6.141}$$

Logo, com a substituição desses acréscimos na equação que lhes precede, obtém-se

$$\mathbf{M}_{i-1}\,\Delta\ddot{\mathbf{d}}_i + \mathbf{C}_{i-1}\,\Delta\dot{\mathbf{d}}_i + \mathbf{K}_{i-1}\,\Delta\mathbf{d}_i = \mathbf{f}' \tag{6.142}$$

onde se tem o vetor de forças nodais

$$\mathbf{f}' = \mathbf{f}_i - \mathbf{f}_{m|i-1} - \mathbf{f}_{a|i-1} - \mathbf{f}_{e|i-1} \tag{6.143}$$

Assim, com a integração direta do Sistema 6.142 (com Newmark ou Wilson – θ), podem ser determinados os acréscimos $\Delta\mathbf{d}_i$, $\Delta\dot{\mathbf{d}}_i$ e $\Delta\ddot{\mathbf{d}}_i$, de maneira a se ter, no instante t_i, as soluções

$$\begin{cases} \mathbf{d}_i = \mathbf{d}_{i-1} + \Delta\mathbf{d}_i \\ \dot{\mathbf{d}}_i = \dot{\mathbf{d}}_{i-1} + \Delta\dot{\mathbf{d}}_i \\ \ddot{\mathbf{d}}_i = \ddot{\mathbf{d}}_{i-1} + \Delta\ddot{\mathbf{d}}_i \end{cases} \tag{6.144}$$

Além disso, como as matrizes $\mathbf{K}_{i-1}$, $\mathbf{C}_{i-1}$ e $\mathbf{M}_{i-1}$ foram supostos constantes na Equação 6.141 (no transcorrer do incremento de tempo), essas matrizes podem ser atualizadas em procedimento iterativo, com novas determinações dos acréscimos $\Delta\mathbf{d}_i$, $\Delta\dot{\mathbf{d}}_i$ e $\Delta\ddot{\mathbf{d}}_i$ por integração direta, até que seja alcançada uma precisão julgada adequada nas referidas atualizações, para então se efetuar um novo incremento de tempo em continuidade da análise incremental.

Importa ainda acrescentar que, para evitar a fatoração da matriz de rigidez efetiva em cada uma das atualizações das matrizes de rigidez, de amortecimento e de massa (para a resolução do correspondente sistema de equações algébricas), a diferença de equilíbrio encontrada nessas atualizações pode ser considerada através de modificação do vetor de forças independente, de maneira a se poder utilizar uma única fatoração daquela matriz em cada incremento da variável tempo.

6.7 – Método de resolução direta através do domínio da frequência

Para quaisquer ações externas determinísticas, o sistema global de equilíbrio dinâmico de comportamento linear pode ser escrito sob a forma

$$\mathbf{M}\,\ddot{\mathbf{d}}(t)+\mathbf{C}\,\dot{\mathbf{d}}(t)+\mathbf{K}\,\mathbf{d}(t)=\sum_{i=1}^{I}\mathbf{f}_i\,f_i(t) \qquad (6.145)$$

onde $\mathbf{f}_i$ é a i-ésima distribuição espacial de forças nodais, $f_i(t)$ é a correspondente função do tempo e I é o número total de parcelas consideradas relevantes na decomposição daquelas ações. Logo, a solução desse sistema pode ser obtida a partir das soluções dos sistemas de equações de equilíbrio

$$\mathbf{M}\,\ddot{\mathbf{d}}_i(t)+\mathbf{C}\,\dot{\mathbf{d}}_i(t)+\mathbf{K}\,\mathbf{d}_i(t)=\mathbf{f}_i\,f_i(t) \qquad (6.146)$$

com $(i = 1, 2, \cdots I)$.

No caso particular da função $f_i(t)$ ser periódica, essa função pode ser decomposta em uma série de componentes harmônicos. E no caso de função aperiódica, pode ser decomposta em um espectro contínuo de componentes harmônicos, que, com a transformada discreta de Fourier, se transforma em um espectro discreto de componentes.

Para o caso mais simples de um componente harmônico de frequência ω e de forma análoga à Equação de Equilíbrio 5.53, o sistema de equações de equilíbrio anterior toma a forma (sem o índice i, por simplicidade)

$$\mathbf{M}\,\ddot{\mathbf{d}}(t)+\mathbf{C}\,\dot{\mathbf{d}}(t)+\mathbf{K}\,\mathbf{d}(t)=\mathbf{f}_o\cos(\omega t)=\mathbf{f}_o\,\mathrm{Re}(e^{i\omega t}) \qquad (6.147)$$

e, de semelhantemente à Equação 5.54, tem a solução em regime permanente

$$\mathbf{d}(t)=\mathrm{Re}(\mathbf{b}\,e^{i\omega t}) \qquad (6.148)$$

Com essa solução, o sistema anterior se transforma no sistema de equações complexas lineares

$$(-\omega^2\mathbf{M}+i\omega\mathbf{C}+\mathbf{K})\mathbf{b}\,e^{i\omega t}=\mathbf{f}_o\,e^{i\omega t} \quad\rightarrow\quad (-\omega^2\mathbf{M}+i\omega\mathbf{C}+\mathbf{K})\mathbf{b}=\mathbf{f}_o \qquad (6.149)$$

que tem a solução complexa

$$\mathbf{b} = (-\omega^2 \mathbf{M} + i\omega \mathbf{C} + \mathbf{K})^{-1} \mathbf{f}_o \qquad (6.150)$$

E esse resultado intermediário completa a definição da solução em regime permanente expressa pela Equação 6.148.

Vale observar que no caso de sistemas não amortecidos, a resolução anterior recai na apresentada no Item 6.3 em que não se tem variável complexa.

Exemplo 6.8 – Para comparar a solução do método de integração direta com a solução obtida através do domínio da frequência, utiliza-se novamente o modelo em *shear building* do Exemplo 6.6, em que ($\mathbf{f}(t) = 10^{10} \varphi_6 \cos(\omega t)\,kN$), ($\omega = 6{,}5\,rad/s$) e φ_6 é o sexto modo de vibração.

As Figuras E6.8a e E6.8b apresentam os históricos do deslocamento do sexto piso, respectivamente, de 0 a 10s e de 10 a 20s, onde a solução da integração direta de Newmark é representada em traço contínuo e a solução obtida através do domínio da frequência é mostrada em pontilhado. Nessas figuras, identifica-se que as duas soluções passam a ser graficamente coincidentes a partir do décimo segundo, instante em que o efeito das condições iniciais já está dissipado (essas condições não foram consideradas na resolução através do domínio da frequência).

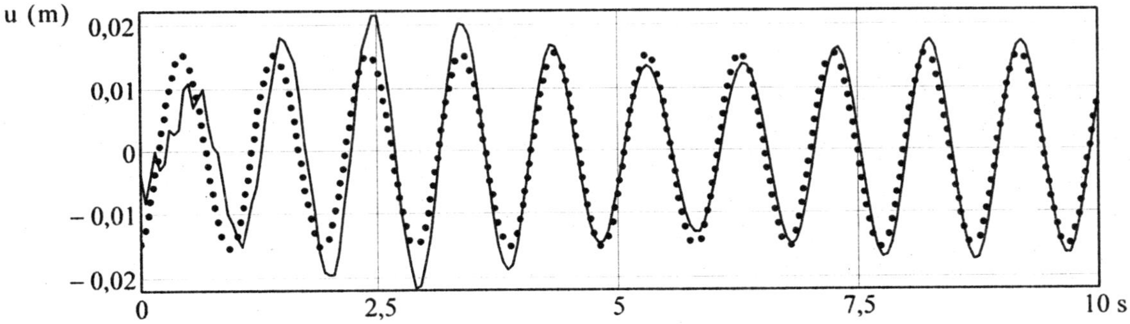

Figura E6.8a – Históricos do deslocamento do sexto piso de 0 a 10s.

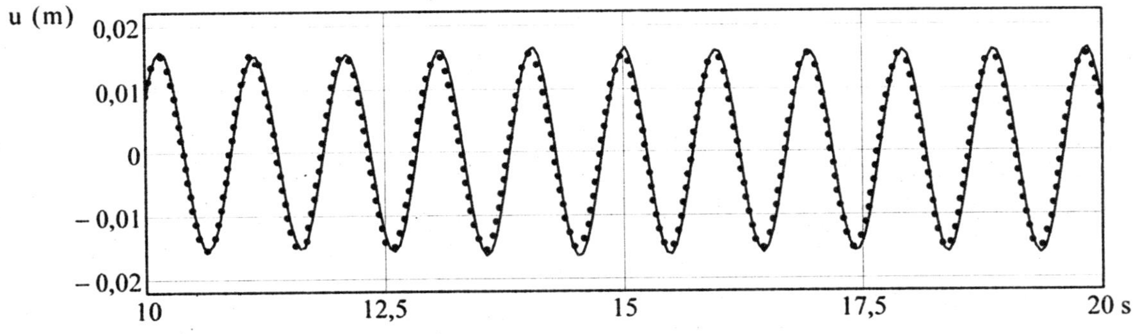

Figura E6.8b – Históricos do deslocamento do sexto piso de 10 a 20s.

Na medida em que a frequência ω das forças externas se próxima de uma das frequências naturais do modelo discreto, a matriz dos coeficientes $(-\omega^2 \mathbf{M} + i\,\omega \mathbf{C} + \mathbf{K})$ do Sistema 6.149 se torna mal condicionada, o que afeta desfavoravelmente a solução. Por exemplo, com aritmética de ponto-flutuante de 16 dígitos decimais, esse mau condicionamento já acontece no caso da frequência $(\omega = 7{,}0\,\text{rad/s})$ que é próxima da primeira frequência natural do *shear building* $(\omega_1 = 7{,}691\,\text{rad/s})$. Isso é ilustrado com a próxima figura em que a solução obtida através do domínio da frequência (representada em pontilhado) não mais coincide com a solução em regime permanente determinada com o método de integração direta de Newmark (representada em traço contínuo e que coincide com a solução do método de superposição modal completa com integração por segmentos lineares da excitação).

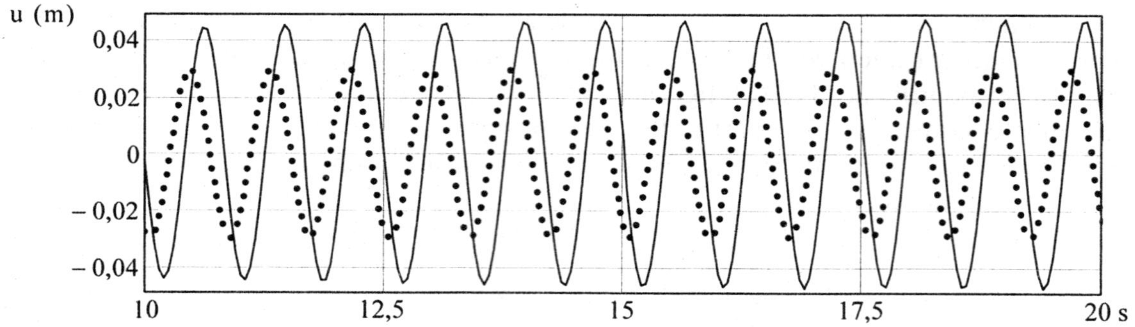

Figura E6.8c – Soluções do deslocamento do sexto piso.

Considera-se, agora, o sistema global de equilíbrio dinâmico

$$\mathbf{M}\,\ddot{\mathbf{d}}(t) + \mathbf{C}\,\dot{\mathbf{d}}(t) + \mathbf{K}\,\mathbf{d}(t) = \mathbf{f}_o\, f(t) \qquad (6.151)$$

em que $f(t)$ é uma função definida por uma sequência de valores nos instantes t_o, t_1, $\cdots$ t_{N-1}, como foi ilustrado na Figura 5.21 do capítulo anterior.

Logo, com as Transformadas Discretas de Fourier 5.112 que se repetem

$$\begin{cases} f(t_n) = \dfrac{\Delta\omega}{2\pi} \sum\limits_{q=0}^{N-1} F(\omega_q)\, e^{i\,2\pi q n/N} & , \quad n = 0,1,2,\cdots(N-1) \\ F(\omega_q) = \Delta t \sum\limits_{n=0}^{N-1} f(t_n)\, e^{-i\,2\pi q n/N} & \rightarrow \quad F(\omega_q) = \text{DFT}(f(t_q)) \end{cases}$$

o sistema de equilíbrio anterior toma a forma

$$\mathbf{M}\,\ddot{\mathbf{d}}(t) + \mathbf{C}\,\dot{\mathbf{d}}(t) + \mathbf{K}\,\mathbf{d}(t) = \mathbf{f}_o\, \frac{\Delta\omega}{2\pi} \sum_{q=0}^{N-1} F(\omega_q)\, e^{i\,2\pi q n/N} \quad , \; n = 0,\ 1,\ 2,\ \cdots(N-1) \qquad (6.152)$$

E esse sistema tem a solução

$$\mathbf{d}(t_n) = \mathbf{f}_o \sum_{q=0}^{N-1} \mathbf{U}(\omega_q)\, F(\omega_q)\, e^{i\,2\pi q n/N} \quad , \; n = 0,\ 1,\ 2,\ \cdots(N-1) \qquad (6.153)$$

onde

$$\mathbf{U}(\omega_q) = (-\omega_q^2 \mathbf{M} + i\,\omega_q \mathbf{C} + \mathbf{K})^{-1}\, \mathrm{F}(\omega_q) \quad , \; q = 0,\, 1,\, 2,\, \cdots (N-1) \qquad (6.154)$$

Contudo, devido ao elevado volume de cálculo para obter a resposta no domínio da frequência $\mathbf{U}(\omega_q)$, essa resolução só é factível com modelos de moderado número de graus de liberdade. Mesmo assim, devido ao fato de operar com variáveis complexas, ela não apresenta vantagem frente à determinação de resposta no domínio do tempo (no presente caso de amortecimento viscoso).

6.8 – Exercícios propostos

6.8.1 – Refaça o Exemplo 6.1 para o caso de uma viga em balanço discretizada em dois elementos.

6.8.2 – O pórtico plano da parte esquerda da próxima figura tem barras de $(EI = 4{,}375 \cdot 10^4$ kN/m$^2)$, $(A = 0{,}1\,m^2)$ e $(\gamma = 25\,kN/m^3)$.

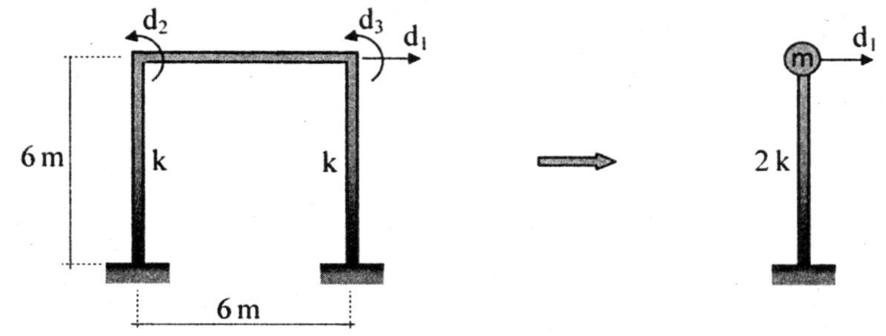

Figura 6.10 – Pórtico plano.

Com a matriz de massa diagonal expressa pela Equação 6.14 e a matriz de rigidez expressa pela Equação 3.36 (que não considera a deformação axial da barra), pede-se:

a) Montar o sistema global de equações de equilíbrio para os graus de liberdade indicados na parte esquerda da figura, no caso de vibração livre.

b) Condensar estaticamente os graus de liberdade de rotação.

c) Determinar as correspondentes características dinâmicas.

d) Comparar a frequência fundamental obtida no item anterior com a da coluna esquematizada na parte direita da mesma figura, com a suposição de que a soma da massa da viga mais a metade das massas dos pilares do pórtico esteja concentrada no topo do pilar.

e) Comparar os resultados anteriores com os da Teoria Clássica de Viga expostos na Tabela I.1 do Anexo I.

f) Qual é a massa que deve ser adicionada à viga para que a frequência fundamental se reduza à metade?

6.8.3 – A viga contínua de dois vãos esquematizada na próxima figura é de concreto, tem ($L = 20\,m$), seção de ($25x25\ cm^2$), ($E = 21\,GPa$) e ($\gamma = 25\ kN/m^3$). Identifique que a primeira frequência natural dessa viga é igual à de uma viga biapoiada de vão $L/2$, que a segunda frequência é igual à de uma viga apoiada-engastada de vão $L/2$ e que a terceira frequência é igual à segunda frequência de uma viga biapoiada de vão $L/2$. Com essas identificações, determine as três primeiras frequências em discretizações com dois elementos de viga com matriz de massa consistente. Compare os resultados numéricos com os resultados da Teoria Clássica de Viga expostos na Tabela I.1.

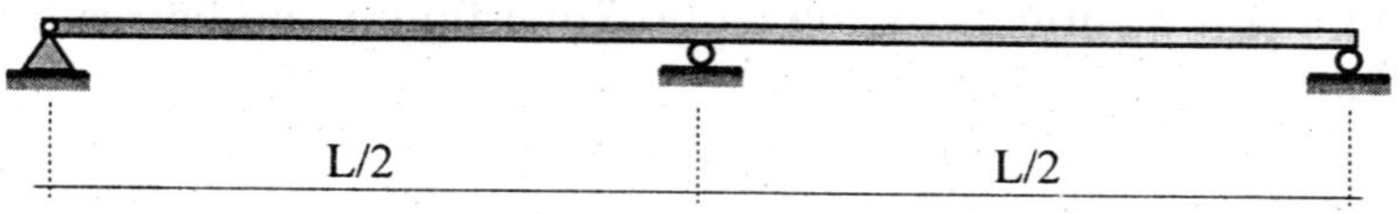

Figura 6.11 – Viga contínua.

6.8.4 – A viga da questão anterior é agora considerada com uma força harmônica aplicada na seção média do primeiro vão, como mostra a figura seguinte. Adote uma discretização adequada para essa viga e, através da resolução apresentada no Item 6.3, determine os históricos de deslocamento em regime permanente do ponto de aplicação dessa força para os casos das frequências ($\omega = 10{,}0\,rad/s$) e ($\omega = 25{,}0\,rad/s$). Além disso, com a adoção da razão de amortecimento ($\xi = 0{,}03$), compare os resultados obtidos com os resultados do método de integração direta apresentado no Item 6.6, com Newmark e com Wilson $-\,\theta$.

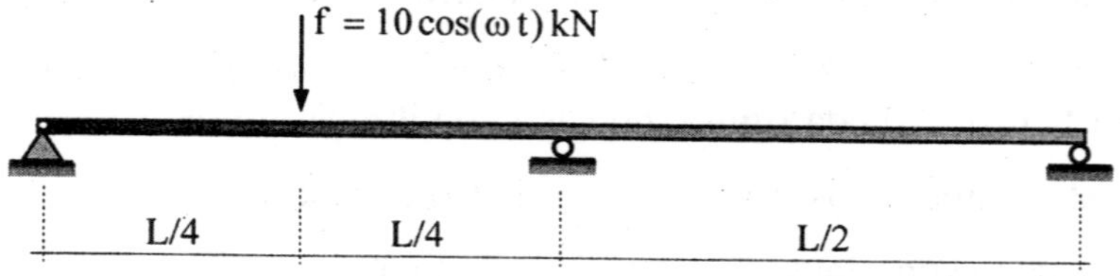

Figura 6.12 – Viga contínua sob força harmônica.

6.8.5 – Com o método de superposição modal, determine os históricos do deslocamento do ponto de aplicação da força da questão anterior. Adote a matriz modal completa e uma matriz modal truncada que atenda ao critério apresentado no Item 6.4. Tire conclusões.

6.9 – Questões para reflexão

6.9.1 – Por que é importante estudar o comportamento dos osciladores simples para compreender os métodos de resolução dos sistemas de multigraus de liberdade?

6.9.2 – Como se identifica a necessidade de uma análise dinâmica? Quais são as análises dinâmicas disponíveis para os sistemas de multigraus de liberdade? Quais são as diferenças entre essas análises?

6.9.3 – Por que a análise dinâmica de uma estrutura é um problema de condições iniciais? E por que, na resolução deste problema, se adota discretização de elementos finitos apenas no espaço geométrico?

6.9.4 – O que é *análise modal* no contexto da Dinâmica das Estruturas? O que são frequências e modos naturais de vibração de uma estrutura? Que propriedades têm esses modos? Como são obtidos numericamente? Por que é importante o conhecimento dessas propriedades dinâmicas?

6.9.5 – Qual é a diferença entre *matriz de massa discreta* e *matriz de massa consistente* de um elemento finito? Qual é a vantagem de uma matriz sobre a outra? E como é construída a matriz de massa global?

6.9.6 – Por que a convergência das frequências naturais dos modelos discretos de elementos conformes com integrações completas e com matrizes de massa consistentes é por valores superiores às correspondentes frequências dos modelos matemáticos originais?

6.9.7 – O que caracteriza a resposta em regime transiente de um sistema amortecido sob uma ação harmônica? E a resposta em regime permanente? Qual é a influência do amortecimento nesse caso?

6.9.8 – Quais são as características da resposta de uma estrutura sob uma força de impacto? Qual é a influência do amortecimento nesse caso e qual é o método de análise mais indicado?

6.9.9 – O que é o *método de superposição modal*? Quais são as vantagens e desvantagens desse método? O que é a correção estática dos modos superiores? Essa correção é sempre necessária?

6.9.10 – Como identificar os modos de vibração necessários à transformação de coordenadas do método de superposição modal?

6.9.11 – O que é o *amortecimento clássico*? E o *amortecimento de Rayleigh*? Quais são as vantagens desses amortecimentos? E o que vem a ser *superposição dos amortecimentos modais* no contexto do método de superposição modal?

6.9.12 – O que é o *método de integração direta*? Quais são as vantagens e desvantagens desse método? Por que a integração por segmentos lineares da excitação não pode ser utilizada com esse método? Qual é a diferença fundamental entre a *integração de Newmark* e a *integração de Wilson* $-\theta$? Existem vantagens de uma integração em relação à outra?

6.9.13 – Como se utiliza espectro de resposta em análise dinâmica de estruturas? Quais são as suas vantagens e desvantagens?

6.9.14 – Qual é a diferença entre uma *análise no domínio do tempo* e uma *análise através do domínio da frequência*? Por que essa última análise não é vantajosa no caso de amortecimento viscoso? Em que circunstância essa análise se mostra vantajosa?

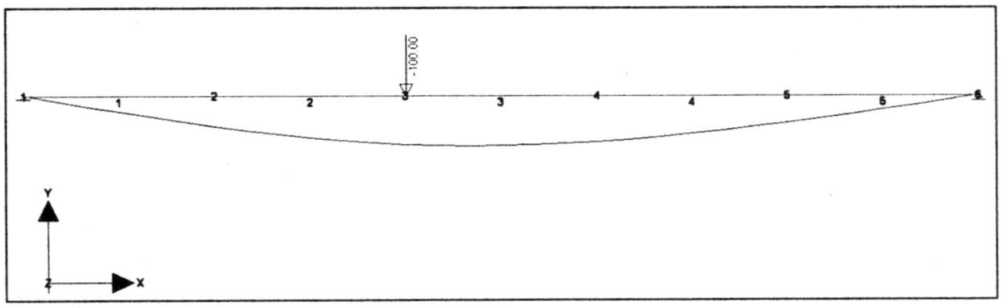

Anexo I

Noções de Teorias de Viga

A Mecânica dos Sólidos Deformáveis inclui, entre outras, as Teorias de Elasticidade Linear e Não Linear, de Elasto-plasticidade e de Viscoelasticidade. E tem-se, entre as particularizações da Teoria da Elasticidade, a Mecânica das Estruturas Reticuladas e as Teorias de Placa e de Casca.

Na Mecânica das Estruturas Reticuladas, são tratadas as estruturas constituídas de barras, em que a *barra* é um componente com uma dimensão preponderante em relação às demais dimensões, componente este que é idealizado no lugar geométrico dos centróides de suas seções transversais, denominado *eixo geométrico*. E com a hipótese das seções transversais permanecerem planas, os deslocamentos de um ponto fora desse eixo podem ser determinados a partir dos deslocamentos do centróide da correspondente seção e das rotações dessa seção.

Além disso, como caso particular de estrutura reticulada, tem-se a *viga*, que é constituída de barras dispostas sequencialmente em uma linha reta horizontal, sob ações que as solicitam em um plano em que ocorre flexão, de maneira a desenvolver o momento fletor M, o esforço cortante V e, às vezes, o esforço normal N. Os dois primeiros esforços estão associados com flexão e o último, com deformação axial da barra. E com pequenos deslocamentos, esses efeitos são considerados desacoplados entre si, o que motivou diversas teorias para o primeiro desses efeitos, entre as quais se destacam a *Teoria de Viga de Bernoulli-Euler* e a *Teoria de Viga de Timoshenko*. A seguir, são apresentadas as noções dessas teorias necessárias a este livro.

I.1 – Teoria de Bernoulli-Euler

Na *Teoria de Viga de Bernoulli-Euler*, também denominada *Teoria Clássica de Viga*, supõe-se que cada seção transversal permaneça plana e normal ao eixo geométrico deformado, como ilustra a Figura I.1. Logo, tem-se a rotação da seção

$$\theta = u_{,x} \tag{I.1}$$

onde u é o deslocamento transversal, e a vírgula como índice denota derivada em relação à variável que lhe segue. Essa hipótese equivale a considerar flexão pura para a qual se tem a distribuição de tensão normal mostrada na mesma figura e expressa por

$$\sigma_x = M\,y/I \tag{I.2}$$

em que I é o momento de inércia da seção transversal em relação ao eixo de flexão. E de acordo com essa equação, o eixo geométrico é um eixo neutro.

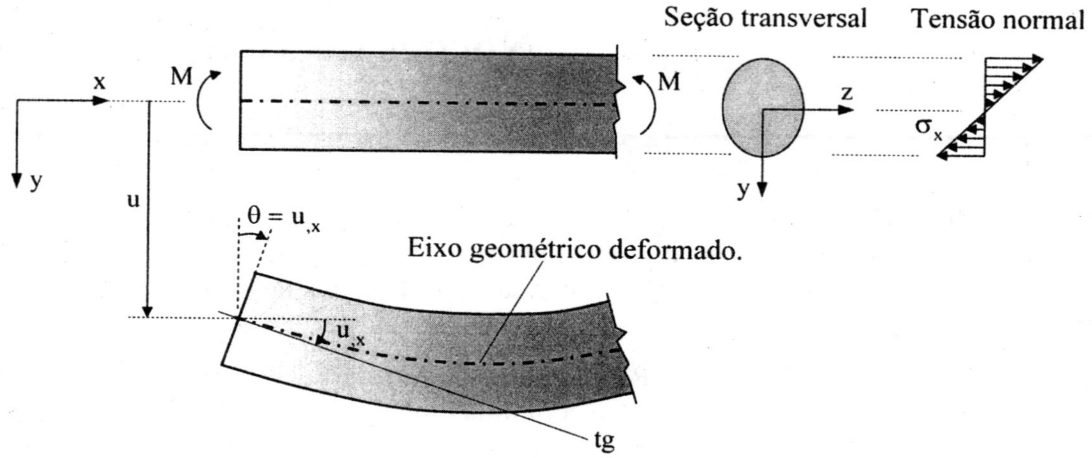

Figura I.1 – Flexão pura.

E de acordo com a próxima figura em que ds é o comprimento infinitesimal do eixo deformado, escreve-se

$$ds = -r\,d\theta \quad \rightarrow \quad \theta_{,s} = -1/r$$

onde o sinal negativo indica que, com o aumento da coordenada de arco s, se tem decréscimo do ângulo θ. Logo, no caso do eixo geométrico deformado ter raio grande de curvatura, escreve-se $(ds \approx dx)$ e a equação anterior fornece

$$\theta_{,x} = -1/r \tag{I.3}$$

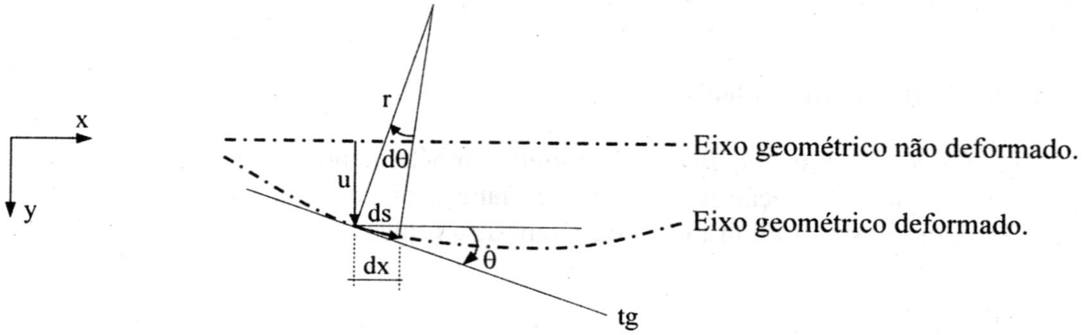

Figura I.2 – Trecho de viga deformada.

Além disso, a Figura I.3 mostra a rotação relativa entre duas seções transversais adjacentes, em que o ponto B desloca-se para B'. Logo, escreve-se

$$\frac{BB'}{y} = \frac{dx}{r} \quad \rightarrow \quad \frac{BB'}{dx} = \frac{y}{r} \quad \rightarrow \quad \varepsilon_x = \frac{y}{r} \qquad \text{(I.4)}$$

onde ε_x é a deformação da "fibra longitudinal" AB. E com a substituição dessa deformação na lei de Hooke ($\sigma_x = E\,\varepsilon_x$), obtém-se

$$\sigma_x = E\,y / r \qquad \text{(I.5)}$$

onde E é o *módulo de elasticidade.*

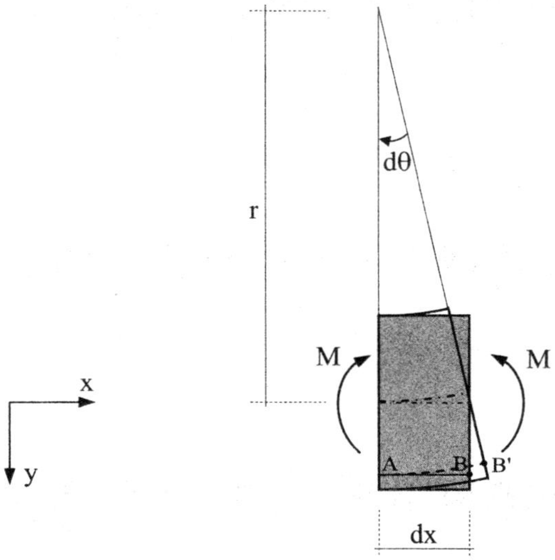

Figura I.3 – Rotação relativa entre duas seções transversais adjacentes.

Assim, as Equações I.2, I.5 e I.3 fornecem

$$\frac{M\,y}{I} = \frac{E\,y}{r} \quad \rightarrow \quad M = -EI\theta_{,x} \qquad \text{(I.6)}$$

que é denominado *equação momento – curvatura.* E a partir dessa equação e da rotação expressa pela Equação I.1, chega-se à equação diferencial de equilíbrio

$$EI\,u_{,xx} = -M \qquad \text{(I.7)}$$

Supõe-se, agora, que essa equação seja válida também no caso de existência de esforço cortante, quando então se pode ter a força distribuída transversal p, como mostra a Figura I.4 que representa um elemento infinitesimal da viga. Logo, do equilíbrio desse elemento na direção vertical, tem-se

$$V - p\,dx - (V + dV) = 0 \quad \rightarrow \quad V_{,x} = -p \qquad \text{(I.8)}$$

E do equilíbrio rotacional do referido elemento, tem-se

$$M + V\,dx - p\,dx\,dx/2 - (M + dM) = 0 \quad \rightarrow \quad V\,dx - p\,dx^2/2 - dM = 0$$

que, com o cancelamento do termo com o infinitésimo de segunda ordem, fornece

$$V\,dx - dM = 0 \quad \rightarrow \quad M_{,x} = V \tag{I.9}$$

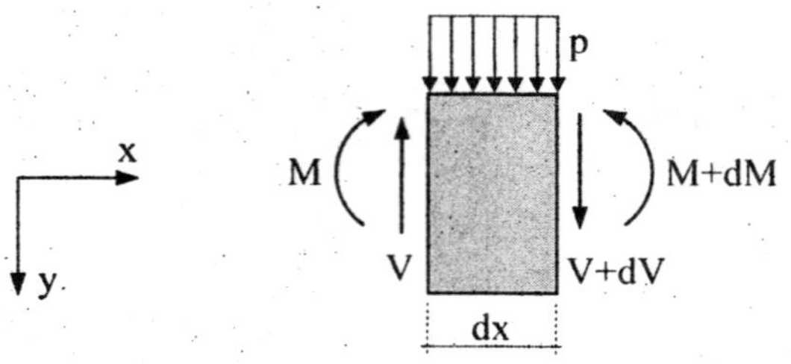

Figura I.4 – Elemento infinitesimal em equilíbrio estático.

Finalmente, com a substituição das Equações I.8 e I.9 na Equação I.7, obtém-se, respectivamente,

$$EI\,u_{,xxx} = -V \tag{I.10}$$

e

$$EI\,u_{,xxxx} = p \tag{I.11}$$

Neste modelo, u é a variável primária, e M e V são duas variáveis secundárias. E como há apenas uma variável primária e uma única variável independente, este modelo é expresso por uma única equação diferencial ordinária ($EI\,u_{,xx} = -M$) ou ($EI\,u_{,xxx} = -V$) ou ($EI\,u_{,xxxx} = p$), juntamente com condições de contorno em termos de deslocamento prescrito ($u = \bar{u}$) e de rotação prescrita ($u_{,x} = \bar{\theta}$) (que são as condições geométricas de contorno), além de condições de contorno em termos dos esforços ($M = \bar{M}$) e ($V = \bar{V}$) (que são as condições mecânicas de contorno).[1] Duas dessas condições são necessárias quando se adota a equação ($EI\,u_{,xx} = -M$), três condições são necessárias com a equação ($EI\,u_{,xxx} = -V$) e quatro condições são necessárias com a equação ($EI\,u_{,xxxx} = p$).

E no caso dinâmico em que se considera a força de inércia transversal ($\rho A u$), onde ρ e A denotam, respectivamente, a massa específica e a área da seção transversal, de acordo com o *Princípio de D'Alembert* inclui-se essa força, com sinal negativo, na Equação de Equilíbrio I.11, o que fornece

$$EI\,u_{,xxxx} = p - \rho A \ddot{u} \quad \rightarrow \quad \rho A \ddot{u} + EI\,u_{,xxxx} - p = 0 \tag{I.12}$$

A resolução dessa equação diferencial requer, além de condições de contorno, a prescrição de condições iniciais que costumam ser o deslocamento ($u_o = u_{|t=0}$), e a velocidade ($v_o = \dot{u}_{|t=0}$). E em casos simples, é possível obter resultados analíticos com essa equação, como as frequências naturais e os modos de vibração apresentados na Tabela I.1.[2]

---

[1] Os traços sobre as notações indicam valores prescritos ou conhecidos.

[2] Na Bibliografia, vide Volterra, E. & Zachmanoglou, E.C., 1965, Item 4.5.B.

<table>
<tr><th rowspan="2">Modos de vibração</th><th>Frequência $\omega_j = a_j^2 \sqrt{EI/(\rho A L^4)}$</th></tr>
<tr><th>a_j</th></tr>
<tr><td>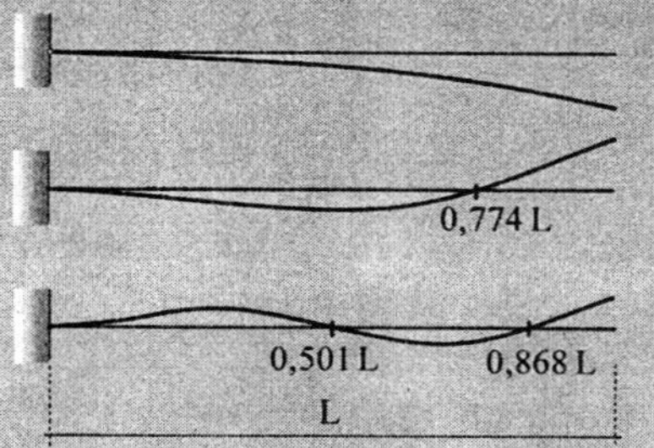
</td><td>1,875104
4,694091
7,854757</td></tr>
<tr><td>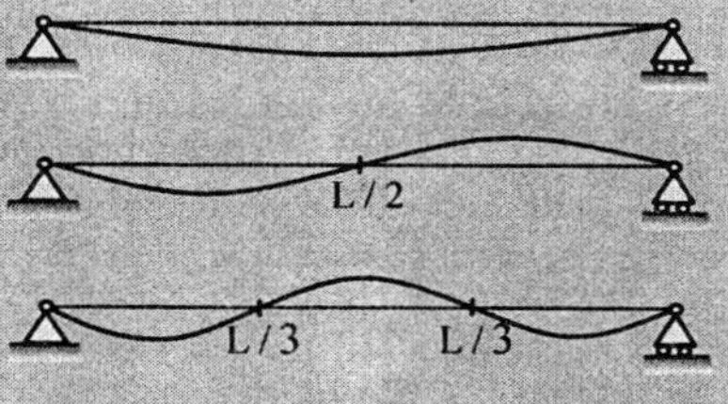
</td><td>π
2π
3π</td></tr>
<tr><td>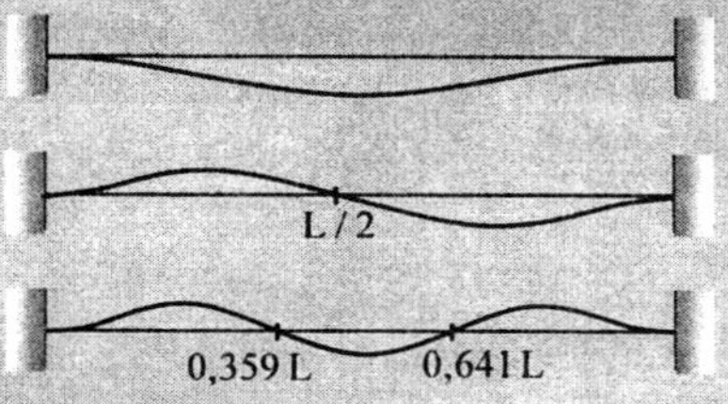
</td><td>4,730041
7,853205
10,995608</td></tr>
<tr><td>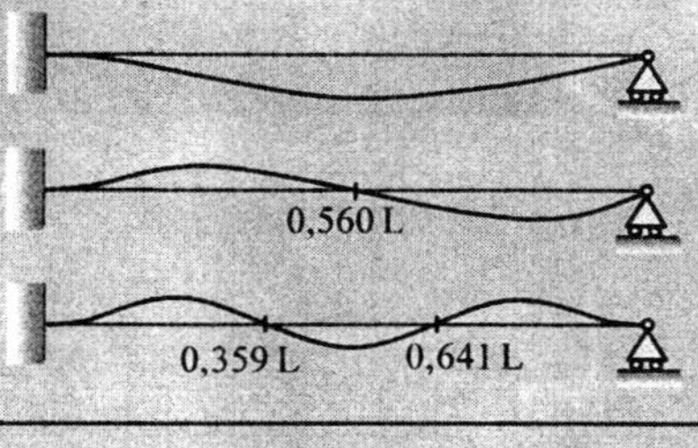
</td><td>3,926602
7,068583
10,210176</td></tr>
<tr><td>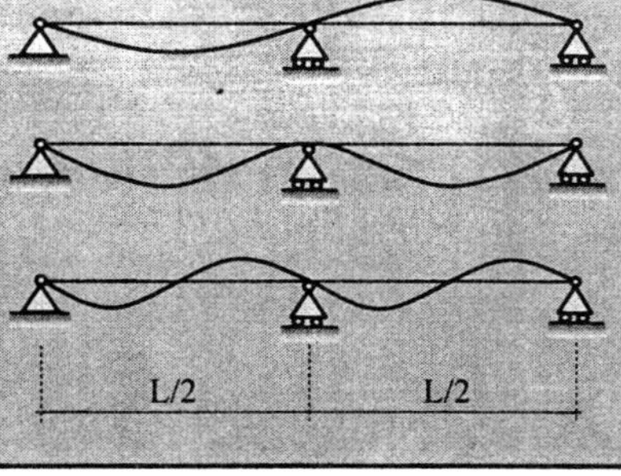
</td><td>2π
7,853204
4π</td></tr>
</table>

Tabela I.1 – Frequências e modos naturais de vibração de viga.

I.2 – Teoria de Timoshenko

A *Teoria de Viga de Timoshenko* é hierarquicamente superior à teoria anterior porque inclui a deformação do esforço cortante, e é adequada a vigas moderadamente altas sob valores elevados desse esforço.

Para evidenciar a influência do esforço cortante na deformação de uma viga, a parte esquerda da Figura I.5 mostra esquematicamente "elementos infinitesimais" ao longo da altura de uma seção transversal e ilustra que a distribuição da tensão cisalhante desse esforço inicia com valor nulo na borda inferior dessa seção, atinge o valor máximo na altura do eixo neutro e torna a ser nula na borda superior da seção. Com isso, cada elemento infinitesimal, sob o estado de cisalhamento τ, sofre uma distorção γ, o que provoca o encurvamento da seção transversal como representado na mesma figura. Na Teoria de Timoshenko, esse encurvamento é substituído por uma rotação β denominada *ângulo de cisalhamento*, como mostra a parte direita da mesma figura. E isso equivale a supor uma distribuição uniforme (fictícia) de tensão cisalhante ao longo da altura da seção, tensão essa que se escreve sob a forma

$$\tau' = \frac{V}{KA} = G\beta \tag{I.13}$$

onde K é chamado de *coeficiente de cisalhamento*, G é o *módulo de elasticidade transversal* e o produto KA é denominado *área para efeito do esforço cortante*. Esse coeficiente depende da forma da seção transversal e, no caso da seção transversal retangular, costuma ser tomado igual a 5/6.[3]

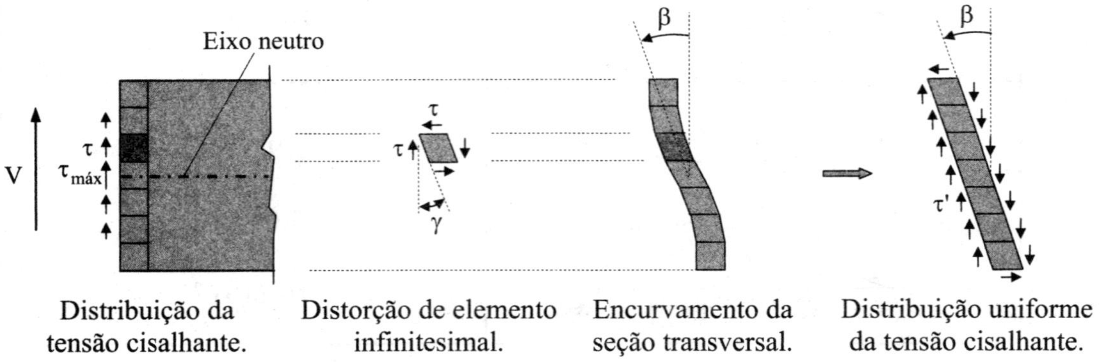

Figura I.5 – Ângulo de cisalhamento β.

Assim, supõe-se que cada seção transversal permaneça plana, mas não mais perpendicular ao eixo geométrico, como ilustra a próxima figura, a partir da qual tem-se o ângulo de cisalhamento

[3] Vide Cowper, G.R., 1966, *The Shear Coefficient in Timoshenko's Beam Theory*, Transaction of ASME, Journal of Applied Mechanics, June, pp. 335-340, e Renton, J.D., 1997, *A Note on the Form of the Shear Coefficent*, International Journal of Solids Structures, vol. 34, nº 14, pp. 1681-1685.

$$\beta = u_{,x} - \theta \qquad (I.14)$$

Logo, a Equação I.13 fornece

$$V = G\,K\,A\,\beta \qquad \rightarrow \qquad V = G\,K\,A(u_{,x} - \theta) \qquad (I.15)$$

e supõe-se válida a *equação momento – curvatura* da Teoria Clássica, que se repete

$$M = -E\,I\,\theta_{,x} \qquad (I.16)$$

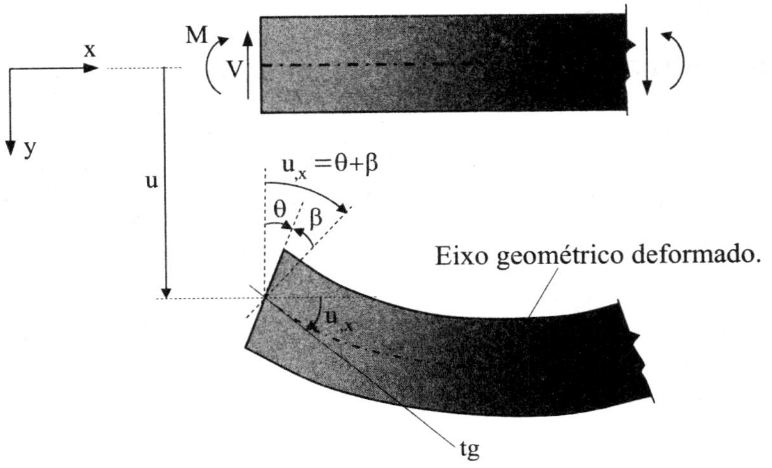

Figura I.6 – Flexão simples.

Considera-se, agora, um elemento infinitesimal da viga em equilíbrio dinâmico sob a força distribuída p, como mostra a próxima figura em que $(\rho A u)$ é a força de inércia translacional por unidade de comprimento e $(\rho I \ddot{\theta})$ é a força de inércia rotacional por unidade de comprimento.

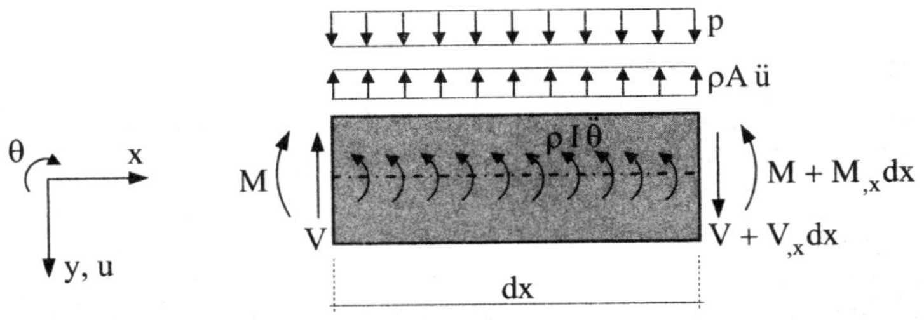

Figura I.7 – Elemento infinitesimal em equilíbrio dinâmico.

Logo, do equilíbrio vertical do referido elemento, tem-se

$$V-(V+V_{,x}\,dx)+\rho A\ddot{u}\,dx-p\,dx=0 \quad\rightarrow\quad V_{,x}-\rho A\ddot{u}+p=0 \tag{I.17}$$

E do equilíbrio rotacional, obtém-se

$$-M+(M+M_{,x}dx)-p\,dx^2/2+\rho A\ddot{u}\,dx^2/2+\rho I\ddot{\theta}\,dx-(V+V_{,x}dx)dx=0$$

$$\rightarrow\quad M_{,x}-V+\rho I\ddot{\theta}=0 \tag{I.18}$$

Assim, com as duas equações anteriores e as Equações I.15 e I.16, obtém-se as equações diferenciais de equilíbrio

$$\begin{cases} GKA(u_{,xx}-\theta_{,x})-\rho A\ddot{u}+p=0 \\ EI\theta_{,xx}+GKA(u_{,x}-\theta)-\rho I\ddot{\theta}=0 \end{cases} \tag{I.19}$$

onde se tem as variáveis primárias u e θ, e as variáveis independentes x e tempo. As condições de contorno e as condições iniciais são análogas às da Teoria Clássica.

As equações I.19 podem ser combinadas para se obter uma única equação diferencial. Para isso, da primeira dessas equações tem-se a nova forma

$$\theta_{,x}=u_{,xx}+(p-\rho A\ddot{u})/(GKA) \tag{I.20}$$

que derivada, em relação a x e ao tempo, fornece

$$\begin{cases} \ddot{\theta}_{,x}=\ddot{u}_{,xx}+(\ddot{p}-\rho A\ddot{\ddot{u}})/(GKA) \\ \theta_{,xx}=u_{,xxx}+(p_{,x}-\rho A\ddot{u}_{,x})/(GKA) \\ \theta_{,xxx}=u_{,xxxx}+(p_{,xx}-\rho A\ddot{u}_{,xx})/(GKA) \end{cases} \tag{I.21}$$

E com a derivação da segunda das Equações I.19 em relação a x, tem-se

$$EI\theta_{,xxx}+GKA(u_{,xx}-\theta_{,x})-\rho I\ddot{\theta}_{,x}=0 \tag{I.22}$$

Logo, com a substituição das Equações I.20 e I.21 nesta última equação, chega-se a

$$\left(\rho A\ddot{u}+EIu_{,xxxx}-p\right)+\frac{EI}{GKA}\left(p_{,xx}-\rho A\ddot{u}_{,xx}\right)-\frac{\rho I}{GKA}\left(\ddot{p}-\rho A\ddot{\ddot{u}}\right)-\rho I\ddot{u}_{,xx}=0 \tag{I.23}$$

em que se observa que a primeira parcela entre parênteses é a Equação de Equilíbrio I.12 da Teoria Clássica.

Em casos simples, é possível obter resultados analíticos com a equação anterior. Em vibração livre de uma viga biapoiada de vão L, por exemplo, obtém-se a j-ésima frequência natural [4]

$$\omega_j=j^2\pi^2\sqrt{\frac{EI}{\rho AL^4}}\left(1-\frac{j^2\pi^2 I}{AL^2}\left(1+\frac{E}{KG}\right)\right) \tag{I.24}$$

[4] Vide, na Bibliografia, Timoshenko, S.P. & Young, D.H., 1974, pg. 434, Equação 5.118.

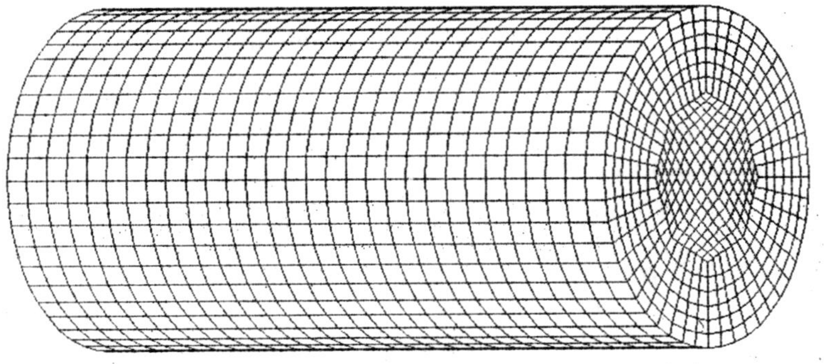

Anexo II

Noções da Teoria de Elasticidade

A *Teoria da Elasticidade Linear* é uma particularização da Mecânica dos Sólidos Deformáveis, cujas noções necessárias aos capítulos deste livro estão apresentadas a seguir.

II.1 – Variáveis do problema elástico

Como ilustra a próxima figura, considera-se que um sólido deformável de domínio V e contorno S esteja submetido a forças de superfície $\overline{q}$ em uma parcela do contorno designada por S_q e submetido a forças de volume p no domínio V, com deslocamentos prescritos $\overline{u}$ na parcela complementar do contorno ($S_u = S - S_q$), onde surgem as *forças reativas* q.

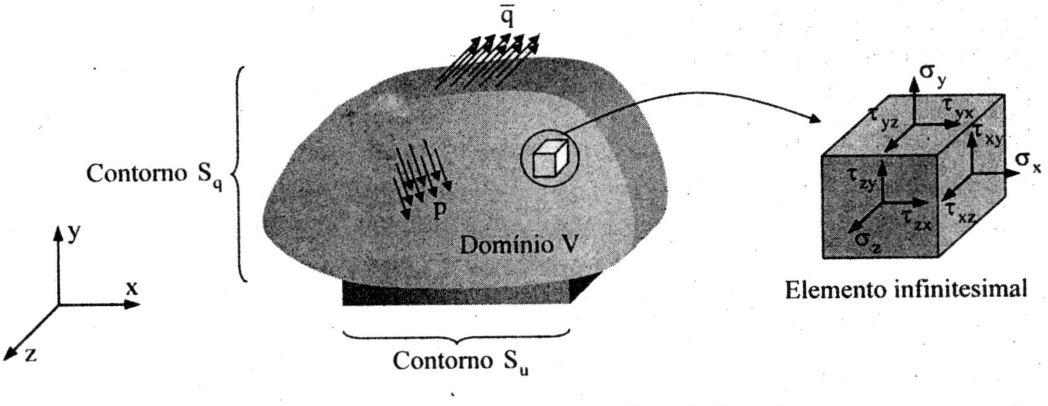

Figura II.1 – Notações em sólido deformável.

As forças de superfície são de contato, como as de efeito de vento e de pressão hidrostática, por exemplo; e as forças de volume são as forças de efeito de campo, como as forças gravitacionais, magnéticas e eletromagnéticas. Ambas são *forças externas* (ativas), que juntamente com os deslocamentos prescritos (ou deformações impostas), são chamadas de *ações externas*.

As grandezas vetoriais deslocamento e força são consideradas através de seus componentes em um referencial cartesiano xyz, com as notações

$$\mathbf{u} = \begin{Bmatrix} u \\ v \\ w \end{Bmatrix} \quad , \quad \bar{\mathbf{q}} = \begin{Bmatrix} \bar{q}_x \\ \bar{q}_y \\ \bar{q}_z \end{Bmatrix} \quad , \quad \mathbf{p} = \begin{Bmatrix} p_x \\ p_y \\ p_z \end{Bmatrix} \qquad \text{(II.1a,b,c)}$$

Com a hipótese de meio contínuo e em teoria de primeira ordem, define-se em cada ponto do sólido o tensor tensão (de Cauchy) cujos componentes no referencial cartesiano estão representados na parte direita da figura anterior, onde σ e τ denotam, respectivamente, *tensão normal* e *tensão cisalhante*. Trata-se do estado triplo de tensão, que, como será mostrado, tem os componentes de cisalhamento $(\tau_{xy} = \tau_{yx})$, $(\tau_{xz} = \tau_{zx})$ e $(\tau_{yz} = \tau_{zy})$, e que, com os componentes normais de tensão, é definido pelo vetor coluna

$$\boldsymbol{\sigma} = \lfloor \sigma_x \quad \sigma_y \quad \sigma_z \quad \tau_{xy} \quad \tau_{xz} \quad \tau_{yz} \rfloor^T \qquad \text{(II.2)}$$

De forma semelhante, considera-se a grandeza deformação através de seus componentes agrupados no vetor coluna

$$\boldsymbol{\varepsilon} = \lfloor \varepsilon_x \quad \varepsilon_y \quad \varepsilon_z \quad \gamma_{xy} \quad \gamma_{xz} \quad \gamma_{yz} \rfloor^T \qquad \text{(II.3)}$$

onde ε e γ, representam, respectivamente, as *deformações longitudinais* e *distorções* também denominadas *deformações de cisalhamento.*

O modelo matemático do sólido deformável é expresso pelas relações entre os componentes de deslocamentos e de deformação, pelas relações entre os componentes de deformação e de tensão, com as equações diferenciais de equilíbrio no domínio e com condições geométricas e mecânicas de contorno (e iniciais), que serão apresentadas nos próximos itens.

Em certas situações práticas, alguns componentes de tensão ou de deformação são desprezíveis frente aos demais componentes, o que caracteriza estados particulares. Entre esses, três merecem destaque: o *estado plano de tensão*, o *estado plano de deformação* e o *estado axissimétrico de deformação.*

O *estado plano de tensão* se caracteriza em um sólido de espessura pequena, superfície média plana e ações externas atuantes apenas nesse plano (de referencial xy), de maneira a poder admitir os componentes de tensão

$$\begin{cases} \sigma_x \neq 0 \quad , \quad \sigma_y \neq 0 \quad , \quad \sigma_z = 0 \\ \tau_{xy} \neq 0 \quad , \quad \tau_{xz} = 0 \quad , \quad \tau_{yz} = 0 \end{cases} \qquad \text{(II.4)}$$

Esta pode ser a idealização de pilar-parede, viga-parede ou chapa tracionada, por exemplo, como foi ilustrado na Figura 1.14 do primeiro capítulo. E embora ocorra deformação transversal à superfície média, devido ao efeito de Poisson, as variáveis primárias são apenas os componentes de deslocamento nas direções dos eixos x e y, denotados, respectivamente, por u e v.

O *estado plano de deformação* se caracteriza em sólidos longos, de apoio e de seções transversais e ações externas constantes na direção longitudinal z, além de extremidades supostas indeslocáveis nessa direção. Logo, pode-se estudar apenas o comportamento de um segmento de espessura unitária (de referencial xy), com os componentes de deformação

$$\begin{cases} \varepsilon_x \neq 0 \quad , \quad \varepsilon_y \neq 0 \quad , \quad \varepsilon_z = 0 \\ \gamma_{xy} \neq 0 \quad , \quad \gamma_{xz} = 0 \quad , \quad \gamma_{yz} = 0 \end{cases} \tag{II.5}$$

No caso, ocorrem os componentes de tensão diferentes de zero que no estado plano de tensão, além do componente σ_z devido ao impedimento do deslocamento na direção longitudinal. Essa pode ser a idealização da estrutura cilíndrica de um túnel e a estrutura constituída por uma barragem de peso com apoio e ações constantes ao longo de seu comprimento, como foi ilustrado na Figura 1.15 do primeiro capítulo. E devido ao referido impedimento, as variáveis primárias são apenas os deslocamentos u e v.

O *estado axissimétrico de deformação* se caracteriza em sólidos axissimétricos, com ações externas, propriedades de material e condições geométricas de contorno também axissimétricas, como foi ilustrado na Figura 1.18 do primeiro capítulo. No caso, é usual adotar as coordenadas cilíndricas r (radial), z (axial) e θ (circunferencial), e ocorrem os componentes de deformação de estado plano de deformação em um plano que contenha o eixo z, além do componente de deformação circunferencial, componentes estes que se escrevem

$$\begin{cases} \varepsilon_r \neq 0 \quad , \quad \varepsilon_z \neq 0 \quad , \quad \varepsilon_\theta \neq 0 \\ \gamma_{rz} \neq 0 \quad , \quad \gamma_{r\theta} = 0 \quad , \quad \gamma_{r\theta} = 0 \end{cases} \tag{II.6}$$

As variáveis primárias são o deslocamento u em uma direção radial e o deslocamento w na direção axial. E os componentes de tensão diferente de zero são: a tensão radial σ_r, a tensão axial σ_z, a tensão circunferencial σ_θ e a tensão cisalhante τ_{rz}.

II.2 – Relações entre os deslocamentos e as deformações

Um elemento infinitesimal abcd no plano xy em um sólido é suposto deformado para a configuração a'b'c'd' como mostra a Figura II.2, onde u e v são os deslocamentos do ponto "a" e ($u_{,x}$ dx) e ($v_{,y}$ dy) são os incrementos infinitesimais (de primeira ordem) desses deslocamentos.

No caso, são identificados dois tipos de deformação, a saber:

(i) – As deformações relativas de alteração dos comprimentos dos lados do elemento infinitesimal ou *deformações específicas* (longitudinais), que se escrevem

$$\begin{cases} \varepsilon_x = \dfrac{(dx + u_{,x}dx) - dx}{dx} = u_{,x} \\ \varepsilon_y = \dfrac{(dy + v_{,y}dy) - dy}{dy} = v_{,y} \end{cases} \tag{II.7}$$

(ii) – A deformação de alteração de ângulo denominada *distorção* ou *deformação de cisalhamento* e que se escreve

$$\gamma_{xy} = \gamma_{yx} = \gamma_2 + \gamma_1 = u_{,y} + v_{,x} \qquad \text{(II.8)}$$

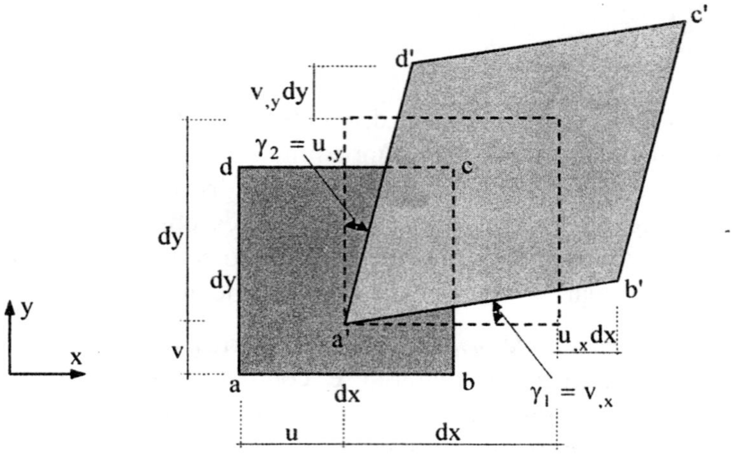

Figura II.2 – Deformação de elemento infinitesimal.

Logo, para o *estado triplo de tensão*, agrupam-se seis componentes de deformação, de maneira a escrever as relações deformação-deslocamentos lineares

$$\begin{Bmatrix} \varepsilon_x \\ \varepsilon_y \\ \varepsilon_z \\ \gamma_{xy} \\ \gamma_{xz} \\ \gamma_{yz} \end{Bmatrix} = \begin{bmatrix} \partial/\partial x & 0 & 0 \\ 0 & \partial/\partial y & 0 \\ 0 & 0 & \partial/\partial z \\ \partial/\partial y & \partial/\partial x & 0 \\ \partial/\partial z & 0 & \partial/\partial x \\ 0 & \partial/\partial z & \partial/\partial y \end{bmatrix} \begin{Bmatrix} u \\ v \\ w \end{Bmatrix} \quad \rightarrow \quad \boldsymbol{\varepsilon} = \boldsymbol{L}\mathbf{u} \qquad \text{(II.9)}$$

E nos *estados planos de tensão* e *de deformação*, essas relações particularizam-se em

$$\begin{Bmatrix} \varepsilon_x \\ \varepsilon_y \\ \gamma_{xy} \end{Bmatrix} = \begin{bmatrix} \partial/\partial x & 0 \\ 0 & \partial/\partial y \\ \partial/\partial y & \partial/\partial x \end{bmatrix} \begin{Bmatrix} u \\ v \end{Bmatrix} \quad \rightarrow \quad \boldsymbol{\varepsilon} = \boldsymbol{L}\mathbf{u} \qquad \text{(II.10)}$$

Já no *estado axissimétrico de deformação*, o deslocamento u em uma direção radial e o deslocamento w na direção axial definem as deformações ε_r, ε_z e γ_{rz} em um plano que contém o eixo axial, além da deformação de uma "fibra circunferencial" como mostra a Figura II.3 e que se escreve

$$\varepsilon_\theta = \frac{2\pi(r+u) - 2\pi r}{2\pi r} \quad \rightarrow \quad \varepsilon_\theta = \frac{u}{r} \tag{II.11}$$

Identifica-se que essa deformação não tem forma diferencial e que não é definida ao longo do eixo. E com o armazenamento das diversas deformações desse estado em um vetor, escreve-se

$$\begin{Bmatrix} \varepsilon_r \\ \varepsilon_z \\ \varepsilon_\theta \\ \gamma_{rz} \end{Bmatrix} = \begin{bmatrix} \partial/\partial r & 0 \\ 0 & \partial/\partial z \\ 1/r & 0 \\ \partial/\partial z & \partial/\partial r \end{bmatrix} \begin{Bmatrix} u \\ w \end{Bmatrix} \quad \rightarrow \quad \boldsymbol{\varepsilon} = \boldsymbol{L}\mathbf{u} \tag{II.12}$$

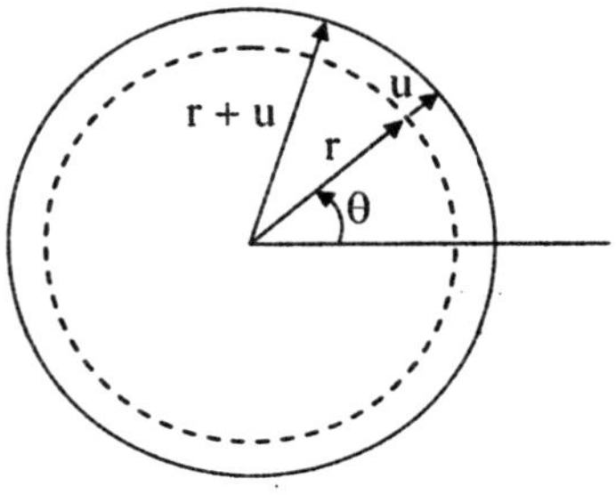

Figura II.3 – Deformação de uma "fibra circunferencial" em estado axissimétrico de deformação.

II.3 – Relações entre as deformações e as tensões

O material é *homogêneo* quando as suas propriedades são independentes do ponto considerado no sólido. É *isótropo* quando essas propriedades em cada ponto não dependem da direção considerada e é *anisótropo* em caso contrário. E um caso particular de material anisótropo é o *ortótropo* em que as propriedades têm três planos de simetria. Além disso, o material pode ser *elástico* ou *não*, *linear* ou *não*. Toda essa caracterização é identificada através de experimentos de laboratório e, no caso de material elástico linear isótropo ou ortótropo, as propriedades mecânicas são descritas a seguir.

Com material elástico linear sob estado uniaxial de tensão, também denominado *estado simples de tensão*, tem-se o *diagrama tensão-deformação* mostrado na Figura II.4 em que a tensão é função linear da deformação. No caso, vale a lei de Hooke que tem a forma

$$\sigma - \sigma_o = E\,\varepsilon \quad \rightarrow \quad \varepsilon = (\sigma - \sigma_o)/E \tag{II.13}$$

onde E é o *módulo de elasticidade* e σ_o é uma tensão inicial. [1]

[1] Em estruturas, tensões iniciais costumam ocorrer devido à fabricação ou à montagem.

E no caso de uma deformação inicial devido à variação de temperatura T, a equação anterior modifica-se para a forma

$$\varepsilon = \sigma / E + \alpha T \tag{II.14}$$

em que α é o *coeficiente de dilatação térmica.*

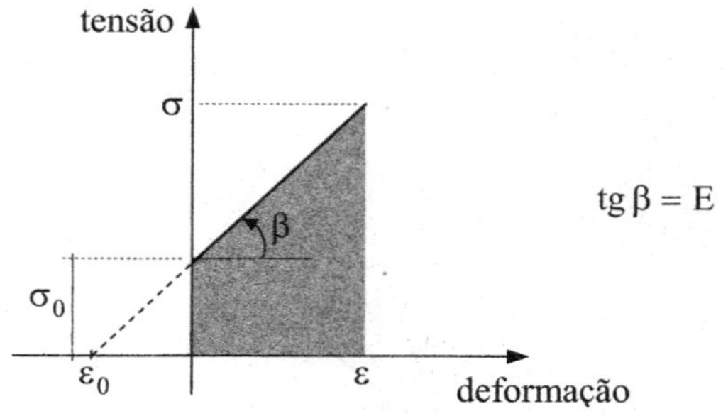

Figura II.4 – Diagrama tensão-deformação linear.

Ainda neste estado, a distensão em uma direção é acompanhada por contrações nas direções que lhe são ortogonais, em fenômeno denominado *efeito de Poisson.* Isto é ilustrado na próxima figura que mostra a deformação de uma barra de material isótropo, comprimento ℓ e seção transversal a×b, submetida à tensão σ_x em sua direção longitudinal. No caso, tem-se

$$\varepsilon_y = \varepsilon_z = -\nu\, \varepsilon_x = -\nu\, \sigma_x / 2 \tag{II.15}$$

em que ν é a propriedade elástica denominada *coeficiente de Poisson.*

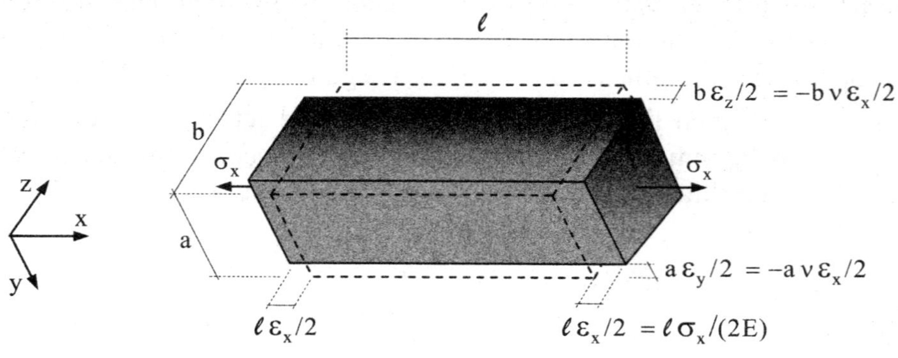

Figura II.5 – Efeito de Poisson.

Já em estado de cisalhamento puro, como em torção de um tubo de parede fina, por exemplo, tem-se a lei de Hooke sob a forma

$$\gamma_{xy} = \tau_{xy} / G \qquad \text{(II.16)}$$

em que G é o *módulo de elasticidade transversal* e que atende à relação $(G = E/2(1+\nu))$.

Logo, para material isótropo elástico linear sob estado triplo de tensão, superpõe-se três estados uniaxiais de tensão e três estados de cisalhamento puro de maneira a escrever a lei de Hooke generalizada

$$\begin{Bmatrix} \varepsilon_x \\ \varepsilon_y \\ \varepsilon_z \\ \gamma_{xy} \\ \gamma_{xz} \\ \gamma_{yz} \end{Bmatrix} = \frac{1}{E} \begin{bmatrix} 1 & -\nu & -\nu & 0 & 0 & 0 \\ -\nu & 1 & -\nu & 0 & 0 & 0 \\ -\nu & -\nu & 1 & 0 & 0 & 0 \\ 0 & 0 & 0 & 2(1+\nu) & 0 & 0 \\ 0 & 0 & 0 & 0 & 2(1+\nu) & 0 \\ 0 & 0 & 0 & 0 & 0 & 2(1+\nu) \end{bmatrix} \begin{Bmatrix} \sigma_x \\ \sigma_y \\ \sigma_z \\ \tau_{xy} \\ \tau_{xz} \\ \tau_{yz} \end{Bmatrix} + \alpha T \begin{Bmatrix} 1 \\ 1 \\ 1 \\ 0 \\ 0 \\ 0 \end{Bmatrix}$$

$$\rightarrow \quad \boldsymbol{\varepsilon} = \mathbf{C}\boldsymbol{\sigma} + \boldsymbol{\varepsilon}_0 \qquad \text{(II.17)}$$

Nessa equação, $\mathbf{C}\boldsymbol{\sigma}$ é a parcela elástica da deformação, $\boldsymbol{\varepsilon}_0$ é o vetor (coluna) dos componentes iniciais de deformação térmica e $\mathbf{C}$ é uma matriz simétrica positiva definida de propriedades elásticas.

E da equação anterior, obtém-se as relações tensão-deformações

$$\begin{Bmatrix} \sigma_x \\ \sigma_y \\ \sigma_z \\ \tau_{xy} \\ \tau_{xz} \\ \tau_{yz} \end{Bmatrix} = \frac{E}{(1+\nu)(1-2\nu)} \begin{bmatrix} 1-\nu & \nu & \nu & 0 & 0 & 0 \\ \nu & 1-\nu & \nu & 0 & 0 & 0 \\ \nu & \nu & 1-\nu & 0 & 0 & 0 \\ 0 & 0 & 0 & \frac{1-2\nu}{2} & 0 & 0 \\ 0 & 0 & 0 & 0 & \frac{1-2\nu}{2} & 0 \\ 0 & 0 & 0 & 0 & 0 & \frac{1-2\nu}{2} \end{bmatrix} \begin{Bmatrix} \varepsilon_x \\ \varepsilon_y \\ \varepsilon_z \\ \gamma_{xy} \\ \gamma_{xz} \\ \gamma_{yz} \end{Bmatrix} - \frac{E\alpha T}{1-2\nu} \begin{Bmatrix} 1 \\ 1 \\ 1 \\ 0 \\ 0 \\ 0 \end{Bmatrix}$$

$$\rightarrow \quad \boldsymbol{\sigma} = \mathbf{E}\,\boldsymbol{\varepsilon} + \boldsymbol{\sigma}_0 \quad \rightarrow \quad \boldsymbol{\sigma} = \mathbf{E}\,\boldsymbol{L}\mathbf{u} + \boldsymbol{\sigma}_0 \qquad \text{(II.18)}$$

Essa equação expressa a *lei constitutiva do material* e tem a *matriz constitutiva* $(\mathbf{E} = \mathbf{C}^{-1})$ simétrica positiva definida no caso de $(\nu < 0{,}5)$, com duas propriedades elásticas independentes entre si, além de ter o vetor de componentes iniciais de tensão $\boldsymbol{\sigma}_0$, devido ao impedimento da deformação devido à variação de temperatura T.

Com a introdução das condições do estado plano de tensão (expressas pela Equação II.4) na Equação II.17, obtém-se a lei constitutiva para esse estado

$$\begin{Bmatrix}\sigma_x\\ \sigma_y\\ \tau_{xy}\end{Bmatrix}=\frac{E}{1-\nu^2}\begin{bmatrix}1 & \nu & 0\\ \nu & 1 & 0\\ 0 & 0 & (1-\nu)/2\end{bmatrix}\begin{Bmatrix}\varepsilon_x\\ \varepsilon_y\\ \gamma_{xy}\end{Bmatrix}-\frac{E\alpha T}{1-\nu}\begin{Bmatrix}1\\ 1\\ 0\end{Bmatrix} \quad\rightarrow\quad \boldsymbol{\sigma}=\mathbf{E}\,\boldsymbol{\varepsilon}+\boldsymbol{\sigma}_0 \qquad \text{(II.19)}$$

além do componente de deformação normal ao plano xy

$$\varepsilon_z=-\frac{\nu}{E}(\sigma_x+\sigma_y)+\alpha T \qquad \text{(II.20)}$$

Com a particularização da Equação II.18 às condições do estado plano de deformação expressas pela Equação II.5, obtém-se a lei constitutiva [2]

$$\begin{Bmatrix}\sigma_x\\ \sigma_y\\ \tau_{xy}\end{Bmatrix}=\frac{E}{(1+\nu)(1-2\nu)}\begin{bmatrix}1-\nu & \nu & 0\\ \nu & 1-\nu & 0\\ 0 & 0 & (1-2\nu)/2\end{bmatrix}\begin{Bmatrix}\varepsilon_x\\ \varepsilon_y\\ \gamma_{xy}\end{Bmatrix}-\frac{E\alpha T}{1-2\nu}\begin{Bmatrix}1\\ 1\\ 0\end{Bmatrix}$$

$$\rightarrow\quad \boldsymbol{\sigma}=\mathbf{E}\,\boldsymbol{\varepsilon}+\boldsymbol{\sigma}_0 \quad\rightarrow\quad \boldsymbol{\sigma}=\mathbf{E}\,\boldsymbol{L}\mathbf{u}+\boldsymbol{\sigma}_0 \qquad \text{(II.21)}$$

E devido ao efeito de Poisson, tem-se o componente de tensão normal ao plano xy

$$\sigma_z=\nu(\sigma_x+\sigma_y)-E\alpha T \qquad \text{(II.22)}$$

E com a particularização da Equação II.18 às condições do estado axissimétrico de deformação expressas pela Equação II.6, obtém-se a lei constitutiva para esse estado

$$\begin{Bmatrix}\sigma_r\\ \sigma_z\\ \sigma_\theta\\ \tau_{rz}\end{Bmatrix}=\frac{E}{(1+\nu)(1-2\nu)}\begin{bmatrix}1-\nu & \nu & \nu & 0\\ \nu & 1-\nu & \nu & 0\\ \nu & \nu & 1-\nu & 0\\ 0 & 0 & 0 & (1-2\nu)/2\end{bmatrix}\begin{Bmatrix}\varepsilon_r\\ \varepsilon_z\\ \varepsilon_\theta\\ \gamma_{rz}\end{Bmatrix}-\frac{E\alpha T}{1-2\nu}\begin{Bmatrix}1\\ 1\\ 1\\ 0\end{Bmatrix}$$

$$\rightarrow\quad \boldsymbol{\sigma}=\mathbf{E}\,\boldsymbol{\varepsilon}+\boldsymbol{\sigma}_0 \quad\rightarrow\quad \boldsymbol{\sigma}=\mathbf{E}\,\boldsymbol{L}\mathbf{u}+\boldsymbol{\sigma}_0 \qquad \text{(II.23)}$$

Já caso de material ortótropo de direções principais x, y e z, a lei de Hooke generalizada tem a forma

$$\begin{Bmatrix}\varepsilon_x\\ \varepsilon_y\\ \varepsilon_z\\ \gamma_{xy}\\ \gamma_{xz}\\ \gamma_{yz}\end{Bmatrix}=\begin{bmatrix}1/E_x & -\nu_{yx}/E_y & -\nu_{zx}/E_z & 0 & 0 & 0\\ -\nu_{xy}/E_x & 1/E_y & -\nu_{zy}/E_z & 0 & 0 & 0\\ -\nu_{xz}/E_x & -\nu_{yz}/E_y & 1/E_z & 0 & 0 & 0\\ 0 & 0 & 0 & 1/G_{xy} & 0 & 0\\ 0 & 0 & 0 & 0 & 1/G_{xz} & 0\\ 0 & 0 & 0 & 0 & 0 & 1/G_{yz}\end{bmatrix}\begin{Bmatrix}\sigma_x\\ \sigma_y\\ \sigma_z\\ \tau_{xy}\\ \tau_{xz}\\ \tau_{yz}\end{Bmatrix}+T\begin{Bmatrix}\alpha_x\\ \alpha_y\\ \alpha_z\\ 0\\ 0\\ 0\end{Bmatrix} \qquad \text{(II.24)}$$

---

[2] Essa lei pode também ser obtida a partir da Equação II.19, com a substituição de E por $(E/(1-\nu^2))$, ν por $(\nu/(1-\nu))$ e T por $(T/(1+\nu))$.

onde E_x é o módulo de elasticidade na direção x, $(\nu_{yx} = -\varepsilon_x / \varepsilon_y)$ é o coeficiente de Poisson relativo à deformação na direção x no estado uniaxial de tensão em y, e G_{xy} é o módulo de elasticidade transversal relativo à distorção no plano xy, como ilustra a Figura II.6. Com a troca dos índices dessas propriedades, podem ser identificadas as demais propriedades elásticas. E α_x, α_y e α_z são, respectivamente, os coeficientes de dilatação térmica nas direções principais

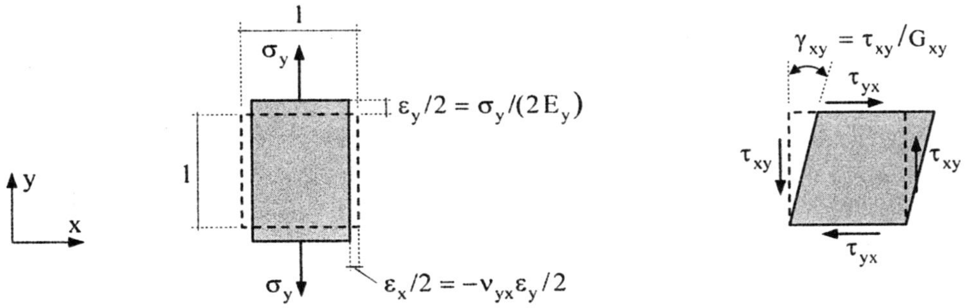

Figura II.6 – Deformação longitudinal e distorção.

Importa observar que na equação anterior se tem desacoplamento entre os componentes normais de tensão e os componentes de cisalhamento. E em face da simetria da matriz constituiva, tem-se $(\nu_{xy} / E_x = \nu_{yx} / E_y)$, $(\nu_{xz} / E_x = \nu_{zx} / E_z)$, e $(\nu_{yz} / E_y = \nu_{zy} / E_z)$, o que implica em nove propriedades elásticas independentes entre si.

Com a particularização da equação anterior ao estado axissimétrico de deformação e direções principais r, z e θ, obtém-se

$$\begin{Bmatrix} \varepsilon_r \\ \varepsilon_z \\ \varepsilon_\theta \\ \gamma_{rz} \end{Bmatrix} = \begin{bmatrix} 1/E_r & -\nu_{zr}/E_z & -\nu_{\theta r}/E_\theta & 0 \\ -\nu_{rz}/E_z & 1/E_z & -\nu_{\theta z}/E_\theta & 0 \\ -\nu_{r\theta}/E_\theta & -\nu_{z\theta}/E_\theta & 1/E_\theta & 0 \\ 0 & 0 & 0 & 1/G_{rz} \end{bmatrix} \begin{Bmatrix} \sigma_r \\ \sigma_z \\ \sigma_\theta \\ \tau_{rz} \end{Bmatrix} - T \begin{Bmatrix} \alpha_r \\ \alpha_z \\ \alpha_\theta \\ 0 \end{Bmatrix} \qquad \text{(II.25)}$$

E com a resolução do Sistema de Equações II.24 em termos dos componentes de tensão, obtém-se as relações tensão-deformações no caso tridimensional de material ortótropo

$$\begin{Bmatrix} \sigma_x \\ \sigma_y \\ \sigma_z \\ \tau_{xy} \\ \tau_{xz} \\ \tau_{yz} \end{Bmatrix} = \begin{bmatrix} E_{11} & E_{12} & E_{13} & 0 & 0 & 0 \\ \cdot & E_{22} & E_{23} & 0 & 0 & 0 \\ \cdot & \cdot & E_{33} & 0 & 0 & 0 \\ \cdot & \cdot & \cdot & G_{xy} & 0 & 0 \\ \cdot & \cdot & \cdot & \cdot & G_{xz} & 0 \\ \text{sim.} & \cdot & \cdot & \cdot & \cdot & G_{yz} \end{bmatrix} \begin{Bmatrix} \varepsilon_x \\ \varepsilon_y \\ \varepsilon_y \\ \gamma_{xy} \\ \gamma_{xz} \\ \gamma_{yz} \end{Bmatrix} - T \begin{Bmatrix} E_{11}\alpha_x + E_{12}\alpha_y + E_{13}\alpha_z \\ E_{12}\alpha_x + E_{22}\alpha_y + E_{23}\alpha_z \\ E_{13}\alpha_x + E_{23}\alpha_y + E_{33}\alpha_z \\ 0 \\ 0 \\ 0 \end{Bmatrix}$$

$$\rightarrow \quad \boldsymbol{\sigma} = \mathbf{E}_{xyz}\,\boldsymbol{\varepsilon} + \boldsymbol{\sigma}_0 \quad \rightarrow \quad \boldsymbol{\sigma} = \mathbf{E}_{xyz}\,\boldsymbol{L}\mathbf{u} + \boldsymbol{\sigma}_0 \qquad \text{(II.26)}$$

em que se tem os coeficientes

$$\begin{cases} E_{11} = (E_y - \nu_{yz}^2\, E_z)E_x^2 / \varepsilon \\ E_{22} = (E_x - \nu_{xz}^2\, E_z)E_y^2 / \varepsilon \\ E_{33} = (E_x - \nu_{xy}^2\, E_y)E_y E_z / \varepsilon \\ E_{12} = (\nu_{xy}E_y + \nu_{xz}\nu_{yz}E_z)E_x E_y / \varepsilon \\ E_{13} = (\nu_{xy}\nu_{yz} + \nu_{xz})E_x E_y E_z / \varepsilon \\ E_{23} = (\nu_{yz}E_x + \nu_{xy}\nu_{xz}E_y)E_y E_z / \varepsilon \end{cases} \tag{II.27}$$

com

$$\varepsilon = E_x E_y - \nu_{xy}^2 E_y^2 - \nu_{xz}^2 E_y E_z - \nu_{yz}^2 E_x E_z - 2\nu_{xy}\nu_{xz}\nu_{yz}E_y E_z \tag{II.28}$$

Quando as direções principais x, y e z do material não coincidem com as direções X, Y e Z adotadas para os componentes de deformação e de tensão em cada ponto do elemento finito, são utilizadas as seguintes relações de transformação

$$\begin{cases} \boldsymbol{\varepsilon}_{xyz} = \mathbf{T}\, \boldsymbol{\varepsilon}_{XYZ} \\ \boldsymbol{\sigma}_{xyz} = \mathbf{T}^{-T}\, \boldsymbol{\sigma}_{XYZ} \\ \mathbf{E}_{XYZ} = \mathbf{T}^{T}\, \mathbf{E}_{xyz}\, \mathbf{T} \end{cases} \tag{II.29}$$

em que se tem a matriz de transformação

$$\mathbf{T} = \begin{bmatrix} n_{xX}^2 & n_{xY}^2 & n_{xZ}^2 & n_{xX}n_{xY} & n_{xX}n_{xZ} & n_{xY}n_{xZ} \\ n_{yX}^2 & n_{yY}^2 & n_{yZ}^2 & n_{yX}n_{yY} & n_{yX}n_{yZ} & n_{yY}n_{yZ} \\ n_{zX}^2 & n_{zY}^2 & n_{zZ}^2 & n_{zX}n_{zY} & n_{zX}n_{zZ} & n_{zY}n_{zZ} \\ 2n_{xX}n_{yX} & 2n_{xY}n_{yY} & 2n_{xZ}n_{yZ} & n_{xX}n_{yY}+n_{yX}n_{xY} & n_{yX}n_{xZ}+n_{xX}n_{yZ} & n_{yZ}n_{xY}+n_{yY}n_{xZ} \\ 2n_{zX}n_{xX} & 2n_{zY}n_{xY} & 2n_{zZ}n_{xZ} & n_{zX}n_{xY}+n_{xX}n_{zY} & n_{xX}n_{zZ}+n_{zX}n_{xZ} & n_{xZ}n_{zY}+n_{xY}n_{zZ} \\ 2n_{yX}n_{zX} & 2n_{yY}n_{zY} & 2n_{yZ}n_{zZ} & n_{yX}n_{zY}+n_{zX}n_{yY} & n_{zX}n_{yZ}+n_{yX}n_{zZ} & n_{zZ}n_{yY}+n_{zY}n_{yZ} \end{bmatrix} \tag{II.30}$$

onde n_{xX}, n_{yX}, n_{zX} ... são os cossenos diretores do referencial xyz em relação ao referencial XYZ.

Para o estado plano de tensão, a Equação II.26 de material ortótropo toma a forma que se segue, em que são caracterizadas quatro propriedades elásticas independentes entre si,

$$\begin{Bmatrix} \sigma_x \\ \sigma_y \\ \tau_{xy} \end{Bmatrix} = \begin{bmatrix} \dfrac{E_x}{1-\nu_{xy}\nu_{yx}} & \dfrac{E_y\nu_{xy}}{1-\nu_{xy}\nu_{yx}} & 0 \\ \dfrac{E_y\nu_{xy}}{1-\nu_{xy}\nu_{yx}} & \dfrac{E_y}{1-\nu_{xy}\nu_{yx}} & 0 \\ 0 & 0 & G_{xy} \end{bmatrix} \begin{Bmatrix} \varepsilon_x \\ \varepsilon_y \\ \gamma_{xy} \end{Bmatrix} - \frac{T}{1-\nu_{xy}\nu_{yx}} \begin{Bmatrix} E_x(\nu_{yx}\alpha_y + \alpha_x) \\ E_y(\nu_{yx}\alpha_x + \alpha_y) \\ 0 \end{Bmatrix} \tag{II.31}$$

Para o estado plano de deformação, também com quatro propriedades elásticas independentes entre si, a Equação II.26 particulariza-se em

$$\begin{Bmatrix} \sigma_x \\ \sigma_y \\ \tau_{xy} \end{Bmatrix} = \begin{bmatrix} E_{11} & E_{12} & 0 \\ E_{12} & E_{22} & 0 \\ 0 & 0 & G_{xy} \end{bmatrix} \begin{Bmatrix} \varepsilon_x \\ \varepsilon_y \\ \gamma_{xy} \end{Bmatrix} - T \begin{Bmatrix} E_{11}(\alpha_x + \nu_{zx}\alpha_z) + E_{12}(\alpha_y + \nu_{zy}\alpha_z) \\ E_{12}(\alpha_x + \nu_{zx}\alpha_z) + E_{22}(\alpha_y + \nu_{zy}\alpha_z) \\ 0 \end{Bmatrix} \tag{II.32}$$

além de se ter

$$\sigma_z = E_{11}\,\varepsilon_x + E_{23}\,\varepsilon_y \qquad (II.33)$$

E nos estados planos, tem-se ($n_{zZ} = 1$) e a Matriz de Transformação II.30 particulariza-se na forma

$$\mathbf{T} = \begin{bmatrix} \cos^2\alpha & \sin^2\alpha & \cos\alpha\sin\alpha \\ \sin^2\alpha & \cos^2\alpha & -\cos\alpha\sin\alpha \\ -2\cos\alpha\sin\alpha & 2\cos\alpha\sin\alpha & \cos^2\alpha - \sin^2\alpha \end{bmatrix} \qquad (II.34)$$

em que α é o ângulo entre os eixos X e x.

II.4 – Equações diferenciais de equilíbrio

Em teoria de primeira ordem, as equações de equilíbrio são escritas na configuração não deformada e para isso a próxima figura mostra os incrementos infinitesimais de primeira ordem dos componentes de tensão em um elemento infinitesimal dx por dy, sob o estado plano de tensão.

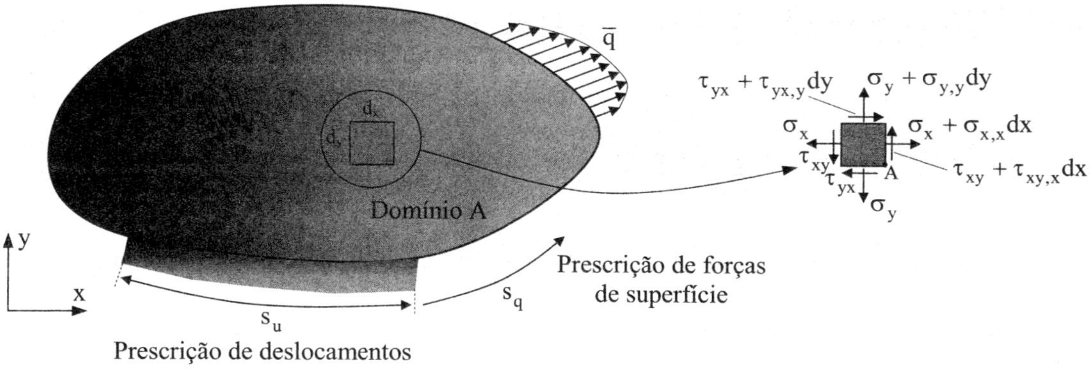

Figura II.7 – Estado plano de tensão.

Logo, com a notação t de espessura, são escritas as equações de equilíbrio infinitesimal:

$$\begin{cases} \sum F_x = 0 \\ \sum F_y = 0 \\ \sum M_A = 0 \end{cases} \rightarrow \begin{cases} (\sigma_x + \sigma_{x,x}dx - \sigma_x)\,t\,dy + (\tau_{yx} + \tau_{yx,y}dy - \tau_{yx})\,t\,dx + p_x\,t\,dx\,dy = 0 \\ (\sigma_y + \sigma_{y,y}dy - \sigma_y)\,t\,dx + (\tau_{xy} + \tau_{xy,x}dx - \tau_{xy})\,t\,dy + p_y\,t\,dx\,dy = 0 \\ \tau_{yx}\,t\,dx\,dy - \tau_{yx}\,t\,dy\,dx = 0 \end{cases}$$

Da última dessas equações tem-se ($\tau_{xy} = \tau_{yx}$), que com as duas outras fornecem as equações diferenciais de equilíbrio no domínio A

$$\begin{cases} \sigma_{x,x} + \tau_{xy,y} + p_x = 0 \\ \tau_{xy,x} + \sigma_{y,y} + p_y = 0 \end{cases} \rightarrow \begin{bmatrix} \dfrac{\partial}{\partial x} & 0 & \dfrac{\partial}{\partial y} \\ 0 & \dfrac{\partial}{\partial y} & \dfrac{\partial}{\partial x} \end{bmatrix} \begin{Bmatrix} \sigma_x \\ \sigma_y \\ \tau_{xy} \end{Bmatrix} + \begin{Bmatrix} p_x \\ p_y \end{Bmatrix} = \begin{Bmatrix} 0 \\ 0 \end{Bmatrix}$$

$$\rightarrow \quad \boldsymbol{L}^T \boldsymbol{\sigma} + \mathbf{p} = \mathbf{0} \qquad \text{(II.35)}$$

Observa-se que nessa última equação se tem o mesmo operador diferencial $\boldsymbol{L}$ que ocorre na Equação II.10, agora em forma transposta.

E de maneira semelhante, são obtidas as equações diferenciais de equilíbrio do estado de deformação axissimétrica

$$\begin{cases} \sigma_{r,r} + \tau_{rz,z} + (\sigma_r - \sigma_\theta)/r + p_r = 0 \\ \tau_{rz,r} + \sigma_{z,z} + \tau_{rz}/r + p_z = 0 \end{cases} \qquad \text{(II.36)}$$

Nesse estado, não se cumpre a Equação II.35 com o transposto do operador diferencial $\boldsymbol{L}$ que ocorre na Equação II.12.

Além disso, com a generalização da Equação II.35 ao estado triplo de tensão, tem-se no domínio V

$$\begin{bmatrix} \dfrac{\partial}{\partial x} & 0 & 0 & \dfrac{\partial}{\partial y} & \dfrac{\partial}{\partial z} & 0 \\ 0 & \dfrac{\partial}{\partial y} & 0 & \dfrac{\partial}{\partial x} & 0 & \dfrac{\partial}{\partial z} \\ 0 & 0 & \dfrac{\partial}{\partial z} & 0 & \dfrac{\partial}{\partial x} & \dfrac{\partial}{\partial y} \end{bmatrix} \begin{Bmatrix} \sigma_x \\ \sigma_y \\ \sigma_z \\ \tau_{xy} \\ \tau_{xz} \\ \tau_{yz} \end{Bmatrix} + \begin{Bmatrix} p_x \\ p_y \\ p_z \end{Bmatrix} = \begin{Bmatrix} 0 \\ 0 \\ 0 \end{Bmatrix} \quad \rightarrow \quad \boldsymbol{L}^T \boldsymbol{\sigma} + \mathbf{p} = \mathbf{0} \qquad \text{(II.37)}$$

E nessa última equação se tem o transposto do operador diferencial $\boldsymbol{L}$ que ocorre na Equação II.9.

No caso dinâmico, as ações externas podem ser funções do tempo e, de acordo com o Princípio de D'Alembert, a equação anterior se estende ao caso dinâmico através da incorporação das forças de inércia

$$\begin{bmatrix} \dfrac{\partial}{\partial x} & 0 & 0 & \dfrac{\partial}{\partial y} & \dfrac{\partial}{\partial z} & 0 \\ 0 & \dfrac{\partial}{\partial y} & 0 & \dfrac{\partial}{\partial x} & 0 & \dfrac{\partial}{\partial z} \\ 0 & 0 & \dfrac{\partial}{\partial z} & 0 & \dfrac{\partial}{\partial x} & \dfrac{\partial}{\partial y} \end{bmatrix} \begin{Bmatrix} \sigma_x \\ \sigma_y \\ \sigma_z \\ \tau_{xy} \\ \tau_{xz} \\ \tau_{yz} \end{Bmatrix} + \begin{Bmatrix} p_x \\ p_y \\ p_z \end{Bmatrix} - \rho \begin{Bmatrix} \ddot{u} \\ \ddot{v} \\ \ddot{w} \end{Bmatrix} = \begin{Bmatrix} 0 \\ 0 \\ 0 \end{Bmatrix}$$

$$\rightarrow \quad \boldsymbol{L}^T \boldsymbol{\sigma} + \mathbf{p} - \rho \ddot{\mathbf{u}} = \mathbf{0} \qquad \text{(II.38)}$$

em que ρ é a massa específica e $\ddot{\mathbf{u}}$ é o vetor dos componentes aceleração.

II.5 – Condições de contorno e iniciais

Quanto ao contorno, os deslocamentos prescritos na parcela designada por S_u constituem as condições geométricas

$$\begin{cases} u = \overline{u} \\ v = \overline{v} \\ w = \overline{w} \end{cases} \quad \rightarrow \quad \mathbf{u} = \overline{\mathbf{u}} \qquad \text{(II.39)}$$

Para a parcela complementar do contorno $(S_q = S - S_u)$, a seguir, as condições mecânicas de contorno são obtidas. Para isso, a próxima figura mostra um elemento infinitesimal de contorno em estado plano, com indicação da força de superfície dos componentes $\bar{q}_x$ e $\bar{q}_y$ da força de superfície $\overline{q}$. Logo, por condição de equilíbrio, tem-se

$$\begin{cases} \sum F_x = 0 \\ \sum F_y = 0 \end{cases} \quad \rightarrow \quad \begin{cases} -\sigma_x \, t\,dy - \tau_{yx} \, t\,dx + \overline{q}_x \, t\,ds = 0 \\ -\sigma_y \, t\,dx - \tau_{xy} \, t\,dy + \overline{q}_y \, t\,ds = 0 \end{cases}$$

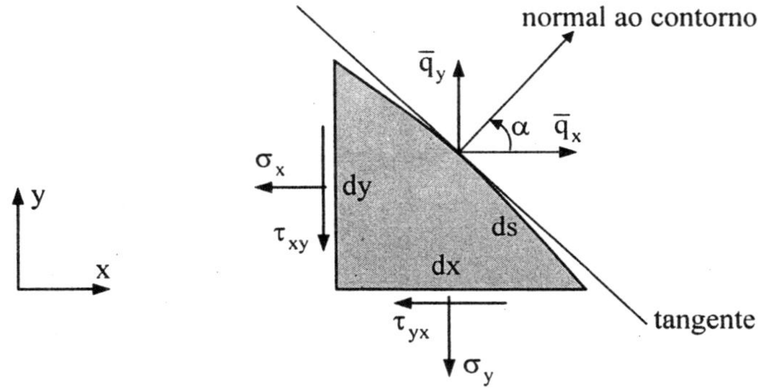

$$\begin{cases} \ell = \cos\alpha \cong \dfrac{dy}{ds} \\ m = \sin\alpha \cong \dfrac{dx}{ds} \end{cases}$$

Figura II.8 – Elemento infinitesimal de contorno.

Além disso, com as notações ℓ e m para os cossenos diretores da normal externa ao contorno e com $(dx \approx ds\sin\alpha)$ e $(dy \approx ds\cos\alpha)$, as equações anteriores fornecem

$$\begin{cases} \sigma_x \dfrac{dy}{ds} + \tau_{yx} \dfrac{dx}{ds} = \overline{q}_x \\ \tau_{xy} \dfrac{dy}{ds} + \sigma_y \dfrac{dx}{ds} = \overline{q}_y \end{cases} \quad \rightarrow \quad \begin{cases} \sigma_x \ell + \tau_{xy} m = \overline{q}_x \\ \tau_{xy} \ell + \sigma_y m = \overline{q}_y \end{cases}$$

$$\rightarrow \quad \begin{bmatrix} \ell & 0 & m \\ 0 & m & \ell \end{bmatrix} \begin{Bmatrix} \sigma_x \\ \sigma_x \\ \tau_{xy} \end{Bmatrix} = \begin{Bmatrix} \overline{q}_x \\ \overline{q}_y \end{Bmatrix} \quad \rightarrow \quad \mathbf{n\sigma} = \overline{\mathbf{q}} \qquad \text{(II.40)}$$

De forma semelhante, para o estado triplo de tensão, as condições mecânicas de contorno têm a forma

$$\begin{cases} \sigma_x \ell + \tau_{xy}\, m + \tau_{xz}\, n = \bar{q}_x \\ \tau_{xy} \ell + \sigma_y\, m + \tau_{yz}\, n = \bar{q}_y \\ \tau_{xz} \ell + \tau_{yz}\, m + \sigma_z\, n = \bar{q}_z \end{cases} \rightarrow \begin{bmatrix} \ell & 0 & 0 & m & n & 0 \\ 0 & m & 0 & \ell & 0 & n \\ 0 & 0 & n & 0 & \ell & m \end{bmatrix} \begin{Bmatrix} \sigma_x \\ \sigma_y \\ \sigma_z \\ \tau_{xy} \\ \tau_{xz} \\ \tau_{yz} \end{Bmatrix} = \begin{Bmatrix} \bar{q}_x \\ \bar{q}_y \\ \bar{q}_z \end{Bmatrix}$$

$$\rightarrow \quad \mathbf{n}\,\boldsymbol{\sigma} = \bar{\mathbf{q}} \qquad \text{(II.41)}$$

Embora as condições de contorno tenham sido separadas nas parcelas S_u e S_q, em um mesmo ponto do contorno podem ocorrer uma condição geométrica em uma direção e uma condição mecânica em outra direção, mas nunca condição geométrica e condição mecânica em uma mesma direção coordenada.

E no caso dinâmico, o vetor $\bar{\mathbf{q}}$ que ocorre na Equação II.40 ou II.41 é função do tempo e há as condições iniciais no domínio V

$$\begin{cases} u_o = u_{|t=0} \quad , \quad \dot{u}_o = \dot{u}_{|t=0} \\ v_o = v_{|t=0} \quad , \quad \dot{v}_o = \dot{v}_{|t=0} \\ w_o = w_{|t=0} \quad , \quad \dot{w}_o = \dot{w}_{|t=0} \end{cases} \rightarrow \begin{cases} \mathbf{u}_o = \mathbf{u}_{|t=0} \\ \mathbf{v}_o = \dot{\mathbf{u}}_{|t=0} \end{cases} \qquad \text{(II.42)}$$

As equações diferenciais de equilíbrio, as relações deformação-deslocamentos, as relações tensão-deformações, as condições geométricas e mecânicas de contorno e as condições iniciais são as equações de governo do modelo matemático de sólido deformável em comportamento elástico. As três primeiras equações podem ser reunidas na equação diferencial de segunda ordem $(\boldsymbol{L}^T(\mathbf{E}\boldsymbol{L}\mathbf{u} + \boldsymbol{\sigma}_0) + \mathbf{p} - \rho\ddot{\mathbf{u}} = \mathbf{0})$, e a condição mecânica de contorno pode ser escrita sob a forma $(\mathbf{n}(\mathbf{E}\boldsymbol{L}\mathbf{u} + \boldsymbol{\sigma}_0) = \bar{\mathbf{q}})$ ambas em termos das variáveis primárias $\mathbf{u}$.

A partir do estado de tensão em um ponto, costuma-se determinar tensões principais, aplicar critérios de ruptura (como de Tresca ou da máxima energia de deformação, por exemplo) e, em componentes estruturais laminares e unidimensionais, calcular resultantes de tensão, como momentos fletores, momento de torção e esforços cortantes.

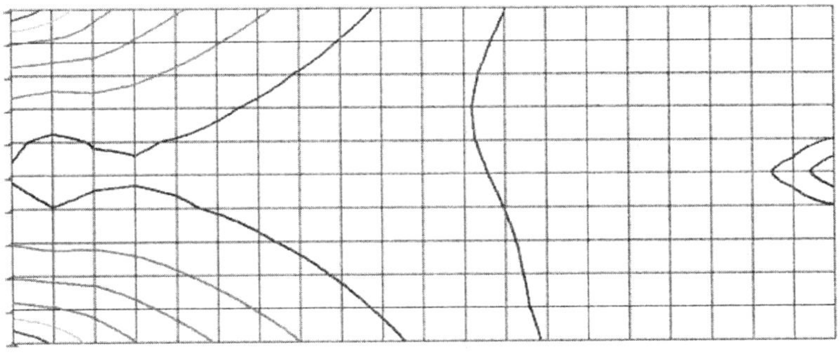

Anexo III

Noções de Condução de Calor

Descreve-se, a seguir, o modelo matemático da condução bidimensional de calor que foi utilizado no segundo capítulo.

A Figura III.1 representa um domínio bidimensional de espessura unitária, onde q_x e q_y são, respectivamente, os fluxos de calor nas direções dos eixos coordenados x e y.

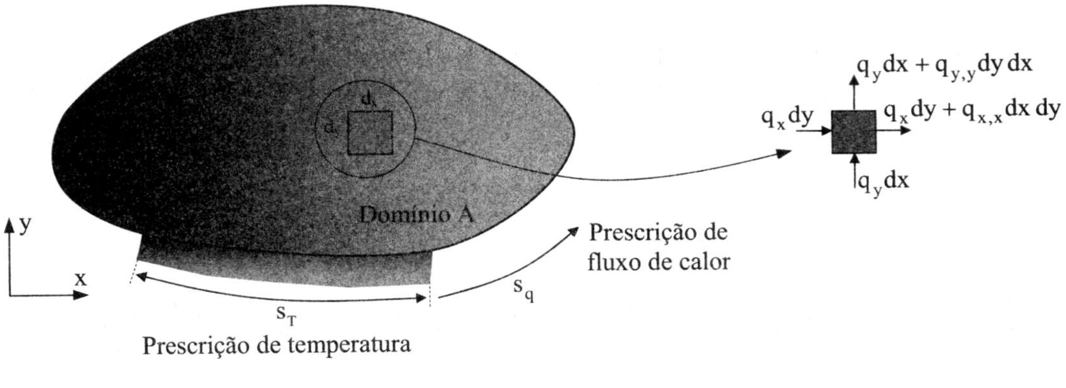

Figura III.1 – Condução bidimensional de calor.

A diferença entre o fluxo de calor que entra e que sai no elemento

$$q_x\,dy + q_y\,dx - (q_x + q_{x,x}\,dx)\,dy - (q_y + q_{y,y}\,dy)\,dx$$

mais o calor gerado internamente na unidade de tempo ($Q\,dx\,dy$), onde Q é uma fonte de geração de calor por unidade de volume, é igual, por conservação de energia, à energia armazenada no elemento por unidade de tempo ($\rho\ c\ \dot{T}\,dx\,dy$), onde ρ, c e $\dot{T}$ são, respectivamente, a densidade, o calor específico e a derivada da temperatura em relação ao tempo. Logo, escreve-se

$$-q_{x,x}dx\,dy - q_{y,y}dy\,dx + Q\,dx\,dy = \rho\,c\,\dot{T}\,dx\,dy$$

$$\rightarrow \quad q_{x,x} + q_{y,y} - Q + \rho\,c\,\dot{T} = 0 \qquad \text{(III.1)}$$

Além disso, tem-se a lei de Fourier de fluxo de calor no caso de material isótropo

$$q = -k\,T_{,n} \qquad \text{(III.2)}$$

onde k é a condutividade térmica, n denota direção e o sinal menos expressa que o fluxo de calor é em sentido contrário ao acréscimo de temperatura nessa direção. Logo, escrevem-se os componentes de fluxo segundo os eixos coordenados

$$\begin{cases} q_x = -k\,T_{,x} \\ q_y = -k\,T_{,y} \end{cases} \qquad \text{(III.3)}$$

E com a substituição desses componentes na Equação III.1, obtém-se a equação diferencial de condução de calor em termos da variável primária T

$$(k\,T_{,x})_{,x} + (k\,T_{,y})_{,x} + Q - \rho\,c\,\dot{T} = 0 \qquad \text{(III.4)}$$

A integração dessa equação requer a especificação de condições de contorno e iniciais de especificação da distribuição de temperatura em todo o domínio geométrico no instante inicial. E no caso de regime permanente, o problema é invariante no tempo, com a particularização da equação anterior para a forma

$$(k\,T_{,x})_{,x} + (k\,T_{,y})_{,x} + Q = 0 \qquad \text{(III.5)}$$

Quanto às condições de contorno, pode-se prescrever a temperatura na parcela do contorno designada por s_T

$$T = \overline{T} \qquad \text{(III.6)}$$

e o fluxo de calor na parcela complementar do contorno, $s_q = s - s_T$,

$$k\,T_{,n} = -\overline{q} \qquad \text{(III.7)}$$

A Equação III.6 é a *condição de contorno de Dirichlet* e a Equação III.7 é a *condição de contorno de Neumann.*

$$\int_0^\ell \left(-\mathbf{N}_{M,x}^T u_{,x} - \mathbf{N}_M^T M/EI\right)dx + \left(\mathbf{N}_M^T u_{,x}\right)\Big|_{x=0}^{x=\ell} = 0$$
$$\int_0^\ell \left(-\mathbf{N}_{u,x}^T M_{,x} - \mathbf{N}_u^T p\right)dx + \left(\mathbf{N}_u^T M_{,x}\right)\Big|_{x=0}^{x=\ell} = 0$$
$$\rightarrow \begin{cases} \int_0^\ell \mathbf{N}_{M,x}^T \mathbf{N}_{u,x}\, dx\, \mathbf{u}^{(e)} + \int_0^\ell \left(\mathbf{N}_M^T \mathbf{N}_M/EI\right) dx\, \mathbf{M}^{(e)} = \left(\mathbf{N}_M^T \theta\right)\Big|_{x=0}^{x=\ell} \\ \int_0^\ell \mathbf{N}_{u,x}^T \mathbf{N}_{M,x}\, dx\, \mathbf{M}^{(e)} = -\int_0^\ell \mathbf{N}_u^T p\, dx + \left(\mathbf{N}_u^T V\right)\Big|_{x=0}^{x=\ell} \end{cases}$$

Notações

As notações são definidas quando da primeira ocorrência no texto. A seguir são descritas apenas as de cunho mais geral:

– Uma barra sobre a notação denota grandeza prescrita.

– O expoente $^{(e)}$ indica grandeza de elemento finito.

– Notação em negrito expressa matriz.

– Notação em negrito e em itálico expressa matriz de operadores diferenciais.

– Um til sobre a notação denota função aproximada.

– Uma vírgula como índice indica derivada em relação à(s) variável(eis) escrita(s) como índice após a vírgula.

– Cada ponto sobre uma notação indica derivada em relação ao tempo.

$[\cdot]$, $\lfloor \cdot \rfloor$ $\{\cdot\}$, $[\cdot]^T$	– Matriz retangular (ou quadrada), matriz linha, vetor coluna e matriz transposta, respectivamente.
$\lvert \cdot \rvert$	– Determinante.
ξ	– Razão ou fração de amortecimento crítico.
ξ, η, ζ	– Coordenadas normalizadas entre –1 e +1.
ξ_1, ξ_2, ξ_3, ξ_4	– Coordenadas triangulares e tetraédricas, normalizadas de 0 a 1.
x, y, z	– Referencial cartesiano usualmente local.
X, Y, Z	– Referencial cartesiano global.
ℓ, m, n, $\mathbf{n}$	– Cossenos diretores e vetor de cossenos diretores.
δ, δ_{ij}	– Operador de variação e símbolo de Kronecker, respectivamente.
γ, ρ, $\rho(\mathbf{d})$	– Peso específico, massa específica e coeficiente de Rayleigh.
ω_n, T_n	– Frequência natural angular e período natural.
ω_a, $\omega_{N/2}$	– Frequência amortecida e frequência de Nyquist.
ω_j, $\mathbf{\Omega}$	– j-ésima frequência natural e matriz espectral (matriz diagonal com os quadrados das frequências naturais)
$\boldsymbol{\varphi}_j$, $\mathbf{\Phi}$	– j-ésimo modo natural de vibração e matriz modal normalizada em relação à matriz de massa.
U	– Energia elástica de deformação.
W	– Trabalho das forças externas e (–2W) é o potencial dessas forças.
J($\mathbf{u}$)	– Funcional energia potencial total.

A, s	– Área e respectiva linha de contorno que se divide em s_u e s_q.
V, S	– Volume e respectiva superfície de contorno que se divide em S_u e S_q, parcelas das condições geométricas e mecânicas de contorno.
k	– Coeficiente de rigidez e condutividade térmica.
K, K_{pq}	– Coeficiente de cisalhamento de seção transversal e coeficiente de rigidez.
f , m, c	– Força, massa e amortecimento viscoso
M, V, N	– Momento fletor, esforço cortante e esforço normal.
E, G, ν	– Módulo de elasticidade, módulo de elasticidade transversal e coeficiente de Poisson.
L, ℓ	– Vão e comprimento de elemento unidimensional.
T	– Temperatura.
$\mathbf{u}$	– Vetor dos componentes de deslocamento u, v e w.
$\mathbf{p}$, P	– Força de volume de componentes p_x, p_y, p_z, e força concentrada.
$\bar{\mathbf{q}}$	– Força de superfície de componentes $\bar{q}_x$, $\bar{q}_y$ e $\bar{q}_z$.
$\mathbf{I}$, $\mathcal{I}$	– Matriz identidade e matriz de incidência.
$\mathbf{N}$, N_i	– Matriz de funções de interpolação e função de interpolação.
$\mathbf{B}$	– Matriz que relaciona deformações com os deslocamentos nodais em nível de elemento.
$\boldsymbol{\sigma}$	– Vetor dos componentes de tensão σ_x, σ_y, σ_z, τ_{xy}, τ_{xz} e τ_{yz}.
$\boldsymbol{\varepsilon}$	– Vetor dos componentes de deformação ε_x, ε_y, ε_z, γ_{xy}, γ_{xz} e γ_{yz}.
$\mathbf{E}$	– Matriz constitutiva, relaciona $\boldsymbol{\varepsilon}$ com $\boldsymbol{\sigma}$.
$\mathbf{J}$	– Matriz Jacobiana.
$\boldsymbol{\sigma}_0$, $\boldsymbol{\varepsilon}_0$	– Vetores de tensões e deformações iniciais.
$\mathbf{K}^{(e)}$, $\mathbf{M}^{(e)}$, $\mathbf{C}^{(e)}$	– Matrizes de rigidez, de massa e de amortecimento, de elemento.
$\mathbf{f}_p^{(e)}$, $\mathbf{f}_q^{(e)}$, $\mathbf{f}_{\sigma 0}^{(e)}$	– Vetores das forças nodais equivalentes às forças de volume, às forças de superfície e às tensões iniciais, em elemento.
$\mathbf{u}^{(e)}$, $\dot{\mathbf{u}}^{(e)}$, $\ddot{\mathbf{u}}^{(e)}$	– Deslocamentos, velocidades e acelerações nodais de elemento.
$\mathbf{K}$, $\mathbf{M}$, $\mathbf{C}$	– Matrizes de rigidez, de massa e de amortecimento, globais.
$\mathbf{d}$, $\dot{\mathbf{d}}$, $\ddot{\mathbf{d}}$	– Deslocamentos, velocidades e acelerações nodais, globais.
$\boldsymbol{\alpha}$, α_j	– Parâmetros generalizados.
$\boldsymbol{\psi}$, ψ_j	– Funções de base.
w_i, W_j	– Fatores-peso do método de integração de Gauss e funções peso em método de resíduos ponderados.
H(ω), H(ω_q)	– Função complexa de resposta em frequência ou função de transferência.
FT, FFT, DFT	– Transformada de Fourier, transformada rápida de Fourier e transforma discreta de Fourier.
IFT, IDFT	– Transformada inversa de Fourier e transforma discreta inversa de Fourier.
S_d, S_v, S_a	– Deslocamento relativo espectral, pseudo-velocidade relativa espectral e pseudo-aceleração absoluta espectral.
SRSS	– **S**quare **R**oot of the **S**um of the **S**quares.
CQC	– **C**omplete **Q**uadratic **C**ombination.

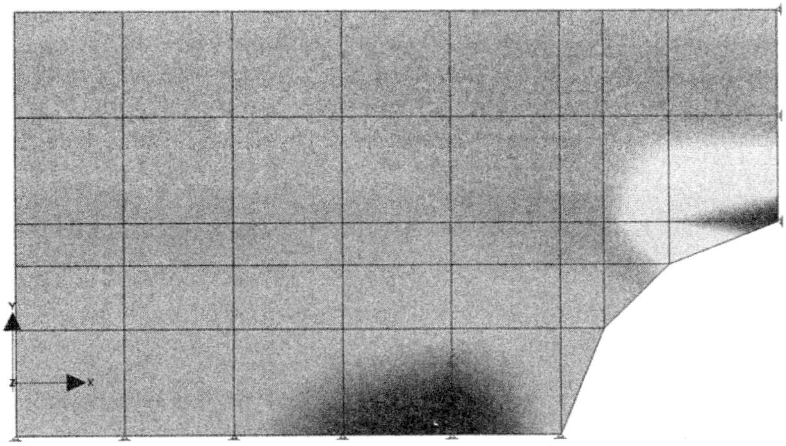

Glossário

Acelerograma. Representação (gráfica ou digitalizada) de um histórico de acelerações (sísmicas).

Ações determinísticas. Ações externas (forças, variações de temperatura ou deformações prévias) definidas em função do tempo, analítica ou numericamente. São chamadas **ações aleatórias**, em caso contrário.

Ações impulsivas. Ações de curta duração. E a integral com respeito ao tempo desse tipo de ação é denominada **impulso**.

Ações periódicas. Ações de configurações que se repetem em iguais intervalos de tempo denominados *período*, isto é, têm intensidades funções periódicas do tempo. São chamadas **ações aperiódicas**, em caso contrário. **Ação harmônica** é um caso particular de periódica.

Amortecimento. Atenuação de uma vibração por dispersão de energia através de geração de calor e/ou irradiação. Diz-se **amortecimento viscoso** quando é definido através de força proporcional à velocidade e em sentido contrário ao movimento. E chama-se **amortecimento clássico** ou **proporcional** quando a matriz de amortecimento é diagonalizável através de uma transformação de coordenadas e o que propicia o desacoplamento das equações de equilíbrio dinâmico. O **amortecimento de Rayleigh** é um amortecimento clássico em que a matriz de amortecimento é a combinação linear das matrizes de rigidez e de massa.

Amortecimento crítico. Valor limite do amortecimento viscoso entre um estado oscilatório e um estado não oscilatório do sistema mecânico. Diz-se **amortecimento subcrítico** o de um estado oscilatório, e chama-se **amortecimento supercrítico** o de um estado não oscilatório em que o sistema retorna à configuração neutra em mais tempo do que com amortecimento crítico.

Análise com espectro de resposta. Análise em que, além das equações serem desacopladas por uma transformação modal de coordenadas, se utiliza um espectro de resposta para a estimativa de valores máximos de resposta dinâmica.

Análise estática. Análise em que as forças de inércia são desconsideradas. Diz-se **análise dinâmica**, em caso contrário.

Análise linear. Análise em que são supostas relações lineares entre os componentes de tensão e de deformação (linearidade física) e em que as equações de equilíbrio são escritas na configuração não deformada (linearidade geométrica). E diz-se **análise não linear**, em caso contrário.

Análise modal. Determinação das características dinâmicas (frequências e modos naturais de vibração) de um modelo de estrutura (não amortecido).

Campos cinematicamente admissíveis. Campos de deslocamentos que atendem à forma homogênea das condições geométricas de contorno e às relações deformação-deslocamentos em um sólido elástico adequadamente vinculado.

Características dinâmicas. Frequências e modos naturais de vibração de sistemas não amortecidos. A **frequência angular** ω tem a unidade rad/s e a **frequência cíclica** tem a unidade de ciclos por segundo ou hertz (Hz). E diz-se **frequências amortecidas** no caso de vibração de sistemas lineares subamortecidos. Em um sistema de multigraus de liberdade, a menor frequência é a **frequência fundamental de vibração** e o correspondente modo de vibração, o **modo fundamental de vibração**.

Casca. Sólido usualmente com curvatura, em que se caracteriza uma dimensão denominada *espessura* muito menor do que as dimensões de sua superfície média e em que podem ocorrer deformações de flexão e de membrana. O efeito de flexão é análogo ao de placa (de esforços M_x, M_y, M_{xy}, V_x e V_y) e o efeito de membrana é o do estado plano em nível de sua superfície média (de resultantes de tensão N_x, N_y e N_{xy}).

Coeficiente de rigidez. Coeficiente numericamente igual à força segundo determinado grau de liberdade de um modelo discreto da formulação de deslocamentos quando se impõe deslocamento unitário segundo esse grau de liberdade ou qualquer outro, com a restrição dos demais graus de liberdade.

Condensação estática de graus de liberdade. Eliminação de parte dos graus de liberdade do sistema de equações algébricas lineares de um modelo em elementos finitos, como na denominada eliminação de Gauss em resolução desse sistema.

Condições essenciais de contorno. Valores prescritos das variáveis primárias e, por vezes, de suas derivadas primeiras em modelo matemático de um sistema físico. Em mecânica dos sólidos deformáveis, recebem o nome de **condições geométricas** ou **forçadas de contorno**.

Condições não essenciais de contorno. Valores prescritos de variáveis secundárias em modelo matemático de um sistema físico. Em Mecânica dos Sólidos Deformáveis, recebem o nome de **condições mecânicas** ou **naturais de contorno**.

Configuração de um sistema. Definição simultânea de todos os graus de liberdade do sistema.

Configuração neutra. Configuração deformada de equilíbrio estático da idealização de uma estrutura.

Correção estática dos modos superiores. Consideração do efeito estático dos modos superiores de vibração (modos não incluídos na transformação modal de coordenadas) na resposta obtida através do método de superposição modal.

Critério de compatibilidade. Critério que, em malha de elementos finitos, requer (de forma conservativa para convergência) continuidade das variáveis primárias e de suas derivadas até uma ordem inferior à máxima ordem que ocorre no funcional ou na forma fraca de Galerkin de formulação dos elementos. Como em elementos derivados da elasticidade linear essa ordem é a primeira, requer continuidade C^0 do campo de deslocamentos nas interfaces, ou seja, requer que elementos adjacentes se deformem sem formar vazios entre si e sem se sobrepor. Os elementos que o atende são ditos **conformes** ou **compatíveis**.

Critério de completude. Critério que requer (como condição necessária, mas não suficiente para convergência) que os campos polinomiais arbitrados para as variáveis primárias em elemento finito sejam completos até a máxima ordem de derivada que ocorre no funcional ou na forma fraca de Galerkin de formulação dos elementos finitos. Com isso, em elementos de discretização da mecânica dos sólidos, tem-se a representação dos estados de tensão constante. Os elementos que o atendem são ditos **completos**.

Decremento logarítmico. Logaritmo neperiano da razão entre deslocamentos de picos consecutivos em resposta de deslocamento em vibração livre subamortecida.

Definição isoparamétrica. Definição da geometria de elemento finito através da interpolação das coordenadas de seus pontos nodais, com as mesmas funções que as dos campos das variáveis primárias. São chamadas de definições **subparamétrica** e **superparamétrica** quando nessa interpolação são utilizadas funções de ordem inferior e superior, respectivamente, que às desses campos.

Deslocamentos virtuais. Quaisquer deslocamentos infinitesimais que atendam às relações deformação-deslocamentos e que sejam utilizados no Princípio dos Deslocamentos Virtuais. Quando não são incluídas as forças externas reativas na equação desse princípio, esses deslocamentos devem também atender à forma homogênea das condições geométricas de contorno. E no caso linear, esses deslocamentos podem ser finitos, desde que suficientemente pequenos para a validade das equações de equilíbrio na configuração não deformada.

Efeitos de segunda ordem. Efeitos devidos à configuração deformada e que se somam aos efeitos de primeira ordem obtidos em análise de equilíbrio na configuração não deformada.

Elemento linear. Elemento finito em que o campo das variáveis primárias é linear em cada direção coordenada do elemento.

Equações de Euler. Equações diferenciais obtidas com a condição de estacionariedade de um funcional.

Espectro de Fourier. Representação da distribuição das amplitudes de Fourier como função da frequência.

Espectro de resposta. Representação (gráfica ou analítica) dos valores máximos de resposta (valores de pico sem consideração de sinal) de sistemas de um grau de liberdade com diferentes períodos e amortecimentos. Em análise sísmica, são definidos os espectros de deslocamento relativo, de pseudo-velocidade relativa e de pseudo-aceleração absoluta. E o **espectro de resposta tripartido** é a representação desses três espectros em um único gráfico.

Estado plano de deformação. Modelo matemático idealizado em sólido longo, de apoio, seções transversais e ações externas constantes na direção longitudinal z, e de extremidades indeslocáveis, em que são supostos os componentes de deformação ($\varepsilon_x \neq 0$), ($\varepsilon_y \neq 0$), ($\varepsilon_z = 0$), ($\gamma_{xy} \neq 0$), ($\gamma_{xz} = 0$) e ($\gamma_{yz} = 0$). Esse modelo tem os mesmos componentes de tensão diferentes de zero que o estado plano de tensão, além do componente ($\sigma_z \neq 0$).

Estado plano de tensão. Modelo matemático idealizado em sólido de pequena espessura e superfície média plana de referencial xy, em que são supostos os componentes de tensão ($\sigma_x \neq 0$), ($\sigma_y \neq 0$), ($\sigma_z = 0$), ($\tau_{xy} \neq 0$), ($\tau_{xz} = 0$) e ($\tau_{yz} = 0$).

Estrutura. Sistema físico capaz de receber e transmitir esforços.

Estrutura contínua. Estrutura constituída de componentes estruturais nos quais não se caracteriza uma dimensão preponderante em relação às suas demais dimensões. É o caso dos estados planos de tensão e de deformação, placas, cascas e sólidos.

Estrutura reticulada. Estrutura constituída de barras (componentes nos quais se identifica uma dimensão preponderante em relação às suas demais dimensões) idealizadas como elementos unidimensionais. É o caso das treliças (planas e espaciais), pórticos (planos e espaciais) e grelha.

Fator de amplificação. Razão entre a amplitude (máxima) da resposta de deslocamento de um oscilador simples em regime permanente (de vibração amortecida sob força harmônica) e o pseudo-deslocamento estático (amplitude da força harmônica dividida pela rigidez do oscilador simples). Em vibração por movimento do suporte, tem-se o **fator de amplificação do deslocamento relativo** e o **fator de amplificação do deslocamento absoluto**.

Fator de transmissibilidade. Razão entre a amplitude da força transmitida ao suporte e a da amplitude da força harmônica aplicada à massa de um oscilador simples.

Forças nodais equivalentes. Forças nodais que equivalem às forças de superfície e de volume e aos efeitos de tensão inicial ou deformação inicial, obtidas na formulação de deslocamentos do método dos elementos finitos. Em estruturas reticuladas, essas forças são iguais aos esforços de engastamento perfeito com sinais contrários.

Formulação de deslocamentos. Formulação irredutível do método dos elementos finitos em que são arbitrados campos de deslocamentos em nível de elemento.

Formulação mista. Formulação do método dos elementos finitos em que são arbitrados campos de variáveis dependentes secundárias, além dos campos das variáveis primárias.

Frequência de Nyquist. Valor limite de frequência possível de ser representada em transformada discreta de Fourier.

Frequência (e modo) fundamental. Menor frequência (e modo) natural de vibração de um sistema estrutural não amortecido.

Frequências naturais. Frequências dos modos naturais de vibração de um sistema estrutural não amortecido.

Frequência ressonante. Frequência de uma excitação harmônica que provoca a máxima amplitude de vibração em um sistema estrutural.

Função complexa de resposta em frequência ou função de transferência. Relação matemática entre a excitação no domínio da frequência e a resposta nesse domínio.

Funcional. Função de funções sob a forma de equação integral e que resulta em um número real quando são escolhidas as funções que lhe são admissíveis. A condição de estacionariedade de um funcional fornece as **Equações de Euler** e as condições não essenciais ou naturais de contorno.

Funcional energia potencial total. Funcional resultante da soma da energia elástica de deformação com o potencial das forças externas.

Funções de interpolação. Funções (usualmente polinomiais) utilizadas na interpolação dos parâmetros nodais no método dos elementos finitos.

Funções de interpolação de Hermite. Funções de interpolação que incluem derivadas como parâmetros nodais.

Funções de interpolação de Lagrange. Funções que atendem à propriedade $(N_i(x_j,y_j,z_j)=\delta_{ij})$ e que são próprias para as interpolações que não incluem derivadas como parâmetros nodais.

Graus de liberdade. Variáveis primárias no conjunto dos pontos da região de definição de um modelo matemático. Em um método aproximado clássico, são os parâmetros (em número finito) a serem determinados na definição do comportamento do modelo. No método dos elementos finitos, são os parâmetros nodais das variáveis primárias, excluídos os com especificações de condições essenciais de contorno.

Hipótese do diafragma. Idealização de laje como tendo rigidez infinita em seu plano e rigidez transversal nula a esse plano.

Integração de Gauss. Quadratura que integra de forma exata funções polinomiais do grau $(2n-1)$, através de ponderações de valores dessas funções em n pontos que raízes de polinômios de Legendre. E essas raízes são denominadas **pontos de integração de Gauss** ou de **Gauss-Legendre**.

Integração de Newmark. Integração numérica do sistema de equações diferenciais de equilíbrio dinâmico baseada na hipótese de aceleração média constante em cada incremento da variável tempo.

Integração de Wilson - θ. Integração numérica do sistema de equações diferenciais de equilíbrio dinâmico baseada na hipótese de aceleração linear em intervalo de tempo estendido.

Integração numérica implícita. Integração em procedimento passo a passo em que a solução no instante t_i é obtida com a condição de equilíbrio nesse mesmo instante, diferentemente da **integração numérica explícita** em que a solução no instante t_i é obtida com a condição de equilíbrio do instante anterior.

Integração por segmentos lineares da excitação. Integração exata da equação diferencial de equilíbrio dinâmico de oscilador simples subamortecido, no caso de excitação discretizada em uma sucessão de segmentos lineares.

Integral de Duhamel. Integral que, na condição de validade do princípio da superposição, expressa a resposta dinâmica de um oscilador simples através da "soma" de uma sucessão de infinitas respostas a forças impulsivas.

Ligação excêntrica ou em offset. Vinculação de um ponto nodal **mestre** (cujos deslocamentos são incluídos como incógnitas no sistema global de equações) a um ponto nodal **dependente** (cujos deslocamentos não são total ou parcialmente incluídos como incógnitas no sistema global de equações, pelo fato de serem dependentes dos deslocamentos do nó mestre).

Matriz constitutiva. Matriz que relaciona os componentes de deformação com os componentes de tensão.

Matriz de incidência (de conectividade ou de topologia). Matriz que relaciona a numeração nodal local dos pontos nodais dos elementos finitos de uma malha com a numeração nodal global dos pontos nodais dessa malha.

Matriz de rigidez global. Matriz que relaciona as forças nodais globais com os correspondentes deslocamentos nodais em um modelo discreto. Pode ser restringida (quando são consideradas as condições geométricas de contorno) ou não.

Matriz esparsa. Matriz (de rigidez) com elevada percentagem de coeficientes nulos.

Matriz Jacobiana. Matriz que relaciona as derivadas primeiras entre dois sistemas de coordenadas. No método dos elementos finitos, relaciona as derivadas nas coordenadas normalizadas (de um elemento mestre) com as derivadas nas coordenadas cartesianas (do espaço físico). O determinante dessa matriz é o **Jacobiano**, que relaciona os elementos infinitesimais nesses dois sistemas.

Método de Galerkin. Método de resíduos ponderados (de resolução de problemas de condições de contorno e iniciais) em que as funções peso são as próprias funções de base adotadas na solução propositiva. Tem uma **forma forte** (com ordens de derivadas idênticas às equações diferenciais do modelo matemático original) e uma

forma fraca (com ordens de derivadas mais baixas que as da forma forte e o que resulta de integrações por partes na expressão dessa forma).

Método de integração direta. Método de integração (na variável tempo) do sistema global de equações de equilíbrio dinâmico, sem o uso da transformação modal de coordenadas.

Método de Rayleigh-Ritz. Método aproximado clássico (de resolução de problema de condições de contorno e iniciais) em que os parâmetros generalizados de uma solução propositiva (sob a forma de combinação linear de funções de base) são obtidos com a condição de extremo de um funcional.

Métodos de resíduos ponderados. Métodos aproximados (de resolução de problema de condições de contorno e iniciais) em que os parâmetros generalizados da solução propositiva são obtidos a partir de equações integrais de ponderações dos resíduos das equações do modelo matemático em que se substitui essa solução.

Método de superposição modal. Método em que se utiliza uma transformação de coordenadas para desacoplar o sistema global de equações de equilíbrio dinâmico.

Modelo matemático contínuo. Modelo (de um sistema físico) baseado na hipótese de continuidade da matéria, de infinitos graus de liberdade e expresso por equações diferenciais com condições de contorno (e iniciais). A solução desse modelo é dita **exata**.

Modelo matemático discreto. Modelo (de um sistema físico) que tem um número finito de graus de liberdade e, a menos da variável tempo, é expresso por equações algébricas.

Modo natural de vibração. Configuração dos graus de liberdade de um sistema estrutural não amortecido em que a oscilação é harmônica simples em uma frequência natural de vibração. E o modo natural de vibração associado à menor frequência é denominado **modo fundamental de vibração**.

Oscilador simples. Sistema vibratório de um grau de liberdade.

Período. O menor intervalo de tempo em que uma função periódica se repete. O inverso do período é a **frequência cíclica**.

Placa. Sólido "plano" em que se caracteriza uma dimensão muito menor do que as demais, denominada *espessura*, submetido a ações que provoquem flexão transversal de maneira a se ter (com o referencial xy em sua superfície média) as resultantes de tensão por unidade de comprimento: momentos fletores M_x e M_y, momento de torção M_{xy}, e esforços cortantes V_x e V_y.

Pontos nodais (ou nós). Pontos em são arbitrados parâmetros para a interpolação dos campos das variáveis dependentes de elementos finitos e que, quando situados no contorno dos elementos, são pontos de interação entre elementos e/ou de prescrição das condições essenciais de contorno de malhas de elementos.

Pós-processador. Conjunto de rotinas automáticas de ação posterior à determinação das soluções primárias nodais no método dos elementos finitos, com o objetivo de preparar resultados em forma de gráficos, desenhos e tabelas, para interpretação, uso e documentação por parte do usuário.

Pré-processador. Conjunto de rotinas de geração, visualização, modificação e verificação da consistência de modelos discretos em elementos finitos, com escolha de vista e com opções de zoom e de janelas.

Princípio da limitação. Estabelece que, com o arbítrio de campos para as variáveis primárias e para algumas variáveis secundárias com as mesmas leis de formação, sem a imposição de continuidade dos parâmetros nodais de interpolação dessas últimas, o elemento finito de formulação mista fornece os mesmos resultados que o elemento finito de formulação irredutível que tenha o mesmo campo das variáveis primárias que o elemento misto.

Princípio da superposição dos esforços. Estabelece que, no caso de linearidade física e linearidade geométrica, o comportamento de uma estrutura idealizada sob várias ações externas é igual à superposição de seus efeitos devidos a cada uma dessas ações agindo separadamente.

Princípio de d'Alembert. Estabelece que, em dinâmica, as equações de equilíbrio podem ser obtidas com o acréscimo (às forças atuantes no sistema) de forças fictícias de inércia (produtos das massas pelas acelerações), em sentido contrário ao movimento.

Princípio dos Deslocamentos Virtuais. Estabelece que, arbitrado um campo de deslocamentos virtuais, a igualdade entre o trabalho virtual externo e o trabalho virtual interno é condição necessária e suficiente de equilíbrio.

Princípio variacional. Estabelece que a primeira variação de um funcional igualada a zero fornece as equações diferenciais (Equações de Euler) e as condições não essenciais de contorno de um modelo matemático.

Processador. Conjunto de rotinas automáticas que realizam a análise numérica do método dos elementos finitos e fornecem soluções nodais para as variáveis primárias.

Razão, fator ou fração de amortecimento. Razão entre o coeficiente de amortecimento viscoso e o coeficiente de amortecimento viscoso crítico (de um oscilador simples ou de um modo de vibração de uma estrutura).

Referencial global. Referencial adotado para todo um modelo discreto de elementos finitos.

Referencial local. Referencial adotado em cada elemento finito ou em cada um de seus pontos nodais.

Série de Fourier. Desenvolvimento de uma função periódica em uma soma infinita de funções harmônicas.

Resposta dinâmica. Expressão de uma solução de equilíbrio no domínio do tempo ou da frequência.

Ressonância. Em vibração não amortecida, sob força harmônica, é o fenômeno de crescimento sem limite da amplitude de vibração, quando a frequência dessa força se aproxima de uma frequência natural de um sistema estrutural. Em vibração de sistemas com as usuais razões de amortecimento, é o fenômeno em que uma pequena alteração da frequência da excitação provoca grande alteração da resposta.

Sistema de multigraus de liberdade. Sistema (de mais do que um e menos que infinitos graus de liberdade) obtido em discretização com o método dos elementos finitos na formulação de deslocamentos.

Técnica de zeros e um. Técnica de incorporação das condições essenciais de contorno no sistema global de equações, através da substituição de coeficientes desse sistema por zeros e um, de maneira a obter equações que expressem diretamente aquelas condições.

Técnica do número grande. Técnica de incorporação das condições essenciais de contorno ao sistema global de equações, através da adição de um número de grande valor algébrico nas posições da diagonal principal da matriz dos coeficientes correspondentes àquelas condições.

Teste da malha de Irons. Teste de representação de cada um dos estados de tensão constantes em malha de elementos com pelo menos um ponto nodal interno comum a três ou mais elementos de formas variadas e propriedades elásticas constantes, com contorno retangular e condições geométricas mínimas para impedir os deslocamentos de corpo rígido. Para garantia de convergência em malhas quaisquer com elementos conformes, os estados tensionais constantes aplicados à malha devem ser representados em cada elemento, independentemente de refinamento da malha. Com elementos não conformes, é necessário obter, com o refinamento da malha, convergência para a representação desses estados.

Transformada de Fourier. Transformação de uma função aperiódica no tempo em uma função contínua na frequência. Diz-se **transformada inversa de Fourier**, a transformação contrária. E a **transformada discreta de Fourier** é a que se aplica a uma definição discreta de uma função aperiódica, de maneira a transformá-la em função discreta na frequência.

Variáveis independentes. Variáveis necessárias à definição de uma configuração qualquer de um modelo matemático de sistema físico. E as **variáveis dependentes** são as funções a serem determinadas nesse modelo e que se dividem em **ırimárias** (as que dão origem a outras através de derivações) e em **secundárias** (derivadas das variáveis primárias).

Vibração forçada. Vibração decorrente de ações externas funções do tempo.

Vibração livre. Vibração decorrente de condições iniciais não nulas.

Bruce M. Irons foi um dos pesquisadores que mais contribuiu ao desenvolvimento do Método dos Elementos Finitos em suas duas primeiras décadas, notadamente no estabelecimento de critérios de convergência, no desenvolvimento dos elementos isoparamétricos e de casca por degeneração de elementos tridimensionais, na concepção das funções de interpolação hierárquicas e no uso de integração numérica.

Bibliografia

ASSOCIAÇÃO BRASILEIRA DE CIMENTO PORTLAND, 1967, *Vocabulário de Teoria das Estruturas,* São Paulo.

ABRAMOWITZ, M. & SEGUN, I.A., 1968, *Handbook of Mathematical Functions with Formulas, Graphs, and Mathematical Tables*, Dover Publications.

AKIN, J.E., 1994, *Finite Elements for Analysis and Design*, Academic Press.

ASSAN, A.E., 2003, *Método dos Elementos Finitos – Primeiros Passos*, Editora da Unicamp.

BACKMANN, H. ET AL., 1995, *Vibrations Problems in Structures*, Birkhäuser Verlag Basel

BACKMANN, H. & AMMANN, W., 1987, *Vibrations in Structures Induced by Man and Machines*, IABSE-AIPC-IVBH.

BATHE, K.J., 1996, *Finite Element Procedures*, Englewood Cliffs, Prentice-Hall.

BATHE, K.J. & WILSON, E.L., 1976, *Numerical Methods in Finite Element Analysis*, Prentice-Hall.

BELYTSCHKO, T. & FISH, J., 2007, *A First Course in Finite Elements*, John Wiley & Sons.

BORESI, A.P., SIDEBOTTOM, O.M., SEELY, F.B. & SMITH, J.O., 1978, *Advanced Mechanics of Materials*, John Wiley and Sons.

BYKHIVSKY, I.B., 1972, *Fundamentals of Vibration Engineering*, Mir Publishers.

CHOPRA, A.K., 2007, *Dynamics of Structures – Theory and Applications to Earthquake Engineering*, Prentice-Hall.

CLOUGH, R.W. & PENZIEN, J., 1975, *Dynamics of Structures*, New Delhi. Prentice-Hall.

COOK, R.D., 1995. *Finite Element Modeling for Stress Analysis*, John Wiley & Sons.

COOK, R.D.; MALKUS, D.S. & PLESHA, M.E., 1989, *Concepts and Applications of Finite Element Analysis*, John Wiley & Sons.

COURANT, R., 1963, *Cálculo Diferencial e Integral*, Vol. I e II, Editora Globo.

CRAIG, R.R., 1990, *Structural Dynamics – An Introduction to Computer Methods*, John Wiley & Sons.

CRAIG, R.R. Jr. & KURDILA, A.J., 2006, *Fundamentals of Structural Dynamics*, John Wiley & Sons.

DAHLQUIST, G. & BJÖRCK, 1974, *Numerical Methods*, Prentice-Hall.

DESAI, C.S. & ABEL, J.F., 1972, *Introduction of Finite Element Method – A Numerical Method for Engineering Analysis*, Van Nostrand Reinhold Company.

DYM, C.L. & SHAMES, I.H., 1973, *Solid Mechanics A Variational Approach*, McGraw-Hill.

EERL 72–80 e EERL 72–100, 1972, *Analysis of Strong Motion Earthquake Accelerograms*, Earthquake Engineering Research Laboratory, California Institute of Technology.

ELSGOLTZ, L., 1969, *Ecuaciones Diferenciales y Cálculo Variacional*, Editorial Mir.

FRÖBERG, C. E., 1966, *Introduction to Numerical Analysis*, Addison-Wesley Publishing Company.

GALLAGHER, R.H., Yamada, Y. & Oden, J.T. (editors),1971, *Recent Advances in Matrix Methods of Structural Analysis and Design,* The University of Alabama Press.

GALLAGHER, R.H., 1975, *Finite Element Analysis – Fundamentals*. Englewood Cliffs, Prentice-Hall.

GELFAND, I. M. & FOMIN, S. V., 1963. *Calculus of Variations*, Prentice-Hall.

HAWKINS, G.A., 1963, *Multilinear Analysis for Students in Engineering and Science*, John Wiley and Sons.

HILBER, H.M., 1976, *Analysis and Design of Numerical Integration Methods in Structural Dynamics,* EERC 76-29, Earthquake Engineering Research Laboratory, University of California, Berkeley.

HOLAND, I. & Bell, K. (editors), 1969, *Finite Element Methods in Stress Analysis*, TAPIR, The Technical University of Norway.

HUGHES, T.J.R., 2000, *The Finite Element Method – Linear Static and Dynamic Finite Element Analysis*, Dover Publications.

HURTY, W.C. & RUBINSTEIN, M.F., 1967, *Dynamics of Structures*, Prentice-Hall.

IRONS, B. & AHMAD, S., 1980, *Techniques of Finite Elements*, Ellis Horwood.

ISO 31/XI, 1978, *Mathematical Signs and Symbols for Use in the Physical Sciences and Technology*, International Organization for Standardization.

JACOBSEN, L.S. & AYRE, R.S., 1958, *Engineering Vibration with Applications to Structures and Machinery*, McGraw-Hill.

JENNINGS, P.C., 1972, *Rapid Calculation of Selected Fourier Spectrum Ordinates.* Earthquake Engineering Research Laboratory, California Institute of Technology.

KARDESTUNCER, H. & NORRIE, D.H. (editors), 1987, *Finite Element Handbook*, McGraw- Hill.

LANGHAAR, H.L., 1962, *Energy Methods in Applied Mechanics*, John Wiley & Sons.

LARSEN, R.W., *Introduction to Mathcad 11*, Prentice Hall Engineering Source, 2004.

MACNEAL, R.H., 1994, *Finite Elements: Their Design and Performance*, Marcel Dekker.

MALVERN, L.E., 1969, *Introduction to the Mechanics of a Continuous Medium*, Prentice-Hall.

MARTIN, H.C. & CAREY, G.F., 1973, *Introduction to Finite Element Analysis*, McGraw-Hill.

MEEK, J.L., 1971, *Matrix Structural Analysis*, McGraw-Hill.

MEIROVITCH, L., 1975, *Elements of Vibration Analysis*, McGraw-Hill.

MELOSH, R.J., 1990, *Structural Engineering Analysis by Finite Elements*, Prentice-Hall.

MORI, M., 1983, *The Finite Element Method and its Applications*, MacMillan Publishing Company.

NBR 6123, 1988, *Forças Devidas ao Vento em Edificações*, ABNT.

NBR 7497, 1982. *Vibrações Mecânicas e Choques*, ABNT.

NBR 8800, 1986, *Projeto e Execução de Estruturas de Aço de Edifícios (Método dos Estados Limites)*, ABNT.

NBR 15421, 2006, *Projeto de Estruturas Resistentes a Sismos – Procedimento*, ABNT.

NITZ, M. & GALHA, R., 2003, *Calcule com o Mathcad – Versão 11*, Érica Editora.

NORRIE, D.H. & VRIES, G. DE., 1973, *The Finite Element Method*, John Wiley & Sons.

ODEN, J.T., 1967, *Mechanics of Elastic Structures*, McGraw-Hill.

OLIVEIRA, E.R.A. 1966. *Introdução à Teoria das Estruturas de Comportamento Linear*, Lisboa.

OLIVEIRA, E.R.A., 1999, *Elementos da Teoria da Elasticidade,* IST Press, Instituto Superior Técnico.

PAZ, M., 1997, *Structural Dynamics – Theory and Computation*, Fourth Edition, International Thomson Publishing.

PRATHAP, G., 1993, *The Finite Element Method in Structural Mechanics*, Kluwer Academic Publishers.

PRZEMIENIECKI, J.S., 1968, *Theory of Matrix Analysis*, McGraw-Hill.

RAO, S.S., 1982, *The Finite Element Method in Engineering*, Pergamon Press.

RAVARA, A., 1969. *Dinâmica de Estruturas*, LNEC.

REDDY, J.N., 1984, *An Introduction to the Finite Element Method*, McGraw-Hill.

ROBINSON, J., 1973, *Integrated Theory of Finite Element Methods*, John Wiley & Sons.

ROSETTOS, J.N. & TONG, P., 1977, *Finite Element Method – Basic Technique and Implementation,* The MIT Press.

RUBINSTEIN, M.F., 1970, *Structural Systems – Statics, Dynamics and Stability*, Prentice-Hall.

SALT, 2003, *Sistema de Análise de Estruturas – Manual do Usuário*, Escola Politécnica, UFRJ.

SAVASSI, W., 1996, *Introdução ao Método dos Elementos Finitos em Análise Linear de Estruturas*, São Carlos, Escola de Engenharia de São Carlos, USP.

SEGERLIND, L.J., 1984, *Applied Finite Element Analysis*, John Wiley & Sons.

SHAMES, I.H. & DYM, C.L., 1985, *Energy and Finite Element Methods in Structural Mechanics*, McGraw-Hill.

SORIANO, H.L., 2003, *Método de Elementos Finitos em Análise de Estruturas*, Editora Ciência Moderna.

SORIANO, H.L., 2005, *Análise de Estruturas – Formulação Matricial e Implementação Computacional*, EDUSP – Editora da Universidade de São Paulo.

SPYRAKOS, C., 1996, *Finite Element Modeling in Engineering Practice*, Algor Publishing Division, Pittsburgh, PA.

STRANG, G. & FIX, G.J., 1973, *An Analysis of the Finite Element Method*, Prentice-Hall.

THOMSON, W.T., 1973, *Vibration Theory and Applications*, Prentice-Hall.

THOMSON, W.T., 1973, *Teoria da Vibração*, Editora Interciência.

TIMOSHENKO, S.P. & GERE, J.M., 1972, *Mechanics of Materials*, D. Van Nostrand Company.

TIMOSHENKO, S.P. & GOODIER, J.N., 1951, *Theory of Elasticity*, McGraw-Hill.

TIMOSHENKO, S.P. & YOUNG, D.H., 1974, *Vibration Problems in Engineering*, Fourth Edition, D. Van Nostrand Company.

TONG, P. & ROSSETTO, J.N., 1977, *Finite-Element Method, Basic Technique and Implementation*, The MIT Press.

VOLTERRA, E. & ZACHMANOGLOU, C.E., 1965, *Dynamics of Vibrations*, Charles E. Merrill Books.

VENÂNCIO-FILHO, F., 1994, *Análise Dinâmica no Domínio da Freqüência – Sistemas Lineares e não Lineares*, Conferência de Concurso para Professor Titular, COPPE/UFRJ.

WASHIZU, K., 1968, *Variational Methods in Elasticity and Plasticity*, Second Edition, Pergamon Press.

WEAVER, W.Jr. & JOHNSTON, P.R., 1984, *Finite Elements for Structural Analysis*, Prentice-Hall.

WILKINSON, J.H., 1965, *The Algebraic Eigenvalue Problem*, Clarendon Press, Oxforf.

WILSON, E.L., 2002, *Three-Dimensional Static and Dynamic Analysis of Structures – A Physical Approach with Emphasis on Earthquake Engineering*, Computers & Structures, Inc.

ZIENKIEWICZ, O.C. & MORGAN, K., 1983, *Finite Elements and Approximation*, Jonh Wiley & Sons.

ZIENKIEWICZ, O.C. & TAYLOR, R.L., 2000, *The Finite Element Method*, vol. 1 – The Basis, Fifth Edition, Butterworth-Heinemann.

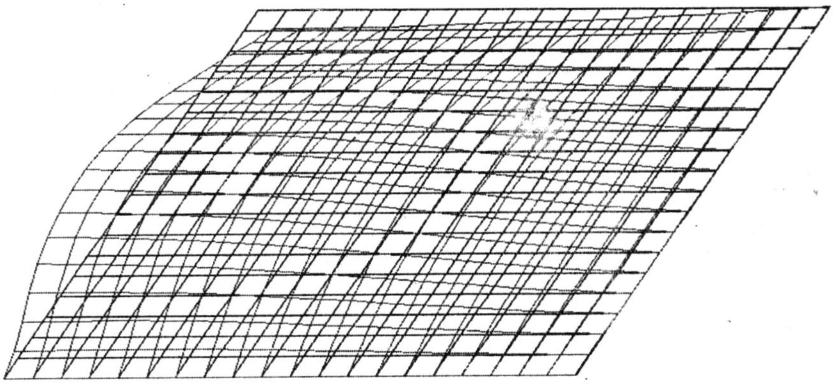

Índice Remissivo

Impressão e acabamento
Gráfica da Editora Ciência Moderna Ltda.
Tel: (21) 2201-6662